Heinz Unbehauen

Regelungstechnik II

Heinz Unbehauen

Regelungstechnik II

Zustandsregelungen, digitale und nichtlineare Regelsysteme

9., durchgesehene und korrigierte Auflage

Mit 188 Abbildungen und 9 Tabellen

Studium Technik

vieweg

Bibliografische Information Der Deutschen Nationalbibliothek
Die Deutsche Nationalbibliothek verzeichnet diese Publikation in der Deutschen Nationalbibliografie; detaillierte bibliografische Daten sind im Internet über <http://dnb.d-nb.de> abrufbar.

1. Auflage 1983
2., durchgesehene Auflage 1985
3., durchgesehene Auflage 1986
4., durchgesehene Auflage 1987
5., durchgesehene Auflage 1989
6., durchgesehene Auflage 1993
7., durchgesehene Auflage 1997
8., vollständig überarbeitete und erweiterte Auflage Oktober 2000
9., durchgesehene und korrigierte Auflage März 2007

Lektorat: Reinhard Dapper

Der Vieweg Verlag ist ein Unternehmen von Springer Science+Business Media.
www.vieweg.de

Umschlaggestaltung: Ulrike Weigel, www.CorporateDesignGroup.de
Druck und buchbinderische Verarbeitung: MercedesDruck, Berlin
Gedruckt auf säurefreiem und chlorfrei gebleichtem Papier.
Printed in Germany

ISBN 978-3-528-83348-0

Vorwort zur 8. Auflage

Der vorliegende Band II der „Regelungstechnik" führt gemäß der Zielsetzung des Bandes I die Behandlung der Regelungstechnik als methodische Ingenieurwissenschaft fort. Dabei wurden bezüglich der Stoffauswahl weitgehend solche Analyse- und Syntheseverfahren ausgesucht, die bei der Realisierung moderner Regelkonzepte benötigt werden. Hierzu gehören insbesondere die Grundlagen zur Behandlung von Regelsystemen im Zustandsraum sowie die Grundkenntnisse der digitalen Regelung. Daneben werden aber auch die Methoden zur Darstellung nichtlinearer Regelsysteme behandelt, da viele technische Prozesse nichtlineare Elemente enthalten, und damit die übliche Linearisierung meist nicht mehr angewandt werden kann.

In den fast zwanzig Jahren seit dem Erscheinen der ersten Auflage der „Regelungstechnik II" hat sich dieses Buch als begleitender Text zu verschiedenen weiterführenden regelungstechnischen Vorlesungen an zahlreichen Hochschulen gut eingeführt und bewährt. Viele Fachkollegen und Studenten haben sich anerkennend über die zweckmäßige Stoffauswahl geäußert. Gegenüber der 7. Auflage wurden etliche Ergänzungen und Erweiterungen vorgenommen, so z. B. bei den Entwurfsverfahren für Zustandsregler und reduzierte Beobachter. Völlig neu einbezogen wurden als Anhang sowohl eine umfangreiche Aufgabensammlung mit detaillierten Lösungen sowie eine Formelsammlung für das Rechnen mit Matrizen und Vektoren. Im Rahmen der vorliegenden 8. Auflage der „Regelungstechnik II" entstand so unter Verwendung des Textverarbeitungssystems Microsoft Word 97 SR-2 eine gründlich überarbeitete und erweiterte Fassung des bewährten Stoffes. Durch die völlige Neugestaltung des Satzes bestand die Gefahr des Einschleichens neuer Schreibfehler. Doch hoffe ich, dass mit dieser 8. Auflage eine ansprechende und weitgehend fehlerfreie Darstellung zur Verfügung gestellt wird. Aufgrund der beiden unterschiedlichen Textverarbeitungssysteme, die für die Bände „Regelungstechnik I" und „Regelungstechnik II" eingesetzt wurden, ließen sich bei den nun gleichzeitig erscheinenden Neuauflagen kleine Unterschiede in der Textdarstellung nicht vermeiden.

Der Stoff des Buches entspricht dem Umfang einer weiterführenden regelungstechnischen Vorlesung, wie sie für Studenten der Ingenieurwissenschaften an Universitäten und Technischen Hochschulen sowie teilweise auch an Fachhochschulen heute angeboten wird. Das Buch wendet sich aber nicht nur an Studenten, sondern auch an Ingenieure der industriellen Praxis, die sich für regelungstechnische Methoden zur Lösung praktischer Probleme interessieren. Es ist daher außer zum Gebrauch neben Vorlesungen auch zum Selbststudium vorgesehen.

Das Buch umfasst drei größere Kapitel. Im Kapitel 1 werden lineare kontinuierliche Systeme im Zustandsraum behandelt. Dabei werden zunächst die Zustandsgleichungen im Zeit- und Frequenzbereich gelöst. Nach der Einführung einiger wichtiger Grundbeziehungen aus der Matrizentheorie werden für Eingrößensysteme die wichtigsten Normalformen definiert; weiterhin wird die Transformation von Zustandsgleichungen auf Normalform durchgeführt. Die Definition der Begriffe der Steuerbarkeit und Beobachtbarkeit als Systemeigenschaften bildet dann den Übergang zu einer ausführlichen Darstellung des Syntheseproblems im Zustandsraum. Insbesondere wird die Synthese von Zustandsreglern durch Polvorgabe für Ein- und Mehrgrößensysteme eingehend behandelt, wobei auch das Problem der Zustandsrekonstruktion mittels vollständigem und reduziertem Beobachter einbezogen wird.

Im Kapitel 2 werden die Grundlagen zur Beschreibung linearer diskreter Systeme besprochen, wobei sich nach Einführung der z-Transformation auch die Übertragungsfunktion diskreter Systeme definieren lässt. Die Stabilität diskreter Systeme kann dann in einfacher Weise analysiert werden. Einen breiten Raum nimmt auch hier die Synthese digitaler Regelsysteme ein. Hier werden bei dem Entwurf auf endliche Einstellzeit gerade die für digitale Regelungen besonders typischen Eigenschaften genutzt. Den Abschluss dieses Kapitels bildet die Behandlung diskreter Systeme im Zustandsraum.

Das Kapitel 3 ist der Analyse und Synthese nichtlinearer Regelsysteme gewidmet. Es wird gezeigt, dass es hierfür keine so allgemein anwendbare Theorie wie für lineare Systeme gibt, sondern nur bestimmte Verfahren, hauptsächlich zur Analyse der Stabilität, existieren. Auf die wichtigsten Verfahren wird eingegangen. So stellen die Beschreibungsfunktion und die Phasenebenendarstellung wichtige und erprobte Verfahren zur Behandlung nichtlinearer Regelsysteme dar. Die Methode der Phasenebene erweist sich dabei auch für die Synthese von Relaisregelsystemen und einfachen zeitoptimalen Regelungen als sehr vorteilhaft. Eine recht allgemeine Behandlung sowohl linearer als auch nichtlinearer Systeme ermöglicht die Stabilitätstheorie von Ljapunow, deren wesentliche Grundzüge dargestellt werden. Abschließend wird das für die praktische Anwendung so wichtige Popov-Stabilitätskriterium behandelt.

Auch bei diesem zweiten Band war es mein Anliegen, aus didaktischen Gründen den Stoff so darzustellen, dass der Leser sämtliche Zwischenschritte und die einzelnen Gedanken selbständig nachvollziehen kann. Die zahlreichen Rechenbeispiele im Text sollen zur Vertiefung des Stoffes beitragen. Als Voraussetzung für das Verständnis des Stoffes dient Band I. Darüber hinaus sollte der Leser die Grundkenntnisse der Matrizenrechnung beherrschen, wie sie gewöhnlich in den mathematischen Grundvorlesungen für Ingenieure vermittelt werden. Einen kurzen Abriss darüber enthält Anhang B.

Das Buch entstand aus einer gleichnamigen Vorlesung, die ich seit 1976 an der Ruhr-Universität Bochum halte. Meine ehemaligen und jetzigen Studenten und Mitarbeiter sowie viele kritische Leser haben mir in den letzten Jahren zahlreiche Anregungen für die Überarbeitung der früheren Auflagen unterbreitet. Ihnen allen gilt mein Dank für die konstruktiven Hinweise und Verbesserungsvorschläge. Dem Vieweg-Verlag danke ich für die gute Zusammenarbeit. Ganz besonderer Dank gilt Frau E. Schmitt und Frau P. Kiesel für das Schreiben des Manuskriptes und Frau A. Marschall für das Erstellen der Bilder und Tabellen. Alle drei haben mit großer Geduld und Sorgfalt ganz wesentlich zur äußeren Neugestaltung dieser völlig überarbeiteten und erweiterten 8. Auflage dieses Buches beigetragen. Meinen wissenschaftlichen Mitarbeitern, den Herren Dipl.-Ing. U. Halldorsson, Dipl.-Ing. T. Knohl und Dipl.-Ing J. Uhlig gebührt Dank für die sorgfältige Durchsicht des neu geschriebenen Textes und dessen endgültige Fertigstellung. Abschließend danke ich auch meiner Frau, nicht nur für das gründliche Korrekturlesen, sondern auch für das Verständnis, das sie mir bei der Arbeit an diesem Buch entgegenbrachte.

Die Leser dieses Buches möchte ich ermuntern, Hinweise und konstruktive Kritik zur Verbesserung künftiger Auflagen an mich zu richten.

Bochum, Juli 2000 H. Unbehauen

Vorwort zur 9. Auflage

Die große Nachfrage und die erfreuliche Resonanz, welche die vollständig überarbeitete und erweiterte 8. Auflage bei den Lesern fand, erforderten eine Neuauflage der Regelungstechnik II. Die 8. Auflage konnte nahezu ohne Änderungen übernommen werden. Den Lesern wünsche ich viel Freude beim tieferen Einstieg in das Fachgebiet der Regelungstechnik.

Bochum, Dezember 2006 H. Unbehauen

Inhalt

Inhaltsübersicht zu Band I und Band III

H. Unbehauen, Regelungstechnik I

H. Unbehauen, Regelungstechnik III

1 Behandlung linearer kontinuierlicher Systeme im Zustandsraum

Die Darstellung dynamischer Systeme im Zustandsraum entspricht vom mathematischen Standpunkt aus im einfachsten Fall der Umwandlung einer Differentialgleichung n-ter Ordnung in ein äquivalentes System von n Differentialgleichungen erster Ordnung. Die Anwendung dieser Darstellung auf regelungstechnische Probleme führte seit etwa 1957 zu einer beträchtlichen Erweiterung der Regelungstheorie, so dass man gelegentlich zwischen den "modernen" und den "klassischen" Methoden der Regelungstechnik unterschieden hat. Der Grund für diese Entwicklung ist hauptsächlich darin zu suchen, dass zur gleichen Zeit erstmals leistungsfähige Digitalrechner zur Verfügung standen, die eine breite Anwendung der Methoden des Zustandsraums gestatteten und auch die numerische Lösung sehr komplexer Problemstellungen ermöglichten. Besonders bei der Behandlung von Systemen mit mehreren Ein- und Ausgangsgrößen, nichtlinearen und zeitvarianten Systemen eignet sich die Zustandsraumdarstellung vorzüglich. Diese Systemdarstellung erlaubt außerdem im Zeitbereich eine einfache Formulierung dynamischer Optimierungsprobleme, die zum Teil analytisch, zum Teil auch nur numerisch lösbar sind.

Ein zweiter wichtiger Grund für die Anwendung dieser Darstellungsform ist die grundsätzliche Bedeutung des Begriffs des *Zustands eines dynamischen Systems*. Physikalisch gesehen ist der Zustand eines dynamischen Systems durch den Energiegehalt der im System vorhandenen Energiespeicher bestimmt. Allein aus der Kenntnis des Zustands zu einem beliebigen Zeitpunkt $t = t_0$ folgt das Verhalten des Systems für alle anderen Zeiten. Natürlich muss dazu der Einfluss äußerer Größen, z. B. in der Form des Zeitverlaufs der Eingangsgrößen, bekannt sein. Der Zustand eines Systems mit n Energiespeichern wird durch *n Zustandsgrößen* beschrieben, die zu einem *Zustandsvektor* zusammengefasst werden. Der entsprechende n-dimensionale Vektorraum ist der *Zustandsraum*, in dem jeder Zustand als Punkt und jede Zustandsänderung des Systems als Teil einer Trajektorie darstellbar ist. Gegenüber der klassischen Systemdarstellung ist damit eine eingehendere Analyse der Systeme und ihrer inneren Struktur möglich.

In diesem Kapitel können aus Platzgründen nur die wichtigsten Grundlagen der Methoden des Zustandsraums behandelt werden. Daher erfolgt weitgehend eine Beschränkung auf lineare zeitinvariante Systeme.

1.1 Die Zustandsraumdarstellung

Bevor die Zustandsraumdarstellung linearer kontinuierlicher Systeme in allgemeiner Form angegeben wird, soll für ein einfaches Beispiel die Umwandlung einer Differentialgleichung zweiter Ordnung in zwei Differentialgleichungen erster Ordnung durchgeführt und anhand eines Blockschaltbildes interpretiert werden. Dazu wird der im Bild 1.1.1a dargestellte gedämpfte mechanische Schwinger betrachtet, mit der Masse m, der Dämpfungskonstanten d und der Federkonstanten c, der durch eine Kraft $u(t)$ erregt wird. Die Differentialgleichung für den Weg $y(t)$ als Ausgangsgröße lautet

$$m\ddot{y}(t) + d\dot{y}(t) + cy(t) = u(t)\,, \tag{1.1.1a}$$

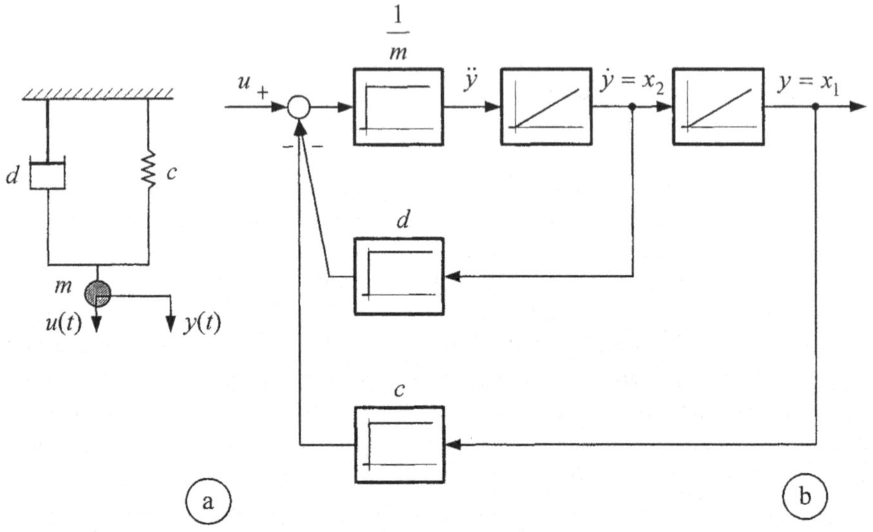

Bild 1.1.1. Mechanischer Schwinger (a) und sein Blockschaltbild (b) der Schwingungsdifferentialgleichung 2. Ordnung

und aus der umgeformten Gleichung

$$\ddot{y}(t) = \frac{1}{m}\,[u(t) - d\dot{y}(t) - cy(t)] \tag{1.1.1b}$$

lässt sich ein Blockschaltbild dieses Systems herleiten, indem man $\ddot{y}(t)$ zweifach integriert und entsprechende Rückführungen von $y(t)$ und $\dot{y}(t)$ vorsieht (Bild1.1.1b). Es ist nun naheliegend, die Ausgänge der I-Glieder als Zustandsgrößen $x_1(t), x_2(t)$ aufzufassen, also in Gl. (1.1.1) die Substitution

$$x_1(t) = y(t)\,, \tag{1.1.2a}$$

$$x_2(t) = \dot{y}(t)\,, \tag{1.1.2b}$$

vorzunehmen. Diese Zustandsgrößen haben unmittelbar auch physikalische Bedeutung: $x_1(t)$ beschreibt den Weg und stellt somit ein Maß für die Federkraft dar, während die Geschwindigkeit $x_2(t) = \dot{y}(t)$ ein Maß für die Dämpfungskraft ist. Damit ergibt sich aus dem Blockschaltbild oder direkt aus den Gleichungen das gewünschte System von Differentialgleichungen erster Ordnung

$$\dot{x}_1(t) = x_2(t)\,, \tag{1.1.3a}$$

$$\dot{x}_2(t) = -\frac{c}{m}x_1(t) - \frac{d}{m}x_2(t) + \frac{1}{m}u(t)\,. \tag{1.1.3b}$$

Wird dieses Gleichungssystem in Matrizenschreibweise dargestellt, so erhält man

$$\begin{bmatrix} \dot{x}_1(t) \\ \dot{x}_2(t) \end{bmatrix} = \begin{bmatrix} 0 & 1 \\ -\frac{c}{m} & -\frac{d}{m} \end{bmatrix} \cdot \begin{bmatrix} x_1(t) \\ x_2(t) \end{bmatrix} + \begin{bmatrix} 0 \\ \frac{1}{m} \end{bmatrix} u(t) \tag{1.1.4}$$

oder

$$\dot{\boldsymbol{x}}(t) = \boldsymbol{A}\,\boldsymbol{x}(t) + \boldsymbol{b}\,u(t) \tag{1.1.5}$$

mit

$$\boldsymbol{x}(t) = \begin{bmatrix} x_1(t) \\ x_2(t) \end{bmatrix}, \quad \boldsymbol{A} = \begin{bmatrix} 0 & 1 \\ -\frac{c}{m} & -\frac{d}{m} \end{bmatrix}, \quad \boldsymbol{b} = \begin{bmatrix} 0 \\ \frac{1}{m} \end{bmatrix}.$$

Die Ausgangsgröße ist durch Gl. (1.1.2a) gegeben und wird in dieser vektoriellen Darstellung durch die Beziehung

$$y(t) = \boldsymbol{c}^{\mathrm{T}} \boldsymbol{x}(t) \quad \text{mit} \quad \boldsymbol{c}^{\mathrm{T}} = [1 \quad 0] \tag{1.1.6}$$

beschrieben.

Es sei an dieser Stelle darauf hingewiesen, dass in der weiteren Darstellung im Zeitbereich fett geschriebene Kleinbuchstaben Spaltenvektoren bezeichnen, während Matrizen durch große, fett geschriebene Buchstaben gekennzeichnet werden. Der hochgestellte Index T gibt bei Matrizen oder Vektoren jeweils deren Transponierte an.

Bei dem soeben besprochenen Beispiel handelt es sich um ein System mit nur einer Eingangsgröße $u(t)$ und einer Ausgangsgröße $y(t)$, also um ein *Eingrößensystem.* Ein *Mehrgrößensystem* mit r Eingangsgrößen $u_1(t), u_2(t), \ldots, u_r(t)$ und m Ausgangsgrößen $y_1(t), y_2(t), \ldots, y_m(t)$ ist dadurch darstellbar, dass die Größen $u(t)$ und $y(t)$ durch die Vektoren $\boldsymbol{u}(t)$ und $\boldsymbol{y}(t)$ mit den Elementen $u_\nu(t)$ und $y_\mu(t)$ ersetzt werden. Damit lautet die allgemeine Form der *Zustandsraumdarstellung* (oder oft kürzer *Zustandsdarstellung*) eines linearen, zeitinvarianten dynamischen Systems der Ordnung n

$$\dot{\boldsymbol{x}}(t) = \boldsymbol{A}\,\boldsymbol{x}(t) + \boldsymbol{B}\,\boldsymbol{u}(t)\,, \qquad \boldsymbol{x}(0) = \boldsymbol{x}_0\,, \tag{1.1.7a}$$

$$\boldsymbol{y}(t) = \boldsymbol{C}\,\boldsymbol{x}(t) + \boldsymbol{D}\,\boldsymbol{u}(t)\,. \tag{1.1.7b}$$

Hierbei bedeuten

$$\boldsymbol{x}(t) = \begin{bmatrix} x_1(t) \\ \vdots \\ x_n(t) \end{bmatrix} \qquad \text{Zustandsvektor}$$

$$\boldsymbol{u}(t) = \begin{bmatrix} u_1(t) \\ \vdots \\ u_r(t) \end{bmatrix} \qquad \text{Eingangs- oder Steuervektor}$$

$$y(t) = \begin{bmatrix} y_1(t) \\ \vdots \\ y_m(t) \end{bmatrix}$$ Ausgangsvektor

$$A = \begin{bmatrix} a_{11} & \cdots & a_{1n} \\ \vdots & & \vdots \\ a_{n1} & \cdots & a_{nn} \end{bmatrix}$$ $(n \times n)$ -Systemmatrix

$$B = \begin{bmatrix} b_{11} & \cdots & b_{1r} \\ \vdots & & \vdots \\ b_{n1} & \cdots & b_{nr} \end{bmatrix}$$ $(n \times r)$ -Eingangs- oder Steuermatrix

$$C = \begin{bmatrix} c_{11} & \cdots & c_{1n} \\ \vdots & & \vdots \\ c_{m1} & \cdots & c_{mn} \end{bmatrix}$$ $(m \times n)$ -Ausgangs- oder Beobachtungsmatrix

$$D = \begin{bmatrix} d_{11} & \cdots & d_{1r} \\ \vdots & & \vdots \\ d_{m1} & \cdots & d_{mr} \end{bmatrix}$$ $(m \times r)$ -Durchgangsmatrix.

Gl. (1.1.7a) ist die (vektorielle) *Zustandsdifferentialgleichung* oder kurz *Zustandsgleichung*. Sie beschreibt die Dynamik des Systems. Wird als Eingangsvektor $\boldsymbol{u}(t) = \boldsymbol{0}$ gewählt, so ergibt sich die homogene Gleichung

$$\dot{\boldsymbol{x}}(t) = \boldsymbol{A}\,\boldsymbol{x}(t)\,, \qquad \boldsymbol{x}(0) = \boldsymbol{x}_0\,, \tag{1.1.8}$$

die das Eigenverhalten des Systems oder das autonome System kennzeichnet. Die Systemmatrix $\boldsymbol{A}$ enthält also die vollständige Information über das Eigenverhalten und damit auch z. B. über die Stabilität des Systems. Entsprechend beschreibt die Steuermatrix $\boldsymbol{B}$ nur die Art des Einwirkens der äußeren Erregung, also der Eingangsgrößen.

Gl. (1.1.7b) wird als *Ausgangs-* oder *Beobachtungsgleichung* bezeichnet. Sie gibt im wesentlichen den Zusammenhang zwischen den Ausgangsgrößen und den Zustandsgrößen an, der durch die Matrix $\boldsymbol{C}$ als (rein statische) Linearkombination der Zustandsgrößen gegeben ist. Dazu kommt bei manchen Systemen noch ein direkter proportionaler Einfluss der Eingangsgrößen auf die Ausgangsgrößen über die Durchgangsmatrix $\boldsymbol{D}$. Derartige Systeme werden auch als *sprungfähig* bezeichnet. Diese Zusammenhänge sind anhand des Blockschaltbildes oder auch des Signalflussdiagramms im Bild 1.1.2, die man aus den Gln. (1.1.7a, b) erhält, unmittelbar ersichtlich. Es sei abschließend noch erwähnt, dass diese Zustandsdarstellung auch für lineare *zeitvariante* Systeme anwendbar ist [Fre71]. In diesem Fall ist mindestens ein Element der Matrizen $\boldsymbol{A}$, $\boldsymbol{B}$, $\boldsymbol{C}$ und $\boldsymbol{D}$ eine Funktion der Zeit, und die Gln. (1.1.7a, b) gehen über in die allgemeinere Form

$$\dot{\boldsymbol{x}}(t) = \boldsymbol{A}(t)\,\boldsymbol{x}(t) + \boldsymbol{B}(t)\,\boldsymbol{u}(t)\,, \tag{1.1.9a}$$

$$\boldsymbol{y}(t) = \boldsymbol{C}(t)\,\boldsymbol{x}(t) + \boldsymbol{D}(t)\,\boldsymbol{u}(t)\,. \tag{1.1.9b}$$

Die allgemeinste Form der Zustandsdarstellung eines linearen oder nichtlinearen, zeitinvarianten oder zeitvarianten dynamischen Systems wird später im Abschnitt 3.7 verwendet. Sie gliedert sich ebenfalls in Zustandsgleichung und Ausgangsgleichung und lautet

$$\dot{\boldsymbol{x}}(t) = \boldsymbol{f}_1[\boldsymbol{x}(t), \boldsymbol{u}(t), t], \tag{1.1.10a}$$

$$\boldsymbol{y}(t) = \boldsymbol{f}_2[\boldsymbol{x}(t), \boldsymbol{u}(t), t]. \tag{1.1.10b}$$

$\boldsymbol{f}_1$ und $\boldsymbol{f}_2$ sind hierbei beliebige lineare oder nichtlineare Vektorfunktionen der Dimension n bzw. m.

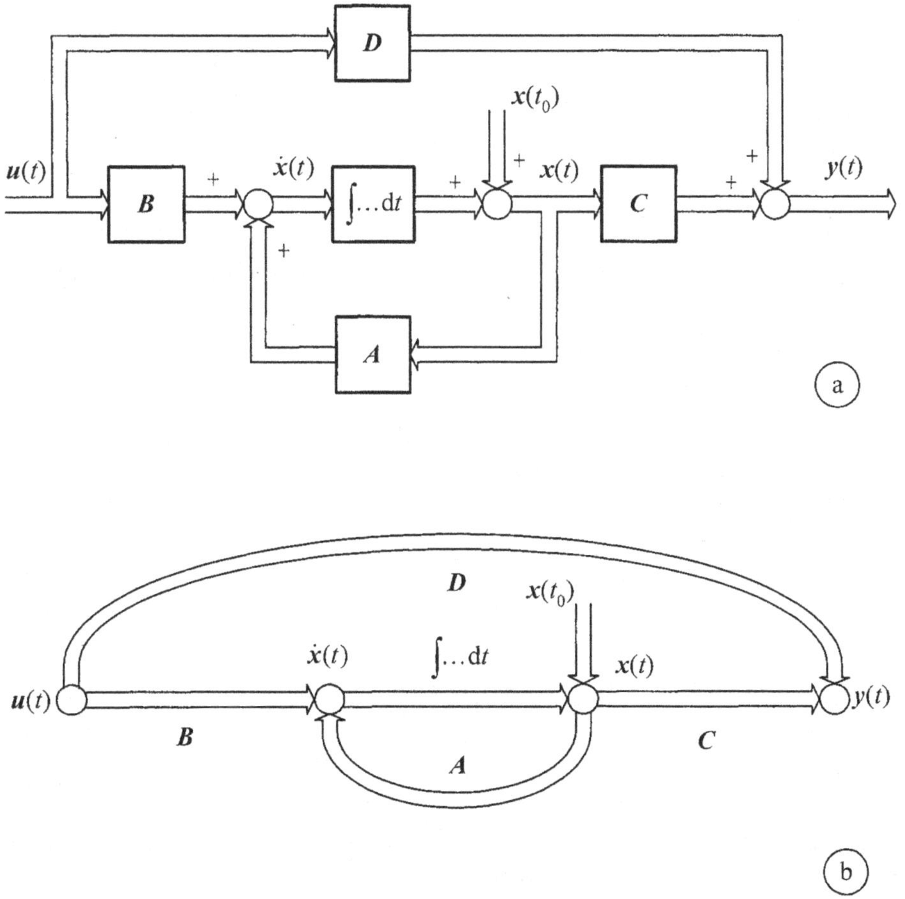

Bild 1.1.2. Blockschaltbild (a) und Signalflussdiagramm (b) des Mehrgrößensystems nach Gln. (1.1.7a) und (1.1.7b)

1.2 Lösung der Zustandsgleichung im Zeitbereich

1.2.1 Die Fundamentalmatrix

Zunächst soll ein System 1. Ordnung betrachtet werden, dessen Zustandsgleichung die skalare Differentialgleichung

$$\dot{x}(t) = ax(t) + bu(t) \tag{1.2.1}$$

ist. Die Anfangsbedingung im Zeitpunkt $t_0 = 0$ sei

$$x(0) = x_0 .$$

Durch Anwendung der Laplace-Transformation erhält man aus Gl. (1.2.1)

$$sX(s) - x_0 = aX(s) + bU(s)$$

und daraus

$$X(s) = \frac{1}{s-a} x_0 + \frac{1}{s-a} bU(s) . \tag{1.2.2}$$

Die Rücktransformation in den Zeitbereich liefert unmittelbar als Lösung von Gl. (1.2.1)

$$x(t) = \mathrm{e}^{at} x_0 + \int_0^t \mathrm{e}^{a(t-\tau)} bu(\tau)\mathrm{d}\tau . \tag{1.2.3}$$

Nun ist es naheliegend, für den vektoriellen Fall der Zustandsgleichung entsprechend Gl. (1.1.7a) die gleiche Struktur der Lösungsgleichung anzusetzen und die skalaren Größen entsprechend Gl. (1.1.7a) durch Vektoren bzw. Matrizen zu ersetzen. Dies führt rein formal auf die Beziehung

$$\boldsymbol{x}(t) = \mathrm{e}^{\boldsymbol{A}t} \boldsymbol{x}_0 + \int_0^t \mathrm{e}^{\boldsymbol{A}(t-\tau)} \boldsymbol{B}\boldsymbol{u}(\tau)\mathrm{d}\tau . \tag{1.2.4}$$

Dabei ergibt sich allerdings die Schwierigkeit der Definition der Matrix-Exponentialfunktion $\mathrm{e}^{\boldsymbol{A}t}$. Sie muss in Analogie zum skalaren Fall die Bedingung

$$\frac{\mathrm{d}}{\mathrm{d}t} \mathrm{e}^{\boldsymbol{A}t} = \boldsymbol{A}\,\mathrm{e}^{\boldsymbol{A}t} \tag{1.2.5}$$

erfüllen. Diese Bedingung wird erfüllt, wenn die e-Funktion als unendliche Reihe auf die Matrix-Funktion (1.2.5) angewendet wird. Damit folgt

$$\begin{aligned} \mathrm{e}^{\boldsymbol{A}t} &= \mathbf{I} + \boldsymbol{A}t + \boldsymbol{A}^2 \frac{t^2}{2!} + \boldsymbol{A}^3 \frac{t^3}{3!} + \boldsymbol{A}^4 \frac{t^4}{4!} + \cdots \\ &= \sum_{k=0}^{\infty} \boldsymbol{A}^k \frac{t^k}{k!} . \end{aligned} \tag{1.2.6}$$

Man kann zeigen, dass diese Reihe für alle Matrizen A und für $|t| < \infty$ absolut konvergiert. Deshalb ist die gliedweise Differentiation nach der Zeit zulässig, und man erhält

$$\begin{aligned}\frac{\mathrm{d}}{\mathrm{d}t}\mathrm{e}^{At} &= A + A^2 t + A^3\frac{t^2}{2!} + A^4\frac{t^3}{3!} + \cdots \\ &= A(\mathbf{I} + At + A^2\frac{t^2}{2!} + A^3\frac{t^3}{3!} + \cdots) \\ &= A\mathrm{e}^{At} .\end{aligned}$$

Die Bedingung in Gl. (1.2.5) ist damit erfüllt, und Gl. (1.2.6) kann als Definitionsgleichung für die Funktion e^{At} benutzt werden.

Um die Gültigkeit von Gl. (1.2.4) nachzuweisen, wird diese Gleichung in die Form

$$\boldsymbol{x}(t) = \mathrm{e}^{At}\,\boldsymbol{x}_0 + \mathrm{e}^{At}\int_0^t \mathrm{e}^{-A\tau}\boldsymbol{B}\,\boldsymbol{u}(\tau)\mathrm{d}\tau$$

gebracht und unter Berücksichtigung von Gl. (1.2.5) die Ableitung gebildet:

$$\begin{aligned}\dot{\boldsymbol{x}}(t) &= \boldsymbol{A}\,\mathrm{e}^{At}\,\boldsymbol{x}_0 + \boldsymbol{A}\,\mathrm{e}^{At}\int_0^t \mathrm{e}^{-A\tau}\,\boldsymbol{B}\,\boldsymbol{u}(\tau)\mathrm{d}\tau + \mathrm{e}^{At}\,\mathrm{e}^{-At}\boldsymbol{B}\,\boldsymbol{u}(t) \\ &= \boldsymbol{A}\left[\mathrm{e}^{At}\,\boldsymbol{x}_0 + \int_0^t \mathrm{e}^{A(t-\tau)}\,\boldsymbol{B}\,\boldsymbol{u}(\tau)\mathrm{d}\tau\right] + \boldsymbol{B}\,\boldsymbol{u}(t) \\ &= \boldsymbol{A}\,\boldsymbol{x}(t) + \boldsymbol{B}\,\boldsymbol{u}(t) .\end{aligned}$$

Damit ist nachgewiesen, dass der Lösungsansatz gemäß Gl. (1.2.4) die Zustandsdifferentialgleichung, Gl. (1.1.7a), erfüllt.

Im allgemeinen wird Gl. (1.2.4) auch in der Form

$$\boldsymbol{x}(t) = \boldsymbol{\Phi}(t)\,\boldsymbol{x}_0 + \int_0^t \boldsymbol{\Phi}(t-\tau)\,\boldsymbol{B}\,\boldsymbol{u}(\tau)\mathrm{d}\tau \tag{1.2.7a}$$

geschrieben, wobei die Matrix

$$\boldsymbol{\Phi}(t) = \mathrm{e}^{At} \tag{1.2.8}$$

als *Fundamental-* oder *Übergangsmatrix* bezeichnet wird. Diese Matrix spielt bei den Methoden des Zustandsraums eine wichtige Rolle. Sie ermöglicht gemäß Gl. (1.2.7a) auf einfache Weise die Berechnung des Systemzustands für alle Zeiten t allein aus der Kenntnis eines Anfangszustands $\boldsymbol{x}_0$ im Zeitpunkt $t_0 = 0$ und des Zeitverlaufs des Eingangsvektors. Der Term $\boldsymbol{\Phi}(t)\,\boldsymbol{x}_0$ in Gl. (1.2.7a) beschreibt die homogene Lösung der Zustandsgleichung, die auch als *Eigenbewegung* oder als *freie Reaktion* des Systems bezeichnet wird. Der zweite Term entspricht der partikulären Lösung, also dem durch die äußere Erregung (*erzwungene Reaktion*) gegebenen Anteil.

Anmerkung:

Ist der Anfangszeitpunkt $t_0 \neq 0$, so ändert sich Gl. (1.2.7a) nur formal, indem das Argument t durch $t - t_0$ ersetzt und t_0 als untere Integrationsgrenze eingesetzt wird:

$$\boldsymbol{x}(t) = \boldsymbol{\Phi}(t - t_0)\,\boldsymbol{x}(t_0) + \int_{t_0}^{t} \boldsymbol{\Phi}(t-\tau)\,\boldsymbol{B}\,\boldsymbol{u}(\tau)\mathrm{d}\tau \,. \tag{1.2.7b}$$

Beispiel 1.2.1:

Gegeben sei die Zustandsgleichung

$$\dot{\boldsymbol{x}}(t) = \begin{bmatrix} 0 & 6 \\ -1 & -5 \end{bmatrix} \boldsymbol{x}(t) + \begin{bmatrix} 0 \\ 1 \end{bmatrix} u(t)\,,\ \boldsymbol{x}(0) = \boldsymbol{x}_0 = \begin{bmatrix} 3 \\ 1 \end{bmatrix}$$

sowie die zugehörige Fundamentalmatrix $\boldsymbol{\Phi}(t)$ in analytischer Form:

$$\boldsymbol{\Phi}(t) = \begin{bmatrix} (3\mathrm{e}^{-2t} - 2\mathrm{e}^{-3t}) & (6\mathrm{e}^{-2t} - 6\mathrm{e}^{-3t}) \\ (-\mathrm{e}^{-2t} + \mathrm{e}^{-3t}) & (-2\mathrm{e}^{-2t} + 3\mathrm{e}^{-3t}) \end{bmatrix}.$$

(Methoden zur Ermittlung von $\boldsymbol{\Phi}(t)$ in dieser Form werden in den Abschnitten 1.4 und 1.5 besprochen.)

Unter Berücksichtigung der gegebenen Anfangsbedingung soll nun der zeitliche Verlauf des Zustandsvektors für einen Einheitssprung $u(t) = 1, t \geq 0$ mit Hilfe von Gl. (1.2.7a) bestimmt werden. Zunächst erhält man für den Term $\boldsymbol{\Phi}(t-\tau)\,\boldsymbol{B}\,\boldsymbol{u}(t)$ gerade die zweite Spalte der Matrix $\boldsymbol{\Phi}(t-\tau)$, und damit folgt als Lösung

$$\boldsymbol{x}(t) = \begin{bmatrix} (3\mathrm{e}^{-2t} - 2\mathrm{e}^{-3t}) & (6\mathrm{e}^{-2t} - 6\mathrm{e}^{-3t}) \\ (-\mathrm{e}^{-2t} + \mathrm{e}^{-3t}) & (-2\mathrm{e}^{-2t} + 3\mathrm{e}^{-3t}) \end{bmatrix} \begin{bmatrix} 3 \\ 1 \end{bmatrix}$$

$$+ \int_0^t \begin{bmatrix} 6\mathrm{e}^{-2(t-\tau)} - 6\mathrm{e}^{-3(t-\tau)} \\ -2\mathrm{e}^{-2(t-\tau)} + 3\mathrm{e}^{-3(t-\tau)} \end{bmatrix} \mathrm{d}\tau$$

oder nach Ausführen der Multiplikation und Integration

$$\boldsymbol{x}(t) = \begin{bmatrix} 15\mathrm{e}^{-2t} - 12\mathrm{e}^{-3t} \\ 6\mathrm{e}^{-3t} - 5\mathrm{e}^{-2t} \end{bmatrix} + \begin{bmatrix} 1 - 3\mathrm{e}^{-2t} + 2\mathrm{e}^{-3t} \\ \mathrm{e}^{-2t} - \mathrm{e}^{-3t} \end{bmatrix}$$

$$\boldsymbol{x}(t) = \begin{bmatrix} 1 + 12\mathrm{e}^{-2t} - 10\mathrm{e}^{-3t} \\ 5\mathrm{e}^{-3t} - 4\mathrm{e}^{-2t} \end{bmatrix}.$$

Ebenso lässt sich beispielsweise die Rampenantwort dieses Systems bestimmen, indem $\boldsymbol{x}_0 = \boldsymbol{0}$ und $u(t) = t, t \geq 0$ gesetzt wird. Dies ergibt

$$\boldsymbol{x}(t) = \int_0^t \begin{bmatrix} 6\mathrm{e}^{-2(t-\tau)} - 6\mathrm{e}^{-3(t-\tau)} \\ -2\mathrm{e}^{-2(t-\tau)} + 3\mathrm{e}^{-3(t-\tau)} \end{bmatrix} \tau\,\mathrm{d}\tau$$

$$x(t)=\begin{bmatrix} t-\frac{5}{6}+\frac{3}{2}\mathrm{e}^{-2t}-\frac{2}{3}\mathrm{e}^{-3t} \\ \frac{1}{6}-\frac{1}{2}\mathrm{e}^{-2t}+\frac{1}{3}\mathrm{e}^{-3t} \end{bmatrix}.$$ ■

1.2.2 Eigenschaften der Fundamentalmatrix

Aufgrund der Gl. (1.2.8) ergeben sich die folgenden Eigenschaften der Fundamentalmatrix eines zeitinvarianten Systems:

a) $\boldsymbol{\Phi}(0)=\mathrm{e}^{A\cdot 0}=\mathbf{I}$ (Einheitsmatrix). (1.2.9)

b) $\boldsymbol{\Phi}(t)$ ist stets invertierbar. Es gilt: $\boldsymbol{\Phi}^{-1}(t)=(\mathrm{e}^{At})^{-1}=\mathrm{e}^{A(-t)}=\boldsymbol{\Phi}(-t)$. (1.2.10)

c) $\boldsymbol{\Phi}^{k}(t)=\mathrm{e}^{Atk}=\boldsymbol{\Phi}(kt)$. (1.2.11)

d) $\boldsymbol{\Phi}(t_1)\,\boldsymbol{\Phi}(t_2)=\boldsymbol{\Phi}(t_2)\,\boldsymbol{\Phi}(t_1)=\mathrm{e}^{A(t_1+t_2)}=\boldsymbol{\Phi}(t_1+t_2)$. (1.2.12a)

Hieraus folgt mit $\boldsymbol{\Phi}(t_i-t_j)=\boldsymbol{\Phi}(t_i)\cdot\boldsymbol{\Phi}(-t_j)=\boldsymbol{\Phi}(t_i)\cdot\boldsymbol{\Phi}^{-1}(t_j)$:

e) $\boldsymbol{\Phi}(t_2-t_1)\,\boldsymbol{\Phi}(t_1-t_0)=\boldsymbol{\Phi}(t_2-t_0)$. (1.2.12b)

Diese Eigenschaften können besonders dann vorteilhaft genutzt werden, wenn $\boldsymbol{\Phi}(t)$ nicht in analytischer Form vorliegt. Hat man beispielsweise für $t=T$ die Matrix $\boldsymbol{\Phi}(T)$ numerisch bestimmt, so ist es mit Hilfe der Gl. (1.2.11) sehr leicht möglich, zumindest die homogene Lösung nach Gl. (1.2.7) für diskrete Zeitpunkte $t_k=kT$ und beliebige k zu ermitteln.

Anmerkung:

Für zeitvariante Systeme lässt sich ebenfalls eine Fundamentalmatrix $\boldsymbol{\Phi}(t,t_0)$ angeben, die natürlich auch vom Anfangszeitpunkt t_0 abhängt und im allgemeinen nicht als Exponentialfunktion darstellbar ist. Sie hat jedoch ähnliche Eigenschaften:

a) $\boldsymbol{\Phi}(t_0,t_0)=\mathbf{I}$,

b) $\boldsymbol{\Phi}(t_1,t_0)=\boldsymbol{\Phi}^{-1}(t_0,t_1)$,

c) $\boldsymbol{\Phi}(t_2,t_1)\,\boldsymbol{\Phi}(t_1,t_0)=\boldsymbol{\Phi}(t_2,t_0)$.

Ebenso ist auch die Lösungsgleichung, Gl. (1.2.7b), auf zeitvariante Systeme übertragbar:

$$\boldsymbol{x}(t)=\boldsymbol{\Phi}(t,t_0)\,\boldsymbol{x}(t_0)+\int_{t_0}^{t}\boldsymbol{\Phi}(t,\tau)\,\boldsymbol{B}(\tau)\,\boldsymbol{u}(\tau)\mathrm{d}\tau\,.$$

Diese Gleichung ist allerdings kaum mehr analytisch, sondern nur noch numerisch auswertbar.

1.2.3 Die Gewichtsmatrix oder Matrix der Gewichtsfunktionen

Bei der Betrachtung von Regelungssystemen interessiert nicht nur der Zeitverlauf der Zustandsgrößen, sondern auch der Zusammenhang zwischen $\boldsymbol{u}(t)$ und dem Ausgangsvektor $\boldsymbol{y}(t)$.

Es sei wiederum ein zeitinvariantes System betrachtet, wobei $t_0 = 0$ gewählt wird. Setzt man in die Gleichung des Ausgangsvektors

$$\boldsymbol{y}(t) = \boldsymbol{C}\,\boldsymbol{x}(t) + \boldsymbol{D}\,\boldsymbol{u}(t)$$

für $\boldsymbol{x}(t)$ Gl. (1.2.4) ein, so ergibt sich

$$\boldsymbol{y}(t) = \boldsymbol{C}\,\mathrm{e}^{\boldsymbol{A}t}\,\boldsymbol{x}(0) + \int_0^t \boldsymbol{C}\,\mathrm{e}^{\boldsymbol{A}(t-\tau)}\,\boldsymbol{B}\,\boldsymbol{u}(\tau)\mathrm{d}\tau + \boldsymbol{D}\,\boldsymbol{u}(t)\,. \tag{1.2.13}$$

Nun wird die $(m \times r)$-Matrix

$$\boldsymbol{G}(t) = \boldsymbol{C}\,\mathrm{e}^{\boldsymbol{A}t}\boldsymbol{B} + \boldsymbol{D}\,\delta(t) \tag{1.2.14a}$$

bzw.

$$\boldsymbol{G}(t-\tau) = \boldsymbol{C}\,\mathrm{e}^{\boldsymbol{A}(t-\tau)}\,\boldsymbol{B} + \boldsymbol{D}\,\delta(t-\tau) \tag{1.2.14b}$$

in Gl. (1.2.13) eingeführt. Beachtet man noch, dass aufgrund der Ausblendeigenschaft der δ-Funktion die Beziehung

$$\int_0^t \boldsymbol{D}\,\boldsymbol{u}(\tau)\,\delta(t-\tau)\mathrm{d}\tau = \boldsymbol{D}\,\boldsymbol{u}(t) \tag{1.2.15}$$

gilt, dann erhält man aus Gl. (1.2.13) schließlich

$$\boldsymbol{y}(t) = \boldsymbol{C}\,\mathrm{e}^{\boldsymbol{A}t}\,\boldsymbol{x}(0) + \int_0^t \boldsymbol{G}(t-\tau)\,\boldsymbol{u}(\tau)\mathrm{d}\tau\,. \tag{1.2.16}$$

Wie man leicht erkennt (speziell für $\boldsymbol{x}(0) = \boldsymbol{0}$), stellt diese Beziehung eine Verallgemeinerung des Duhamelschen Faltungsintegrals dar. Daher kann die Matrix

$$\boldsymbol{G}(t) = \boldsymbol{C}\,\boldsymbol{\Phi}(t)\,\boldsymbol{B} + \boldsymbol{D}\,\delta(t) \tag{1.2.17}$$

auch als Verallgemeinerung der vom skalaren Fall bekannten Gewichtsfunktion $g(t)$ angesehen werden. $\boldsymbol{G}(t)$ wird deshalb auch als *Gewichtsmatrix* oder als Matrix der Gewichtsfunktionen zwischen den r Eingangs- und m Ausgangsgrößen bezeichnet.

Beispiel 1.2.2:

Für das System mit der Zustandsdarstellung

$$\dot{\boldsymbol{x}} = \begin{bmatrix} 0 & 6 \\ -1 & -5 \end{bmatrix} \boldsymbol{x} + \begin{bmatrix} 0 \\ 1 \end{bmatrix} u$$

$$y = [1 \quad 0]\,\boldsymbol{x} \quad \text{und} \quad \boldsymbol{x}(0) = \boldsymbol{0}$$

lautet die Fundamentalmatrix

$$\boldsymbol{\Phi}(t) = \mathrm{e}^{\boldsymbol{A}t} = \begin{bmatrix} (3\mathrm{e}^{-2t} - 2\mathrm{e}^{-3t}) & (6\mathrm{e}^{-2t} - 6\mathrm{e}^{-3t}) \\ (-\mathrm{e}^{-2t} + \mathrm{e}^{-3t}) & (-2\mathrm{e}^{-2t} + 3\mathrm{e}^{-3t}) \end{bmatrix}.$$

Mit Gl. (1.2.17) und $\boldsymbol{D} = \boldsymbol{0}$ folgt als Gewichtsmatrix

$$\boldsymbol{G}(t) = [1 \quad 0] \begin{bmatrix} (3\mathrm{e}^{-2t} - 2\mathrm{e}^{-3t}) & (6\mathrm{e}^{-2t} - 6\mathrm{e}^{-3t}) \\ (-\mathrm{e}^{-2t} + \mathrm{e}^{-3t}) & (-2\mathrm{e}^{-2t} + 3\mathrm{e}^{-3t}) \end{bmatrix} \begin{bmatrix} 0 \\ 1 \end{bmatrix} = 6\,\mathrm{e}^{-2t} - 6\,\mathrm{e}^{-3t}.$$

Da das hier zugrunde gelegte System ein Eingrößensystem ist, wird die Gewichtsmatrix hierbei eine skalare Größe, die unmittelbar mit der Gewichtsfunktion $g(t)$ identisch ist.■

1.3 Lösung der Zustandsgleichungen im Frequenzbereich

Für die Behandlung der Zustandsgleichungen im Frequenzbereich wird die Laplace-Transformierte von zeitabhängigen Vektoren und Matrizen benötigt. Dazu wird folgende Schreibweise benutzt:

$$\mathscr{L}\{\boldsymbol{u}(t)\} = \boldsymbol{U}(s) \quad \text{und} \tag{1.3.1a}$$

$$\mathscr{L}\{\boldsymbol{G}(t)\} = \underline{\boldsymbol{G}}(s). \tag{1.3.1b}$$

Die Transformation ist dabei elementweise zu verstehen. Im weiteren werden bei der Darstellung im Frequenzbereich die Laplace-Transformierten der zeitabhängigen Vektoren $\boldsymbol{u}(t)$, $\boldsymbol{y}(t)$ oder $\boldsymbol{x}(t)$ gemäß Gl. (1.3.1a) durch Großbuchstaben $\boldsymbol{U}(s)$, $\boldsymbol{Y}(s)$ oder $\boldsymbol{X}(s)$ gekennzeichnet. Um diese Größen gegenüber der Laplace-Transformierten einer zeitabhängigen Matrix, z. B. $\boldsymbol{G}(t)$, unterscheiden zu können, wird diese zusätzlich noch durch eine Unterstreichung gekennzeichnet, also hier entsprechend Gl. (1.3.1b) durch $\underline{\boldsymbol{G}}(s)$.

Zur Berechnung der Übergangsmatrix $\boldsymbol{\Phi}(t)$ wird die Zustandsraumdarstellung gemäß den Gln. (1.1.7a) und (1.1.7b) einer Laplace-Transformation unterzogen:

$$s\boldsymbol{X}(s) - \boldsymbol{x}(0) = \boldsymbol{A}\,\boldsymbol{X}(s) + \boldsymbol{B}\,\boldsymbol{U}(s) \tag{1.3.2}$$

$$\boldsymbol{Y}(s) = \boldsymbol{C}\,\boldsymbol{X}(s) + \boldsymbol{D}\,\boldsymbol{U}(s). \tag{1.3.3}$$

Gl. (1.3.2) kann umgeformt werden zu

$$(s\mathbf{I} - \boldsymbol{A})\boldsymbol{X}(s) = \boldsymbol{x}(0) + \boldsymbol{B}\,\boldsymbol{U}(s)$$

oder

$$\boldsymbol{X}(s) = (s\mathbf{I} - \boldsymbol{A})^{-1}\boldsymbol{x}(0) + (s\mathbf{I} - \boldsymbol{A})^{-1}\boldsymbol{B}\,\boldsymbol{U}(s), \tag{1.3.4}$$

da $(s\mathbf{I} - \boldsymbol{A})$ nichtsingulär, also invertierbar ist.

Diese Beziehung stellt die Laplace-Transformierte der Gl. (1.2.7a) und somit die Lösung der Zustandsgleichungen im Bild- oder Frequenzbereich dar. Der erste Term der rechten Seite beschreibt die freie Reaktion (Eigenverhalten), der zweite Term die erzwungene

Reaktion des Systems. Durch Vergleich der beiden Gln. (1.2.7) und (1.3.4) folgt unmittelbar für die Übergangsmatrix

$$\boldsymbol{\Phi}(t) = \mathscr{L}^{-1}\left\{(s\mathbf{I}-\boldsymbol{A})^{-1}\right\} \tag{1.3.5}$$

oder

$$\mathscr{L}\left\{\boldsymbol{\Phi}(t)\right\} = \underline{\boldsymbol{\Phi}}(s) = (s\mathbf{I}-\boldsymbol{A})^{-1} . \tag{1.3.6}$$

Die Berechnung der Matrix $\underline{\boldsymbol{\Phi}}(s)$ ergibt sich aus der Inversen von $(s\mathbf{I}-\boldsymbol{A})$, also

$$\underline{\boldsymbol{\Phi}}(s) = \frac{1}{|s\mathbf{I}-\boldsymbol{A}|}\,\mathrm{adj}\,(s\mathbf{I}-\boldsymbol{A}) . \tag{1.3.7}$$

Die Adjungierte einer Matrix $\boldsymbol{M} = [m_{ij}]$ entsteht bekanntlich dadurch, dass man jedes Element m_{ij} durch den Kofaktor M_{ij} ersetzt und diese entstehende Matrix transponiert. Der Kofaktor M_{ij} ist definiert durch

$$M_{ij} = (-1)^{i+j} D_{ij} ,$$

wobei D_{ij} die Determinante derjenigen Matrix ist, die aus $\boldsymbol{M}$ durch Streichen der i-ten Zeile und j-ten Spalte entsteht.

Damit besteht die Möglichkeit, die Fundamentalmatrix $\boldsymbol{\Phi}(t)$ in analytischer Form zu berechnen. Man bestimmt $\underline{\boldsymbol{\Phi}}(s)$ nach Gl. (1.3.7) und transformiert die Elemente dieser Matrix in den Zeitbereich zurück.

Beispiel 1.3.1:

Gegeben sei die Systemmatrix

$$\boldsymbol{A} = \begin{bmatrix} 0 & 6 \\ -1 & -5 \end{bmatrix}.$$

Dann wird

$$(s\mathbf{I}-\boldsymbol{A}) = \begin{bmatrix} s & -6 \\ 1 & s+5 \end{bmatrix},$$

und als adjungierte Matrix erhält man

$$\mathrm{adj}\,(s\mathbf{I}-\boldsymbol{A}) = \begin{bmatrix} s+5 & 6 \\ -1 & s \end{bmatrix}.$$

Mit $|s\mathbf{I}-\boldsymbol{A}| = s^2+5s+6 = (s+2)\,(s+3)$ folgt schließlich

$$\underline{\boldsymbol{\Phi}}(s) = (s\mathbf{I}-\boldsymbol{A})^{-1} = \frac{1}{(s+2)\,(s+3)}\begin{bmatrix} s+5 & 6 \\ -1 & s \end{bmatrix}.$$

Die Rücktransformation in den Zeitbereich liefert:

$$\boldsymbol{\Phi}(t) = \begin{bmatrix} (3\mathrm{e}^{-2t} - 2\mathrm{e}^{-3t}) & (6\mathrm{e}^{-2t} - 6\mathrm{e}^{-3t}) \\ (-\mathrm{e}^{-2t} + \mathrm{e}^{-3t}) & (-2\mathrm{e}^{-2t} + 3\mathrm{e}^{-3t}) \end{bmatrix}.$$ ■

Nachfolgend soll aus der Zustandsdarstellung eines Mehrgrößensystems dessen *Übertragungsmatrix* $\underline{\boldsymbol{G}}(s)$ hergeleitet werden, mit der die Laplace-Transformierte des Ausgangsvektors durch

$$\boldsymbol{Y}(s) = \underline{\boldsymbol{G}}(s)\,\boldsymbol{U}(s) \text{ mit } \underline{\boldsymbol{G}}(s) = [G_{\mu\nu}(s)]\,;\ \mu = 1, 2, \ldots, m\,;\ \nu = 1, 2, \ldots, r \tag{1.3.8}$$

darstellbar ist, wobei die Größen $G_{\mu\nu}(s)$ die Teilübertragungsfunktionen des Mehrgrößensystems zwischen dem ν-ten Eingangssignal und dem μ-ten Ausgangssignal beschreiben. Wie im skalaren Fall gilt diese Beziehung nur bei verschwindenden Anfangsbedingungen. Daher wird Gl. (1.3.4) mit $\boldsymbol{x}(0) = \boldsymbol{0}$ in Gl. (1.3.3) eingesetzt. Damit erhält man

$$\boldsymbol{Y}(s) = \boldsymbol{C}(s\mathbf{I} - \boldsymbol{A})^{-1}\boldsymbol{B}\,\boldsymbol{U}(s) + \boldsymbol{D}\,\boldsymbol{U}(s)$$

oder

$$\boldsymbol{Y}(s) = [\boldsymbol{C}(s\mathbf{I} - \boldsymbol{A})^{-1}\boldsymbol{B} + \boldsymbol{D}]\boldsymbol{U}(s)\,. \tag{1.3.9}$$

Daraus folgt gemäß Gl. (1.3.8) für die Übertragungsmatrix

$$\underline{\boldsymbol{G}}(s) = \boldsymbol{C}(s\mathbf{I} - \boldsymbol{A})^{-1}\boldsymbol{B} + \boldsymbol{D} \tag{1.3.10}$$

und mit Gl. (1.3.6) schließlich

$$\underline{\boldsymbol{G}}(s) = \boldsymbol{C}\,\underline{\boldsymbol{\Phi}}(s)\,\boldsymbol{B} + \boldsymbol{D}\,. \tag{1.3.11}$$

Ein Vergleich mit Gl. (1.2.17) zeigt, dass diese Übertragungsmatrix genau die Laplace-Transformierte der Gewichtsmatrix $\boldsymbol{G}(t)$ ist.

Für Eingrößensysteme sind $\boldsymbol{B}$ und $\boldsymbol{C}$ Vektoren, $\boldsymbol{D}$ ist skalar, und man erhält als Übertragungsfunktion

$$G(s) = \boldsymbol{c}^{\mathrm{T}}(s\mathbf{I} - \boldsymbol{A})^{-1}\boldsymbol{b} + d \tag{1.3.12}$$

bzw.

$$G(s) = \boldsymbol{c}^{\mathrm{T}}\underline{\boldsymbol{\Phi}}(s)\,\boldsymbol{b} + d\,. \tag{1.3.13}$$

Neben dieser Möglichkeit, die Übertragungsfunktion eines Systems aus der gegebenen Zustandsraumdarstellung zu ermitteln, existiert noch eine weitere, die zunehmend bei der rechentechnischen Analyse dynamischer Systeme angewandt wird. Dazu muss von den Gln. (1.3.2) und (1.3.3) ausgegangen werden. Für $\boldsymbol{x}(0) = \boldsymbol{0}$ folgt aus Gl. (1.3.2)

$$(s\mathbf{I} - \boldsymbol{A})\,\boldsymbol{X}(s) - \boldsymbol{B}\,\boldsymbol{U}(s) = \boldsymbol{0}\,, \tag{1.3.14}$$

und aus Gl. (1.3.3) ergibt sich

$$-\boldsymbol{C}\,\boldsymbol{X}(s) - \boldsymbol{D}\,\boldsymbol{U}(s) = -\boldsymbol{Y}(s)\,. \tag{1.3.15}$$

Die beiden Gln. (1.3.14) und (1.3.15) lassen sich in der Form

$$\left[\begin{array}{c:c} s\mathbf{I}-\boldsymbol{A} & \boldsymbol{B} \\ \hdashline -\boldsymbol{C} & \boldsymbol{D} \end{array}\right]\left[\begin{array}{c} \boldsymbol{X}(s) \\ \hdashline -\boldsymbol{U}(s) \end{array}\right]=\left[\begin{array}{c} \mathbf{0} \\ \hdashline -\boldsymbol{Y}(s) \end{array}\right] \tag{1.3.16}$$

darstellen. Die Matrix

$$\underline{\boldsymbol{P}}(s)=\left[\begin{array}{c:c} s\mathbf{I}-\boldsymbol{A} & \boldsymbol{B} \\ \hdashline -\boldsymbol{C} & \boldsymbol{D} \end{array}\right] \tag{1.3.17}$$

wird als verallgemeinerte Systemmatrix oder oft auch als Rosenbrock-Matrix bezeichnet [Ros74]. Für ein Eingrößensystem $(m = r = 1)$ geht diese Matrix über in

$$\underline{\boldsymbol{P}}(s)=\left[\begin{array}{c:c} s\mathbf{I}-\boldsymbol{A} & \boldsymbol{b} \\ \hdashline -\boldsymbol{c}^{\mathrm{T}} & d \end{array}\right]. \tag{1.3.18}$$

Für die Determinante der $(n+m)\times(n+r)$-dimensionalen Blockmatrix des Mehrgrößensystems gemäß Gl. (1.3.17) gilt [Hüt00]

$$|\underline{\boldsymbol{P}}(s)|=\left|\begin{array}{c:c} s\mathbf{I}-\boldsymbol{A} & \boldsymbol{B} \\ \hdashline -\boldsymbol{C} & \boldsymbol{D} \end{array}\right|=|s\mathbf{I}-\boldsymbol{A}|\cdot\left|\boldsymbol{D}+\boldsymbol{C}(s\mathbf{I}-\boldsymbol{A})^{-1}\boldsymbol{B}\right|$$

und entsprechend für jene der quadratischen Matrix des Eingrößensystems gemäß Gl. (1.3.18)

$$|\underline{\boldsymbol{P}}(s)|=|s\mathbf{I}-\boldsymbol{A}|[d+\boldsymbol{c}^{\mathrm{T}}(s\mathbf{I}-\boldsymbol{A})^{-1}\boldsymbol{b}],$$

wobei zu beachten ist, dass die zweite Determinante sich hier zu der skalaren Größe des Klammerausdrucks reduziert. Damit erhält man für das Eingrößensystem

$$|\underline{\boldsymbol{P}}(s)|=|s\mathbf{I}-\boldsymbol{A}|\,d+\boldsymbol{c}^{\mathrm{T}}\operatorname{adj}(s\mathbf{I}-\boldsymbol{A})\,\boldsymbol{b}\,. \tag{1.3.19}$$

Schreibt man für das Eingrößensystem die Gl. (1.3.12) in die Form

$$G(s)=\frac{\boldsymbol{c}^{\mathrm{T}}\operatorname{adj}(s\mathbf{I}-\boldsymbol{A})\,\boldsymbol{b}+d|s\mathbf{I}-\boldsymbol{A}|}{|s\mathbf{I}-\boldsymbol{A}|}, \tag{1.3.20}$$

dann erkennt man, dass mit Gl. (1.3.19) die Übertragungsfunktion durch die Beziehung

$$G(s)=\frac{|\underline{\boldsymbol{P}}(s)|}{|s\mathbf{I}-\boldsymbol{A}|}=\frac{Z(s)}{N(s)} \tag{1.3.21}$$

einfach berechnet werden kann. Anhand eines Beispiels soll die Anwendung der Gl. (1.3.21) gezeigt werden.

Beispiel 1.3.2:

Gegeben sei ein System in der Zustandsraumdarstellung mit

$$\boldsymbol{A}=\begin{bmatrix} 0 & 1 \\ -12 & 7 \end{bmatrix},\quad \boldsymbol{b}=\begin{bmatrix} 0 \\ 1 \end{bmatrix},\quad \boldsymbol{c}^{\mathrm{T}}=[-10 \quad 4],\quad d=1\,.$$

Für dieses System soll $G(s)$ bestimmt werden. Die zur Berechnung von $Z(s)$ und $N(s)$ benötigte Matrix

$$s\mathbf{I} - \boldsymbol{A} = \begin{bmatrix} s & -1 \\ 12 & s-7 \end{bmatrix}$$

liefert als Determinante $|s\mathbf{I} - \boldsymbol{A}| = s^2 - 7s + 12$.

Die Rosenbrock-Matrix ist gegeben durch

$$\underline{\boldsymbol{P}}(s) = \begin{bmatrix} s & -1 & 0 \\ 12 & s-7 & 1 \\ 10 & -4 & 1 \end{bmatrix}.$$

Daraus ergibt sich als Zählerpolynom

$$Z(s) = |\underline{\boldsymbol{P}}(s)| = s^2 - 3s + 2 .$$

Somit lautet die gesuchte Übertragungsfunktion

$$G(s) = \frac{(s-1)(s-2)}{(s-3)(s-4)} .$$ ■

1.4 Einige Grundlagen der Matrizentheorie zur Berechnung der Fundamentalmatrix

1.4.1 Der Satz von Cayley-Hamilton

Bei der Einführung der Zustandsraumdarstellung wurde festgestellt, dass die Systemmatrix $\boldsymbol{A}$ die vollständige Information über das Eigenverhalten des Systems besitzt. Sie muss also insbesondere die Pole des Systems enthalten. In der Übertragungsmatrix nach Gl. (1.3.11) tritt $\underline{\boldsymbol{\Phi}}(s)$ als einziger von s abhängiger Term auf. Diese Matrix enthält gemäß Gl. (1.3.7) als gemeinsamen Nenner aller Elemente die Determinante $|s\mathbf{I} - \boldsymbol{A}|$, also ein Polynom n-ter Ordnung, dessen Wurzeln die *Pole des Systems* liefern. Demnach können der reellen quadratischen $(n \times n)$-Matrix $\boldsymbol{A}$ genau n reelle oder komplexe Eigenwerte s_i zugeordnet werden, die sich aus der *charakteristischen Gleichung* oder *Eigenwertgleichung*

$$P^*(s) = |s\mathbf{I} - \boldsymbol{A}| = 0 \tag{1.4.1}$$

ergeben. $P^*(s)$ stellt ein Polynom n-ter Ordnung in s dar und ist das *charakteristische Polynom* der Matrix $\boldsymbol{A}$. Gl. (1.4.1) hat also die Form

$$P^*(s) = a_0 + a_1 s + a_2 s^2 + \cdots + s^n = \sum_{i=0}^{n} a_i s^i \quad \text{mit} \quad a_n = 1 . \tag{1.4.2}$$

Hieraus lassen sich die Eigenwerte des Systems ermitteln. Für ein System mit einer Ein- und Ausgangsgröße lässt sich nach Gl. (1.3.21) die Übertragungsfunktion $G(s)$ berechnen. Will man die Pole des Systems bestimmen, so muss man berücksichtigen, dass zwar jeder Pol von $G(s)$ gemäß Gl. (1.4.1) ein Eigenwert von $\boldsymbol{A}$ sein muss, jedoch jeder Eigenwert von $\boldsymbol{A}$ nicht in jedem Fall ein Pol von $G(s)$ ist, da ein Pol unter Umständen gegen eine Nullstelle gekürzt werden kann. Darauf wird im Abschnitt 1.7 noch näher eingegangen.

Sind alle Eigenwerte auch Pole des Systems, so hat $G(s)$ einen Nennergrad, der gleich der Anzahl n der Zustandsgrößen ist. Anhand der Pole der Übertragungsfunktion lässt sich bekanntlich die *Stabilität* des Systems mittels der klassischen Methoden (z. B. Hurwitz- oder Routh-Kriterium) untersuchen. Im Falle eines Mehrgrößensystems ist asymptotische Stabilität dann gewährleistet, wenn die Pole sämtlicher Teilübertragungsfunktionen bzw. sämtlicher Eigenwerte von $\boldsymbol{A}$ in der linken s-Halbebene liegen.

Man kann leicht nachweisen, dass bei einer Diagonalmatrix ebenso wie bei einer Dreiecksmatrix die Eigenwerte genau die Diagonalelemente sind.

Eine zentrale Bedeutung hat für die weiteren Überlegungen der *Satz von Cayley-Hamilton*:

> Jede quadratische Matrix $\boldsymbol{A}$ genügt ihrer charakteristischen Gleichung.

Ist demnach $P^*(s)$ nach Gl. (1.4.2) das charakteristische Polynom von $\boldsymbol{A}$, so gilt:

$$\boldsymbol{P}^*(\boldsymbol{A}) = a_0\,\mathbf{I} + a_1\,\boldsymbol{A} + a_2\,\boldsymbol{A}^2 + \cdots + \boldsymbol{A}^n = \mathbf{0}\,. \tag{1.4.3}$$

Dabei sei angemerkt, dass die Bezeichnung $\boldsymbol{P}^*(\boldsymbol{A})$ analog zu Gl. (1.4.2) beibehalten wird, jedoch $\boldsymbol{P}^*(\boldsymbol{A})$ eine Matrix darstellt.

Zum *Beweis* dieses Satzes wird die Inverse der Matrix $(s\mathbf{I} - \boldsymbol{A})$ in der Form

$$(s\mathbf{I} - \boldsymbol{A})^{-1} = \frac{1}{|s\mathbf{I} - \boldsymbol{A}|}\,\mathrm{adj}\,(s\mathbf{I} - \boldsymbol{A}) = \frac{\mathrm{adj}\,(s\mathbf{I} - \boldsymbol{A})}{P^*(s)} \tag{1.4.4}$$

geschrieben, wobei für die $(n \times n)$-Polynommatrix

$$\mathrm{adj}\,(s\mathbf{I} - \boldsymbol{A}) = \sum_{i=0}^{n-1} \boldsymbol{A}_i s^i$$

gilt. Hierbei besitzen die Matrizen $\boldsymbol{A}_i$ die Dimension $(n \times n)$. Durch Multiplikation der Gl. (1.4.4) mit $P^*(s)(s\mathbf{I} - \boldsymbol{A})$ von links folgt

$$P^*(s)\,\mathbf{I} = (s\mathbf{I} - \boldsymbol{A})\,\mathrm{adj}\,(s\mathbf{I} - \boldsymbol{A})\,,$$

und durch Einsetzen von Gl. (1.4.2) und des Ausdrucks für $\mathrm{adj}\,(s\mathbf{I} - \boldsymbol{A})$ erhält man

$$\sum_{i=0}^{n} a_i s^i \mathbf{I} = (s\mathbf{I} - \boldsymbol{A}) \sum_{i=0}^{n-1} \boldsymbol{A}_i s^i\,.$$

Der Koeffizientenvergleich gleicher Potenzen von s liefert

$$\begin{aligned}
a_0\mathbf{I} &= -\boldsymbol{A}\,\boldsymbol{A}_0 \\
a_1\mathbf{I} &= -\boldsymbol{A}\,\boldsymbol{A}_1 + \boldsymbol{A}_0 \\
a_2\mathbf{I} &= -\boldsymbol{A}\,\boldsymbol{A}_2 + \boldsymbol{A}_1 \\
&\vdots \\
a_{n-1}\mathbf{I} &= -\boldsymbol{A}\,\boldsymbol{A}_{n-1} + \boldsymbol{A}_{n-2} \\
\mathbf{I} &= \qquad\quad + \boldsymbol{A}_{n-1} \,.
\end{aligned}$$

Nun wird die erste dieser Gleichungen von links mit $\mathbf{I}$, die zweite mit $\boldsymbol{A}$ usw. und die letzte mit $\boldsymbol{A}^n$ multipliziert. Durch Addition dieser so entstandenen Gleichungen folgt schließlich

$$a_0\mathbf{I} + a_1\boldsymbol{A} + a_2\boldsymbol{A}^2 + \cdots + \boldsymbol{A}^n = \mathbf{0}\,,$$

womit Gl. (1.4.3) bewiesen ist.

Dieser wichtige Satz soll an einem Beispiel noch etwas weiter diskutiert werden.

Beispiel 1.4.1:

Gegeben sei die Matrix

$$\boldsymbol{A} = \begin{bmatrix} 1 & 1 \\ 0 & -2 \end{bmatrix}.$$

Mit

$$(s\mathbf{I} - \boldsymbol{A}) = \begin{bmatrix} s-1 & -1 \\ 0 & s+2 \end{bmatrix}$$

erhält man als charakteristische Gleichung

$$P^*(s) = (s-1)\,(s+2) = s^2 + s - 2 = 0\,,$$

und indem s durch $\boldsymbol{A}$ ersetzt wird, muss gelten:

$$\boldsymbol{P}^*(\boldsymbol{A}) = \boldsymbol{A}^2 + \boldsymbol{A} - 2\,\mathbf{I} = \mathbf{0}\,. \tag{1.4.5}$$

Tatsächlich wird

$$\boldsymbol{P}^*(\boldsymbol{A}) = \begin{bmatrix} 1 & -1 \\ 0 & 4 \end{bmatrix} + \begin{bmatrix} 1 & 1 \\ 0 & -2 \end{bmatrix} - \begin{bmatrix} 2 & 0 \\ 0 & 2 \end{bmatrix} = \begin{bmatrix} 0 & 0 \\ 0 & 0 \end{bmatrix} = \mathbf{0}\,.$$

Im weiteren soll für dieses Beispiel an zwei Fällen noch gezeigt werden, wie mit Hilfe des Satzes von Cayley-Hamilton beliebige Potenzen von $\boldsymbol{A}$ einfach berechnet werden können:

a) Aus Gl. (1.4.5) folgt durch Multiplikation mit $\boldsymbol{A}^{-1}$:

$$\boldsymbol{A} + \mathbf{I} - 2\,\boldsymbol{A}^{-1} = \mathbf{0}$$

und damit

$$A^{-1} = \frac{1}{2}(A + \mathbf{I}) = \begin{bmatrix} 1 & 0{,}5 \\ 0 & -0{,}5 \end{bmatrix}.$$

b) Um beispielsweise die Summe $A^3 + 2A^2$ zu berechnen, wird A^2 mit Hilfe von Gl. (1.4.5) ersetzt durch

$$A^2 = 2\,\mathbf{I} - A\,.$$

A^3 ergibt sich durch Multiplikation dieser Gleichung mit A, und durch Einsetzen von A^2 folgt schließlich

$$A^3 = -2\,\mathbf{I} + 3\,A\,.$$

Damit gilt für obiges Beispiel:

$$A^3 + 2\,A^2 = 2\,\mathbf{I} + A = \begin{bmatrix} 3 & 1 \\ 0 & 0 \end{bmatrix}.$$

■

1.4.2 Anwendung auf Matrizenfunktionen

Zunächst wird ein allgemeines Polynom $F(s)$ der Ordnung p betrachtet

$$F(s) = f_0 + f_1 s + \cdots + f_p s^p\,. \tag{1.4.6}$$

Weiterhin sei

$$P^*(s) = a_0 + a_1 s + \cdots + a_n s^n \tag{1.4.7}$$

ein gegebenes Polynom der Ordnung n mit $n < p$. Dann kann $F(s)$ durch $P^*(s)$ dividiert werden, und man erhält für $F(s)$ die Darstellung

$$F(s) = Q(s)\,P^*(s) + R(s)\,. \tag{1.4.8}$$

Hierbei ist $Q(s)$ das Ergebnis der Division und $R(s)$ ein Restpolynom von höchstens $(n-1)$-ter Ordnung. Nun bildet man in entsprechender Weise nach Gl. (1.4.6) die *Matrizenfunktion*

$$\boldsymbol{F}(\boldsymbol{A}) = f_0\,\mathbf{I} + f_1\boldsymbol{A} + \cdots + f_p\,\boldsymbol{A}^p\,. \tag{1.4.9}$$

Dabei sei $\boldsymbol{A}$ eine $(n \times n)$-Matrix, deren charakteristisches Polynom gerade $P^*(s)$ ist. Dann ist analog zu Gl. (1.4.8) folgende Aufspaltung möglich:

$$\boldsymbol{F}(A) = \boldsymbol{Q}(A)\,\boldsymbol{P}^*(A) + \boldsymbol{R}(A)\,.$$

Da nach Cayley-Hamilton aber $\boldsymbol{P}^*(A) = \mathbf{0}$ ist, gilt

$$\boldsymbol{F}(A) = \boldsymbol{R}(A) = \alpha_0\,\mathbf{I} + \alpha_1\,\boldsymbol{A} + \cdots + \alpha_{n-1}\,\boldsymbol{A}^{n-1}\,. \tag{1.4.10}$$

Als unmittelbare Konsequenz aus dem Satz von Cayley-Hamilton ergibt sich somit:

Jede $(n \times n)$-Matrizenfunktion $\boldsymbol{F}(A)$ der Ordnung $p \geq n$ entsprechend Gl. (1.4.9) ist durch eine Funktion von höchstens $(n-1)$-ter Ordnung darstellbar.

Ein Beispiel hierfür wurde bereits zuvor berechnet, indem alle Potenzen A^i mit $i \geq n$ mit Hilfe des charakteristischen Polynoms eliminiert wurden.

Man kann zeigen, dass Gl. (1.4.10) auch für $p \to \infty$ gilt, also wenn $\boldsymbol{F}(A)$ eine unendliche Summe ist, sofern der Grenzwert für $p \to \infty$ existiert. Damit kann diese Beziehung auch zur Berechnung der Matrix-Exponentialfunktion $\boldsymbol{F}(A) = \mathrm{e}^{\boldsymbol{A}t}$ nach Gl. (1.2.6) benutzt werden, und die Fundamentalmatrix $\mathrm{e}^{\boldsymbol{A}t}$ kann damit in der Form

$$\boldsymbol{\Phi}(t) = \mathrm{e}^{\boldsymbol{A}t} = \boldsymbol{R}(\boldsymbol{A}) = \alpha_0(t)\,\mathbf{I} + \alpha_1(t)\,\boldsymbol{A} + \cdots + \alpha_{n-1}(t)\,\boldsymbol{A}^{n-1} \tag{1.4.11}$$

dargestellt werden, wobei die Koeffizienten α_j Zeitfunktionen sind, da die Zeit auch in der Potenzreihe explizit auftritt. Zur Berechnung dieser Koeffizienten wird noch einmal Gl. (1.4.8) betrachtet. Setzt man für s die Eigenwerte s_i der Matrix $\boldsymbol{A}$ ein, so folgt wegen $P^*(s_i) = 0$ die Beziehung

$$F(s_i) = R(s_i)\,. \tag{1.4.12}$$

Die beiden Polynome stimmen also für die Eigenwerte überein. Somit gilt mit $F(s_i) = \mathrm{e}^{s_i t}$ analog zu Gl. (1.4.11) für $i = 1, 2, \ldots, n$

$$\mathrm{e}^{s_i t} = \alpha_0(t) + \alpha_1(t)\,s_i + \cdots + \alpha_{n-1}(t)\,s_i^{n-1}\,. \tag{1.4.13}$$

Damit ergeben sich für die n-Eigenwerte s_i gerade n Gleichungen zur Berechnung der n unbekannten Koeffizienten $\alpha_j(t)$. Allerdings ist hier vorausgesetzt, dass alle n Eigenwerte s_i verschieden sind. Treten jedoch mehrfache Eigenwerte auf, so ergeben sich für jeden Eigenwert s_k der Vielfachheit m_k jeweils m_k Gleichungen der Form:

$$\left.\frac{\mathrm{d}^\mu}{\mathrm{d}s^\mu}\,\mathrm{e}^{st}\right|_{s=s_k} = \left.\frac{\mathrm{d}^\mu}{\mathrm{d}s^\mu}\left[\alpha_0(t) + \alpha_1(t)\,s + \cdots + \alpha_{n-1}(t)\,s^{n-1}\right]\right|_{s=s_k} \tag{1.4.14}$$

$$\text{für } \mu = 0, 1, \ldots, m_k - 1\,.$$

Beispiel 1.4.2:

Es ist die Fundamentalmatrix $\boldsymbol{\Phi}(t)$ für das in dem Beispiel 1.2.1 bereits benutzte System mit folgender Systemmatrix zu berechnen:

$$\boldsymbol{A} = \begin{bmatrix} 0 & 6 \\ -1 & -5 \end{bmatrix}.$$

Die charakteristische Gleichung lautet:

$$P^*(s) = |s\mathbf{I} - \boldsymbol{A}| = \begin{vmatrix} s & -6 \\ 1 & s+5 \end{vmatrix} = s^2 + 5s + 6 = 0\,.$$

Es ergeben sich die Eigenwerte

$$s_1 = -2 \quad \text{und} \quad s_2 = -3\,.$$

Nun wird der Ansatz entsprechend Gl. (1.4.11) gemacht

$$\boldsymbol{\Phi}(t) = \mathrm{e}^{\boldsymbol{A}t} = \alpha_0(t)\,\mathbf{I} + \alpha_1(t)\,\boldsymbol{A} = \begin{bmatrix} \alpha_0(t) & 0 \\ 0 & \alpha_0(t) \end{bmatrix} + \begin{bmatrix} 0 & 6\alpha_1(t) \\ -\alpha_1(t) & -5\alpha_1(t) \end{bmatrix}.$$

Die Koeffizienten α_0 und α_1 werden dann mittels Gl. (1.4.13) bestimmt:

$$\mathrm{e}^{-2t} = \alpha_0(t) - 2\alpha_1(t) \quad \text{und} \quad \mathrm{e}^{-3t} = \alpha_0(t) - 3\alpha_1(t).$$

Die Lösung dieser beiden Gleichungen liefert die gesuchten Zeitfunktionen

$$\alpha_0(t) = 3\mathrm{e}^{-2t} - 2\mathrm{e}^{-3t} \quad \text{und} \quad \alpha_1(t) = \mathrm{e}^{-2t} - \mathrm{e}^{-3t}.$$

Somit erhält man schließlich als Übergangsmatrix

$$\boldsymbol{\Phi}(t) = \begin{bmatrix} \alpha_0 & 6\alpha_1 \\ -\alpha_1 & \alpha_0 - 5\alpha_1 \end{bmatrix} = \begin{bmatrix} (3\mathrm{e}^{-2t} - 2\mathrm{e}^{-3t}) & (6\mathrm{e}^{-2t} - 6\mathrm{e}^{-3t}) \\ (-\mathrm{e}^{-2t} + \mathrm{e}^{-3t}) & (-2\mathrm{e}^{-2t} + 3\mathrm{e}^{-3t}) \end{bmatrix}.$$ ■

1.4.3 Der Entwicklungssatz von Sylvester

Durch Gl. (1.4.12) ist die Aufgabe der Bestimmung des "Ersatzpolynoms" $\boldsymbol{R}(\boldsymbol{A})$ für eine Matrizenfunktion $\boldsymbol{F}(\boldsymbol{A})$ auf folgendes Problem zurückgeführt:

Man bestimme ein Polynom $R(s)$ der Ordnung $n-1$, das in n "Stützstellen" s_i die vorgegebenen Funktionswerte

$$F(s_i) = R(s_i)$$

annimmt. Sind dabei s_i die Eigenwerte der Matrix $\boldsymbol{A}$, so ist $\boldsymbol{R}(\boldsymbol{A})$ das gesuchte Polynom, und es gilt

$$\boldsymbol{F}(\boldsymbol{A}) = \boldsymbol{R}(\boldsymbol{A}).$$

Es handelt sich hier um ein Interpolationsproblem, das eine eindeutige Lösung hat. Hierfür ist die *Interpolationsformel von Lagrange*

$$R(s) = \sum_{j=1}^{n} \left[F(s_j) \prod_{\substack{i=1 \\ i \neq j}}^{n} \frac{s_i - s}{s_i - s_j} \right] \tag{1.4.15}$$

anwendbar. Ersetzt man nun die Variable s durch die Matrix $\boldsymbol{A}$ und demgemäss s_i im Zähler durch $s_i\,\mathbf{I}$, so erhält man unmittelbar den *Entwicklungssatz von Sylvester*

$$\boldsymbol{R}(\boldsymbol{A}) = \sum_{j=1}^{n} \left[F(s_j) \prod_{\substack{i=1 \\ i \neq j}}^{n} \frac{s_i\mathbf{I} - \boldsymbol{A}}{s_i - s_j} \right]. \tag{1.4.16}$$

Durch Anwendung dieser Beziehung speziell auf $\boldsymbol{F}(\boldsymbol{A}) = \mathrm{e}^{\boldsymbol{A}t} = \boldsymbol{\Phi}(t)$ mit $F(s_j) = \mathrm{e}^{s_j t}$ folgt schließlich

$$\boldsymbol{\Phi}(t) = \sum_{j=1}^{n} \left[\mathrm{e}^{s_j t} \prod_{\substack{i=1 \\ i \neq j}}^{n} \frac{s_i \mathbf{I} - \boldsymbol{A}}{s_i - s_j} \right]. \tag{1.4.17}$$

Hierbei sind die Größen s_i die Eigenwerte von $\boldsymbol{A}$, die in diesem Fall wiederum alle verschieden sein müssen. Diese Beziehung entspricht dem Gleichungssystem nach Gl. (1.4.13) und schließt Gl. (1.4.11) mit ein. Sie ist besonders für die Auswertung mit Hilfe des Digitalrechners geeignet. Ihre Anwendung geschieht in drei Schritten:

1. Bestimmung der Eigenwerte von $\boldsymbol{A}$,
2. Berechnung der Produkte in der Klammer von Gl. (1.4.17),
3. Berechnung von $\boldsymbol{\Phi}(t)$ durch Aufsummieren der Produkte.

Beispiel 1.4.3:

Für das bereits gewählte Beispiel 1.2.1 mit der Systemmatrix

$$\boldsymbol{A} = \begin{bmatrix} 0 & 6 \\ -1 & -5 \end{bmatrix}$$

und den Eigenwerten $s_1 = -2$ und $s_2 = -3$ erhält man für die beiden Produkte:

$$\frac{s_2 \mathbf{I} - \boldsymbol{A}}{s_2 - s_1} = \frac{1}{-3-(-2)} \begin{bmatrix} -3 & -6 \\ 1 & -3+5 \end{bmatrix} = \begin{bmatrix} 3 & 6 \\ -1 & -2 \end{bmatrix} \quad \text{und}$$

$$\frac{s_1 \mathbf{I} - \boldsymbol{A}}{s_1 - s_2} = \frac{1}{-2-(-3)} \begin{bmatrix} -2 & -6 \\ 1 & -2+5 \end{bmatrix} = \begin{bmatrix} -2 & -6 \\ 1 & 3 \end{bmatrix}.$$

Hiermit wird

$$\boldsymbol{\Phi}(t) = \mathrm{e}^{-2t} \begin{bmatrix} 3 & 6 \\ -1 & -2 \end{bmatrix} + \mathrm{e}^{-3t} \begin{bmatrix} -2 & -6 \\ 1 & 3 \end{bmatrix} = \begin{bmatrix} (3\mathrm{e}^{-2t} - 2\mathrm{e}^{-3t}) & (6\mathrm{e}^{-2t} - 6\mathrm{e}^{-3t}) \\ (-\mathrm{e}^{-2t} + \mathrm{e}^{-3t}) & (-2\mathrm{e}^{-2t} + 3\mathrm{e}^{-3t}) \end{bmatrix}.$$

■

Zusammen mit dem im Abschnitt 1.3 beschriebenen Vorgehen zur Rücktransformation von $\underline{\boldsymbol{\Phi}}(s)$ stehen damit nun die wichtigsten Verfahren zur Berechnung von $\boldsymbol{\Phi}(t)$ zur Verfügung. Bezüglich weiterer Verfahren sei auf [Csa73] verwiesen.

1.5 Normalformen für Eingrößensysteme in Zustandsraumdarstellung

Im Folgenden soll gezeigt werden, wie aus der Übertragungsfunktion eines linearen Eingrößensystems die Zustandsraumdarstellung abgeleitet werden kann. Entscheidend ist hierbei die Definition der Zustandsgrößen. Von der Wahl der Zustandsgrößen hängt die Struktur der Matrix $\boldsymbol{A}$ und der Vektoren $\boldsymbol{b}$ und $\boldsymbol{c}$ in den Gln. (1.1.5) und (1.1.6) ab.

Gegeben sei die Übertragungsfunktion

$$G(s) = \frac{Y(s)}{U(s)} = \frac{b_0 + b_1 s + \cdots + b_{n-1} s^{n-1} + b_n s^n}{a_0 + a_1 s + \cdots + a_{n-1} s^{n-1} + a_n s^n}, \tag{1.5.1}$$

die immer so normiert werden kann, dass der Koeffizient der höchsten Potenz im Nenner $a_n = 1$ wird. Das Zählerpolynom soll nicht vollständig verschwinden, d. h. mindestens ein Koeffizient b_i soll ungleich Null sein. Diese Übertragungsfunktion entsteht bekanntlich durch Laplace-Transformation aus der Differentialgleichung

$$\frac{\mathrm{d}^n y}{\mathrm{d}t^n} + a_{n-1} \frac{\mathrm{d}^{n-1} y}{\mathrm{d}t^{n-1}} + \cdots + a_1 \dot{y} + a_0 y = b_0 u + b_1 \dot{u} + \cdots + b_n \frac{\mathrm{d}^n u}{\mathrm{d}t^n}. \tag{1.5.2}$$

Die Aufgabe besteht also darin, diese Differentialgleichung n-ter Ordnung in ein System von n Differentialgleichungen erster Ordnung umzuwandeln. Dazu werden nachfolgend drei Möglichkeiten mit unterschiedlicher Wahl der Zustandsgrößen betrachtet.

1.5.1 Frobenius-Form oder Regelungsnormalform

a) *Sonderfall*

Zunächst sollen keine Ableitungen der Eingangsgröße auftreten, d. h. Gl. (1.5.2) geht über in

$$\frac{\mathrm{d}^n y}{\mathrm{d}t^n} + a_{n-1} \frac{\mathrm{d}^{n-1} y}{\mathrm{d}t^{n-1}} + \cdots + a_1 \dot{y} + a_0 y = b_0 u. \tag{1.5.3}$$

Löst man nach der höchsten Ableitung von y auf

$$\frac{\mathrm{d}^n y}{\mathrm{d}t^n} = b_0 u - \left[a_{n-1} \frac{\mathrm{d}^{n-1} y}{\mathrm{d}t^{n-1}} + \cdots + a_1 \dot{y} + a_0 y \right], \tag{1.5.4}$$

so ergibt sich daraus unmittelbar eine Darstellung in Form eines Blockschaltbildes, das gemäß Bild 1.5.1 aus n hintereinandergeschalteten I-Gliedern mit entsprechenden Rückführungen besteht (vgl. auch Bild 1.1.1). Mit Rücksicht auf den erst später behandelten allgemeinen Fall ist es hierbei zweckmäßig, den Faktor b_0, der in Gl. (1.5.4) beim Eingangssignal auftritt, als P-Glied in den Ausgangszweig zu verlagern. Da es sich um ein lineares System handelt, ist dies bekanntlich zulässig.

Definiert man nun wieder - ähnlich wie in dem einführenden Beispiel von Abschnitt 1.1 - die Ausgänge der I-Glieder als Zustandsgrößen, so ergeben sich aus Bild 1.5.1 unmittelbar die Zustandsgleichungen

$$\begin{aligned} \dot{x}_1 &= x_2 \\ \dot{x}_2 &= x_3 \\ &\vdots \\ \dot{x}_n &= u - a_0 x_1 - a_1 x_2 - \cdots - a_{n-1} x_n \end{aligned} \tag{1.5.5a}$$

und

$$y = b_0\, x_1 \,. \tag{1.5.5b}$$

Fasst man die Komponenten x_i zum Zustandsvektor $\boldsymbol{x}$ zusammen, so erhält man die Darstellung gemäß Gl. (1.1.7) mit

$$\boldsymbol{A} = \begin{bmatrix} 0 & 1 & 0 & 0 & \cdots & 0 \\ 0 & 0 & 1 & 0 & \cdots & 0 \\ 0 & 0 & 0 & 1 & \cdots & 0 \\ \vdots & & & & \ddots & \vdots \\ 0 & 0 & 0 & 0 & \cdots & 1 \\ -a_0 & -a_1 & -a_2 & -a_3 & \cdots & -a_{n-1} \end{bmatrix}, \quad \boldsymbol{B} = \boldsymbol{b} = \begin{bmatrix} 0 \\ 0 \\ 0 \\ \vdots \\ 0 \\ 1 \end{bmatrix}, \tag{1.5.6a,b}$$

$$\boldsymbol{C} = \boldsymbol{c}^{\mathrm{T}} = [b_0 \quad 0 \quad 0 \quad \cdots \quad 0] \quad \text{und} \quad \boldsymbol{D} = d = 0 \,. \tag{1.5.6c,d}$$

Die Struktur der Matrix $\boldsymbol{A}$ wird als Frobenius-Form oder *Regelungsnormalform* bezeichnet. Sie ist dadurch gekennzeichnet, dass sie in der untersten Zeile genau die negativen

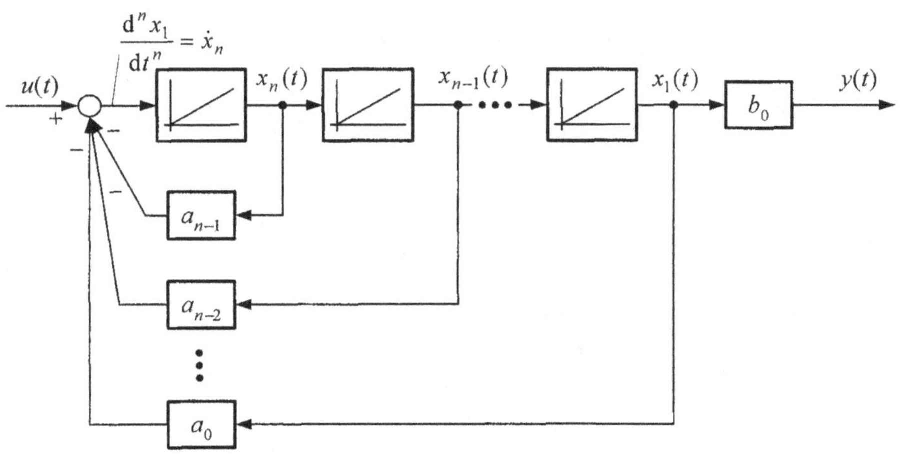

Bild 1.5.1. Blockschaltbild zu Gl. (1.5.4)

Koeffizienten ihres charakteristischen Polynoms (normiert auf $a_n = 1$) enthält. Man nennt sie auch die *Begleitmatrix* des Polynoms

$$N(s) = a_0 + a_1\, s + \cdots + s^n \,.$$

b) *Allgemeiner Fall*

Betrachtet man nun zur Behandlung des allgemeinen Falles die Gl. (1.5.2), in der auch Ableitungen von u auftreten, so erkennt man, dass die Aufstellung eines Blockschaltbildes in der obigen Weise nicht mehr direkt möglich ist. Wird aber nun die erste Zustandsgröße x_1 so gewählt, dass für die Ausgangsgröße

$$y = b_0\, x_1 + b_1\, \dot{x}_1 + \cdots + b_n \frac{\mathrm{d}^n x_1}{\mathrm{d}t^n} \tag{1.5.7}$$

gilt, so erhält man wiederum die gleiche Struktur der Matrix $\boldsymbol{A}$ wie bei Gl. (1.5.6a). Um dies zu zeigen, wird die Laplace-Transformierte $Y(s)$ aus Gl. (1.5.7) gebildet

$$Y(s) = X_1(s)\; [b_0 + b_1\, s + \cdots + b_n s^n]\,. \tag{1.5.8}$$

Setzt man diese Beziehung in Gl. (1.5.1) ein, so ergibt sich nach Kürzen des Zählerpolynoms

$$\frac{X_1(s)}{U(s)} = \frac{1}{a_0 + a_1 s + \cdots + a_{n-1} s^{n-1} + s^n}\,. \tag{1.5.9}$$

Diese Übertragungsfunktion stellt aber gerade den obigen Sonderfall mit $b_0 = 1$ dar. Hierfür ist die Definition der Zustandsgrößen gemäß Bild 1.5.1 direkt anwendbar, und damit sind die Gln. (1.5.5a) auch die Zustandsgleichungen für den allgemeinen Fall. Die Matrix $\boldsymbol{A}$ in Gl. (1.5.6a) bleibt unverändert, ebenso der Steuervektor $\boldsymbol{b}$. Ergänzt man Bild 1.5.1 entsprechend Gl. (1.5.7), so erhält man das Blockschaltbild für den allgemeinen Fall gemäß Bild 1.5.2.

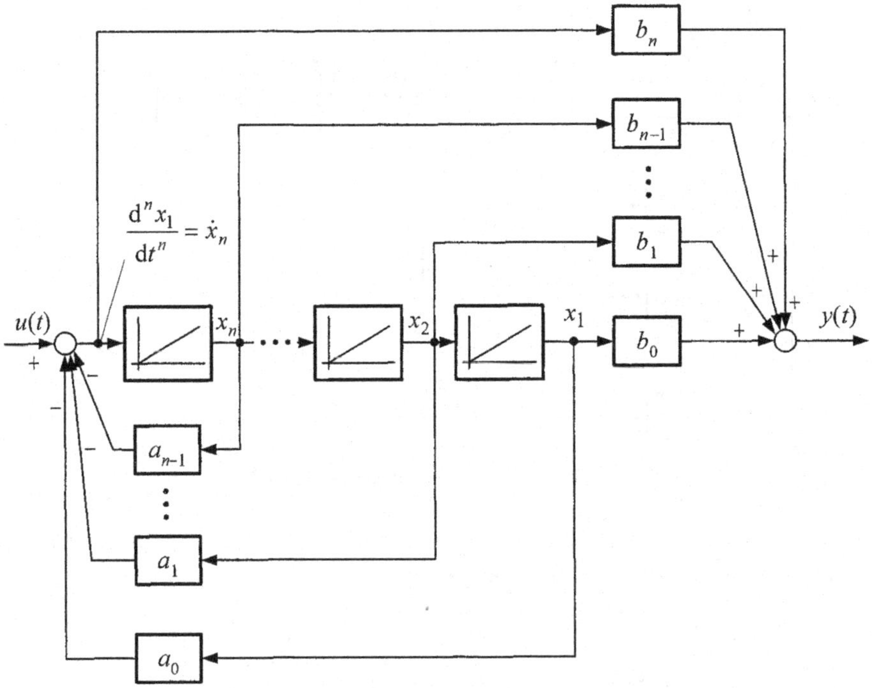

Bild 1.5.2. Blockschaltbild zur Regelungsnormalform gemäß Gl. (1.5.10)

Für die Ausgangsgröße folgt aus Gl. (1.5.7) mit Gl. (1.5.5a)

$$\begin{aligned} y &= b_0 x_1 + b_1 x_2 + \cdots + b_{n-1} x_n + b_n \dot{x}_n \\ &= b_0 x_1 + b_1 x_2 + \cdots + b_{n-1} x_n + b_n \left[u - a_0 x_1 - \cdots - a_{n-1} x_n \right] \\ &= (b_0 - b_n a_0)\, x_1 + (b_1 - b_n a_1)\, x_2 + \cdots + (b_{n-1} - b_n a_{n-1})\, x_n + b_n\, u \,. \end{aligned} \tag{1.5.10}$$

Hieraus sind die Matrizen $\boldsymbol{C}$ und $\boldsymbol{D}$ leicht ablesbar (siehe unten).

Zusammenfassend lautet das Ergebnis für den allgemeinen Fall:

Für ein Eingrößensystem n-ter Ordnung mit der Übertragungsfunktion (normiert auf $a_n = 1$)

$$G(s) = \frac{Y(s)}{U(s)} = \frac{b_0 + b_1 s + \cdots + b_{n-1} s^{n-1} + b_n s^n}{a_0 + a_1 s + \cdots + a_{n-1} s^{n-1} + s^n} \tag{1.5.1}$$

sind die Matrizen der Zustandsdarstellung in Regelungsnormalform gegeben durch

$$\boldsymbol{A} = \begin{bmatrix} 0 & 1 & 0 & 0 & \cdots & 0 \\ 0 & 0 & 1 & 0 & \cdots & 0 \\ 0 & 0 & 0 & 1 & \cdots & 0 \\ \vdots & & & & \ddots & \vdots \\ 0 & 0 & 0 & 0 & \cdots & 1 \\ -a_0 & -a_1 & -a_2 & -a_3 & \cdots & -a_{n-1} \end{bmatrix}, \quad \boldsymbol{B} = \boldsymbol{b} = \begin{bmatrix} 0 \\ 0 \\ 0 \\ \vdots \\ 0 \\ 1 \end{bmatrix}, \tag{1.5.11a,b}$$

$$\boldsymbol{C} = \boldsymbol{c}^{\mathrm{T}} = \left[(b_0 - b_n a_0)\; (b_1 - b_n a_1) \cdots (b_{n-1} - b_n a_{n-1}) \right], \tag{1.5.11c}$$

$$\boldsymbol{D} = d = b_n \,. \tag{1.5.11d}$$

Die Regelungsnormalform ist damit sehr einfach aus der Übertragungsfunktion zu ermitteln. Insbesondere für $b_n = 0$ enthält sie neben Nullen und Einsen nur die Koeffizienten von $G(s)$. Die Durchgangsmatrix $\boldsymbol{D}$ tritt nur für $b_n \neq 0$ auf, d. h. wenn Zähler- und Nennerordnung von $G(s)$ gleich sind. Dies ist das Kennzeichen sogenannter sprungfähiger Systeme.

1.5.2 Beobachtungsnormalform

Eine andere Definition der Zustandsgrößen für den allgemeinen Fall der Gl. (1.5.2) erhält man, wenn anstelle des Ansatzes nach Gl. (1.5.7) die Differentialgleichung n-mal integriert wird, so dass keine Ableitungen von u mehr auftreten. Dies führt auf die Beziehung

$$\begin{aligned} y(t) = b_n\, u(t) + \int_0^t \left[b_{n-1}\, u(\tau) - a_{n-1}\, y(\tau) \right] \mathrm{d}\tau + \cdots + \\ + \underbrace{\int_0^t \cdots \int_0^t}_{n-\text{mal}} \left[b_0\, u(\tau) - a_0\, y(\tau) \right] \mathrm{d}\tau^n \,, \end{aligned} \tag{1.5.12}$$

die wiederum als Blockschaltbild einfach realisiert werden kann (Bild 1.5.3). Definiert

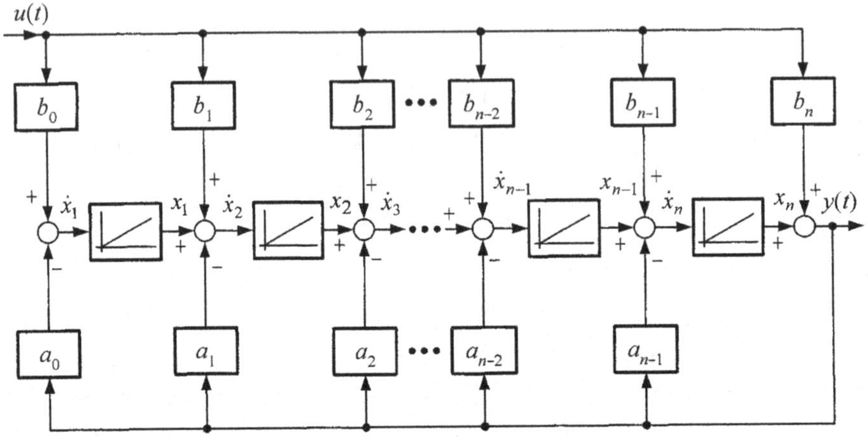

Bild 1.5.3. Blockschaltbild zur Beobachtungsnormalform gemäß Gl. (1.5.12)

man wie zuvor die Ausgänge der I-Glieder als Zustandsgrößen, dann folgt aus Bild 1.5.3 unmittelbar das Gleichungssystem

$$\begin{aligned}
\dot{x}_1 &= -a_0 y + b_0 u \,, \\
\dot{x}_2 &= x_1 - a_1\, y + b_1 u \,, \\
\dot{x}_3 &= x_2 - a_2 y + b_2 u \,, \\
&\;\vdots \\
\dot{x}_n &= x_{n-1} - a_{n-1} y + b_{n-1} u \,.
\end{aligned} \tag{1.5.13a}$$

Die Ausgangsgleichung lautet

$$y = x_n + b_n u \,. \tag{1.5.13b}$$

Damit kann y eliminiert werden, und es ergeben sich folgende Zustandsgleichungen:

$$\begin{aligned}
\dot{x}_1 &= -a_0 x_n && + (b_0 - b_n a_0)\, u \,, \\
\dot{x}_2 &= -a_1 x_n + x_1 && + (b_1 - b_n a_1)\, u \,, \\
\dot{x}_3 &= -a_2 x_n + x_2 && + (b_2 - b_n a_2)\, u \,, \\
&\;\vdots \\
\dot{x}_n &= -a_{n-1} x_n + x_{n-1} && + (b_{n-1} - b_n a_{n-1})\, u \,.
\end{aligned} \tag{1.5.14}$$

Hieraus lassen sich sofort die Matrizen für die Beobachtungsnormalform angeben:

$$A = \begin{bmatrix} 0 & 0 & \cdots & 0 & 0 & -a_0 \\ 1 & 0 & \cdots & 0 & 0 & -a_1 \\ 0 & 1 & & \vdots & \vdots & \vdots \\ 0 & 0 & \ddots & 0 & 0 & -a_{n-3} \\ \vdots & \vdots & & 1 & 0 & -a_{n-2} \\ 0 & 0 & \cdots & 0 & 1 & -a_{n-1} \end{bmatrix}, \quad b = \begin{bmatrix} b_0 - b_n a_0 \\ b_1 - b_n a_1 \\ \vdots \\ b_{n-3} - b_n a_{n-3} \\ b_{n-2} - b_n a_{n-2} \\ b_{n-1} - b_n a_{n-1} \end{bmatrix}, \tag{1.5.15a,b}$$

$$C = c^{\mathrm{T}} = [0 \quad 0 \quad \cdots \quad 0 \quad 1], \quad D = d = b_n . \tag{1.5.15c,d}$$

Man erkennt unmittelbar, dass diese Systemdarstellung dual zur Regelungsnormalform ist, insofern als die Vektoren $\boldsymbol{b}$ und $\boldsymbol{c}$ gerade vertauscht sind, während die Matrix $\boldsymbol{A}$ eine transponierte Frobenius-Form besitzt, in der die Koeffizienten des charakteristischen Polynoms als Spalte auftreten. Der strukturelle Unterschied beider Formen wird besonders durch Vergleich der Bilder 1.5.2 und 1.5.3 deutlich.

1.5.3 Diagonalform und Jordan-Normalform

Bei der dritten Möglichkeit der Darstellung linearer Eingrößensysteme im Zustandsraum wird zur Definition der Zustandsgrößen die Partialbruchzerlegung der Übertragungsfunktion $G(s)$ benutzt. Hierzu wird vorausgesetzt, dass die Pole von $G(s)$ bekannt sind, und dass der Zählergrad m kleiner ist als der Nennergrad n. Dies lässt sich durch Abspalten eines Proportionalgliedes mit der Verstärkung b_n aus Gl. (1.5.1), also durch eine Polynomdivision, stets verwirklichen, so dass man im Folgenden nur noch die Übertragungsfunktion der Form

$$G(s) = \frac{b_0 + b_1 s + \cdots + b_m s^m}{a_0 + a_1 s + \cdots + s^n} = \frac{Z(s)}{N(s)}, \; m < n \tag{1.5.16}$$

zu betrachten hat. Dabei sollen nachfolgend drei Fälle unterschieden werden.

1.5.3.1 Einfache reelle Pole (Diagonalform)

Sind alle Pole s_i von $G(s)$ voneinander verschieden und reell, so ist $G(s)$ durch die Partialbruchsumme

$$G(s) = \sum_{i=1}^{n} \frac{c_i}{s - s_i} \tag{1.5.17}$$

darstellbar. Damit ergibt sich für die Ausgangsgröße die Beziehung

$$Y(s) = \sum_{i=1}^{n} \frac{c_i}{s - s_i} U(s), \tag{1.5.18}$$

die unmittelbar in ein Blockschaltbild (Bild 1.5.4) übertragen werden kann.

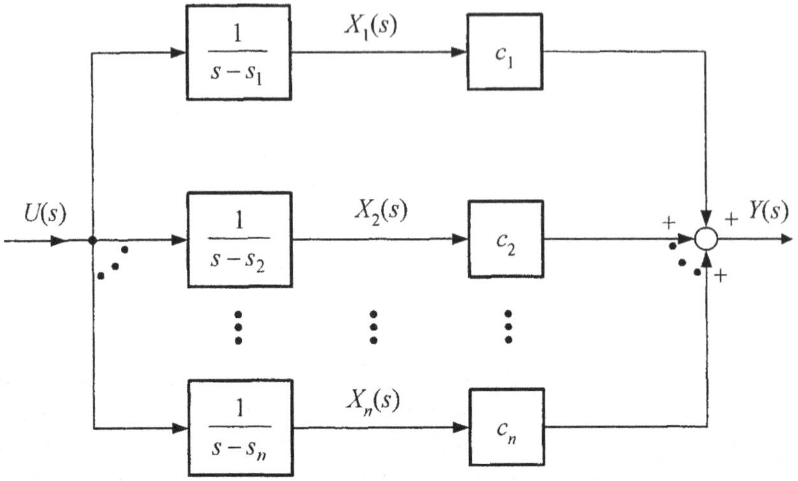

Bild 1.5.4. Blockschaltbild zur Diagonalform bei einfachen Polen s_i

Als Zustandsvariablen x_i wählt man nun die im Bild 1.5.4 bezeichneten Größen

$$X_i(s) = \frac{1}{s - s_i} U(s), \tag{1.5.19}$$

woraus sich durch Rücktransformation in den Zeitbereich die Zustandsgleichungen

$$\dot{x}_i = s_i x_i + u \quad \text{für} \quad i = 1, 2, \ldots, n \tag{1.5.20}$$

ergeben. Für die Ausgangsgröße gilt

$$y = c_1 x_1 + c_2 x_2 + \cdots + c_n x_n . \tag{1.5.21}$$

Fasst man die Komponenten x_i zum Zustandsvektor $\boldsymbol{x}$ zusammen, so erhält man die Zustandsdarstellung

$$\dot{\boldsymbol{x}} = \boldsymbol{A}\,\boldsymbol{x} + \boldsymbol{b}\,u ,$$
$$y = \boldsymbol{c}^{\mathrm{T}} \boldsymbol{x}$$

mit folgenden Matrizen bzw. Vektoren

$$\boldsymbol{A} = \begin{bmatrix} s_1 & 0 & \cdots & 0 \\ 0 & s_2 & & \vdots \\ \vdots & & \ddots & 0 \\ 0 & \cdots & 0 & s_n \end{bmatrix}, \quad \boldsymbol{b} = \begin{bmatrix} 1 \\ 1 \\ \vdots \\ 1 \end{bmatrix} \tag{1.5.22a,b}$$

und

$$\boldsymbol{c}^{\mathrm{T}} = [c_1 \quad c_2 \quad \cdots \quad c_n] . \tag{1.5.22c}$$

In dieser Darstellung sind die Zustandsgleichungen entkoppelt. Das System zerfällt in n voneinander unabhängige Teilsysteme 1. Ordnung, wobei jedem dieser Teilsysteme *ein* Pol des Systems zugeordnet ist. Die Systemmatrix hat Diagonalform und besitzt die Pole als Diagonalelemente.

1.5.3.2 Mehrfache reelle Pole (Jordan-Normalform)

Treten in $G(s)$ mehrfache Pole auf, so ist der Nenner $N(s)$ mit p verschiedenen Polen darstellbar als

$$N(s) = (s - s_1)^{r_1} (s - s_2)^{r_2} \cdots (s - s_p)^{r_p} , \tag{1.5.23}$$

wobei die Zahlen r_i die Vielfachheit jedes Pols s_i angeben. Da die Ordnung des Systems n ist, muss die Beziehung

$$\sum_{i=1}^{p} r_i = n \tag{1.5.24}$$

gelten, wobei natürlich $p \leq n$ ist.

Für diesen Fall lautet die Partialbruchzerlegung von $G(s)$ bekanntlich

$$G(s) = \sum_{i=1}^{p} \left\{ \frac{c_{i,1}}{s - s_i} + \frac{c_{i,2}}{(s - s_i)^2} + \cdots + \frac{c_{i,r_i}}{(s - s_i)^{r_i}} \right\}. \tag{1.5.25}$$

Aus dieser Darstellung lassen sich folgende Schlüsse ziehen:

- Die Summe in Gl. (1.5.25) besteht wie im Fall einfacher Pole aus n Termen.
- Entwickelt man daraus auf gleiche Weise ein Blockschaltbild, indem man jeden Term für sich als Teilsystem darstellt, so wird die resultierende Summe der Ordnungen

  $$\sum_{i=1}^{p} (1 + 2 + 3 + \cdots + r_i) = \sum_{i=1}^{p} \frac{r_i(1 + r_i)}{2} > n . \tag{1.5.26}$$

  Damit hätte man das ursprüngliche System n-ter Ordnung durch ein System mit höherer Ordnung dargestellt, das dementsprechend mehr als n Zustandsgrößen besitzen würde. Eine solche Darstellung wäre jedoch *redundant*, da zur vollständigen Beschreibung eines Systems n-ter Ordnung genau n voneinander unabhängige Zustandsvariablen ausreichen.

Es wird also eine Realisierung von $G(s)$ entsprechend Gl. (1.5.25) mit der minimalen Ordnung n gesucht, eine sogenannte *Minimalrealisierung* von $G(s)$. Betrachtet man ein Glied der Summe in Gl. (1.5.25), beispielsweise für $i = 1$

$$\frac{c_{1,1}}{s - s_1} + \frac{c_{1,2}}{(s - s_1)^2} + \cdots + \frac{c_{1,r_1}}{(s - s_1)^{r_1}} ,$$

so ist leicht zu erkennen, dass durch eine Anordnung entsprechend dem Blockschaltbild gemäß Bild 1.5.5 dieser Ausdruck durch r_1 Elemente 1. Ordnung, also mit der Gesamtordnung r_1 realisiert werden kann. Für die r_1 Zustandsgrößen dieses Teilsystems gelten die Zustandsgleichungen

$$\begin{aligned} \dot{x}_i &= s_1 x_i + x_{i+1} \quad \text{für} \quad i = 1, 2, \ldots, r_1 - 1 , \\ \dot{x}_{r_1} &= s_1 x_{r_1} + u . \end{aligned} \tag{1.5.27}$$

Ganz entsprechend sieht die Realisierung der übrigen $p-1$ Glieder aus.

Zur weiteren Darstellung der Struktur der Matrizen $\boldsymbol{A}$, $\boldsymbol{B}$ und $\boldsymbol{C}$ soll ein Beispiel betrachtet werden.

Beispiel 1.5.1:

Gegeben sei das Nennerpolynom eines Systems 5. Ordnung

$$N(s) = (s - s_1)^2 (s - s_2)^3 .$$

Damit gilt für die Übertragungsfunktion

$$G(s) = \frac{c_{1,1}}{s - s_1} + \frac{c_{1,2}}{(s - s_1)^2} + \frac{c_{2,1}}{s - s_2} + \frac{c_{2,2}}{(s - s_2)^2} + \frac{c_{2,3}}{(s - s_2)^3} .$$

Für diese Form lässt sich nun das im Bild 1.5.6 dargestellte Blockschema entwickeln. Mit Hilfe der dort definierten Zustandsgrößen erhält man

$$\begin{aligned} \dot{x}_1 &= s_1 x_1 + x_2 , \\ \dot{x}_2 &= s_1 x_2 + u , \\ \dot{x}_3 &= s_2 x_3 + x_4 , \\ \dot{x}_4 &= s_2 x_4 + x_5 , \\ \dot{x}_5 &= s_2 x_5 + u , \end{aligned}$$

und

$$y = c_{1,2} x_1 + c_{1,1} x_2 + c_{2,3} x_3 + c_{2,2} x_4 + c_{2,1} x_5$$

oder in Matrizenschreibweise

$$\dot{\boldsymbol{x}} = \boldsymbol{A}\,\boldsymbol{x} + \boldsymbol{b}\,u$$

$$y = \boldsymbol{c}^{\mathrm{T}} \boldsymbol{x} ,$$

mit

$$\boldsymbol{A} \equiv \boldsymbol{J} = \begin{bmatrix} s_1 & 1 & 0 & 0 & 0 \\ 0 & s_1 & 0 & 0 & 0 \\ 0 & 0 & s_2 & 1 & 0 \\ 0 & 0 & 0 & s_2 & 1 \\ 0 & 0 & 0 & 0 & s_2 \end{bmatrix} , \quad \boldsymbol{b} = \begin{bmatrix} 0 \\ 1 \\ 0 \\ 0 \\ 1 \end{bmatrix} ,$$

$$\boldsymbol{c}^{\mathrm{T}} = [c_{1,2} \quad c_{1,1} \quad c_{2,3} \quad c_{2,2} \quad c_{2,1}] .$$ ■

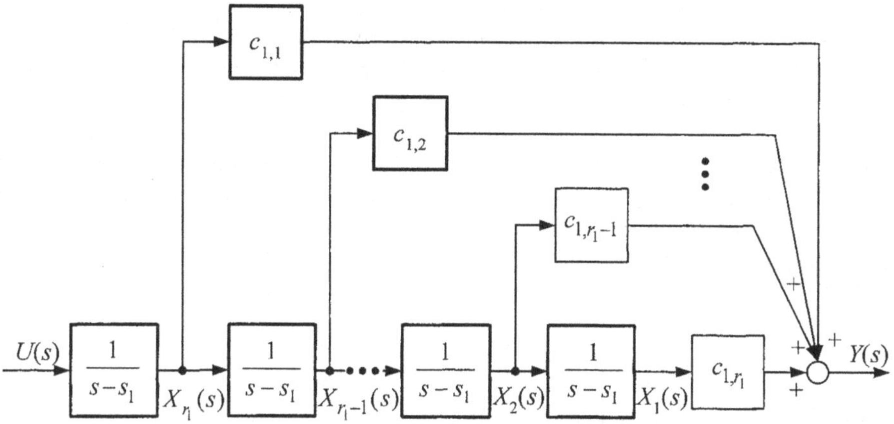

Bild 1.5.5. Blockschaltbild zur Jordan-Normalform bei mehrfachen Polen

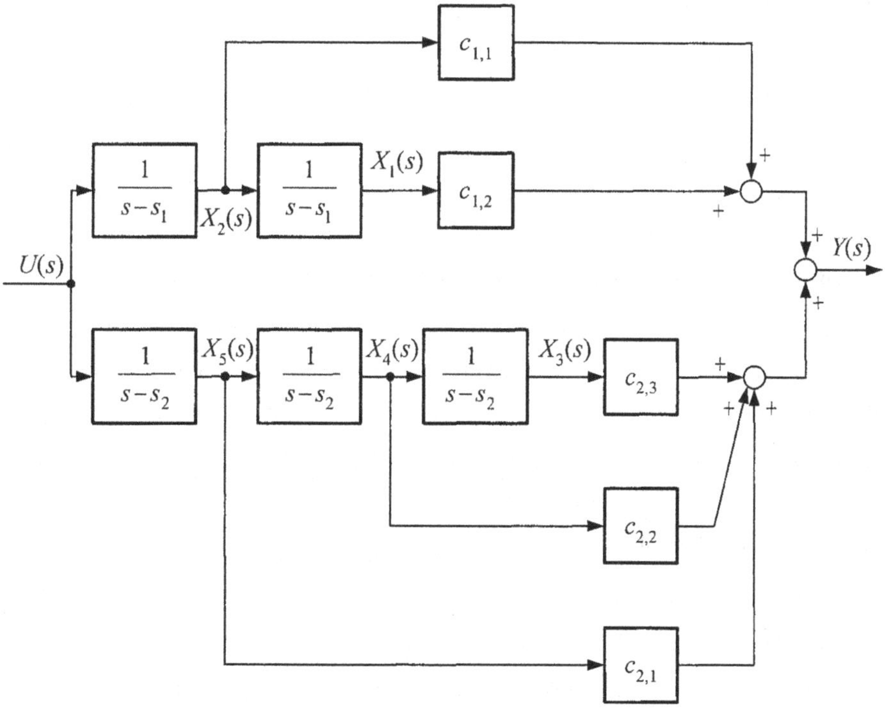

Bild 1.5.6. Blockschaltbild für Beispiel 1.5.1

Bei mehrfachen Polen treten - wie dieses Beispiel zeigt - diese entsprechend ihrer Vielfachheit r_i in der Diagonalen der Systemmatrix $\boldsymbol{A}$ zwar noch auf, dazu kommen aber in der oberen Nebendiagonalen gewöhnlich auch Elemente mit dem Wert 1. Eine solche Matrix $\boldsymbol{J}$ nennt man *Jordan-Matrix*. Die so entstandene Jordan-Normalform (kurz meist auch nur als Jordan-Form bezeichnet) besitzt also keine reine Diagonalform mehr. Man beachte auch, dass der Steuervektor $\boldsymbol{b}$ nicht mehr voll besetzt ist und nur dort 1-Elemente enthält, wo die Nebendiagonalelemente von $\boldsymbol{A}$ verschwinden. Allerdings kann unter bestimmten Voraussetzungen ein mehrfacher reeller Eigenwert ebenfalls auf eine Diagonalform der zugehörigen Systemmatrix führen. Darauf wird in Abschnitt 1.6.3 kurz eingegangen.

1.5.3.3 Konjugiert komplexe Pole (Blockdiagonal-Form)

Die Partialbruchzerlegung gemäß den Gln. (1.5.17) oder (1.5.25) gilt selbstverständlich auch für komplexe Pole. Sie liefert jedoch in diesem Fall komplexe Residuen $c_{i,1}$ und würde insgesamt zu einer komplexen Zustandsraumdarstellung mit komplexen Zustandsgrößen und komplexen Matrizen $\boldsymbol{A}$, $\boldsymbol{B}$, $\boldsymbol{C}$ führen. Aus diesem Grund fasst man zweckmäßigerweise jeweils konjugiert komplexe Polpaare zusammen und erhält damit eine reelle Darstellung. Eine einfache Möglichkeit hierfür soll im Folgenden behandelt werden.

Für ein konjugiert komplexes Polpaar

$$s_{1,2} = \sigma \pm \mathrm{j}\omega$$

erhält man ein Teilsystem $G_{12}(s)$, das aus den beiden Partialbrüchen

$$\frac{c_1}{s-\sigma-\mathrm{j}\omega} + \frac{c_2}{s-\sigma+\mathrm{j}\omega} = G_{12}(s) \tag{1.5.28}$$

besteht, wobei die Residuen c_1 und c_2 ebenfalls konjugiert komplex sind:

$$c_{1,2} = \delta \pm \mathrm{j}\varepsilon \,.$$

Fasst man beide Brüche zusammen, so ergibt sich für das Teilsystem eine Übertragungsfunktion zweiter Ordnung

$$G_{12}(s) = \frac{b_0 + b_1 s}{a_0 + a_1 s + s^2} \tag{1.5.29}$$

mit den reellen Koeffizienten

$$\left.\begin{aligned} a_0 &= \sigma^2 + \omega^2 &&; a_1 = -2\sigma \\ b_0 &= -2(\sigma\delta + \omega\varepsilon) &&; b_1 = 2\delta \end{aligned}\right\} . \tag{1.5.30}$$

Dieses Teilsystem kann nun beispielsweise in Regelungsnormalform dargestellt werden. Damit erhält man

$$\boldsymbol{A} = \begin{bmatrix} 0 & 1 \\ -a_0 & -a_1 \end{bmatrix}, \tag{1.5.31a}$$

$$b = \begin{bmatrix} 0 \\ 1 \end{bmatrix}, \tag{1.5.31b}$$

$$c^{\mathrm{T}} = [b_0 \quad b_1]. \tag{1.5.31c}$$

Tritt also ein konjugiert komplexes Polpaar auf, so erscheint in der Jordan-Matrix anstelle der Pole in der Diagonalen die (2×2)-Matrix A gemäß Gl. (1.5.31a). Dadurch erhält man wiederum eine diagonalähnliche Struktur der Systemmatrix A, eine Blockdiagonalstruktur. Diese Systemdarstellung wird auch als *Blockdiagonal-Form* bezeichnet.

Beispiel 1.5.2:

Für ein System 6. Ordnung seien die Pole sowie die zugehörigen Residuen wie folgt gegeben:

Pole	s_1	$\sigma + \mathrm{j}\omega$	$\sigma - \mathrm{j}\omega$	s_2 zweifach	s_3
Residuen	c_1	$\delta + \mathrm{j}\varepsilon$	$\delta - \mathrm{j}\varepsilon$	$c_{2,1} \quad c_{2,2}$	c_3

Daraus lässt sich unmittelbar ein Blockschaltbild für die Jordan-Form bestimmen (Bild 1.5.7), und mit der dort angegebenen Definition der Zustandsgrößen ergeben sich die entsprechenden Matrizen und Vektoren:

$$A = \begin{bmatrix} s_1 & 0 & 0 & 0 & 0 & 0 \\ 0 & 0 & 1 & 0 & 0 & 0 \\ 0 & -a_0 & -a_1 & 0 & 0 & 0 \\ 0 & 0 & 0 & s_2 & 1 & 0 \\ 0 & 0 & 0 & 0 & s_2 & 0 \\ 0 & 0 & 0 & 0 & 0 & s_3 \end{bmatrix}, \quad b = \begin{bmatrix} 1 \\ 0 \\ 1 \\ 0 \\ 1 \\ 1 \end{bmatrix},$$

$$c^{\mathrm{T}} = [c_1 \quad b_0 \quad b_1 \quad c_{2,2} \quad c_{2,1} \quad c_3].$$

Hierbei sind die Koeffizienten a_0, a_1, b_0 und b_1 durch Gl. (1.5.30) bestimmt. ■

Zusammenfassend soll festgestellt werden, dass die Darstellung eines Eingrößensystems im Falle einfacher Pole von $G(s)$ (verschiedene Eigenwerte von A) auf die Diagonalform und im Falle mehrfacher Pole von $G(s)$ (mehrfache Eigenwerte von A) auf die Jordan-Normalform der Systemmatrix A führt. Bei komplexen Polen erhält man entweder eine komplexe Zustandsdarstellung oder aber zweckmäßigerweise durch Zusammenfassen konjugiert komplexer Polpaare eine reelle Systemmatrix A, mit einer bestimmten diagonalähnlichen Struktur, die auch als Blockdiagonal-Form bezeichnet wird.

Alle drei hier besprochenen Normalformen zeichnen sich dadurch aus, dass die Systemmatrix A nur wenige von Null verschiedene Elemente besitzt, und diese direkt mit den Koeffizienten der Übertragungsfunktion zusammenhängen. Man bezeichnet diese besonders einfachen Systemstrukturen auch als *kanonische Formen.* Bei den Methoden des Zustandsraums, wie sie beispielsweise in den Kapiteln 1.6 und 1.7 behandelt werden, kommt den kanonischen Formen eine besondere Bedeutung zu. Daneben sind sie aber auch sehr gut zur Realisierung von Übertragungssystemen oder zur Rechnersimulation geeignet, wobei hierzu nicht vorausgesetzt werden muss, dass das Eingangssignal n-mal differenzierbar ist.

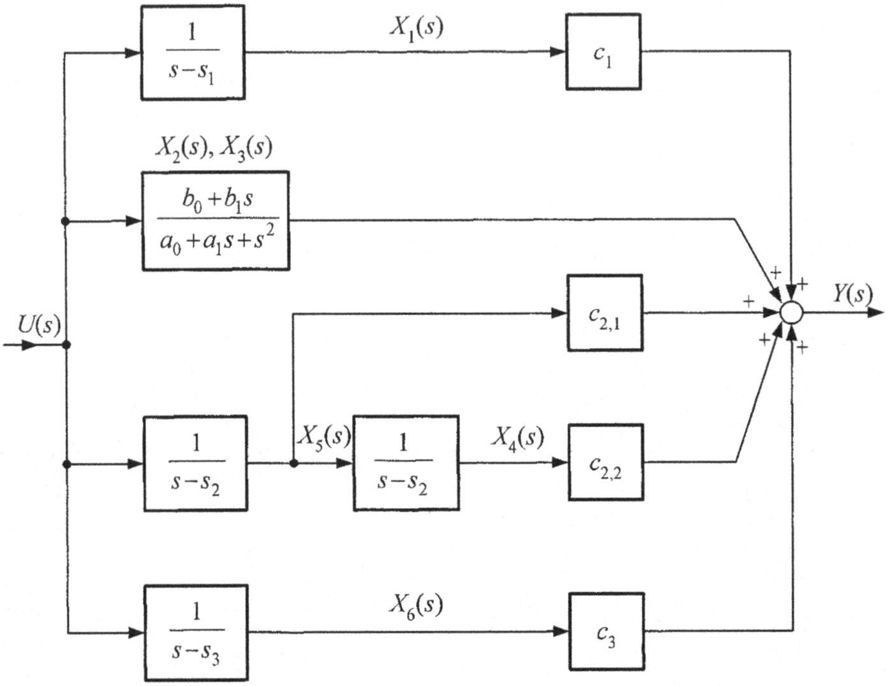

Bild 1.5.7. Blockschaltbild des Beispiels 6. Ordnung

1.6 Transformation der Zustandsgleichungen auf Normalformen

Bei der Einführung der Zustandsraumdarstellung und besonders im vorhergehenden Abschnitt wurde gezeigt, dass es viele verschiedene Möglichkeiten gibt, die Zustandsgrößen für ein gegebenes System zu definieren. Dementsprechend existieren für die Beschreibung desselben Systems unterschiedliche Matrizen $\boldsymbol{A}$, $\boldsymbol{B}$ und $\boldsymbol{C}$. Weiterhin wurden *Normalformen* oder *kanonische Formen* hergeleitet, die dadurch gekennzeichnet sind, dass

- die entsprechenden Systemmatrizen eine besonders einfache Gestalt, also eine möglichst kleine Zahl von Elementen mit von Null verschiedenen Zahlenwerten besitzen, jedoch für diese Minimalzahl von Elementen bestimmte feste Struktureigenschaften aufweisen, und
- die von Null verschiedenen Elemente in direktem Zusammenhang mit bestimmten Eigenschaften des Systems stehen (Eigenwerte, charakteristisches Polynom, auch Struktureigenschaften bei Mehrgrößensystemen).

Damit stellt sich die Aufgabe, eine gegebene Zustandsraumdarstellung eines Systems in eine äquivalente Darstellung mit einer anderen Definition der Zustandsgrößen umzuformen, wobei in der Regel zusätzlich eine Normal- oder kanonische Form der Matrizen $\boldsymbol{A}$, $\boldsymbol{B}$ und $\boldsymbol{C}$ erzielt werden soll. Der Kürze halber sollen die Betrachtungen in diesem Abschnitt auf die grundlegenden Zusammenhänge beschränkt und nur die Transformation auf Diagonal- bzw. Jordan-Form behandelt werden.

1.6.1 Ähnlichkeitstransformation

Die Definition der Zustandsgrößen bedeutet die Festlegung eines Koordinatensystems im n-dimensionalen Zustandsraum. Eine Änderung dieser Definition entspricht einer Änderung des Koordinatensystems, also einer *Koordinatentransformation.* Damit ergibt sich jede Komponente des transformierten, neuen Zustandsvektors $\boldsymbol{x}'$ als Linearkombination der Komponenten des alten Zustandsvektors $\boldsymbol{x}$. Dieser Sachverhalt wird durch die Beziehung

$$\boldsymbol{x}' = \boldsymbol{T}^{-1}\,\boldsymbol{x} \quad \text{bzw.} \quad \boldsymbol{x} = \boldsymbol{T}\,\boldsymbol{x}' \tag{1.6.1}$$

dargestellt, wobei die Transformationsmatrix $\boldsymbol{T}$ eine $(n \times n)$-Matrix ist. Selbstverständlich muss das neue Koordinatensystem ebenfalls einen n-dimensionalen Raum aufspannen, so dass beispielsweise zwei Komponenten von $\boldsymbol{x}'$ nicht durch die gleiche Linearkombination aus $\boldsymbol{x}$ gebildet werden können. Das bedeutet, die Transformationsmatrix $\boldsymbol{T}$ muss nichtsingulär sein. Damit existiert auch die inverse Matrix $\boldsymbol{T}^{-1}$.

Diese Transformation wird nun auf die Zustandsdarstellung gemäß Gl. (1.1.7a,b) angewandt. Wird dort die Substitution $\boldsymbol{x} = \boldsymbol{T}\,\boldsymbol{x}'$ durchgeführt, so ergibt sich

$$\boldsymbol{T}\,\dot{\boldsymbol{x}}'(t) = \boldsymbol{A}\,\boldsymbol{T}\,\boldsymbol{x}'(t) + \boldsymbol{B}\,\boldsymbol{u}(t)\,, \tag{1.6.2a}$$

$$\boldsymbol{y}(t) \quad = \boldsymbol{C}\,\boldsymbol{T}\,\boldsymbol{x}'(t) + \boldsymbol{D}\,\boldsymbol{u}(t)\,, \tag{1.6.2b}$$

und nach Multiplikation von Gl. (1.6.2a) mit $\boldsymbol{T}^{-1}$ von links erhält man die Gleichungen des transformierten Systems:

$$\dot{\boldsymbol{x}}'(t) = \boldsymbol{T}^{-1}\boldsymbol{A}\,\boldsymbol{T}\,\boldsymbol{x}'(t) + \boldsymbol{T}^{-1}\,\boldsymbol{B}\,\boldsymbol{u}(t) = \boldsymbol{A}'\,\boldsymbol{x}'(t) + \boldsymbol{B}'\,\boldsymbol{u}(t)\,, \tag{1.6.3a}$$

$$\boldsymbol{y}(t) \;= \boldsymbol{C}\,\boldsymbol{T}\boldsymbol{x}'(t) + \boldsymbol{D}\,\boldsymbol{u}(t) \qquad\qquad = \boldsymbol{C}'\,\boldsymbol{x}'(t) + \boldsymbol{D}'\,\boldsymbol{u}(t)\,. \tag{1.6.3b}$$

Durch diese Transformation gehen die Matrizen $\boldsymbol{A}$, $\boldsymbol{B}$, $\boldsymbol{C}$ und $\boldsymbol{D}$ über in die Matrizen

$$\boldsymbol{A}' = \boldsymbol{T}^{-1}\,\boldsymbol{A}\,\boldsymbol{T}, \tag{1.6.4a}$$

$$\boldsymbol{B}' = \boldsymbol{T}^{-1}\,\boldsymbol{B}\,, \tag{1.6.4b}$$

$$\boldsymbol{C}' = \boldsymbol{C}\,\boldsymbol{T}\,, \tag{1.6.4c}$$

$$\boldsymbol{D}' = \boldsymbol{D}\,. \tag{1.6.4d}$$

Beide Matrizen $\boldsymbol{A}$ und $\boldsymbol{A}'$ beschreiben dasselbe System. Man nennt solche Matrizen einander *ähnlich;* die Transformation gemäß Gl. (1.6.4) bezeichnet man als *Ähnlichkeitstransformation.*

Zwei wichtige Eigenschaften der Ähnlichkeitstransformation sollen festgehalten werden:

1. Die Determinante einer Matrix $\boldsymbol{A}$ ist gegenüber einer Ähnlichkeitstransformation invariant, d. h. es gilt

   $$|\boldsymbol{A}| = \left|\boldsymbol{T}^{-1}\boldsymbol{A}\,\boldsymbol{T}\right| . \tag{1.6.5}$$

   Zum *Beweis* bildet man

   $$\left|\boldsymbol{T}^{-1}\boldsymbol{A}\,\boldsymbol{T}\right| = \left|\boldsymbol{T}^{-1}\right| |\boldsymbol{A}| |\boldsymbol{T}| ,$$

   woraus mit

   $$\left|\boldsymbol{T}^{-1}\right| = \frac{1}{|\boldsymbol{T}|}$$

   Gl. (1.6.5) unmittelbar folgt.

2. Die Eigenwerte einer Matrix $\boldsymbol{A}$ sind gegenüber einer Ähnlichkeitstransformation invariant, d. h., das charakteristische Polynom bleibt unverändert. Es gilt

   $$|s\mathbf{I} - \boldsymbol{A}| = \left|s\mathbf{I} - \boldsymbol{T}^{-1}\boldsymbol{A}\,\boldsymbol{T}\right| . \tag{1.6.6}$$

   Als Beweis dient die Umformung

   $$\left|s\mathbf{I} - \boldsymbol{T}^{-1}\boldsymbol{A}\,\boldsymbol{T}\right| = \left|s\boldsymbol{T}^{-1}\mathbf{I}\,\boldsymbol{T} - \boldsymbol{T}^{-1}\boldsymbol{A}\,\boldsymbol{T}\right| = \left|\boldsymbol{T}^{-1}(s\mathbf{I} - \boldsymbol{A})\boldsymbol{T}\right| .$$

   Daraus folgt mit Eigenschaft 1 die Gl. (1.6.6).

Aufgrund dieser Eigenschaften der Ähnlichkeitstransformation sind die beiden Systemdarstellungen der Gln. (1.1.7) und (1.6.3) äquivalent. Sie beschreiben also dasselbe System, obwohl die Matrizen $\boldsymbol{A}$, $\boldsymbol{B}$, $\boldsymbol{C}$ und $\boldsymbol{A}', \boldsymbol{B}', \boldsymbol{C}'$ jeweils verschieden sind.

1.6.2 Transformation auf Diagonalform

Entsprechend den obigen Überlegungen gibt es zu jeder Matrix $\boldsymbol{A}$, deren Eigenwerte s_i einfach, d. h. alle voneinander verschieden sind, eine ähnliche Matrix, die Diagonalform besitzt. Man betrachtet dazu das homogene System

$$\dot{\boldsymbol{x}}(t) = \boldsymbol{A}\,\boldsymbol{x}(t) , \quad \boldsymbol{x}(0) = \boldsymbol{x}_0 . \tag{1.6.7}$$

Die Matrix $\boldsymbol{A}$ habe einfache Eigenwerte s_i. Gesucht ist nun eine Transformation

$$\boldsymbol{x} = \boldsymbol{V}\,\boldsymbol{x}^* \tag{1.6.8}$$

mit einer nichtsingulären Transformationsmatrix $\boldsymbol{T} = \boldsymbol{V}$ so, dass das transformierte System folgende Form hat:

$$\dot{\boldsymbol{x}}^*(t) = \boldsymbol{\Lambda}\,\boldsymbol{x}^*(t) \tag{1.6.9}$$

mit der Diagonalmatrix

$$\boldsymbol{\Lambda} = \begin{bmatrix} s_1 & 0 & 0 & \cdots & 0 \\ 0 & s_2 & 0 & \cdots & 0 \\ \vdots & & \ddots & & \vdots \\ 0 & \cdots & 0 & s_{n-1} & 0 \\ 0 & \cdots & 0 & 0 & s_n \end{bmatrix} . \tag{1.6.10}$$

Die Matrizen $\boldsymbol{A}$ und $\boldsymbol{\Lambda}$ sind ähnlich. Sie besitzen beide dieselben Eigenwerte s_i, und es gilt gemäß Gl. (1.6.4a)

$$\boldsymbol{\Lambda} = \boldsymbol{V}^{-1} \boldsymbol{A} \boldsymbol{V} . \tag{1.6.11}$$

Zur Bestimmung von $\boldsymbol{V}$ wird Gl. (1.6.11) auf die Form

$$\boldsymbol{A} \boldsymbol{V} = \boldsymbol{V} \boldsymbol{\Lambda} \tag{1.6.12}$$

gebracht. Nun werden für die Spalten von $\boldsymbol{V}$ die Spaltenvektoren $\boldsymbol{v}_i$ eingeführt. Damit erhält Gl. (1.6.12) die Gestalt

$$\boldsymbol{A}[\boldsymbol{v}_1 \quad \boldsymbol{v}_2 \quad \cdots \quad \boldsymbol{v}_n] = [\boldsymbol{v}_1 \quad \boldsymbol{v}_2 \quad \cdots \quad \boldsymbol{v}_n] \begin{bmatrix} s_1 & 0 & 0 & \cdots & 0 \\ 0 & s_2 & 0 & \cdots & 0 \\ \vdots & & \ddots & & \vdots \\ 0 & \cdots & 0 & s_{n-1} & 0 \\ 0 & \cdots & 0 & 0 & s_n \end{bmatrix} . \tag{1.6.13}$$

Wie man leicht erkennt, zerfällt diese Gleichung in n voneinander unabhängige Teilgleichungen für die einzelnen Spaltenvektoren

$$\boldsymbol{A} \boldsymbol{v}_i = s_i \boldsymbol{v}_i . \tag{1.6.14}$$

Umgeformt erhält man aus dieser Beziehung

$$(s_i \mathbf{I} - \boldsymbol{A}) \boldsymbol{v}_i = \mathbf{0} , \quad i = 1, 2, \ldots, n . \tag{1.6.15}$$

Jede dieser n Gleichungen stellt für sich ein lineares homogenes System von n Gleichungen für die n unbekannten Elemente des Vektors $\boldsymbol{v}_i$ dar. Dieses System besitzt genau dann nichttriviale Lösungen, wenn die Determinante $|s_i \mathbf{I} - \boldsymbol{A}|$ verschwindet. Dies ist aber gerade für die Eigenwerte s_i der Fall. Da das Gleichungssystem, Gl. (1.6.15), nur n-1 linear unabhängige Gleichungen liefert, können die Vektoren $\boldsymbol{v}_i$ bis auf ihre frei wählbare Größe ($\neq 0$) bestimmt werden.

Man bezeichnet die Vektoren $\boldsymbol{v}_i$ aufgrund der Struktur von Gl. (1.6.15) auch als *Eigenvektoren* der Matrix $\boldsymbol{A}$ und Gl. (1.6.15) als *Eigenvektorgleichung*. Sind die Eigenwerte von $\boldsymbol{A}$ alle verschieden, so sind die n Eigenvektoren $\boldsymbol{v}_i$ alle linear voneinander unabhängig. Da sie die Spalten der Transformationsmatrix $\boldsymbol{V}$ bilden, ist damit $\boldsymbol{V}$ nichtsingulär.

Anmerkung zur Definition der *linearen Abhängigkeit* von Vektoren:

Die Vektoren $\boldsymbol{a}_1, \ldots, \boldsymbol{a}_n$ sind linear abhängig, wenn es Koeffizienten $k_1, \ldots, k_n$ gibt, die nicht alle Null sind und die Bedingung

$$k_1 \boldsymbol{a}_1 + k_2 \boldsymbol{a}_2 + \cdots + k_n \boldsymbol{a}_n = \mathbf{0}$$

erfüllen. Kann diese Beziehung nur durch $k_i = 0,\ i = 1, \ldots, n$ befriedigt werden, dann sind die Vektoren $\boldsymbol{a}_1, \ldots, \boldsymbol{a}_n$ *linear unabhängig.*

Beispiel 1.6.1:

Gegeben sei

$$\boldsymbol{A} = \begin{bmatrix} -1 & 0 \\ 1 & -2 \end{bmatrix}.$$

Als Eigenwerte ergeben sich aus

$$|s\mathbf{I} - \boldsymbol{A}| = \begin{vmatrix} s+1 & 0 \\ -1 & s+2 \end{vmatrix} = (s+1)\,(s+2) = 0$$

die Größen $s_1 = -1$ und $s_2 = -2$.

Ermittlung des 1. Eigenvektors $\boldsymbol{v}_1$ für $s_1 = -1$ mittels Gl. (1.6.15):

$$(s_1\mathbf{I} - \boldsymbol{A})\,\boldsymbol{v}_1 = \begin{bmatrix} 0 & 0 \\ -1 & 1 \end{bmatrix} \begin{bmatrix} v_{11} \\ v_{21} \end{bmatrix} = \begin{bmatrix} 0 \\ 0 \end{bmatrix},$$

wobei v_{ji} das *j*-te Element des *i*-ten Eigenvektors $\boldsymbol{v}_i$ beschreibt. Aus obiger Gleichung folgt:

$$-v_{11} + v_{21} = 0 \quad \text{bzw.} \quad v_{11} = v_{21}\,.$$

Die Größe dieser Vektorelemente kann beliebig $(\neq 0)$ angenommen werden (z. B. als $v_{11} = 1)$, da nur die Richtung der Eigenvektoren von Interesse ist. Gewählt wird:

$$\boldsymbol{v}_1 = \begin{bmatrix} 1 \\ 1 \end{bmatrix}.$$

Ermittlung des 2. Eigenvektors $\boldsymbol{v}_2$ für $s_2 = -2$:

Aus

$$(s_2\mathbf{I} - \boldsymbol{A})\,\boldsymbol{v}_2 = \begin{bmatrix} -1 & 0 \\ -1 & 0 \end{bmatrix} \begin{bmatrix} v_{12} \\ v_{22} \end{bmatrix} = \begin{bmatrix} 0 \\ 0 \end{bmatrix}$$

folgt

$$v_{12} = 0 \quad \text{und} \quad v_{22} \quad \text{beliebig}\,(\neq 0)\,,\ \text{z. B. } v_{22} = 1\,,$$

und somit

$$\boldsymbol{v}_2 = \begin{bmatrix} 0 \\ 1 \end{bmatrix}.$$

Beide Eigenvektoren $\boldsymbol{v}_1$ und $\boldsymbol{v}_2$ sind also linear unabhängig. Damit erhält man als Transformationsmatrix (oder auch Eigenvektormatrix von $\boldsymbol{A}$)

$$V = [v_1 \quad v_2] = \begin{bmatrix} 1 & 0 \\ 1 & 1 \end{bmatrix}$$

und daraus die inverse Matrix

$$V^{-1} = \begin{bmatrix} 1 & 0 \\ -1 & 1 \end{bmatrix}.$$

Die Probe

$$V^{-1} A V = \begin{bmatrix} 1 & 0 \\ -1 & 1 \end{bmatrix} \begin{bmatrix} -1 & 0 \\ 1 & -2 \end{bmatrix} \begin{bmatrix} 1 & 0 \\ 1 & 1 \end{bmatrix} = \begin{bmatrix} -1 & 0 \\ 0 & -2 \end{bmatrix}$$

liefert die gewünschte Diagonalmatrix Λ. ■

1.6.3 Transformation auf Jordan-Normalform

Eine Matrix A mit mehrfachen reellen Eigenwerten kann meist nicht auf Diagonalform transformiert werden, da zu einem Eigenwert s_i der Vielfachheit r_i gewöhnlich nur *ein* unabhängiger Eigenvektor existiert. Eine Transformation auf Diagonalform ist nur möglich, wenn s_i ein r_i-facher Eigenwert der $(n \times n)$-Matrix A ist, und dabei die Matrix $(s_i \mathbf{I} - A)$ gerade $n - r_i$ unabhängige Spaltenvektoren bzw. den Rang $(s_i \mathbf{I} - A) = n - r_i$ besitzt.

Wie in Abschnitt 1.5 schon gezeigt wurde, ist die Jordan-Normalform die der Diagonalform entsprechende kanonische Form bei p mehrfachen Eigenwerten. Eine Matrix $\boldsymbol{J}$ in Jordan-Normalform ist allgemein durch eine Blockdiagonalmatrix der Dimension $(n \times n)$

$$\boldsymbol{J} = \begin{bmatrix} \boldsymbol{K}_1(s_1) & & & & & \mathbf{0} \\ & \boldsymbol{K}_2(s_2) & & & & \\ & & \ddots & & & \\ & & & \boldsymbol{K}_i(s_i) & & \\ & & & & \ddots & \\ \mathbf{0} & & & & & \boldsymbol{K}_p(s_p) \end{bmatrix} \tag{1.6.16}$$

darstellbar, wobei jedem r_i-fachen Eigenwert s_i ein sogenannter *Jordan-Block* der Dimension $(r_i \times r_i)$

$$\boldsymbol{K}_i(s_i) = \begin{bmatrix} s_i & * & & \mathbf{0} \\ & s_i & * & \\ & & \ddots & \\ & & \ddots & * \\ \mathbf{0} & & & s_i \end{bmatrix} \tag{1.6.17}$$

zugeordnet werden kann. Für den Wert von * in der oberen Nebendiagonale gilt

$$* = \begin{cases} 1 & \text{für gekoppelte verallgemeinerte Eigenvektoren, deren Definition nachfolgend gegeben wird,} \\ 0 & \text{für linear unabhängige Eigenvektoren.} \end{cases}$$

Einem einfachen Eigenwert entspricht demnach der skalare Jordan-Block $K_i(s_i) = s_i$.

Zur Bestimmung der Transformationsmatrix V sei zunächst eine Matrix A mit einem einzigen n-fachen Eigenwert betrachtet. Dann gilt für den Fall gekoppelter verallgemeinerter Eigenvektoren:

$$V^{-1} A V = J = \begin{bmatrix} s_1 & 1 & 0 & \cdots & 0 \\ 0 & & & & \vdots \\ \vdots & & \ddots & \ddots & 0 \\ 0 & \cdots & 0 & s_1 & 1 \\ 0 & \cdots & 0 & 0 & s_1 \end{bmatrix}. \tag{1.6.18}$$

Entsprechend Gl. (1.6.13) ergibt sich hieraus mit den Spaltenvektoren v_i, $i = 1, 2, \ldots, n$, die Beziehung

$$A[v_1 \ \cdots \ v_n] = [v_1 \ \cdots \ v_n] \begin{bmatrix} s_1 & 1 & 0 & \cdots & 0 \\ 0 & & & & \vdots \\ \vdots & & \ddots & \ddots & 0 \\ 0 & \cdots & 0 & s_1 & 1 \\ 0 & \cdots & 0 & 0 & s_1 \end{bmatrix}.$$

Daraus folgt für den ersten Spaltenvektor

$$A v_1 = s_1 v_1$$

oder

$$(s_1 \mathbf{I} - A) v_1 = \mathbf{0}. \tag{1.6.19}$$

Die erste Spalte der Matrix V ist also der (einzige unabhängige) Eigenvektor von A, wie ein Vergleich mit Gl. (1.6.15) zeigt. Durch die Einsen in der Jordan-Matrix ergeben sich für die übrigen Spalten folgende Kopplungen:

$$\begin{aligned} A v_2 &= v_1 + s_1 v_2 \\ &\vdots \\ A v_n &= v_{n-1} + s_1 v_n . \end{aligned}$$

Daraus folgt ein Satz von $n-1$ Gleichungen zur Bestimmung der Vektoren v_2 bis v_n:

$$\begin{aligned} (A - s_1 \mathbf{I}) v_2 &= v_1 \\ &\vdots \\ (A - s_1 \mathbf{I}) v_n &= v_{n-1} . \end{aligned} \tag{1.6.20}$$

Man kann zeigen, dass die Vektoren v_1 bis v_n linear unabhängig sind. Somit ist die aus ihnen gebildete Matrix V nichtsingulär. Die $n-1$ Vektoren v_2 bis v_n werden auch als *verallgemeinerte Eigenvektoren* oder *Hauptvektoren* der Matrix A bezeichnet. Bei mehreren Jordan-Blöcken ist das Vorgehen entsprechend: Man bestimmt zu jedem Block der Dimension r_i einen Eigenvektor nach Gl. (1.6.19) und $r_i - 1$ Hauptvektoren nach Gl. (1.6.20). Auch hier sind alle n zu bestimmenden Vektoren $\boldsymbol{v}_i$ linear unabhängig voneinander.

Beispiel 1.6.2:

Die Systemmatrix

$$A = \begin{bmatrix} -1 & 0{,}5 \\ -2 & -3 \end{bmatrix}$$

besitzt einen doppelten reellen Eigenwert $s_{1,2} = -2$. Gl. (1.6.19) liefert

$$\left[-2 \begin{bmatrix} 1 & 0 \\ 0 & 1 \end{bmatrix} - \begin{bmatrix} -1 & 0{,}5 \\ -2 & -3 \end{bmatrix} \right] \begin{bmatrix} v_{11} \\ v_{21} \end{bmatrix} = \mathbf{0} .$$

Daraus folgt

$$v_{21} = -2\, v_{11}$$

und mit $v_{11} = 1$ erhält man für den einzigen Eigenvektor

$$\boldsymbol{v}_1 = \begin{bmatrix} 1 \\ -2 \end{bmatrix} .$$

Nach Gl. (1.6.20) gilt für $\boldsymbol{v}_2$

$$(A - s_1 \mathbf{I})\, \boldsymbol{v}_2 = \boldsymbol{v}_1$$

$$\begin{bmatrix} 1 & 0{,}5 \\ -2 & -1 \end{bmatrix} \begin{bmatrix} v_{12} \\ v_{22} \end{bmatrix} = \begin{bmatrix} 1 \\ -2 \end{bmatrix} .$$

Dies entspricht zwei linear abhängigen Gleichungen, deren erste lautet:

$$v_{12} + 0{,}5 v_{22} = 1 \quad \text{bzw.} \quad v_{12} = 1 - 0{,}5\, v_{22} .$$

Mit der Wahl von $v_{22} = 0$ folgt für den zugehörigen Hauptvektor

$$\boldsymbol{v}_2 = \begin{bmatrix} 1 \\ 0 \end{bmatrix} .$$

Da die Vektoren $\boldsymbol{v}_1$ und $\boldsymbol{v}_2$ linear unabhängig sind, existiert die Transformationsmatrix

$$V = \begin{bmatrix} 1 & 1 \\ -2 & 0 \end{bmatrix}$$

bzw. deren Inverse

$$V^{-1} = \frac{1}{2} \begin{bmatrix} 0 & -1 \\ 2 & 1 \end{bmatrix} ,$$

und damit gilt

$$V^{-1} A V = \begin{bmatrix} -2 & 1 \\ 0 & -2 \end{bmatrix} = J . \qquad \blacksquare$$

1.6.4 Anwendung kanonischer Transformationen

Sind die Eigenwerte einer Matrix $\boldsymbol{A}$ bekannt, so lässt sich ihre kanonische Form $\boldsymbol{\Lambda}$ bzw. $\boldsymbol{J}$ unmittelbar angeben. Trotzdem ist die Bestimmung der Transformationsmatrix nicht unnötig. Dies soll für den Fall einfacher Eigenwerte kurz diskutiert werden. Zunächst sei das transformierte System gemäß Gl. (1.6.9) betrachtet, das in Komponentenschreibweise das Gleichungssystem

$$\begin{aligned} \dot{\overset{*}{x}}_1(t) &= s_1 \overset{*}{x}_1(t) \\ \dot{\overset{*}{x}}_2(t) &= s_2 \overset{*}{x}_2(t) \\ &\vdots \\ \dot{\overset{*}{x}}_n(t) &= s_n \overset{*}{x}_n(t) \end{aligned} \tag{1.6.21}$$

liefert. Da diese Differentialgleichungen erster Ordnung nicht gekoppelt sind, lässt sich die Lösung für jede Gleichung separat angeben, und es gilt:

$$\overset{*}{x}_i(t) = e^{s_i t} \overset{*}{x}_i(0) \quad \text{für} \quad i = 1, 2, \ldots, n . \tag{1.6.22}$$

Damit ist jeder Zustandsgröße genau ein Eigenwert zugeordnet. Man nennt deshalb die Lösungen $\overset{*}{x}_i(t)$ die *Eigenbewegungen* (engl. modes) des Systems. Weiter bezeichnet man diese entkoppelte Systemdarstellung mit der diagonalen Systemmatrix $\boldsymbol{\Lambda}$ auch als *modale* Darstellung und die Zustandsgrößen $\overset{*}{x}_i(t)$ als modale Zustandsgrößen.

Aus Gl. (1.6.22) geht durch Vergleich mit der bekannten Lösung des homogenen Systems

$$\boldsymbol{x}^*(t) = \boldsymbol{\Phi}^*(t)\,\boldsymbol{x}^*(0) \tag{1.6.23}$$

unmittelbar hervor, dass die Fundamentalmatrix $\boldsymbol{\Phi}^*(t)$ des modalen Systems eine Diagonalmatrix mit den Elementen $e^{s_i t}$ ist. Somit gilt

$$\boldsymbol{\Phi}^*(t) = e^{\boldsymbol{\Lambda} t} = \begin{bmatrix} e^{s_1 t} & 0 & 0 & \cdots & 0 \\ 0 & e^{s_2 t} & 0 & \cdots & 0 \\ & & & & \vdots \\ \vdots & & & \ddots & 0 \\ 0 & \cdots & 0 & 0 & e^{s_n t} \end{bmatrix} , \tag{1.6.24}$$

was auch durch Auswertung der Reihenentwicklung gemäß Gl. (1.2.6) gezeigt werden kann.

Für die Matrizen $\boldsymbol{A}$ und $\boldsymbol{\Lambda}$ gilt die Ähnlichkeitstransformation

$$\boldsymbol{\Lambda} = \boldsymbol{V}^{-1} \boldsymbol{A} \boldsymbol{V} . \tag{1.6.25}$$

Außerdem erhält man für den Zustandsvektor

$$\boldsymbol{x} = \boldsymbol{V} \boldsymbol{x}^* \quad \text{oder} \quad \boldsymbol{x}^* = \boldsymbol{V}^{-1} \boldsymbol{x} . \tag{1.6.26}$$

Mit dieser Beziehung folgt aus Gl. (1.6.23) für das ursprüngliche System

$$\boldsymbol{V}^{-1} \boldsymbol{x}(t) = \boldsymbol{\Phi}^*(t) \boldsymbol{V}^{-1} \boldsymbol{x}(0)$$

bzw.

$$\boldsymbol{x}(t) = \boldsymbol{V} \boldsymbol{\Phi}^*(t) \boldsymbol{V}^{-1} \boldsymbol{x}(0) = \boldsymbol{\Phi}(t) \boldsymbol{x}(0) . \tag{1.6.27}$$

Damit erhält man

$$\boldsymbol{\Phi}(t) = \mathrm{e}^{\boldsymbol{A}t} = \boldsymbol{V} \boldsymbol{\Phi}^*(t) \boldsymbol{V}^{-1} = \boldsymbol{V} \mathrm{e}^{\boldsymbol{\Lambda}t} \boldsymbol{V}^{-1} . \tag{1.6.28}$$

Diese Gleichung stellt zusammen mit Gl. (1.6.24) eine weitere sehr einfache Möglichkeit zur Berechnung der Fundamentalmatrix $\boldsymbol{\Phi}(t)$ dar, sofern die Transformationsmatrix $\boldsymbol{V}$ und die Eigenwerte s_i gegeben sind.

Beispiel 1.6.3:

Es soll das System aus Beispiel 1.6.1 verwendet werden, bei dem die Matrix

$$\boldsymbol{A} = \begin{bmatrix} -1 & 0 \\ 1 & -2 \end{bmatrix}$$

mit den Eigenwerten $s_1 = -1$ und $s_2 = -2$ gegeben war. Die Transformationsmatrix ergab sich zu

$$\boldsymbol{V} = \begin{bmatrix} 1 & 0 \\ 1 & 1 \end{bmatrix} \quad \text{bzw.} \quad \boldsymbol{V}^{-1} = \begin{bmatrix} 1 & 0 \\ -1 & 1 \end{bmatrix} .$$

Die Fundamentalmatrix des modalen Systems lautet

$$\boldsymbol{\Phi}^*(t) = \mathrm{e}^{\boldsymbol{\Lambda}t} = \begin{bmatrix} \mathrm{e}^{-t} & 0 \\ 0 & \mathrm{e}^{-2t} \end{bmatrix} .$$

Dementsprechend erhält man als Lösung die modalen Zustandsgrößen

$$x_1^*(t) = \mathrm{e}^{-t} x_1^*(0) ,$$
$$x_2^*(t) = \mathrm{e}^{-2t} x_2^*(0) .$$

Die Anwendung von Gl. (1.6.28) liefert die Fundamentalmatrix des ursprünglichen Systems

$$\boldsymbol{\Phi}(t) = \begin{bmatrix} 1 & 0 \\ 1 & 1 \end{bmatrix} \begin{bmatrix} \mathrm{e}^{-t} & 0 \\ 0 & \mathrm{e}^{-2t} \end{bmatrix} \begin{bmatrix} 1 & 0 \\ -1 & 1 \end{bmatrix} = \begin{bmatrix} \mathrm{e}^{-t} & 0 \\ \mathrm{e}^{-t} - \mathrm{e}^{-2t} & \mathrm{e}^{-2t} \end{bmatrix}$$

und damit die homogene Lösung in den Komponenten von $\boldsymbol{x}(t)$:

$$x_1(t) = \mathrm{e}^{-t}\, x_1(0)$$
$$x_2(t) = (\mathrm{e}^{-t} - \mathrm{e}^{-2t})\, x_1(0) + \mathrm{e}^{-2t}\, x_2(0)\,.$$

Aus diesem Ergebnis ist ersichtlich, dass die erste Komponente von $\boldsymbol{x}(t)$ bereits eine modale Zustandsgröße ist. In der Transformationsmatrix $\boldsymbol{V}$ drückt sich dies wegen $\boldsymbol{x} = \boldsymbol{V}\,\boldsymbol{x}^*$ dadurch aus, dass die erste Zeile von $\boldsymbol{V}$ einer Zeile der Einheitsmatrix $\mathbf{I}$ entspricht. ■

Wegen der Diagonalform von $\mathrm{e}^{\boldsymbol{A}t}$ kann Gl. (1.6.28) noch etwas umgeformt werden. Dazu benötigt man die Zeilen der Matrix $\boldsymbol{V}^{-1}$ und schreibt deshalb

$$\boldsymbol{V}^{-1} = \boldsymbol{R}^{\mathrm{T}} = \begin{bmatrix} \boldsymbol{r}_1^{\mathrm{T}} \\ \boldsymbol{r}_2^{\mathrm{T}} \\ \vdots \\ \boldsymbol{r}_n^{\mathrm{T}} \end{bmatrix}. \tag{1.6.29}$$

Mit den Spaltenvektoren $\boldsymbol{v}_i$ lautet dann die Gl. (1.6.28)

$$\boldsymbol{\Phi}(t) = [\boldsymbol{v}_1 \quad \boldsymbol{v}_2 \quad \cdots \quad \boldsymbol{v}_n] \begin{bmatrix} \mathrm{e}^{s_1 t} & 0 & 0 & \cdots & 0 \\ 0 & \mathrm{e}^{s_2 t} & 0 & \cdots & 0 \\ & & & & \vdots \\ \vdots & & & \ddots & 0 \\ 0 & \cdots & 0 & 0 & \mathrm{e}^{s_n t} \end{bmatrix} \begin{bmatrix} \boldsymbol{r}_1^{\mathrm{T}} \\ \boldsymbol{r}_2^{\mathrm{T}} \\ \vdots \\ \boldsymbol{r}_n^{\mathrm{T}} \end{bmatrix}$$

$$= [\mathrm{e}^{s_1 t}\, \boldsymbol{v}_1 \quad \mathrm{e}^{s_2 t}\, \boldsymbol{v}_2 \quad \cdots \quad \mathrm{e}^{s_n t}\, \boldsymbol{v}_n] \begin{bmatrix} \boldsymbol{r}_1^{\mathrm{T}} \\ \boldsymbol{r}_2^{\mathrm{T}} \\ \vdots \\ \boldsymbol{r}_n^{\mathrm{T}} \end{bmatrix}.$$

Wertet man dieses Produkt aus, so erhält man die *Spektraldarstellung* der Fundamentalmatrix

$$\boldsymbol{\Phi}(t) = \sum_{i=1}^{n} \mathrm{e}^{s_i t}\, \boldsymbol{v}_i\, \boldsymbol{r}_i^{\mathrm{T}}\,. \tag{1.6.30}$$

Hierbei sind die Produkte $\boldsymbol{v}_i\, \boldsymbol{r}_i^{\mathrm{T}}$ Matrizen, sogenannte *dyadische Produkte*, deren Zeilen und Spalten alle linear abhängig sind. Für *Beispiel 1.6.3* ergibt sich:

$$\boldsymbol{v}_1\, \boldsymbol{r}_1^{\mathrm{T}} = \begin{bmatrix} 1 \\ 1 \end{bmatrix} [1 \quad 0] = \begin{bmatrix} 1 & 0 \\ 1 & 0 \end{bmatrix}$$

$$\boldsymbol{v}_2\, \boldsymbol{r}_2^{\mathrm{T}} = \begin{bmatrix} 0 \\ 1 \end{bmatrix} [-1 \quad 1] = \begin{bmatrix} 0 & 0 \\ -1 & 1 \end{bmatrix}$$

und damit

$$\boldsymbol{\Phi}(t) = \mathrm{e}^{-t}\begin{bmatrix} 1 & 0 \\ 1 & 0 \end{bmatrix} + \mathrm{e}^{-2t}\begin{bmatrix} 0 & 0 \\ -1 & 1 \end{bmatrix} = \begin{bmatrix} \mathrm{e}^{-t} & 0 \\ \mathrm{e}^{-t} - \mathrm{e}^{-2t} & \mathrm{e}^{-2t} \end{bmatrix}.$$

Bei Systemen mit *mehrfachen Eigenwerten* existiert eine derart einfache Beziehung nicht. Jedoch hat auch hier die Fundamentalmatrix in kanonischer Form $\boldsymbol{\Phi}^*(t)$ eine Block-Diagonalstruktur, wobei jedem Jordan-Block eine Dreiecksmatrix in $\boldsymbol{\Phi}^*(t)$ entspricht. Natürlich gilt hierbei Gl. (1.6.28) entsprechend:

$$\boldsymbol{\Phi}(t) = \mathrm{e}^{\boldsymbol{A}t} = \boldsymbol{V}\,\mathrm{e}^{\boldsymbol{J}t}\,\boldsymbol{V}^{-1} = \boldsymbol{V}\,\boldsymbol{\Phi}^*(t)\,\boldsymbol{V}^{-1}. \tag{1.6.31}$$

Beispiel 1.6.4:

Gegeben sei die Matrix $\boldsymbol{A}$ sowie die Ähnlichkeitstransformation

$$\boldsymbol{V}^{-1}\boldsymbol{A}\boldsymbol{V} = \boldsymbol{J} = \left[\begin{array}{ccc|cc} s_1 & 1 & 0 & 0 & 0 \\ 0 & s_1 & 1 & 0 & 0 \\ 0 & 0 & s_1 & 0 & 0 \\ \hline 0 & 0 & 0 & s_2 & 1 \\ 0 & 0 & 0 & 0 & s_2 \end{array}\right].$$

Damit ergibt sich die gesuchte Fundamentalmatrix

$$\boldsymbol{\Phi}(t) = \boldsymbol{V}\left[\begin{array}{ccc|cc} \mathrm{e}^{s_1 t} & t\mathrm{e}^{s_1 t} & \frac{1}{2}t^2\mathrm{e}^{s_1 t} & 0 & 0 \\ 0 & \mathrm{e}^{s_1 t} & t\mathrm{e}^{s_1 t} & 0 & 0 \\ 0 & 0 & \mathrm{e}^{s_1 t} & 0 & 0 \\ \hline 0 & 0 & 0 & \mathrm{e}^{s_2 t} & t\mathrm{e}^{s_2 t} \\ 0 & 0 & 0 & 0 & \mathrm{e}^{s_2 t} \end{array}\right]\boldsymbol{V}^{-1}.$$

■

Am Beispiel der Fundamentalmatrix wurde hier die Bedeutung der Transformation auf kanonische Form, insbesondere Diagonalform gezeigt. Da diese Form unmittelbar Einblick in die innere Struktur eines Systems bietet, wird sie überall dort vorteilhaft angewendet, wo Struktureigenschaften eines Systems interessieren, so z. B. bei der Untersuchung der Stabilität, Steuerbarkeit und Beobachtbarkeit (vgl. Abschnitt 1.7) eines Systems. Außerdem bietet sie beim Entwurf von Reglern und bei Optimierungsproblemen Vorteile, da die Lösungen der modalen Zustandsgleichungen nicht gekoppelt sind.

1.7 Steuerbarkeit und Beobachtbarkeit

Das dynamische Verhalten eines Übertragungssystems wird, wie zuvor gezeigt wurde, durch die Zustandsgrößen vollständig beschrieben. Bei einem gegebenen System sind diese jedoch in der Regel nicht bekannt; man kennt gewöhnlich nur den Ausgangsvektor $\boldsymbol{y}(t)$ sowie den Steuervektor $\boldsymbol{u}(t)$. Dabei sind für die Analyse und den Entwurf eines

Regelsystems folgende Fragen interessant, die eine erste Näherung an die Begriffe Steuerbarkeit und Beobachtbarkeit ergeben:

- Gibt es irgendwelche Komponenten des Zustandsvektors $\boldsymbol{x}(t)$ des Systems, die nicht vom Eingangsvektor (Steuervektor) $\boldsymbol{u}(t)$ beeinflusst werden? Ist dies der Fall, dann wäre es naheliegend, das System als nicht steuerbar zu bezeichnen.
- Gibt es irgendwelche Komponenten des Zustandsvektors $\boldsymbol{x}(t)$ des Systems, die keinen Einfluss auf den Ausgangsvektor $\boldsymbol{y}(t)$ ausüben? Ist dies der Fall, dann kann aus dem Verhalten des Ausgangsvektors $\boldsymbol{y}(t)$ nicht auf den Zustandsvektor $\boldsymbol{x}(t)$ geschlossen werden, und es liegt nahe, das betreffende System als nicht beobachtbar zu bezeichnen.

Die von Kalman [Kal61] eingeführten Begriffe *Steuerbarkeit* und *Beobachtbarkeit* spielen in der modernen Regelungstechnik eine wichtige Rolle und ermöglichen eine schärfere Definition dieser soeben erwähnten Systemeigenschaften.

Als Beispiel für die Notwendigkeit dieser Verschärfung sei das System

$$\begin{bmatrix} \dot{x}_1 \\ \dot{x}_2 \end{bmatrix} = \begin{bmatrix} s_1 & 0 \\ 0 & s_1 \end{bmatrix} \begin{bmatrix} x_1 \\ x_2 \end{bmatrix} + \begin{bmatrix} 1 \\ 1 \end{bmatrix} u\,, \quad \boldsymbol{x}_0 = \begin{bmatrix} 2 \\ 1 \end{bmatrix}$$

betrachtet, das zwei gleiche reelle Eigenwerte s_1 besitzt. Die Aufgabe soll darin bestehen, den Vektor $\boldsymbol{x}$ in den Nullpunkt zu überführen. Jedes Steuersignal $u(t)$, das den Wert x_1 nach Null bringt, bewirkt, dass $x_2 \neq 0$ wird und umgekehrt, vorausgesetzt, dass $x_1(0) \neq x_2(0)$ ist. Obwohl also hier beide Werte x_1 und x_2 vom Eingangsvektor beeinflusst und verändert werden, ist dieses System nicht richtig steuerbar. Ein weiteres Beispiel für ein zwar beeinflussbares, aber nicht steuerbares Teilsystem stellt der später noch zu behandelnde "Beobachter" dar, der aus einem System S_2 besteht, dessen Zustandsgrößen den Werten der Zustandsgrößen eines Systems S_1 folgen. Die Steuerung des Systems S_1 kann das System S_2 in der gleichen Weise verändern wie das System S_1, dennoch ist es nicht möglich, die Zustandsgrößen der Systeme S_1 und S_2 unabhängig voneinander auf vorgegebene Werte zu bringen. Alle diese Möglichkeiten sind in der nachfolgend gegebenen Definition von Kalman [Kal61] enthalten. Darüber hinaus zeigt sich bei vielen Entwurfsproblemen, etwa beim Entwurf optimaler Systeme, dass Steuerbarkeit und Beobachtbarkeit notwendige Bedingungen für die Existenz von Lösungen darstellen. Daher sollen in diesem Abschnitt die mathematischen Formulierungen dieser Begriffe sowie die Kriterien zur Untersuchung eines gegebenen Systems auf Steuerbarkeit und Beobachtbarkeit behandelt werden.

1.7.1 Steuerbarkeit

Definition: Das durch die allgemeine Zustandsgleichung, Gl. (1.1.7), beschriebene lineare System ist *vollständig zustandssteuerbar*, wenn es für jeden Anfangszustand $\boldsymbol{x}(t_0)$ eine Steuerfunktion $\boldsymbol{u}(t)$ gibt, die das System innerhalb einer beliebigen *endlichen* Zeitspanne $t_0 \le t \le t_1$ in den Endzustand $\boldsymbol{x}(t_1) = \boldsymbol{0}$ überführt.

Der Zusatz "vollständig" entfällt, wenn der Endzustand nicht von jedem Anfangszustand aus unter diesen Bedingungen erreicht werden kann. Dieser Fall kann bei linearen zeitinvarianten kontinuierlichen Systemen nicht auftreten, weshalb man ohne Gefahr des Missverständnisses gewöhnlich nur von Steuerbarkeit spricht.

Die weiteren Betrachtungen sollen zunächst von einem *Eingrößensystem* ausgehen mit der Zustandsgleichung

$$\dot{\boldsymbol{x}}(t) = \boldsymbol{A}\,\boldsymbol{x}(t) + \boldsymbol{b}\,u(t) \tag{1.7.1}$$

und der Ausgangsgleichung

$$y(t) = \boldsymbol{c}^{\mathrm{T}}\boldsymbol{x}(t) + d\,u(t)\,. \tag{1.7.2}$$

Der Einfachheit halber sei zunächst angenommen, dass *alle Eigenwerte* s_i von $\boldsymbol{A}$ *einfach* seien. Dann kann man dieses System mit Hilfe einer Transformationsmatrix $\boldsymbol{V}$ auf Diagonalform transformieren und erhält

$$\dot{\boldsymbol{x}}^*(t) = \boldsymbol{\Lambda}\,\boldsymbol{x}^*(t) + \boldsymbol{b}^*\,u(t) \tag{1.7.3}$$

mit

$$\boldsymbol{b}^* = \boldsymbol{V}^{-1}\boldsymbol{b} = \begin{bmatrix} b_1^* \\ \vdots \\ b_n^* \end{bmatrix} \tag{1.7.4}$$

entsprechend Gl. (1.6.4b). Für die Komponenten von $\dot{\boldsymbol{x}}^*(t)$ gilt:

$$\dot{x}_i^*(t) = s_i\,x_i^*(t) + b_i^*\,u(t)\,, \quad i = 1, 2, \ldots, n\,. \tag{1.7.5}$$

Hieraus ist sofort folgender Zusammenhang zu erkennen: Ist *ein Element* $b_i^* = 0$, dann wird die zugehörige Differentialgleichung der Zustandsgröße $x_i^*(t)$ nicht durch $u(t)$ beeinflusst. Somit lautet die Bedingung für die *Steuerbarkeit eines Eingrößensystems*:

> Ein Eingrößensystem mit einfachen Eigenwerten ist genau dann vollständig steuerbar, wenn alle Elemente des Vektors $\boldsymbol{b}^* = \boldsymbol{V}^{-1}\boldsymbol{b}$ von Null verschieden sind.

Die Erweiterung dieser Überlegungen auf den Fall eines *Mehrgrößensystems* liefert anstelle der Gl. (1.7.3) die Beziehung

$$\dot{\boldsymbol{x}}^*(t) = \boldsymbol{\Lambda}\,\boldsymbol{x}^*(t) + \boldsymbol{B}^*\,\boldsymbol{u}(t) \tag{1.7.6}$$

bzw.

$$\dot{x}_i^*(t) = s_i\,x_i^*(t) + \sum_{\nu=1}^{r} b_{i\nu}^*\,u_\nu(t)\,, \quad i = 1, 2, \ldots, n\,. \tag{1.7.7}$$

Aus Gl. (1.7.7) folgt, dass die i-te Zustandsvariable $x_i^*(t)$ durch $u_\nu(t)$ nicht beeinflusst werden kann, wenn die zugehörigen Koeffizienten $b_{i\nu}^*$ für $\nu = 1, 2, \ldots, r$ alle Null sind. Daraus lässt sich die notwendige und hinreichende Bedingung für die *Steuerbarkeit eines Mehrgrößensystems* formulieren:

Ein Mehrgrößensystem mit einfachen Eigenwerten ist genau dann vollständig steuerbar, wenn in jeder Zeile der Matrix $\boldsymbol{B}^* = \boldsymbol{V}^{-1}\boldsymbol{B}$ zumindest *ein* Element von Null verschieden ist.

Aus diesen Überlegungen ist ersichtlich, dass bei einem steuerbaren System der Steuervektor $\boldsymbol{u}(t)$ alle Eigenbewegungen beeinflusst. Die Steuerbarkeit hängt dabei nur von den Matrizen $\boldsymbol{A}$ und $\boldsymbol{B}$ ab.

Die Anwendung dieser Bedingungen setzt die Kenntnis der kanonischen Transformation $\boldsymbol{V}$ voraus. Außerdem sind sie für den Fall mehrfacher Eigenwerte von $\boldsymbol{A}$ nicht anwendbar. Deshalb ist die allgemeine *Bedingung nach Kalman* [Kal61] zur Prüfung der Steuerbarkeit eines Systems meist besser geeignet:

Für die *Steuerbarkeit* eines linearen zeitinvarianten Systems ist folgende Bedingung notwendig und hinreichend:

$$\text{Rang}\,[\boldsymbol{B} \mid \boldsymbol{A}\boldsymbol{B} \mid \cdots \mid \boldsymbol{A}^{n-1}\boldsymbol{B}] = n\,. \tag{1.7.8}$$

Das bedeutet, die $(n \times nr)$-Hypermatrix, auch *Steuerbarkeitsmatrix* genannt,

$$\boldsymbol{S}_1 = [\boldsymbol{B} \mid \boldsymbol{A}\boldsymbol{B} \mid \cdots \mid \boldsymbol{A}^{n-1}\boldsymbol{B}]$$

muss n linear unabhängige Spaltenvektoren enthalten. Bei Eingrößensystemen ist $\boldsymbol{S}_1$ eine quadratische Matrix, deren n Spalten linear unabhängig sein müssen. In diesem Fall kann der Rang von $\boldsymbol{S}_1$ anhand der Determinante $|\boldsymbol{S}_1|$ überprüft werden. Ist $|\boldsymbol{S}_1|$ von Null verschieden, dann besitzt $\boldsymbol{S}_1$ den vollen Rang.

Diese von Kalman aufgestellte Bedingung soll nun unter Verwendung der Definition der Steuerbarkeit bewiesen werden. Hierzu geht man von einem Anfangszustand $\boldsymbol{x}(0)$ im Zeitpunkt $t_0 = 0$ aus und benutzt Gl. (1.2.4) als Lösung der Zustandsgleichung:

$$\boldsymbol{x}(t) = \mathrm{e}^{\boldsymbol{A}t}\,\boldsymbol{x}(0) + \int_0^t \mathrm{e}^{\boldsymbol{A}(t-\tau)}\,\boldsymbol{B}\,\boldsymbol{u}(\tau)\,\mathrm{d}\tau\,. \tag{1.7.9}$$

Entsprechend der Definition soll in einem Zeitpunkt $t = t_1$

$$\boldsymbol{x}(t_1) = \boldsymbol{0}$$

und damit

$$\boldsymbol{0} = \mathrm{e}^{\boldsymbol{A}t_1}\,\boldsymbol{x}(0) + \int_0^{t_1} \mathrm{e}^{\boldsymbol{A}(t_1-\tau)}\,\boldsymbol{B}\,\boldsymbol{u}(\tau)\,\mathrm{d}\tau$$

gelten. Daraus ergibt sich

$$\boldsymbol{x}(0) = -\int_0^{t_1} \mathrm{e}^{-\boldsymbol{A}\tau}\,\boldsymbol{B}\,\boldsymbol{u}(\tau)\,\mathrm{d}\tau\,. \tag{1.7.10}$$

Aufgrund des Satzes von Cayley-Hamilton gilt aber gemäß Gl. (1.4.11)

$$\mathrm{e}^{-At} = \sum_{k=0}^{n-1} \alpha_k(-t)\, \boldsymbol{A}^k$$

und damit folgt für Gl. (1.7.10)

$$\boldsymbol{x}(0) = -\sum_{k=0}^{n-1} \boldsymbol{A}^k \boldsymbol{B} \int_0^{t_1} \alpha_k(-\tau)\, \boldsymbol{u}(\tau)\mathrm{d}\tau . \tag{1.7.11}$$

Die Auswertung des Integrals für jede Funktion $\alpha_k(-t)$ liefert n r-dimensionale Vektoren

$$\boldsymbol{\beta}_k = \int_0^{t_1} \alpha_k(-\tau)\, \boldsymbol{u}(\tau)\mathrm{d}\tau \quad \text{für } k = 0, 1, \ldots, (n-1) \tag{1.7.12}$$

und damit erhält man aus Gl. (1.7.11)

$$\boldsymbol{x}(0) = -\sum_{k=0}^{n-1} \boldsymbol{A}^k \boldsymbol{B} \boldsymbol{\beta}_k = -[\boldsymbol{B} \mid \boldsymbol{A}\boldsymbol{B} \mid \cdots \mid \boldsymbol{A}^{n-1}\boldsymbol{B}] \begin{bmatrix} \boldsymbol{\beta}_0 \\ \boldsymbol{\beta}_1 \\ \vdots \\ \boldsymbol{\beta}_{n-1} \end{bmatrix} . \tag{1.7.13}$$

Dabei handelt es sich um ein System von n Gleichungen, das für einen beliebigen vorgegebenen Anfangszustand $\boldsymbol{x}(0)$ nur dann eindeutig lösbar ist, wenn die Matrix dieses Gleichungssystems maximalen Rang hat, d. h. wenn Gl. (1.7.8) erfüllt ist.

Es sei darauf hingewiesen, dass beim praktischen Entwurf eines Regelsystems gewöhnlich nicht die Beeinflussung (Steuerung) der Zustandsgrößen, sondern vielmehr der Ausgangsgrößen verlangt wird. Die vollständige Steuerbarkeit der Zustandsgrößen ist weder notwendig noch hinreichend für die Steuerbarkeit der m Ausgangsgrößen. Daher ist es zweckmäßig, noch den Begriff der vollständigen *Ausgangssteuerbarkeit* einzuführen. Ein System ist vollständig ausgangssteuerbar, wenn es eine Steuerfunktion $\boldsymbol{u}(t)$ gibt, die die Ausgangsgröße $\boldsymbol{y}(t)$ innerhalb einer beliebigen endlichen Zeitspanne $t_0 \le t \le t_1$ von einem beliebig vorgegebenen Anfangswert $\boldsymbol{y}(t_0)$ in irgendeinen Endwert $\boldsymbol{y}(t_1)$ überführt. Es lässt sich zeigen, dass ein System nur dann vollständig ausgangssteuerbar ist, wenn die $(m \times (n+1)r)$ -Hypermatrix

$$[\boldsymbol{C}\boldsymbol{B} \mid \boldsymbol{C}\boldsymbol{A}\boldsymbol{B} \mid \boldsymbol{C}\boldsymbol{A}^2\boldsymbol{B} \mid \cdots \mid \boldsymbol{C}\boldsymbol{A}^{n-1}\boldsymbol{B} \mid \boldsymbol{D}]$$

den Rang m besitzt.

Der Unterschied zwischen Zustands- und Ausgangssteuerbarkeit ist leicht aus folgendem Beispiel zu ersehen:

Das System

$$\dot{x}_1 = u ,$$
$$\dot{x}_2 = u$$

und

$$y = x_1 + x_2$$

ist zwar vollständig ausgangssteuerbar, nicht aber zustandssteuerbar, da hier zwei identische Teilsysteme in Parallelschaltung vorliegen.

1.7.2 Beobachtbarkeit

Definition: Das durch die Gln. (1.1.7a, b) beschriebene lineare System ist *vollständig beobachtbar*, wenn man bei bekannter äußerer Beeinflussung $\boldsymbol{B}\,\boldsymbol{u}(t)$ und bekannten Matrizen $\boldsymbol{A}$ und $\boldsymbol{C}$ aus dem Ausgangsvektor $\boldsymbol{y}(t)$ über ein endliches Zeitintervall $t_0 \le t \le t_1$ den Anfangszustand $\boldsymbol{x}(t_0)$ eindeutig bestimmen kann.

Für die Ausgangsgleichung eines Systems mit einfachen Eigenwerten gilt in modaler Darstellung nach Gl. (1.6.8)

$$\boldsymbol{y}(t) = \boldsymbol{C}\,\boldsymbol{V}\boldsymbol{x}^*(t) + \boldsymbol{D}\,\boldsymbol{u}(t) \tag{1.7.14}$$

und speziell für ein *Eingrößensystem* mit $\boldsymbol{c}^{*\mathrm{T}} = \boldsymbol{c}^{\mathrm{T}}\,\boldsymbol{V}$ und $\boldsymbol{D} = d$

$$y(t) = \boldsymbol{c}^{*\mathrm{T}}\,\boldsymbol{x}^*(t) + d\,u(t) = c_1^*\,x_1^*(t) + \cdots + c_n^*\,x_n^*(t) + d\,u(t)\,. \tag{1.7.15a}$$

Hieraus folgt unmittelbar die Bedingung für die Beobachtbarkeit des Eingrößensystems:

Damit sich bei einem Eingrößensystem mit einfachen Eigenwerten alle Komponenten von $\boldsymbol{x}^*(t)$ überhaupt auf die Ausgangsgröße $y(t)$ auswirken, müssen alle Elemente des Zeilenvektors $\boldsymbol{c}^{*\mathrm{T}} = \boldsymbol{c}^{\mathrm{T}}\,\boldsymbol{V}$ von Null verschieden sein. Dann ist das System vollständig beobachtbar.

Bei Mehrgrößensystemen mit einfachen Eigenwerten folgt über Gl. (1.7.14) mit $\boldsymbol{C}^* = \boldsymbol{C}\boldsymbol{V}$ für die μ-te Ausgangsgröße

$$y_\mu(t) = \sum_{i=1}^{n} c_{\mu i}^*\,x_i^*(t) + \sum_{\nu=1}^{r} d_{\mu\nu}\,u_\nu(t)\,, \quad \mu = 1, \ldots, m\,. \tag{1.7.15b}$$

Damit sich alle Zustandsgrößen $x_i^*(t)$ auf den Ausgangsvektor auswirken, muss als Bedingung für die Beobachtbarkeit dieses Systems in der Matrix $\boldsymbol{C}^*$ in jeder Spalte mindestens ein von Null verschiedenes Element vorhanden sein.

Für beliebige Systeme ohne Verwendung von Transformationen gilt wiederum eine allgemeine Beobachtbarkeitsbedingung, die von Kalman hergeleitet wurde:

Zur Prüfung der *Beobachtbarkeit* eines linearen zeitinvarianten Systems bildet man die $(nm \times n)$-Hypermatrix, auch *Beobachtbarkeitsmatrix* genannt,

$$\boldsymbol{S}_2 = \begin{bmatrix} \boldsymbol{C} \\ \boldsymbol{C}\,\boldsymbol{A} \\ \vdots \\ \boldsymbol{C}\,\boldsymbol{A}^{n-1} \end{bmatrix} \tag{1.7.16}$$

bzw. ihre transponierte $(n \times nm)$ -Hypermatrix

$$S_2^{\mathrm{T}} = [C^{\mathrm{T}} \mid (C A)^{\mathrm{T}} \mid \cdots \mid (C A^{n-1})^{\mathrm{T}}] .$$

Das System ist genau dann beobachtbar, wenn gilt

$$\operatorname{Rang} S_2 = n . \qquad (1.7.17)$$

Diese Bedingung kann auch mit Hilfe der transponierten Matrix S_2^{T} ausgedrückt werden:

$$\operatorname{Rang} [C^{\mathrm{T}} \mid A^{\mathrm{T}} C^{\mathrm{T}} \mid \cdots \mid (A^{\mathrm{T}})^{n-1} C^{\mathrm{T}}] = n ,$$

woraus man durch Vergleich mit Gl. (1.7.8) erkennt, dass Beobachtbarkeit und Steuerbarkeit unmittelbar zueinander duale Systemeigenschaften sind.

Zum Beweis dieser Bedingungen genügt es, das homogene System

$$\dot{x}(t) = A\, x(t) ,$$
$$y(t) = C\, x(t)$$

zu betrachten, dessen Lösung für t_1 nach Gl. (1.2.4)

$$y(t_1) = C\, \mathrm{e}^{A t_1}\, x(0)$$

lautet. Mit der früher verwendeten Reihenentwicklung für $\mathrm{e}^{A t_1}$ gemäß Gl. (1.4.11) folgt hieraus

$$y(t_1) = \sum_{k=0}^{n-1} \alpha_k(t_1)\, C\, A^k\, x(0)$$

oder

$$y(t_1) = \alpha_0(t_1)\, C\, x(0) + \alpha_1(t_1)\, C\, A\, x(0) + \cdots + \alpha_{n-1}(t_1)\, C\, A^{n-1}\, x(0) .$$

Für die Beweisführung könnte man diese Gleichung nach $x(0)$ auflösen und daraus die Bedingungen für die Lösbarkeit ableiten. Es genügt hier aber festzustellen, dass eine eindeutige Lösung nicht möglich wäre, wenn es außer $x(0) = \mathbf{0}$ noch einen anderen Vektor $\hat{x}(0)$ gäbe, für den $y(t_1) = \mathbf{0}$ wird. In diesem Fall müsste das Skalarprodukt aller Zeilenvektoren der n Matrizen $C, C A, \ldots, C A^{n-1}$ mit $\hat{x}(0)$ verschwinden. Es müsste also mit Gl. (1.7.16) gelten:

$$S_2\, \hat{x}(0) = \mathbf{0} .$$

Falls S_2 n linear unabhängige Zeilen enthält, wird diese Gleichung nur für $\hat{x}(0) \equiv x(0) = \mathbf{0}$ erfüllt. Damit ist die Notwendigkeit der Beobachtbarkeitsbedingung in Gl. (1.7.17) gezeigt.

1.7.3 Anwendung der Steuerbarkeits- und Beobachtbarkeitsbegriffe

Nach den bisherigen Überlegungen kann ein dynamisches System offensichtlich in eine der folgenden Gruppen eingeordnet werden:

a) vollständig steuerbare, aber nicht beobachtbare Systeme,

b) vollständig steuerbare und vollständig beobachtbare Systeme,

c) vollständig beobachtbare, aber nicht steuerbare Systeme und

d) nicht steuerbare und nicht beobachtbare Systeme.

Oft ist es auch zweckmäßig, ein System in Teilsysteme der Art a) bis d) aufzuspalten, wie es in grafischer Form im Bild 1.7.1 dargestellt ist.

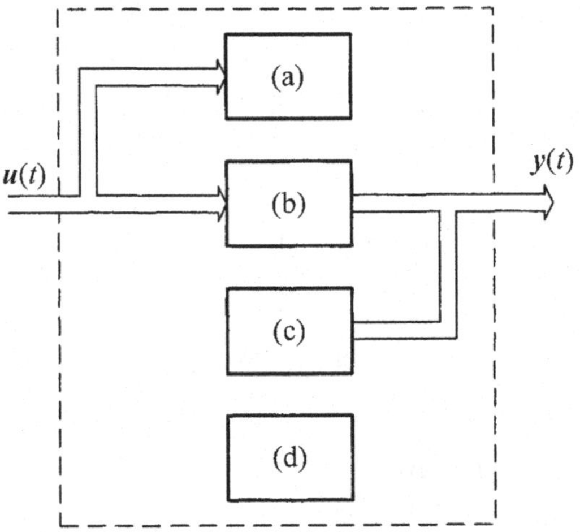

Bild 1.7.1. Aufspaltung eines Systems in steuerbare (a, b) und nicht steuerbare (c, d) sowie beobachtbare (b, c) und nicht beobachtbare (a, d) Teilsysteme

Hieraus sieht man sofort, dass eine Übertragungsmatrix $\underline{G}(s)$ eines Systems, die dessen Ein-/Ausgangsverhalten beschreibt, nur das steuerbare und beobachtbare Teilsystem (b) umfasst. Damit folgt, dass nur für ein vollständig steuerbares und beobachtbares System die Beschreibung jeweils im Zustandsraum und in Form einer Übertragungsmatrix gleichwertig und ineinander überführbar ist.

Dies soll im Folgenden der Einfachheit halber an Eingrößensystemen etwas ausführlicher untersucht werden. Enthält ein System nicht steuerbare oder nicht beobachtbare Anteile, so muss die Ordnung der Übertragungsfunktion notgedrungen kleiner sein als die Dimension der Systemmatrix $\boldsymbol{A}$. Somit treten nicht alle n Eigenwerte der Matrix $\boldsymbol{A}$ als Pole in $G(s)$ in Erscheinung. Es kann also festgestellt werden, dass bei nicht vollständig steuerbaren und/oder beobachtbaren Systemen im Zähler und Nenner der Übertragungsfunktion gemeinsame Faktoren auftreten, die sich kürzen.

Beispiel 1.7.1:

Es sei das im Bild 1.7.2 dargestellte System betrachtet. Hieraus lassen sich folgende Zustandsgrößen ablesen:

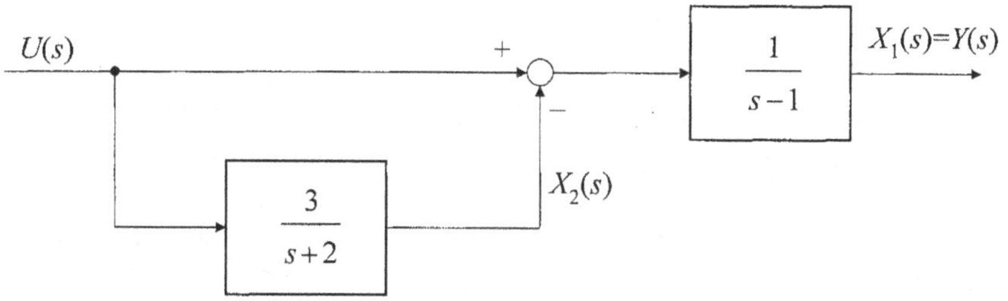

Bild 1.7.2. Blockschaltbild zum Beispiel 1.7.1

$$X_1(s) = \frac{1}{s-1}[-X_2(s) + U(s)]$$

$$X_2(s) = \frac{3}{s+2}U(s)\,.$$

Daraus folgt für die Zustandsraumdarstellung im Zeitbereich

$$\dot{x}(t) = \begin{bmatrix} 1 & -1 \\ 0 & -2 \end{bmatrix} \boldsymbol{x}(t) + \begin{bmatrix} 1 \\ 3 \end{bmatrix} u(t)$$

$$y(t) = [1 \quad 0]\,\boldsymbol{x}(t)\,.$$

Aus obigem Blockschaltbild kann direkt die Übertragungsfunktion

$$G(s) = \frac{1}{s-1}\left(1 - \frac{3}{s+2}\right) = \frac{1}{s-1} \cdot \frac{s-1}{s+2} = \frac{1}{s+2}$$

gebildet werden. Nach der zuvor getroffenen Aussage kann dieses System nicht gleichzeitig steuerbar und beobachtbar sein. Jedoch kann es eine dieser Eigenschaften besitzen, die nun mittels der Kalmanschen Beziehung nachgewiesen werden soll.

Zur Überprüfung der Steuerbarkeit bildet man die Vektoren

$$\boldsymbol{b} = \begin{bmatrix} 1 \\ 3 \end{bmatrix} \quad \text{und} \quad \boldsymbol{A}\,\boldsymbol{b} = \begin{bmatrix} -2 \\ -6 \end{bmatrix},$$

für die gilt

$$2\,\boldsymbol{b} + \boldsymbol{A}\,\boldsymbol{b} = \boldsymbol{0}\,,$$

woraus zu ersehen ist, dass diese Vektoren linear abhängig sind. Die Steuerbarkeitsmatrix

$$\boldsymbol{S}_1 = [\boldsymbol{b} \mid \boldsymbol{A}\,\boldsymbol{b}] = \begin{bmatrix} 1 & -2 \\ 3 & -6 \end{bmatrix}$$

hat also nicht den vollen Rang $n = 2$. Somit ist das System nicht steuerbar.

Zur Überprüfung der Beobachtbarkeit benötigt man weiter die Vektoren

$$c = \begin{bmatrix} 1 \\ 0 \end{bmatrix}, \quad A^{\mathrm{T}} c = \begin{bmatrix} 1 & 0 \\ -1 & -2 \end{bmatrix} \begin{bmatrix} 1 \\ 0 \end{bmatrix} = \begin{bmatrix} 1 \\ -1 \end{bmatrix},$$

mit denen die Beobachtbarkeitsmatrix

$$S_2^{\mathrm{T}} = [\, c \;\vdots\; A^{\mathrm{T}} c \,] = \begin{bmatrix} 1 & 1 \\ 0 & -1 \end{bmatrix}$$

gebildet wird. Diese Matrix hat den vollen Rang $n = 2$, da ihre Determinante von Null verschieden ist. Das System ist also beobachtbar. ■

Anhand dieses Beispiels wird ersichtlich, dass ein System, das instabile Teilübertragungsfunktionen enthält, theoretisch eine stabile Gesamtübertragungsfunktion besitzen kann. Allerdings sei darauf hingewiesen, dass man z. B. beim Entwurf eines Kompensationsreglers unbedingt darauf achten muss, dass keine derartige direkte Kompensation instabiler Pole durch entsprechende Nullstellen erfolgen sollte, da bereits kleinste, praktisch oft nicht vermeidbare Parameteränderungen zur Instabilität führen würden.

Abschließend sollen an einem sehr ähnlichen Beispiel noch einmal die wichtigsten Methoden im Zusammenhang mit der Steuerbarkeit und Beobachtbarkeit angewendet werden.

Beispiel 1.7.2:

Gegeben ist das im Bild 1.7.3 dargestellte System.

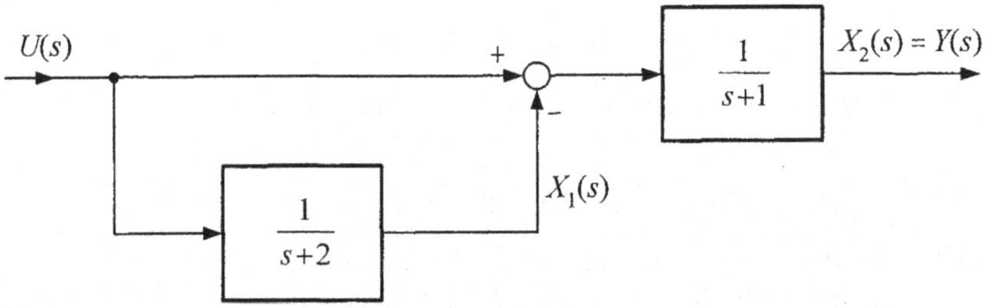

Bild 1.7.3. Blockschaltbild zum Beispiel 1.7.2

Die Zustandsraumdarstellung dieses Systems lautet:

$$\dot{x}(t) = \begin{bmatrix} -2 & 0 \\ -1 & -1 \end{bmatrix} x(t) + \begin{bmatrix} 1 \\ 1 \end{bmatrix} u(t),$$

$$y(t) = [0 \quad 1]\; x(t).$$

Damit erhält man:

a) *Eigenwerte:*

$$|s\mathbf{I} - A| = \begin{vmatrix} s+2 & 0 \\ 1 & s+1 \end{vmatrix} = (s+2)(s+1) = 0,$$

$$s_1 = -2 \quad \text{und} \quad s_2 = -1.$$

b) *Übertragungsfunktion:*

Mit

$$\underline{\boldsymbol{\Phi}}(s) = (s\mathbf{I} - \boldsymbol{A})^{-1} = \frac{1}{(s+2)(s+1)} \begin{bmatrix} s+1 & 0 \\ -1 & s+2 \end{bmatrix}$$

folgt

$$G(s) = \boldsymbol{c}^{\mathrm{T}} \, \underline{\boldsymbol{\Phi}}(s) \, \boldsymbol{b} = [0 \quad 1] \begin{bmatrix} s+1 & 0 \\ -1 & s+2 \end{bmatrix} \begin{bmatrix} 1 \\ 1 \end{bmatrix} \frac{1}{(s+2)(s+1)}$$

$$= \frac{(s+1)}{(s+1)(s+2)} = \frac{1}{s+2} \, .$$

c) *Beobachtbarkeit und Steuerbarkeit:*

$$\text{Rang}\,[\boldsymbol{b} \mid \boldsymbol{A}\boldsymbol{b}] = \text{Rang} \begin{bmatrix} 1 & -2 \\ 1 & -2 \end{bmatrix} = 1 \, ,$$

d. h. das System ist nicht steuerbar.

$$\text{Rang}\,[\boldsymbol{c} \mid \boldsymbol{A}^{\mathrm{T}}\boldsymbol{c}\,] = \text{Rang} \begin{bmatrix} 0 & -1 \\ 1 & -1 \end{bmatrix} = 2 \, ,$$

d. h. das System ist beobachtbar.

d) *Transformationsmatrix* $\boldsymbol{V}$ *:*

$$\boldsymbol{A}\boldsymbol{V} = \boldsymbol{V}\boldsymbol{\Lambda}$$

$$\begin{bmatrix} -2 & 0 \\ -1 & -1 \end{bmatrix} \begin{bmatrix} v_{11} & v_{12} \\ v_{21} & v_{22} \end{bmatrix} = \begin{bmatrix} v_{11} & v_{12} \\ v_{21} & v_{22} \end{bmatrix} \begin{bmatrix} -2 & 0 \\ 0 & -1 \end{bmatrix}$$

$$\begin{bmatrix} -2v_{11} & -2v_{12} \\ -v_{11} - v_{21} & -v_{12} - v_{22} \end{bmatrix} = \begin{bmatrix} -2v_{11} & -v_{12} \\ -2v_{21} & -v_{22} \end{bmatrix} .$$

Ein Vergleich der Elemente liefert:

$$-2v_{11} = -2v_{11} \; ; \quad -2v_{12} = -v_{12} \; ;$$

$$-v_{11} - v_{21} = -2v_{21} \; ; \quad -v_{12} - v_{22} = -v_{22} \, .$$

Da hier 2 unabhängige Gleichungen vorliegen, wird $v_{11} = v_{22} = 1$ gewählt, und damit folgt $v_{21} = 1$ und $v_{12} = 0$. Schließlich erhält man mit der Transformationsmatrix

$$\boldsymbol{V} = \begin{bmatrix} 1 & 0 \\ 1 & 1 \end{bmatrix}$$

die Vektoren

$$\boldsymbol{b}^{*} = \boldsymbol{V}^{-1}\boldsymbol{b} = \begin{bmatrix} 1 & 0 \\ -1 & 1 \end{bmatrix} \begin{bmatrix} 1 \\ 1 \end{bmatrix} = \begin{bmatrix} 1 \\ 0 \end{bmatrix}$$

und

$$c^{*\mathrm{T}} = c^{\mathrm{T}} V = [0 \quad 1]\begin{bmatrix} 1 & 0 \\ 1 & 1 \end{bmatrix} = [1 \quad 1].$$

Auch hieraus ist ersichtlich, dass das System beobachtbar, aber nicht steuerbar ist, da nicht alle Elemente von $\boldsymbol{b}^*$ von Null verschieden sind.

Bei diesem Beispiel zeigt sich wiederum, dass nicht alle Eigenwerte auch Pole des Systems sind. ■

Allgemein lässt sich feststellen, dass ein System mit einer Ein- und Ausgangsgröße und einfachen Eigenwerten genau dann steuerbar und beobachtbar ist, wenn alle Eigenwerte Pole der Übertragungsfunktion $G(s)$ sind. Ist dies nicht der Fall, so kann trotzdem eine dieser Systemeigenschaften vorhanden sein.

1.8 Synthese linearer Regelsysteme im Zustandsraum

1.8.1 Das geschlossene Regelsystem

Ist eine Regelstrecke in der Zustandsraumdarstellung

$$\dot{\boldsymbol{x}} = \boldsymbol{A}\,\boldsymbol{x} + \boldsymbol{B}\,\boldsymbol{u} \quad \text{mit} \quad \boldsymbol{x}_0 = \boldsymbol{x}(0) \tag{1.8.1}$$

und

$$\boldsymbol{y} = \boldsymbol{C}\,\boldsymbol{x} + \boldsymbol{D}\,\boldsymbol{u} \tag{1.8.2}$$

gegeben, so bieten sich für ihre Regelung die zwei folgenden wichtigen Möglichkeiten an:

a) Rückführung des Zustandsvektors $\boldsymbol{x}$ und

b) Rückführung des Ausgangsvektors $\boldsymbol{y}$.

Die Blockstrukturen beider Möglichkeiten sind im Bild 1.8.1 dargestellt. Die Rückführung erfolge in beiden Fällen über konstante Verstärkungs- oder *Reglermatrizen*

$$\boldsymbol{F}(r \times n) \quad \text{oder} \quad \boldsymbol{F}'(r \times m),$$

die oft auch als *Rückführmatrizen* bezeichnet werden. Beide Blockstrukturen weisen weiterhin für die Führungsgröße je ein *Vorfilter* auf, das ebenfalls durch eine konstante Matrix

$$\boldsymbol{V}(r \times m) \quad \text{oder} \quad \boldsymbol{V}'(r \times m)$$

beschrieben wird. (Man beachte, dass diese Matrix des Vorfilters nicht mit der in Gl. (1.6.8) eingeführten Transformationsmatrix verwechselt wird). Dieses Vorfilter sorgt dafür, dass der Ausgangsvektor $\boldsymbol{y}$ der Dimension $(r \times 1)$ im stationären Zustand mit dem *Führungsvektor* $\boldsymbol{w}$ der Dimension $(m \times 1)$ übereinstimmt. Für jede der beiden Kreisstrukturen lässt sich nun ebenfalls eine Zustandsraumdarstellung angeben, die nachfolgend hergeleitet wird.

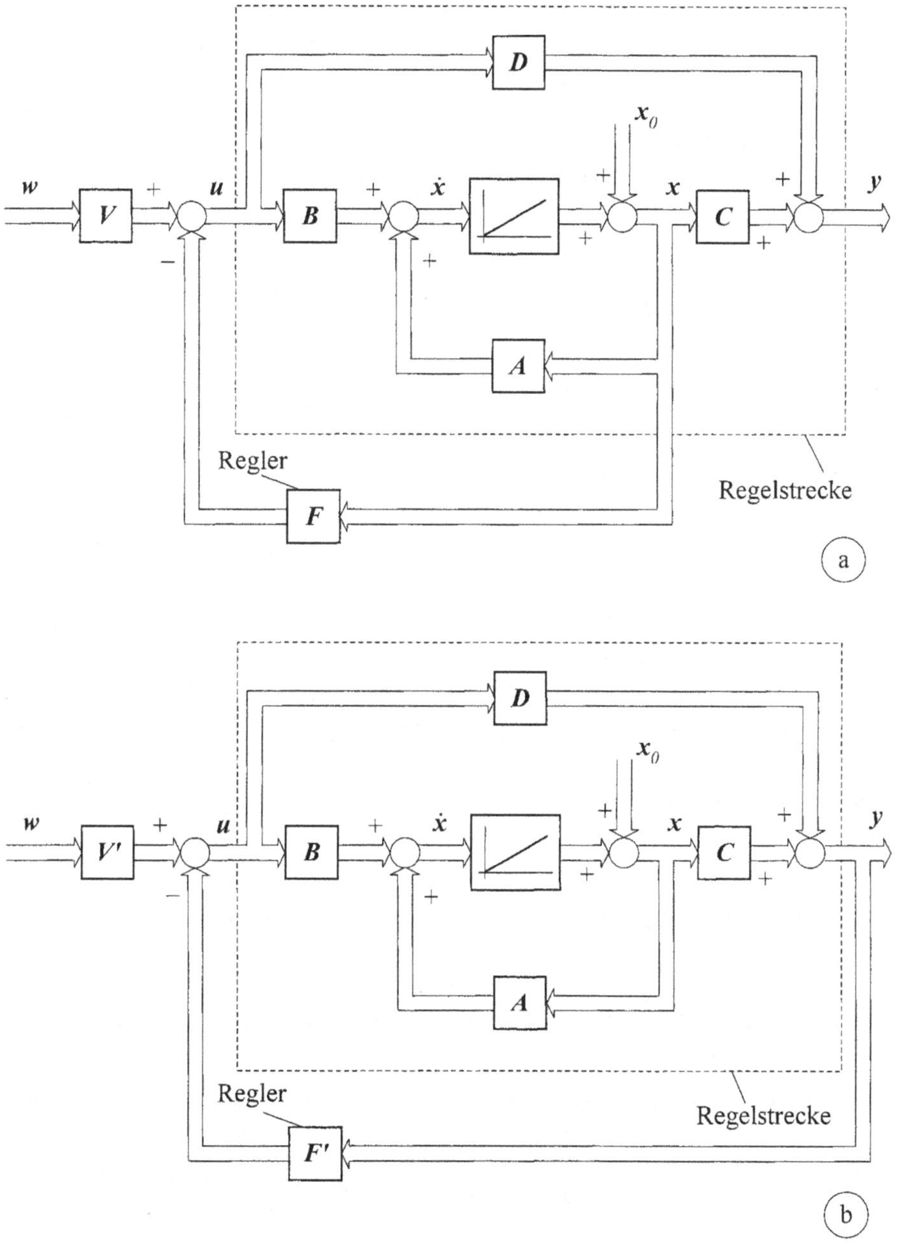

Bild 1.8.1. Regelung durch (a) Rückführung des Zustandsvektors $\boldsymbol{x}$ und (b) Rückführung des Ausgangsvektors $\boldsymbol{y}$

1.8.1.1 Regelsystem mit Rückführung des Zustandsvektors

Dem Bild 1.8.1a kann entnommen werden, dass für den Stellvektor die Beziehung

$$\boldsymbol{u} = \boldsymbol{V}\,\boldsymbol{w} - \boldsymbol{F}\,\boldsymbol{x} \tag{1.8.3}$$

gilt. Diese Beziehung, in die Gln. (1.8.1) und (1.8.2) eingesetzt, liefert die Zustandsraumdarstellung des Systems mit Rückführung des Zustandsvektors

$$\dot{\boldsymbol{x}} = (\boldsymbol{A} - \boldsymbol{B}\,\boldsymbol{F})\,\boldsymbol{x} + \boldsymbol{B}\,\boldsymbol{V}\,\boldsymbol{w} \tag{1.8.4}$$

und

$$\boldsymbol{y} = (\boldsymbol{C} - \boldsymbol{D}\,\boldsymbol{F})\,\boldsymbol{x} + \boldsymbol{D}\boldsymbol{V}\,\boldsymbol{w}\,. \tag{1.8.5}$$

Diese beiden Beziehungen haben eine ähnliche Struktur wie die Gln. (1.8.1) und (1.8.2). Somit gelten für den Übergang vom offenen zum geschlossenen Regelsystem folgende Korrespondenzen:

$$\boldsymbol{A} \to (\boldsymbol{A} - \boldsymbol{B}\,\boldsymbol{F})$$

$$\boldsymbol{B} \to \boldsymbol{B}\boldsymbol{V}$$

$$\boldsymbol{C} \to (\boldsymbol{C} - \boldsymbol{D}\,\boldsymbol{F})$$

$$\boldsymbol{D} \to \boldsymbol{D}\boldsymbol{V}\,.$$

Möchte man die wichtigsten Eigenschaften wie Stabilität, Steuerbarkeit und Beobachtbarkeit für das geschlossene Regelsystem untersuchen, so können obige Korrespondenzen für die beim offenen System bereits eingeführten Beziehungen verwendet werden. Dann ergeben sich

- das *Stabilitätsverhalten* aus den Eigenwerten der Systemmatrix des geschlossenen Systems

  $$(\boldsymbol{A} - \boldsymbol{B}\,\boldsymbol{F})$$

  unter Verwendung der entsprechenden charakteristischen Gleichung

  $$P(s) = |s\mathbf{I} - (\boldsymbol{A} - \boldsymbol{B}\,\boldsymbol{F})| = 0\,, \tag{1.8.6}$$

- die *Steuerbarkeit* anhand der Matrizen $(\boldsymbol{A} - \boldsymbol{B}\,\boldsymbol{F})$ und $\boldsymbol{B}\boldsymbol{V}$ über die Steuerbarkeitsmatrix

  $$\widetilde{\boldsymbol{S}}_1 = [\,\boldsymbol{B}\boldsymbol{V} \;\vdots\; (\boldsymbol{A} - \boldsymbol{B}\,\boldsymbol{F})\boldsymbol{B}\boldsymbol{V} \;\vdots\; (\boldsymbol{A} - \boldsymbol{B}\,\boldsymbol{F})^2\boldsymbol{B}\boldsymbol{V} \;\vdots\; \cdots \;\vdots\; (\boldsymbol{A} - \boldsymbol{B}\,\boldsymbol{F})^{n-1}\boldsymbol{B}\boldsymbol{V}] \tag{1.8.7}$$

  und

- die *Beobachtbarkeit* anhand der Matrizen $(\boldsymbol{A} - \boldsymbol{B}\,\boldsymbol{F})$ und $(\boldsymbol{C} - \boldsymbol{D}\,\boldsymbol{F})$ über die Beobachtbarkeitsmatrix

  $$\widetilde{\boldsymbol{S}}_2^{\mathrm{T}} = [(\boldsymbol{C} - \boldsymbol{D}\,\boldsymbol{F})^{\mathrm{T}} \;\vdots\; (\boldsymbol{A} - \boldsymbol{B}\,\boldsymbol{F})^{\mathrm{T}}(\boldsymbol{C} - \boldsymbol{D}\,\boldsymbol{F})^{\mathrm{T}} \;\vdots\; \cdots \;\vdots\; [(\boldsymbol{A} - \boldsymbol{B}\,\boldsymbol{F})^{\mathrm{T}}]^{n-1}(\boldsymbol{C} - \boldsymbol{D}\,\boldsymbol{F})^{\mathrm{T}}]. \tag{1.8.8}$$

1.8.1.2 Regelsystem mit Rückführung des Ausgangsvektors

Für diesen Fall entnimmt man aus Bild 1.8.1b für den Stellvektor

$$\boldsymbol{u} = \boldsymbol{V}'\,\boldsymbol{w} - \boldsymbol{F}'\,\boldsymbol{y}\,. \tag{1.8.9}$$

Diese Beziehung liefert mit den Gln. (1.8.1) und (1.8.2) die Zustandsraumdarstellung des Systems mit Rückführung des Ausgangsvektors

$$\dot{\boldsymbol{x}} = \boldsymbol{A}\,\boldsymbol{x} + \boldsymbol{B}\,(\boldsymbol{V}'\,\boldsymbol{w} - \boldsymbol{F}'\,\boldsymbol{y})\,. \tag{1.8.10}$$

Außerdem ergibt sich für den Ausgangsvektor

$$\boldsymbol{y} = \boldsymbol{C}\,\boldsymbol{x} + \boldsymbol{D}\,\boldsymbol{V}'\,\boldsymbol{w} - \boldsymbol{D}\,\boldsymbol{F}'\,\boldsymbol{y}$$

oder umgeformt

$$\boldsymbol{y} = (\mathbf{I} + \boldsymbol{D}\,\boldsymbol{F}')^{-1}(\boldsymbol{C}\,\boldsymbol{x} + \boldsymbol{D}\,\boldsymbol{V}'\,\boldsymbol{w})\,. \tag{1.8.11}$$

Setzt man Gl. (1.8.11) in Gl. (1.8.10) ein, dann erhält man als Zustandsgleichung

$$\begin{aligned}\dot{\boldsymbol{x}} &= \boldsymbol{A}\,\boldsymbol{x} + \boldsymbol{B}\,\boldsymbol{V}'\,\boldsymbol{w} - \boldsymbol{B}\,\boldsymbol{F}'(\mathbf{I} + \boldsymbol{D}\,\boldsymbol{F}')^{-1}(\boldsymbol{C}\,\boldsymbol{x} + \boldsymbol{D}\,\boldsymbol{V}'\,\boldsymbol{w})\\ &= [\boldsymbol{A} - \boldsymbol{B}\,\boldsymbol{F}'(\mathbf{I} + \boldsymbol{D}\,\boldsymbol{F}')^{-1}\,\boldsymbol{C}]\,\boldsymbol{x} + \boldsymbol{B}[\mathbf{I} - \boldsymbol{F}'(\mathbf{I} + \boldsymbol{D}\,\boldsymbol{F}')^{-1}\,\boldsymbol{D}]\,\boldsymbol{V}'\,\boldsymbol{w}\,.\end{aligned}$$

Mit der Identität [Zie70]

$$\mathbf{I} - \boldsymbol{F}'(\mathbf{I} + \boldsymbol{D}\,\boldsymbol{F}')^{-1}\,\boldsymbol{D} = (\mathbf{I} + \boldsymbol{F}'\,\boldsymbol{D})^{-1}$$

folgt schließlich die Zustandsgleichung

$$\dot{\boldsymbol{x}} = [\boldsymbol{A} - \boldsymbol{B}\,\boldsymbol{F}'(\mathbf{I} + \boldsymbol{D}\,\boldsymbol{F}')^{-1}\boldsymbol{C}]\,\boldsymbol{x} + \boldsymbol{B}(\mathbf{I} + \boldsymbol{F}'\,\boldsymbol{D})^{-1}\,\boldsymbol{V}'\,\boldsymbol{w}\,. \tag{1.8.12}$$

Die Zustandsraumdarstellung ist im vorliegenden Fall mit den Gln. (1.8.12) und (1.8.11) gegeben. Diese beiden Beziehungen besitzen dieselbe Struktur wie die Gln. (1.8.1) und (1.8.2) des offenen Regelsystems. Damit lassen sich auch hier für den Übergang vom offenen zum geschlossenen Regelsystem folgende Korrespondenzen angeben:

$$\boldsymbol{A} \to \boldsymbol{A} - \boldsymbol{B}\,\boldsymbol{F}'(\mathbf{I} + \boldsymbol{D}\,\boldsymbol{F}')^{-1}\,\boldsymbol{C}$$

$$\boldsymbol{B} \to \boldsymbol{B}\,(\mathbf{I} + \boldsymbol{F}'\,\boldsymbol{D})^{-1}\,\boldsymbol{V}'$$

$$\boldsymbol{C} \to (\mathbf{I} + \boldsymbol{D}\,\boldsymbol{F}')^{-1}\,\boldsymbol{C}$$

$$\boldsymbol{D} \to (\mathbf{I} + \boldsymbol{D}\,\boldsymbol{F}')^{-1}\,\boldsymbol{D}\,\boldsymbol{V}'\,.$$

Stabilität, Steuerbarkeit und Beobachtbarkeit können mit diesen Matrizen ähnlich bestimmt werden wie im vorhergehenden Abschnitt für den Fall der Zustandsvektorrückführung.

1.8.1.3 Berechnung des Vorfilters

Nachfolgend soll für den Fall der Zustandsvektorrückführung die Berechnung der Matrix $\boldsymbol{V}$ des Vorfilters gezeigt werden. Dabei werden folgende *Voraussetzungen* getroffen:

- Die Regler- oder Rückführmatrix $\boldsymbol{F}$ sei bereits bekannt.
- Die Anzahl von Stell- und Führungsgrößen sei gleich $(r = m)$.
- Zusätzlich gelte der Einfachheit halber $\boldsymbol{D} = \boldsymbol{0}$.

Das Ziel des Entwurfs des Vorfilters ist, $\boldsymbol{V}$ so zu berechnen, dass im stationären Zustand Führungs- und Regelgrößen übereinstimmen.

Im vorliegenden Fall wird von den Gln. (1.8.4) und (1.8.5)

$$\dot{\boldsymbol{x}} = (\boldsymbol{A} - \boldsymbol{B}\,\boldsymbol{F})\boldsymbol{x} + \boldsymbol{B}\,\boldsymbol{V}\,\boldsymbol{w}$$

und

$$\boldsymbol{y} = \boldsymbol{C}\,\boldsymbol{x}$$

ausgegangen. Im stationären Zustand $\dot{\boldsymbol{x}} = \boldsymbol{0}$ gelte $\boldsymbol{y} = \boldsymbol{w}$. Damit folgt aus den Gln. (1.8.4) und (1.8.5)

$$\boldsymbol{0} = (\boldsymbol{A} - \boldsymbol{B}\,\boldsymbol{F})\,\boldsymbol{x} + \boldsymbol{B}\boldsymbol{V}\,\boldsymbol{w} \tag{1.8.13}$$

$$\boldsymbol{y} = \boldsymbol{w} = \boldsymbol{C}\,\boldsymbol{x}\,. \tag{1.8.14}$$

Löst man Gl. (1.8.13) nach $\boldsymbol{x}$ auf

$$\boldsymbol{x} = (\boldsymbol{B}\,\boldsymbol{F} - \boldsymbol{A})^{-1}\,\boldsymbol{B}\,\boldsymbol{V}\,\boldsymbol{w}$$

und setzt diese Beziehung in Gl. (1.8.14) ein, so erhält man

$$\boldsymbol{y} = \boldsymbol{w} = \boldsymbol{C}(\boldsymbol{B}\,\boldsymbol{F} - \boldsymbol{A})^{-1}\,\boldsymbol{B}\,\boldsymbol{V}\,\boldsymbol{w}\,. \tag{1.8.15}$$

Hieraus ist ersichtlich, dass zur Einhaltung der Forderung $\boldsymbol{y} = \boldsymbol{w}$ gelten muss:

$$\boldsymbol{C}(\boldsymbol{B}\,\boldsymbol{F} - \boldsymbol{A})^{-1}\,\boldsymbol{B}\,\boldsymbol{V} = \mathbf{I}\,. \tag{1.8.16}$$

Daraus ergibt sich schließlich die gesuchte (hier: quadratische) Matrix des Vorfilters

$$\boldsymbol{V} = [\,\boldsymbol{C}(\boldsymbol{B}\,\boldsymbol{F} - \boldsymbol{A})^{-1}\boldsymbol{B}]^{-1}\,. \tag{1.8.17}$$

Ist also $\boldsymbol{F}$ bekannt, dann kann mit dieser Beziehung das Vorfilter berechnet werden.

1.8.2 Der Grundgedanke der Reglersynthese

Die Rückkopplung des Ausgangsvektors $\boldsymbol{y}$ gemäß Bild 1.8.1b entspricht der klassischen Regelung eines linearen Mehrgrößensystems. Bei der Lösung dieser Problemstellung ist man i. a. bestrebt, eine weitgehende Entkopplung der einzelnen Komponenten $y_\mu(t)$ des Ausgangsvektors, also der Regelgrößen untereinander, so vorzunehmen, dass in geeigneter Weise jeder Regelgröße $y_\mu(t)$ eine Stellgröße $u_\nu(t)$ zugeordnet werden kann. Dabei soll der Einfluss dieser Stellgröße $u_\nu(t)$ auf die übrigen Regelgrößen durch entsprechende Entkopplungsglieder möglichst aufgehoben werden. Dadurch erhält man entkoppelte Einzelregelkreise, für die dann wiederum der Entwurf eines Reglers nach den klassischen Syntheseverfahren für Eingrößenregelsysteme durchgeführt werden kann.

Im Gegensatz zur klassischen Ausgangsgrößenregelung gehen die Verfahren zur Synthese linearer Regelsysteme im Zustandsraum von einer Rückführung der Zustandsgrößen gemäß Bild 1.8.1a aus, da diese ja das gesamte dynamische Verhalten der Regelstrecke beschreiben. Diese Struktur nennt man *Zustandsgrößenregelung*. Wie bereits gezeigt wurde, wird der Regler durch die konstante $(r \times n)$ -Matrix $\boldsymbol{F}$ beschrieben. Er entspricht bezüglich der Zustandsgrößen einem P-Regler. Während man bei der klassischen Synthese dynamische Regler benutzt, um aus der Ausgangsgröße beispielsweise einen D-Anteil zu erzeugen, kann hier der D-Anteil direkt oder indirekt als Zustandsgröße der Regelstrecke entnommen werden. Allerdings enthält diese Regelung keinen I-Anteil.

Die Standardverfahren im Zustandsraum gehen zunächst davon aus, dass für $t > 0$ keine Führungs- und Störsignale vorliegen. Damit hat die Reglermatrix $\boldsymbol{F}$ die Aufgabe, die *Eigendynamik* des geschlossenen Regelsystems zu verändern. Die homogene Differentialgleichung, die das Eigenverhalten des geschlossenen Regelsystems beschreibt, erhält man aus Gl. (1.8.4):

$$\dot{\boldsymbol{x}} = (\boldsymbol{A} - \boldsymbol{B}\,\boldsymbol{F})\,\boldsymbol{x} = \tilde{\boldsymbol{A}}\,\boldsymbol{x} \quad \text{mit} \quad \boldsymbol{x}(0) = \boldsymbol{x}_0 \,. \tag{1.8.18}$$

Nun lässt sich die Aufgabenstellung folgendermaßen formulieren:

- Das System befinde sich zum Zeitpunkt $t = 0$ im Anfangszustand $\boldsymbol{x}_0$, der ungleich dem gewünschten Betriebszustand $\boldsymbol{x}(t) = \boldsymbol{x}_w(t) \equiv \boldsymbol{0}$ ist. Das System kann beispielsweise durch Störgrößen $\boldsymbol{z}(t)$ für $t \leq 0$ in diesen Anfangszustand gebracht worden sein.
- Das System soll aus diesem Anfangszustand $\boldsymbol{x}_0$ in den gewünschten Betriebszustand $\boldsymbol{x}_w \equiv \boldsymbol{0}$ überführt werden.
- Dabei werden gewisse dynamische Forderungen an den Übergangsvorgang gestellt.
- Um dieses gewünschte dynamische Verhalten zu erzeugen, wird der Zustandsvektor $\boldsymbol{x}(t)$ erfasst und über den Proportionalregler mit der Übertragungsmatrix $\boldsymbol{F}$ als Steuer- oder Stellvektor $\boldsymbol{u}(t) = -\boldsymbol{F}\,\boldsymbol{x}(t)$ wieder auf die Regelstrecke geschaltet.

Zur Lösung dieser Aufgabenstellung haben sich im wesentlichen drei Verfahren besonders bewährt, auf die nachfolgend kurz eingegangen wird.

1.8.3 Verfahren zur Synthese von Zustandsreglern

1.8.3.1 Das Verfahren der Polvorgabe

Das dynamische Eigenverhalten des geschlossenen Regelsystems wird ausschließlich durch die Lage der Pole bzw. durch die Lage der Eigenwerte der Systemmatrix $\tilde{\boldsymbol{A}}$ des geschlossenen Kreises bestimmt. Durch die Elemente $f_{i\nu}$ der Reglermatrix $\boldsymbol{F}$ können die Pole des offenen Systems aufgrund der Rückkopplung von $\boldsymbol{x}(t)$ an bestimmte gewünschte Stellen in der s-Ebene verschoben werden. Will man alle Pole verschieben, so muss das offene System steuerbar sein. Praktisch geht man so vor, dass die gewünschten Pole s_i des geschlossenen Regelsystems vorgegeben und dazu die Reglerverstärkungen $f_{i\nu}$ ausgerechnet werden.

1.8.3.2 Die modale Regelung

Der Grundgedanke der modalen Regelung ist anwendbar bei Regelstrecken mit mehreren Stellgrößen $u_\nu(t)$ und besteht darin, die Zustandsgrößen $x_i(t)$ des offenen Systems geeignet zu transformieren, so dass die neuen (modalen) Zustandsgrößen $x_i^*(t)$ möglichst entkoppelt werden und gemäß Bild 1.8.2 getrennt geregelt werden können. Da der Steuervektor $\boldsymbol{u}$ nur r Komponenten besitzt, können nicht mehr als r modale Zustandsgrößen $x_i^*(t)$ unabhängig voneinander beeinflusst werden.

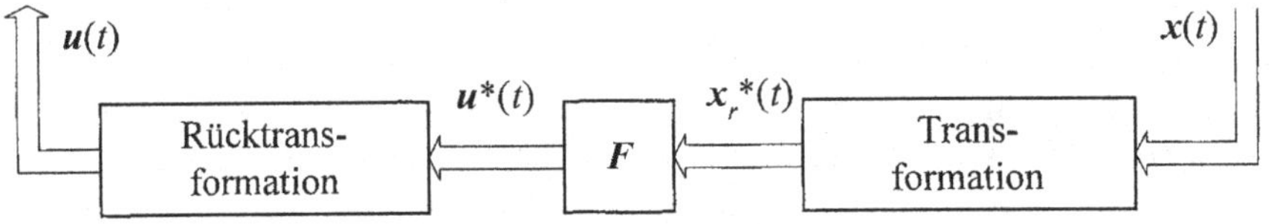

Bild 1.8.2. Struktur eines modalen Reglers ($\boldsymbol{x}_r^*$ enthält r Elemente von $\boldsymbol{x}^*$)

Jede der r ausgesuchten modalen Zustandsgrößen $x_i^*(t)$ wirkt genau auf eine modale Steuergröße $u_\nu^*(t)$, so dass die Reglermatrix $\boldsymbol{F}$ diagonalförmig wird, sofern die Eigenwerte des offenen Systems einfach sind. Die Wahl der Zustandsgrößen $x_i^*(t)$ erfolgt so, dass sie den dominanten Eigenwerten entsprechen. Bei mehrfachen Eigenwerten ist, wie bereits im Kapitel 1.6 gezeigt wurde, eine derartige vollständige Entkopplung der Zustandsgleichungen im allgemeinen nicht mehr möglich. Unter Verwendung der früher behandelten Jordan-Form lässt sich dennoch eine weitgehende Entkopplung so durchführen, dass die zu verschiedenen Eigenwerten gehörenden Zustandsgrößen entkoppelt, und die zum selben Eigenwert gehörenden Zustandsgrößen nur einseitig gekoppelt sind.

1.8.3.3 Optimaler Zustandsregler nach dem quadratischen Gütekriterium

In Anlehnung an das klassische, für Eingrößensysteme im Band „Regelungstechnik I" eingeführte Kriterium der quadratischen Regelfläche unter Einbeziehung des mit dem Faktor r gewichteten Stellaufwandes

$$I = \int_0^\infty [\mathrm{e}^2(t) + r\,u^2(t)]\,\mathrm{d}t \overset{!}{=} \mathrm{Min} \tag{1.8.19}$$

lautet das entsprechende quadratische Gütekriterium für Mehrgrößensysteme

$$I = \int_0^\infty [\boldsymbol{x}^\mathrm{T}(t)\,\boldsymbol{Q}\,\boldsymbol{x}(t) + \boldsymbol{u}^\mathrm{T}(t)\,\boldsymbol{R}\,\boldsymbol{u}(t)]\,\mathrm{d}t \overset{!}{=} \mathrm{Min}\,. \tag{1.8.20}$$

Dann lässt sich das Problem des Entwurfs eines optimalen Zustandsreglers nach diesem Kriterium folgendermaßen formulieren:

> Gegeben sei ein offenes Regelsystem entsprechend den Gln. (1.8.1) und (1.8.2). Nun ist eine Reglermatrix $\boldsymbol{F}$ so zu ermitteln, dass ein optimaler Stellvektor

$$\boldsymbol{u}_{\text{opt}} = -\boldsymbol{F}\,\boldsymbol{x}(t) \qquad (1.8.21)$$

das System vom Anfangswert $\boldsymbol{x}_0$ so in die Ruhelage überführt, dass der Wert des obigen Integralausdrucks nach Gl. (1.8.20) minimal wird. Die Matrizen $\boldsymbol{Q}$ und $\boldsymbol{R}$ sind positiv semidefinite bzw. positiv definite symmetrische Bewertungsmatrizen, die häufig sogar Diagonalfom besitzen.

Oft wird für die Lösung des Problems gefordert, dass das zu regelnde System steuerbar ist. Allerdings genügt es bereits, für die Lösung vorauszusetzen, dass das System *stabilisierbar* ist, d. h. dass Eigenwerte s_i mit nicht negativen Realteilen durch die Zustandsrückführung beliebig in die linke s-Halbebene gebracht werden können, also die zugehörigen Eigenbewegungen stabil sind.

1.8.4 Das Messproblem

Bis jetzt wurde bei der Reglersynthese stillschweigend vorausgesetzt, dass alle Zustandsgrößen messbar sind. In vielen Fällen stehen die Zustandsgrößen nicht unmittelbar zur Verfügung. Oft sind sie auch nur reine Rechengrößen und damit nicht direkt messbar. In diesen Fällen verwendet man einen sogenannten *Beobachter*, der aus den gemessenen Stell- und Ausgangsgrößen einen Näherungswert $\hat{\boldsymbol{x}}(t)$ für den Zustandsvektor $\boldsymbol{x}(t)$ liefert. Dieser Näherungswert $\hat{\boldsymbol{x}}(t)$ konvergiert im Falle deterministischer Signale gegen den wahren Wert $\boldsymbol{x}(t)$, d. h. es gilt

$$\lim_{t\to\infty} [\,\boldsymbol{x}(t) - \hat{\boldsymbol{x}}(t)] = \boldsymbol{0}\,. \qquad (1.8.22)$$

Die so entstehende Struktur eines Zustandsreglers mit Beobachter zeigt Bild 1.8.3.

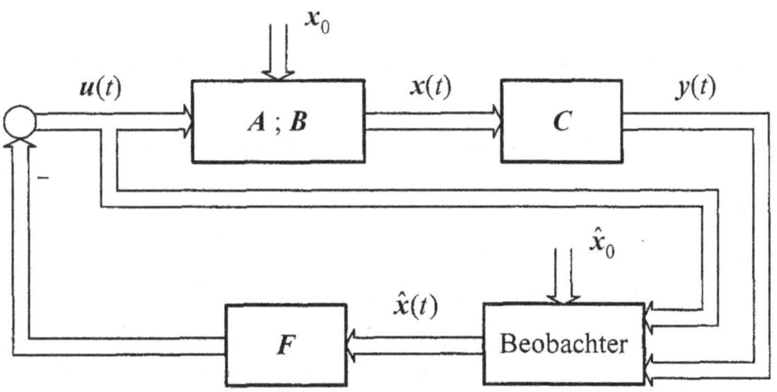

Bild 1.8.3. Zustandsregler mit Beobachter

1.8.5 Einige kritische Anmerkungen

Seit der Einführung der Zustandsraumbeschreibung und den von ihr ausgehenden Syntheseverfahren ist immer wieder die Kritik zu hören, diese „modernen“ Verfahren seien stark mathematisiert, für die praktische Anwendung kaum zu gebrauchen und hätten daher allenfalls akademischen Charakter. Von diesem Gesichtspunkt aus sollen die zuvor genannten Punkte noch einmal kritisch betrachtet werden.

Ausgangspunkt für die Synthese war eine Zustandsraumdarstellung der Regelstrecke, die sich - wie bereits im Kapitel 1.1 gezeigt wurde - unmittelbar aus den Bilanzgleichungen der Energiespeicher ergab und somit ebenso anschaulich ist wie eine Übertragungsfunktion oder eine Übertragungsmatrix. Die kurz vorgestellten Syntheseverfahren erfordern in der Tat einen großen rechnerischen Aufwand. Die auftretenden Synthesegleichungen sind aber algebraische Gleichungen und somit gut rechentechnisch zu lösen. Gerade darin dürfte der Grund liegen, dass sich diese Verfahren weitgehend bewährt und durchgesetzt haben. Die größere Problematik liegt sicherlich weniger in den Verfahren als in den Voraussetzungen und Zielvorstellungen, z. B. der Wahl der Eigenwerte für den geschlossenen Regelkreis oder der Bewertungsmatrizen eines Gütekriteriums. Eine weitere Problematik, die Ermittlung nicht messbarer Zustandsgrößen, wurde durch die Einführung des Beobachters gelöst.

Heute gehören diese Syntheseverfahren für Zustandsregler zum modernen regelungstechnischen Standard der Entwurfswerkzeuge. Daher soll in dem nachfolgenden Kapitel auf einige dieser Verfahren noch näher eingegangen werden, wobei insbesondere deren Anwendung anhand von Beispielen ausführlich gezeigt wird.

1.8.6 Synthese von Zustandsreglern durch Polvorgabe

1.8.6.1 Entwurf eines Zustandsreglers für Ein- und Mehrgrößensysteme durch Polvorgabe

Die Pole s_i des geschlossenen Regelkreises erhält man aus der charakteristischen Gleichung

$$P(s) = \left|s\mathbf{I}_n - \boldsymbol{A} + \boldsymbol{B}\,\boldsymbol{F}\right| = \prod_{i=1}^{n}(s - s_i) = 0\,, \tag{1.8.23}$$

wobei $\mathbf{I}_n$ die $(n \times n)$-dimensionale Einheitsmatrix darstellt. Falls das offene System ($\boldsymbol{A}$, $\boldsymbol{B}$) steuerbar ist, dann und nur dann kann mit konstanter Reglermatrix $\boldsymbol{F}$ jede beliebige Lage der Pole $s_1, s_2, \ldots, s_n$ für den geschlossenen Regelkreis vorgegeben werden [Won67]. Sind bei bekanntem Verhalten des offenen Systems ($\boldsymbol{A}$, $\boldsymbol{B}$) für den geschlossenen Regelkreis n Pole s_i vorgegeben, so muss $\boldsymbol{F}$ derart bestimmt werden, dass Gl. (1.8.23) für jede Polstelle erfüllt ist. Dazu wird Gl. (1.8.23) mittels des Produktsatzes für Determinanten, $|K \cdot H| = |K| \cdot |H|$, umgeformt:

$$P(s) = \left|s\mathbf{I}_n - \boldsymbol{A} + \boldsymbol{B}\,\boldsymbol{F}\right| = \left|s\mathbf{I}_n - \boldsymbol{A}\right|\left|\mathbf{I}_n + (s\mathbf{I}_n - \boldsymbol{A})^{-1}\boldsymbol{B}\,\boldsymbol{F}\right| = 0\,. \tag{1.8.24}$$

Da nach Gl. (1.3.6) $\underline{\boldsymbol{\Phi}}(s) = (s\mathbf{I}_n - \boldsymbol{A})^{-1}$ gilt, folgt für Gl. (1.8.24)

$$P(s) = |s\mathbf{I}_n - \boldsymbol{A}|\,|\mathbf{I}_n + \underline{\boldsymbol{\Phi}}(s)\boldsymbol{B}\,\boldsymbol{F}| \tag{1.8.25a}$$

oder umgeformt [Bro74]

$$P(s) = |s\mathbf{I}_n - \boldsymbol{A}|\,|\mathbf{I}_r + \boldsymbol{F}\,\underline{\boldsymbol{\Phi}}(s)\boldsymbol{B}| = P^*(s)\,P^{**}(s) = 0 \tag{1.8.25b}$$

mit dem charakteristischen Polynom $P^*(s)$ des offenen Regelkreises und der gebrochen rationalen Funktion $P^{**}(s)$:

$$P^*(s) = |s\mathbf{I}_n - \boldsymbol{A}| \quad \text{und} \quad P^{**}(s) = |\mathbf{I}_r + \boldsymbol{F}\,\underline{\boldsymbol{\Phi}}(s)\,\boldsymbol{B}|\,.$$

Die Identität der Gln. (1.8.25a) und (1.8.25b) ergibt sich aus der Tatsache, dass die Determinante einer Matrix gleich dem Produkt ihrer Eigenwerte ist ($|\boldsymbol{A}| = s_1^* \, s_2^* \cdots s_n^*$). Man beachte hierbei auch die Änderung der Dimension der Teilmatrizen.

Nun muss $\boldsymbol{F}$ so gewählt werden, dass für jeden Pol s_i Gl. (1.8.25b) erfüllt ist. Dies ist sicherlich der Fall, wenn für die $(r \times r)$-Determinante $P^{**}(s)$ mit $s = s_i$ gilt:

$$P^{**}(s_i) = |\mathbf{I}_r + \boldsymbol{F}\,\underline{\boldsymbol{\Phi}}(s_i)\,\boldsymbol{B}| = 0\,. \tag{1.8.26}$$

Werden in dieser Beziehung für die Spalten der $(r \times r)$-Einheitsmatrix $\mathbf{I}_r$ die Spaltenvektoren $\mathbf{e}_\nu$ eingeführt, also

$$\mathbf{I}_r = [\mathbf{e}_1\ \mathbf{e}_2 \cdots \mathbf{e}_r]\,, \tag{1.8.27}$$

und als Abkürzung die $(n \times r)$-Matrix

$$\underline{\boldsymbol{\Phi}}(s)\,\boldsymbol{B} = \underline{\boldsymbol{\Psi}}(s) = [\boldsymbol{\Psi}_1(s)\,\boldsymbol{\Psi}_2(s) \cdots \boldsymbol{\Psi}_r(s)] \tag{1.8.28}$$

mit den $(n \times 1)$-Spaltenvektoren $\boldsymbol{\Psi}_\nu(s)$, $\nu = 1, 2, \ldots, r$, so wird Gl. (1.8.26) gerade dann erfüllt, wenn irgendeine der Spalten oder Zeilen der Determinante $|\mathbf{I}_r + \boldsymbol{F}\,\underline{\boldsymbol{\Psi}}(s_i)|$ nur Nullelemente besitzt, d. h. wenn für einen Pol s_i die Beziehung

$$\mathbf{e}_\nu + \boldsymbol{F}\,\boldsymbol{\Psi}_\nu(s_i) = \mathbf{0}$$

oder

$$\boldsymbol{F}\,\boldsymbol{\Psi}_\nu(s_i) = -\mathbf{e}_\nu \tag{1.8.29}$$

gilt, wobei die Einheitsvektoren $\mathbf{e}_\nu$ die Dimension $(r \times 1)$ besitzen. Diese Beziehung allein genügt allerdings noch nicht zur Bestimmung der Reglermatrix $\boldsymbol{F}$. Es muss vielmehr eine derartige Bedingung unabhängig für *alle* vorgegebenen Pole $s_1, s_2, \ldots, s_n$ gelten. Dies soll für verschiedene Fälle nachfolgend gezeigt werden.

a) Fall der Vorgabe einfacher Pole:

Für das gewünschte Verhalten des geschlossenen Regelkreises existieren in der $(n \times nr)$-Matrix

$$[\underline{\boldsymbol{\Psi}}(s_1)\,\underline{\boldsymbol{\Psi}}(s_2) \cdots \underline{\boldsymbol{\Psi}}(s_n)]$$

n linear unabhängige Spaltenvektoren

$$\boldsymbol{\Psi}_\nu(s_1), \boldsymbol{\Psi}_\nu(s_2), \ldots, \boldsymbol{\Psi}_\nu(s_n)\,,$$

wobei ν beliebige Werte von 1 bis r annehmen darf. Als Nachweis hierzu gewährleistet die Steuerbarkeit von $(\boldsymbol{A}, \boldsymbol{B})$, dass für jede Polstelle s_i gerade Rang $\underline{\boldsymbol{\Psi}}(s_i) = r$ gilt [Che84]. Somit erhält man aus Gl. (1.8.29) die Beziehung

$$\begin{aligned} \boldsymbol{F}\boldsymbol{\Psi}_{\nu_1}(s_1) &= -\mathbf{e}_{\nu_1} \\ \vdots \quad & \quad \vdots \\ \boldsymbol{F}\boldsymbol{\Psi}_{\nu_n}(s_n) &= -\mathbf{e}_{\nu_n} \end{aligned}$$

oder dieser entsprechend

$$\boldsymbol{F}[\boldsymbol{\Psi}_{\nu_1}(s_1)\boldsymbol{\Psi}_{\nu_2}(s_2)\cdots\boldsymbol{\Psi}_{\nu_n}(s_n)] = -[\mathbf{e}_{\nu_1}\ \mathbf{e}_{\nu_2}\cdots\mathbf{e}_{\nu_n}] , \qquad (1.8.30)$$

wobei der zweite Index nur zur Kennzeichnung der Zuordnung dient. Wichtig ist hierbei, dass sämtliche Pole s_i bei den Spaltenvektoren $\boldsymbol{\Psi}_\nu(s_i)$ in dieser Beziehung berücksichtigt werden müssen. Bei Systemen mit nur einer Stellgröße (Eingrößensystemen) ist die Wahl der $(n \times n)$-Matrix

$$[\boldsymbol{\Psi}_1(s_1)\,\boldsymbol{\Psi}_1(s_2)\cdots\boldsymbol{\Psi}_1(s_n)] \quad \text{mit} \quad \boldsymbol{\Psi}_1(s) \equiv \underline{\boldsymbol{\Psi}}(s) = \underline{\boldsymbol{\Phi}}(s)\,\boldsymbol{b}$$

eindeutig. Bei Mehrgrößensystemen bieten sich gewöhnlich mehrere Möglichkeiten zum Aufbau dieser Matrix an. Diese Mehrdeutigkeit kann benutzt werden, um außer der Polvorgabe weitere Forderungen an das Regelsystem zu stellen (z. B. Berücksichtigung von Stellgrößenbeschränkungen). Die Mehrdeutigkeit hat also zur Folge, dass es verschiedene Reglermatrizen $\boldsymbol{F}$ geben kann, die der gleichen charakteristischen Gleichung, Gl. (1.8.23), bzw. der gleichen Polvorgabe entsprechen. Aus Gl. (1.8.30) folgt nun allgemein für die Berechnung der Reglermatrix als Synthesegleichung

$$\boldsymbol{F} = -[\mathbf{e}_{\nu_1}\ \mathbf{e}_{\nu_2}\cdots\mathbf{e}_{\nu_n}][\boldsymbol{\Psi}_{\nu_1}(s_1)\,\boldsymbol{\Psi}_{\nu_2}(s_2)\cdots\boldsymbol{\Psi}_{\nu_n}(s_n)]^{-1} . \qquad (1.8.31)$$

Nachfolgend soll die Vorgehensweise beim Reglerentwurf an einem einfachen Beispiel verdeutlicht werden.

Beispiel 1.8.1:

Gegeben ist der offene Regelkreis mit

$$\boldsymbol{A} = \begin{bmatrix} 0 & 1 & 0 \\ 0 & 0 & 1 \\ 0 & -2 & -3 \end{bmatrix} \quad \text{und} \quad \boldsymbol{B} = \boldsymbol{b} = \begin{bmatrix} 0 \\ 0 \\ 1 \end{bmatrix} .$$

Die Steuerbarkeit ist nach Gl. (1.7.8) gewährleistet durch die Überprüfung von

$$\text{Rang} \begin{bmatrix} 0 & 0 & 1 \\ 0 & 1 & -3 \\ 1 & -3 & 7 \end{bmatrix} = 3 .$$

Das offene System besitzt die $\mathscr{L}$-Transformierte der Fundamentalmatrix

$$\underline{\Phi}(s) = (s\mathbf{I}_n - A)^{-1} = \frac{1}{s(s^2+3s+2)} \begin{bmatrix} (s^2+3s+2) & (s+3) & 1 \\ 0 & s(s+3) & s \\ 0 & -2s & s^2 \end{bmatrix}$$

sowie die Polstellen $s_1^* = 0$, $s_2^* = -1$ und $s_3^* = -2$.

Mit Gl. (1.8.28) folgt:

$$\underline{\Psi}(s) = \underline{\Phi}(s)\, \boldsymbol{B} = \underline{\Phi}(s)\, \boldsymbol{b} = \Psi_1(s) = \frac{1}{s(s^2+3s+2)} \begin{bmatrix} 1 \\ s \\ s^2 \end{bmatrix}.$$

Als Polvorgabe für das geschlossene Regelsystem wird gewählt:

$$s_1 = -3\,, \quad s_{2,3} = -1 \pm \mathrm{j}\,.$$

Mit diesen Polen ergeben sich die Spaltenvektoren:

$$\Psi_1(s_1) = \begin{bmatrix} -\frac{1}{6} \\ \frac{1}{2} \\ -\frac{3}{2} \end{bmatrix}, \quad \Psi_1(s_2) = \begin{bmatrix} \frac{1}{2}\mathrm{j} \\ -\left(\frac{1}{2}+\frac{1}{2}\mathrm{j}\right) \\ 1 \end{bmatrix}, \quad \Psi_1(s_3) = \begin{bmatrix} -\frac{1}{2}\mathrm{j} \\ -\left(\frac{1}{2}-\frac{1}{2}\mathrm{j}\right) \\ 1 \end{bmatrix}.$$

Die Synthesegleichung, Gl. (1.8.31), liefert schließlich für die Reglermatrix

$$\boldsymbol{F} = -[1 \quad 1 \quad 1] \begin{bmatrix} -\frac{1}{6} & \frac{1}{2}\mathrm{j} & -\frac{1}{2}\mathrm{j} \\ \frac{1}{2} & -\left(\frac{1}{2}+\frac{1}{2}\mathrm{j}\right) & -\left(\frac{1}{2}-\frac{1}{2}\mathrm{j}\right) \\ -\frac{3}{2} & 1 & 1 \end{bmatrix}^{-1}$$

und nach Inversion

$$\boldsymbol{F} = -[1 \quad 1 \quad 1] \frac{12}{5\mathrm{j}} \begin{bmatrix} -\mathrm{j} & -\mathrm{j} & -\frac{\mathrm{j}}{2} \\ \frac{1}{4}-\frac{3}{4}\mathrm{j} & -\frac{1}{6}-\frac{3}{4}\mathrm{j} & -\frac{1}{12}-\frac{1}{6}\mathrm{j} \\ -\frac{1}{4}-\frac{3}{4}\mathrm{j} & \frac{1}{6}-\frac{3}{4}\mathrm{j} & \frac{1}{12}-\frac{1}{6}\mathrm{j} \end{bmatrix}$$

und Ausmultiplikation

$$\boldsymbol{F} = \frac{12}{5}\mathrm{j} \begin{bmatrix} -\frac{10}{4}\mathrm{j} & -\frac{10}{4}\mathrm{j} & -\frac{5}{6}\mathrm{j} \end{bmatrix}$$

$$\boldsymbol{F} = \boldsymbol{f}^{\mathrm{T}} = [6 \quad 6 \quad 2]\,.$$

■

b) Fall der Vorgabe mehrfacher Pole:

Das zuvor beschriebene Vorgehen muss modifiziert werden, wenn nicht mehr n linear unabhängige Spaltenvektoren $\boldsymbol{\Psi}_\nu(s_i)$ für $i=1,2,\ldots,n$ gebildet werden können. Treten in $P(s)$ mehrfache Pole s_i mit der Vielfachheit r_i, $i=1,2,\ldots,l$, auf, dann gelten neben Gl. (1.8.23) die zusätzlichen Bedingungen

$$\left.\frac{\mathrm{d}^n P(s)}{\mathrm{d}s^n}\right|_{s=s_i} = 0 \tag{1.8.32}$$

für $n=1,2,\ldots,(r_i-1)$. Die Differentiation der Determinanten aus Gl. (1.8.25) liefert beispielsweise für einen zweifachen $(r_i=2)$ Pol s_i bzw. für $n=1$ die zusätzliche Bedingung

$$\left.\frac{\mathrm{d}P(s)}{\mathrm{d}s}\right|_{s=s_i} = \left[\frac{\mathrm{d}P^*(s)}{\mathrm{d}s}\left|\mathbf{I}_r + \boldsymbol{F}\,\underline{\boldsymbol{\Psi}}(s)\right| + \frac{\mathrm{d}}{\mathrm{d}s}\left|\mathbf{I}_r + \boldsymbol{F}\,\underline{\boldsymbol{\Psi}}(s)\right| P^*(s)\right]_{s=s_i} = 0\,. \tag{1.8.33}$$

Da für den zweifachen Pol $s=s_i$ einerseits Gl. (1.8.29) gilt, folgt andererseits mit

$$\begin{aligned}\frac{\mathrm{d}}{\mathrm{d}s}\left|\mathbf{I}_r + \boldsymbol{F}\,\underline{\boldsymbol{\Psi}}(s)\right| P^*(s) &= \frac{\mathrm{d}}{\mathrm{d}s}\left|\mathbf{I}_r + \boldsymbol{F}\,[\boldsymbol{\Psi}_1(s)\boldsymbol{\Psi}_2(s)\cdots\boldsymbol{\Psi}_r(s)]\right| P^*(s) \\ &= \left|\boldsymbol{F}\frac{\mathrm{d}\boldsymbol{\Psi}_1(s)}{\mathrm{d}s} \;\vdots\; \mathbf{e}_2 + \boldsymbol{F}\,\boldsymbol{\Psi}_2(s) \;\vdots\; \cdots \;\vdots\; \mathbf{e}_r + \boldsymbol{F}\,\boldsymbol{\Psi}_r(s)\right| P^*(s) \\ &+ \left|\mathbf{e}_1 + \boldsymbol{F}\,\boldsymbol{\Psi}_1(s) \;\vdots\; \boldsymbol{F}\frac{\mathrm{d}\boldsymbol{\Psi}_2(s)}{\mathrm{d}s} \;\vdots\; \cdots \;\vdots\; \mathbf{e}_r + \boldsymbol{F}\,\boldsymbol{\Psi}_r(s)\right| P^*(s) \\ &\;\vdots \\ &+ \left|\mathbf{e}_1 + \boldsymbol{F}\,\boldsymbol{\Psi}_1(s) \;\vdots\; \mathbf{e}_2 + \boldsymbol{F}\,\boldsymbol{\Psi}_2(s) \;\vdots\; \cdots \;\vdots\; \boldsymbol{F}\frac{\mathrm{d}\boldsymbol{\Psi}_r(s)}{\mathrm{d}s}\right| P^*(s)\,,\end{aligned} \tag{1.8.34}$$

dass nach Aufspaltung der Determinante in Gl. (1.8.34) in Teildeterminanten jeder Term in Gl. (1.8.33) eine Spalte mit Nullen enthält mit Ausnahme der Teildeterminanten mit dem Spaltenvektor

$$\left.\boldsymbol{F}\frac{\mathrm{d}\boldsymbol{\Psi}_\nu(s)}{\mathrm{d}s}\right|_{s=s_i}.$$

Damit aber Gl. (1.8.33) erfüllt ist, muss daher als zusätzliche Bedingung zur Synthesebeziehung, Gl. (1.8.31), gelten

$$\left.\boldsymbol{F}\frac{\mathrm{d}\boldsymbol{\Psi}_\nu(s)}{\mathrm{d}s}\right|_{s=s_i} = \mathbf{0}\,. \tag{1.8.35}$$

Auf diese Art erhält man wiederum n linear unabhängige Spaltenvektoren aus $\boldsymbol{\Psi}_\nu(s_i)$ und $(\mathrm{d}\boldsymbol{\Psi}_\nu(s)/\mathrm{d}s)|_{s=s_i}$. Zusätzlich tritt in der $(r\times n)$-Matrix der Einheitsvektoren der zu Gl. (1.8.31) analogen Synthesebeziehung in der zugehörigen Spalte ν ein Nullvektor $\mathbf{0}_{\nu_i}$ auf. Somit folgt anstelle von Gl. (1.8.31) für die Reglermatrix

$$\boldsymbol{F} = -[\,\mathbf{e}_{\nu_i} \quad \text{oder} \quad \mathbf{0}_{\nu_i}\,] \left[\boldsymbol{\Psi}_{\nu_i}(s_i) \quad \text{oder} \quad \left. \frac{\mathrm{d}\boldsymbol{\Psi}_{\nu_i}(s)}{\mathrm{d}s} \right|_{s = s_i} \right]^{-1} \tag{1.8.36a}$$

für $i = 1, 2, \ldots, n$ und $\nu \in (1, 2, \ldots, r)$, wobei der zweite Index i nur zur Kennzeichnung der Zuordnung zu der betreffenden Polstelle s_i dient. Die Einführung der $(n \times n)$-Matrix

$$\boldsymbol{N} = \left[\boldsymbol{\Psi}_{\nu_i}(s_i) \quad \text{oder} \quad \left. \frac{\mathrm{d}\boldsymbol{\Psi}_{\nu_i}(s)}{\mathrm{d}s} \right|_{s = s_i} \right]$$

in Gl. (1.8.36a) liefert schließlich als Synthesegleichung für den Fall, dass auch doppelte Pole für das gewünschte Verhalten des geschlossenen Regelkreises vorgegeben werden,

$$\boldsymbol{F} = -[\,\mathbf{e}_{\nu_i} \quad \text{oder} \quad \mathbf{0}_{\nu_i}\,]\,\boldsymbol{N}^{-1}, \quad \text{für } i = 1, 2, \ldots, n. \tag{1.8.36b}$$

Beispiel 1.8.2:

Gegeben sei wiederum derselbe offene Regelkreis wie im vorherigen Beispiel

$$\boldsymbol{A} = \begin{bmatrix} 0 & 1 & 0 \\ 0 & 0 & 1 \\ 0 & -2 & -3 \end{bmatrix} \quad \text{und} \quad \boldsymbol{B} = \boldsymbol{b} = \begin{bmatrix} 0 \\ 0 \\ 1 \end{bmatrix}.$$

Für den geschlossenen Regelkreis werden als Pole vorgegeben

$$s_1 = -4 \quad \text{und} \quad s_2 = s_3 = -3\,.$$

Mit

$$\underline{\boldsymbol{\Psi}}(s) = \boldsymbol{\Psi}_1(s) = \frac{1}{s(s^2 + 3s + 2)} \begin{bmatrix} 1 \\ s \\ s^2 \end{bmatrix}$$

folgt

$$\frac{\mathrm{d}\boldsymbol{\Psi}_1(s)}{\mathrm{d}s} = \frac{1}{s^2(s^2 + 3s + 2)^2} \begin{bmatrix} -(3s^2 + 6s + 2) \\ -s^2(2s + 3) \\ s^2(2 - s^2) \end{bmatrix}.$$

Mit obigen Polen ergeben sich die Spaltenvektoren

$$\boldsymbol{\Psi}_1(s_1) = \begin{bmatrix} -\frac{1}{24} \\ \frac{1}{6} \\ -\frac{2}{3} \end{bmatrix}, \quad \boldsymbol{\Psi}_1(s_2) = \begin{bmatrix} -\frac{1}{6} \\ \frac{1}{2} \\ -\frac{3}{2} \end{bmatrix}, \quad \left. \frac{\mathrm{d}\boldsymbol{\Psi}_1(s)}{\mathrm{d}s} \right|_{s = s_3} = \begin{bmatrix} -\frac{11}{36} \\ \frac{27}{36} \\ -\frac{63}{36} \end{bmatrix}.$$

Die Synthesebeziehung, Gl. (1.8.31), liefert somit als Reglermatrix

$$F = -[1 \quad 1 \quad 0]\left[\Psi_1(s_1)\,\Psi_1(s_2)\,\left.\frac{\mathrm{d}\Psi_1(s)}{\mathrm{d}s}\right|_{s=s_3}\right]^{-1}$$

$$= -[1 \quad 1 \quad 0]\begin{bmatrix} -\frac{1}{24} & -\frac{1}{6} & -\frac{11}{36} \\ \frac{1}{6} & \frac{1}{2} & \frac{27}{36} \\ -\frac{2}{3} & -\frac{3}{2} & -\frac{63}{36} \end{bmatrix}^{-1} = -[1 \quad 1 \quad 0]\begin{bmatrix} -216 & -144 & -24 \\ 180 & 113 & 17 \\ -72 & -42 & -6 \end{bmatrix}$$

und nach Ausmultiplizieren den Vektor

$$F = f^{\mathrm{T}} = [36 \quad 31 \quad 7] \,. \qquad ■$$

Für den Fall, dass eine der vorgegebenen Polstellen s_i des geschlossenen Regelkreises gleichzeitig auch Polstelle s_i^* des offenen Regelkreises ist, scheint das hier beschriebene Verfahren zur Bestimmung von F zu versagen, da bei dieser Polstelle der zugehörige Spaltenvektor $\Psi_j(s_i^*)$ nicht berechnet werden kann. Das Verfahren ist dennoch anwendbar, wenn ein geschickter Grenzübergang durchgeführt wird. Dies soll an nachfolgendem Beispiel gezeigt werden.

Beispiel 1.8.3:

Gegeben sei wieder derselbe offene Regelkreis wie in den vorherigen Beispielen, wobei

$$\underline{\Psi}(s) = \Psi_1(s) = \frac{1}{s(s^2+3s+2)}\begin{bmatrix} 1 \\ s \\ s^2 \end{bmatrix} = \frac{1}{s(s+1)(s+2)}\begin{bmatrix} 1 \\ s \\ s^2 \end{bmatrix}$$

galt. Für den geschlossenen Regelkreis werden folgende Pole vorgegeben:

$$s_1 = -3, \quad s_2 = -1 \quad \text{und} \quad s_3 = -4 \,.$$

Man erkennt, dass die Wahl von $\Psi_1(s_2)$ nicht direkt möglich ist. Daher wird im Vektor $\Psi_1(s_2)$ die Substitution

$$\lambda = \frac{1}{s+1}$$

durchgeführt. Diese Substitution wird nur bei denjenigen Faktoren durchgeführt, die beim Einsetzen des betreffenden Poles s_2 zu Null werden; ansonsten wird $s = s_2$ direkt eingesetzt. Damit ergibt sich die Matrix

$$[\Psi_1(-3) \quad \Psi_1(-1,\lambda) \quad \Psi_1(-4)] = \begin{bmatrix} -\frac{1}{6} & -\lambda & -\frac{1}{24} \\ \frac{1}{2} & \lambda & \frac{1}{6} \\ -\frac{3}{2} & -\lambda & -\frac{2}{3} \end{bmatrix}.$$

In der Inversen dieser Matrix wird nun der Grenzübergang für $s \to -1$, also $\lambda \to \infty$, durchgeführt:

$$\lim_{\lambda\to\infty} -\frac{24}{\lambda} \begin{bmatrix} -\frac{1}{2}\lambda & -\frac{15}{24}\lambda & -\frac{1}{8}\lambda \\ \frac{1}{12} & \frac{7}{144} & \frac{1}{144} \\ \lambda & \frac{4}{3}\lambda & \frac{1}{3}\lambda \end{bmatrix} = \begin{bmatrix} 12 & 15 & 3 \\ 0 & 0 & 0 \\ -24 & -32 & -8 \end{bmatrix}.$$

Mit Gl. (1.8.31) erhält man für die Reglermatrix den Vektor

$$\boldsymbol{F} = \boldsymbol{f}^{\mathrm{T}} = -[1 \quad 1 \quad 1] \begin{bmatrix} 12 & 15 & 3 \\ 0 & 0 & 0 \\ -24 & -32 & -8 \end{bmatrix},$$

$$\boldsymbol{f}^{\mathrm{T}} = [12 \quad 17 \quad 5].$$ ■

Bei den bisher durchgerechneten Beispielen wurden nur Eingrößensysteme betrachtet. Die Stärke des hier dargestellten Verfahrens zeigt sich allerdings erst voll bei der Anwendung auf *Mehrgrößensysteme*. Wesentlich ist dabei, dass die Systemmatrix $\boldsymbol{A}$ auf keine spezielle kanonische Form gebracht werden muss, wie das bei anderen Verfahren (z. B. [Ack77]) gewöhnlich der Fall ist. Nachfolgend soll anhand eines einfachen Beispiels das Vorgehen zur Berechnung der Reglermatrix $\boldsymbol{F}$ bei einem Mehrgrößensystem gezeigt werden. Dabei lässt sich auch anschaulich die zuvor bereits erwähnte Mehrdeutigkeit der Lösung zeigen.

Beispiel 1.8.4:

Gegeben sei ein Mehrgrößensystem durch folgende Matrizen:

$$\boldsymbol{A} = \begin{bmatrix} -1 & 0 \\ 2 & -2 \end{bmatrix}, \quad \boldsymbol{B} = \begin{bmatrix} 1 & 0 \\ 0 & 2 \end{bmatrix}, \quad \boldsymbol{C} = \begin{bmatrix} 0 & 1 \\ 1 & -1 \end{bmatrix}, \quad \boldsymbol{D} = \boldsymbol{0}.$$

(Für den Entwurf der Reglermatrix $\boldsymbol{F}$ zur Rückführung des Zustandsvektors $\boldsymbol{x}$ sind allerdings die Matrizen $\boldsymbol{C}$ und $\boldsymbol{D}$ nicht erforderlich!) Für dieses offene Regelsystem ergibt sich als $\mathscr{L}$-Transformierte der Fundamentalmatrix

$$\underline{\boldsymbol{\Phi}}(s) = (s\mathbf{I}_n - \boldsymbol{A})^{-1} = \begin{bmatrix} s+1 & 0 \\ -2 & s+2 \end{bmatrix}^{-1} = \frac{1}{(s+1)(s+2)} \begin{bmatrix} s+2 & 0 \\ 2 & s+1 \end{bmatrix}$$

mit den Polen bei $s_1^* = -1$ und $s_2^* = -2$. Mit Gl. (1.8.28) folgt nun

$$\underline{\Psi}(s) = \underline{\Phi}(s)\, \boldsymbol{B} = \begin{bmatrix} \frac{1}{s+1} & 0 \\ \frac{2}{(s+1)(s+2)} & \frac{1}{s+2} \end{bmatrix} \begin{bmatrix} 1 & 0 \\ 0 & 2 \end{bmatrix} = \begin{bmatrix} \frac{1}{s+1} & 0 \\ \frac{2}{(s+1)(s+2)} & \frac{2}{s+2} \end{bmatrix}.$$

Man erhält somit die beiden Spaltenvektoren

$$\Psi_1(s) = \begin{bmatrix} \frac{1}{s+1} \\ \frac{2}{(s+1)(s+2)} \end{bmatrix} \quad \text{und} \quad \Psi_2(s) = \begin{bmatrix} 0 \\ \frac{2}{s+2} \end{bmatrix}.$$

Werden für das geschlossene Regelsystem als Pole

$$s_1 = -4 \quad \text{und} \quad s_2 = -5$$

vorgegeben, so liefern obige Beziehungen die Vektoren

$$\Psi_1(s_1) = \begin{bmatrix} -\frac{1}{3} \\ \frac{1}{3} \end{bmatrix}, \quad \Psi_1(s_2) = \begin{bmatrix} -\frac{1}{4} \\ \frac{1}{6} \end{bmatrix}, \quad \Psi_2(s_1) = \begin{bmatrix} 0 \\ -1 \end{bmatrix} \quad \text{und} \quad \Psi_2(s_2) = \begin{bmatrix} 0 \\ -\frac{2}{3} \end{bmatrix}.$$

Aus diesen Spaltenvektoren müssen für die Aufstellung der Matrix $[\Psi_\nu(s_1)\ \Psi_\nu(s_2)]$ nun $n = 2$ unabhängige Vektoren, von denen der eine s_1 und der andere s_2 enthält, ausgewählt werden. Wie man leicht erkennt, ergeben sich hierfür folgende Möglichkeiten:

a) $$[\Psi_1(s_1)\ \Psi_2(s_2)] = \begin{bmatrix} -\frac{1}{3} & 0 \\ \frac{1}{3} & -\frac{2}{3} \end{bmatrix},$$

b) $$[\Psi_1(s_1)\ \Psi_1(s_2)] = \begin{bmatrix} -\frac{1}{3} & -\frac{1}{4} \\ \frac{1}{3} & \frac{1}{6} \end{bmatrix},$$

c) $$[\Psi_2(s_1)\ \Psi_1(s_2)] = \begin{bmatrix} 0 & -\frac{1}{4} \\ -1 & \frac{1}{6} \end{bmatrix},$$

d) $$[\Psi_2(s_1)\ \Psi_2(s_2)] = \begin{bmatrix} 0 & 0 \\ -1 & -\frac{2}{3} \end{bmatrix}.$$

Die Möglichkeit d) entfällt jedoch, da die beiden Spaltenvektoren $\Psi_2(s_1)$ und $\Psi_2(s_2)$ linear abhängig sind. Entsprechend den verbleibenden drei Möglichkeiten liefert Gl. (1.8.31) drei verschiedene Lösungen zur Ermittlung der Reglermatrix $\boldsymbol{F}$, obwohl in allen drei Fällen dieselbe charakteristische Gleichung für den geschlossenen Regelkreis gilt. Somit folgt für

$$\text{a)}\qquad \boldsymbol{F} = -\begin{bmatrix} 1 & 0 \\ 0 & 1 \end{bmatrix} \frac{9}{2} \begin{bmatrix} -\frac{2}{3} & 0 \\ -\frac{1}{3} & -\frac{1}{3} \end{bmatrix} = -\frac{9}{2} \begin{bmatrix} -\frac{2}{3} & 0 \\ -\frac{1}{3} & -\frac{1}{3} \end{bmatrix} = \begin{bmatrix} 3 & 0 \\ \frac{3}{2} & \frac{3}{2} \end{bmatrix},$$

$$\text{b)}\qquad \boldsymbol{F} = -\begin{bmatrix} 1 & 1 \\ 0 & 0 \end{bmatrix} 36 \begin{bmatrix} \frac{1}{6} & \frac{1}{4} \\ -\frac{1}{3} & -\frac{1}{3} \end{bmatrix} = -36 \begin{bmatrix} -\frac{1}{6} & -\frac{1}{12} \\ 0 & 0 \end{bmatrix} = \begin{bmatrix} 6 & 3 \\ 0 & 0 \end{bmatrix},$$

$$\text{c)}\qquad \boldsymbol{F} = -\begin{bmatrix} 0 & 1 \\ 1 & 0 \end{bmatrix} (-4) \begin{bmatrix} \frac{1}{6} & \frac{1}{4} \\ 1 & 0 \end{bmatrix} = 4 \begin{bmatrix} 1 & 0 \\ \frac{1}{6} & \frac{1}{4} \end{bmatrix} = \begin{bmatrix} 4 & 0 \\ \frac{2}{3} & 1 \end{bmatrix}.$$

Die Überprüfung, ob diese unterschiedlichen Reglermatrizen $\boldsymbol{F}$ jeweils die charakteristische Gleichung, Gl. (1.8.23), für dieselbe Polvorgabe ($s_1 = -4$ und $s_2 = -5$) erfüllen, lässt sich leicht durch Einsetzen der Zahlenwerte von $\boldsymbol{A}$, $\boldsymbol{B}$ und $\boldsymbol{F}$ verifizieren.

Bild 1.8.4 zeigt für alle drei oben berechneten Reglermatrizen (a bis c) die Signalverläufe der zugehörigen Zustands- und Stellgrößen, wobei $\boldsymbol{w} = \boldsymbol{0}$ angenommen wurde. Für diesen Fall ergibt sich für den Stellvektor

$$\boldsymbol{u} = -\boldsymbol{F}\boldsymbol{x}$$

die Komponentenschreibweise

$$u_1 = -f_{11}x_1 - f_{12}x_2 ,$$
$$u_2 = -f_{21}x_1 - f_{22}x_2 .$$

Es ist leicht einzusehen, dass große Werte der Matrixelemente $f_{i\nu}$ zum Zeitpunkt $t = 0$ auch große Werte der Stellgrößen u_1 und u_2 ergeben. Verschwindet eine Zeile der Matrix $\boldsymbol{F}$ vollständig, so wird auch die entsprechende Stellkomponente des Stellvektors zu Null (Fall b: $u_2 = 0$). ■

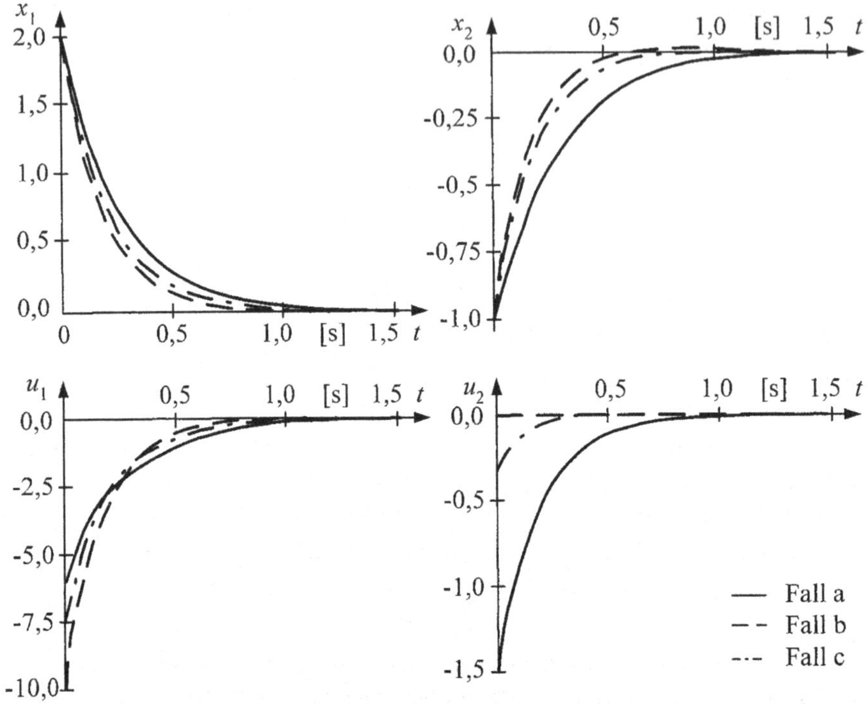

Bild 1.8.4. Simulationsergebnisse für die verschiedenen Reglermatrizen $\boldsymbol{F}$ (Fall a bis c) für den Anfangswertzustand $\boldsymbol{x}^{\mathrm{T}}(0) = [2 \quad -1]$ und $\boldsymbol{w} = \boldsymbol{0}$

1.8.6.2 Reglerentwurf durch Polvorgabe bei Eingrößensystemen in der Regelungsnormalform

Die Regelstrecke eines Eingrößensystems sei in der Regelungsnormalform

$$\dot{\boldsymbol{x}}_{\mathrm{R}} = \boldsymbol{A}_{\mathrm{R}}\, \boldsymbol{x} + \boldsymbol{b}_{\mathrm{R}} u \tag{1.8.37a}$$

und

$$y = \boldsymbol{c}_{\mathrm{R}}^{\mathrm{T}} \boldsymbol{x}_{\mathrm{R}} + du \tag{1.8.37b}$$

gegeben, wobei der besseren Unterscheidung halber der Index R eingeführt und außerdem der besseren Übersicht wegen $d = 0$ gesetzt wird. Nach Gl. (1.5.11) gilt:

$$A_R = \begin{bmatrix} 0 & 1 & 0 & 0 & \cdots & 0 \\ 0 & 0 & 1 & 0 & \cdots & 0 \\ 0 & 0 & 0 & 1 & \cdots & 0 \\ \vdots & & & \vdots & \ddots & \vdots \\ 0 & 0 & 0 & 0 & \cdots & 1 \\ -a_0 & -a_1 & -a_2 & -a_3 & \cdots & -a_{n-1} \end{bmatrix}, \quad b_R = \begin{bmatrix} 0 \\ 0 \\ 0 \\ \vdots \\ 0 \\ 1 \end{bmatrix},$$

$$c_R^T = [b_0 \quad b_1 \quad b_2 \quad \cdots \quad b_{n-1}].$$

Für den Zustandsregler erhält man dann in Analogie zu Gl. (1.8.3) die skalare Beziehung

$$u = vw - f_R^T x_R \; . \tag{1.8.38}$$

Die Zustandsgleichung für den geschlossenen Regelkreis ergibt sich dann entsprechend Gl. (1.8.4) zu

$$\dot{x}_R = (A_R - b_R f_R^T)\, x_R + b_R\, vw \, . \tag{1.8.39}$$

Als charakteristische Gleichung folgt schließlich gemäß Gl. (1.8.6) für den geschlossenen Regelkreis

$$P(s) = \left| s\mathbf{I}_n - (A_R - b_R f_R^T) \right| = 0 \, . \tag{1.8.40}$$

Da der Regler durch den Rückführvektor

$$f_R^T = [f_1 \quad f_2 \quad f_3 \quad \cdots \quad f_n] \tag{1.8.41}$$

gebildet wird, lautet die Systemmatrix des geschlossenen Regelkreises

$$(A_R - b_R f_R^T) = \begin{bmatrix} 0 & 1 & 0 & 0 & \cdots & 0 & 0 \\ 0 & 0 & 1 & 0 & \cdots & & 0 \\ \vdots & & & & & \ddots & \vdots \\ 0 & & & \cdots & & & 1 \\ (-a_0 - f_1) & & & \cdots & & & (-a_{n-1} - f_n) \end{bmatrix}. \tag{1.8.42}$$

Diese Matrix besitzt ebenfalls Regelungsnormalform. Somit folgt für die charakteristische Gleichung des geschlossenen Regelkreises:

$$P(s) = \left| s\mathbf{I}_n - (A_R - b_R f_R^T) \right| = (a_0 + f_1) + \cdots + (a_{n-1} + f_n) s^{n-1} + s^n \, . \tag{1.8.43}$$

Sind die Pole s_i des geschlossenen Regelkreises vorgegeben, so entspricht dies der Vorgabe des Polynoms

$$P(s) = p_0 + p_1 s + \cdots + p_{n-1} s^{n-1} + s^n = 0 \, . \tag{1.8.44}$$

Damit ergeben sich durch Koeffizientenvergleich

$$f_i = p_{i-1} - a_{i-1} \quad \text{für} \quad i = 1, 2, \ldots, n \tag{1.8.45}$$

die gesuchten Elemente des Rückführvektors

$$f_R^T = [(p_0 - a_0)(p_1 - a_1) \cdots (p_{n-1} - a_{n-1})] . \qquad (1.8.46)$$

Beispiel 1.8.5:

Gegeben sei die Übertragungsfunktion einer Regelstrecke

$$G_S(s) = \frac{Y(s)}{U(s)} = \frac{5}{s(s+1)(s+2)} .$$

Gesucht sei ein Zustandsregler so, dass die Pole des geschlossenen Regelkreises bei

$$s_1 = -3 \quad \text{und} \quad s_{2,3} = -1 \pm \mathrm{j}$$

liegen. Die Zustandsgleichung der Regelstrecke in Regelungsnormalform lautet:

$$\dot{x}_R = \begin{bmatrix} 0 & 1 & 0 \\ 0 & 0 & 1 \\ 0 & -2 & -3 \end{bmatrix} x_R + \begin{bmatrix} 0 \\ 0 \\ 1 \end{bmatrix} u .$$

Dabei handelt es sich um dasselbe System wie in Beispiel 1.8.1. Für den Regler- bzw. Rückführvektor folgt:

$$f_R^T = [f_1 \quad f_2 \quad f_3] .$$

Gemäß Gl. (1.8.43) erhält man im vorliegenden Fall als charakteristische Gleichung des geschlossenen Regelkreises

$$P(s) = f_1 + (2 + f_2)s + (3 + f_3)s^2 + s^3 = 0 .$$

Andererseits folgt nach Gl. (1.8.44) mit obiger Polvorgabe

$$P(s) = (s+3)(s+1+\mathrm{j})(s+1-\mathrm{j}) = 6 + 8s + 5s^2 + s^3 = 0 .$$

Der Koeffizientenvergleich nach Gl. (1.8.45) liefert schließlich

$$f_1 = p_0 - a_0 = 6 - 0 = 6 ,$$
$$f_2 = p_1 - a_1 = 8 - 2 = 6 ,$$
$$f_3 = p_2 - a_2 = 5 - 3 = 2 .$$

Somit erhält man für den gesuchten Regler den Rückführvektor

$$f_R^T = [6 \quad 6 \quad 2] .$$ ■

Das hier beschriebene Verfahren erlaubt für Eingrößensysteme eine etwas schnellere Berechnung des Rückführvektors f_R gegenüber dem im Abschnitt 1.8.6.1 behandelten allgemeineren Verfahren.

Liegt die Regelstrecke nicht in Regelungsnormalform vor, so lässt sich jede beliebige Zustandsraumdarstellung

$$\dot{x} = A\,x + b\,u$$

und

$$y = \boldsymbol{c}^{\mathrm{T}} \boldsymbol{x}$$

mittels der Transformation

$$\boldsymbol{x}_{\mathrm{R}} = \boldsymbol{T}^{-1} \boldsymbol{x} \quad \text{bzw.} \quad \boldsymbol{x} = \boldsymbol{T} \boldsymbol{x}_{\mathrm{R}}$$

auf die Regelungsnormalform

$$\dot{\boldsymbol{x}}_{\mathrm{R}} = \boldsymbol{T}^{-1} \boldsymbol{A} \boldsymbol{T} \boldsymbol{x}_{\mathrm{R}} + \boldsymbol{T}^{-1} \boldsymbol{b} u = \boldsymbol{A}_{\mathrm{R}} \boldsymbol{x}_{\mathrm{R}} + \boldsymbol{b}_{\mathrm{R}} u \tag{1.8.47}$$

und

$$y = \boldsymbol{c}^{\mathrm{T}} \boldsymbol{T} \boldsymbol{x}_{\mathrm{R}} = \boldsymbol{c}_{\mathrm{R}}^{\mathrm{T}} \boldsymbol{x}_{\mathrm{R}} \tag{1.8.48}$$

bringen. Das Vorgehen zur Durchführung dieser Transformation und zum Entwurf des Rückführvektors $\boldsymbol{f}$ soll nachfolgend gezeigt werden.

1.8.6.3 Reglerentwurf durch Polvorgabe bei Eingrößensystemen in beliebiger Zustandsraumdarstellung

Aus den Gln. (1.8.47) und (1.8.48) folgt durch Koeffizientenvergleich:

$$\boldsymbol{T}^{-1} \boldsymbol{A} = \boldsymbol{A}_{\mathrm{R}} \boldsymbol{T}^{-1} , \tag{1.8.49a}$$

$$\boldsymbol{T}^{-1} \boldsymbol{b} = \boldsymbol{b}_{\mathrm{R}} , \tag{1.8.49b}$$

$$\boldsymbol{c}^{\mathrm{T}} \boldsymbol{T} = \boldsymbol{c}_{\mathrm{R}}^{\mathrm{T}} . \tag{1.8.49c}$$

Setzt man in Gl. (1.8.49a) die bekannten Matrizen ein und definiert man die Zeilenvektoren von $\boldsymbol{T}^{-1}$ mit $\boldsymbol{t}_i^{\mathrm{T}}$, $i = 1, 2, \dots, n,$, so erhält man:

$$\begin{bmatrix} \boldsymbol{t}_1^{\mathrm{T}} \\ \boldsymbol{t}_2^{\mathrm{T}} \\ \vdots \\ \boldsymbol{t}_n^{\mathrm{T}} \end{bmatrix} \boldsymbol{A} = \begin{bmatrix} 0 & 1 & 0 & 0 & \cdots & 0 \\ 0 & 0 & 1 & 0 & \cdots & 0 \\ 0 & 0 & 0 & 1 & \cdots & 0 \\ \vdots & & & & \ddots & \vdots \\ 0 & 0 & 0 & 0 & \cdots & 1 \\ -a_0 & -a_1 & -a_2 & -a_3 & \cdots & -a_{n-1} \end{bmatrix} \begin{bmatrix} \boldsymbol{t}_1^{\mathrm{T}} \\ \boldsymbol{t}_2^{\mathrm{T}} \\ \vdots \\ \boldsymbol{t}_n^{\mathrm{T}} \end{bmatrix} . \tag{1.8.50}$$

Stellt man nun dieses Gleichungssystem in den einzelnen Komponenten auf, so ergeben sich die Beziehungen:

$$\begin{aligned} \boldsymbol{t}_1^{\mathrm{T}} \boldsymbol{A} &= \boldsymbol{t}_2^{\mathrm{T}} , \\ &\vdots \\ \boldsymbol{t}_{n-1}^{\mathrm{T}} \boldsymbol{A} &= \boldsymbol{t}_n^{\mathrm{T}} , \\ \boldsymbol{t}_n^{\mathrm{T}} \boldsymbol{A} &= -a_0 \boldsymbol{t}_1^{\mathrm{T}} - \cdots - a_{n-1} \boldsymbol{t}_n^{\mathrm{T}} . \end{aligned} \tag{1.8.51}$$

Durch rekursives Einsetzen können aus den ersten $(n-1)$ Beziehungen von Gl. (1.8.51) alle Vektoren

$$t_i^{\mathrm{T}} = t_1^{\mathrm{T}} A^{i-1}, \quad i = 2, \ldots, n \tag{1.8.52}$$

in Abhängigkeit von t_1^{T} ermittelt werden. Zur Bestimmung von t_1^{T} wird nun Gl. (1.8.49b) elementweise geschrieben und dabei Gl. (1.8.52) berücksichtigt:

$$\begin{aligned} t_1^{\mathrm{T}} b & & &= 0, \\ t_2^{\mathrm{T}} b &= t_1^{\mathrm{T}} A b & &= 0, \\ &\vdots \\ t_{n-1}^{\mathrm{T}} b &= t_1^{\mathrm{T}} A^{n-2} b & &= 0, \\ t_n^{\mathrm{T}} b &= t_1^{\mathrm{T}} A^{n-1} b & &= 1. \end{aligned} \tag{1.8.53}$$

Zusammengefasst liefern diese Gleichungen die Beziehung

$$t_1^{\mathrm{T}} [b \; Ab \cdots A^{n-1} b] = [0 \quad 0 \quad \cdots \quad 0 \quad 1] = b_{\mathrm{R}}^{\mathrm{T}}, \tag{1.8.54}$$

in der die Steuerbarkeitsmatrix

$$S_1 = [b \; Ab \cdots A^{n-1} b]$$

enthalten ist. Durch Auflösen folgt hieraus

$$t_1^{\mathrm{T}} = [0 \quad 0 \quad \cdots \quad 0 \quad 1] \, S_1^{-1} = s_{1_n}^{\mathrm{T}}. \tag{1.8.55}$$

Somit ist t_1^{T} gleich der letzten Zeile der invertierten Steuerbarkeitsmatrix. Die $(n \times n)$-Transformationsmatrix T^{-1} ist also vollständig berechenbar. Man erhält mit den Gln. (1.8.51) und (1.8.55) schließlich

$$T^{-1} = \begin{bmatrix} s_{1_n}^{\mathrm{T}} \\ s_{1_n}^{\mathrm{T}} A \\ \vdots \\ s_{1_n}^{\mathrm{T}} A^{n-1} \end{bmatrix}. \tag{1.8.56}$$

Damit lässt sich nun in einfacher Weise der entsprechende Zustandsregler entwerfen, wie nachfolgend gezeigt wird.

Bei einer in der Regelungsnormalform gemäß Gl. (1.8.47) gegebenen Regelstrecke erhält man mit Gl. (1.8.38) für die skalare Stellgröße

$$u = vw - f_{\mathrm{R}}^{\mathrm{T}} x_{\mathrm{R}}.$$

Unter Berücksichtigung der oben definierten Transformationsbeziehung folgt daraus

$$u = vw - f_{\mathrm{R}}^{\mathrm{T}} T^{-1} x = vw - f^{\mathrm{T}} x,$$

wobei

$$f^{\mathrm{T}} = f_{\mathrm{R}}^{\mathrm{T}} T^{-1} \tag{1.8.57}$$

gilt. Wird in dieser Beziehung f_R^T entsprechend Gl. (1.8.46) und T^{-1} gemäß Gl. (1.8.56) eingesetzt, so ergibt sich:

$$f^T = [(p_0 - a_0) \cdots (p_{n-1} - a_{n-1})] \begin{bmatrix} s_{1_n}^T \\ \vdots \\ s_{1_n}^T A^{n-1} \end{bmatrix}$$
$$= (p_0 - a_0) s_{1_n}^T + (p_1 - a_1) s_{1_n}^T A + \cdots + (p_{n-1} - a_{n-1}) s_{1_n}^T A^{n-1} .$$

Durch Ausmultiplizieren und Umordnen erhält man:

$$\begin{aligned} f^T &= (p_0 s_{1_n}^T + p_1 s_{1_n}^T A + \cdots + p_{n-1} s_{1_n}^T A^{n-1}) \\ &\quad - (a_0 s_{1_n}^T + a_1 s_{1_n}^T A + \cdots + a_{n-1} s_{1_n}^T A^{n-1}) . \end{aligned} \tag{1.8.58}$$

Berücksichtigt man nun Gl. (1.8.52), so lässt sich bei Beachtung von Gl. (1.8.55) die letzte Gleichung im System von Gl. (1.8.51) in die Form

$$s_{1_n}^T A^n = -(a_0 s_{1_n}^T + a_1 s_{1_n}^T A + \cdots + a_{n-1} s_{1_n}^T A^{n-1})$$

bringen. Diese Beziehung entspricht aber gerade dem zweiten Klammerausdruck in Gl. (1.8.58), so dass schließlich für den Rückführvektor folgt:

$$f^T = s_{1_n}^T (p_0 \mathbf{I} + p_1 A + \cdots + p_{n-1} A^{n-1} + A^n) . \tag{1.8.59a}$$

Benutzt man für den Klammerausdruck dieser Beziehung, die gerade den Satz von Caley-Hamilton gemäß Gl. (1.4.3) enthält, die Abkürzung $P^*(A)$, so lässt sich Gl. (1.8.58) umschreiben in die Form

$$f^T = s_{1_n}^T P^*(A) . \tag{1.8.59b}$$

Zur Ermittlung des Regler- oder Rückführvektors ist somit nur die letzte Zeile der inversen Steuerbarkeitsmatrix S_1^{-1} zu bilden und mit $P^*(A)$ zu multiplizieren, wobei sich dieses Vorgehen als besonders einfach und übersichtlich erweist [Ack72].

Beispiel 1.8.6:

Gegeben sei die Regelstrecke des vorhergehenden Beispiels, bei dem die Zustandsgrößen jedoch gemäß Bild 1.8.5 definiert seien. Für diese Darstellung ergibt sich die Zustands-

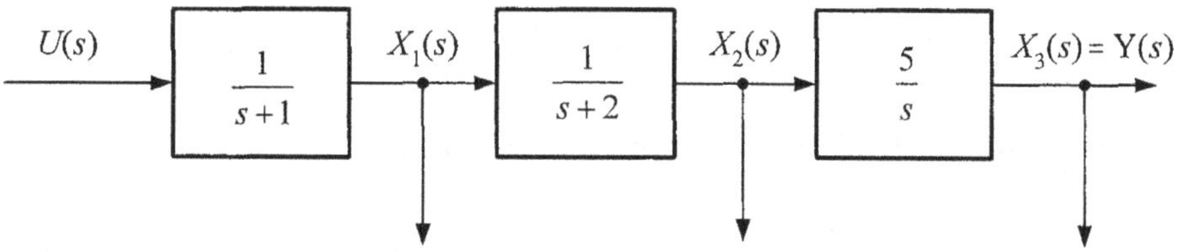

Bild 1.8.5. Blockschaltbild der Regelstrecke

gleichung

$$\dot{x} = A\,x + b\,u$$

mit

$$A = \begin{bmatrix} -1 & 0 & 0 \\ 1 & -2 & 0 \\ 0 & 5 & 0 \end{bmatrix} \quad \text{und} \quad b = \begin{bmatrix} 1 \\ 0 \\ 0 \end{bmatrix}.$$

Zur Berechnung von s_1^{T} bildet man

$$A\,b = \begin{bmatrix} -1 \\ 1 \\ 0 \end{bmatrix} \quad \text{und} \quad A^2\,b = A \cdot A\,b = \begin{bmatrix} 1 \\ -3 \\ 5 \end{bmatrix}.$$

Aus Gl. (1.8.53) folgt mit $t_1^{\mathrm{T}} = s_{1_n}^{\mathrm{T}} = [s_{1_{n1}}\, s_{1_{n2}}\, s_{1_{n3}}]$ unmittelbar

$$s_{1_n}^{\mathrm{T}}\, b = 0\,, \quad s_{1_n}^{\mathrm{T}}\, A\,b = 0 \quad \text{und} \quad s_{1_n}^{\mathrm{T}}\, A^2\,b = 1\,.$$

Setzt man in diesen Beziehungen die oben berechneten Vektoren b, $A\,b$ und $A^2\,b$ ein, so folgt daraus sofort für die Elemente von $s_{1_n}^{\mathrm{T}}$:

$$s_{1_{n1}} = 0\,, \quad s_{1_{n2}} = 0 \quad \text{und} \quad s_{1_{n3}} = \frac{1}{5}\,.$$

Somit erhält man

$$s_{1_n}^{\mathrm{T}} = [0 \quad 0 \quad 1/5]\,.$$

Zur Berechnung des Rückführvektors

$$f^{\mathrm{T}} = p_0\, s_{1_n}^{\mathrm{T}} + p_1\, s_{1_n}^{\mathrm{T}}\, A + p_2\, s_{1_n}^{\mathrm{T}}\, A^2 + s_{1_n}^{\mathrm{T}}\, A^3$$

werden nur noch folgende Ausdrücke benötigt:

$$s_{1_n}^{\mathrm{T}} A \;\; = [0 \quad 1 \quad 0]\,,$$

$$s_{1_n}^{\mathrm{T}} A^2 = [0 \quad 1 \quad 0]\, A = [1 \quad -2 \quad 0]\,,$$

$$s_{1_n}^{\mathrm{T}} A^3 = [1 \quad -2 \quad 0]\, A = [-3 \quad 4 \quad 0]\,.$$

Die Polvorgabe erfolgt durch Wahl der charakteristischen Gleichung zu

$$P(s) = 4 + 6s + 4s^2 + s^3\,.$$

Damit erhält man schließlich für den Rückführvektor

$$f^{\mathrm{T}} = 4\,[0 \quad 0 \quad 1/5] + 6\,[0 \quad 1 \quad 0] + 4\,[1 \quad -2 \quad 0] + [-3 \quad 4 \quad 0]$$

$$f^{\mathrm{T}} = [1 \quad 2 \quad 4/5]\,.$$

■

Den bisherigen Überlegungen lag stets zugrunde, dass die gewünschten Pole des geschlossenen Regelsystems bereits vorgegeben seien. Offen blieb die Frage, durch welche Gesichtspunkte die Wahl einer gewünschten Polkonfiguration bestimmt wird. Praktisch lassen sich die gewünschten Forderungen an ein Regelsystem nie vollständig durch eine bestimmte Polkonfiguration vorgeben [Ack77]. Meist bestehen die Forderungen aus Spezifikationen bezüglich Anstiegszeit, Überschwingweite, Dämpfung, Durchtrittsfrequenz usw. (siehe Band Regelungstechnik I), wobei zusätzliche Forderungen für Stellgrößenbeschränkungen, günstiges Störverhalten, Parameterempfindlichkeit usw. hinzukommen können. Allerdings lassen sich Spezifikationen wie Dämpfung und Durchtrittsfrequenz auch bei Mehrgrößensystemen angenähert durch die Pollage ausdrücken, z. B. durch die Vorgabe dominierender Polpaare. Werden jedoch einzelne Stellamplituden zu groß, so wird man gezielt auch gewisse Elemente der Reglermatrix $\boldsymbol{F}$ verändern müssen. Daraus folgt, dass man während des Entwurfs sowohl die Lage der Pole als auch die Elemente der Reglermatrix betrachten muss. Dies ist z. B. der Fall, wenn man einen großen negativen Realteil der Pole vorgibt, wodurch zwar der Einschwingvorgang rasch verläuft, jedoch eine große Stellamplitude erforderlich wird. Für eine schnelle Regelung werden im allgemeinen die vorgegebenen Pole des geschlossenen Regelkreises in der s-Ebene weiter links gelegt als die Pole des offenen Systems.

Generell kann jedoch festgestellt werden, dass es eine ideale Lage der Pole nicht gibt, und dass die Polvorgabe stets von den ingenieurmäßigen Überlegungen einer gegebenen regelungstechnischen Aufgabenstellung ausgehen muss. Zur Durchführung des erforderlichen Kompromisses zwischen Polvorgabe und maximal erlaubter Stellamplitude eignet sich in vorzüglicher Weise die interaktive Arbeitsweise mit Entwurfsprogrammen am Bildschirm eines Digitalrechners [Sch82], [MAT99].

1.8.7 Zustandsrekonstruktion mittels Beobachter

1.8.7.1 Entwurf eines Identitätsbeobachters für Ein- und Mehrgrößensysteme durch Polvorgabe

Bei der Synthese von Zustandsreglern wurde davon ausgegangen, dass sämtliche Zustandsgrößen des vorgegebenen Systems, also der Regelstrecke

$$\dot{\boldsymbol{x}} = \boldsymbol{A}\,\boldsymbol{x} + \boldsymbol{B}\,\boldsymbol{u}\,, \tag{1.8.60}$$

$$\boldsymbol{y} = \boldsymbol{C}\,\boldsymbol{x} + \boldsymbol{D}\,\boldsymbol{u}\,, \tag{1.8.61}$$

zur Verfügung stehen, wobei der Einfachheit halber $\boldsymbol{D} = \boldsymbol{0}$ gesetzt wird. Bei technischen Anlagen ist dies i. a. nicht der Fall, da Zustandsgrößen nicht notwendig physikalisch messbare Größen sein müssen oder u. U. nur sehr schwer gemessen werden können. In den meisten Fällen ist $m < n$, so dass die triviale Lösung

$$\boldsymbol{x} = \boldsymbol{C}^{-1}\,\boldsymbol{y} \tag{1.8.62}$$

zur Bestimmung des Zustandsvektors nicht angewandt werden kann. Erst durch Einführung des Beobachter-Prinzips [Lue71] wurde eine Möglichkeit geschaffen, für ein gegebenes System, bei dem $\boldsymbol{A}$, $\boldsymbol{B}$ und $\boldsymbol{C}$ bekannt und die Ein- und Ausgangsvektoren $\boldsymbol{u}(t)$ und

$y(t)$ messbar sind, den Zustandsvektor $x(t)$ durch eine geeignete Rekonstruktion mittels des Vektors $\hat{x}(t)$ zu beschreiben. Für diese *Zustandsrekonstruktion* (oft auch als Zustandsschätzung bezeichnet) ist ein zweites dynamisches System, ein *Zustandsbeobachter* (oder kurz ein *Beobachter*) erforderlich. Dieser Beobachter ist im einfachsten und wichtigsten Fall eines *vollständigen Identitätsbeobachters* ein dynamisches System, das der Bewegung des vorgegebenen Systems so folgt, dass nach Ablauf eines endlichen Einschwingvorganges des Beobachters der von diesem rekonstruierte Zustand $\hat{x}(t)$ mit dem nicht messbaren Zustandsvektor $x(t)$ nahezu identisch ist.

Die Aufgabe besteht nun darin, einen derartigen Beobachter zu entwerfen. Zu diesem Zweck wird gemäß Bild 1.8.6 dem vorgegebenen System ein "Modell" parallel geschaltet, das mit demselben Eingangsvektor $\boldsymbol{u}(t)$ wie das vorgegebene System erregt wird.

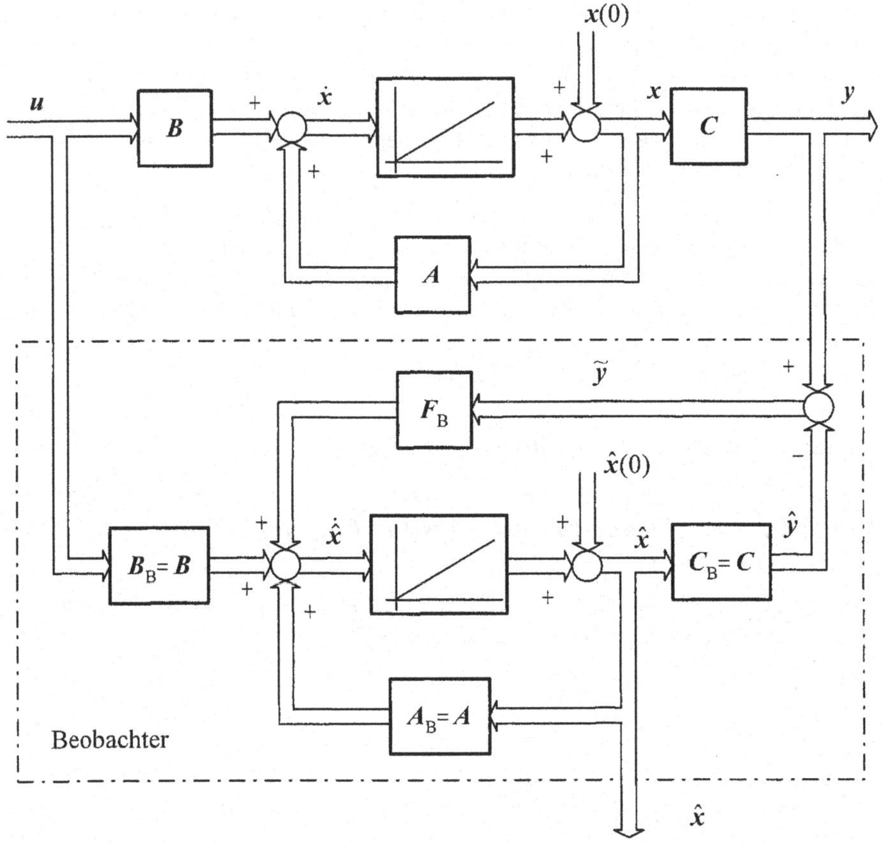

Bild 1.8.6. Prinzip des linearen Zustandsbeobachters (Identitätsbeobachter)

Die Differenz der beiden Ausgangsvektoren wird über eine entsprechende $(n \times m)$-Verstärkungsmatrix $\boldsymbol{F}_B$ auf den Modelleingang zurückgekoppelt, so dass im eingeschwungenen Zustand des Beobachters

$$\hat{y}(t) \approx y(t) \tag{1.8.63a}$$

gilt. Da weiterhin im vorliegenden Fall die Matrizen des "Modells" identisch mit denen des vorgegebenen Systems sind, also $\boldsymbol{A}_\mathrm{B} = \boldsymbol{A}$, $\boldsymbol{B}_\mathrm{B} = \boldsymbol{B}$ und $\boldsymbol{C}_\mathrm{B} = \boldsymbol{C}$, gilt dann auch

$$\hat{\boldsymbol{x}}(t) \approx \boldsymbol{x}(t) . \tag{1.8.63b}$$

Aus Bild 1.8.6 lässt sich unmittelbar die Zustandsgleichung des Beobachters

$$\dot{\hat{\boldsymbol{x}}} = \boldsymbol{A}\,\hat{\boldsymbol{x}} + \boldsymbol{B}\,\boldsymbol{u} + \boldsymbol{F}_\mathrm{B}\,(\boldsymbol{y} - \hat{\boldsymbol{y}}) \tag{1.8.64}$$

herleiten. Mit Gl. (1.8.61) sowie der Beziehung

$$\hat{\boldsymbol{y}} = \boldsymbol{C}\,\hat{\boldsymbol{x}}$$

folgt aus Gl. (1.8.64)

$$\dot{\hat{\boldsymbol{x}}} = \boldsymbol{A}\,\hat{\boldsymbol{x}} + \boldsymbol{B}\,\boldsymbol{u} + \boldsymbol{F}_\mathrm{B}\,\boldsymbol{C}(\boldsymbol{x} - \hat{\boldsymbol{x}}) . \tag{1.8.65}$$

Anhand dieser Beziehung erkennt man, dass im Falle gleicher Anfangswerte $\boldsymbol{x}(0) = \hat{\boldsymbol{x}}(0)$ die Beobachtergleichung in die Systemgleichung übergeht.

Die Rückführverstärkung $\boldsymbol{F}_\mathrm{B}$ ist also nur wirksam, falls $\boldsymbol{x}(0) \neq \hat{\boldsymbol{x}}(0)$ gilt. Dies ist jedoch der Normalfall.

Wird Gl. (1.8.65) von Gl. (1.8.60) abgezogen, so erhält man

$$\dot{\boldsymbol{x}} - \dot{\hat{\boldsymbol{x}}} = \boldsymbol{A}\,(\boldsymbol{x} - \hat{\boldsymbol{x}}) - \boldsymbol{F}_\mathrm{B}\,\boldsymbol{C}\,(\boldsymbol{x} - \hat{\boldsymbol{x}}) ,$$

woraus durch Einführung des Beobachterfehlervektors

$$\tilde{\boldsymbol{e}} = \boldsymbol{x} - \hat{\boldsymbol{x}} , \tag{1.8.66}$$

auch Rekonstruktions- oder Schätzfehler genannt, schließlich die Zustandsgleichung für diesen Fall folgt:

$$\dot{\tilde{\boldsymbol{e}}} = (\boldsymbol{A} - \boldsymbol{F}_\mathrm{B}\,\boldsymbol{C})\,\tilde{\boldsymbol{e}} . \tag{1.8.67}$$

Aus dieser Beziehung ist ersichtlich, dass der Beobachter ein nichtsteuerbares System ist. Besitzen alle Eigenwerte der Matrix $(\boldsymbol{A} - \boldsymbol{F}_\mathrm{B}\,\boldsymbol{C})$ negative Realteile, dann gilt

$$\lim_{t\to\infty} \tilde{\boldsymbol{e}}(t) = \boldsymbol{0} , \tag{1.8.68}$$

und damit ist auch Gl. (1.8.63) erfüllt. In der Matrix $(\boldsymbol{A} - \boldsymbol{F}_\mathrm{B}\,\boldsymbol{C})$ ist die Verstärkungsmatrix $\boldsymbol{F}_\mathrm{B}$ noch frei wählbar. Ist das vorgegebene System $(\boldsymbol{A}, \boldsymbol{C})$ beobachtbar, dann kann stets eine Matrix $\boldsymbol{F}_\mathrm{B}$ ermittelt werden, die jede beliebige Polvorgabe für den Beobachter, also Vorgabe der Eigenwerte von $(\boldsymbol{A} - \boldsymbol{F}_\mathrm{B}\,\boldsymbol{C})$, gestattet. Damit kann dann auch die Konvergenz von Gl. (1.8.68) beeinflusst werden. Zweckmäßig wählt man die Eigenwerte von $(\boldsymbol{A} - \boldsymbol{F}_\mathrm{B}\,\boldsymbol{C})$, also die Pole des Beobachters so, dass sie in der s-Ebene links der Eigenwerte von $\boldsymbol{A}$ liegen. Damit wird der Beobachter schneller als die Regelstrecke. Zu weit links gewählte Beobachterpole sind wiederum ungünstig, da sie das Messrauschen von $\boldsymbol{y}$ im Beobachter stark vergrößern und zu großen Signalamplituden im Beobachter führen.

Aus Gl. (1.8.67) folgt als charakteristische Gleichung des Beobachters

$$P_{\mathrm{B}}(s)=|s\mathbf{I}_n-\boldsymbol{A}+\boldsymbol{F}_{\mathrm{B}}\boldsymbol{C}|=|s\mathbf{I}_n-\boldsymbol{A}|\left|\mathbf{I}_n+(s\mathbf{I}_n-\boldsymbol{A})^{-1}\boldsymbol{F}_{\mathrm{B}}\boldsymbol{C}\right|=0\,. \tag{1.8.69}$$

Mit der $\mathscr{L}$-Transformation der Fundamental-Matrix und der charakteristischen Gleichung des vorgegebenen Systems

$$\underline{\boldsymbol{\Phi}}(s)=(s\mathbf{I}_n-\boldsymbol{A})^{-1} \quad \text{und} \quad P^*(s)=|s\mathbf{I}_n-\boldsymbol{A}|$$

erhält man aus Gl. (1.8.69) in Analogie zu Gl. (1.8.25a)

$$\begin{aligned}P_{\mathrm{B}}(s)&=|s\mathbf{I}_n-\boldsymbol{A}||\mathbf{I}_n+\underline{\boldsymbol{\Phi}}(s)\boldsymbol{F}_{\mathrm{B}}\boldsymbol{C}|=P^*(s)|\mathbf{I}_m+\boldsymbol{C}\underline{\boldsymbol{\Phi}}(s)\boldsymbol{F}_{\mathrm{B}}|\\&=P^*(s)\left|(\mathbf{I}_m+\boldsymbol{C}\underline{\boldsymbol{\Phi}}(s)\boldsymbol{F}_{\mathrm{B}})^{\mathrm{T}}\right|=P^*(s)\left|\mathbf{I}_m^{\mathrm{T}}+\boldsymbol{F}_{\mathrm{B}}^{\mathrm{T}}\underline{\boldsymbol{\Phi}}^{\mathrm{T}}(s)\boldsymbol{C}^{\mathrm{T}}\right|\\&=P^*(s)\left|\mathbf{I}_m+\boldsymbol{F}_{\mathrm{B}}^{\mathrm{T}}\underline{\boldsymbol{\Phi}}^{\mathrm{T}}(s)\boldsymbol{C}^{\mathrm{T}}\right|=0\,,\end{aligned} \tag{1.8.70}$$

wobei $\boldsymbol{F}_{\mathrm{B}}^{\mathrm{T}}\underline{\boldsymbol{\Phi}}^{\mathrm{T}}(s)\boldsymbol{C}^{\mathrm{T}}$ eine $(m\times m)$-Matrix darstellt. Die Bestimmung der gesuchten Matrix $\boldsymbol{F}_{\mathrm{B}}$ erfolgt nun nach demselben Verfahren, das im Abschnitt 1.8.6.1 zur Ermittlung der Reglermatrix $\boldsymbol{F}$ beschrieben wurde. Unter der oben bereits getroffenen Voraussetzung, dass das vorgegebene System beobachtbar ist, lassen sich n linear unabhängige Spaltenvektoren aus den Spalten der $(n\times m)$-Matrix $\underline{\boldsymbol{\Phi}}^{\mathrm{T}}(s)\boldsymbol{C}^{\mathrm{T}}$ oder - bei mehrfachen Polen aus deren Ableitungen - für die n Beobachterpole s_i bilden [Che84]. Gl. (1.8.70) ist somit für die n Beobachterpole s_i, $i=1,2,\dots,n,$ erfüllt. Mit der Abkürzung der $(n\times m)$-Matrix

$$\underline{\boldsymbol{\Omega}}(s)=\underline{\boldsymbol{\Phi}}^{\mathrm{T}}(s)\boldsymbol{C}^{\mathrm{T}}=[\boldsymbol{\Omega}_1(s)\cdots\boldsymbol{\Omega}_m(s)] \tag{1.8.71}$$

und Gl. (1.8.70) folgt dann für jeden Beobachterpol s_i eine Beziehung der Form

$$\boldsymbol{F}_{\mathrm{B}}^{\mathrm{T}}\boldsymbol{\Omega}_\mu(s_i)=-\mathbf{e}_\mu\,,\quad \mu=1,2,\dots\dots,m\,,\quad i=1,2,\dots,n \tag{1.8.72}$$

oder beim Auftreten doppelter Pole - falls erforderlich -

$$\boldsymbol{F}_{\mathrm{B}}^{\mathrm{T}}\left.\frac{\mathrm{d}\boldsymbol{\Omega}_\mu(s)}{\mathrm{d}s}\right|_{s=s_i}=\mathbf{0}\,, \tag{1.8.73}$$

wobei $\mathbf{e}_\mu$ den entsprechenden μ-ten Spaltenvektor der $(m\times m)$-Einheitsmatrix $\mathbf{I}_m$ in Gl. (1.8.70) und $\mathbf{0}$ einen $(m\times 1)$-Spaltenvektor mit Nullelementen darstellt. Bei mehrfachen Polen müssten weitere Ableitungen analog zum Reglerentwurf gemäß Gl. (1.8.37) eingeführt werden. Bildet man nun für jeden Beobachterpol s_i die $(n\times 1)$-Spaltenvektoren $\boldsymbol{\Omega}_\mu(s_i)$ und, falls erforderlich, $\mathrm{d}\boldsymbol{\Omega}_\mu(s)/\mathrm{d}s\,|_{s=s_i}$, so lassen sich n linear unabhängige Spaltenvektoren zu einer nichtsingulären $(n\times n)$-Matrix

$$\boldsymbol{M}=\left[\boldsymbol{\Omega}_{\mu_i}(s_i) \quad \text{oder} \quad \left.\frac{\mathrm{d}\boldsymbol{\Omega}_{\mu_i}(s)}{\mathrm{d}s}\right|_{s=s_i}\right] \tag{1.8.74}$$

$$\text{für } i=1,2,\dots,n \quad \text{und} \quad \mu\in(1,2,\dots,m)$$

zusammenfassen, wobei die hierin enthaltenen n Spaltenvektoren aus allen vorgegebenen n Beobachterpolen s_i zu bilden sind und der zweite Index i nur zur Kennzeichnung der

Zuordnung zu der betreffenden Polstelle s_i dient. Somit erhält man mit den Gln. (1.8.72) und (1.8.73) die $(m \times n)$-Matrix

$$\boldsymbol{F}_{\mathrm{B}}^{\mathrm{T}} \boldsymbol{M} = -[\, \boldsymbol{e}_{\mu_i} \quad \text{oder} \quad \boldsymbol{0}_{\mu_i} \,]$$

und hieraus folgt für die gesuchte Verstärkungsmatrix des Beobachters

$$\boldsymbol{F}_{\mathrm{B}}^{\mathrm{T}} = -[\, \boldsymbol{e}_{\mu_i} \quad \text{oder} \quad \boldsymbol{0}_{\mu_i} \,]\, \boldsymbol{M}^{-1}, \quad \text{für } i = 1, 2, \ldots, n. \tag{1.8.75}$$

Beispiel 1.8.7:

Zum besseren Verständnis des in diesem Kapitel dargestellten Beobachterentwurfs wird das folgende Mehrgrößensystem betrachtet:

$$\boldsymbol{A} = \begin{bmatrix} 0 & 1 & 0 \\ 0 & 0 & 1 \\ -6 & -11 & -6 \end{bmatrix}, \quad \boldsymbol{B} = \begin{bmatrix} 1 & 0 \\ 0 & 2 \\ 0 & 1 \end{bmatrix}, \quad \boldsymbol{C} = \begin{bmatrix} 0 & 1 & 0 \\ 1 & -1 & 0 \end{bmatrix}, \quad \boldsymbol{D} = \boldsymbol{0}.$$

Daraus errechnet sich die L -Transformierte der Fundamentalmatrix

$$\underline{\boldsymbol{\Phi}}(s) = \frac{1}{(s+1)(s+2)(s+3)} \begin{bmatrix} s(s+6)+11 & s+6 & 1 \\ -6 & s(s+6) & s \\ -6s & -(6+11s) & s^2 \end{bmatrix}.$$

Im nächsten Schritt wird nun die Matrix $\underline{\boldsymbol{\Omega}}(s)$ nach Gl. (1.8.71) zu

$$\underline{\boldsymbol{\Omega}}(s) = \underline{\boldsymbol{\Phi}}^{\mathrm{T}}(s)\boldsymbol{C}^{\mathrm{T}} = [\, \boldsymbol{\Omega}_1(s)\, \boldsymbol{\Omega}_2(s) \,] = \frac{1}{(s+1)(s+2)(s+3)} \begin{bmatrix} -6 & s(s+6)+17 \\ s(s+6) & (s+6)-s(s+6) \\ s & 1-s \end{bmatrix}$$

errechnet.

Wählt man als Pole des Zustandsbeobachters

$$s_1 = -5 \quad \text{und} \quad s_2 = s_3 = -6,$$

so kann man die Spaltenvektoren $\boldsymbol{\Omega}_{\mu_i}(s_i)$ mit $\mu = 1, 2$ und $i = 1, 2, 3$ in der Matrix $\boldsymbol{M}$ in folgender Form zusammenfassen:

$$\boldsymbol{M} = [\, \boldsymbol{\Omega}_{1_2}(s_2)\, \boldsymbol{\Omega}_{2_3}(s_3)\, \boldsymbol{\Omega}_{1_1}(s_1) \,] = \begin{bmatrix} \frac{1}{10} & -\frac{17}{60} & \frac{1}{4} \\ 0 & 0 & \frac{5}{24} \\ \frac{1}{10} & -\frac{7}{60} & \frac{5}{24} \end{bmatrix}.$$

Man beachte, dass hierbei trotz dem Doppelpol $s_2 = s_3$ die Anwendung von Gl. (1.8.73) wegen der Mehrdeutigkeit der Lösung nicht erforderlich war. Für die Mehrdeutigkeit von

$\boldsymbol{M}$ bei Mehrgrößensystemen gelten dieselben Aussagen wie beim Reglerentwurf. Mit obiger Matrix $\boldsymbol{M}$ folgt nach Gl. (1.8.75) für die gesuchte Verstärkungsmatrix

$$\boldsymbol{F}_{\mathrm{B}}^{\mathrm{T}} = -\begin{bmatrix} 1 & 0 & 1 \\ 0 & 1 & 0 \end{bmatrix} \begin{bmatrix} -7 & -\frac{43}{5} & 17 \\ -6 & \frac{6}{5} & 6 \\ 0 & \frac{24}{5} & 0 \end{bmatrix} = \begin{bmatrix} 7 & \frac{19}{5} & -17 \\ 6 & -\frac{6}{5} & -6 \end{bmatrix}.$$

Zur Überprüfung der durchgeführten Beobachtersynthese wird dieses Ergebnis in die charakteristische Gleichung des Beobachters eingesetzt. Dabei ergibt sich

$$P_{\mathrm{B}}(s) = |s\mathbf{I}_n - \boldsymbol{A} + \boldsymbol{F}_{\mathrm{B}}\boldsymbol{C}| = \left| \begin{bmatrix} s & 0 & 0 \\ 0 & s & 0 \\ 0 & 0 & s \end{bmatrix} - \begin{bmatrix} 0 & 1 & 0 \\ 0 & 0 & 1 \\ -6 & -11 & -6 \end{bmatrix} + \begin{bmatrix} 6 & 1 & 0 \\ -\frac{6}{5} & 5 & 0 \\ -6 & -11 & 0 \end{bmatrix} \right|$$

$$= \begin{vmatrix} (s+6) & 0 & 0 \\ -\frac{6}{5} & (s+5) & -1 \\ 0 & 0 & (s+6) \end{vmatrix} = 0\,.$$

Diese Probe liefert die vorgegebenen Pole des Beobachters. Bild 1.8.7 zeigt die Ergebnisse einer Simulation, bei der die exakten und die beobachteten Zustandsgrößen gegenübergestellt sind. ■

Am nachfolgenden Beispiel soll gezeigt werden, dass für *Eingrößensysteme* der Entwurf eines Zustandsbeobachters häufig sehr einfach anhand der charakteristischen Gleichung erfolgen kann.

Beispiel 1.8.8:

Gegeben sei ein Eingrößensystem mit

$$\boldsymbol{A} = \begin{bmatrix} 0 & 1 \\ -2 & -1 \end{bmatrix}, \quad \boldsymbol{B} = \boldsymbol{b} = \begin{bmatrix} 0 \\ 1 \end{bmatrix}, \quad \boldsymbol{C} = \boldsymbol{c}^{\mathrm{T}} = [2 \quad 0] \quad \text{und} \quad d = 0\,.$$

Als Pole des Beobachters sollen

$$s_1 = s_2 = -8\,.$$

vorgegeben werden. Gesucht sei die Verstärkungsmatrix bzw. der Verstärkungsvektor

$$\boldsymbol{F}_{\mathrm{B}} = \boldsymbol{f}_{\mathrm{B}} = \begin{bmatrix} f_{\mathrm{B1}} \\ f_{\mathrm{B2}} \end{bmatrix}.$$

Aus Gl. (1.8.69) folgt als charakteristische Gleichung des Zustandsbeobachters

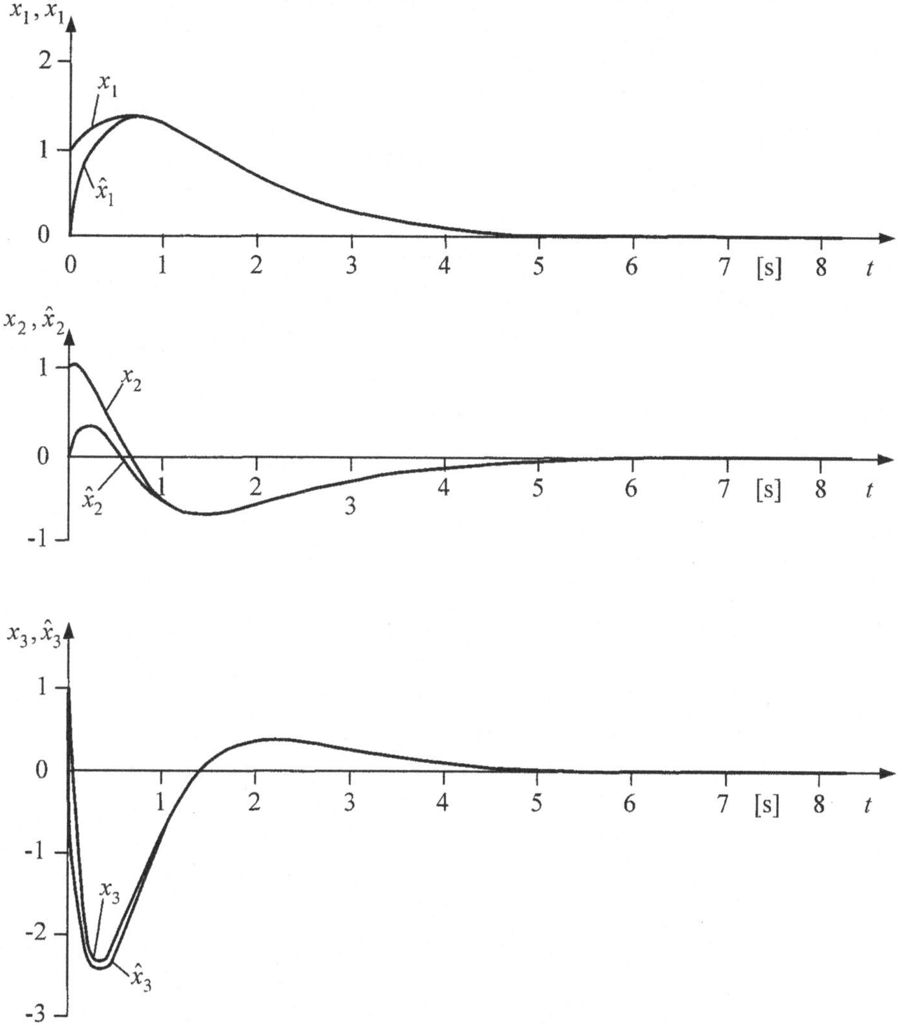

Bild 1.8.7. Exakte und beobachtete Zustandsgrößen zu Beispiel 1.8.7

$$P_B(s) = \left| s\mathbf{I} - \boldsymbol{A} + \boldsymbol{f}_B \boldsymbol{c}^T \right| = \begin{vmatrix} s + 2f_{B1} & -1 \\ 2 + 2f_{B2} & s+1 \end{vmatrix}$$

$$= s^2 + (2f_{B1} + 1)s + (2f_{B1} + 2 + 2f_{B2}) = 0 .$$

Andererseits ergibt sich mit obigen Eigenwerten die charakteristische Gleichung

$$P_B(s) = (s - s_1)(s - s_2) = 64 + 16s + s^2 = 0 .$$

Der Koeffizientenvergleich beider Gleichungen für $P_B(s)$ liefert die gesuchten Koeffizienten

$$f_{B1} = 7{,}5 \quad \text{und} \quad f_{B2} = 23{,}5 .$$

Bild 1.8.8 zeigt für die Anfangswerte

$$\boldsymbol{x}(0) = \begin{bmatrix} 0{,}4 \\ 0 \end{bmatrix} \quad \text{und} \quad \hat{\boldsymbol{x}}(0) = \begin{bmatrix} 0 \\ 0 \end{bmatrix}$$

den Verlauf der exakten und beobachteten Zustandsgrößen.

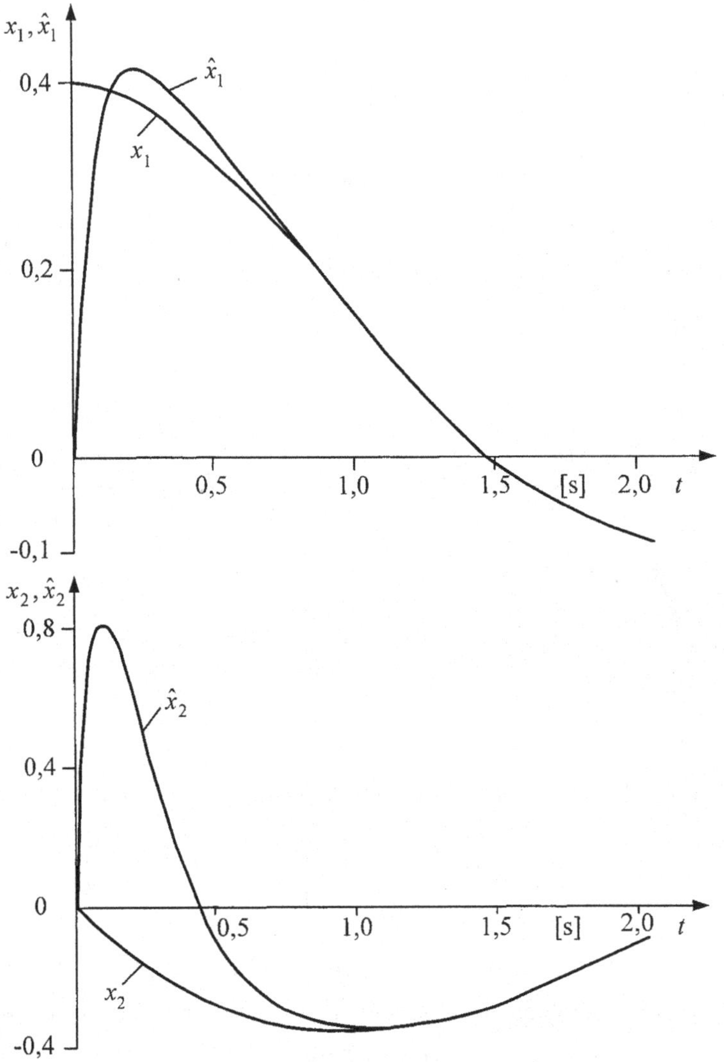

Bild 1.8.8. Exakte und beobachtete Zustandsgrößen zu Beispiel 1.8.8 ■

1.8.7.2 Beobachterentwurf durch Polvorgabe für Eingrößensysteme in der Beobachtungsnormalform

Für ein Eingrößensystem sei die Zustandsdarstellung in Beobachtungsnormalform

$$\dot{\boldsymbol{x}} = \boldsymbol{A}_{\mathrm{B}}\, \boldsymbol{x} + \boldsymbol{b}_{\mathrm{B}}\, u \tag{1.8.76a}$$

$$y = \boldsymbol{c}_{\mathrm{B}}^{\mathrm{T}}\, \boldsymbol{x} + d_{\mathrm{B}}\, u \tag{1.8.76b}$$

gegeben, wobei nach Gl. (1.5.15) gilt

$$\boldsymbol{A}_{\mathrm{B}} = \begin{bmatrix} 0 & 0 & \cdots & 0 & 0 & -a_0 \\ 1 & 0 & \cdots & 0 & 0 & -a_1 \\ 0 & 1 & & \vdots & \vdots & \vdots \\ 0 & 0 & \ddots & 0 & 0 & -a_{n-3} \\ \vdots & \vdots & & 1 & 0 & -a_{n-2} \\ 0 & 0 & \cdots & 0 & 1 & -a_{n-1} \end{bmatrix}, \quad \boldsymbol{b}_{\mathrm{B}} = \begin{bmatrix} b_0 - b_n a_0 \\ b_1 - b_n a_1 \\ \vdots \\ b_{n-3} - b_n a_{n-3} \\ b_{n-2} - b_n a_{n-2} \\ b_{n-1} - b_n a_{n-1} \end{bmatrix}$$

$$\boldsymbol{c}_{\mathrm{B}}^{\mathrm{T}} = [0 \quad 0 \quad \cdots \quad 0 \quad 1], \quad d_{\mathrm{B}} = b_n .$$

Um Verwechslungen zuvorzukommen sei darauf hingewiesen, dass der Index B hier zunächst nicht - wie eingangs in Abschnitt 1.8.7.1 verwendet - für die Kennzeichnung des Beobachters, sondern für die spezielle kanonische Systemdarstellung der Regelstrecke in der Beobachtungsnormalform steht, obwohl bei dem hier verwendeten Identitätsbeobachter auch dessen Beschreibung mit jener der Regelstrecke identisch ist.

Der Beobachter hat dann entsprechend Gl. (1.8.69) die charakteristische Gleichung

$$P_{\mathrm{B}}(s) = \left| s\mathbf{I}_n - (\boldsymbol{A}_{\mathrm{B}} - \boldsymbol{f}_{\mathrm{B}}\, \boldsymbol{c}_{\mathrm{B}}^{\mathrm{T}}) \right| = 0 .$$

Mit der Beobachterverstärkung

$$\boldsymbol{f}_{\mathrm{B}}^{\mathrm{T}} = [\, f_{\mathrm{B}1} \quad f_{\mathrm{B}2} \quad \cdots \quad f_{\mathrm{B}n}]$$

ergeben sich die Beobachterpole als Eigenwerte der Matrix

$$(\boldsymbol{A}_{\mathrm{B}} - \boldsymbol{f}_{\mathrm{B}}\, \boldsymbol{c}_{\mathrm{B}}^{\mathrm{T}}) = \begin{bmatrix} 0 & 0 & \cdots & 0 & 0 & (-a_0 - f_{\mathrm{B}1}) \\ 1 & 0 & \cdots & 0 & 0 & (-a_1 - f_{\mathrm{B}2}) \\ 0 & 1 & \cdots & 0 & 0 & (-a_2 - f_{\mathrm{B}3}) \\ 0 & 0 & \ddots & & & \vdots \\ \vdots & \vdots & \cdots & 1 & 0 & (-a_{n-2} - f_{\mathrm{B}n-1}) \\ 0 & 0 & \cdots & 0 & 1 & (-a_{n-1} - f_{\mathrm{B}n}) \end{bmatrix}.$$

Diese Matrix besitzt ebenfalls Beobachtungsnormalform. Somit folgt für die charakteristische Gleichung des Beobachters

$$P_{\mathrm{B}}(s) = \left(a_0 + f_{\mathrm{B}1}\right) + \cdots + \left(a_{n-1} + f_{\mathrm{B}n}\right) s^{n-1} + s^n = 0 . \tag{1.8.77}$$

Bei vorgegebenem Beobachterpolynom

$$P_\mathrm{B}(s) = p_0 + p_1 s + \cdots + p_{n-1} s^{n-1} + s^n \tag{1.8.78}$$

können nun die Elemente des Verstärkungsvektors f_B genau wie beim Reglerentwurf (siehe Abschnitt 1.8.6.2) durch Koeffizientenvergleich aus den Gln. (1.8.77) und (1.8.78) bestimmt werden und es folgt

$$f_\mathrm{B} = \begin{bmatrix} p_0 - a_0 \\ p_1 - a_1 \\ \vdots \\ p_{n-1} - a_{n-1} \end{bmatrix} . \tag{1.8.79}$$

Beispiel 1.8.9:

Für die Regelstrecke

$$G(s) = \frac{Y(s)}{U(s)}$$

aus Beispiel 1.8.5 soll ein Beobachter entworfen werden mit den Polen

$$s_1 = -4, \quad s_{2,3} = -5 \pm 3\mathrm{j} .$$

Die charakteristische Gleichung des Beobachters lautet gemäß Gl. (1.8.77)

$$P_\mathrm{B}(s) = f_{\mathrm{B}1} + (2 + f_{\mathrm{B}2}) s + (3 + f_{\mathrm{B}3}) s^2 + s^3 = 0 .$$

Mit obiger Polvorgabe ergibt sich anhand von Gl. (1.8.78)

$$P_\mathrm{B}(s) = 136 + 74 s + 14 s^2 + s^3 = 0 ,$$

und der Koeffizientenvergleich beider Gleichungen liefert

$$f_{\mathrm{B}1} = p_0 - a_0 = 136 ,$$
$$f_{\mathrm{B}2} = p_1 - a_1 = 72 ,$$
$$f_{\mathrm{B}1} = p_2 - a_2 = 11 .$$

Somit erhält man als Beobachterverstärkung den Vektor

$$f_\mathrm{B}^\mathrm{T} = [136 \quad 72 \quad 11] .$$ ■

1.8.7.3 Beobachterentwurf durch Polvorgabe für Eingrößensysteme in beliebiger Zustandsraumdarstellung

Analog zum Vorgehen beim Reglerentwurf (siehe Abschnitt 1.8.6.3) soll nun gezeigt werden, wie mit Hilfe der Ähnlichkeitstransformation

$$\boldsymbol{x}_\mathrm{B} = \boldsymbol{T}^{-1} \boldsymbol{x} \quad \text{bzw.} \quad \boldsymbol{x} = \boldsymbol{T} \boldsymbol{x}_\mathrm{B} \tag{1.8.80}$$

der Beobachterentwurf durchgeführt werden kann, wenn die Regelstrecke in beliebiger Zustandsraumdarstellung vorliegt. Die Anwendung dieser Transformation liefert die Beziehungen

$$A\,T = T\,A_{\mathrm{B}} \tag{1.8.81}$$

$$c^{\mathrm{T}} T = c_{\mathrm{B}}^{\mathrm{T}}\,. \tag{1.8.82}$$

Setzt man in Gl. (1.8.81) die Matrizen der Beobachtungsnormalform ein und bezeichnet die Spalten von T mit t_i, $i = 1, 2, \ldots, n$, so erhält man

$$A[t_1 \quad t_2 \quad \cdots \quad t_n] = [t_1 \quad t_2 \quad \cdots \quad t_n] \begin{bmatrix} 0 & 0 & \cdots & 0 & 0 & -a_0 \\ 1 & 0 & & 0 & 0 & -a_1 \\ 0 & 1 & & \vdots & \vdots & \vdots \\ 0 & 0 & \ddots & 0 & 0 & -a_{n-3} \\ \vdots & \vdots & & 1 & 0 & -a_{n-2} \\ 0 & 0 & \cdots & 0 & 1 & -a_{n-1} \end{bmatrix}. \tag{1.8.83}$$

Spaltenweise ausgeschrieben, liefert diese Gleichung die Beziehungen

$$\begin{aligned} A\,t_1 &= t_2 \\ A\,t_2 &= t_3 \\ &\vdots \\ A\,t_n &= -a_0 t_1 - a_1 t_2 - \cdots - a_{n-1} t_n\,. \end{aligned} \tag{1.8.84}$$

Durch rekursives Einsetzen können wiederum alle Vektoren t_i in Abhängigkeit von t_1 ausgedrückt werden. Der Vektor t_1 kann nun mit Hilfe der Transformationsbeziehung gemäß Gl. (1.8.82)

$$c^{\mathrm{T}}[t_1 \quad t_2 \quad \cdots \quad t_n] = [0 \quad 0 \quad \cdots \quad 1] \tag{1.8.85}$$

bestimmt werden. Aus Gl. (1.8.85) folgt unter Beachtung der Gl. (1.8.84)

$$\begin{aligned} c^{\mathrm{T}} t_1 &= 0 \\ c^{\mathrm{T}} t_2 &= c^{\mathrm{T}} A\,t_1 = 0 \\ &\vdots \\ c^{\mathrm{T}} t_{n-1} &= c^{\mathrm{T}} A^{n-2}\,t_1 = 0 \\ c^{\mathrm{T}} t_n &= c^{\mathrm{T}} A^{n-1}\,t_1 = 1 \end{aligned}$$

oder zusammengefasst

$$\begin{bmatrix} c^{\mathrm{T}} \\ c^{\mathrm{T}} A \\ \vdots \\ c^{\mathrm{T}} A^{n-2} \\ c^{\mathrm{T}} A^{n-1} \end{bmatrix} t_1 = \begin{bmatrix} 0 \\ 0 \\ \vdots \\ 0 \\ 1 \end{bmatrix}. \tag{1.8.86}$$

Auf der linken Seite dieser Beziehung tritt hier die Beobachtbarkeitsmatrix S_2 auf. Bei einem beobachtbaren System kann daher nach t_1 aufgelöst werden, und man erhält

$$t_1 = S_2^{-1} \begin{bmatrix} 0 \\ 0 \\ \vdots \\ 0 \\ 1 \end{bmatrix} = s_{2_n} \,. \tag{1.8.87}$$

Damit ist t_1 gleich der letzten Spalte der invertierten Beobachtbarkeitsmatrix. Für die Transformationsmatrix $\boldsymbol{T}$ folgt

$$\boldsymbol{T} = [\, t_1 \quad A t_1 \quad \cdots \quad A^{n-1} t_1 \,] \,. \tag{1.8.88}$$

Zum Entwurf eines *Identitätsbeobachters* geht man nun aus von Gl. (1.8.64) für ein Eingrößensystem in beliebiger Zustandsraumdarstellung

$$\dot{\hat{x}} = A\,\hat{x} + b\,u + f_B'(y - \hat{y}) \,. \tag{1.8.89}$$

Durch Anwendung der Transformation nach Gl. (1.8.80), also

$$\hat{x} = T\,\hat{x}_B \,, \tag{1.8.90}$$

erhält man aus Gl. (1.8.89)

$$\dot{\hat{x}}_B = T^{-1} A T\,\hat{x}_B + T^{-1} b\,u + T^{-1} f_B'(y - \hat{y}) \tag{1.8.91a}$$

oder in Beobachtungsnormalform

$$\dot{\hat{x}}_B = A_B\,\hat{x}_B + b_B\,u + f_B(y - \hat{y}) \tag{1.8.91b}$$

mit

$$A_B = T^{-1} A T \,, \quad b_B = T^{-1} b \quad \text{und} \quad f_B = T^{-1} f_B' \,,$$

woraus

$$A = T A_B T^{-1} \tag{1.8.92a}$$

$$b = T\,b_B \tag{1.8.92b}$$

$$f_B' = T\,f_B \tag{1.8.92c}$$

folgt, wobei f_B die Beobachterverstärkung für das System in Beobachtungsnormalform bezeichnet und f_B' die Verstärkung für das gleiche System in der ursprünglichen beliebigen Zustandsraumdarstellung ist. Durch Einsetzen der Gln. (1.8.79) und (1.8.88) in Gl. (1.8.92c) und Ausmultiplizieren erhält man

$$f_B' = [\, t_1 \quad A t_1 \quad \cdots \quad A^{n-1} t_1 \,] \begin{bmatrix} p_0 - a_0 \\ p_1 - a_1 \\ \vdots \\ p_{n-1} - a_{n-1} \end{bmatrix}$$

oder

$$f_B' = (p_0 - a_0)t_1 + (p_1 - a_1)A\,t_1 + \cdots + (p_{n-1} - a_{n-1})A^{n-1}t_1$$
$$= \left(p_0\mathbf{I} + p_1 A + \cdots + p_{n-1} A^{n-1}\right)t_1 - \left(a_0\mathbf{I} + a_1 A + \cdots + a_{n-1} A^{n-1}\right)t_1 \,. \quad (1.8.93)$$

Nun gilt nach dem Satz von Caley-Hamilton für den letzten Klammerausdruck in Gl. (1.8.93) gerade

$$-\left(a_0\mathbf{I} + a_1 A + \cdots + a_{n-1} A^{n-1}\right) = A^n \,.$$

Wird diese Beziehung in Gl. (1.8.93) eingesetzt, so erhält man schließlich als Beobachterverstärkung für das System in allgemeiner Zustandsraumdarstellung den Vektor

$$f_B' = \left(p_0\mathbf{I} + p_1 A + \cdots + p_{n-1} A^{n-1} + A^n\right)t_1 \quad (1.8.94a)$$

oder

$$f_B' = P_B(A)\,S_2^{-1}\begin{bmatrix}0\\0\\\vdots\\0\\1\end{bmatrix} = P_B(A)\,s_{2_n} \,. \quad (1.8.94b)$$

Beispiel 1.8.10:

Gegeben sei das gleiche System wie im vorhergehenden Beispiel, wobei die Zustände gemäß Bild 1.8.5 definiert sind. Hierfür lauten System- und Ausgangsmatrix

$$A = \begin{bmatrix}-1 & 0 & 0\\ 1 & -2 & 0\\ 0 & 5 & 0\end{bmatrix}, \quad c^T = [0 \quad 0 \quad 1] \,.$$

Für die Beobachtbarkeitsmatrix erhält man

$$S_2 = \begin{bmatrix}c^T\\ c^T A\\ c^T A^2\end{bmatrix} = \begin{bmatrix}0 & 0 & 1\\ 0 & 5 & 0\\ 5 & -10 & 0\end{bmatrix} .$$

Aus der Beziehung $S_2\,S_2^{-1} = \mathbf{I}$ berechnet man die letzte Spalte t_1 von S_2^{-1} zu

$$t_1^T = \begin{bmatrix}\frac{1}{5} & 0 & 0\end{bmatrix} .$$

Eingesetzt in Gl. (1.8.94a) ergibt sich für die Beobachterverstärkung

$$f_B' = P_B(A)\,t_1 = \begin{bmatrix}75 & 0 & 0\\ 39 & 36 & 0\\ 55 & 250 & 136\end{bmatrix}\begin{bmatrix}\frac{1}{5}\\ 0\\ 0\end{bmatrix} = \begin{bmatrix}15\\ 7{,}8\\ 11\end{bmatrix} .$$

Bild 1.8.9 zeigt den simulierten Verlauf von exakter und beobachteter Zustandsgröße bei einem Anfangszustand $\boldsymbol{x}^{\mathrm{T}}(0) = [1 \quad 1 \quad 1]$.

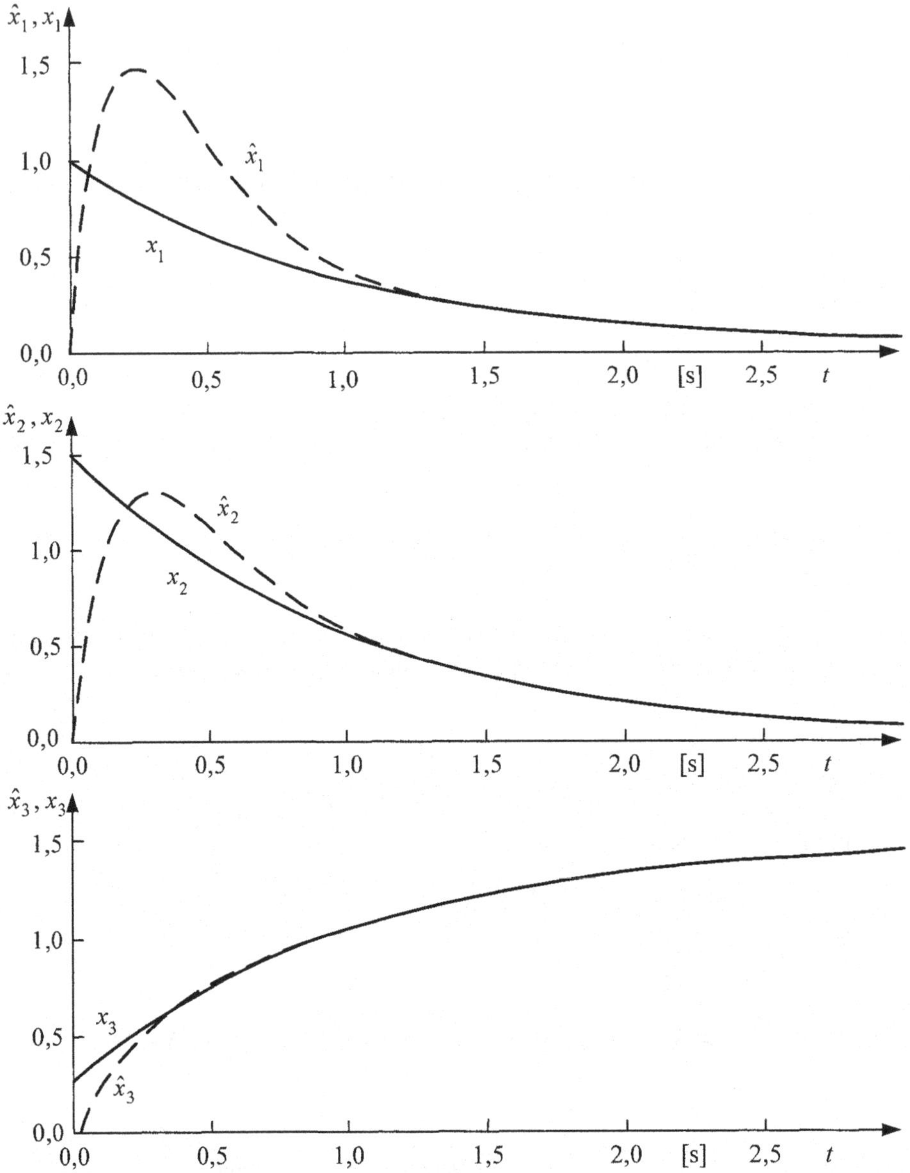

Bild 1.8.9. Exakte und beobachtete Zustandsgrößen zu Beispiel 1.8.10

■

1.8.7.4 Das geschlossene Regelsystem mit Zustandsbeobachter

Die Anordnung des Zustandsbeobachters im geschlossenen Regelsystem zeigt Bild 1.8.10. Dabei erhält die Reglermatrix $\boldsymbol{F}$ als Eingangsgröße anstelle von $\boldsymbol{x}$ den geschätzten Zustandsvektor $\hat{\boldsymbol{x}}$. Das Gesamtsystem besitzt nun die Ordnung $2n$. Zur Aufstellung der Zustandsraumdarstellung des Gesamtsystems können folgende Zustandsgleichungen für die beiden Teilsysteme direkt anhand von Bild 1.8.10 angegeben werden:

$$\dot{\boldsymbol{x}} = \boldsymbol{A}\,\boldsymbol{x} - \boldsymbol{B}\,\boldsymbol{F}\,\hat{\boldsymbol{x}} + \boldsymbol{B}\,\boldsymbol{V}\,\boldsymbol{w} \tag{1.8.95}$$

und

$$\dot{\hat{\boldsymbol{x}}} = \boldsymbol{A}\,\hat{\boldsymbol{x}} + \boldsymbol{F}_{\mathrm{B}}\,\boldsymbol{C}(\boldsymbol{x} - \hat{\boldsymbol{x}}) - \boldsymbol{B}\,\boldsymbol{F}\,\hat{\boldsymbol{x}} + \boldsymbol{B}\,\boldsymbol{V}\,\boldsymbol{w}\,. \tag{1.8.96}$$

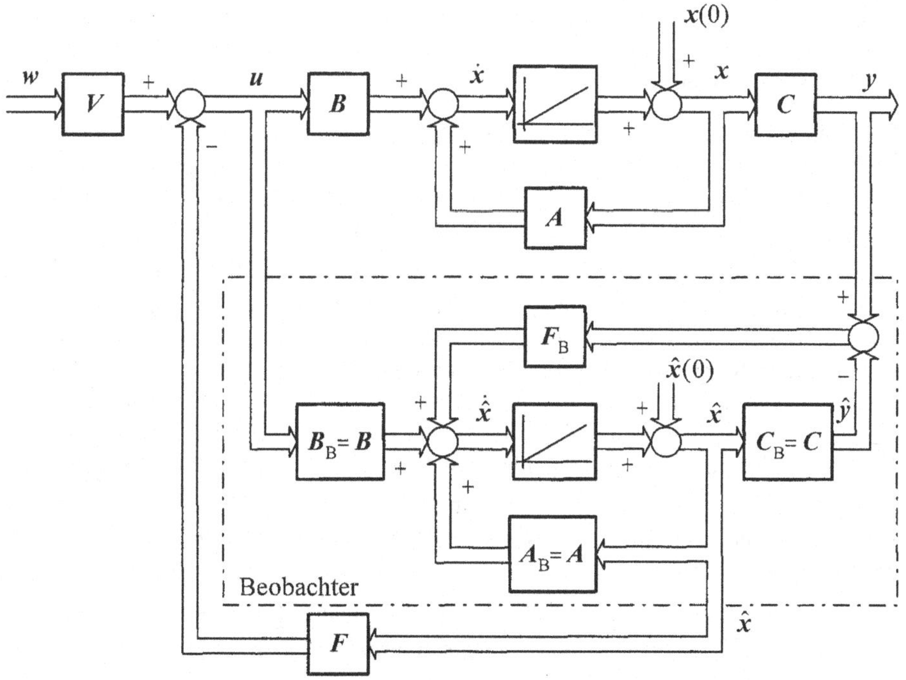

Bild 1.8.10. Geschlossenes Regelsystem mit Zustandsbeobachter

Mit Gl. (1.8.67) erhält man

$$\dot{\tilde{\boldsymbol{e}}} = \dot{\boldsymbol{x}} - \dot{\hat{\boldsymbol{x}}} = \boldsymbol{A}(\boldsymbol{x} - \hat{\boldsymbol{x}}) - \boldsymbol{F}_{\mathrm{B}}\,\boldsymbol{C}(\boldsymbol{x} - \hat{\boldsymbol{x}}) = (\boldsymbol{A} - \boldsymbol{F}_{\mathrm{B}}\,\boldsymbol{C})\,\tilde{\boldsymbol{e}}\,,$$

und aus Gl. (1.8.95) folgt mit $\hat{\boldsymbol{x}} = \boldsymbol{x} - \tilde{\boldsymbol{e}}$

$$\dot{\boldsymbol{x}} = (\boldsymbol{A} - \boldsymbol{B}\,\boldsymbol{F})\,\boldsymbol{x} + \boldsymbol{B}\,\boldsymbol{F}\,\tilde{\boldsymbol{e}} + \boldsymbol{B}\,\boldsymbol{V}\,\boldsymbol{w}\,. \tag{1.8.97}$$

Nun lassen sich die Gln. (1.8.67) und (1.8.97) in einer einzigen Gleichung für das Gesamtsystem der Ordnung $2n$ anordnen:

$$\begin{bmatrix} \dot{x} \\ \dot{\tilde{e}} \end{bmatrix} = \begin{bmatrix} (A - B F) & B F \\ 0 & (A - F_B C) \end{bmatrix} \begin{bmatrix} x \\ \tilde{e} \end{bmatrix} + \begin{bmatrix} B V \\ 0 \end{bmatrix} w . \tag{1.8.98}$$

Zur Untersuchung der *Stabilität* des Gesamtsystems verwendet man die charakteristische Gleichung

$$P_G(s) = \left| s\mathbf{I} - \begin{bmatrix} (A - B F) & B F \\ 0 & (A - F_B C) \end{bmatrix} \right| = \begin{vmatrix} s\mathbf{I} - (A - B F) & -B F \\ 0 & s\mathbf{I} - (A - F_B C) \end{vmatrix} = 0 .$$

Die Determinante dieser Blockdreiecksmatrix lässt sich schließlich auf die Form [ZF84]

$$P_G(s) = |s\mathbf{I} - A + B F| \cdot |s\mathbf{I} - A + F_B C| = P(s)\, P_B(s) = 0 \tag{1.8.99}$$

bringen, wobei gemäß Gl. (1.8.6) $P(s)$ das charakteristische Polynom des geschlossenen Regelsystems ohne Beobachter und gemäß Gl. (1.8.69) $P_B(s)$ das charakteristische Polynom des Beobachters beschreiben. Gl. (1.8.99) enthält das *Separationsprinzip*, das folgende Aussage gestattet:

Sofern das durch die Matrizen A, B, C vorgegebene offene System vollständig steuerbar und beobachtbar ist, können die n Eigenwerte der charakteristischen Gleichung des Beobachters und die n Eigenwerte der charakteristischen Gleichung des geschlossenen Regelsystems (ohne Beobachter) separat vorgegeben werden.

Anders formuliert besagt das Separationsprinzip auch, dass das Gesamtsystem stabil ist, sofern der Beobachter und das geschlossene Regelsystem (ohne Beobachter) je für sich stabil sind. Hieraus folgt, dass stets eine Reglermatrix F durch eine gewünschte Polvorgabe so entworfen werden kann, als ob alle Zustandsgrößen messbar wären. Dann kann in einem getrennten Entwurfsschritt durch entsprechende Polvorgabe der Beobachter ermittelt werden, wobei im allgemeinen die Beobachterpole etwas links von den Polen des geschlossenen Regelsystems gewählt werden.

Zur Beurteilung des Regelverhaltens des im Bild 1.8.10 dargestellten Mehrgrößensystems *mit* Beobachter kann wie bei Eingrößensystemen der *dynamische Regelfaktor* (siehe Band Regelungstechnik I)

$$R(s) = \frac{\text{charakteristisches Polynom des offenen Systems}}{\text{charakteristisches Polynom des geschlossenen Systems}} \tag{1.8.100}$$

eingeführt werden. Benutzt man nun die charakteristischen Polynome

- des *geschlossenen* Systems gemäß den Gln. (1.8.99) und (1.8.25)

$$P_G(s) = P^*(s)\, P^{**}(s)\, P_B(s) , \tag{1.8.101}$$

- des *offenen* Systems, wobei in Gl. (1.8.99) $F = \mathbf{0}$ gesetzt wird,

$$P_0(s) = P^*(s)\, P_B(s) , \tag{1.8.102}$$

so ergibt sich für das System mit Beobachter der dynamische Regelfaktor

$$R(s) = \frac{1}{P^{**}(s)} . \tag{1.8.103}$$

In entsprechender Weise lässt sich für die Regelung *ohne* Beobachter mit Hilfe der charakteristischen Polynome $P^{*}(s)$ für das offene bzw. $P(s) = P^{*}(s)\, P^{**}(s)$ für das geschlossene Regelsystem ebenfalls die Größe $R(s)$ herleiten. Wie man sofort sieht, ist der dynamische Regelfaktor in beiden Fällen derselbe, d. h. der Beobachter hat keinen Einfluss auf die Regelung. Der in [Grü77] eingeführte Beobachtereinflussfaktor existiert also nicht bzw. ist stets gleich Eins.

1.8.7.5 Der Entwurf eines reduzierten Beobachters

Eine weitere Form eines Zustandsbeobachters stellt der *reduzierte* Beobachter dar. Stehen von den n Elementen des Zustandsvektors einer Regelstrecke bereits p Zustände direkt als Messgrößen zur Verfügung, so lässt sich nach Gopinath [Gop71] zur vollständigen Ermittlung der verbleibenden Zustände ein reduzierter Beobachter der Ordnung $n-p$ entwickeln. Im Gegensatz zum vollständigen Identitätsbeobachter (s. Abschnitt 1.8.7.1), bei dem sämtliche n Zustandsgrößen eines Systems geschätzt und damit ein Gleichungssystem mit n Zustandsgrößen gelöst werden muss, wird für den reduzierten Beobachter somit lediglich ein Gleichungssystem mit $n-p$ Zustandsgrößen benötigt. Dies stellt insbesondere unter Echtzeitbedingungen eine nicht zu unterschätzende Erleichterung und eine wesentliche Reduzierung der Rechenzeit dar.

Für den Entwurf dieses Beobachtertyps wird die Zustandsbeschreibung der Regelstrecke nach Gl. (1.8.60) in die Form

$$\dot{\boldsymbol{x}} = \begin{bmatrix} \dot{\boldsymbol{x}}_1 \\ \dot{\boldsymbol{x}}_2 \end{bmatrix} = \begin{bmatrix} \boldsymbol{A}_{11} & \boldsymbol{A}_{12} \\ \boldsymbol{A}_{21} & \boldsymbol{A}_{22} \end{bmatrix} \begin{bmatrix} \boldsymbol{x}_1 \\ \boldsymbol{x}_2 \end{bmatrix} + \begin{bmatrix} \boldsymbol{B}_1 \\ \boldsymbol{B}_2 \end{bmatrix} \boldsymbol{u} \tag{1.8.104}$$

gebracht. Dabei enthält der Vektor $\boldsymbol{x}_2$ die *p messbaren Zustandsgrößen*, während im Vektor $\boldsymbol{x}_1$ die $n-p$ *zu beobachtenden Zustandsgrößen* zusammengefasst werden. Voraussetzung für den Entwurf eines reduzierten Beobachters ist somit, dass die Aufteilung der System- und Eingangsmatrix der Regelstrecke $(\boldsymbol{A}, \boldsymbol{B})$ in obiger Form möglich ist. In Gleichungsform ergibt sich daraus

$$\dot{\boldsymbol{x}}_1 = \boldsymbol{A}_{11}\, \boldsymbol{x}_1 + \boldsymbol{A}_{12}\, \boldsymbol{x}_2 + \boldsymbol{B}_1\, \boldsymbol{u} \tag{1.8.105}$$

und

$$\dot{\boldsymbol{x}}_2 = \boldsymbol{A}_{21}\, \boldsymbol{x}_1 + \boldsymbol{A}_{22}\, \boldsymbol{x}_2 + \boldsymbol{B}_2\, \boldsymbol{u} . \tag{1.8.106}$$

Definiert man nun die messbaren Zustandsgrößen als den Ausgangsvektor der Regelstrecke

$$\boldsymbol{x}_2 = \boldsymbol{y} , \tag{1.8.107}$$

so folgt aus Gl. (1.8.106)

$$\dot{\boldsymbol{y}} - \boldsymbol{A}_{22}\, \boldsymbol{y} - \boldsymbol{B}_2\, \boldsymbol{u} = \boldsymbol{y}_1 \tag{1.8.108a}$$

mit der Abkürzung

$$y_1 = A_{21}\, x_1 \,. \tag{1.8.108b}$$

Mit Gl. (1.8.107) ergibt sich andererseits aus Gl. (1.8.105)

$$\dot{x}_1 = A_{11}\, x_1 + A_{12}\, y + B_1\, u \,. \tag{1.8.109}$$

Gemäß Gl. (1.8.108a) wird y_1 durch u und y vollständig beschrieben. Somit kann das durch die Gln. (1.8.108b) und (1.8.109) gegebene System auch wieder als ein Modell der Regelstrecke angesehen werden, wobei Gl. (1.8.109) die Zustandsgleichung und Gl. (1.8.108b) die Ausgangsgleichung repräsentiert.

Die Einbeziehung dieses Regelstreckenmodells beim Beobachterentwurf liefert analog zu Gl. (1.8.64) als Zustandsgleichung des reduzierten Beobachters

$$\dot{\hat{x}}_1 = A_{11}\, \hat{x}_1 + A_{12}\, y + B_1\, u + F_{B1}[y_1 - A_{21}\, \hat{x}_1] \,, \tag{1.8.110}$$

wobei die Verstärkungsmatrix F_{B1} der Beobachterrückführung die Dimension $(n-p)\times p$ besitzt. Mit dem Beobachterfehlervektor

$$\tilde{e}_1 = x_1 - \hat{x}_1 \,, \tag{1.8.111}$$

erhält man durch Subtraktion der Gl. (1.8.110) von Gl. (1.8.105) als Zustandsgleichung für den Beobachtungsfehlervektor

$$\dot{\tilde{e}}_1 = \left(A_{11} - F_{B1}\, A_{21}\right) \tilde{e}_1 \,. \tag{1.8.112}$$

Voraussetzung für den Entwurf des hier behandelten Beobachters ist, dass analog zu Gl. (1.8.67) das durch die Matrizen $(A_{11}\,,\, A_{21})$ gebildete System die Kalmansche Beobachtbarkeitsbedingung, Gl. (1.7.17), mit $A \equiv A_{11}$ und $C \equiv A_{21}$ wiederum erfüllt.

Wird in Gl. (1.8.110) die Größe y_1 durch die Gl. (1.8.108a) ersetzt, so folgt

$$\dot{\hat{x}}_1 = \left(A_{11} - F_{B1}\, A_{21}\right) \hat{x}_1 + A_{12}\, y + B_1\, u + F_{B1}\left(\dot{y} - A_{22}\, y - B_2\, u\right).$$

Zusammengefasst erhält man

$$\dot{\hat{x}}_1 = \left(A_{11} - F_{B1}\, A_{21}\right) \hat{x}_1 + \left(A_{12} - F_{B1}\, A_{22}\right) y + \left(B_1 - F_{B1}\, B_2\right) u + F_{B1}\, \dot{y} \,. \tag{1.8.113}$$

Bild 1.8.11 zeigt die zur Gl. (1.8.113) gehörende Blockstruktur des reduzierten Beobachters. Die hierin enthaltene Aufschaltung von y über ein D-Glied am Eingang des Integrators lässt sich unmittelbar durch Verschieben des Integrators an den Ausgang in eine proportionale Aufschaltung gemäß Bild 1.8.12 umformen.

Dabei ergibt sich allerdings als neuer Zustandsvektor

$$\tilde{x}_1 = \hat{x}_1 - F_{B1}\, y \tag{1.8.114}$$

mit der geänderten Zustandsgleichung

$$\begin{aligned}\dot{\tilde{x}}_1 = {} & \left(A_{11} - F_{B1}\, A_{21}\right) \tilde{x}_1 + [A_{12} - F_{B1}\, A_{22} + \left(A_{11} - F_{B1}\, A_{21}\right) F_{B1}]\, y \\ & + \left(B_1 - F_{B1}\, B_2\right) u \,.\end{aligned} \tag{1.8.115}$$

Gl. (1.8.115) lässt sich nun auf die von Gopinath [Gop71] vorgeschlagene Zustandsbeschreibung für den reduzierten Beobachter

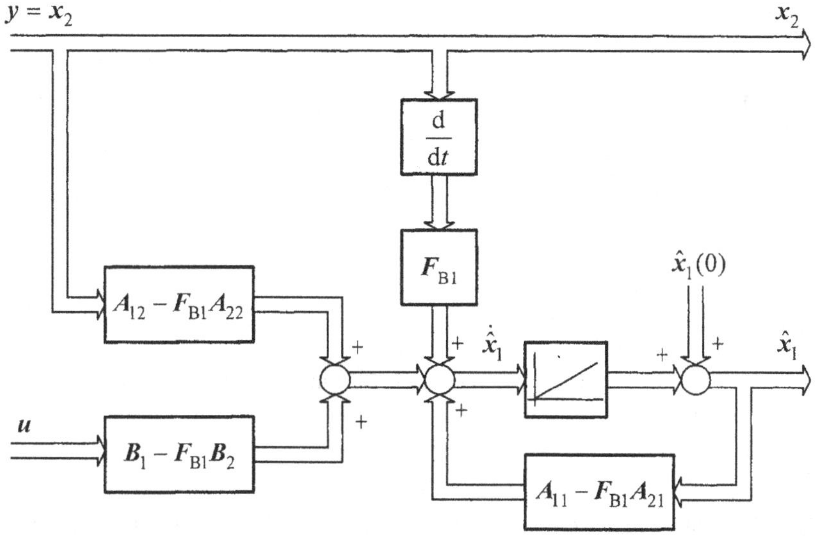

Bild 1.8.11. Reduzierter Beobachter mit gemessenen (x_2) und geschätzten ($\hat{x}_1$) Zustandsgrößen

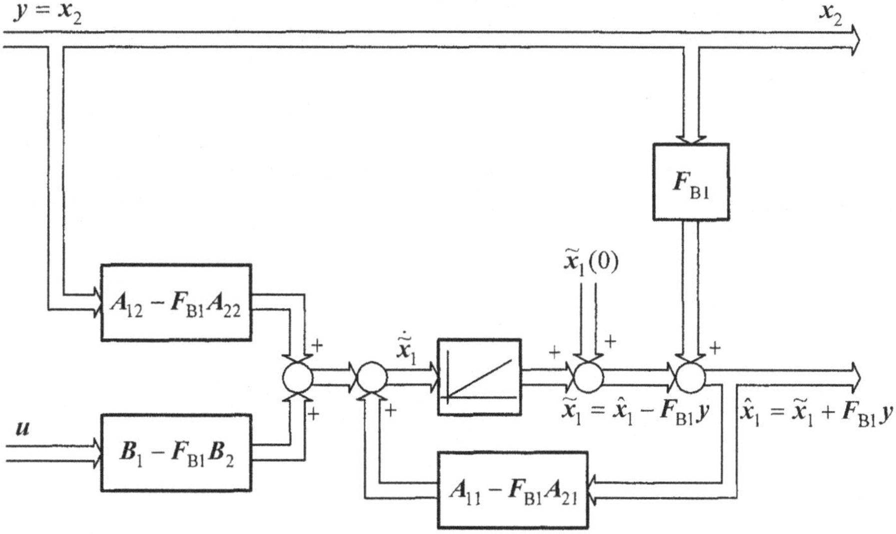

Bild 1.8.12. Endgültige Struktur des reduzierten Beobachters (Äquivalente Darstellung zu Bild 1.8.11 jedoch ohne D-Glied)

$$\dot{\tilde{x}}_1 = \boldsymbol{F}^* \tilde{x}_1 + \boldsymbol{G}\, y + \boldsymbol{H}\, u \tag{1.8.116}$$

bringen, wobei folgende Zuordnung der Matrizen gilt

$$\boldsymbol{F}^* = \boldsymbol{A}_{11} - \boldsymbol{F}_{\mathrm{B}1} \boldsymbol{A}_{21} , \tag{1.8.117}$$

$$\boldsymbol{G} = \boldsymbol{A}_{12} - \boldsymbol{F}_{\mathrm{B}1} \boldsymbol{A}_{22} + \boldsymbol{A}_{11} \boldsymbol{F}_{\mathrm{B}1} - \boldsymbol{F}_{\mathrm{B}1} \boldsymbol{A}_{21} \boldsymbol{F}_{\mathrm{B}1} \tag{1.8.118}$$

und

$$\boldsymbol{H} = \boldsymbol{B}_1 - \boldsymbol{F}_{\mathrm{B}1} \boldsymbol{B}_2 . \tag{1.8.119}$$

Der geschätzte Zustandsvektor ergibt sich schließlich zu

$$\hat{x} = \begin{bmatrix} \hat{x}_1 \\ \hdashline x_2 \end{bmatrix} = \begin{bmatrix} \tilde{x}_1 + \boldsymbol{F}_{\mathrm{B}1}\, y \\ \hdashline y \end{bmatrix} . \tag{1.8.120}$$

Wie aus Gl. (1.8.112) zu ersehen ist, verschwindet ein Beobachtungsfehler mit von Null verschiedenem Anfangswert $\tilde{e}_1 \neq \mathbf{0}$, also

$$\lim_{t \to \infty} \tilde{e}_1(t) = \mathbf{0} ,$$

wenn die Beobachtermatrix $\boldsymbol{F}^*$ gemäß Gl. (1.8.117) nur Eigenwerte mit negativem Realteil $\mathrm{Re}\,\{s_i\} < 0$ besitzt. Da die Matrizen $\boldsymbol{A}_{11}$ und $\boldsymbol{A}_{21}$ bekannt sind und nach der oben getroffenen Voraussetzung ein beobachtbares System $(\boldsymbol{A}_{11}, \boldsymbol{A}_{21})$ darstellen, besteht der Entwurf des reduzierten Beobachters nur noch in der zweckmäßigen Bestimmung der Verstärkungsmatrix $\boldsymbol{F}_{\mathrm{B}1}$ der Beobachterrückführung. Dies kann man entweder - wie beim Identitätsbeobachter im Abschnitt 1.8.7.1 bereits praktiziert - durch Vorgabe geeigneter stabiler Eigenwerte von $\boldsymbol{F}^*$ nach Gl. (1.8.117) oder durch Optimierung anhand eines Gütekriteriums [UMF90] erreichen.

Der reduzierte Beobachter stellt neben dem vollständigen Identitätsbeobachter somit eine weitere Möglichkeit zur Ermittlung unbekannter Zustandsgrößen dar. Durch die Bereitstellung sämtlicher im Zustandsvektor aufgeführten Variablen können daher ebenso wie beim vollständigen Beobachter die bisher schon beschriebenen Reglerentwürfe durchgeführt werden.

2 Lineare zeitdiskrete Systeme (digitale Regelung)

2.1 Arbeitsweise digitaler Regelsysteme

Bisher wurden ausschließlich kontinuierliche Systeme betrachtet, d. h. alle auftretenden Signale waren kontinuierliche Funktionen der Zeit. Dabei ist einem Signal zu jedem Zeitpunkt t in einem betrachteten Zeitintervall ein eindeutiger Wert zugeordnet. Wird ein solches Signal $f(t)$, wie im Bild 2.1.1 dargestellt, nur zu bestimmten diskreten Zeitpunkten $t_1, t_2, \ldots$ gemessen oder "abgetastet", so entsteht ein *zeitdiskretes Signal* oder *Abtastsignal*, das durch die *Zahlenfolge*

$$f(t_i) = \{f(t_1), f(t_2), f(t_3), \ldots\} \quad \text{mit} \quad i = 1, 2, \ldots \tag{2.1.1}$$

definiert wird. Tritt in einem dynamischen System (mindestens) ein solches Signal auf, so spricht man von einem *(zeit-) diskreten System* oder *Abtastsystem*.

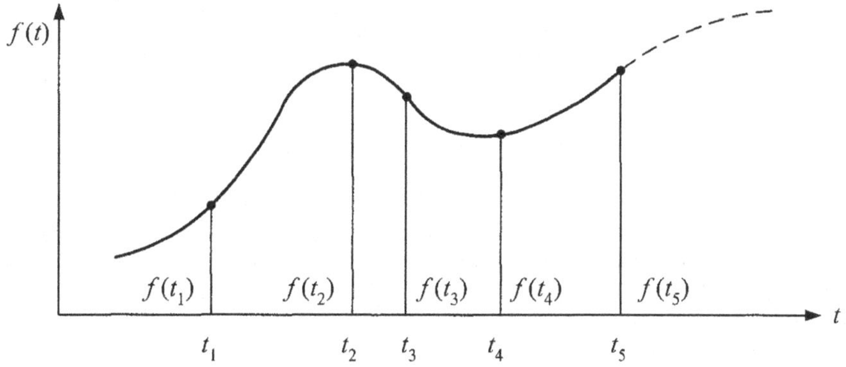

Bild 2.1.1. Zur Abtastung eines kontinuierlichen Signals

Eine derartige Diskretisierung der Zeit ergibt sich in technischen Systemen hauptsächlich in folgenden Fällen:

- Messungen an einem System können nur zu bestimmten Zeitpunkten vorgenommen werden

  (Beispiele: Rundsicht-Radargerät zur Flugüberwachung, Analyse von Stichproben in der chemischen und metallurgischen Industrie),
- Stellgrößen treten nur zu bestimmten Zeitpunkten auf

  (Beispiele: Steuerung einer drallstabilisierten Rakete, Phasenanschnittsteuerung),
- Serielle Messung und Verarbeitung mehrerer Größen durch ein einziges Gerät

  (Beispiel: Prozessrechner).

Speziell der letzte hier aufgeführte Fall spielt durch den umfassenden Einsatz digitaler Rechensysteme in der industriellen Anwendung heute eine besonders wichtige Rolle. Hierbei erfolgt die Abtastung der Prozesssignale meist zu *äquidistanten* Zeitpunkten, also mit einer konstanten *Abtastzeit* T oder *Abtastfrequenz* $\omega_\mathrm{p} = 2\pi / T$. Ein solches Abtastsignal wird somit beschrieben durch die Zahlenfolge

$$f(kT) = \{f(0), f(T), f(2T), \dots\} \quad \text{mit} \quad k \geq 0\,, \tag{2.1.2}$$

die meist auch abgekürzt mit $f(k)$ bezeichnet wird. Für die weiteren Betrachtungen gilt stets

$$f(k) = 0 \quad \text{für} \quad k < 0\,. \tag{2.1.3}$$

Den prinzipiellen Aufbau eines Abtastsystems, bei dem ein Prozessrechner als Regler eingesetzt ist, zeigt Bild 2.1.2. Bei dieser *digitalen Regelung*, oft auch DDC-Betrieb genannt (DDC: Direct Digital Control), wird der analoge Wert der Regelabweichung $e(t)$

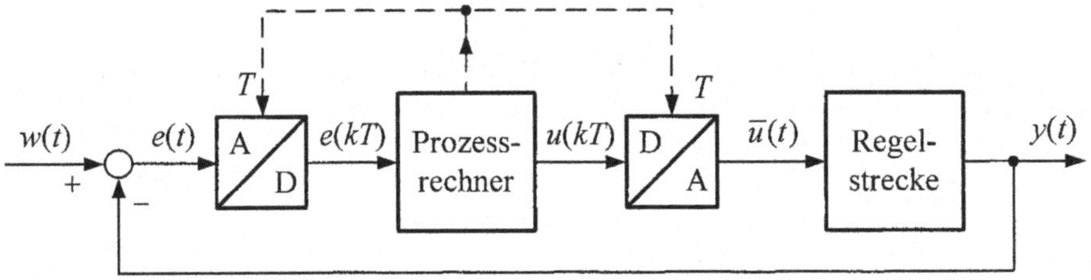

Bild 2.1.2. Prinzipieller Aufbau eines Abtastregelkreises

in einen digitalen Wert $e(kT)$ umgewandelt. Dieser Vorgang entspricht einer Signalabtastung und erfolgt periodisch mit der Abtastzeit T. Infolge der beschränkten Wortlänge des hierfür erforderlichen Analog-Digital-Umsetzers (ADU) entsteht eine *Amplitudenquantisierung*. Aus Bild 2.1.3 ist ersichtlich, dass alle Analogwerte e, die z. B. in das

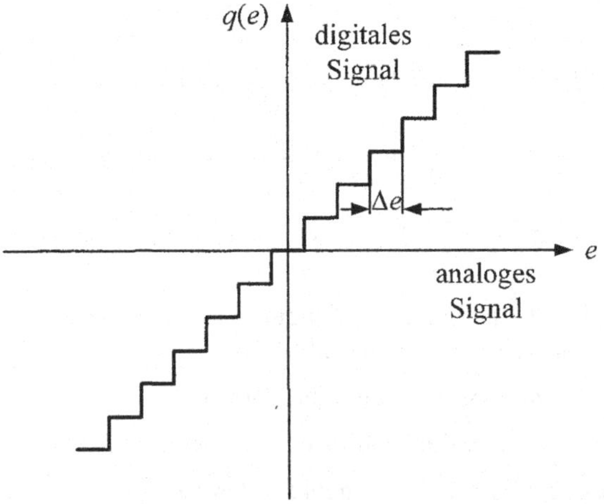

Bild 2.1.3. Amplitudenquantisierung bei der Analog/Digital-Umsetzung

Intervall Δe fallen, durch denselben Digitalwert $q(e)$ dargestellt werden. Diese Quantisierung oder auch Diskretisierung der Amplitude, die ähnlich auch beim Digital-Analog-Umsetzer (DAU) auftritt, ist im Gegensatz zur Diskretisierung der Zeit ein nichtlinearer Effekt.

Allerdings kann die Quantisierungsstufe Δe im allgemeinen so klein gemacht werden, dass der Quantisierungseffekt vernachlässigbar ist, weshalb die Amplitudenquantisierung weiterhin nicht berücksichtigt wird. Somit beziehen sich die weiteren Überlegungen ausschließlich auf die Beschreibung zeitdiskreter Signale und Systeme. Da nun eine genauere begriffliche Unterscheidung der Diskretisierung nicht mehr nötig ist, wird auf den Zusatz "Zeit" verzichtet und im Folgenden nur noch von diskreten Signalen und diskreten Systemen gesprochen.

Der Prozessrechner als Regler berechnet nach einer zweckmäßig gewählten Rechenvorschrift (*Regelalgorithmus*) die Folge der Stellsignalwerte $u(kT)$ aus den Werten der Folge $e(kT)$. Die große Flexibilität des programmierbaren Rechners ermöglicht dabei den Entwurf sehr flexibler und leistungsfähiger Regelalgorithmen. Da nur diskrete Signale auftreten, kann der digitale Regler als *diskretes Übertragungssystem* betrachtet werden.

Die berechnete diskrete Stellgröße $u(kT)$ wird vom D/A-Umsetzer in ein analoges Signal $\bar{u}(t)$ umgewandelt und jeweils über eine Abtastperiode $kT \leq t < (k+1)\,T$ konstant gehalten. Dieses Element hat die Funktion eines *Haltegliedes*, und $\bar{u}(t)$ stellt somit ein treppenförmiges Signal dar.

Eine wesentliche Eigenschaft solcher Abtastsysteme besteht darin, dass das Auftreten eines Abtastsignals in einem linearen kontinuierlichen System an der *Linearität* nichts ändert. Damit ist die theoretische Behandlung linearer diskreter Systeme in weitgehender Analogie zu der Behandlung linearer kontinuierlicher Systeme möglich. Dies wird dadurch erreicht, dass auch die kontinuierlichen Signale nur zu den Abtastzeitpunkten kT, also als Abtastsignale betrachtet werden. Damit ergibt sich eine *diskrete Systemdarstellung*, bei der alle Signale Zahlenfolgen sind. Voraussetzung hierfür ist eine geeignete mathematische Beschreibung des Übergangs von zeitdiskreten Signalen auf kontinuierliche Signale und umgekehrt. Diese grundsätzlichen Zusammenhänge werden nachfolgend behandelt.

2.2 Grundlagen der mathematischen Behandlung digitaler Regelsysteme

2.2.1 Diskrete Systemdarstellung durch Differenzengleichung und Faltungssumme

Werden bei einem kontinuierlichen System Eingangs- und Ausgangssignal mit der Abtastzeit T synchron abgetastet, wie es im Bild 2.2.1 dargestellt ist, so erhebt sich die Frage, welcher Zusammenhang zwischen den beiden Folgen $u(kT)$ und $y(kT)$ besteht. Geht man von der das kontinuierliche System beschreibenden Differentialgleichung aus,

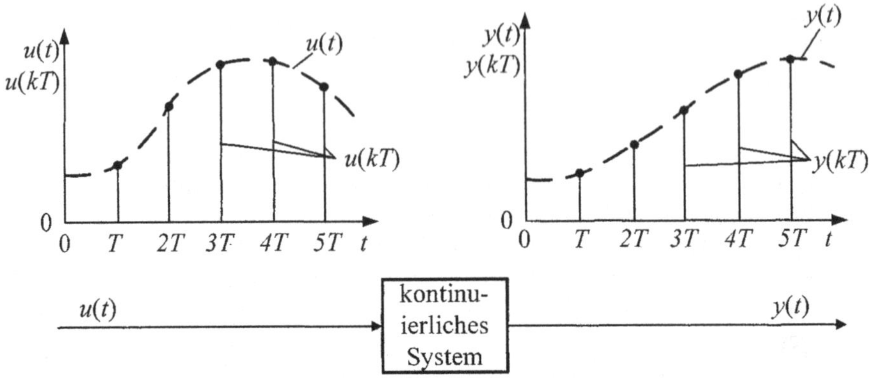

Bild 2.2.1. Zur diskreten Systemdarstellung

so besteht die Aufgabe darin, diese in eine diskrete Form überzuführen. Beim einfachsten hierfür in Frage kommenden Verfahren, dem Euler-Verfahren, werden die Differentialquotienten durch Rückwärts-Differenzenquotienten mit genügend kleiner Schrittweite T approximiert:

$$\left.\frac{\mathrm{d}f}{\mathrm{d}t}\right|_{t=kT} \approx \frac{f(kT)-f[(k-1)T]}{T}, \tag{2.2.1a}$$

$$\left.\frac{\mathrm{d}^2 f}{\mathrm{d}t^2}\right|_{t=kT} \approx \frac{f(kT)-2f[(k-1)T]+f[(k-2)T]}{T^2}, \tag{2.2.1b}$$

$$\left.\frac{\mathrm{d}^3 f}{\mathrm{d}t^3}\right|_{t=kT} \approx \frac{f(kT)-3f[(k-1)T]+3f[(k-2)T]-f[(k-3)T]}{T^3}, \tag{2.2.1c}$$

$$\vdots$$

Für das *Beispiel* einer Differentialgleichung erster Ordnung

$$T_1 \frac{\mathrm{d}y(t)}{\mathrm{d}t} + y(t) = u(t) \tag{2.2.2}$$

ergibt sich damit die gesuchte Differenzengleichung

$$\frac{T_1}{T}\left\{y(kT)-y[(k-1)T]\right\}+y(kT)=u(kT)$$

bzw. deren Lösung

$$y(kT)=\frac{1}{1+(T_1/T)}\left\{(T_1/T)\,y[(k-1)T]+u(kT)\right\},$$

oder zusammengefasst

$$y(kT)=\beta_0\,u(kT)-\alpha_1 y[(k-1)T] \tag{2.2.3}$$

mit $\alpha_1 = -T_1/(T+T_1)$ und $\beta_0 = T/(T+T_1)$.

Mit Hilfe dieser *Differenzengleichung* kann die Ausgangsfolge $y(kT)$ rekursiv aus der Eingangsfolge $u(kT)$ für $k = 0, 1, 2, \ldots$ berechnet werden. Allerdings handelt es sich dabei um eine Näherungslösung, die nur für kleine Schrittweiten T genügend genau ist. Falls jedoch der kontinuierliche Verlauf des Eingangssignals zwischen den Abtastpunkten bekannt ist, kann man eine Beziehung zwischen $u(kT)$ und $y(kT)$ ebenfalls in Form einer Differenzengleichung angeben, die für beliebige Abtastzeiten T (in den Abtastzeitpunkten) exakt gilt.

Die allgemeine Beschreibung des dynamischen Verhaltens eines diskreten Systems erfolgt nun in Form einer derartigen Differenzengleichung. Diese entspricht der Differentialgleichung bei der Behandlung kontinuierlicher Systeme. Die allgemeine Form der Differenzengleichung zur Beschreibung eines linearen zeitinvarianten Eingrößensystems n-ter Ordnung mit der Eingangsfolge $u(k)$ und der Ausgangsfolge $y(k)$ lautet:

$$y(k) + \alpha_1 y(k-1) + \alpha_2 y(k-2) + \cdots + \alpha_n y(k-n) = \beta_0\, u(k) + \beta_1\, u(k-1) + \cdots + \beta_n\, u(k-n). \tag{2.2.4}$$

Durch Umformen ergibt sich eine rekursive Gleichung für $y(k)$

$$y(k) = \sum_{\nu=0}^{n} \beta_\nu\, u(k-\nu) - \sum_{\nu=1}^{n} \alpha_\nu\, y(k-\nu), \tag{2.2.5}$$

die gewöhnlich zur Berechnung der Ausgangsfolge $y(k)$ mit Hilfe des Digitalrechners verwendet wird. Die Größen $y(k-\nu)$ und $u(k-\nu)$, $\nu = 1, 2, \ldots, n$, sind die zeitlich zurückliegenden Werte der Ausgangs- bzw. Eingangsgröße, die im Rechner gespeichert werden. Die Größe n beschreibt die Ordnung der Differenzengleichung. Wie bei einer Differentialgleichung werden auch bei einer Differenzengleichung Anfangswerte für $k = 0$ berücksichtigt.

Ähnlich wie bei linearen kontinuierlichen Systemen die Gewichtsfunktion $g(t)$ zur Beschreibung des dynamischen Verhaltens verwendet wurde, kann für diskrete Systeme die *Gewichtsfolge* $g(k)$ eingeführt werden. Dabei wird $g(k)$ in Analogie zur Gewichtsfunktion $g(t)$ als Antwort auf den *diskreten Impuls* $u(k) = \delta_\mathrm{d}(k)$ definiert, wobei für $\delta_\mathrm{d}(k)$ die Definition

$$\delta_\mathrm{d}(k) = \begin{cases} 1 & \text{für} \quad k = 0 \\ 0 & \text{für} \quad k \neq 0 \end{cases} \tag{2.2.6}$$

gilt. Öfter wird $\delta_\mathrm{d}(k)$ auch als Kronecker-Delta-Folge bezeichnet. Gl. (2.2.5) liefert für die ersten Werte von $g(k)$:

$$\begin{aligned} g(0) &= \beta_0\,, \\ g(1) &= \beta_1 - \alpha_1 \beta_0\,, \\ g(2) &= \beta_2 - \alpha_1(\beta_1 - \alpha_1 \beta_0) - \alpha_2 \beta_0\,, \\ &\ \vdots \end{aligned} \tag{2.2.7}$$

Nun lässt sich aber jedes diskrete Eingangssignal $u(k)$ als eine Folge solcher diskreter Impulse beschreiben, die jeweils mit dem Wert von u in dem entsprechenden diskreten Zeitpunkt gewichtet werden:

$$u(k) = \sum_{\nu=0}^{\infty} u(\nu)\, \delta_{\mathrm{d}}(k-\nu)\,. \tag{2.2.8}$$

Die Antwort des diskreten Systems auf einen Impuls $\delta_{\mathrm{d}}(k-\nu)$ ist aber genau die Gewichtsfolge $g(k-\nu)$, und wegen der Linearität folgt damit aus Gl. (2.2.8) als Ausgangssignal durch Überlagerung dieser einzelnen Gewichtsfolgen

$$y(k) = \sum_{\nu=0}^{\infty} u(\nu)\, g(k-\nu)\,. \tag{2.2.9}$$

Dieser Ausdruck wird als *Faltungssumme* bezeichnet und entspricht dem Duhamelschen Faltungsintegral, das denselben Zusammenhang für kontinuierliche Systeme beschreibt. Da stets $g(j) = 0$ für $j < 0$ gilt, darf in Gl. (2.2.9) die obere Summengrenze ∞ auch durch die Variable k ersetzt werden.

Bei linearen kontinuierlichen Systemen lässt sich die Übertragungsfunktion aus dem Faltungsintegral direkt durch Laplace-Transformation ermitteln; daher liegt es nahe, auch für diskrete Signale eine der Laplace-Transformation entsprechende komplexe Transformation einzuführen, die in ähnlicher Weise anhand der Faltungssumme gemäß Gl. (2.2.9) die Definition einer Übertragungsfunktion für das diskrete System ermöglicht. Diese Aufgabe erfüllt die z-Transformation, die im Abschnitt 2.3 behandelt wird.

2.2.2 Mathematische Beschreibung des Abtastvorgangs

Der Übergang zwischen kontinuierlichen und zeitdiskreten Signalen wird bei dem im Bild 2.1.2 dargestellten Abtastsystem durch den Analog-Digital-Umsetzer realisiert. Für eine mathematische Beschreibung eines solchen Systems ist jedoch eine einheitliche Darstellung der Signale erforderlich. Dazu wird eine Modellvorstellung entsprechend Bild 2.2.2 benutzt. Es wird also ein δ*-Abtaster* eingeführt, der eine Folge von gewichte-

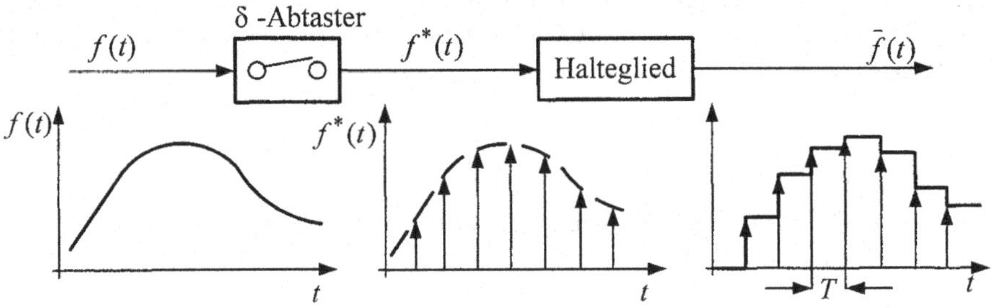

Bild 2.2.2. δ -Abtaster und Halteglied

ten δ -Impulsen erzeugt. Diese Folge gewichteter δ -Impulse wird beschrieben durch die kontinuierliche Pseudofunktion

$$f^*(t) = f(t) \sum_{k=0}^{\infty} \delta(t-kT) = \sum_{k=0}^{\infty} f(kT)\,\delta(t-kT)\,. \tag{2.2.10}$$

Der δ-Abtaster kann dabei auch als Modulator betrachtet werden, wobei das Eingangssignal $f(t)$ als modulierendes Signal und die Folge der δ-Impulse als Träger anzusehen sind. Diese Pseudofunktion $f^*(t)$ stellt neben der Zahlenfolge entsprechend Gl. (2.1.2) eine weitere mathematische Beschreibung eines *Abtastsignals* dar.

Es muss ausdrücklich darauf hingewiesen werden, dass es sich bei der grafischen Darstellung des Abtastsignals $f^*(t)$ im Bild 2.2.2 nur um eine symbolische Form handelt, bei der die δ-Impulse durch Pfeile repräsentiert werden, deren Höhe jeweils dem Gewicht, also der "Fläche" des zugehörigen δ-Impulses, entspricht. Die Pfeilhöhe ist somit gleich dem Wert von $f(t)$ zu den Abtastzeitpunkten $t = kT$, also gleich $f(kT)$.

Wie man leicht einsieht, entsteht durch δ-Abtastung von $cf(t)$ die Funktion $cf^*(t)$, und aus $f_1(t) + f_2(t)$ wird $f_1^*(t) + f_2^*(t)$. Es handelt sich also bei der δ-Abtastung um eine lineare Operation. Auf das Abtastsignal $f^*(t)$ kann somit die Laplace-Transformation angewendet werden, und man erhält hierfür

$$F^*(s) = \mathscr{L}\left\{f^*(t)\right\} = \sum_{k=0}^{\infty} f(kT)\,\mathrm{e}^{-kTs}\,. \tag{2.2.11}$$

Für das im Bild 2.2.2 dargestellte spezielle Halteglied ergibt sich als Antwort auf einen einzigen δ-Impuls $\delta(t)$, also als Gewichtsfunktion, ein Rechteckimpuls der Breite T und der Höhe 1, der beschrieben wird durch

$$g_{\mathrm{H}}(t) = \sigma(t) - \sigma(t-T)\,, \tag{2.2.12}$$

wobei $\sigma(t)$ die Einheitssprungfunktion darstellt. Wird darauf die Laplace-Transformation angewandt

$$\mathscr{L}\left\{g_{\mathrm{H}}(t)\right\} = \frac{1}{s} - \frac{1}{s}\,\mathrm{e}^{-Ts}\,,$$

so erhält man die Übertragungsfunktion des *Halteglieds nullter Ordnung*

$$H_0(s) = \frac{1-\mathrm{e}^{-Ts}}{s}\,. \tag{2.2.13}$$

Damit kann auch die Laplace-Transformierte der Treppenfunktion am Ausgang dieses Halteglieds angegeben werden:

$$\overline{F}(s) = \mathscr{L}\left\{\overline{f}(t)\right\} = H_0(s)\,F^*(s) = \frac{1-\mathrm{e}^{-Ts}}{s} \sum_{k=0}^{\infty} f(kT)\,\mathrm{e}^{-kTs}\,. \tag{2.2.14}$$

Außer dem Halteglied nullter Ordnung sind Halteglieder denkbar, die jeweils einen anderen Signalverlauf von $\overline{f}(t)$ in einem Abtastintervall erzeugen. So lässt sich beispielsweise eine lineare Extrapolation durch ein Halteglied erster Ordnung darstellen. Da solche Elemente jedoch selten verwendet werden, soll darauf nicht näher eingegangen werden.

Mit dieser mathematischen Beschreibung des Abtast- und Haltevorgangs ergibt sich für den Regelkreis von Bild 2.1.2 eine Struktur entsprechend Bild 2.2.3a. Für den diskreten digitalen Regler ist dabei angenommen, dass er anstelle von Zahlenwerten Impulse entsprechend ihrer Gewichtung verarbeitet, was mathematisch ohne weiteres darstellbar ist. Nun wird der δ-Abtaster entgegen der Signalrichtung verschoben, wie es Bild 2.2.3b zeigt. Um dasselbe $e^*(t)$ zu erhalten, muss dann auch ein δ-Abtaster für das Ausgangssignal $y(t)$ vorgesehen werden. Dies ist wegen der Linearität des Abtastvorgangs erlaubt. Fasst man jetzt Halteglied, Regelstrecke und δ-Abtaster zu einem Block zusammen, so treten im Regelkreis nur noch Abtastsignale auf. In diesem Fall können die Abtastsignale einfach durch die entsprechenden Zahlenfolgen ersetzt werden. Man erhält damit eine diskrete Darstellung des Regelkreises entsprechend Bild 2.2.4. Hierbei sind sowohl der Regler als auch die Regelstrecke einschließlich Halteglied diskrete Übertragungssysteme.

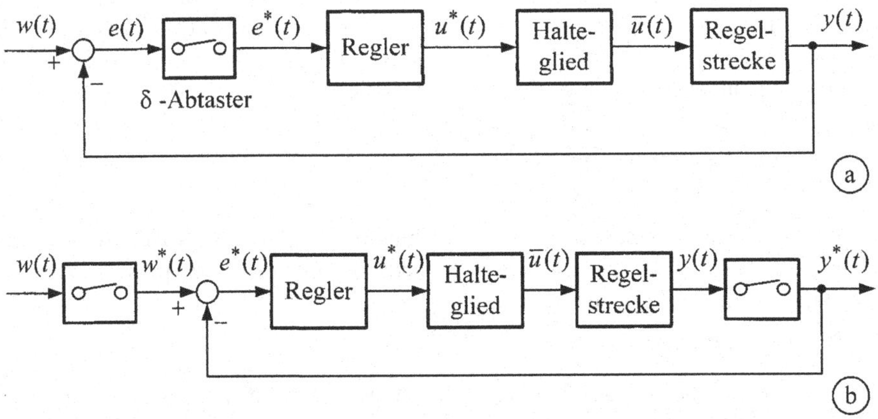

Bild 2.2.3. Äquivalente Blockschaltbilder eines Abtastregelkreises

Der hier vollzogene Übergang zwischen Abtastsignalen und den entsprechenden Zahlenfolgen ist immer dann möglich, wenn in einem System nur Abtastsignale betrachtet werden. Er ist nicht möglich, wenn gleichzeitig auch kontinuierliche Signale berücksichtigt werden müssen.

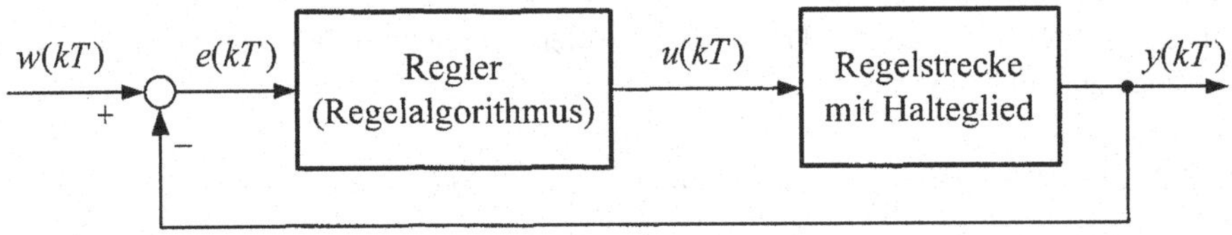

Bild 2.2.4. Darstellung des Abtastregelkreises

Es sei noch darauf hingewiesen, dass die Zusammenfassung von Regelstrecke und Halteglied nur dann eine *exakte* diskrete Darstellung der Regelstrecke ermöglicht, wenn der

Verlauf des Ausgangssignals des Haltegliedes, $\bar{u}(t)$, auch zwischen den Abtastzeitpunkten exakt mit dem tatsächlichen (eventuell ebenfalls kontinuierlichen) Stellsignal $u(t)$ übereinstimmt. Darauf wird später noch ausführlich eingegangen.

Die diskrete Darstellung bietet eine Reihe von Vorteilen, insbesondere den der einfachen Behandlung mit Hilfe von Digitalrechnern. Jedoch geht dabei die Information über den kontinuierlichen Verlauf von $y(t)$ innerhalb des Abtastintervalls verloren. Dies kann vor allem bei sehr großen Abtastzeiten von Nachteil sein.

2.3 Die z-Transformation

2.3.1 Definition der z-Transformation

Für die Darstellung der Abtastung eines kontinuierlichen Signals wurden zuvor zwei äquivalente Möglichkeiten bereits beschrieben, entweder die Zahlenfolge $f(k)$ oder die Folge gewichteter δ-Impulse in Form der Pseudofunktion

$$f^*(t) = \sum_{k=0}^{\infty} f(kT)\,\delta(t-kT)\,. \tag{2.3.1}$$

Durch Laplace-Transformation dieser Pseudofunktion erhält man die komplexe Funktion

$$F^*(s) = \sum_{k=0}^{\infty} f(kT)\,\mathrm{e}^{-kTs}\,. \tag{2.3.2}$$

Da in dieser Beziehung die Variable s immer nur in Verbindung mit e^{Ts} auftritt, wird deshalb anstelle von e^{Ts} als neue Variable die komplexe Größe z eingeführt, indem man

$$\mathrm{e}^{Ts} = z \quad \text{bzw.} \quad s = \frac{1}{T}\ln z \tag{2.3.3}$$

setzt. Damit geht $F^*(s)$ in die Funktion

$$F_z(z) = \sum_{k=0}^{\infty} f(kT)\,z^{-k} \tag{2.3.4}$$

über, wobei wegen der Substitution in Gl. (2.3.3) die Beziehungen

$$F^*(s) = F_z(\mathrm{e}^{Ts}) \quad \text{und} \quad F_z(z) = F^*\left(\frac{1}{T}\ln z\right) \tag{2.3.5}$$

gelten. Man bezeichnet nun die Funktion $F_z(z)$ als z-*Transformierte* der Folge $f(kT)$. Da für die weiteren Überlegungen anstelle von $f(kT)$ meist die abgekürzte Schreibweise $f(k)$ benutzt wird, erfolgt die Definition der z-Transformation für diese Form durch

$$\mathfrak{Z}\{f(k)\} = F_z(z) = \sum_{k=0}^{\infty} f(k)\,z^{-k}\,, \tag{2.3.6}$$

wobei das Symbol $\mathfrak{z}$ als Operator dieser Transformation zu verstehen ist. Der Index z dient zur Unterscheidung dieser Funktion gegenüber der Laplace-Transformierten $F(s)$ von $f(t)$.

Die bisherigen Überlegungen haben gezeigt, dass man durch Laplace-Transformation der Impulsfolge $f^*(t)$ eine Potenzreihe in e^{Ts} erhält, in die die Gewichte $f(k)$ der Impulse eingehen. Damit ist diese Potenzreihe gleichzeitig eine Transformationsbeziehung für die Zahlenfolge $f(k)$, die nur durch die Substitution $z = e^{Ts}$ von der Laplace-Transformation (in dieser Form gelegentlich auch als "diskrete Laplace-Transformation" bezeichnet) unterschieden wird. Im weiteren werden jedoch hauptsächlich Zahlenfolgen betrachtet und hierfür die z-Transformation benutzt. Bei Bedarf kann man mit Hilfe der Substitution nach den Gln. (2.3.3) oder (2.3.5) leicht auf die entsprechende Impulsfolge und ihre Laplace-Transformierte übergehen.

Die Transformationsbeziehung in Gl. (2.3.6) stellt eine spezielle *Laurent-Reihe* dar, in der keine positiven Potenzen der komplexen Variablen z auftreten. Eine solche Reihe konvergiert für sämtliche Werte von z mit

$$|z| > R$$

absolut, falls die Folge $f(k)$ für alle $k = 0, 1, 2, \ldots$ die Ungleichung

$$|f(k)| < KR^k \tag{2.3.7}$$

erfüllt. Hierbei sind K und R positive Konstanten. Da die Funktionen $f(t)$ bzw. Zahlenfolgen $f(k)$, die in der Regelungstechnik vorkommen, gewöhnlich beschränkt sind und für $t \to \infty$ bzw. $k \to \infty$ nicht schneller als eine *e*-Funktion mit genügend großem positiven Exponenten wachsen, existieren in diesen Fällen immer Konstanten K und R, so dass Gl. (2.3.7) erfüllt ist. Beim Rechnen mit z-Transformierten wird im Folgenden als selbstverständlich vorausgesetzt, dass dies im Konvergenzbereich $|z| > R$ der Laurent-Reihe geschieht. Zur Vertiefung sollen nachfolgend noch drei Beispiele zur z-Transformation betrachtet werden.

Beispiel 2.3.1:

Gesucht sei die z-Transformierte der Folge $\sigma(k)$, die durch Abtastung aus der kontinuierlichen Sprungfunktion $\sigma(t)$ gemäß Bild 2.3.1 entsteht.

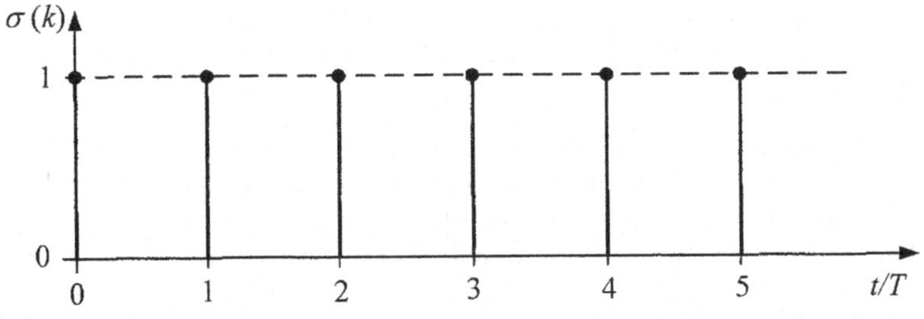

Bild 2.3.1. Darstellung der zur Sprungfunktion $\sigma(t)$ gehörenden Zahlenfolge $\sigma(k)$

Es gilt

$$\sigma(k) = \{1, 1, 1, 1, 1, \ldots\}$$

oder

$$\sigma(k) = 1 \quad \text{für} \quad k = 0, 1, 2, \ldots$$

Mit Gl. (2.3.6) folgt die z-Transformierte von $\sigma(k)$

$$\begin{aligned} \Sigma_z(z) &= \sum_{k=0}^{\infty} z^{-k} \\ &= 1 + z^{-1} + z^{-2} + z^{-3} + \cdots \end{aligned}$$

Diese Reihe konvergiert für $|z| > 1$, und dafür ergibt sich

$$\Sigma_z(z) = \frac{1}{1 - z^{-1}} = \frac{z}{z - 1}. \qquad \blacksquare$$

Beispiel 2.3.2:

Gesucht ist die z-Transformierte der Folge, deren Elemente beschrieben werden durch $f(k) = \mathrm{e}^{-ak}$ für $k = 0, 1, 2, \ldots,$ die durch Abtasten der Funktion $f(t) = \mathrm{e}^{-at}$ mit $T = 1$ entsteht. Hierfür gilt

$$F_z(z) = \sum_{k=0}^{\infty} \mathrm{e}^{-ak} z^{-k} = \sum_{k=0}^{\infty} (\mathrm{e}^{a} z^{1})^{-k}.$$

Diese Reihe konvergiert für $|z| > \mathrm{e}^{-a}$, und man erhält

$$F_z(z) = \frac{1}{1 - \mathrm{e}^{-a} z^{-1}} = \frac{z}{z - \mathrm{e}^{-a}}. \qquad \blacksquare$$

Beispiel 2.3.3:

Gesucht ist die z-Transformierte der Folge $f(k) = \left(\frac{1}{4}\right)^k$, $k = 0, 1, 2, \ldots$

Man erhält unmittelbar

$$F_z(z) = 1 + \frac{1}{4} z^{-1} + \left(\frac{1}{4}\right)^2 z^{-2} + \left(\frac{1}{4}\right)^3 z^{-3} + \cdots$$

Die Konvergenz dieser Reihe ist gesichert für $|z| > \frac{1}{4}$, und es ergibt sich dann

$$F_z(z) = \frac{1}{1 - \frac{1}{4} z^{-1}} = \frac{z}{z - \frac{1}{4}}. \qquad \blacksquare$$

Für die wichtigsten Zeitfunktionen $f(t)$ sind in Tabelle 2.3.1 neben den Laplace-Transformierten auch die z-Transformierten der entsprechenden Folgen $f(kT) = f(t)\big|_{t=kT}$, $k = 0, 1, 2, \ldots$ zusammengestellt.

Tabelle 2.3.1. Korrespondenzen zur $\mathscr{L}$ - und z-Transformation

Nr.	Zeitfunktion $f(t)$	$\mathscr{L}$-Transformierte $F(s) = \mathscr{L}\{f(t)\}$	z-Transformierte $F_z(z) = \mathfrak{Z}\{f(kT)\}$ mit $f(kT) = f(t)\vert_{t=kT}$
1	δ - Impuls $\delta(t)$	1	1
2	Einheitssprung $\sigma(t)$	$\frac{1}{s}$	$\frac{z}{z-1}$
3	t	$\frac{1}{s^2}$	$\frac{Tz}{(z-1)^2}$
4	t^2	$\frac{2}{s^3}$	$\frac{T^2 z(z+1)}{(z-1)^3}$
5	e^{-at}	$\frac{1}{s+a}$	$\frac{z}{z-c}\,;\ c = \mathrm{e}^{-aT}$
6	$t\,\mathrm{e}^{-at}$	$\frac{1}{(s+a)^2}$	$\frac{cTz}{(z-c)^2}\,;\ c = \mathrm{e}^{-aT}$
7	$t^2\mathrm{e}^{-at}$	$\frac{2}{(s+a)^3}$	$\frac{cT^2 z(z+c)}{(z-c)^3}\,;\ c = \mathrm{e}^{-aT}$
8	$1-\mathrm{e}^{-at}$	$\frac{a}{s(s+a)}$	$\frac{(1-c)z}{(z-1)(z-c)}\,;\ c = \mathrm{e}^{-aT}$
9	$\sin \omega_0 t$	$\frac{\omega_0}{s^2+\omega_0^2}$	$\frac{z \sin \omega_0 T}{z^2 - 2z \cos \omega_0 T + 1}$
10	$\cos \omega_0 t$	$\frac{s}{s^2+\omega_0^2}$	$\frac{z^2 - z \cos \omega_0 T}{z^2 - 2z \cos \omega_0 T + 1}$
11	$1-(1+at)\,\mathrm{e}^{-at}$	$\frac{a^2}{s(s+a)^2}$	$\frac{z}{z-1} - \frac{z}{z-c} - \frac{acTz}{(z-c)^2}\,;\ c = \mathrm{e}^{-aT}$
12	$1+\frac{b\mathrm{e}^{-at} - a\mathrm{e}^{-bt}}{a-b}$	$\frac{ab}{s(s+a)(s+b)}$	$\frac{z}{z-1} + \frac{bz}{(a-b)(z-c)} - \frac{az}{(a-b)(z-d)}$ $c = \mathrm{e}^{-aT},\ d = \mathrm{e}^{-bT}$
13	$\mathrm{e}^{-at}\sin \omega_0 t$	$\frac{\omega_0}{(s+a)^2+\omega_0^2}$	$\frac{cz \sin \omega_0 T}{z^2 - 2cz \cos \omega_0 T + c^2}\,;\ c = \mathrm{e}^{-aT}$
14	$\mathrm{e}^{-at}\cos \omega_0 t$	$\frac{s+a}{(s+a)^2+\omega_0^2}$	$\frac{z^2 - cz \cos \omega_0 T}{z^2 - 2cz \cos \omega_0 T + c^2}\,;\ c = \mathrm{e}^{-aT}$
15	$a^{t/T}$	$\frac{1}{s-(1/T)\ln a}$	$\frac{z}{z-a}$

2.3.2 Eigenschaften der z-Transformation

Die Haupteigenschaften und Rechenregeln der z-Transformation können in den nachfolgenden Sätzen zusammengefasst werden. Bezüglich des Beweises dieser Sätze sei auf die Spezialliteratur verwiesen, z. B. [Doe85, Jur64].

a) *Überlagerungssatz*

$$\mathfrak{Z}\{a\, f_1(k) + b\, f_2(k)\} = a\, F_{1z}(z) + b\, F_{2z}(z)\,. \tag{2.3.8}$$

Diese Eigenschaft beschreibt die Linearität der z-Transformation.

b) *Ähnlichkeitssatz*

$$\mathfrak{Z}\left\{a^k\, f(k)\right\} = F_z\left(\frac{z}{a}\right). \tag{2.3.9}$$

c) *Verschiebungssatz*

Für die Rückwärtsverschiebung (Verschiebung "nach rechts") gilt

$$\mathfrak{Z}\{f(k-\mu)\} = z^{-\mu}\, F_z(z)\,; \quad \mu \ge 0\,. \tag{2.3.10}$$

Für die Vorwärtsverschiebung (Verschiebung "nach links") gilt

$$\mathfrak{Z}\{f(k+\mu)\} = z^{\mu}\left[F_z(z) - \sum_{k=0}^{\mu-1} f(k)\, z^{-k}\right]. \tag{2.3.11}$$

d) *Differenzenbildung*

Mit der Definition

$$\Delta^1 f(k) = f(k+1) - f(k)$$

erhält man für die zugehörige z-Transformierte der ersten Differenz

$$\mathfrak{Z}\left\{\Delta^1 f(k)\right\} = (z-1)\, F_z(z) - z\, f(0)\,. \tag{2.3.12}$$

Diese Beziehung entspricht dem Differentiationssatz der Laplace-Transformation. Für die m-te Differenz gilt dann allgemein:

$$\mathfrak{Z}\left\{\Delta^m f(k)\right\} = (z-1)^m\, F_z(z) - z \sum_{j=0}^{m-1} (z-1)^{m-j-1}\, [\Delta^j f(0)]\,, \tag{2.3.13}$$

wobei $\Delta^j f(0)$ die j-te Differenz für $k=0$ ist, und $\Delta^0 f(0) = f(0)$ wird.

e) *Summierung*

$$\mathfrak{Z}\left\{\sum_{j=0}^{k} f(j)\right\} = \frac{z}{z-1}\, F_z(z) \quad \text{bzw.} \quad \mathfrak{Z}\left\{\sum_{j=0}^{k-1} f(j)\right\} = \frac{1}{z-1}\, F_z(z)\,. \tag{2.3.14}$$

Diese Beziehung entspricht dem Integrationssatz der Laplace-Transformation. Die zu der Summenfunktion der linken Seite gehörende Folge ist gegeben durch

$$f(k) = \{ f(0)\,,\, f(0)+f(1)\,,\, f(0)+f(1)+f(2)\,,\, \dots \}.$$

f) *Faltungssatz*

$$\mathfrak{Z}\left\{ \sum_{\nu=0}^{k} f_1(\nu)\, f_2(k-\nu) \right\} = F_{1z}(z)\, F_{2z}(z)\,. \tag{2.3.15}$$

Zusammen mit der Faltungssumme in Gl. (2.2.9) erlaubt dieser Satz die Definition der "z-Übertragungsfunktion" eines diskreten Systems.

g) *Satz vom Anfangs- und Endwert*

$$f(0) = \lim_{z\to\infty} F_z(z)\,, \tag{2.3.16}$$

$$f(\infty) = \lim_{z\to 1} (z-1)\, F_z(z)\,, \tag{2.3.17}$$

sofern die Grenzwerte $f(0)$ und $f(\infty)$ existieren.

2.3.3 Die inverse z-Transformation

Da $F_z(z)$ die z-Transformierte der Zahlenfolge $f(k)$ für $k = 0, 1, 2,$ darstellt, liefert die *inverse z-Transformation* von $F_z(z)$

$$\mathfrak{Z}^{-1}\{ F_z(z) \} = f(k) \tag{2.3.18}$$

wieder die Zahlenwerte $f(k)$ dieser Folge, also die diskreten Werte der zugehörigen Zeitfunktion $f(t)|_{t=kT}$ für die Zeitpunkte $t = kT$. Da die z-Transformation umkehrbar eindeutig ist, kommen für die inverse z-Transformation zunächst natürlich die sehr ausführlichen Tabellenwerke [Doe85], [Jur64], [Tou59], [Zyp67] in Betracht, aus denen unmittelbar korrespondierende Transformationspaare entnommen werden können. Für kompliziertere Fälle, die nicht in den Tabellen enthalten sind oder darauf zurückgeführt werden können, kann die Berechnung auf verschiedene Arten durchgeführt werden. Nachfolgend sollen dazu drei Verfahren vorgestellt werden:

a) *Potenzreihenentwicklung*

Wird $F_z(z)$ in eine konvergente Potenzreihe nach z^{-1} entwickelt, also

$$\begin{aligned} F_z(z) &= \sum_{k=0}^{\infty} f(k)\, z^{-k} \\ &= f(0) + f(1)\, z^{-1} + f(2)\, z^{-2} + \cdots + f(n)\, z^{-n} + \cdots, \end{aligned} \tag{2.3.19}$$

dann ergeben sich unmittelbar die Werte $f(k)$ der zugehörigen Zeitfunktion zu den Zeitpunkten kT. Ist $F_z(z)$ eine gebrochen rationale Funktion, dann erhält man die Reihenentwicklung einfach durch Division von Zähler und Nenner. Dieses Vorgehen zeigt das folgende Beispiel.

Beispiel 2.3.4:

Es ist $f(k)$ für $k = 0, 1, 2, \ldots$ zu bestimmen, wenn

$$F_Z(z) = \frac{8z}{(z-1)(z-2)}$$

gegeben ist. Durch Umschreiben folgt

$$F_Z(z) = \frac{8z^{-1}}{1 - 3z^{-1} + 2z^{-2}},$$

und durch Division erhält man

$$F_Z(z) = 8z^{-1} + 24z^{-2} + 56z^{-3} + 120z^{-4} + \cdots$$

Aus dieser Beziehung können direkt die Werte der Zahlenfolge $f(k)$ abgelesen werden:

$$f(0) = 0\,,$$
$$f(1) = 8\,,$$
$$f(2) = 24\,,$$
$$f(3) = 56\,,$$
$$f(4) = 120\,,$$
$$\vdots$$

Für große Werte von k ist gewöhnlich die Rechnung sehr langwierig.

Es soll hier noch darauf hingewiesen werden, dass sich bei z-Tranformierten höherer Ordnung die Ermittlung des Bildungsgesetzes der Potenzreihe recht schwierig gestalten kann. ■

b) *Partialbruchzerlegung*

Zur Berechnung von $f(k)$ wird $F_Z(z)$ einer Partialbruchzerlegung unterzogen. Die Rücktransformation der dabei entstehenden einfachen Terme kann anhand einer Tabelle für z-transformierte Standardfunktionen durchgeführt werden. Die inverse z-Transformierte von $F_Z(z)$, also $f(k)$, erhält man dann als Summe der inversen z-Transformierten der Partialbrüche.

Beispiel 2.3.5:

Wie im vorigen Beispiel soll für

$$F_Z(z) = \frac{8z}{(z-1)(z-2)}$$

durch Partialbruchzerlegung von $F_Z(z)$ die zugehörige Folge $f(k)$ ermittelt werden. Die Partialbruchzerlegung liefert

$$F_Z(z) = \frac{-8z}{z-1} + \frac{8z}{z-2}.$$

Aus Tabelle 2.3.1 folgt

$$\mathcal{Z}^{-1}\left\{\frac{z}{z-1}\right\}=1 \quad \text{und} \quad \mathcal{Z}^{-1}\left\{\frac{z}{z-2}\right\}=2^k .$$

So erhält man

$$f(k)=8(-1+2^k) \quad \text{für} \quad k=0,1,2,\ldots$$

oder

$$\begin{aligned} f(0)&=0\,,\\ f(1)&=8\,,\\ f(2)&=24\,,\\ f(3)&=56\,,\\ f(4)&=120\,,\\ &\vdots \end{aligned}$$

■

c) *Auswertung des Umkehrintegrals (Residuensatz)*

Durch Multiplikation der Gl. (2.3.6) mit z^{k-1} folgt

$$F_z(z)\,z^{k-1}=f(0)\,z^{k-1}+f(1)\,z^{k-2}+f(2)\,z^{k-3}+\cdots+f(k)\,z^{-1}+\cdots \tag{2.3.20}$$

Diese Gleichung stellt eine Laurent-Reihenentwicklung der Funktion $F_z(z)\,z^{k-1}$ um $z=0$ dar. Aus der Cauchyschen Formel für die Koeffizienten dieser Laurent-Reihe folgt für positive k-Werte das komplexe Kurvenintegral

$$f(k)=\frac{1}{2\pi \mathrm{j}}\oint F_z(z)\,z^{k-1}\,\mathrm{d}z\,, \quad k=0,1,\ldots \tag{2.3.21}$$

Diese Beziehung stellt die Umkehrformel der z-Transformation, also die Definition der inversen z-Transformation dar. Sie wird auch als *Umkehrintegral* bezeichnet. Die Kontur des Integrals schließt alle Singularitäten von $F_z(z)\,z^{k-1}$ ein und wird im Gegenuhrzeigersinn durchlaufen. Die Auswertung erfolgt mit Hilfe des *Residuensatzes*

$$f(k)=\sum_i \operatorname{Res}\left\{F_z(z)\,z^{k-1}\right\}\Big|_{z=a_i} . \tag{2.3.22}$$

Hierbei sind die Größen a_i die Pole von $F_z(z)z^{k-1}$, d. h. also auch die Pole von $F_z(z)$. Besitzt $F_z(z)$ Pole bei $z=0$, so werden diese gemäß ihrer Vielfachheit als Totzeit interpretiert und nur das Restpolynom mit dem Residuensatz ausgewertet.

Bei einem einfachen Pol $z=a$ berechnet sich das Residuum als

$$\operatorname{Res}\left\{F_z(z)\,z^{k-1}\right\}\Big|_{z=a}=\lim_{z\to a}\,(z-a)\,[F_z(z)\,z^{k-1}]\,. \tag{2.3.23}$$

Ist $F_z(z)$ eine gebrochen rationale Funktion

$$F_z(z)\,z^{k-1}=\frac{B(z)}{A(z)}\,, \tag{2.3.24}$$

und ist a eine einfache Nullstelle von $A(z)$, so gilt

$$A'(a) = \left.\frac{\mathrm{d}A(z)}{\mathrm{d}z}\right|_{z=a} \neq 0\,,$$

und es folgt aus Gl. (2.3.23)

$$\operatorname{Res}\left\{\frac{B(z)}{A(z)}\right\}\Bigg|_{z=a} = \lim_{z\to a}\,(z-a)\,\frac{B(z)}{A(z)} = \frac{B(a)}{A'(a)}\,.$$

Tritt ein q-facher Pol bei $z = a$ auf, dann wird

$$\operatorname{Res}\left\{F_\mathrm{z}(z)\,z^{k-1}\right\}\Big|_{z=a} = \frac{1}{(q-1)!}\,\lim_{z\to a}\frac{\mathrm{d}^{q-1}}{\mathrm{d}z^{q-1}}\left[(z-a)^q\;F_\mathrm{z}(z)\,z^{k-1}\right]. \tag{2.3.25}$$

Beispiel 2.3.6:

Für das vorherige Beispiel mit

$$F_\mathrm{z}(z) = \frac{8z}{(z-1)\,(z-2)}$$

folgt aus Gl. (2.3.21)

$$\begin{aligned} f(k) &= \frac{1}{2\pi\mathrm{j}}\oint\frac{8z^k}{z^2-3z+2}\,\mathrm{d}z \\ &= \sum_{i=1}^{2}\operatorname{Res}\left\{\frac{8z^k}{z^2-3z+2}\right\}\Bigg|_{z=a_i} = \sum_{i=1}^{2}\left.\frac{8z^k}{2z-3}\right|_{z=a_i}, \end{aligned}$$

und mit den Werten $a_1 = 1$ und $a_2 = 2$ erhält man schließlich

$$f(k) = 8\left(-1+2^k\right),\quad k = 0\,,1\,,2\,,\ldots$$ ■

2.4 Darstellung im Frequenzbereich

2.4.1 Übertragungsfunktion diskreter Systeme

Ein lineares zeitinvariantes diskretes System n-ter Ordnung wird entsprechend Gl. (2.2.5) durch die Differenzengleichung

$$y(k) + \sum_{\nu=1}^{n}\alpha_\nu\,y(k-\nu) = \sum_{\nu=0}^{n}\beta_\nu\,u(k-\nu) \tag{2.4.1}$$

beschrieben. Wendet man hierauf den Verschiebungssatz der z-Transformation gemäß Gl. (2.3.10) an, so erhält man

$$Y_\mathrm{z}(z)\,(1+\alpha_1 z^{-1}+\alpha_2 z^{-2}+\cdots+\alpha_n z^{-n}) = U_\mathrm{z}(z)(\beta_0+\beta_1 z^{-1}+\cdots+\beta_n z^{-n})\,, \tag{2.4.2}$$

woraus direkt als Verhältnis der z-Transformierten von Eingangs- und Ausgangsfolge die *z-Übertragungsfunktion* des diskreten Systems

$$G_z(z) = \frac{Y_z(z)}{U_z(z)} = \frac{\beta_0 + \beta_1 z^{-1} + \cdots + \beta_n z^{-n}}{1 + \alpha_1 z^{-1} + \cdots + \alpha_n z^{-n}} \tag{2.4.3}$$

definiert werden kann. Dabei sind die Anfangsbedingungen der Differenzengleichung als Null vorausgesetzt. In Analogie zu den kontinuierlichen Systemen ist die z-Übertragungsfunktion $G_z(z)$ als z-Transformierte der Gewichtsfolge $g(k)$ definiert:

$$G_z(z) = \mathfrak{Z}\{g(k)\}. \tag{2.4.4}$$

Dies soll anhand der Faltungssumme in Gl. (2.2.9) gezeigt und damit zugleich der Faltungssatz, Gl. (2.3.15), bewiesen werden. Mit der Definitionsgleichung der z-Transformation, Gl. (2.3.6), folgt aus Gl. (2.2.9)

$$Y_z(z) = \sum_{k=0}^{\infty} y(k)\, z^{-k} = \sum_{k=0}^{\infty} \sum_{\nu=0}^{\infty} u(\nu)\, g(k-\nu)\, z^{-k}.$$

Mit der Substitution $\mu = k - \nu$ erhält man

$$Y_z(z) = \sum_{\mu=-\nu}^{\infty} \sum_{\nu=0}^{\infty} u(\nu)\, g(\mu)\, z^{-\mu} z^{-\nu}.$$

Da aus Kausalitätsgründen $g(\mu) = 0$ für $\mu < 0$ ist, kann für die untere Grenze der ersten Summe auch $\mu = 0$ eingesetzt werden, und man erhält

$$Y_z(z) = \sum_{\mu=0}^{\infty} g(\mu)\, z^{-\mu} \sum_{\nu=0}^{\infty} u(\nu)\, z^{-\nu},$$

also

$$Y_z(z) = G_z(z)\, U_z(z). \tag{2.4.5}$$

Anmerkung: In Gl. (2.3.15) wurde als obere Summengrenze anstelle von ∞ die Variable k verwendet. Da jedoch stets $f(k) = 0$ für $k < 0$ gilt, ändert sich dadurch an der Beziehung nichts.

Mit der Definition der z-Übertragungsfunktion hat man nun die Möglichkeit, diskrete Systeme formal ebenso zu behandeln wie kontinuierliche Systeme. Beispielsweise lassen sich zwei Systeme mit den z-Übertragungsfunktionen $G_{1z}(z)$ und $G_{2z}(z)$ hintereinanderschalten, und man erhält dann als Gesamtübertragungsfunktion

$$G_z(z) = G_{1z}(z)\, G_{2z}(z). \tag{2.4.6}$$

Ebenso ergibt sich für eine Parallelschaltung

$$G_z(z) = G_{1z}(z) + G_{2z}(z). \tag{2.4.7}$$

Wie im kontinuierlichen Fall kann bei Systemen mit P-Verhalten (Systemen mit Ausgleich) auch der *Verstärkungsfaktor* K bestimmt werden, der sich bei sprungförmiger Eingangsfolge

$$u(k) = 1 \quad \text{für} \quad k \geq 0 \quad \text{bzw.} \quad U_z(z) = \frac{z}{z-1}$$

als stationärer Endwert der Ausgangsgröße,

$$K = \lim_{k \to \infty} y(k) \tag{2.4.8}$$

ergibt. Nach dem Endwertsatz der z-Transformation, Gl. (2.3.17),

$$\lim_{k \to \infty} y(k) = \lim_{z \to 1} [(z-1)\, Y_z(z)]$$

gilt mit Gl. (2.4.5)

$$\lim_{k \to \infty} y(k) = \lim_{z \to 1} \left[(z-1)\, G_z(z) \frac{z}{z-1}\right]$$
$$= G_z(1)\,,$$

also unter Berücksichtigung von Gl. (2.4.3)

$$K = G_z(1) = \frac{\sum\limits_{\nu=0}^{n} \beta_\nu}{1 + \sum\limits_{\nu=1}^{n} \alpha_\nu}\,. \tag{2.4.9}$$

2.4.2 Berechnung der z-Übertragungsfunktion kontinuierlicher Systeme

2.4.2.1 Herleitung der Transformationsbeziehungen

Zur theoretischen Behandlung von Abtastregelkreisen wird - wie früher bereits erwähnt - auch für die kontinuierlichen Teilsysteme eine diskrete Systemdarstellung benötigt, also eine z-Übertragungsfunktion. Dazu betrachtet man den kontinuierlichen Teil des Abtastregelkreises von Bild 2.2.3, der im Bild 2.4.1 noch einmal dargestellt ist. $H(s)$ sei die Übertragungsfunktion eines zunächst nicht näher spezifizierten Haltegliedes. Das Eingangssignal dieses Systems ist eine Folge diskreter Impulse $u(kT)$, während das Ausgangssignal eine kontinuierliche Zeitfunktion $y(t)$ ist, aus der durch Abtastung die Folge diskreter Impulse $y(kT)$ entsteht. Gesucht ist nun das Übertragungsverhalten zwischen der Eingangsfolge $u(kT)$ und der Ausgangsfolge $y(kT)$.

Zunächst soll die Gewichtsfunktion $g_{HG}(t)$ des kontinuierlichen Systems einschließlich Halteglied betrachtet werden, also

$$g_{HG}(t) = \mathscr{L}^{-1}\left\{H(s)\, G(s)\right\}, \tag{2.4.10}$$

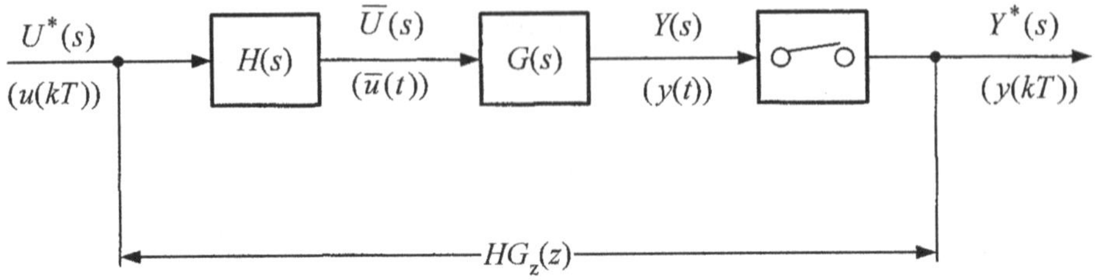

Bild 2.4.1. Zur Definition der z-Übertragungsfunktion eines kontinuierlichen Systems

die sich als Antwort auf einen Dirac-Impuls

$$u^*(t) = \delta(t)$$

ergibt. Da aber der Dirac-Impuls, als Abtastsignal betrachtet, dem in Gl. (2.2.6) definierten diskreten Impuls $\delta_d(k)$ entspricht, erhält man die Gewichtsfolge einfach durch Abtasten der Gewichtsfunktion, zu

$$g_{HG}(kT) = \mathscr{L}^{-1}\{H(s)\, G(s)\}\big|_{t=kT} \,. \tag{2.4.11}$$

Damit ergibt sich als z-Transformierte dieser Gewichtsfolge die Beziehung

$$HG_z(z) = \mathfrak{Z}\left\{\mathscr{L}^{-1}\{H(s)\, G(s)\}\big|_{t=kT}\right\}, \tag{2.4.12}$$

die häufig auch als

$$HG_z(z) = \mathscr{Z}\{H(s)\, G(s)\} \tag{2.4.13}$$

geschrieben wird, wobei das Symbol $\mathscr{Z}$ die in Gl. (2.4.12) enthaltene doppelte Operation $\mathfrak{Z}\{\mathscr{L}^{-1}\{\cdots\}\,|_{t=kT}\}$ kennzeichnet. Es ist somit falsch, $HG_z(z)$ als z-Transformierte der Übertragungsfunktion $H(s)\,G(s)$ zu betrachten; richtig ist vielmehr, dass $HG_z(z)$ die z-Transformierte der Gewichtsfolge $g_{HG}(kT)$ ist. Außerdem ist zu beachten, dass die durch Gl. (2.4.13) beschriebene Operation nicht umkehrbar eindeutig ist. Dies wird anschaulich klar, wenn man bedenkt, dass $HG_z(z)$ ja nur von der Eingangs- und Ausgangsfolge $u(kT)$ und $y(kT)$ abhängt. Die synchrone Signalabtastung bei Systemen mit unterschiedlichen Übertragungsfunktionen $H(s)\,G(s)$ kann identische Ergebnisse liefern, und zwar immer dann, wenn die Abtastzeitpunkte so liegen, dass identische Abtastsignale entstehen.

Hier wurde für die z-Übertragungsfunktion die Beziehung $HG_z(z)$ benutzt, um zu kennzeichnen, dass das vorgeschaltete Halteglied mit berücksichtigt ist. Selbstverständlich ist diese Transformation auch ohne Halteglied möglich, wobei dann die Übertragungsfunktion $G_z(z)$ entsteht. In diesem Zusammenhang soll nochmals näher auf die Funktion des Haltegliedes eingegangen werden.

Erweitert man die im Bild 2.4.1 dargestellte Blockstruktur um einen vorgeschalteten δ-Abtaster, der aus dem kontinuierlichen Signal $u(t)$ das Abtastsignal $u^*(t)$ erzeugt (Bild 2.4.2), dann wäre es wünschenswert, durch ein geeignetes Halte- oder Formglied mit der Übertragungsfunktion $H(s)$ aus dem abgetasteten Eingangssignal $u^*(t)$ wiederum das tatsächliche kontinuierliche Eingangssignal so zu erzeugen, dass für das Ausgangssignal des Halte- oder Formgliedes gerade die fundamentale Beziehung

$$\bar{u}(t) = u(t) \tag{2.4.14}$$

gilt. Diese Bedingung kann jedoch durch geeignete Halteglieder nur für wenige Signalformen $u(t)$ exakt erfüllt werden, z. B. bei sprungförmigen Signalen $u(t)$ durch ein Halteglied nullter Ordnung, bei rampenförmigen Signalen durch ein Halteglied erster Ordnung usw. Dagegen wäre die Benutzung eines Haltegliedes bei der z-Transformation falsch, wenn $u(t)$ aus δ -Impulsen bestehen würde.

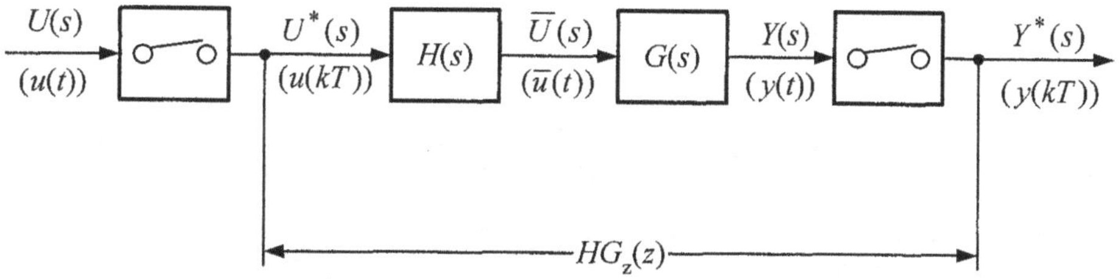

Bild 2.4.2. Abgetastete Signale eines kontinuierlichen Systems

Verwendet man nun ein Halteglied nullter Ordnung gemäß Gl. (2.2.13), so folgt mit $H(s) = H_0(s)$ für Gl. (2.4.13)

$$H_0G_z(z) = \mathfrak{Z}\left\{ \mathscr{L}^{-1}\left\{ \frac{G(s)}{s} - \frac{G(s)}{s}\,\mathrm{e}^{-Ts} \right\} \Bigg|_{t=kT} \right\}. \tag{2.4.15}$$

In dieser Beziehung stellt der Term

$$h(t) = \mathscr{L}^{-1}\left\{ \frac{G(s)}{s} \right\}$$

bekanntlich die Übergangsfunktion des kontinuierlichen Teilsystems mit der Übertragungsfunktion $G(s)$ dar. Durch Abtastung von $h(t)$ entsteht die *Übergangsfolge*

$$h(kT) = \mathscr{L}^{-1}\left\{ \frac{G(s)}{s} \right\} \Bigg|_{t=kT} . \tag{2.4.16}$$

Verwendet man Gl. (2.4.16) in Gl. (2.4.15), so erhält man

$$H_0G_z(z) = \mathfrak{Z}\{ h(kT) - h(kT - T) \},$$

und mit dem Verschiebungssatz der z-Transformation folgt

$$H_0G_z(z) = (1 - z^{-1})\, \mathfrak{Z}\{ h(kT) \} \tag{2.4.17}$$

oder unter Berücksichtigung von Gl. (2.4.16)

$$H_0G_z(z) = (1 - z^{-1})\, \mathscr{Z}\left\{ \frac{G(s)}{s} \right\} = \frac{z-1}{z}\, \mathscr{Z}\left\{ \frac{G(s)}{s} \right\}. \tag{2.4.18}$$

Für den speziellen Fall eines sprungförmigen Eingangssignals $u(t)$ formt das Halteglied nullter Ordnung gerade ein Signal $\bar{u}(t)$ so, dass Gl. (2.4.14) exakt erfüllt ist, sofern ein Abtastzeitpunkt mit dem Beginn des Sprunges zusammenfällt. Allgemein kann unter Verwendung eines Haltegliedes nullter Ordnung Gl. (2.4.14) nur erfüllt werden, wenn das Eingangssignal $u(t)$ eine Treppenfunktion mit konstanter Schrittweite darstellt. Wird nämlich eine derartige Treppenfunktion $u(t)$ mit einer Abtastzeit, die gerade gleich der Schrittweite ist, an den Sprungstellen abgetastet, so entsteht als "geformtes" Signal $\bar{u}(t)$ am Ausgang des Haltegliedes nullter Ordnung gerade wieder das Eingangssignal $u(t)$, und es gilt somit Gl. (2.4.14). Die Stufenhöhe dieser Treppenfunktion ist dabei beliebig.

Damit stellt bei Einhaltung der Gl. (2.4.14) die z-Übertragungsfunktion

$$HG_{\mathrm{z}}(z) = \frac{\mathfrak{Z}\{y(kT)\}}{\mathfrak{Z}\{u(kT)\}} \tag{2.4.19}$$

eine *exakte diskrete Beschreibung* des kontinuierlichen Systems mit der Übertragungsfunktion $G(s)$ dar; sie wird daher auch exakte z-Übertragungsfunktion genannt.

Interessant ist in diesem Zusammenhang die Transformation von Systemen mit Totzeit, die durch die transzendente Übertragungsfunktion

$$G'(s) = G(s)\,\mathrm{e}^{-T_{\mathrm{t}}s}$$

beschrieben werden. Es sei der Fall betrachtet, bei dem T_{t} ein ganzzahliges Vielfaches d der Abtastzeit T ist, also

$$T_{\mathrm{t}} = dT\,. \tag{2.4.20}$$

Mit Gl. (2.4.12) gilt

$$HG'_{\mathrm{z}}(z) = \mathfrak{Z}\left\{ \mathscr{L}^{-1}\left\{H(s)\,G(s)\,\mathrm{e}^{-T_{\mathrm{t}}s}\right\}\Big|_{t=kT}\right\}.$$

Führt man die zur Übertragungsfunktion $H(s)\,G(s)$ gehörende Gewichtsfunktion $g_{\mathrm{HG}}(t)$ ein, so erhält man

$$\begin{aligned} HG'_{\mathrm{z}}(z) &= \mathfrak{Z}\left\{g_{\mathrm{HG}}(t-T_{\mathrm{t}})\big|_{t=kT}\right\} \\ &= \mathfrak{Z}\left\{g_{\mathrm{HG}}\,[(k-d)T]\right\}, \end{aligned}$$

$$HG'_{\mathrm{z}}(z) = HG_{\mathrm{z}}(z)\,z^{-d}\,. \tag{2.4.21}$$

Gl. (2.4.21) zeigt, dass die Totzeit nur eine Multiplikation von $HG_{\mathrm{z}}(z)$ mit z^{-d} bewirkt, d. h. die z-Übertragungsfunktion bleibt eine rationale Funktion. Dies vereinfacht natürlich die Behandlung von Totzeit-Systemen im diskreten Bereich außerordentlich. Auch ohne die Einschränkung, dass T_{t} ein ganzzahliges Vielfaches von T sei, erhält man immer eine rationale Übertragungsfunktion, worauf hier jedoch nicht eingegangen werden soll.

2.4.2.2 Durchführung der exakten Transformation

Nachfolgend wird der in digitalen Regelkreisen häufigste Fall betrachtet, dass das Eingangssignal eines kontinuierlichen Teilsystems, z. B. der Regelstrecke, eine Treppenfunktion ist, die durch ein Halteglied nullter Ordnung erzeugt wird. Dies tritt immer dann auf, wenn die vom digitalen Regler (Prozessrechner) berechnete Stellgröße über einen Digital/Analog-Umsetzer (D/A-Umsetzer) auf die Regelstrecke einwirkt. Dabei übt der D/A-Umsetzer die Funktion eines Haltegliedes nullter Ordnung aus. In diesem Fall gilt somit Gl. (2.4.18):

$$H_0G_z(z) = \frac{z-1}{z}\,\mathscr{Z}\left\{\frac{G(s)}{s}\right\}.$$

$G(s)$ sei eine gebrochen rationale Funktion,

$$G(s) = \frac{b_0 + b_1 s + \cdots + b_m s^m}{a_0 + a_1 s + \cdots + s^n} = K_S \frac{(s - s_{N_1})(s - s_{N_2})\ldots(s - s_{N_m})}{(s - s_{P_1})(s - s_{P_2})\ldots(s - s_{P_n})} = \frac{Z(s)}{N(s)}, \quad (2.4.22)$$

mit $m \le n$ und $a_0 \ne 0$. Die entsprechende z-Transformation lässt sich nun auf folgende verschiedene Arten exakt durchführen:

a) *Methode der Partialbruchzerlegung*

Für einfache Übertragungsfunktionen $G(s)$ liegen die benötigten Korrespondenzen tabelliert vor (vgl. z. B. Tabelle 2.3.1). Bei Übertragungsfunktionen höherer Ordnung liefert eine *Partialbruchzerlegung* einfache Funktionen, die tabelliert sind. Dieses Vorgehen führt besonders für den Fall leicht zum Ziel, dass $G(s)$ nur einfache Pole $s_1, s_2, \ldots, s_n$ besitzt. Dann gilt

$$G(s) = \sum_{i=1}^{n} \frac{c_i}{s - s_i}$$

und mit Gl. (2.4.18) folgt

$$H_0G_z(z) = \frac{z-1}{z}\,\mathscr{Z}\left\{\sum_{i=1}^{n} \frac{c_i}{s(s-s_i)}\right\}. \quad (2.4.23)$$

Mit der Korrespondenz 8 in Tabelle 2.3.1 ergibt dies

$$H_0G_z(z) = \frac{z-1}{z} \sum_{i=1}^{n} -\frac{c_i}{s_i} \frac{(1-\mathrm{e}^{s_i T})\,z}{(z-1)(z-\mathrm{e}^{s_i T})}$$

und nach Kürzen

$$H_0G_z(z) = \sum_{i=1}^{n} -\frac{c_i}{s_i} \frac{1-\mathrm{e}^{s_i T}}{z-\mathrm{e}^{s_i T}}. \quad (2.4.24)$$

Wenn $G(s)$ einen Pol $s_j = 0$ enthält (System mit I-Verhalten), $a_0 = 0$, so lautet der j-te Term dieser Summe $c_j T/(z-1)$.

Wie man aus Gl. (2.4.24) erkennt, sind die Pole von $H_0\, G_z(z)$ gegeben durch

$$z_i = e^{s_i T} .$$

Dies entspricht der Substitutionsbeziehung nach Gl. (2.3.3). Allerdings existiert für die Nullstellen von $H_0\, G_z(z)$ ein solcher allgemeiner Zusammenhang nicht.

b) *Residuenmethode*

Eine geschlossene Transformationsbeziehung erhält man auch mit Hilfe des Residuensatzes aufgrund der Laplace-Transformierten der abgetasteten Gewichtsfunktion. Dazu definiert man

$$\overline{G}(s) = G(s)/s , \tag{2.4.25}$$

wobei der zusätzliche Pol bei $s = 0$ mit s_0 bezeichnet wird. Gemäß Gl. (2.2.10) kann die Abtastung der zugehörigen Gewichtsfunktion $\overline{g}(t)$ beschrieben werden durch

$$\overline{g}^*(t) = \overline{g}(t) \sum_{k=0}^{\infty} \delta(t - kT) .$$

Mit Hilfe des Faltungssatzes im Frequenzbereich folgt die Laplace-Transformierte

$$\overline{G}^*(s) = \frac{1}{2\pi j} \int_{c-j\infty}^{c+j\infty} \overline{G}(p)\, \Delta(s-p)\, dp ,$$

wobei p die komplexe Integrationsvariable kennzeichnet und für $\Delta(s)$ gilt

$$\Delta(s) = \mathscr{L}\left\{ \sum_{k=0}^{\infty} \delta(t-kT) \right\} = \sum_{k=0}^{\infty} e^{-kTs} = \frac{1}{1-e^{-Ts}} \quad \text{für} \quad \left| e^{-Ts} \right| < 1 .$$

Damit folgt

$$\overline{G}^*(s) = \frac{1}{2\pi j} \int_{c-j\infty}^{c+j\infty} \frac{\overline{G}(p)}{1-e^{-T(s-p)}}\, dp . \tag{2.4.26}$$

Entsprechend Gl. (2.3.5) gilt $\overline{G}^*(s) = \overline{G}_z(e^{Ts})$, und durch Einführen der Substitution $z = e^{Ts}$ erhält man dann aus Gl. (2.4.26) schließlich

$$\overline{G}_z(z) = \mathscr{Z}\left\{ \overline{G}(s) \right\} = \frac{1}{2\pi j} \int_{c-j\infty}^{c+j\infty} \frac{\overline{G}(s)}{1 - z^{-1} e^{Ts}}\, ds , \tag{2.4.27}$$

wobei p wieder durch s ersetzt wurde.

Durch Erweitern des Integrationsweges um einen Halbkreis mit unendlich großem Radius in der linken s-Halbebene ergibt sich eine geschlossene Kontur, die alle Singularitäten von $G(s)$ einschließt. Damit kann der Residuensatz angewendet werden, und es folgt aus Gl. (2.4.27)

$$\overline{G}_z(z) = \sum_i \operatorname{Res} \left\{ \frac{\overline{G}(s) z}{z - \mathrm{e}^{Ts}} \right\} \bigg|_{s=s_i} .$$

Diese Beziehung gilt nur dann, wenn das Integral über den zusätzlich eingeführten Halbkreis verschwindet. Dies ist aber bei $\overline{G}(s)$ wegen $m < n$ der Fall.

Als allgemeine Beziehung folgt durch Auswerten der Residuen

$$\overline{G}_z(z) = \sum_{i=0}^{r} \frac{1}{(m_i - 1)!} \frac{\mathrm{d}^{m_i - 1}}{\mathrm{d}s^{m_i - 1}} \left[\frac{(s - s_i)^{m_i} \overline{G}(s) z}{z - \mathrm{e}^{Ts}} \right]_{s=s_i} , \tag{2.4.28}$$

wobei $r+1$ die Anzahl der verschiedenen Pole von $\overline{G}(s)$ und m_i deren Vielfachheit bezeichnen. Treten die Pole s_i von $\overline{G}(s)$ nur einfach auf, so vereinfacht sich diese Beziehung zu

$$\overline{G}_z(z) = \sum_{i=0}^{n} \frac{(s - s_i) \, \overline{G}(s) \, z}{z - \mathrm{e}^{Ts}} \bigg|_{s=s_i} \tag{2.4.29a}$$

oder, mit $\overline{G}(s) = Z(s) / N_0(s)$ und $N_0(s) = sN(s)$, zu

$$\overline{G}_z(z) = \sum_{i=0}^{n} \frac{Z(s_i)}{N_0'(s_i)} \frac{z}{z - \mathrm{e}^{s_i T}} , \tag{2.4.29b}$$

wobei $N_0'(s_i)$ die Ableitung $\mathrm{d}N_0(s)/\mathrm{d}s$ an der Stelle s_i ist. Das Residuum für $i = 0$, also $s_0 = 0$ tritt immer auf, wenn ein Halteglied angenommen wird. Es enthält mit $Z(0)/N_0'(0) = K$ den Verstärkungsfaktor des Systems und hat die Form $Kz/(z-1)$. Mit Gl. (2.4.18) folgt schließlich

$$H_0 G_z(z) = \frac{z-1}{z} \overline{G}_z(z) = \frac{z-1}{z} \sum_{i=0}^{n} \frac{Z(s_i)}{N_0'(s_i)} \frac{z}{z - \mathrm{e}^{s_i T}} . \tag{2.4.30}$$

Der Faktor $(z-1)/z$ kürzt sich hierbei im allgemeinen heraus, so dass die Ordnung von $H_0 \, G_z(z)$ gleich der Ordnung von $G(s)$ ist.

Beispiel 2.4.1:

Für ein kontinuierliches System mit der Übertragungsfunktion

$$G(s) = \frac{1}{s^2 + 4s + 3}$$

soll die diskrete Übertragungsfunktion nach der exakten Transformation mittels

a) der Methode der Partialbruchzerlegung und

b) der Residuenmethode

ermittelt werden.

Zu a) Die Partialbruchzerlegung von $G(s)$ liefert

$$G(s) = \frac{c_1}{s+1} + \frac{c_2}{s+3}$$

mit $c_1 = -c_2 = 0{,}5$. Mit Gl. (2.4.24) folgt

$$\begin{aligned} H_0G_z(z) &= -\frac{0{,}5}{-1}\,\frac{1-e^{-T}}{z-e^{-T}} - \frac{0{,}5}{3}\,\frac{1-e^{-3T}}{z-e^{-3T}} \\ &= \frac{0{,}5}{3}\,\frac{3(1-e^{-T})(z-e^{-3T})-(1-e^{-3T})(z-e^{-T})}{z^2-z(e^{-T}+e^{-3T})+e^{-4T}} \\ &= \frac{1}{6}\,\frac{(2-3e^{-T}+e^{-3T})z+(e^{-T}-3e^{-3T}+2e^{-4T})}{z^2-z(e^{-T}+e^{-3T})+e^{-4T}} . \end{aligned}$$

Zu b) Aus der Beziehung

$$\overline{G}(s) = \frac{G(s)}{s} = \frac{Z(s)}{N_0(s)} = \frac{1}{s(s^2+4s+3)} = \frac{1}{s^3+4s^2+3s}$$

ergibt sich

$$N_0'(s) = 3s^2 + 8s + 3 .$$

Durch Anwendung der Gl. (2.4.30) folgt

$$\begin{aligned} H_0G_z(z) &= \frac{z-1}{z}\left[\frac{1}{3}\,\frac{z}{z-1} - \frac{1}{2}\,\frac{z}{z-e^{-T}} + \frac{1}{6}\,\frac{z}{z-e^{-3T}}\right] \\ &= \frac{1}{3} - \frac{1}{2}\,\frac{z-1}{z-e^{-T}} + \frac{1}{6}\,\frac{z-1}{z-e^{-3T}} \\ &= \frac{1}{6}\,\frac{(2-3e^{-T}+e^{-3T})z+(e^{-T}-3e^{-3T}+2e^{-4T})}{z^2-z(e^{-T}+e^{-3T})+e^{-4T}} . \end{aligned}$$

Beide Verfahren liefern also dasselbe Ergebnis, das sich durch Multiplikation sowohl des Zählers als auch des Nenners mit z^{-2} auf die Form der z-Übertragungsfunktion gemäß Gl. (2.4.3) bringen lässt. ■

2.4.2.3 Durchführung der approximierten Transformation

Obwohl die Ermittlung einer exakten z-Übertragungsfunktion zur diskreten Darstellung eines kontinuierlichen Systems nur für wenige Formen des Eingangssignals $u(t)$ möglich ist, existiert - wie bereits im Abschnitt 2.4.2.1 gezeigt wurde - auch dann eine diskrete Systemdarstellung, wenn der Verlauf von $u(t)$ beliebig ist. Diese kann jedoch nur näherungsweise gelten, da Gl. (2.4.14) dann gewöhnlich nicht mehr erfüllt ist. Deshalb spricht man hier bei der Systembeschreibung von einer approximierten z-Übertragungsfunktion und hinsichtlich der darin enthaltenen Signale von einer approximierten z-Transformation.

Eine der Möglichkeiten hierzu wurde bereits in Abschnitt 2.2.1 behandelt. Die mit Hilfe des Euler-Verfahrens ermittelte Differenzengleichung lässt sich leicht in eine z-Übertragungsfunktion umwandeln. Zur Verallgemeinerung wird Gl. (2.2.1a) noch einmal auf ein I-Glied angewandt, das durch die Beziehung

$$\dot{y}(t) = u(t) \quad \text{bzw.} \quad Y(s) = \frac{1}{s} U(s) \tag{2.4.31}$$

beschrieben wird. Daraus folgt als Differenzengleichung

$$y(k) = y(k-1) + Tu(k)\,,$$

die bekannte Beziehung für die Rechteck-Integration. Die Anwendung der z-Transformation auf diese Beziehung liefert

$$Y_{\mathrm{z}}(z)\,(1 - z^{-1}) = T\,U_{\mathrm{z}}(z)$$

und hieraus ergibt sich

$$Y_{\mathrm{z}}(z) = \frac{Tz}{z-1}\,U_{\mathrm{z}}(z)\,.$$

Durch Vergleich mit Gl. (2.4.31) ergibt sich für die entsprechenden Übertragungsfunktionen somit die Korrespondenz

$$\frac{1}{s} \to \frac{Tz}{z-1}\,. \tag{2.4.32}$$

Bei Systemen höherer Ordnung geht man nun bei der Anwendung der approximierten z-Transformation so vor, dass man aus der Korrespondenz gemäß Gl. (2.4.32) die Substitutionsbeziehung

$$s \approx \frac{z-1}{Tz} \tag{2.4.33}$$

bildet und in $G(s)$ einsetzt, woraus sich die approximierte z-Übertragungsfunktion $G_{\mathrm{z}}(z)$ ergibt. Dieses Vorgehen entspricht genau der Anwendung der Differenzenquotienten von Gl. (2.2.1) auf die zugehörige Differentialgleichung. Allerdings ist dieses $G_{\mathrm{z}}(z)$ nicht mit der Funktion identisch, die durch die exakte z-Transformation mit Halteglied entsteht, da bei der Approximation nicht nur die Eingangsgröße, sondern auch die Ausgangsgröße und sämtliche Ableitungen derselben ebenfalls durch Treppenfunktionen angenähert werden. Es ist daher leicht verständlich, dass die Übereinstimmung der so gewonnenen Ausgangssignale nur für kleine Abtastzeiten T ausreichend ist.

Eine etwas genauere Approximationsbeziehung erhält man aus Gl. (2.3.3), $s = (1/T)\ln z$, durch die Reihenentwicklung der ln-Funktion:

$$s = \frac{1}{T}\,2\left[\frac{z-1}{z+1} + \frac{1}{3}\left(\frac{z-1}{z+1}\right)^3 + \frac{1}{5}\left(\frac{z-1}{z+1}\right)^5 + \cdots\right]. \tag{2.4.34}$$

Durch Abbruch nach dem ersten Glied entsteht die *Tustin-Formel* [Tus47]

$$s \approx \frac{2}{T}\frac{z-1}{z+1}, \tag{2.4.35}$$

mit der wiederum durch Substitution $G_{\mathrm{z}}(z)$ aus $G(s)$ näherungsweise für kleine Werte von T berechnet werden kann. Durch Anwendung auf ein I-Glied mit der Übertragungsfunktion $G(s)=1/s$ erhält man

$$G_{\mathrm{z}}(z)=\frac{T}{2}\frac{z+1}{z-1}=\frac{T}{2}\frac{1+z^{-1}}{1-z^{-1}},$$

woraus die Differenzengleichung $y(k)=y(k-1)+(T/2)[u(k)+u(k-1)]$ folgt, die eine Integration nach der Trapezregel beschreibt. Die Substitution mit Gl. (2.4.33) oder Gl. (2.4.35) kann leicht durchgeführt und für einen Rechner programmiert werden.

Eine weitere Approximation zur Herleitung eines direkten Zusammenhanges zwischen der Übertragungsfunktion $G(s)$ gemäß Gl. (2.4.22) und der in Gl. (2.4.3) definierten z-Übertragungsfunktion, dargestellt in der Form

$$G_{\mathrm{z}}(z)=K_{\mathrm{z}}\frac{(z-1)^{n-m}(z-z_{\mathrm{N}_1})(z-z_{\mathrm{N}_2})\ldots(z-z_{\mathrm{N}_m})}{(z-z_{\mathrm{P}_1})(z-z_{\mathrm{P}_2})\ldots(z-z_{\mathrm{P}_n})},$$

liefert das *Pol-/Nullstellen-Anpassungsverfahren* mit den Beziehungen

$$z_{\mathrm{N}_i}=e^{s_{\mathrm{N}_i}T} \quad \text{und} \quad z_{\mathrm{P}_i}=e^{s_{\mathrm{P}_i}T},$$

was leicht über eine Partialbruchzerlegung und die Anwendung des in Abschnitt 2.4.2.1 definierten $\mathscr{Z}$-Doppeloperators bewiesen werden kann.

2.4.3 Einige Strukturen von Abtastsystemen

Durch die Einführung des δ-Abtasters und des Halteglieds ist die Möglichkeit gegeben, für kontinuierliche Teilsysteme in Abtastsystemen eine entsprechende z-Übertragungsfunktion zumindest näherungsweise zu berechnen und damit jedes Abtastsystem als rein diskretes System darzustellen, in dem nur Zahlenfolgen als Signale auftreten (vgl. Bild 2.2.4). Enthält ein Abtastsystem mehrere kontinuierliche Teilsysteme und evtl. mehrere synchron arbeitende δ-Abtaster, so beeinflusst der Ort, an dem die Abtaster eingebaut sind, die diskrete Gesamtübertragungsfunktion entscheidend. Dazu sollen die in Tabelle 2.4.1 dargestellten Systemstrukturen etwas näher untersucht werden.

Bei der *Struktur 1* handelt es sich um eine Hintereinanderschaltung zweier diskreter Systeme, für die sich gemäß Gl. (2.4.6) als Gesamtübertragungsfunktion

$$G_{\mathrm{z}}(z)=\frac{Y_{\mathrm{z}}(z)}{U_{\mathrm{z}}(z)}=G_{1\mathrm{z}}(z)\,G_{2\mathrm{z}}(z) \tag{2.4.36}$$

ergibt. Als Beispiel sei angenommen

$$G_1(s)=\frac{1}{s+1} \quad \text{und} \quad G_2(s)=\frac{1}{s+2}.$$

Die z-Transformation liefert ohne Berücksichtigung von Haltegliedern

Tabelle 2.4.1. Einige Strukturen von Abtastsystemen

1	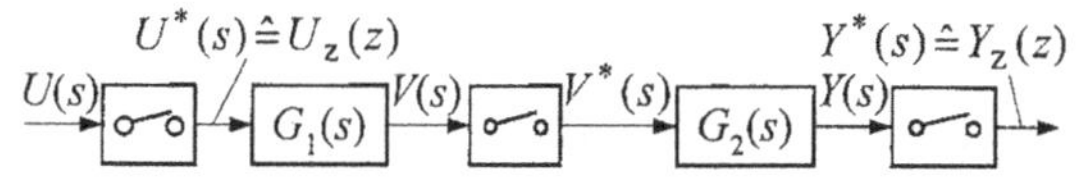	$Y_z(z) = G_{1z}(z)G_{2z}(z)U_z(z)$
2	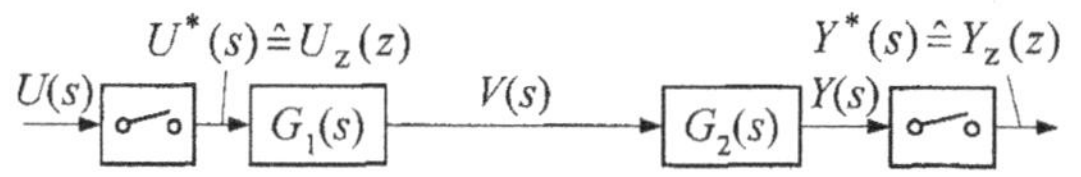	$Y_z(z) = G_1G_{2z}(z)U_z(z)$
3	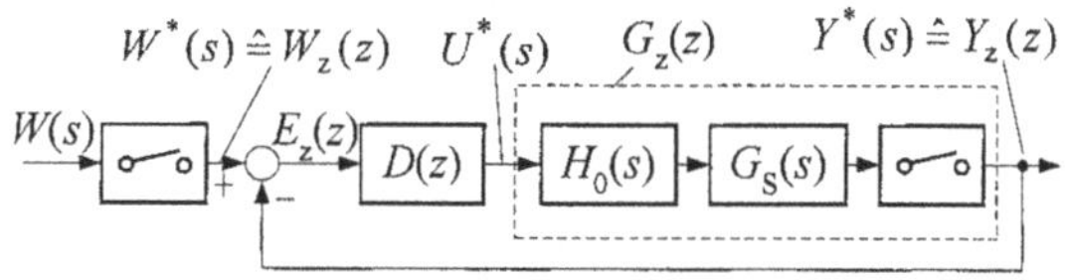	$Y_z(z) = \dfrac{D(z)G_z(z)}{1 + D(z)G_z(z)} W_z(z)$
4	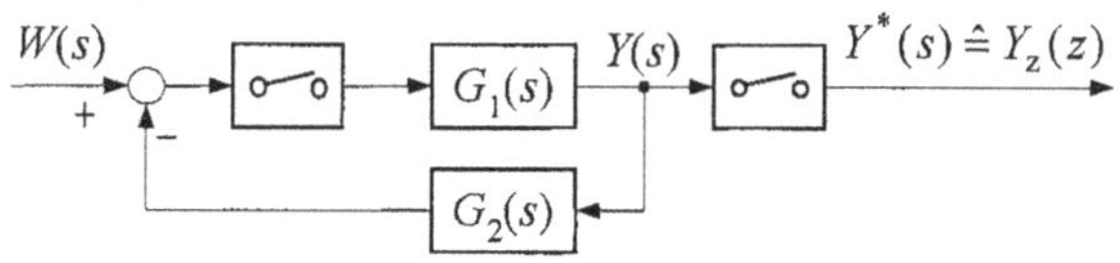	$Y_z(z) = \dfrac{G_{1z}(z)W_z(z)}{1 + G_1G_{2z}(z)}$
5	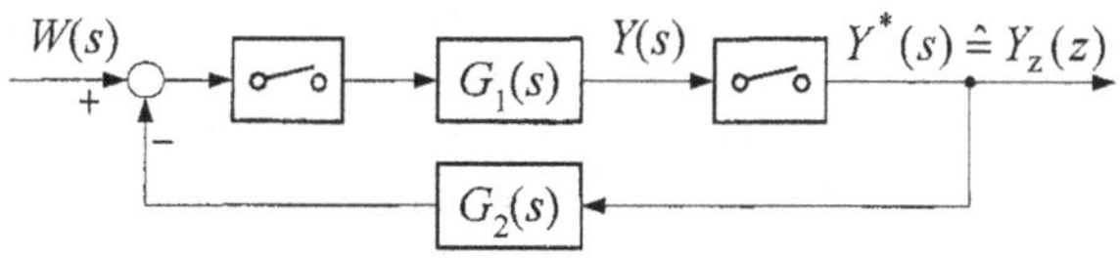	$Y_z(z) = \dfrac{G_{1z}(z)W_z(z)}{1 + G_{1z}(z)G_{2z}(z)}$
6	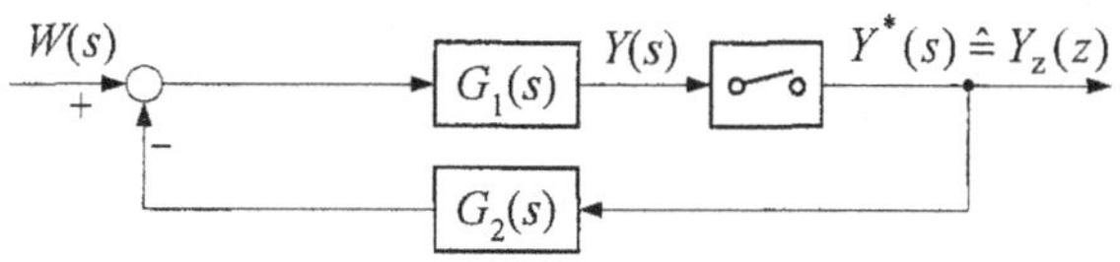	$Y_z(z) = \dfrac{G_1W_z(z)}{1 + G_1G_{2z}(z)}$

$$G_{1z}(z) = \frac{z}{z - \mathrm{e}^{-T}} \quad \text{und} \quad G_{2z}(z) = \frac{z}{z - \mathrm{e}^{-2T}} ,$$

und damit folgt für die Gesamtübertragungsfunktion

$$G_z(z) = G_{1z}(z)\, G_{2z}(z) = \frac{z^2}{(z - \mathrm{e}^{-T})(z - \mathrm{e}^{-2T})} .$$

Bei der *Struktur 2* sind die beiden kontinuierlichen Teilsysteme $G_1(s)$ und $G_2(s)$ nicht durch Abtaster voneinander getrennt; sie müssen daher gemeinsam der z-Transformation unterzogen werden. Dies liefert wieder ohne Berücksichtigung eines Haltegliedes

$$Y_z(z) = U_z(z)\, \mathscr{Z}\left\{G_1(s)\, G_2(s)\right\} = U_z(z)\, G_1\, G_{2z}(z)\,,$$

wobei die Schreibweise $G_1\, G_{2z}(z)$ die z-Transformierte der Zahlenfolge $\mathscr{L}^{-1}\{G_1(s)\, G_2(s)\}\big|_{t=kT}$ für $k = 0, 1, 2, \ldots$ darstellt. Damit erhält man als Gesamtübertragungsfunktion

$$G_z(z) = \frac{Y_z(z)}{U_z(z)} = G_1\, G_{2z}(z)\,. \tag{2.4.37}$$

Wählt man für $G_1(s)$ und $G_2(s)$ dieselben Übertragungsfunktionen wie bei dem vorherigen Beispiel, dann folgt

$$G_1 G_{2z}(z) = \mathscr{Z}\left\{\frac{1}{(s+1)(s+2)}\right\} = \mathscr{Z}\left\{\frac{1}{s+1} - \frac{1}{s+2}\right\}$$

und somit

$$G_1\, G_{2z}(z) = \frac{z}{z-\mathrm{e}^{-T}} - \frac{z}{z-\mathrm{e}^{-2T}} = \frac{z(\mathrm{e}^{-T} - \mathrm{e}^{-2T})}{(z-\mathrm{e}^{-T})(z-\mathrm{e}^{-2T})}\,.$$

Hieraus ist ersichtlich, dass

$$G_{1z}(z)\, G_{2z}(z) \neq G_1\, G_{2z}(z) \tag{2.4.38}$$

ist.

Struktur 3 zeigt einen geschlossenen Regelkreis, wobei das Glied mit der z-Übertragungsfunktion $D(z) = U_z(z) / E_z(z)$ den diskreten Regler und $G_S(s)$ eine kontinuierliche Regelstrecke darstellt. Diese Struktur tritt in der Regel bei der früher schon diskutierten digitalen Regelung (DDC) (vgl. Bild 2.1.2 bzw. 2.2.3) auf und ist von besonderer Bedeutung. Zur Bestimmung der Gesamtübertragungsfunktion wird von der Regelgröße

$$Y_z(z) = E_z(z)\, D(z)\, H_0\, G_{Sz}(z)$$

ausgegangen. Für die Regelabweichung gilt wegen der Linearität des Abtastvorgangs

$$E_z(z) = W_z(z) - Y_z(z)$$

und durch Einsetzen ergibt sich

$$Y_z(z) = \frac{D(z)\, H_0\, G_{Sz}(z)}{1 + D(z)\, H_0\, G_{Sz}(z)}\, W_z(z)\,,$$

oder mit der Abkürzung $G_z(z) = H_0\, G_{Sz}(z)$ als diskrete Führungsübertragungsfunktion des geschlossenen Kreises

$$G_{Wz}(z) = \frac{D(z)\, G_z(z)}{1 + D(z)\, G_z(z)}\,. \tag{2.4.39}$$

Die *Strukturen 4 bis 6* zeigen einige weitere Variationen rückgekoppelter Systeme, deren diskrete Übertragungsfunktion sich jeweils leicht berechnen lässt. In der Struktur 6 wird das Eingangssignal $w(t)$ nicht abgetastet; es muss deshalb als Zeitfunktion bekannt sein, da für eine exakte diskrete Darstellung die z-Transformierte des Produkts $G_1(s)\,W(s)$ benötigt wird. In diesem Fall ist der geschlossene Kreis nicht als diskrete Übertragungsfunktion darstellbar.

2.4.4 Stabilität diskreter Systeme

2.4.4.1 Bedingungen für die Stabilität

Nachfolgend wird von einem linearen zeitinvarianten diskreten System mit der Differenzengleichung

$$y(k) + \sum_{\nu=1}^{n} \alpha_\nu y(k-\nu) = \sum_{\nu=0}^{n} \beta_\nu u(k-\nu)$$

ausgegangen, dessen z-Übertragungsfunktion durch

$$G_z(z) = \frac{\beta_0 + \beta_1 z^{-1} + \cdots + \beta_n z^{-n}}{1 + \alpha_1 z^{-1} + \cdots + \alpha_n z^{-n}} \tag{2.4.40a}$$

oder mit z^n erweitert durch

$$G_z(z) = \frac{\beta_0 z^n + \beta_1 z^{n-1} + \cdots + \beta_n}{z^n + \alpha_1 z^{n-1} + \cdots + \alpha_n} \tag{2.4.40b}$$

gegeben ist. Auf ein solches System lässt sich der Stabilitätsbegriff unmittelbar übertragen, der auch bei den linearen kontinuierlichen Systemen im Band I eingeführt wurde. Für diskrete Systeme lautet dann die *Definition der Stabilität* wie folgt:

> Ein diskretes System (Abtastsystem) heißt stabil, wenn zu jeder beschränkten Eingangsfolge $u(k)$ auch die Ausgangsfolge $y(k)$ beschränkt ist.

Wie später in Kapitel 3 noch gezeigt wird, ist diese Stabilitätsdefinition bei linearen zeitinvarianten Systemen mit der Definition der globalen asymptotischen Stabilität identisch. Zur näheren Interpretation obiger Stabilitätsbedingung sei der Betrag der Faltungssumme des diskreten Systems nach Gl. (2.2.9) mit der Eingangsfolge $u(k)$, der Ausgangsfolge $y(k)$ und der Gewichtsfolge $g(k)$, also

$$|y(k)| = \left| \sum_{\nu=0}^{\infty} u(\nu)\, g(k-\nu) \right|,$$

betrachtet. Zerlegt man diese Beziehung in eine Ungleichung, so folgt

$$|y(k)| = \left| \sum_{\nu=0}^{\infty} u(\nu)\, g(k-\nu) \right| \le \sum_{k=0}^{\infty} |u(k)| \cdot \sum_{k=0}^{\infty} |g(k)| \, .$$

Ist $|u(k)| < \infty$, dann ist auch $|y(k)| < \infty$, wenn für die Gewichtsfolge $g(k)$ die Beziehung

$$\sum_{k=0}^{\infty} |g(k)| < \infty \tag{2.4.41}$$

gilt, d. h. das betrachtete diskrete System ist dann stabil. Die Ungleichung (2.4.41) stellt somit eine hinreichende und notwendige Stabilitätsbedingung dar.

Diese Stabilitätsbedingung im Zeitbereich ist allerdings recht unhandlich. Durch Übergang in den komplexen Bereich zu der z-Transformierten $G_z(z)$ von $g(k)$ erhält man folgende *notwendige und hinreichende Stabilitätsbedingung in der z-Ebene:*

Das durch die rationale Übertragungsfunktion $G_z(z)$ gemäß Gl. (2.4.40b) beschriebene Abtastsystem ist genau dann asymptotisch stabil, wenn alle Pole z_i von $G_z(z)$ innerhalb des Einheitskreises der z-Ebene liegen, d. h. wenn gilt

$$|z_i| < 1 \quad \text{für} \quad i = 1, 2, \ldots, n . \tag{2.4.42}$$

Für einfache Pole z_i auf dem Einheitskreis ist das System grenzstabil. Im Bild 2.4.3 ist der Stabilitätsbereich für die Pole dargestellt. Die Pole werden dabei als Wurzeln des Nennerpolynoms von $G_z(z)$ in der Darstellung mit positiven Potenzen von z definiert.

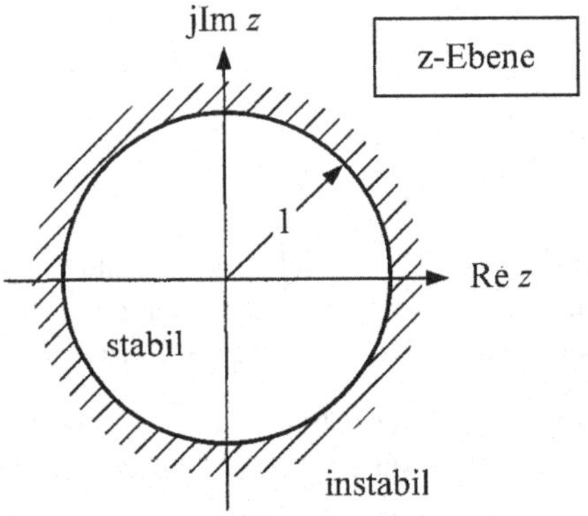

Bild 2.4.3. Bereich der stabilen und instabilen Pole in der z-Ebene

Diese Stabilitätsbedingung folgt unmittelbar aus der Analogie zwischen der s-Ebene für kontinuierliche und der z-Ebene für diskrete Systeme. Die linke s-Halbebene wird mit Hilfe der Substitution nach Gl. (2.3.3)

$$z = e^{Ts} \quad \text{mit} \quad s = \sigma + j\omega$$

in das Innere des Einheitskreises der z-Ebene abgebildet, wobei

$$|z| = e^{T\sigma} \tag{2.4.43a}$$

und

$$\phi = \arg z = \omega T \tag{2.4.43b}$$

gilt. Da im kontinuierlichen Fall für asymptotische Stabilität alle Pole s_i der Übertragungsfunktion $G(s)$ in der linken s-Halbebene ($\mathrm{Re}(s_i) < 0$) liegen müssen, folgt aus den Abbildungsgesetzen der z-Transformation, dass entsprechend bei einem diskreten System alle Pole z_i der z-Übertragungsfunktion $G_z(z)$ im Inneren des Einheitskreises liegen müssen, wie oben bereits festgestellt wurde. Diese Überlegung zeigt auch, dass die Stabilitätseigenschaften eines kontinuierlichen Systems in der diskreten Darstellung voll erhalten bleiben. Anhand eines einfachen Beispiels sollen diese Stabilitätsbedingungen noch veranschaulicht werden.

Beispiel 2.4.2:

Gegeben sei ein System erster Ordnung

$$G_z(z) = \frac{z}{z-a}$$

mit einem Pol an der Stelle $z = a$. Die Gewichtsfolge (siehe Bild 2.4.4) dieses Systems lautet nach Tabelle 2.3.1 (Nr. 15 für $k = t/T$)

$$g(k) = a^k \, .$$

Die Stabilitätsbedingung nach Gl. (2.4.41) sagt nun aus, dass für stabiles Verhalten die Reihe

$$1 + |a| + \left|a^2\right| + \left|a^3\right| + \cdots$$

konvergieren muss. Dies ist aber genau dann der Fall, wenn

$$|a| < 1$$

ist, d. h. wenn der Pol $z = a$ im Einheitskreis liegt. Bild 2.4.4 zeigt die Situation für $a = 1{,}2$ und $a = 0{,}8$.

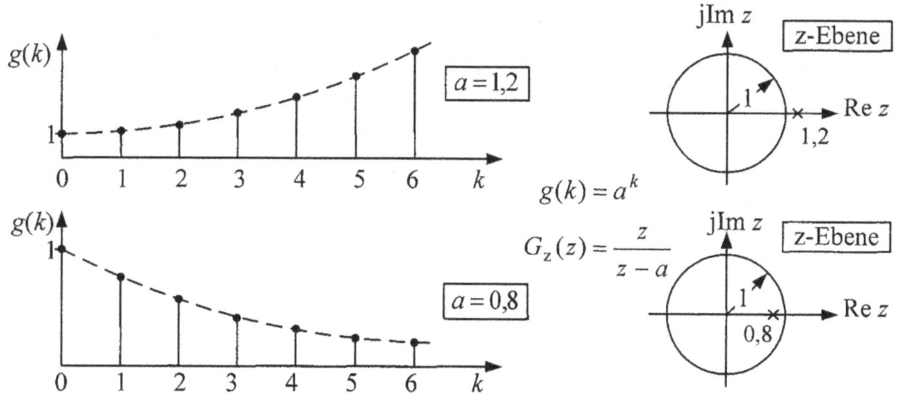

Bild 2.4.4. Beispiel zur Gewichtsfolge eines instabilen und eines stabilen Systems erster Ordnung ■

2.4.4.2 Zusammenhang zwischen dem Zeitverhalten und den Polen bei kontinuierlichen und diskreten Systemen

Die Beziehungen nach den Gln. (2.4.43a, b), also

$$z = e^{sT} \quad \text{mit} \quad |z| = e^{\sigma T} \quad \text{und} \quad \phi = \arg z = \omega T ,$$

ermöglichen die Abbildung von Punkten der s-Ebene in die z-Ebene. Jeder Punkt $s = \sigma + j\omega$ in der s-Ebene liefert also bei der Abbildung in die z-Ebene für $T = \text{const}$ einen Betrag $|z|$, der nur von σ abhängt, sowie einen Winkel ϕ, der nur von ω bestimmt wird. Der Ursprung der s-Ebene $(\sigma = 0, \omega = 0)$ wird somit in der z-Ebene auf den Punkt $z = \alpha + j\beta = 1 + j0$ abgebildet. Lässt man einen Punkt in der s-Ebene auf der $j\omega$-Achse $(\sigma = 0)$ wandern, so behält gemäß obiger Abbildungsvorschrift die komplexe Variable z den Betrag $|z| = 1$, während sich der Winkel ϕ im Gegenuhrzeigersinn von $-\pi$ bis π ändert, wenn ω den Bereich $-\pi / T \le \omega \le \pi / T$ durchläuft. Dies entspricht einem Umlauf auf dem Einheitskreis der z-Ebene, eine Änderung von ω im Bereich $\pi / T \le \omega \le 3\pi / T$ erzeugt einen weiteren Umlauf. Der Einheitskreis wird demnach unendlich oft durchlaufen, wenn ein Punkt in der s-Ebene sich auf der $j\omega$-Achse von $-\infty$ bis ∞ bewegt (Bild 2.4.5). Generell entspricht somit ein Punkt der z-Ebene einer unendlich großen Zahl von Punkten in der s-Ebene.

Die gesamte linke s-Halbebene $(\sigma < 0)$ wird damit in der z-Ebene in das Innere des Einheitskreises $0 \le |z| < 1$ und die rechte s-Halbebene $(\sigma > 0)$ in das Äußere des Einheitskreises $|z| > 1$ abgebildet. Die $j\omega$-Achse der s-Ebene entspricht dem Einheitskreis der z-Ebene $(|z| = 1)$.

Anhand dieser Überlegungen ist leicht ersichtlich, dass Linien konstanter Dämpfung $(\sigma = \text{const})$ in der s-Ebene bei dieser Abbildung in Kreise um den Ursprung der z-Ebene übergehen. Linien konstanter Frequenz $(\omega = \text{const})$ in der s-Ebene werden in der z-Ebene als Strahlen abgebildet, die im Ursprung der z-Ebene mit konstantem Winkel $\phi = \omega T$ beginnen. Je größer die Frequenz, desto größer wird also auch der Winkel ϕ dieser Geraden.

Interessant ist in diesem Zusammenhang, wie sich die Lage der Pole eines Systems in der s-Ebene und z-Ebene auf das Zeitverhalten auswirkt. Eine Übersicht hierüber vermittelt Tabelle 2.4.2 für den Fall, dass dem kontinuierlichen System ein Halteglied nullter Ordnung vorgeschaltet ist und es durch ein sprungförmiges Eingangssignal erregt wird. Hierbei ist zu beachten, dass sich die Polpaare a, d und h in der s-Ebene auf die entsprechenden *Doppelpole* auf der negativen reellen Achse in der z-Ebene abbilden.

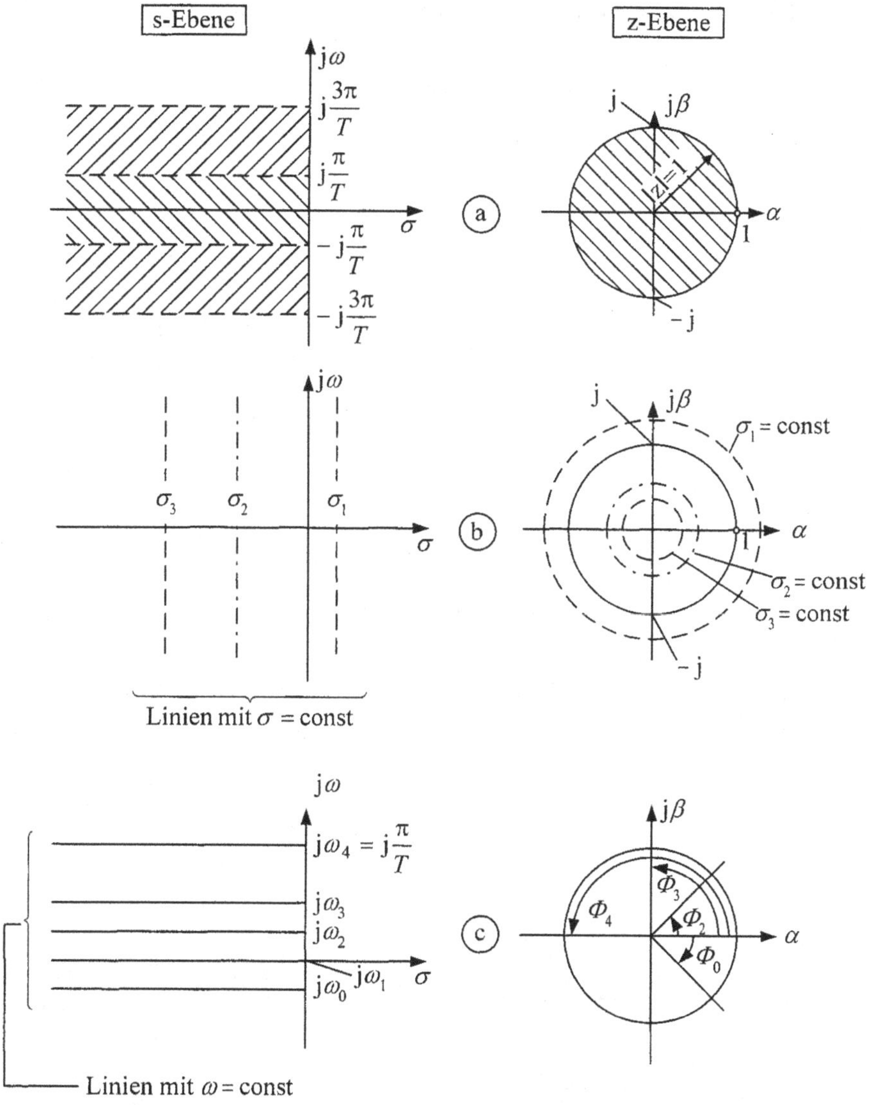

Bild 2.4.5. Abbildung der s-Ebene in die z-Ebene

a) Abbildung der linken s-Halbebene in das Innere des Einheitskreises der z-Ebene

b) Abbildung der Linien σ = const in Kreise der z-Ebene

c) Abbildung der Linien ω = const in Strahlen aus dem Ursprung der z-Ebene

Tabelle 2.4.2. Korrespondierende Lage der Pole der Übertragungsfunktionen $G(s)$ und $H_0G_z(z)$ in der s- und z-Ebene sowie die jeweils zugehörige Übergangsfunktion bzw. Übergangsfolge

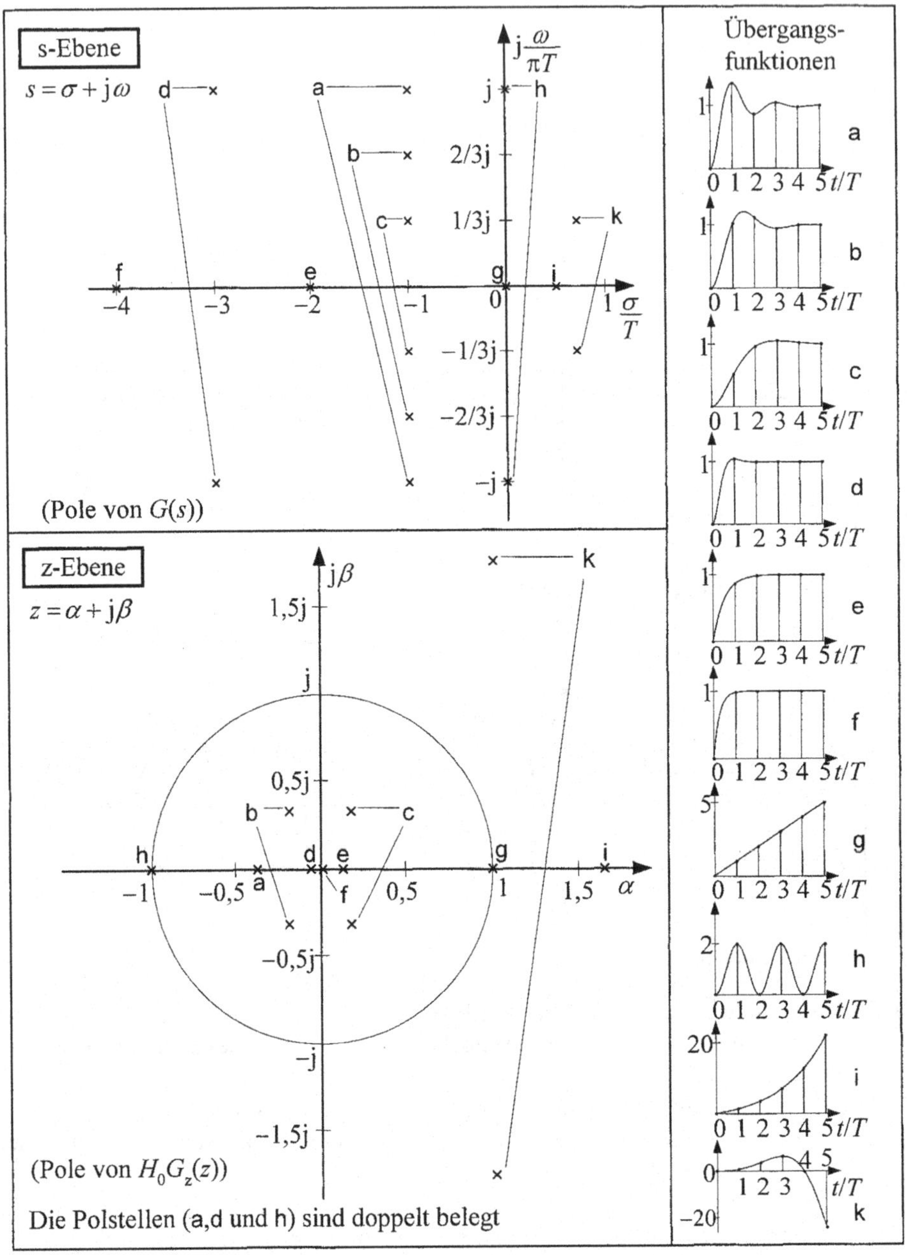

2.4.4.3 Stabilitätskriterien

Zur Überprüfung der zuvor definierten Stabilitätsbedingungen, dass alle Pole z_i von $G_z(z)$ innerhalb des Einheitskreises der z-Ebene liegen müssen, stehen auch bei diskreten Systemen Kriterien zur Verfügung, die ähnlich wie bei linearen kontinuierlichen Systemen von der *charakteristischen Gleichung*

$$f(z) = \gamma_0 + \gamma_1 z + \cdots + \gamma_n z^n = 0 \tag{2.4.44}$$

ausgehen. Diese Beziehung folgt aus Gl. (2.4.40b) durch Nullsetzen und andere Darstellung des Nennerpolynoms. Der Anschaulichkeit halber wurden in Gl. (2.4.44) die Indizes der Koeffizienten γ_i entsprechend den positiven Potenzen von z gewählt.

Eine einfache Möglichkeit, die Stabilität eines diskreten Systems zu überprüfen, besteht in der Verwendung der w *-Transformation*

$$w = \frac{z-1}{z+1} \quad \text{oder} \quad z = \frac{1+w}{1-w}. \tag{2.4.45}$$

Diese Transformation bildet das Innere des Einheitskreises der z-Ebene in die linke w-Ebene ab. Damit werden bei einem stabilen System alle Wurzeln z_i der charakteristischen Gleichung, Gl. (2.4.44), in der linken w-Halbebene abgebildet. Mit Gl. (2.4.45) erhält man als charakteristische Gleichung in der w-Ebene

$$\gamma_0 + \gamma_1 \left(\frac{1+w}{1-w}\right) + \cdots + \gamma_n \left(\frac{1+w}{1-w}\right)^n = 0\,. \tag{2.4.46}$$

Da bei einem stabilen System alle Wurzeln w_i dieser Gleichung in der linken w-Halbebene liegen müssen, kann hierfür das Routh- oder Hurwitz-Kriterium - wie es bei kontinuierlichen Systemen eingeführt wurde - angewandt werden (s. Band Regelungstechnik I).

Dieser Weg ist jedoch nicht erforderlich, wenn speziell für diskrete Systeme entwickelte Stabilitätskriterien angewandt werden, wie beispielsweise das Kriterium von Jury [Jur64] oder das Schur-Cohn-Kriterium [Ack88; Föl93]. Nachfolgend sei kurz das Vorgehen beim *Jury-Stabilitätskriterium* gezeigt.

Zunächst wird in Gl. (2.4.44) das Vorzeichen so gewählt, dass

$$\gamma_n > 0 \tag{2.4.47}$$

wird. Dann berechnet man das in Tabelle 2.4.3 dargestellte Koeffizientenschema. Zu diesem Zweck schreibt man die Koeffizienten γ_i in den ersten beiden Reihen vor- und rückwärts - wie dargestellt - an.

Jeder nachfolgende Satz zweier zusammengehöriger Reihen wird berechnet aus folgenden Determinanten:

$$b_k = \begin{vmatrix} \gamma_0 & \gamma_{n-k} \\ \gamma_n & \gamma_k \end{vmatrix}; \quad c_k = \begin{vmatrix} b_0 & b_{n-1-k} \\ b_{n-1} & b_k \end{vmatrix}; \quad d_k = \begin{vmatrix} c_0 & c_{n-2-k} \\ c_{n-2} & c_k \end{vmatrix}; \ldots$$

$$s_0 = \begin{vmatrix} r_0 & r_3 \\ r_3 & r_0 \end{vmatrix}; \qquad s_1 = \begin{vmatrix} r_0 & r_2 \\ r_3 & r_1 \end{vmatrix}; \qquad s_2 = \begin{vmatrix} r_0 & r_1 \\ r_3 & r_2 \end{vmatrix}.$$

Die Berechnung erfolgt solange, bis die letzte Reihe mit den drei Zahlen s_0, s_1 und s_2 erreicht ist.

Tabelle 2.4.3. Koeffizienten zum Jury-Stabilitätskriterium

Reihe	z^0	z^1	z^2	...	z^{n-2}	z^{n-1}	z^n
1	γ_0	γ_1	γ_2	...	γ_{n-2}	γ_{n-1}	γ_n
2	γ_n	γ_{n-1}	γ_{n-2}	...	γ_2	γ_1	γ_0
3	b_0	b_1	b_2	...	b_{n-2}	b_{n-1}	
4	b_{n-1}	b_{n-2}	b_{n-3}	...	b_1	b_0	
5	c_0	c_1	c_2	...	c_{n-2}		
6	c_{n-2}	c_{n-3}	c_{n-4}	...	c_0		
$\vdots$				$\vdots$			
$2n-5$	r_0	r_1	r_2	r_3			
$2n-4$	r_3	r_2	r_1	r_0			
$2n-3$	s_0	s_1	s_2				

Das Jury-Stabilitätskriterium besagt nun (hier ohne weiteren Beweis!), dass unter der Voraussetzung (2.4.47) für asymptotisch stabiles Verhalten folgende notwendigen und hinreichenden Bedingungen erfüllt sein müssen:

a) $f(1) > 0$ und $(-1)^n f(-1) > 0$ (2.4.48)

b) außerdem folgende $(n-1)$ Bedingungen:

$$|\gamma_0| < \gamma_n > 0\,,\ |b_0| > |b_{n-1}|\,,\ |c_0| > |c_{n-2}|\,,\ |d_0| > |d_{n-3}|\,,\ |s_0| > |s_2|\,. \qquad (2.4.49)$$

Ist eine dieser Bedingungen nicht erfüllt, dann ist das System instabil. Bevor das Koeffizientenschema aufgestellt wird, muss zuerst $f(z=1)$ und $f(z=-1)$ berechnet werden. Erfüllt eine dieser Beziehungen die zugehörige obige Ungleichung nicht, dann liegt bereits instabiles Verhalten vor.

Beispiel 2.4.3:

Gegeben sei die charakteristische Gleichung

$$f(z) = 1 - z + 2z^2 - 3z^3 + 2z^4 = 0 .$$

Die Ungleichungen (2.4.48) liefern

$$f(1) = 1 - 1 + 2 - 3 + 2 = 1 > 0 ,$$

$$(-1)^4 f(-1) = 1 + 1 + 2 + 3 + 2 = 9 > 0 .$$

Da beide Bedingungen erfüllt sind, muss noch das Koeffizientenschema berechnet werden:

Reihe	z^0	z^1	z^2	z^3	z^4
1	$\gamma_0 = 1$	-1	2	-3	2
2	$\gamma_4 = 2$	-3	2	-1	1
3	$b_0 = -3$	5	-2	-1	
4	$b_3 = -1$	-2	5	-3	
5	$c_0 = 8$	-17	11		

Aus den Ungleichungen (2.4.49) folgt

$$|\gamma_0| < \gamma_4 \quad : 1 < 2$$

$$|b_0| > |b_3| \quad : 3 > 1$$

$$|c_0| > |c_2| \quad : 8 \not> 11 .$$

Die letzte Bedingung ist somit nicht erfüllt, daher liegt instabiles Verhalten vor. ■

2.4.5 Spektrale Darstellung von Abtastsignalen und diskreter Frequenzgang

In diesem Abschnitt sollen die Abtastsignale noch etwas näher untersucht werden, die im Abschnitt 2.2.2 als Impulsfolgen

$$f^*(t) = f(t) \sum_{k=0}^{\infty} \delta(t - kT) \tag{2.4.50}$$

eingeführt wurden. Dabei charakterisiert der Summenterm eine in T periodische Folge von δ -Impulsen, die man in eine komplexe Fourier-Reihe entwickeln kann. Mit der *Abtastfrequenz* $\omega_p = 2\pi / T$ gilt

$$\sum_{k=0}^{\infty} \delta(t-kT) = \sum_{\nu=-\infty}^{+\infty} C_\nu \, \mathrm{e}^{\mathrm{j}\nu\omega_\mathrm{p} t}, \quad \nu = 0, \pm 1, \pm 2, \ldots, \tag{2.4.51}$$

wobei die Fourier-Koeffizienten C_ν nach der Beziehung

$$C_\nu = \frac{1}{T} \int_{-T/2}^{T/2} \sum_{k=0}^{\infty} \delta(t-kT) \, \mathrm{e}^{-\mathrm{j}\nu\omega_\mathrm{p} t} \, \mathrm{d}t ,$$

bestimmt werden. Es ergibt sich dabei für alle ν-Werte

$$C_\nu = \frac{1}{T}, \tag{2.4.52}$$

und damit folgt für Gl. (2.4.50)

$$f^*(t) = f(t) \sum_{\nu=-\infty}^{\infty} \frac{1}{T} \mathrm{e}^{\mathrm{j}\nu\omega_\mathrm{p} t} \tag{2.4.53}$$

oder

$$f^*(t) = \frac{1}{T} \sum_{\nu=-\infty}^{\infty} f(t) \, \mathrm{e}^{\mathrm{j}\nu\omega_\mathrm{p} t} . \tag{2.4.54}$$

Unter der Voraussetzung, dass $f(0) = 0$ ist, wird nun auf Gl. (2.4.54) die Laplace-Transformation

$$\mathscr{L}\left\{f^*(t)\right\} = \frac{1}{T} \sum_{\nu=-\infty}^{\infty} \mathscr{L}\left\{f(t) \, \mathrm{e}^{\mathrm{j}\nu\omega_\mathrm{p} t}\right\} \tag{2.4.55}$$

angewandt. Mit der Definitionsgleichung der Laplace-Transformation folgt

$$\begin{aligned} \mathscr{L}\left\{f(t) \, \mathrm{e}^{\mathrm{j}\nu\omega_\mathrm{p} t}\right\} &= \int_0^{\infty} f(t) \, \mathrm{e}^{-(s-\mathrm{j}\nu\omega_\mathrm{p})t} \, \mathrm{d}t \\ &= F(s - \mathrm{j}\nu\omega_\mathrm{p}) , \end{aligned} \tag{2.4.56}$$

und damit erhält man schließlich für Gl. (2.4.55)

$$\mathscr{L}\left\{f^*(t)\right\} = F^*(s) = \frac{1}{T} \sum_{\nu=-\infty}^{+\infty} F(s - \mathrm{j}\nu\omega_\mathrm{p}) . \tag{2.4.57}$$

Für den Fall $f(0) \neq 0$ ist zu beachten, dass das Laplace-Integral bei Sprungstellen den Mittelwert der beiden Grenzwerte von links und rechts, also bei $t = 0$ den Wert $f(0+)/2$ darstellt. Deshalb gilt für den allgemeinen Fall

$$F^*(s) = \frac{1}{T} \sum_{\nu=-\infty}^{+\infty} F(s - \mathrm{j}\nu\omega_\mathrm{p}) + \frac{f(0+)}{2} . \tag{2.4.58}$$

Für $s = \mathrm{j}\omega$ stellt diese komplexe Funktion $F^*(\mathrm{j}\omega)$ die *Spektraldichte* des Abtastsignals $f^*(t)$ dar. Sie ist periodisch mit der Periode ω_p, also der Abtastfrequenz, und entsteht aus der Spektraldichtefunktion $F(\mathrm{j}\omega)$ des kontinuierlichen Signals $f(t)$ durch eine Überlagerung entsprechend Gl. (2.4.58). Hat das kontinuierliche Signal $f(t)$ ein Amplitudendichtespektrum $|F(\mathrm{j}\omega)|$ mit dem im Bild 2.4.6a dargestellten Verlauf, dann erhält man für das zugehörige Abtastsignal $f^*(t)$ das im Bild 2.4.6b dargestellte periodische Amplitudendichtespektrum, das aus $|F(\mathrm{j}\omega)|$ durch Multiplizieren mit $1/T$ und Verschieben um $\nu\omega_\mathrm{p}$, $\nu = 0, \pm 1, \pm 2, \ldots$ hervorgeht. Hierbei ist angenommen, dass das Amplitudendichtespektrum $|F(\mathrm{j}\omega)|$ *tiefpassbegrenzt* ist, d. h. es gilt

$$|F(\mathrm{j}\omega)| = 0 \quad \text{für} \quad |\omega| > \omega_\mathrm{g} ,$$

wobei ω_g die Grenzfrequenz des Signals bezeichnet.

Im Bild 2.4.6b ist die Abtastfrequenz so gewählt, dass $\omega_\mathrm{p}/2 > \omega_\mathrm{g}$ ist. Dadurch überdecken sich die einzelnen *Teilspektren* oder *Seitenbänder* nicht, und der Verlauf von $|F(\mathrm{j}\omega)|$ bleibt erhalten. Durch ein ideales *Tiefpassfilter*, dessen Amplitudengang im Bild 2.4.6b angedeutet ist, kann daher in diesem Fall das kontinuierliche Signal $f(t)$ aus dem Abtastsignal $f^*(t)$ wieder rekonstruiert werden. Ist dagegen T so groß, dass $\omega_\mathrm{p}/2 < \omega_\mathrm{g}$ gilt, so überdecken sich die Teilspektren, wie Bild 2.4.7 zeigt.

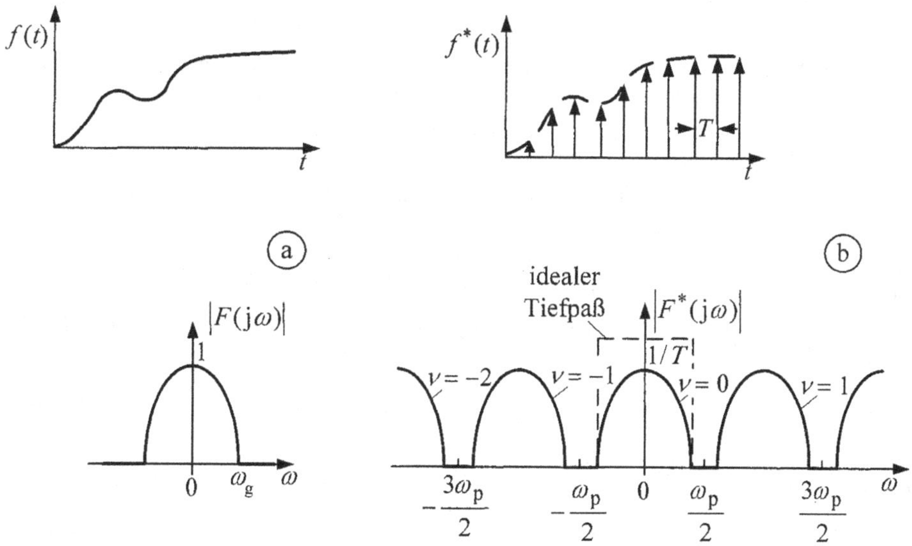

Bild 2.4.6. Amplitudendichtespektrum eines kontinuierlichen (a) und eines entsprechenden abgetasteten (b) Signals

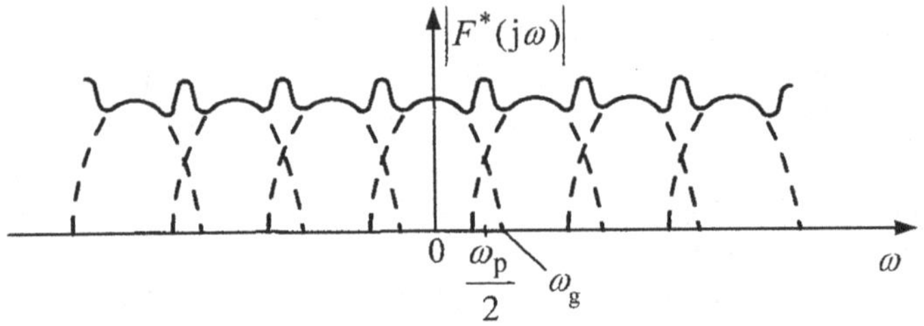

Bild 2.4.7. Amplitudenspektrum eines abgetasteten Signals für $\omega_p / 2 < \omega_g$

Aus diesem Sachverhalt ergibt sich unmittelbar das *Shannonsche Abtasttheorem*:

Ist ω_g die Grenzfrequenz eines Signals $f(t)$, so muss für die Abtastfrequenz

$$\omega_p = \frac{2\pi}{T} > 2\omega_g \tag{2.4.59}$$

gelten, damit der Informationsgehalt des Signals bei der Abtastung voll erhalten bleibt.

Anders ausgedrückt bedeutet das: Entsteht aus zwei Signalen $f_1(t)$ und $f_2(t)$ das gleiche Abtastsignal $f^*(t)$, so gilt $f_1(t) = f_2(t)$, falls die Bedingung (2.4.59) erfüllt ist.

In der Regelungstechnik hat das Abtasttheorem von Shannon nur geringe Bedeutung, da die Voraussetzung der Tiefpassbegrenzung von $F(j\omega)$ bei den betrachteten Signalen praktisch nie erfüllt ist. Nur gelegentlich orientiert man sich an der Grenzfrequenz der betrachteten Systeme, doch im allgemeinen wird die untere Grenze der Abtastfrequenz nicht durch das Abtasttheorem bestimmt. Vielmehr orientiert man sich an einem konkret messbaren Kennwert des betreffenden kontinuierlichen Systems, z. B. der Frequenz der Bandbreite ω_b des Frequenzganges oder dem Zeitprozentkennwert t_{63} der Übergangsfunktion, also die Zeit bis zum Erreichen von 63% des stationären Endwertes bei Systemen mit PT_n-Verhalten (siehe Band „Regelungstechnik I"). Als gute Erfahrungswerte für die *Wahl der Abtastzeit T* können dann die Beziehungen

$$\frac{0{,}23}{\omega_b} \leq T \leq \frac{0{,}38}{\omega_b} \tag{2.4.60a}$$

oder

$$\frac{t_{63}}{10} \leq T \leq \frac{t_{63}}{6} \tag{2.4.60b}$$

gewählt werden.

Ist $f(t) = g(t)$ speziell die Gewichtsfunktion eines kontinuierlichen Systems und $g^*(t)$ das entsprechende Abtastsignal, so gilt für den *Frequenzgang des diskreten Systems* entsprechend Gl. (2.4.58)

$$G^*(\mathrm{j}\omega) = \frac{1}{T} \sum_{\nu=-\infty}^{+\infty} G[\mathrm{j}(\omega - \nu\omega_\mathrm{p})] + \frac{g(0+)}{2} . \tag{2.4.61}$$

Der diskrete Frequenzgang ist also ebenfalls eine periodische Funktion, die im Intervall $-\pi \leq \omega T < \pi$ bzw. aus Symmetriegründen, da $g(t)$ eine reelle Funktion ist, im Intervall $0 \leq \omega T < \pi$ vollständig bestimmt ist. Dabei gilt Gl. (2.3.5),

$$G^*(\mathrm{j}\omega) = G_\mathrm{z}(\mathrm{e}^{\mathrm{j}\omega T}) , \tag{2.4.62}$$

d. h. man erhält den diskreten Frequenzgang aus der z-Übertragungsfunktion $G_\mathrm{z}(z)$ durch die Substitution $z = \mathrm{e}^{\mathrm{j}\omega T}$.

2.5 Regelalgorithmen für die digitale Regelung

2.5.1 PID-Algorithmus

Eine der einfachsten Möglichkeiten, einen Regelalgorithmus für die digitale Regelung zu entwerfen, besteht darin, die Funktion des konventionellen PID-Reglers einem Prozessrechner zu übertragen. Dazu muss der PID-Regler mit verzögertem D-Verhalten und der Übertragungsfunktion

$$G_\mathrm{PID}(s) = K_\mathrm{R} \left[1 + \frac{1}{T_\mathrm{I} s} + \frac{T_\mathrm{D} s}{1 + T_\mathrm{V} s} \right] \tag{2.5.1}$$

in einen diskreten Algorithmus umgewandelt werden. Da hierbei der Zeitverlauf des Eingangssignals, nämlich die Regelabweichung $e(t)$ beliebig sein kann, ist die Bestimmung der z-Übertragungsfunktion des diskreten PID-Reglers nur näherungsweise möglich.

Für die Berechnung des I-Anteils wird die Tustin-Formel, Gl. (2.4.35), benutzt

$$\frac{1}{s} \approx \frac{T}{2} \frac{z+1}{z-1} ,$$

wodurch, wie oben gezeigt wurde, eine Integration nach der Trapezregel beschrieben wird. Zur Diskretisierung des D-Anteils erweist sich eine Substitution nach Gl. (2.4.33) als günstiger - sie entspricht ja genau einem Differenzenquotienten -, so dass man insgesamt für den PID-Algorithmus die z-Übertragungsfunktion

$$D_\mathrm{PID}(z) = K_\mathrm{R} \left[1 + \frac{T}{2T_\mathrm{I}} \frac{z+1}{z-1} + \frac{T_\mathrm{D}}{T} \frac{z-1}{z(1 + T_\mathrm{V}/T) - T_\mathrm{V}/T} \right] \tag{2.5.2}$$

erhält. Fasst man die einzelnen Terme zusammen, so ergibt sich eine z-Übertragungsfunktion 2. Ordnung mit den Polen $z = 1$ und $z = -c_1$

$$D_\mathrm{PID}(z) = \frac{U_\mathrm{z}(z)}{E_\mathrm{z}(z)} = \frac{d_0 + d_1 z^{-1} + d_2 z^{-2}}{(1 - z^{-1})(1 + c_1 z^{-1})} , \tag{2.5.3}$$

deren Koeffizienten aus den Parametern K_R, T_I, T_D und T_V wie folgt berechnet werden:

$$d_0 = \frac{K_R}{1+T_V/T}\left[1+\frac{T+T_V}{2T_I}+\frac{T_D+T_V}{T}\right], \tag{2.5.4a}$$

$$d_1 = \frac{K_R}{1+T_V/T}\left[-1+\frac{T}{2T_I}-\frac{2(T_D+T_V)}{T}\right], \tag{2.5.4b}$$

$$d_2 = \frac{K_R}{1+T_V/T}\left[\frac{T_D+T_V}{T}-\frac{T_V}{2T_I}\right], \tag{2.5.4c}$$

$$c_1 = -\frac{T_V}{T+T_V}. \tag{2.5.4d}$$

Die zugehörige Differenzengleichung

$$u(k) = d_0\, e(k) + d_1\, e(k-1) + d_2\, e(k-2) + \\ + (1-c_1)\, u(k-1) + c_1\, u(k-2) \tag{2.5.5}$$

erhält man direkt aus Gl. (2.5.3) durch inverse z-Transformation. Gl. (2.5.5) wird auch als *Stellungs- oder Positionsalgorithmus* bezeichnet, da hier die Stellgröße direkt berechnet wird. Im Gegensatz dazu wird beim *Geschwindigkeitsalgorithmus* jeweils die Änderung der Stellgröße

$$\Delta u(k) = u(k) - u(k-1) \tag{2.5.6}$$

berechnet, wobei die entsprechende Differenzengleichung lautet:

$$\Delta u(k) = d_0 e(k) + d_1 e(k-1) + d_2 e(k-2) - c_1 \Delta u(k-1). \tag{2.5.7}$$

Durch Anwendung der z-Transformation folgt aus Gl. (2.5.7) direkt die z-Übertragungsfunktion des Geschwindigkeitsalgorithmus

$$D'_{PID}(z) = \frac{\Delta U_z(z)}{E_z(z)} = \frac{d_0 + d_1 z^{-1} + d_2 z^{-2}}{1 + c_1 z^{-1}}. \tag{2.5.8}$$

In der Praxis wird der Geschwindigkeitsalgorithmus immer dann angewendet, wenn das Stellglied speicherndes (integrales) Verhalten hat, wie es z. B. bei einem Schrittmotor der Fall ist.

Die hier besprochenen PID-Algorithmen stellen aufgrund ihrer Herleitung *quasistetige* Regelalgorithmen dar. Wählt man dabei die Abtastzeit T mindestens kleiner als 1/10 der dominierenden Zeitkonstanten des Systems, so können unmittelbar die Parameter des kontinuierlichen PID-Reglers in die Gln. (2.5.4a) bis (2.5.4d) eingesetzt werden, wie sie durch *Optimierung*, aufgrund von *Einstellregeln* oder Erfahrungswerten bekannt sind. Am meisten verbreitet sind die von Takahashi [TCA71] für diskrete Regler entwickelten Einstellregeln, die sich weitgehend an die Regeln von Ziegler-Nichols anlehnen (vgl. hierzu Kapitel 8.2.3.1 und Tabelle 8.2.8 in Band I).

Die Reglerparameter können entweder anhand der Kennwerte des geschlossenen Regelkreises an der Stabilitätsgrenze bei Verwendung eines P-Reglers (Methode I) oder anhand der gemessenen Übergangsfunktion der Regelstrecke (Methode II) ermittelt werden. Die hierfür notwendigen Beziehungen sind in Tabelle 2.5.1 für den P-, PI- und PID-Regler zusammengestellt. Dabei beschreiben die Größen K_{RKrit} den Verstärkungsfaktor eines P-Reglers an der Stabilitätsgrenze und T_{Krit} die Periodendauer der sich einstellenden Dauerschwingung. Sämtliche nach der Methode I bestimmten Einstellwerte sind nicht von der Abtastzeit T abhängig. Erwähnenswert ist, dass bei der Methode II nicht der gesamte Verlauf der Übergangsfunktion bekannt sein muss. Es genügt die Kenntnis des Verlaufs bis etwas über den Wendepunkt W hinaus; dann lässt sich aus der Steigung der Wendetangente direkt der Wert K_S / T_a ablesen, der dann in die betreffenden Ausdrücke der Tabelle 2.5.1 eingesetzt werden kann.

Tabelle 2.5.1. Einstellwerte für diskrete Regler nach Takahashi [TCA71]

	Reglertypen	Reglereinstellwerte		
		K_R	T_I	T_D
Methode I	P	$0{,}5\ K_{RKrit}$	—	—
	PI	$0{,}45\ K_{RKrit}$	$0{,}83\ T_{Krit}$	—
	PID	$0{,}6\ K_{RKrit}$	$0{,}5\ T_{Krit}$	$0{,}125\ T_{Krit}$
Methode II	P	$\frac{1}{K_S}\frac{T_a}{T_u+T}$	—	—
	PI	$\frac{0{,}9}{K_S}\frac{T_a}{T_u+T/2}$	$3{,}33(T_u+T/2)$	—
	PID	$\frac{1{,}2}{K_S}\frac{T_a}{T_u+T}$	$2\frac{(T_u+T/2)^2}{T_u+T}$	$\frac{T_u+T}{2}$
		für $T/T_a \leq 1/10$		
Übergangsfunktion der Regelstrecke	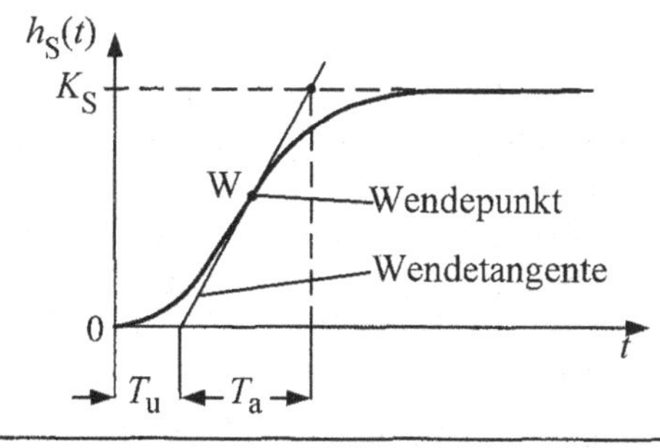			

Bezüglich der Wahl der Größe von T_V ist darauf zu achten, dass bei kleinen Abtastzeiten das durch den A/D-Umsetzer verursachte "Quantisierungsrauschen" am Reglereingang verstärkt wird. Ändert sich die Regelabweichung $e(t)$ gerade um den Betrag der Quantisierungsstufe Δe, siehe Bild 2.1.3, so verändert sich das entsprechende digitale Signal

$e(k)$ sprungförmig um den Betrag der Quantisierung h. Betrachtet man nun in Gl. (2.5.2) nur den D-Anteil,

$$\frac{U_{\mathrm{Dz}}(z)}{E_{\mathrm{z}}(z)} = K_{\mathrm{R}} \frac{T_{\mathrm{D}}}{T} \frac{z-1}{z(1+T_{\mathrm{V}}/T) - T_{\mathrm{V}}/T}$$

oder die hierzu gehörende Differenzengleichung

$$u_{\mathrm{D}}(k)(T+T_{\mathrm{V}}) - u_{\mathrm{D}}(k-1)\,T_{\mathrm{V}} = K_{\mathrm{R}} T_{\mathrm{D}}\,[e(k) - e(k-1)]\,,$$

so erhält man mit $e(k) = h\sigma(k)$ - wobei $\sigma(k)$ die Sprungfolge ist - für den D-Anteil des Stellsignals bei $k=0$ unmittelbar einen Impuls der Höhe

$$\Delta u_{\mathrm{D}}(0) = u_{\mathrm{D}}(0) = h\,K_{\mathrm{R}} \frac{T_{\mathrm{D}}}{T+T_{\mathrm{V}}}\,. \tag{2.5.9}$$

Sind die Größen K_{R}, T_{D} und h vorgegeben, so können die noch freien Parameter T und T_{V} so gewählt werden, dass Δu_{D} einen vorgegebenen Grenzwert einhält.

Selbstverständlich kann der PID-Algorithmus auch mit größeren Abtastzeiten eingesetzt werden. Allerdings ist es dann nicht mehr möglich, die Parameter nach den zuvor erwähnten Regeln einzustellen. Sehr gute Ergebnisse erhält man in diesem Fall durch Optimierung der Parameter. Dafür ist z. B. das quadratische Gütekriterium

$$I(K_{\mathrm{R}}, T_{\mathrm{I}}, T_{\mathrm{D}}, T_{\mathrm{V}}) = \sum_{k=0}^{N} \left\{ e^2(k) + \lambda [u(k) - u(N)]^2 \right\} \overset{!}{=} \mathrm{Min} \tag{2.5.10}$$

geeignet. Hierbei stellt N die Anzahl der Abtastschritte bis zum Erreichen des stationären Endwertes eines Einschwingvorganges dar. Durch den Parameter $\lambda \geq 0$ kann das Stellverhalten bewertet und so beeinflusst werden, dass auch das Quantisierungsrauschen weitgehend unterdrückt wird.

2.5.2 Der Entwurf diskreter Kompensationsalgorithmen

2.5.2.1 Allgemeine Grundlagen

Der diskrete Entwurf ist besonders dann interessant, wenn die Abtastzeit so groß gewählt wird, dass nicht mehr von einem quasistetigen Betrieb ausgegangen werden kann. In diesem Fall erhält man aus dem Prinzip der Kompensation der Regelstrecke ein sehr einfaches und leistungsfähiges Syntheseverfahren für diskrete Regelalgorithmen, das es ermöglicht, die diskrete Führungsübertragungsfunktion des geschlossenen Regelkreises nahezu beliebig vorzugeben.

Ausgangspunkt ist ein Abtastregelkreis in diskreter Darstellung gemäß Bild 2.5.1, wobei die Regelstrecke durch die z-Übertragungsfunktion (der anschaulichen Beschreibung halber soll im Folgenden auf den Index z verzichtet werden)

$$G(z) = \frac{B(z)\,z^{-d}}{A(z)} = \frac{b_0 + b_1 z^{-1} + \cdots + b_n z^{-n}}{1 + a_1 z^{-1} + \cdots + a_n z^{-n}}\, z^{-d} \tag{2.5.11}$$

mit $b_0 \neq 0$ und der diskrete Regler durch $D(z)$ beschrieben werden. Hierbei ist d die diskrete Totzeit der Regelstrecke, für die entsprechend Gl. (2.4.20) $d = T_t / T$ gilt. Bei

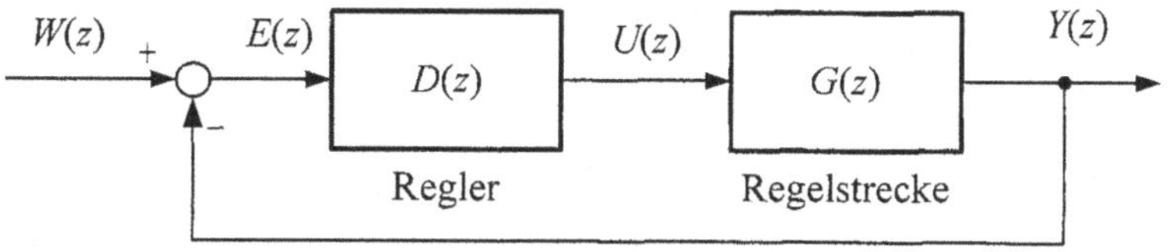

Bild 2.5.1. Diskreter Regelkreis

Regelstrecken, für die $b_0 = 0$ gilt, kann eine zu Gl. (2.5.11) äquivalente Beziehung gefunden werden, indem aus dem Zählerpolynom von Gl. (2.5.11) der Faktor z^{-1} herausgezogen und dem Totzeitterm hinzugeschlagen wird. Die Führungsübertragungsfunktion des hier betrachteten Regelkreises lautet:

$$G_W(z) = \frac{Y(z)}{W(z)} = \frac{D(z)\, G(z)}{1 + D(z)\, G(z)} . \tag{2.5.12}$$

Nun gibt man für $G_W(z)$ ein gewünschtes Übertragungsverhalten in Form einer "Modellübertragungsfunktion" $K_W(z)$ vor mit der Forderung

$$G_W(z) \overset{!}{=} K_W(z) .$$

Damit löst man Gl. (2.5.12) nach $D(z)$ auf und erhält die Übertragungsfunktion des Reglers

$$D(z) = \frac{1}{G(z)} \frac{K_W(z)}{1 - K_W(z)} . \tag{2.5.13}$$

Diese Beziehung stellt die Grundgleichung der diskreten Kompensation dar. Für die weitere Vorgehensweise unterscheidet man zweckmäßigerweise zwischen den nachfolgend behandelten beiden Fällen.

Fall I: $G(z)$ besitzt nur Pole und Nullstellen in $|z_i| < 1$

Dies bedeutet, dass alle Wurzeln der Polynome $A(z)$ und $B(z)$ von Gl. (2.5.11) innerhalb des Einheitskreises der z-Ebene liegen. Die Regelstrecke ist also asymptotisch stabil und minimalphasig. Dann ergeben sich für die Wahl von $K_W(z)$ zwei fast selbstverständliche Bedingungen:

a) Die Reglerübertragungsfunktion $D(z)$ muss realisierbar sein. Schreibt man die Polynome in negativen Potenzen von z, so bedeutet dies, dass der Absolutkoeffizient des Nennerpolynoms von $D(z)$ nicht verschwinden darf, da sonst $D(z)$ kein kausales System beschreibt. Durch Einsetzen von Gl. (2.5.11) in Gl. (2.5.13) ergibt sich

$$D(z) = \frac{A(z)}{B(z)\, z^{-d}} \, \frac{K_W(z)}{1 - K_W(z)} . \tag{2.5.14}$$

Der Faktor z^{-d} im Nenner wird offensichtlich dann gekürzt, wenn er auch im Zähler von $K_W(z)$ auftritt. Es muss also gelten

$$K_W(z) = \frac{P'(z)\, z^{-d}}{N(z)} , \tag{2.5.15}$$

wobei $P'(z)$ und $N(z)$ zunächst noch frei wählbare Polynome sind.

b) Beim Aufschalten einer sprungförmigen Führungsgröße $w(k)$ soll der Regelkreis keine bleibende Regelabweichung aufweisen. Daher muss $K_W(z)$ den Verstärkungsfaktor 1 besitzen. Es gilt also für Gl. (2.5.15) noch die Zusatzbedingung

$$K_W(1) = \frac{P'(1)}{N(1)} = 1 . \tag{2.5.16}$$

Dieselbe Bedingung erhält man auch durch Betrachtung der Regelabweichung $E(z) = W(z) - Y(z)$, für die wegen $Y(z) = K_W(z)\, W(z)$ die Beziehung

$$E(z) = W(z)\, [1 - K_W(z)] \tag{2.5.17}$$

gilt. Für eine sprungförmige Führungsgröße, also $W(z) = z/(z-1)$ ergibt sich mit dem Endwertsatz der z-Transformation

$$\lim_{k\to\infty} e(k) = \lim_{z\to 1}\, (z-1)\, \frac{z}{z-1} [1 - K_W(z)] \overset{!}{=} 0 , \tag{2.5.18}$$

also

$$1 - K_W(1) = 0 . \tag{2.5.19}$$

Dies bedeutet, dass die Funktion $1 - K_W(z)$ mindestens eine Nullstelle bei $z = 1$ besitzen muss, oder, da mit Gl. (2.5.13)

$$D(z)\, G(z) = \frac{K_W(z)}{1 - K_W(z)} \tag{2.5.20}$$

gilt, dass der offene Regelkreis $D(z)\, G(z)$ mindestens einen Pol bei $z = 1$ aufweisen muss, der einem I-Anteil entspricht.

Um diese Forderungen zu erfüllen, wird der Ansatz

$$1 - K_W(z) = \frac{Q(z)\,(1 - z^{-1})}{N(z)} \tag{2.5.21}$$

gemacht, wobei sich durch Einsetzen von $K_W(z)$ gemäß Gl. (2.5.15) und durch Vergleich der Zählerausdrücke die Beziehung

$$N(z) - P'(z)\, z^{-d} = Q(z)\,(1 - z^{-1}) \tag{2.5.22}$$

als Bestimmungsgleichung für $Q(z)$ unter der Voraussetzung ergibt, dass die Polynome $P'(z)$ und $N(z)$ vorgegeben werden.

Werden die obigen Ansätze für $K_W(z)$ nach Gl. (2.5.15) und für $1-K_W(z)$ nach Gl. (2.5.21) in Gl. (2.5.14) eingesetzt, so erhält man im vorliegenden Fall als Übertragungsfunktion des diskreten Kompensationsreglers unmittelbar

$$D(z) = \frac{A(z)\,P'(z)}{B(z)\,Q(z)\,(1-z^{-1})}. \tag{2.5.23a}$$

Wird in dieser Beziehung $Q(z)\,(1-z^{-1})$ noch durch Gl. (2.5.22) ersetzt, so folgt schließlich

$$D(z) = \frac{A(z)\,P'(z)}{B(z)\,[N(z)-P'(z)z^{-d}]}. \tag{2.5.23b}$$

Dabei kann $K_W(z)$ nach Gl. (2.5.15) und damit die Polynome $P'(z)$ und $N(z)$ völlig frei gewählt werden, sofern keine Beschränkung der Stellgröße in Betracht gezogen wird. Die Berechnung des Reglers nach Gl. (2.5.23b) ist dann sehr einfach, wobei die Stabilität des geschlossenen Regelkreises garantiert ist.

Fall II: $G(z)$ besitzt Pole und Nullstellen in $|z_i| \geq 1$

Treten in $G(z)$ jedoch Pole oder Nullstellen außerhalb und auf dem Einheitskreis der z-Ebene auf, so muss $K_W(z)$ noch weitere Bedingungen erfüllen. Nullstellen von $G(z)$ mit einem Betrag $|z_i| \geq 1$ liefern gemäß Gl. (2.5.13) keinen brauchbaren Regler. Ein derartiger Regler würde wegen der Kompensation der Streckennullstellen durch die Reglerpolstellen zwar theoretisch nicht direkt zur Instabilität der Regelgröße führen, jedoch treten Stellsignale mit wachsender Amplitude auf, die nach Erreichen der maximalen Stellamplitude praktisch die Instabilität des Regelkreises ergeben. Außerdem muss stets auch mit geringen Ungenauigkeiten oder Änderungen in der Übertragungsfunktion der Regelstrecke gerechnet werden, was eine unvollständige Kompensation zur Folge hätte. Aus ähnlichen Gründen kann auch die direkte Kompensation instabiler Streckenpole durch entsprechende Reglernullstellen nicht zugelassen werden.

Schreibt man daher Gl. (2.5.11) in der Form

$$G(z) = \frac{B^+(z)B^-(z)z^{-d}}{A^+(z)A^-(z)}, \tag{2.5.24}$$

wobei die Polynome $A^+(z)$ und $B^+(z)$ nur Wurzeln $|z_i| < 1$ enthalten, während $A^-(z)$ und $B^-(z)$ nur Wurzeln $|z_i| \geq 1$, also außerhalb und auf dem Einheitskreis der z-Ebene, besitzen, so lautet die Reglerübertragungsfunktion nach Gl. (2.5.14)

$$D(z) = \frac{A^+(z)A^-(z)}{B^+(z)B^-(z)z^{-d}}\,\frac{K_W(z)}{1-K_W(z)}. \tag{2.5.25}$$

Anhand dieser Beziehung erkennt man sofort, dass die unerwünschten Anteile $A^-(z)$ und $B^-(z)$ durch den Ansatz

$$K_W(z) = B^-(z)\,K_1(z)\,z^{-d} \tag{2.5.26}$$

und

$$1 - K_W(z) = A^-(z) K_2(z) \tag{2.5.27}$$

aus der Reglerübertragungsfunktion eliminiert werden. Hierbei sind $K_1(z)$ und $K_2(z)$ zunächst noch frei wählbare, gebrochen rationale Übertragungsfunktionen. Für den Regler gilt dann

$$D(z) = \frac{A^+(z) K_1(z)}{B^+(z) K_2(z)} . \tag{2.5.28}$$

Bei der Wahl von $K_1(z)$ und $K_2(z)$ ist weiterhin die Gültigkeit von Gl. (2.5.16) bzw. Gl. (2.5.19), also

$$1 - K_W(1) = 0$$

zu berücksichtigen. Diese Bedingung wird für $K_1(z)$ und $K_2(z)$ unter Beachtung der Gln. (2.5.26) und (2.5.27) gerade erfüllt mit den Ansätzen

$$K_1(z) = \frac{B_K(z) P(z)}{N(z)} \tag{2.5.29}$$

und

$$K_2(z) = \frac{(1 - z^{-1}) Q(z)}{N(z)} . \tag{2.5.30}$$

In diesen beiden Beziehungen können die Polynome $N(z)$ und $B_K(z)$ noch frei gewählt werden.

Damit ist $K_W(z)$ vollständig festgelegt. Die unbekannten Polynome $P(z)$ und $Q(z)$ werden mit minimaler Ordnung so bestimmt, dass $B_K(z)$ und $N(z)$ alle frei wählbaren Parameter enthalten. Durch Einsetzen von Gl. (2.5.26) in Gl. (2.5.27) folgt unter Berücksichtigung der Gln. (2.5.29) und (2.5.30) die Polynomgleichung

$$N(z) - B^-(z)\, B_K(z)\, P(z) z^{-d} = A^-(z)(1 - z^{-1})\, Q(z) \tag{2.5.31}$$

zur Bestimmung von $P(z)$ und $Q(z)$ mittels Koeffizientenvergleich. Hierbei gibt es nur dann einen eindeutigen Zusammenhang, wenn auf beiden Gleichungsseiten die gleiche Anzahl von Koeffizienten auftritt. Durch Einsetzen der Gln. (2.5.29) und (2.5.30) in Gl. (2.5.28) erhält man schließlich als Beziehung für den allgemeinen Kompensationsalgorithmus

$$D(z) = \frac{A^+(z)\, B_K(z)\, P(z)}{B^+(z)\, Q(z)\,(1 - z^{-1})} . \tag{2.5.32}$$

2.5.2.2 Deadbeat-Regelkreisentwurf für Führungsverhalten

Das Verfahren der diskreten Kompensation bietet die Möglichkeit, Regelkreise mit endlicher Einstellzeit (*deadbeat response*) zu entwerfen. Dies ist eine für Abtastsysteme typische Eigenschaft, die bei kontinuierlichen Regelsystemen nicht erreicht werden kann. Daher soll nun $K_W(z)$ so gewählt werden, dass der Einschwingvorgang nach einer sprungförmigen Sollwertänderung innerhalb von $n_e = q + d$ Abtastschritten abgeschlossen ist. Offensichtlich wird diese Bedingung erfüllt, wenn $K_W(z)$ ein endliches Polynom in z^{-1} der Ordnung n_e ist. Dies ist gewährleistet, wenn in Gl. (2.5.15) und wegen der Beziehungen gemäß Gln. (2.5.26) und (2.5.27) auch in den Gln. (2.5.29) und (2.5.30) gerade

$$N(z) = 1$$

gewählt wird. Somit ergibt sich für die Modellübertragungsfunktion des Führungsverhaltens des geschlossenen Regelkreises

$$K_W(z) = \sum_{i=1}^{q} k_i \, z^{-i-d} \, . \tag{2.5.33}$$

Anhand der zugehörigen Differenzengleichung

$$y(k) = \sum_{i=1}^{q} k_i \, w(k-i-d) \tag{2.5.34}$$

folgt dann bei sprungförmiger Sollwertänderung

$$w(k) = 1 \, , \quad k \geq 0$$

für alle $k \geq n_e$ als Ausgangsgröße

$$y(k) = \sum_{i=1}^{q} k_i = 1 \, , \tag{2.5.35}$$

sofern $K_W(z)$ die Zusatzbedingung gemäß Gl. (2.5.16) $K_W(1) = 1$ erfüllt. Hierbei ist allerdings zu beachten, dass bei Betrachtung der im Abtastregelkreis tatsächlich auftretenden kontinuierlichen Signalverläufe die Regelabweichung im allgemeinen zunächst nur in den Abtastpunkten zu Null wird. Dies schließt also nicht aus, dass das kontinuierliche Ausgangssignal $y(t)$, z. B. eine Schwingung mit der halben Abtastfrequenz ausführt. Dieser Fall tritt aber sicherlich dann nicht ein, wenn auch die Stellgröße $u(k)$ nach n_e Abtastschritten einen konstanten Wert annimmt.

Diese Forderung ist entsprechend obigen Überlegungen genau dann erfüllt, wenn die Übertragungsfunktion

$$G_U(z) = \frac{U(z)}{W(z)} \tag{2.5.36}$$

ebenfalls ein endliches Polynom in z^{-1} der Ordnung n_e ist. Dabei ist noch zu berücksichtigen, dass $u(k)$ über ein Halteglied nullter Ordnung auf die Regelstrecke einwirkt, und somit der Verlauf der Stellgröße $\overline{u}(t)$ jeweils während eines Abtastintervalls konstant ist. Aus Bild 2.5.1 ergibt sich

$$G_U(z) = \frac{D(z)}{1 + D(z)\,G(z)} = \frac{K_W(z)}{G(z)} \, ,$$

und mit Gl. (2.5.24) folgt hieraus

$$G_{\mathrm{U}}(z) = \frac{K_{\mathrm{W}}(z) A^{+}(z) A^{-}(z)}{B^{+}(z) B^{-}(z) z^{-d}} . \tag{2.5.37}$$

Damit $G_{\mathrm{U}}(z)$ ein endliches Polynom in z^{-1} wird, muss nicht wie in Gl. (2.5.26) nur das unerwünschte Polynom $B^{-}(z)$ in $K_{\mathrm{W}}(z)$ als Faktor enthalten sein, sondern auch $B^{+}(z)$. Mit $B(z) = B^{+}(z)\, B^{-}(z)$ folgt somit in Analogie zu Gl. (2.5.26)

$$K_{\mathrm{W}}(z) = B(z)\, K_1(z) z^{-d} ,$$

woraus sich nun mit Gl. (2.5.29) bei Berücksichtigung der Bedingung $N(z) = 1$ die Beziehung

$$K_{\mathrm{W}}(z) = B(z)\, B_{\mathrm{K}}(z)\, P(z) z^{-d} \tag{2.5.38}$$

ergibt. Setzt man noch in Gl. (2.5.25) die Gln. (2.5.27) und (2.5.38) unter Verwendung der Gl. (2.5.30) ein, so erhält man schließlich für die Übertragungsfunktion des Reglers mit endlicher Einstellzeit

$$D(z) = \frac{A^{+}(z)\, B_{\mathrm{K}}(z)\, P(z)}{Q(z)(1 - z^{-1})} . \tag{2.5.39}$$

Zur Bestimmung von $P(z)$ und $Q(z)$ werden die Gln. (2.5.30) und (2.5.38) in Gl. (2.5.27) eingesetzt. Dies liefert in Analogie zu Gl. (2.5.31) die Bestimmungsgleichung für $P(z)$ und $Q(z)$:

$$1 - B(z)\, B_{\mathrm{K}}(z)\, P(z) z^{-d} = A^{-}(z)(1 - z^{-1})\, Q(z) . \tag{2.5.40}$$

$P(z)$ und $Q(z)$ können bei entsprechender Wahl von $B_{\mathrm{K}}(z)$ mit Gl. (2.5.40) durch Koeffizientenvergleich gewonnen werden und ermöglichen so einen Entwurf, der den Anteil $A^{-}(z)$ der Regelstreckenübertragungsfunktion berücksichtigt.

Für den speziellen Fall *asymptotisch stabiler Regelstrecken* führt folgendes Vorgehen auf sehr einfache Weise unmittelbar zum Entwurf eines Reglers mit endlicher Einstellzeit. Benutzt man in Gl. (2.5.38) noch die Abkürzung

$$B^{*}(z) = B(z)\, B_{\mathrm{K}}(z) = \sum_{i=0}^{q} b_i^{*} z^{-i} , \tag{2.5.41}$$

dann wird mit dem Ansatz

$$P(z) = \frac{1}{\sum\limits_{i=0}^{q} b_i^{*}} = \frac{1}{B^{*}(1)} = \mathrm{const} \tag{2.5.42}$$

gerade die Zusatzbedingung $K_{\mathrm{W}}(1) = 1$ erfüllt, und es gilt somit für das gewünschte Verhalten der Führungsübertragungsfunktion nach Gl. (2.5.38)

$$K_{\mathrm{W}}(z) = \frac{B^{*}(z)}{B^{*}(1)} z^{-d} . \tag{2.5.43}$$

Mit den Gln. (2.5.25), (2.5.41) und (2.5.43) folgt weiterhin für die Übertragungsfunktion des Reglers bei stabilen Regelstrecken ($A^-(z)=1$ und $A^+(z)\equiv A(z)$):

$$D(z)=\frac{A(z)\,B_K(z)/B^*(1)}{1-[B^*(z)/B^*(1)]\,z^{-d}}=\frac{A(z)\,B_K(z)}{B^*(1)-B^*(z)\,z^{-d}}\,. \qquad (2.5.44)$$

Wählt man in der Gl. (2.5.41) bzw. in den Gln. (2.5.43) und (2.5.44) beispielsweise

$$B_K(z)=1\,,$$

so wird gemäß Gl. (2.5.41) $q=n$, also gleich der Ordnung der Regelstrecke. Damit ergibt sich als minimale Anzahl von Abtastschritten

$$n_e=n+d \qquad (2.5.45)$$

für die Ausregelung eines Sollwertsprunges, wodurch die *minimale Ausregelzeit* festgelegt wird.

Bezüglich der Wahl von $B_K(z)$ können verschiedene Kriterien angewendet werden. Einerseits erhöht sich mit der Ordnung von $B_K(z)$ die Reglerordnung und damit bei einem Sollwertsprung die Anzahl der Abtastschritte bis zum Erreichen des stationären Endwertes der Regelgröße. Andererseits kann aber durch geeignete Wahl von $B_K(z)$ das Stellverhalten verbessert werden. Wählt man beispielsweise

$$B_K(z)=1+b_{K1}\,z^{-1}\,,$$

dann kann der Anfangswert $u(0)$ der Stellgröße bei einer sprungförmigen Sollwertänderung frei vorgegeben werden. Um dies zu zeigen, geht man im Fall einer stabilen Regelstrecke von Gl. (2.5.37)

$$G_U(z)=\frac{U(z)}{W(z)}=K_W(z)\,\frac{A(z)}{B(z)\,z^{-d}}$$

aus und führt hierin $K_W(z)$ gemäß Gl. (2.5.43) unter Beachtung von Gl. (2.5.41) ein:

$$\frac{U(z)}{W(z)}=\frac{B(z)\,B_K(z)}{B(1)\,B_K(1)}\,z^{-d}\,\frac{A(z)}{B(z)\,z^{-d}}\,.$$

Hieraus folgt für den Anfangswert der Stellgröße

$$u(0)=\lim_{z\to\infty}U(z)=\lim_{z\to\infty}\frac{z}{z-1}\,\frac{B_K(z)\,A(z)}{B(1)\,B_K(1)}\,.$$

Ausgewertet erhält man

$$u(0)=\frac{1}{B(1)\,(1+b_{K1})}$$

und aufgelöst nach b_{K1} ergibt sich schließlich

$$b_{K1}=\frac{1}{u(0)\,B(1)}-1\,. \qquad (2.5.46)$$

Da $u(0)$ gewöhnlich die größte Stellamplitude bei einer sprungförmigen Sollwertänderung darstellt, kann man bei Kenntnis der maximal zulässigen Stellamplitude $u_{\max}$ den Koeffizienten b_{K1} direkt berechnen.

Zusammenfassend kann festgehalten werden, dass der Entwurf des Reglers mit endlicher Einstellzeit - oft auch als *Deadbeat-Regler* bezeichnet - gemäß Gl. (2.5.39) auf einen geschlossenen Regelkreis mit folgenden Eigenschaften führt:

a) Bei sprungförmiger Änderung der Führungsgröße wird die Regelabweichung nach endlicher Zeit $t_e = qT + T_t = (q+d)\,T = n_e\,T$ exakt Null.

b) Die Regelabweichung besitzt für $t \geq t_e$ auch zwischen den Abtastzeitpunkten stets den Wert Null.

c) Falls keine Totzeit vorhanden ist, wird die minimale Anzahl der Abtastschritte q gleich der Ordnung n der Regelstrecke.

d) Bei Erhöhung von q kann das Stellverhalten verbessert werden.

e) Der Einschwingvorgang kann mit oder ohne Überschwingen erfolgen. Bei Regelstrecken mit PT_n-Verhalten ist ein monotoner Verlauf der Ausgangsgröße für $t < t_e$ zu erwarten.

Beispiel 2.5.1:

Gegeben sei eine stabile Regelstrecke mit der Übertragungsfunktion

$$G_S(s) = \frac{\mathrm{e}^{-T_t s}}{1 + T_S s} .$$

Wird die Abtastzeit T so festgelegt, dass die Totzeit ein ganzzahliges Vielfaches von T, also

$$T_t = dT\,, \quad d > 0 \text{ ganzzahlig}$$

wird, dann erhält man unter Berücksichtigung eines Haltegliedes nullter Ordnung mit den Gln. (2.4.18) und (2.4.24) sowie Tabelle 2.3.1 (Fall 8) die z-Übertragungsfunktion

$$G(z) = H_0\,G_{Sz}(z) = \frac{1-c}{z-c}\,z^{-d} \quad \text{mit} \quad c = \mathrm{e}^{-T/T_S} < 1$$

oder

$$G(z) = \frac{B(z)\,z^{-d}}{A(z)} = \frac{(1-c)\,z^{-1}}{1-cz^{-1}}\,z^{-d} .$$

Nach Gl. (2.5.43) und mit $B_K(z) = 1$ folgt für den geschlossenen Regelkreis die Modellübertragungsfunktion

$$K_W(z) = \frac{(1-c)\,z^{-1}}{1-c}\,z^{-d} = z^{-(d+1)} .$$

Die Einstellzeit nach einer sprungförmigen Änderung des Sollwertes beträgt also bei diesem Regelkreis $t_e = (d+1)\,T = T + T_t$. Die Übertragungsfunktion des Deadbeat-Reglers lautet gemäß Gl. (2.5.44) für diesen Fall

$$D(z) = \frac{1 - cz^{-1}}{(1-c)\,[1 - z^{-(d+1)}]}.$$

Dieser Regler besitzt einen $(d+1)$-fachen Pol bei $z = 1$. Für die Übertragungsfunktion $G_U(z)$ entsprechend Gl. (2.5.37) ergibt sich hierbei

$$G_U(z) = \frac{U(z)}{W(z)} = \frac{1}{1-c}\,(1 - cz^{-1}).$$

Das Stellsignal nimmt also nach einem Sollwertsprung nur zwei verschiedene Werte an, nämlich

$$u(0) = \frac{1}{1-c}$$

und

$$u(k) = 1, \quad k \geq 1.$$

Für zwei verschiedene Abtastzeiten, $T = T_t$ und $T = T_t/2$ sind die Zeitverläufe von $w(t)$, $u(t)$ und $y(t)$ im Bild 2.5.2 dargestellt.

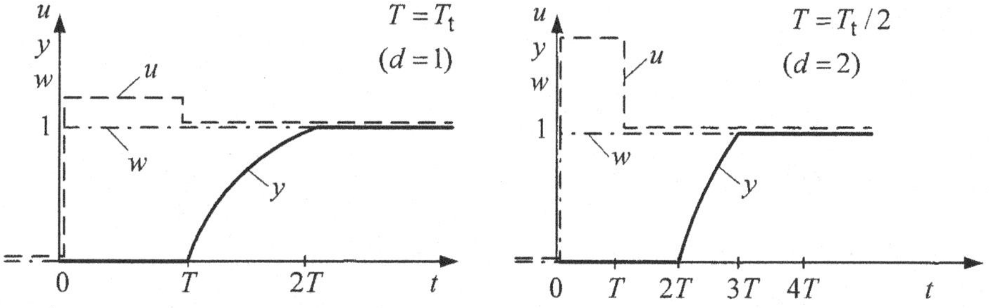

Bild 2.5.2. Verlauf der $w(t)$, $u(t)$ und $y(t)$ des Abtastregelkreises mit endlicher Einstellzeit ■

Wie aus Beispiel 2.5.1 anschaulich hervorgeht, bestimmt hauptsächlich die Abtastzeit T die minimale Einstellzeit $t_e = T_t + nT$. Könnte man T beliebig klein wählen, so würde t_e nahe an den Wert der Totzeit T_t herankommen. Dies ist jedoch nicht möglich, da für $T \to 0$ die Stellgröße unendlich groß werden müsste, was technisch nicht realisierbar ist. Daher ist stets ein Kompromiss zwischen maximal möglicher Stellamplitude und Abtastzeit T zu treffen. Im allgemeinen nehmen die Schwierigkeiten des Entwurfs mit kleiner werdender Abtastzeit zu, jedoch lässt sich durch geeignete Wahl von $B_K(z)$ meist eine befriedigende Lösung erzielen.

2.5.2.3 Deadbeat-Regelkreisentwurf für Störungs- und Führungsverhalten

Im Kapitel 2.5.2.2 wurde der Regelkreisentwurf für endliche Einstellzeit bei sprungförmiger Änderung der Führungsgröße $w(k)$ behandelt. Noch nicht berücksichtigt wurde dabei das Verhalten des Regelkreises bei deterministischen Störungen $z(k)$. Deshalb soll nachfolgend für die Ausregelung von Störungen am Eingang der Regelstrecke ebenfalls eine endliche Einstellzeit beim Entwurf des Regelkreises gefordert werden.

Zunächst aber wird die im Bild 2.5.3 dargestellte Struktur eines diskreten Regelkreises mit zusätzlicher Störgröße $z(k)$ betrachtet. Der Regler sei bereits als Deadbeat-Regler für Führungsverhalten ausgelegt.

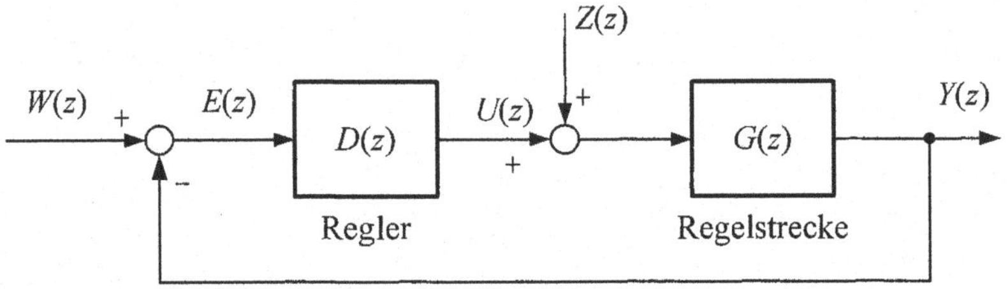

Bild 2.5.3. Diskreter Regelkreis mit Störgröße $z(k) = \mathfrak{Z}^{-1}\{Z(z)\}$

Setzt man in Gl. (2.5.39) der Einfachheit halber $B_K(z) = 1$, so ergibt sich als Übertragungsfunktion des Reglers

$$D(z) = \frac{A^+(z)\,P(z)}{Q(z)\,(1 - z^{-1})}, \tag{2.5.47}$$

wobei die Polynome $P(z)$ und $Q(z)$ mittels Gl. (2.5.40) zu bestimmen sind. Mit der Übertragungsfunktion der Regelstrecke $G(z) = [B(z)/A(z)]\,z^{-d}$ erhält man somit als Störungsübertragungsfunktion des geschlossenen Regelkreises

$$G_Z(z) = \frac{Y(z)}{Z(z)} = \frac{G(z)}{1 + D(z)G(z)} = \frac{B(z)\,z^{-d}Q(z)\,(1 - z^{-1})}{A(z)Q(z)\,(1 - z^{-1}) + A^+(z)\,P(z)\,B(z)\,z^{-d}}. \tag{2.5.48}$$

Da die Polynome $A^+(z)$, $P(z)$ und zunächst auch $B(z)$ keine Wurzeln bei $z = 1$ besitzen, folgt aus Gl. (2.5.48) $G_Z(1) = 0$, d. h. beim Ausregeln einer Störung tritt keine bleibende Regelabweichung auf. Allerdings stellt im vorliegenden Fall $G_Z(z)$ gewöhnlich kein endliches Polynom dar, sondern eine gebrochen rationale Funktion, so dass bei diesem auf Deadbeat-Führungsverhalten ausgelegten Entwurf die Störung nicht mit endlicher Einstellzeit ausgeregelt wird.

Will man Störverhalten und Führungsverhalten unabhängig voneinander beeinflussen, so ist dies durch Einführung eines Vorfilters $D_V(z)$ möglich. Man erhält dann die im Bild 2.5.4 dargestellte Struktur des Regelkreises. Bei diesem Regelkreisentwurf geht man nun so vor, dass man mit Hilfe des Reglers $D(z)$ das Störverhalten und mit dem Vorfilter $D_V(z)$ das Führungsverhalten des Regelkreises beeinflusst.

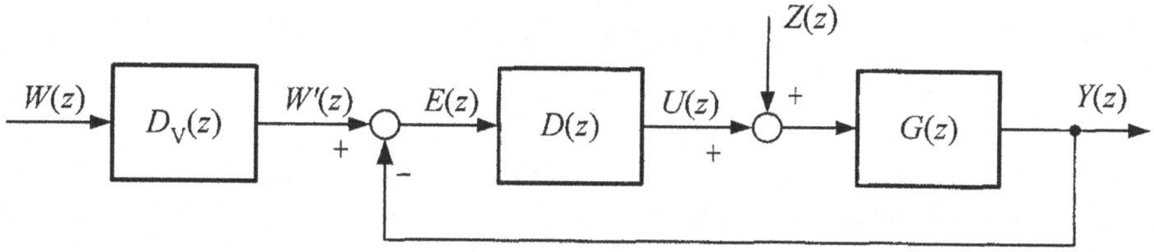

Bild 2.5.4. Diskreter Regelkreis mit Vorfilter $D_V(z)$

Ausgangspunkt für die Synthese des Regelkreises ist die festzulegende Störungsübertragungsfunktion

$$G_Z(z) = \frac{Y(z)}{Z(z)} = \frac{G(z)}{1 + D(z)\, G(z)} \stackrel{!}{=} K_Z(z)\,. \tag{2.5.49}$$

Für einen Entwurf mit endlicher Einstellzeit ist die Übertragungsfunktion $K_Z(z)$ für das gewünschte Verhalten (Modellübertragungsfunktion K_Z) als endliches Polynom in z^{-1}, also als

$$K_Z(z) = k_0 + k_1 z^{-1} + k_2 z^{-2} + \cdots + k_m z^{-m} \tag{2.5.50}$$

anzusetzen. Aus Gl. (2.5.49) folgt für die Übertragungsfunktion des Reglers

$$D(z) = \frac{G(z) - K_Z(z)}{G(z)\, K_Z(z)}\,. \tag{2.5.51}$$

Um Aussagen über die Realisierbarkeit des Reglers zu gewinnen, muss nun Gl. (2.5.50) und die Übertragungsfunktion der Regelstrecke

$$G(z) = \frac{B(z)}{A(z)} = \frac{b_1 z^{-1} + b_2 z^{-2} + \cdots + b_n z^{-n}}{1 + a_1 z^{-1} + a_2 z^{-2} + \cdots + a_n z^{-n}} \tag{2.5.52}$$

in Gl. (2.5.51) eingesetzt werden. Ohne Einschränkung der Allgemeingültigkeit wird der einfacheren Darstellung wegen hierbei eine Regelstrecke ohne Totzeit angenommen. Als Ergebnis erhält man

$$D(z) = \frac{-k_0 + (b_1 - k_1 - k_0 a_1) z^{-1} + (b_2 - k_2 - k_1 a_1 - k_0 a_2) z^{-2} + \cdots}{k_0 b_1 z^{-1} + (k_1 b_1 + k_0 b_2) z^{-2} + \cdots}\,. \tag{2.5.53}$$

Damit die Übertragungsfunktion dieses Reglers realisierbar wird, d. h. der Absolutkoeffizient im Nenner von $D(z)$ vorhanden ist, müssen die Bedingungen

$$k_0 = 0 \tag{2.5.54a}$$

und

$$k_1 = b_1 \tag{2.5.54b}$$

erfüllt sein. Durch Einsetzen dieser Werte in Gl. (2.5.53) erkennt man unmittelbar, dass im Nenner- und Zählerpolynom von $D(z)$ mit z^{-2} gekürzt werden kann.

Damit sprungförmige Störungen vollständig ausgeregelt werden, muss die Bedingung

$$\lim_{k\to\infty} y(k) = 0 \tag{2.5.55}$$

erfüllt sein. Unter Beachtung der Gln. (2.3.17) und (2.5.49) liefert diese Bedingung dann $K_Z(1) = 0$. Daraus wird ersichtlich, dass $K_Z(z)$ eine Nullstelle bei $z = 1$ enthalten muss. Als erstes Ergebnis folgt damit für die gewünschte Störungsübertragungsfunktion

$$K_Z(z) = (1 - z^{-1})\, K'_Z(z)\,, \tag{2.5.56}$$

wobei $K'_Z(z)$ ein noch zu bestimmendes Polynom ist.

Neben der Regelgröße $y(k)$ muss die Stellgröße $u(k)$ ebenfalls in endlicher Zeit ihren stationären Wert erreichen. Die zugehörige Übertragungsfunktion erhält man unter Verwendung der Gln. (2.5.51) und (2.5.52) als

$$G_{UZ}(z) = \frac{U(z)}{Z(z)} = -\frac{D(z)G(z)}{1 + D(z)G(z)} = \frac{K_Z(z)}{G(z)} - 1 = \frac{K_Z(z)A(z) - B(z)}{B(z)}\,. \tag{2.5.57}$$

Die Stellgröße $u(k)$ kann aber nur dann in endlicher Zeit den stationären Wert erreichen, wenn $K_Z(z)$ das Zählerpolynom $B(z)$ der Regelstrecke als Faktor enthält. Die Störungsübertragungsfunktion $K_Z(z)$ muss somit die Struktur

$$K_Z(z) = (1 - z^{-1})\, B(z)\, B_Z(z) \tag{2.5.58}$$

besitzen, wobei $B_Z(z)$ hier ein frei wählbares Polynom in z^{-1} der Form

$$B_Z(z) = b_{Z0} + b_{Z1}\, z^{-1} + \cdots + b_{Ze}\, z^{-e}$$

ist. Damit erhält man für Gl. (2.5.58)

$$\begin{aligned} K_Z(z) &= (1 - z^{-1})\; [b_1 z^{-1} + \cdots + b_n z^{-n}]\,[b_{Z0} + \cdots + b_{Ze} z^{-e}] \\ &= b_{Z0} b_1 z^{-1} + \cdots - b_{Ze} b_n z^{-(n+e+1)}\,. \end{aligned}$$

Der Vergleich mit Gl. (2.5.50) sowie die Berücksichtigung der Realisierbarkeitsbedingung gemäß den Gln. (2.5.54a) und (2.5.54b) zeigen, dass

$$b_{Z0} = 1 \tag{2.5.59}$$

sein muss.

Die Übertragungsfunktion des Reglers folgt nach Einsetzen von Gl. (2.5.58) in Gl. (2.5.51) zu

$$D(z) = \frac{1 - (1 - z^{-1})\, B_Z(z)\, A(z)}{(1 - z^{-1})\, B_Z(z)\, B(z)}\,. \tag{2.5.60}$$

Die wichtige Forderung nach einer stabilen Stellübertragungsfunktion $G_{UZ}(z)$ (und damit meist auch nach einer stabilen Reglerübertragungsfunktion) ist nicht erfüllt, wenn $B(z)$ Wurzeln besitzt, die außerhalb oder auf dem Rand des Einheitskreises liegen. Treten solche Wurzeln auf, so kann $B(z)$ wiederum in der Form

$$B(z) = B^{+}(z)\, B^{-}(z) \tag{2.5.61}$$

geschrieben werden. $B^{-}(z)$ enthält alle Wurzeln außerhalb und auf dem Rand des Einheitskreises. Eine Kompensation dieser Regelstreckennullstellen durch Reglerpolstellen nach Gl. (2.5.60) ist nicht zulässig, da dann zwar theoretisch die Regelgröße $y(k)$ stabil ist, jedoch die Stellgröße $u(k)$ über alle Grenzen anwächst, was aus praktischen Gesichtspunkten nicht realisiert werden kann. Somit wird das interne Verhalten des Regelsystems instabil. Deshalb wird für den Zähler von Gl. (2.5.60) der Ansatz

$$1-(1-z^{-1})\, B_Z(z)\, A(z) = B^{-}(z)\, H(z) \tag{2.5.62}$$

gemacht, wobei das Polynom $B_Z(z)$ unter Berücksichtigung von Gl. (2.5.59) eingesetzt wurde. Die Berücksichtigung einer Aufspaltung des Nennerpolynoms $A(z)$ der Regelstrecke in $A^{-}(z)$ und $A^{+}(z)$ ist nicht erforderlich, weil das Zählerpolynom von Gl. (2.5.60) nicht $A^{-}(z)$ als Faktor enthält, und somit eine Kürzung instabiler Regelstreckenpole nicht auftritt.

Die Polynome $B_Z(z)$ und $H(z)$ werden nun dann durch Koeffizientenvergleich beider Seiten der Gl. (2.5.62) ermittelt. Das ist aber nur dann möglich, wenn die Polynome $B_Z(z)$ und $H(z)$ bezüglich ihres Grades bestimmte Bedingungen erfüllen. Für den Grad der Polynome in Gl. (2.5.62) gilt

$$1 + \text{Grad } B_Z + \text{Grad } A = \text{Grad } B^{-} + \text{Grad } H\,. \tag{2.5.63}$$

Damit lässt sich der Grad des Polynoms $H(z)$ nach

$$\text{Grad } H = 1 + \text{Grad } B_Z + \text{Grad } A - \text{Grad } B^{-} \tag{2.5.64}$$

berechnen. Die Übertragungsfunktion des Reglers wird dann mit Hilfe der Gln. (2.5.60) bis (2.5.62) als

$$D(z) = \frac{H(z)}{(1-z^{-1})\, B_Z(z)\, B^{+}(z)} \tag{2.5.65}$$

bestimmt.

Nach der Synthese des Reglers für eine vorgegebene Störungsübertragungsfunktion muss durch einen entsprechenden Entwurf des Vorfilters dafür gesorgt werden, dass der Regelkreis gemäß Bild 2.5.4 das geforderte Führungsübertragungsverhalten

$$G_W(z) = \frac{Y(z)}{W(z)} = D_V(z)\,\frac{D(z)G(z)}{1+D(z)G(z)} = D_V(z)\,\frac{G(z)-K_Z(z)}{G(z)} \overset{!}{=} K_W(z) \tag{2.5.66}$$

erhält. Die Auflösung dieser Beziehung liefert die Übertragungsfunktion des Vorfilters

$$D_V(z) = \frac{K_W(z)G(z)}{G(z)-K_Z(z)}\,. \tag{2.5.67}$$

Bei sprungförmiger Eingangsgröße $w(k)$ müssen nun die Regelgröße $y(k)$ und die Stellgröße $u(k)$ in endlicher Zeit ihre stationären Werte erreichen. Um dies zu gewährleisten, betrachtet man zuerst die z-Transformierte der Stellgröße

$$U(z) = \frac{K_W(z)}{B(z)} A(z) W(z) . \tag{2.5.68}$$

Damit $U(z)$ ein endliches Polynom in z^{-1} wird, muss $K_W(z)$ das Polynom $B(z)$ enthalten. Man kann somit nach Gl. (2.5.38) den allgemeinen Ansatz

$$K_W(z) = B(z) B_K(z) P(z) \tag{2.5.69}$$

machen. Da die Regelgröße keine bleibende Regelabweichung aufweisen soll, muss hier

$$K_W(1) = 1 \tag{2.5.70}$$

gelten. Diese Bedingung ist erfüllt, wenn wie in Gl. (2.5.42) der Ansatz

$$P(z) = \frac{1}{B(1) B_K(1)} = \text{const} \tag{2.5.71}$$

gewählt wird. $B_K(z)$ bleibt weiterhin frei wählbar und kann z. B. in der Form

$$B_K(z) = 1 + b_{K1} z^{-1} , \tag{2.5.72}$$

wie im Abschnitt 2.5.2.2 bereits beschrieben wurde, benutzt werden, um die Stellamplitude bei einer sprungförmigen Sollwertänderung auf den vorgegebenen Wert $u(0)$ einzustellen.

Mit den Gln. (2.5.69) und (2.5.71) erhält man die Führungsübertragungsfunktion

$$K_W(z) = \frac{B(z) B_K(z)}{B(1) B_K(1)} . \tag{2.5.73}$$

Setzt man die Gln. (2.5.58) und (2.5.73) in Gl. (2.5.67) ein, so folgt für den Fall, dass die Nullstellen der Regelstrecke innerhalb des Einheitskreises der z-Ebene liegen, als Übertragungsfunktion des Vorfilters

$$D_V(z) = \frac{[B(z) B_K(z)]/[B(1) B_K(1)]}{1 - (1 - z^{-1}) B_Z(z) A(z)} . \tag{2.5.74}$$

Liegen Nullstellen außerhalb des Einheitskreises, so erhält man mit Gl. (2.5.62) ein Vorfilter mit der Übertragungsfunktion

$$D_V(z) = \frac{B^+(z) B_K(z)}{B(1) B_K(1) H(z)} . \tag{2.5.75}$$

Falls das Polynom $H(z)$ Wurzeln $|z_i| \geq 1$ enthält, muss entweder der Ansatz gemäß Gl. (2.5.69) um den Term $H^-(z)$ erweitert und dies entsprechend auch in den Gln. (2.5.71), (2.5.73) bis (2.5.75) berücksichtigt werden, oder durch zweckmäßige Wahl des Polynoms $B_Z(z)$ in Gl. (2.5.62) ein Polynom $H(z)$ mit Wurzeln $|z_i| < 1$ festgelegt werden.

Beispiel 2.5.2:

Ausgehend von Bild 2.5.4 soll für die gegebene Übertragungsfunktion einer Regelstrecke

$$G(s) = \frac{1}{s\,(1+s)} \tag{2.5.76}$$

eine Regelung entworfen werden, mit der sowohl das Führungs- als auch das Störverhalten in endlicher Einstellzeit erzielt wird. Die z-Übertragungsfunktion der kontinuierlichen Regelstrecke wird unter Berücksichtigung eines Haltegliedes nullter Ordnung nach Gl. (2.4.18) zu

$$G(z) = \frac{b_1 z^{-1} + b_2 z^{-2}}{1 + a_1 z^{-1} + a_2 z^{-2}} = \frac{B(z)}{A(z)} \tag{2.5.77}$$

mit

$$b_1 = T - 1 + c\,, \quad b_2 = 1 - c - cT\,, \quad a_1 = -(1+c)\,, \quad a_2 = c \quad \text{und} \quad c = \mathrm{e}^{-T}$$

berechnet. Wählt man in Gl. (2.5.60) für das Polynom $B_Z(z)$ die einfachste Form $B_Z(z) = 1$, so ist die Übertragungsfunktion des Reglers durch

$$D(z) = \frac{1 - (1 - z^{-1})\,A(z)}{(1 - z^{-1})\,B(z)} \tag{2.5.78}$$

gegeben. Werden nun die Polynome $A(z)$ und $B(z)$ der Übertragungsfunktion der Regelstrecke eingesetzt, so erhält man

$$D(z) = \frac{1 - a_1 + (a_1 - a_2) z^{-1} + a_2 z^{-2}}{(1 - z^{-1})(b_1 + b_2 z^{-1})}\,. \tag{2.5.79}$$

Der Einfluss der Störgröße $Z(z)$ auf die Regelgröße $Y(z)$ wird nach Einsetzen der Gln. (2.5.77) und (2.5.78) in Gl. (2.5.49) durch die Übertragungsfunktion

$$G_Z(z) = \frac{Y(z)}{Z(z)} = (1 - z^{-1})\,B(z)$$

$$= b_1 z^{-1} + (b_2 - b_1)\,z^{-2} - b_2 z^{-3} \tag{2.5.80}$$

beschrieben.

Legt man sprungförmige Störungen $z(k) = \sigma(k) = 1$ für $k \ge 0$ zugrunde und wendet den Verschiebungssatz nach Gl. (2.3.10) an, so ergibt sich aus Gl. (2.5.80) für die Regelgröße $y(k)$ die Zahlenfolge

$$y(k) = b_1 \sigma(k-1) + (b_2 - b_1)\,\sigma(k-2) - b_2 \sigma(k-3) \tag{2.5.81}$$

mit den Werten

$$y(0) = 0\,, \quad y(1) = b_1\,, \quad y(2) = b_2 \quad \text{und} \quad y(k) = 0 \quad \text{für} \quad k \ge 3\,.$$

Der Einfluss der Störgröße $Z(z)$ auf die Stellgröße $U(z)$ wird unter Berücksichtigung von $B_Z(z) = 1$ und der Gln. (2.5.57) und (2.5.58) durch die Übertragungsfunktion

$$G_{UZ}(z) = \frac{U(z)}{Z(z)} = (1 - z^{-1})\,A(z) - 1$$

$$= (a_1 - 1)\,z^{-1} + (a_2 - a_1)\,z^{-2} - a_2 z^{-3} \tag{2.5.82}$$

beschrieben. Als Antwort auf eine sprungförmige Störung $z(k) = \sigma(k) = 1$ für $k \geq 0$ erhält man hieraus für die Stellgröße $u(k)$ die Zahlenfolge

$$u(k) = (a_1 - 1)\sigma(k-1) + (a_2 - a_1)\sigma(k-2) - a_2\sigma(k-3) \tag{2.5.83}$$

mit den Werten

$$u(0) = 0\,,\quad u(1) = a_1 - 1\,,\quad u(2) = a_2 - 1\,,\quad u(k) = -1 \quad \text{für} \quad k \geq 3\,.$$

Das geforderte Führungsübertragungsverhalten $K_W(z)$ wird, wie bereits beschrieben, durch das Vorfilter $D_V(z)$ festgelegt. Verzichtet man auf eine bestimmte Begrenzung der Stellgröße durch das Polynom $B_K(z)$, setzt also wiederum $B_K(z) = 1$, so folgt für die Übertragungsfunktion des Vorfilters nach Gl. (2.5.74)

$$D_V(z) = \frac{B(z)/B(1)}{1 - (1 - z^{-1})\,A(z)} \tag{2.5.84a}$$

$$= \frac{(b_1 + b_2 z^{-1})/(b_1 + b_2)}{1 - a_1 + (a_1 - a_2)\,z^{-1} + a_2 z^{-2}}\,. \tag{2.5.84b}$$

Die Antwort auf eine sprungförmige Führungsgröße $w(k) = \sigma(k) = 1$ für $k \geq 0$ lässt sich für die Regelgröße nach Gl. (2.5.66) unter Verwendung der Beziehung $K_Z(z) = G_Z(z)$ gemäß Gl. (2.5.80) und der Gl. (2.5.84a) aus der Übertragungsfunktion

$$G_W(z) = \frac{Y(z)}{W(z)} = \frac{B(z)}{B(1)} = \frac{b_1}{b_1 + b_2}\,z^{-1} + \frac{b_2}{b_1 + b_2}\,z^{-2} \tag{2.5.85}$$

zu

$$y(k) = \frac{b_1}{b_1 + b_2}\,\sigma(k-1) + \frac{b_2}{b_1 + b_2}\,\sigma(k-2) \tag{2.5.86}$$

mit den Werten

$$y(0) = 0\,,$$

$$y(1) = \frac{b_1}{b_1 + b_2}\,,$$

$$y(k) = 1 \quad \text{für} \quad k \geq 2$$

bestimmen.

Die Übertragungsfunktion $G_{UW}(z)$ wird aus Gl. (2.5.68) unter Berücksichtigung der Beziehung $K_W(z) = G_W(z)$ entsprechend Gl. (2.5.85) zu

$$G_{UW}(z) = \frac{U(z)}{W(z)} = \frac{A(z)}{B(1)} = \frac{1}{b_1 + b_2} + \frac{a_1}{b_1 + b_2}\,z^{-1} + \frac{a_2}{b_1 + b_2}\,z^{-2}$$

berechnet. Die Stellgröße ist dann für eine sprungförmige Führungsgröße $w(k) = \sigma(k) = 1$ für $k \geq 0$ durch die Zahlenfolge

$$u(k) = \frac{1}{b_1 + b_2} \sigma(k) + \frac{a_1}{b_1 + b_2} \sigma(k-1) + \frac{a_2}{b_1 + b_2} \sigma(k-2)$$

mit den Werten

$$u(0) = \frac{1}{b_1 + b_2},$$

$$u(1) = \frac{1 + a_1}{b_1 + b_2},$$

$$u(k) = \frac{1 + a_1 + a_2}{b_1 + b_2} \quad \text{für} \quad k \geq 2$$

gegeben.

Die interessierenden Übergangsfunktionen des im Bild 2.5.4 dargestellten Regelkreises sind im Bild 2.5.5 zusammengefasst.

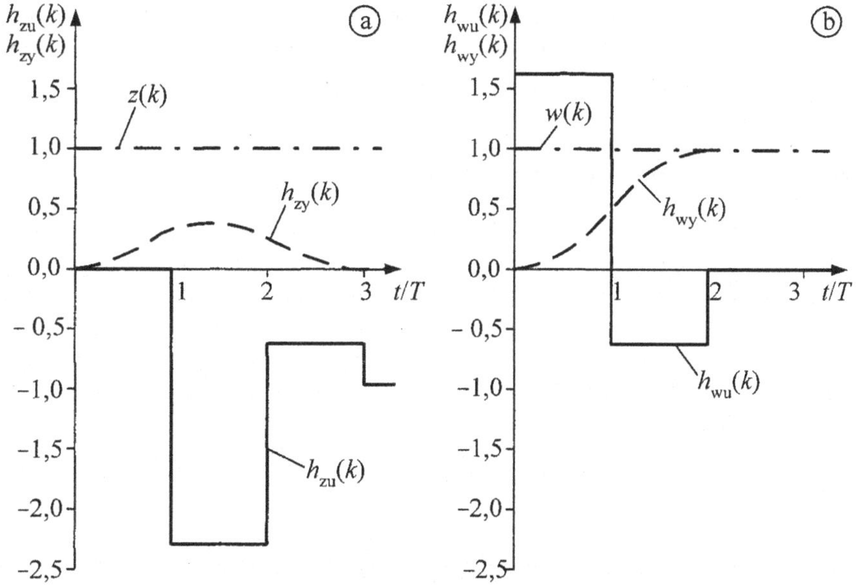

Bild 2.5.5. Übergangsfunktionen des Regelkreises nach Bild 2.5.4:
(a) Regelgröße $h_{zy}(k)$ und Stellgröße $h_{zu}(k)$ für $z(k) = \sigma(k)$
(b) Regelgröße $h_{wy}(k)$ und Stellgröße $h_{wu}(k)$ für $w(k) = \sigma(k)$

■

2.5.2.4 Vor- und Nachteile des Kompensationsverfahrens

Das hier beschriebene Verfahren ist besonders wegen seiner Einfachheit interessant. Zunächst muss die z-Übertragungsfunktion $G(z)$ aus der Übertragungsfunktion $G(s)$ der Regelstrecke unter Berücksichtigung eines Haltegliedes nullter Ordnung bestimmt werden. Hierbei ist die Abtastzeit schon ein entscheidender Entwurfsparameter. Nun kann der Regelalgorithmus nach Wahl einer geeigneten z-Übertragungsfunktion für das Führungsverhalten $K_{\mathrm{W}}(z)$ ohne großen Aufwand berechnet werden. Fordert man minimale Einstellzeit, so hängt diese, abgesehen von einer eventuell vorhandenen Totzeit T_{t} der Regelstrecke, nur von der gewählten Abtastzeit T ab. Der geschlossene Regelkreis ist stets stabil, auch bei großen Abtastzeiten. Große Totzeiten, die im allgemeinen Schwierigkeiten bereiten, beeinträchtigen den Entwurf hier nicht.

Allerdings sind die Anforderungen bezüglich der Genauigkeit von $G(z)$, also des diskreten Modells der Regelstrecke, relativ hoch. Aus diesem Grund ist im praktischen Fall die minimale Einstellzeit kaum exakt zu erreichen. Trotzdem ist, wie Untersuchungen gezeigt haben [Böt78], die Empfindlichkeit solcher Kompensationsalgorithmen gegenüber Ungenauigkeiten der Übertragungsfunktion der Regelstrecke oder Änderungen der Streckenparameter kaum größer als bei kontinuierlich entworfenen Kompensationsreglern.

Als Nachteil wird gelegentlich auch der Realisierungsaufwand erscheinen, da die Ordnung des Regelalgorithmus in Abhängigkeit von der Ordnung der Regelstrecke sowie der Totzeit relativ hoch werden kann, jedoch fällt dies bei den heute zur Verfügung stehenden Möglichkeiten preiswerter Mikrorechner meist nicht mehr ins Gewicht.

2.6 Darstellung im Zustandsraum

Die Zustandsraumdarstellung ist bei diskreten Übertragungssystemen in der gleichen Art anwendbar wie bei kontinuierlichen. Ebenso wie man eine lineare Differentialgleichung n-ter Ordnung in ein System von n linearen Differentialgleichungen erster Ordnung umwandeln kann, ist auch eine lineare Differenzengleichung n-ter Ordnung als System von n linearen Differenzengleichungen erster Ordnung darstellbar. In Matrixschreibweise ergibt sich damit für ein lineares zeitinvariantes diskretes *Mehrgrößensystem* die Zustandsraumdarstellung

$$\boldsymbol{x}(k+1) = \boldsymbol{A}_{\mathrm{d}}\boldsymbol{x}(k) + \boldsymbol{B}_{\mathrm{d}}\boldsymbol{u}(k), \quad \boldsymbol{x}(0) = \boldsymbol{x}_0 \tag{2.6.1}$$

$$\boldsymbol{y}(k) \quad = \boldsymbol{C}_{\mathrm{d}}\boldsymbol{x}(k) + \boldsymbol{D}_{\mathrm{d}}\boldsymbol{u}(k). \tag{2.6.2}$$

Der *Zustandsvektor* $\boldsymbol{x}(k)$ hat die Dimension $(n \times 1)$, $\boldsymbol{u}(k)$ ist der *Eingangs-* oder *Steuervektor* der Dimension $(r \times 1)$ und $\boldsymbol{y}(k)$ der *Ausgangsvektor* mit der Dimension $(m \times 1)$. Die Bezeichnungen der Matrizen entsprechen ebenfalls den früher schon benutzten: *Systemmatrix* $\boldsymbol{A}_{\mathrm{d}}(n \times n)$, *Steuermatrix* $\boldsymbol{B}_{\mathrm{d}}(n \times r)$, *Beobachtungsmatrix* $\boldsymbol{C}_{\mathrm{d}}(m \times n)$ und *Durchgangsmatrix* $\boldsymbol{D}_{\mathrm{d}}(m \times r)$. Bild 2.6.1 zeigt das Blockschaltbild, das diesen Gleichungen entspricht. Das Laufzeitglied stellt dabei eine "vektorielle" Totzeit, die gleich der Abtastzeit T ist, dar.

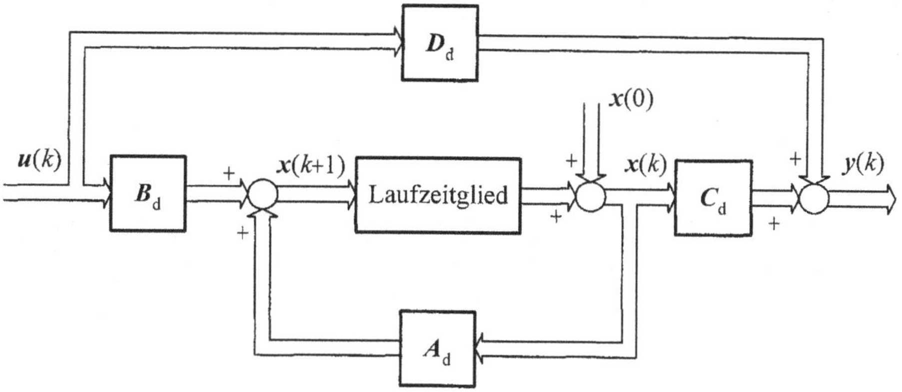

Bild 2.6.1. Blockschaltbild der Zustandsraumdarstellung eines diskreten Übertragungssystems nach den Gln. (2.6.1) und (2.6.2)

2.6.1 Normalformen für Eingrößensysteme

2.6.1.1 Regelungsnormalform

Für den speziellen Fall eines *Eingrößensystems* mit der Differenzengleichung gemäß Gl. (2.4.1), also

$$y(k)+\sum_{j=1}^{n} \alpha_j \, y(k-j)=\sum_{j=0}^{n} \beta_j \, u(k-j)\,,$$

lassen sich ähnlich wie im Abschnitt 1.5 verschiedene Normalformen je nach der Definition der Zustandsgrößen angeben. Führt man beispielsweise die Hilfsgröße

$$v(k)=u(k)-\sum_{j=1}^{n} \alpha_j \, v(k-j) \tag{2.6.3}$$

ein, womit für die Ausgangsgröße die Gleichung

$$y(k)=\sum_{j=0}^{n} \beta_j \, v(k-j) \tag{2.6.4}$$

folgt, so erhält man die im Bild 2.6.2 dargestellte Struktur. Die Gültigkeit des durch die Gln. (2.6.3) und (2.6.4) gewählten Ansatzes lässt sich leicht durch z-Transformation beider Gleichungen verifizieren.

Mit der im Bild 2.6.2 gewählten Definition der Zustandsgrößen

$$\begin{aligned} x_n(k) &= v(k-1)\,, \\ x_{n-1}(k) &= v(k-2)\,, \\ &\vdots \\ x_1(k) &= v(k-n) \end{aligned}$$

folgt unmittelbar das System der Zustandsgleichungen

$$\begin{aligned} x_1(k+1) &= x_2(k)\,, \\ x_2(k+1) &= x_3(k)\,, \\ &\vdots \\ x_n(k+1) &= -\alpha_n x_1(k) - \cdots - \alpha_2 x_{n-1}(k) - \alpha_1 x_n(k) + u(k) \end{aligned}$$

und die Ausgangsgleichung

$$y(k) = \beta_n x_1(k) + \cdots + \beta_1 x_n(k) + \beta_0\left[-\alpha_n x_1(k) - \cdots - \alpha_1 x_n(k) + u(k)\right].$$

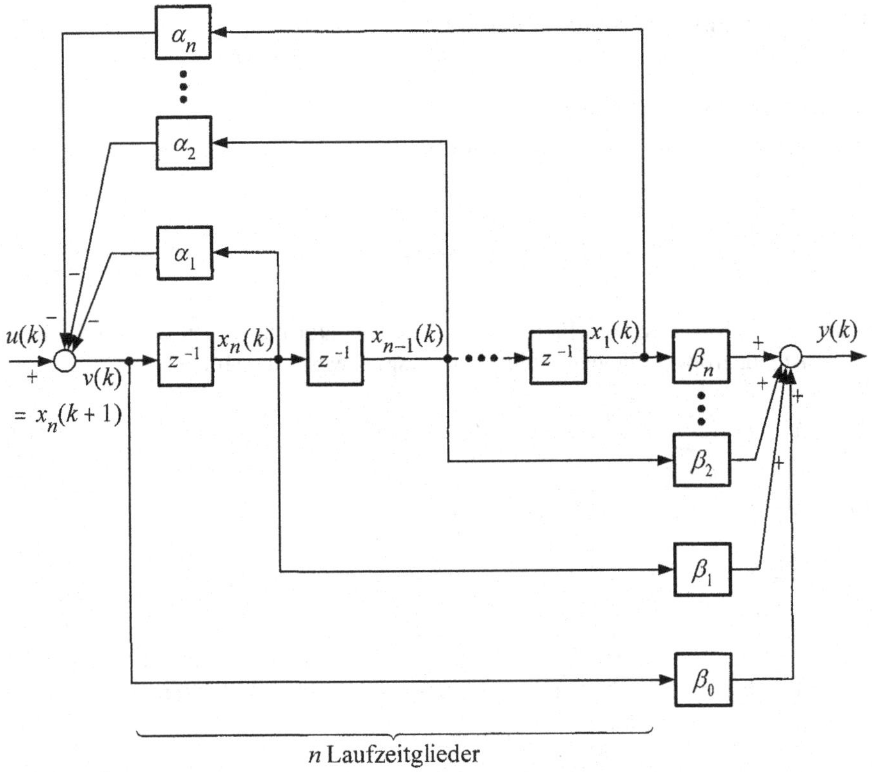

Bild 2.6.2. Blockschaltbild eines diskreten Eingrößensystems in Regelungsnormalform

In Vektor- bzw. Matrizenschreibweise ergibt sich somit

$$x(k+1) = \begin{bmatrix} 0 & 1 & 0 & 0 & \cdots & 0 \\ 0 & 0 & 1 & 0 & \cdots & 0 \\ \vdots & & & \ddots & & \vdots \\ 0 & \cdots & & 0 & 1 & 0 \\ 0 & \cdots & & 0 & 0 & 1 \\ -\alpha_n & \cdots & & -\alpha_3 & -\alpha_2 & -\alpha_1 \end{bmatrix} x(k) + \begin{bmatrix} 0 \\ 0 \\ \vdots \\ 0 \\ 0 \\ 1 \end{bmatrix} u(k) \tag{2.6.5}$$

und

$$y(k) = [(\beta_n - \beta_0\alpha_n) \cdots (\beta_1 - \beta_0\alpha_1)]\, x(k) + \beta_0 u(k)\,. \tag{2.6.6}$$

Diese Darstellung entspricht der im Abschnitt 1.5 eingeführten Regelungsnormalform mit der Systemmatrix in Frobeniusform, wobei die Koeffizienten direkt aus der z-Übertragungsfunktion nach Gl. (2.4.3) entnommen werden.

2.6.1.2 Beobachtungsnormalform

Die das Eingrößensystem beschreibende Differenzengleichung, Gl. (2.4.1), lässt sich auch auf die Form

$$y(k) = \beta_0\, u(k) + \sum_{\nu=1}^{n} [\beta_\nu u(k-\nu) - \alpha_\nu y(k-\nu)]$$

bringen. Der Summenausdruck dieser Gleichung weist in jedem Term von $u(k)$ und $y(k)$ dieselbe Rückwärtsverschiebung auf und kann daher in einer gemeinsamen Reihenschaltung von n Laufzeitgliedern gemäß Bild 2.6.3 realisiert werden. Aus dieser Dar-

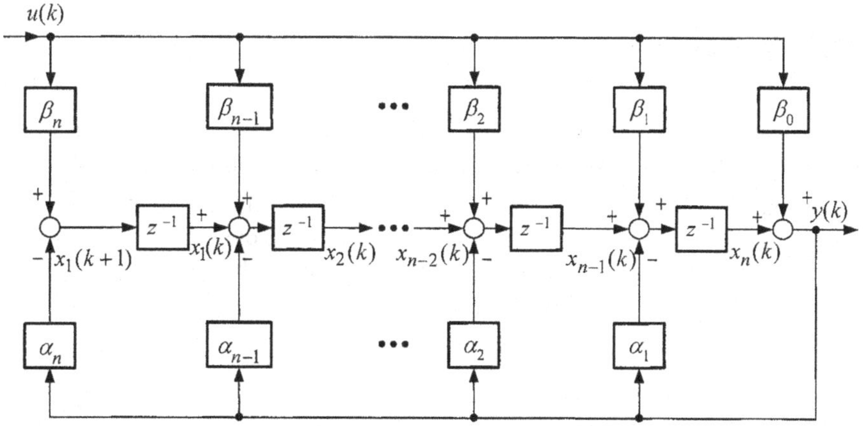

Bild 2.6.3. Blockschaltbild eines diskreten Eingrößensystems in Beobachtungsnormalform

stellung lassen sich mit der gewählten Definition der Zustandsgrößen für die Eingangsgrößen der Laufzeitglieder die Beziehungen

$$\begin{aligned}
x_1(k+1) &= -\alpha_n y(k) + \beta_n u(k), \\
x_2(k+1) &= x_1(k) - \alpha_{n-1} y(k) + \beta_{n-1} u(k), \\
x_3(k+1) &= x_2(k) - \alpha_{n-2} y(k) + \beta_{n-2} u(k), \\
&\vdots \\
x_n(k+1) &= x_{n-1}(k) - \alpha_1 y(k) + \beta_1 u(k)
\end{aligned}$$

angeben. Wird in diesem Gleichungssystem die Ausgangsgröße

$$y(k) = x_n(k) + \beta_0 u(k)$$

substituiert, so erhält man endgültig die Zustandsgleichungen

$$\begin{aligned}
x_1(k+1) &= -\alpha_n x_n(k) + (\beta_n - \beta_0 \alpha_n) u(k), \\
x_2(k+1) &= x_1(k) - \alpha_{n-1} x_n(k) + (\beta_{n-1} - \beta_0 \alpha_{n-1}) u(k), \\
x_3(k+1) &= x_2(k) - \alpha_{n-2} x_n(k) + (\beta_{n-2} - \beta_0 \alpha_{n-2}) u(k), \\
&\vdots \\
x_n(k+1) &= x_{n-1}(k) - \alpha_1 x_n(k) + (\beta_1 - \beta_0 \alpha_1) u(k).
\end{aligned}$$

In Vektor- bzw. Matrizenschreibweise ergibt sich somit unmittelbar die Zustandsraumdarstellung des diskreten Eingrößensystems in Beobachtungsnormalform mit der Zustandsgleichung

$$\boldsymbol{x}(k+1) = \begin{bmatrix} 0 & \cdots\cdots & 0 & -\alpha_n \\ 1 & & 0 & -\alpha_{n-1} \\ 0 & \ddots & \vdots & \vdots \\ \vdots & & 0 & -\alpha_2 \\ 0 & & 1 & -\alpha_1 \end{bmatrix} \boldsymbol{x}(k) + \begin{bmatrix} \beta_n - \beta_0 \alpha_n \\ \beta_{n-1} - \beta_0 \alpha_{n-1} \\ \vdots \\ \beta_2 - \beta_0 \alpha_2 \\ \beta_1 - \beta_0 \alpha_1 \end{bmatrix} u(k) \tag{2.6.7}$$

und der Ausgangsgleichung

$$y(k) = [0 \ \cdots \ 0 \ \ 1]\, \boldsymbol{x}(k) + \beta_0 u(k). \tag{2.6.8}$$

Der Vergleich mit den Gln. (2.6.5) und (2.6.6) zeigt, dass die Gln. (2.6.7) und (2.6.8) wie im kontinuierlichen Fall die duale Form der Regelungsnormalform darstellen.

In entsprechender Weise lassen sich auch die Diagonalform sowie die Jordan-Normalform für diskrete Übertragungssysteme herleiten. Da die Vorgehensweise jedoch völlig analog zu der bereits behandelten bei der kontinuierlichen Systemdarstellung ist, wird darauf im weiteren verzichtet.

2.6.2 Lösung der Zustandsgleichungen

Die Lösung der Gl. (2.6.1) ist sehr einfach in rekursiver Form möglich. Dazu wird die Zustandsgleichung für $k = 1, 2, \dots$ angeschrieben:

$$\begin{aligned} \boldsymbol{x}(1) &= \boldsymbol{A}_\mathrm{d}\boldsymbol{x}(0) + \boldsymbol{B}_\mathrm{d}\boldsymbol{u}(0)\,, \\ \boldsymbol{x}(2) &= \boldsymbol{A}_\mathrm{d}\boldsymbol{x}(1) + \boldsymbol{B}_\mathrm{d}\boldsymbol{u}(1) = \boldsymbol{A}_\mathrm{d}^2\boldsymbol{x}(0) + \boldsymbol{A}_\mathrm{d}\boldsymbol{B}_\mathrm{d}\boldsymbol{u}(0) + \boldsymbol{B}_\mathrm{d}\boldsymbol{u}(1)\,, \\ \boldsymbol{x}(3) &= \boldsymbol{A}_\mathrm{d}\boldsymbol{x}(2) + \boldsymbol{B}_\mathrm{d}\boldsymbol{u}(2) = \boldsymbol{A}_\mathrm{d}^3\boldsymbol{x}(0) + \boldsymbol{A}_\mathrm{d}^2\boldsymbol{B}_\mathrm{d}\boldsymbol{u}(0) + \boldsymbol{A}_\mathrm{d}\boldsymbol{B}_\mathrm{d}\boldsymbol{u}(1) + \boldsymbol{B}_\mathrm{d}\boldsymbol{u}(2)\,. \\ &\vdots \end{aligned}$$

Hieraus erhält man die allgemeine Form der Lösung für $k = 1, 2, \dots$

$$\boldsymbol{x}(k) = \boldsymbol{A}_\mathrm{d}^k\boldsymbol{x}(0) + \sum_{j=0}^{k-1} \boldsymbol{A}_\mathrm{d}^{k-j-1}\,\boldsymbol{B}_\mathrm{d}\boldsymbol{u}(j)\,, \tag{2.6.9}$$

die sich wie im kontinuierlichen Fall aus den beiden Termen der homogenen Lösung für den Anfangszustand $\boldsymbol{x}(0)$ (freie Reaktion) und der partikulären Lösung (erzwungene Reaktion) zusammensetzt. In Analogie zu Gl. (1.2.7) bezeichnet man die Matrix

$$\boldsymbol{\Phi}(k) = \boldsymbol{A}_\mathrm{d}^k \tag{2.6.10}$$

als *Übergangsmatrix* oder *Fundamentalmatrix* des diskreten Systems. Sie ist auch in rekursiver Form

$$\boldsymbol{\Phi}(k+1) = \boldsymbol{A}_\mathrm{d}\,\boldsymbol{\Phi}(k) \quad \text{mit} \quad \boldsymbol{\Phi}(0) = \mathbf{I} \quad \text{und} \quad \boldsymbol{\Phi}(1) \equiv \boldsymbol{\Phi}(T) = \boldsymbol{A}_\mathrm{d} \tag{2.6.11}$$

darstellbar. Damit kann anstelle von Gl. (2.6.9) nun

$$\boldsymbol{x}(k) = \boldsymbol{\Phi}(k)\,\boldsymbol{x}(0) + \sum_{j=0}^{k-1} \boldsymbol{\Phi}(k-j-1)\,\boldsymbol{B}_\mathrm{d}\boldsymbol{u}(j) \tag{2.6.12}$$

geschrieben werden. Durch Einsetzen in Gl. (2.6.2) erhält man schließlich für die Ausgangsgleichung

$$\boldsymbol{y}(k) = \boldsymbol{C}_\mathrm{d}\,\boldsymbol{\Phi}(k)\,\boldsymbol{x}(0) + \boldsymbol{C}_\mathrm{d}\sum_{j=0}^{k-1} \boldsymbol{\Phi}(k-j-1)\,\boldsymbol{B}_\mathrm{d}\boldsymbol{u}(j) + \boldsymbol{D}_\mathrm{d}\boldsymbol{u}(k)\,. \tag{2.6.13}$$

Die Berechnung der Übergangsmatrix $\boldsymbol{\Phi}(k)$ kann auch durch Anwendung der z-Transformation im Frequenzbereich erfolgen. Mit Hilfe des Verschiebungssatzes der z-Transformation, Gl. (2.3.11), ergibt sich aus Gl. (2.6.1)

$$z\,\boldsymbol{X}(z) - z\,\boldsymbol{x}(0) = \boldsymbol{A}_\mathrm{d}\,\boldsymbol{X}(z) + \boldsymbol{B}_\mathrm{d}\,\boldsymbol{U}(z)$$

oder

$$\boldsymbol{X}(z) = (z\mathbf{I} - \boldsymbol{A}_\mathrm{d})^{-1} z\,\boldsymbol{x}(0) + (z\mathbf{I} - \boldsymbol{A}_\mathrm{d})^{-1}\boldsymbol{B}_\mathrm{d}\,\boldsymbol{U}(z)\,. \tag{2.6.14}$$

Die Rücktransformation dieser Gleichung in den Zeitbereich liefert die Lösung $\boldsymbol{x}(k)$ in der Form

$$\boldsymbol{x}(k) = \mathfrak{Z}^{-1}\left\{(z\mathbf{I} - \boldsymbol{A}_\mathrm{d})^{-1} z\right\}\boldsymbol{x}(0) + \mathfrak{Z}^{-1}\left\{(z\mathbf{I} - \boldsymbol{A}_\mathrm{d})^{-1}\boldsymbol{B}_\mathrm{d}\,\boldsymbol{U}(z)\right\},$$

woraus durch Vergleich mit Gl. (2.6.12) für die Fundamentalmatrix schließlich folgt:

$$\boldsymbol{\Phi}(k) = \boldsymbol{A}_{\mathrm{d}}^{k} = \mathfrak{Z}^{-1}\left\{(z\mathbf{I} - \boldsymbol{A}_{\mathrm{d}})^{-1} z\right\}. \tag{2.6.15}$$

Die *Übertragungsmatrix* $\underline{\boldsymbol{G}}(z)$ eines diskreten Systems erhält man aus der z-transformierten Ausgangsgleichung, Gl. (2.6.2),

$$\boldsymbol{Y}(z) = \boldsymbol{C}_{\mathrm{d}}\, \boldsymbol{X}(z) + \boldsymbol{D}_{\mathrm{d}}\, \boldsymbol{U}(z)$$

durch Einsetzen von Gl. (2.6.14) mit $\boldsymbol{x}(0) = \mathbf{0}$

$$\boldsymbol{Y}(z) = [\boldsymbol{C}_{\mathrm{d}}(z\mathbf{I} - \boldsymbol{A}_{\mathrm{d}})^{-1}\boldsymbol{B}_{\mathrm{d}} + \boldsymbol{D}_{\mathrm{d}}]\, \boldsymbol{U}(z) = \underline{\boldsymbol{G}}(z)\, \boldsymbol{U}(z),$$

als

$$\underline{\boldsymbol{G}}(z) = \boldsymbol{C}_{\mathrm{d}}(z\mathbf{I} - \boldsymbol{A}_{\mathrm{d}})^{-1}\boldsymbol{B}_{\mathrm{d}} + \boldsymbol{D}_{\mathrm{d}}. \tag{2.6.16}$$

2.6.3 Zusammenhang zwischen der kontinuierlichen und der diskreten Zustandsraumdarstellung

Nachfolgend soll die Frage behandelt werden, wie ein gegebenes kontinuierliches System in eine äquivalente diskrete Darstellung im Zustandsraum umgewandelt werden kann, so dass die diskreten Eingangs-, Ausgangs- und Zustandsgrößen in den Abtastzeitpunkten mit den entsprechenden abgetasteten Signalen des kontinuierlichen Systems identisch sind. Diese Fragestellung ist sowohl bei der Behandlung von Abtastregelkreisen mit kontinuierlichen Regelstrecken, als auch bei der digitalen Simulation kontinuierlicher Systeme bedeutsam. Es soll dabei gezeigt werden, dass der Zusammenhang zwischen der kontinuierlichen und der diskreten Zustandsraumdarstellung nur dann hergeleitet werden kann, wenn der Zeitverlauf des kontinuierlichen Eingangsvektors $\boldsymbol{u}(t)$ vorgegeben ist. Dazu geht man von der Zustandsdifferentialgleichung (1.1.7a) aus, deren Lösung

$$\boldsymbol{x}(t) = \mathrm{e}^{\boldsymbol{A}(t-t_0)}\, \boldsymbol{x}(t_0) + \int_{t_0}^{t} \mathrm{e}^{\boldsymbol{A}(t-\tau)}\, \boldsymbol{B}\, \boldsymbol{u}(\tau)\mathrm{d}\tau, \quad t > t_0$$

in den Gln. (1.2.7b) und (1.2.8) angegeben wurde. Nun wird der Zustandsvektor im Zeitpunkt $t = (k+1)T$ bestimmt, wobei $t_0 = kT$ angenommen sei:

$$\boldsymbol{x}[(k+1)T] = \mathrm{e}^{\boldsymbol{A}T}\boldsymbol{x}(kT) + \int_{kT}^{(k+1)T} \mathrm{e}^{\boldsymbol{A}[(k+1)T-\tau]}\, \boldsymbol{B}\boldsymbol{u}(\tau)\mathrm{d}\tau. \tag{2.6.17}$$

Mit der Substitution $\theta = \tau - kT$ vereinfacht sich der Integralausdruck, und es ergibt sich

$$\boldsymbol{x}[(k+1)T] = \mathrm{e}^{\boldsymbol{A}T}\boldsymbol{x}(kT) + \mathrm{e}^{\boldsymbol{A}T} \int_{0}^{T} \mathrm{e}^{-\boldsymbol{A}\theta}\, \boldsymbol{B}\, \boldsymbol{u}(kT+\theta)\mathrm{d}\theta.$$

Um diesen Ausdruck auswerten zu können, muss der Zeitverlauf von $\boldsymbol{u}(t)$ bekannt sein. Es ist naheliegend, $\boldsymbol{u}(t)$ als stückweise konstant anzunehmen, was aufgrund der speziellen Arbeitsweise bei Abtastsystemen häufig der Fall ist. Diese Annahme entspricht einem Halteglied nullter Ordnung. Es gilt dann

$$\boldsymbol{u}(kT+\theta)=\boldsymbol{u}(kT)\,, \quad 0\le\theta<T\,. \tag{2.6.18}$$

Damit kann das Integral berechnet werden, und es folgt, sofern $\boldsymbol{A}$ nichtsingulär ist,

$$\boldsymbol{x}[(k+1)T]=\mathrm{e}^{\boldsymbol{A}T}\boldsymbol{x}(kT)+\mathrm{e}^{\boldsymbol{A}T}(\mathbf{I}-\mathrm{e}^{-\boldsymbol{A}T})\,\boldsymbol{A}^{-1}\boldsymbol{B}\,\boldsymbol{u}(kT)$$

oder in der verkürzten Schreibweise

$$\boldsymbol{x}(k+1)=\mathrm{e}^{\boldsymbol{A}T}\boldsymbol{x}(k)+(\mathrm{e}^{\boldsymbol{A}T}-\mathbf{I})\,\boldsymbol{A}^{-1}\boldsymbol{B}\,\boldsymbol{u}(k)\,. \tag{2.6.19}$$

Der Vergleich der Gl. (2.6.19) mit Gl. (2.6.1) liefert nun unter den Voraussetzungen von Gl. (2.6.18) folgenden Zusammenhang zwischen den Matrizen der kontinuierlichen und der diskreten Zustandsdarstellung:

$$\boldsymbol{A}_\mathrm{d}=\boldsymbol{A}_\mathrm{d}(T)=\mathrm{e}^{\boldsymbol{A}T}\,, \tag{2.6.20}$$

$$\boldsymbol{B}_\mathrm{d}=\boldsymbol{B}_\mathrm{d}(T)=(\mathrm{e}^{\boldsymbol{A}T}-\mathbf{I})\,\boldsymbol{A}^{-1}\boldsymbol{B}\,. \tag{2.6.21}$$

Wie sich leicht nachweisen lässt, sind die Matrizen $\boldsymbol{C}$ und $\boldsymbol{C}_\mathrm{d}$ sowie $\boldsymbol{D}$ und $\boldsymbol{D}_\mathrm{d}$ jeweils für beide Darstellungsformen dieselben.

Zur numerischen Auswertung der Gln. (2.6.20) und (2.6.21) benutzt man die Reihenentwicklung gemäß Gl. (1.2.6) in der Form

$$\begin{aligned}\boldsymbol{A}_\mathrm{d}&=\mathbf{I}+\boldsymbol{A}T+\boldsymbol{A}^2\frac{T^2}{2!}+\boldsymbol{A}^3\frac{T^3}{3!}+\cdots=\sum_{\nu=0}^{\infty}\boldsymbol{A}^\nu\frac{T^\nu}{\nu!}=\boldsymbol{\Phi}(T)\\&=\mathbf{I}+\underbrace{T(\mathbf{I}+\boldsymbol{A}\frac{T}{2!}+\boldsymbol{A}^2\frac{T^2}{3!}+\cdots)}_{\boldsymbol{S}}\,\boldsymbol{A}\,.\end{aligned}$$

In der auf die Abtastzeit T bezogenen Form folgt dann mit Gl. (2.6.11) die Beziehung $\boldsymbol{\Phi}(T)\equiv\boldsymbol{\Phi}(1)$. Zweckmäßigerweise berechnet man zuerst die Matrix

$$\boldsymbol{S}=T\sum_{\nu=0}^{\infty}\boldsymbol{A}^\nu\frac{T^\nu}{(\nu+1)!} \tag{2.6.22}$$

und daraus $\boldsymbol{A}_\mathrm{d}$ und $\boldsymbol{B}_\mathrm{d}$ nach den Beziehungen

$$\boldsymbol{A}_\mathrm{d}=\mathbf{I}+\boldsymbol{S}\,\boldsymbol{A}\,, \tag{2.6.23}$$

$$\boldsymbol{B}_\mathrm{d}=\boldsymbol{S}\,\boldsymbol{B}\,, \tag{2.6.24}$$

wodurch eine Inversion der Matrix $\boldsymbol{A}$ umgangen wird. Die unendliche Reihe für $\boldsymbol{S}$ muss dabei natürlich nach einer endlichen Zahl von Gliedern abgebrochen werden. Diese Zahl N hängt von dem zugelassenen Abbruchfehler ab, der beispielsweise durch die Norm des Zuwachsterms

$$\left\|\boldsymbol{A}^N\frac{T^N}{(N+1)!}\right\|$$

abgeschätzt werden kann.

2.6.4 Stabilität, Steuerbarkeit und Beobachtbarkeit

In Bezug auf die strukturellen Eigenschaften wie Stabilität, Steuerbarkeit und Beobachtbarkeit ergeben sich bei diskreten Systemen keine neuen Aspekte. Es können daher die bei kontinuierlichen Systemen angestellten Überlegungen unmittelbar auf den diskreten Fall übertragen werden.

Im Abschnitt 2.4.4 wurde als notwendige und hinreichende Bedingung für die Stabilität diskreter Systeme hergeleitet, dass die Pole z_i der das System beschreibenden z-Übertragungsfunktion innerhalb des Einheitskreises in der z-Ebene liegen müssen. Dies gilt selbstverständlich auch für die diskrete Zustandsraumdarstellung. Hierbei erhält man die Pole aus den Eigenwerten der Systemmatrix $\boldsymbol{A}_\mathrm{d}$, also aus den Wurzeln der *charakteristischen Gleichung*

$$|z\mathbf{I} - \boldsymbol{A}_\mathrm{d}| = 0 . \qquad (2.6.25)$$

Für die *Steuerbarkeit* und *Beobachtbarkeit* gelten die Definitionen aus Abschnitt 1.7.1 mit der diskreten Zeitvariablen k anstelle von t. Die notwendigen und hinreichenden Bedingungen sollen hier noch einmal in der von Kalman angegebenen Form formuliert werden:

Das durch Gl. (2.6.1) beschriebene diskrete System n-ter Ordnung ist genau dann vollständig steuerbar, wenn

$$\mathrm{Rang}\,[\,\boldsymbol{B}_\mathrm{d} \;\vdots\; \boldsymbol{A}_\mathrm{d}\boldsymbol{B}_\mathrm{d} \;\vdots\; \boldsymbol{A}_\mathrm{d}^2\boldsymbol{B}_\mathrm{d} \;\vdots\; \cdots \;\vdots\; \boldsymbol{A}_\mathrm{d}^{n-1}\boldsymbol{B}_\mathrm{d}\,] = n . \qquad (2.6.26)$$

Ebenso gilt für die Beobachtbarkeit:

Das durch die Gln. (2.6.1) und (2.6.2) beschriebene diskrete System n-ter Ordnung ist genau dann vollständig beobachtbar, wenn die Bedingung

$$\mathrm{Rang}\,[\,\boldsymbol{C}_\mathrm{d}^\mathrm{T} \;\vdots\; \boldsymbol{A}_\mathrm{d}^\mathrm{T}\boldsymbol{C}_\mathrm{d}^\mathrm{T} \;\vdots\; (\boldsymbol{A}_\mathrm{d}^\mathrm{T})^2\boldsymbol{C}_\mathrm{d}^\mathrm{T} \;\vdots\; \cdots \;\vdots\; (\boldsymbol{A}_\mathrm{d}^\mathrm{T})^{n-1}\boldsymbol{C}_\mathrm{d}^\mathrm{T}\,] = n \qquad (2.6.27)$$

erfüllt ist.

3 Nichtlineare Regelsysteme

3.1 Allgemeine Eigenschaften nichtlinearer Regelsysteme

Bei den früheren Betrachtungen im Band Regelungstechnik I wurde ein System als linear und zeitinvariant bezeichnet, falls es durch eine lineare Differentialgleichung oder einen Satz linearer Differentialgleichungen mit konstanten Koeffizienten beschrieben werden konnte, wobei für die Ein- und Ausgangsgrößen des Systems stets das Überlagerungsprinzip galt. Sind darüber hinaus einer oder mehrere der Koeffizienten einer linearen Differentialgleichung zeitabhängig, so handelt es sich um ein lineares zeitvariantes System. Jedes kontinuierliche, dynamische System, das sich nicht mit Hilfe einer dieser beiden Arten von linearen Differentialgleichungen beschreiben lässt, wird als *nichtlinear* bezeichnet. Bei nichtlinearen Systemen gilt das Überlagerungsprinzip nicht. So ist es beispielsweise typisch für ein nichtlineares System, dass die Übergangsfunktionen für kleine und große Sprünge der Eingangsgröße in der Form nicht mehr übereinstimmen.

Aus der obigen Definition geht hervor, dass die Bezeichnung "nichtlineares System" mehr als Sammelbegriff für verschiedenartige Übertragungssysteme zu verstehen ist, die durch sehr unterschiedliche *nichtlineare Phänomene* gekennzeichnet sind. Dementsprechend gibt es im Gegensatz zu den linearen Systemen für die Analyse und Synthese nichtlinearer Übertragungssysteme keine allgemein anwendbaren Verfahren. Zwar stehen zur Behandlung spezieller Klassen nichtlinearer Probleme bewährte Verfahren zur Verfügung, eine allgemeine Theorie nichtlinearer Übertragungssysteme existiert jedoch nicht.

Für die Einteilung nichtlinearer Übertragungssysteme bestehen verschiedene Möglichkeiten. Oft erfolgt die Einteilung nach mathematischen Gesichtspunkten, wobei nur die Form der betreffenden Differentialgleichung berücksichtigt wird. Eine andere Möglichkeit besteht darin, die wichtigsten nichtlinearen Eigenschaften, die insbesondere bei technischen Systemen auftreten, für eine Einteilung zu verwenden. Hierzu zählen die stetigen und nichtstetigen nichtlinearen *Systemkennlinien*, die in Tabelle 3.1.1 zusammengestellt sind. Dabei unterscheidet man zwischen eindeutigen Kennlinien (Fälle 1 bis 4) und mehrdeutigen Kennlinien (Fälle 5 bis 7). Die Kennlinien sind dabei häufig asymmetrisch zum Ursprung des Koordinatensystems. Oftmals empfiehlt sich auch eine Unterteilung in *ungewollte* und *gewollte Nichtlinearitäten.* Kein physikalisches System ist exakt linear im mathematischen Sinn. Die Nichtlinearität kann schwach und damit vernachlässigbar sein, sie kann jedoch auch stark sein und sich negativ (gelegentlich auch positiv) auf das dynamische Verhalten eines Übertragungssystems auswirken. Manchmal setzt man beim Reglerentwurf bewusst nichtlineare Elemente ein, nicht nur weil sie einfach und billig zu realisieren sind (z. B. schaltender Regler), sondern auch um spezielle Eigenschaften des Systems zu erzielen, die mit linearen Elementen nicht erreichbar sind (siehe z. B. zeitoptimale Regelung, Abschnitt 3.6).

Tabelle 3.1.1. Zusammenstellung der wichtigsten nichtlinearen Glieder

<table>
<tr><th>Nr.</th><th>Symbol und Bezeichnung</th><th>Mathematische Beschreibung</th></tr>
<tr><td>1</td><td>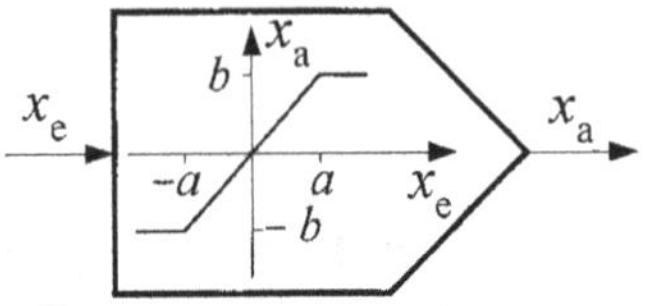

Begrenzung</td><td>$$x_a = \begin{cases} -b & \text{für} \quad x_e < -a \\ \frac{b}{a} x_e & \text{für} \quad -a \leq x_e \leq a \\ b & \text{für} \quad x_e > a \end{cases}$$</td></tr>
<tr><td>2</td><td>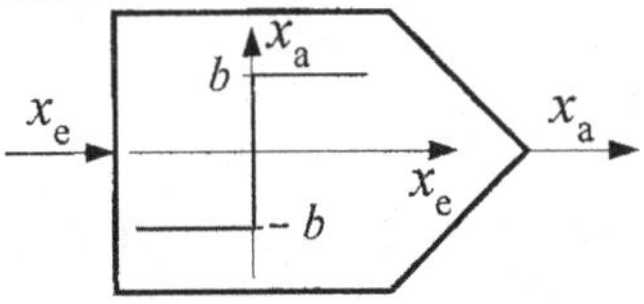

Zweipunktverhalten</td><td>$$x_a = b \operatorname{sgn} x_e = \begin{cases} -b & \text{für } x_e < 0 \\ b & \text{für } x_e > 0 \end{cases}$$</td></tr>
<tr><td>3</td><td>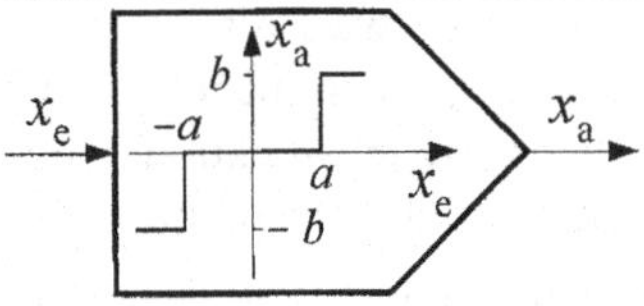

Dreipunktverhalten</td><td>$$x_a = \begin{cases} -b & \text{für } x_e < -a \\ 0 & \text{für } -a \leq x_e \leq a \\ b & \text{für } x_e > a \end{cases}$$</td></tr>
<tr><td>4</td><td>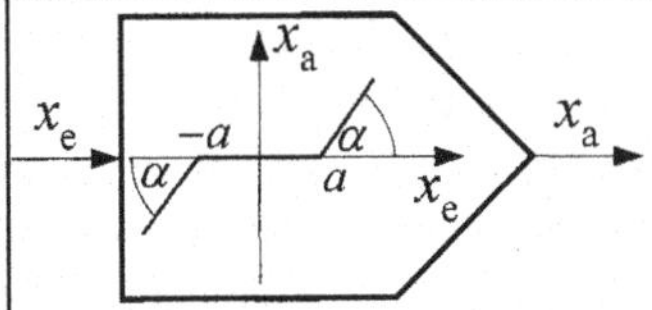

Totzone</td><td>$$x_a = \begin{cases} (x_e + a) \tan \alpha & \text{für} \quad x_e < -a \\ 0 & \text{für} \quad -a \leq x_e \leq a \\ (x_e - a) \tan \alpha & \text{für} \quad x_e > a \end{cases}$$</td></tr>
<tr><td>5</td><td>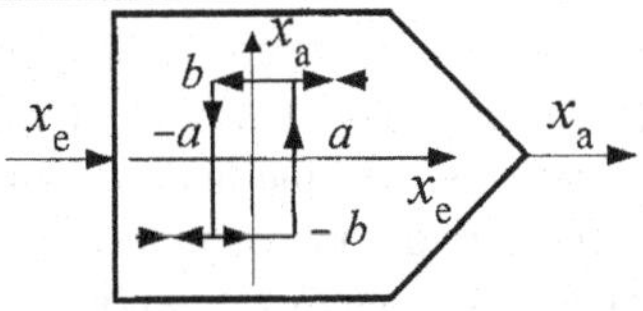

Hystereseverhalten</td><td>$$x_a = b \operatorname{sgn}(x_e - a \operatorname{sgn} \dot{x}_e)$$</td></tr>
<tr><td>6</td><td>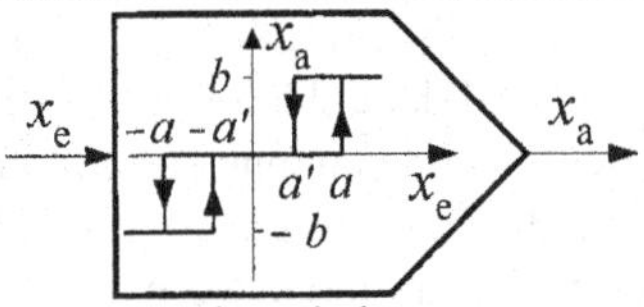

Dreipunktverhalten mit Hysterese</td><td>Aufwendige und unanschauliche mathematische Formulierung</td></tr>
</table>

Fortsetzung von Tabelle 3.1.1

7	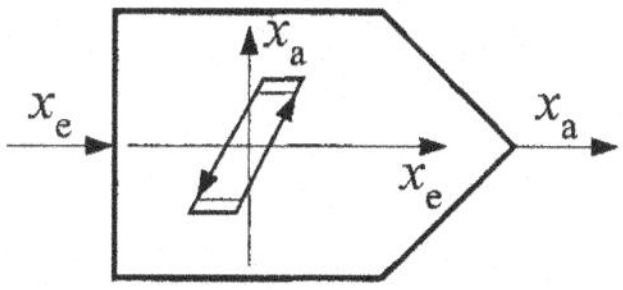 Getriebelose	Aufwendige und unanschauliche mathematische Formulierung
8	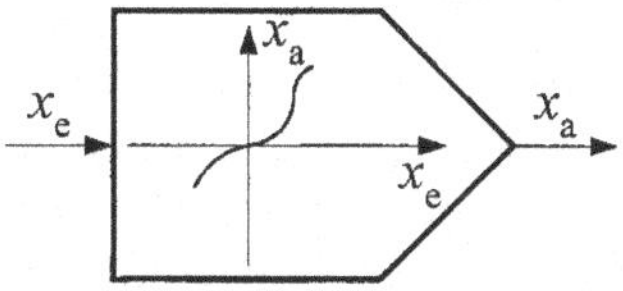 Beliebige nichtlineare Kennlinie	$x_a = f(x_e)$
9	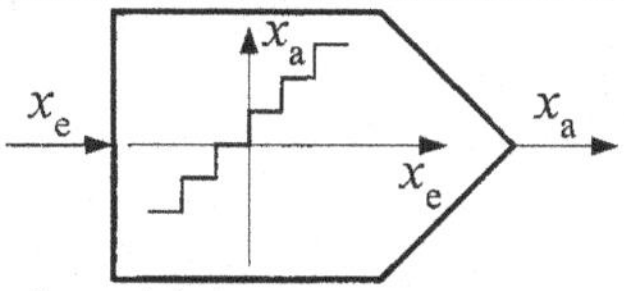 Quantisierung	x_a kann nur stufenweise, diskrete Werte (quantisierte Werte) annehmen
10	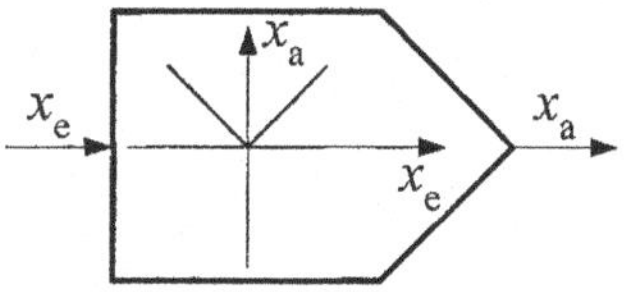 Betragsbildung	$x_a = \lvert x_e \rvert$
11	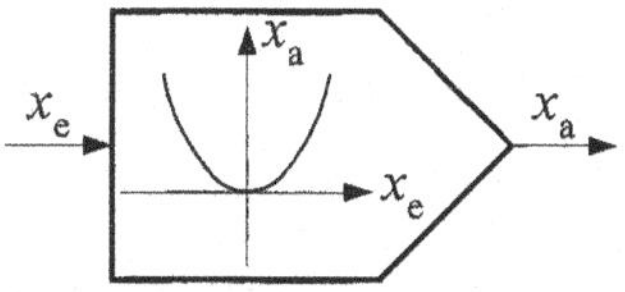 Quadrierung	$x_a = x_e^2$
12	 Multiplikation	$x_a = x_{e_1} x_{e_2}$
13	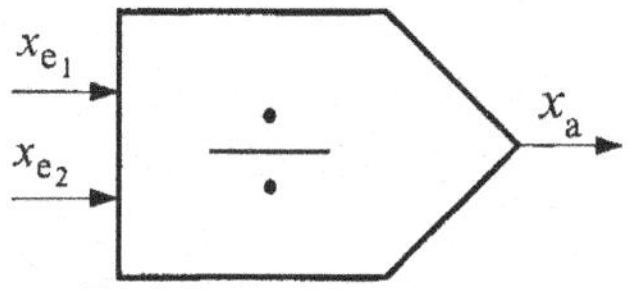 Division	$x_a = \frac{x_{e_1}}{x_{e_2}}$

Wie schon erwähnt, existiert keine allgemeine Theorie nichtlinearer Systeme. Es gibt jedoch bestimmte Methoden hauptsächlich zur Analyse der Stabilität nichtlinearer Systeme, die nachfolgend in ihren Grundzügen behandelt werden sollen; dies sind

a) die Methode der harmonischen Linearisierung (Abschnitt 3.3.1),

b) die Methode der Phasenebene (Abschnitt 3.4),

c) die zweite Methode von Ljapunow (Abschnitt 3.7) sowie das

d) Stabilitätskriterium von Popov (Abschnitt 3.8).

Im Übrigen wird oft bei der Analyse und Synthese nichtlinearer Systeme direkt von der Darstellung im Zeitbereich ausgegangen, d. h. man muss versuchen die Differentialgleichung zu lösen. Hierbei sind *Simulationsmethoden* ein wichtiges Hilfsmittel. Für Digitalrechner stehen heute zur Simulation nichtlinearer Systeme leistungsfähige Programmsysteme, wie z. B. SIMULINK [MAT99] zur Verfügung.

Wie vielfältig Nichtlinearitäten bei technischen Systemen auftreten können, wird nachfolgend an einem Beispiel erläutert. Dazu wird als Regelstrecke der im Bild 3.1.1 dargestellte Behälter mit einer inkompressiblen Flüssigkeit betrachtet, dessen Flüssigkeitsstand geregelt werden soll. Die Ausgangsgröße y ist der Flüssigkeitsstand h. Die Eingangsgröße u dieses Systems stellt die Steuerspannung U_M des Motors dar, die über den Motor

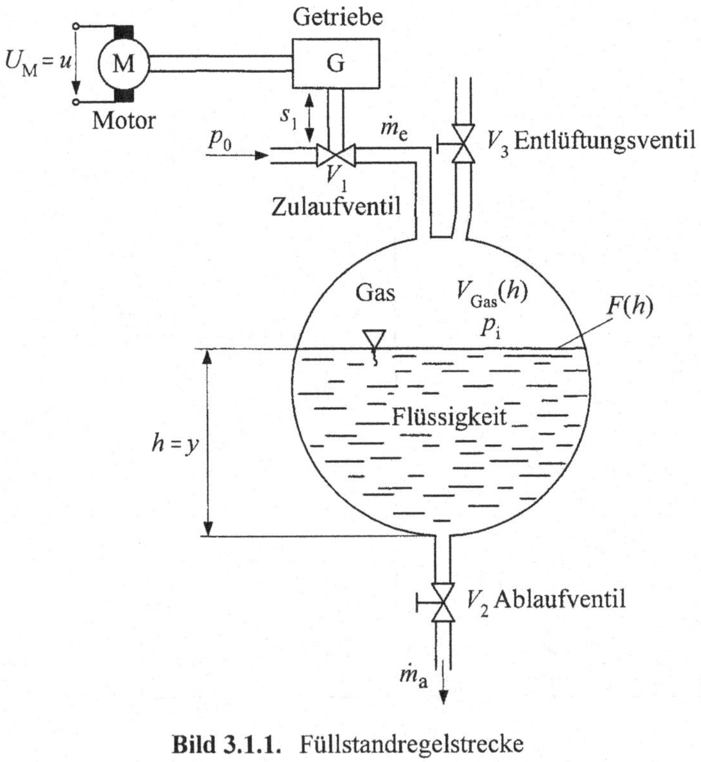

Bild 3.1.1. Füllstandregelstrecke

und das Getriebe die Stellung s_1 des Zulaufventils V_1 beeinflusst, von der wiederum der Zustrom $\dot{m}_e$ in den Behälter abhängt. Der abfließende Strom $\dot{m}_a$ aus dem Behälter sowie die Stellung des Entlüftungsventils V_3 sind Störgrößen, die bei der Modellbildung nicht berücksichtigt werden sollen. Die zeitliche Änderung des Flüssigkeitsstandes h ist proportional zum Massenzustrom $\dot{m}_e$ und umgekehrt proportional zur Querschnittsfläche $F(h)$ des Behälters, die nichtlinear von h abhängt. Mit ρ als Dichte der Flüssigkeit folgt daraus die Differentialgleichung

$$\frac{dh}{dt} = \frac{1}{\rho F(h)} \dot{m}_e . \tag{3.1.1}$$

Das Ventil V_1 soll linear sein, d. h. der Zustrom $\dot{m}_e$ ist proportional zu der Ventilstellung (Hub) s_1. Allerdings beeinflusst auch die Druckdifferenz $p_0 - p_i$ den Durchfluss, und es gilt

$$\dot{m}_e = \sqrt{p_0 - p_i}\, c_v s_1 , \tag{3.1.2}$$

wobei c_v einen Proportionalitätsfaktor darstellt. Der Behältergasdruck p_i ist abhängig von der Entlüftung, die hier nicht betrachtet wird, und vom Gasvolumen $V_{Gas}(h)$:

$$p_i = \frac{c_G}{V_{Gas}(h)} . \tag{3.1.3}$$

Die Konstante c_G enthält Masse, Temperatur und Gaskonstante des eingeschlossenen Gases. Der Zusammenhang zwischen dem Ventilhub s_1 und der Eingangsgröße $U_M = u$ wird im Wesentlichen durch ein IT_1-Glied beschrieben. Dazu kommt infolge der Reibung eine Totzone. Zusammengefasst erhält man das im Bild 3.1.2 dargestellte Blockschaltbild

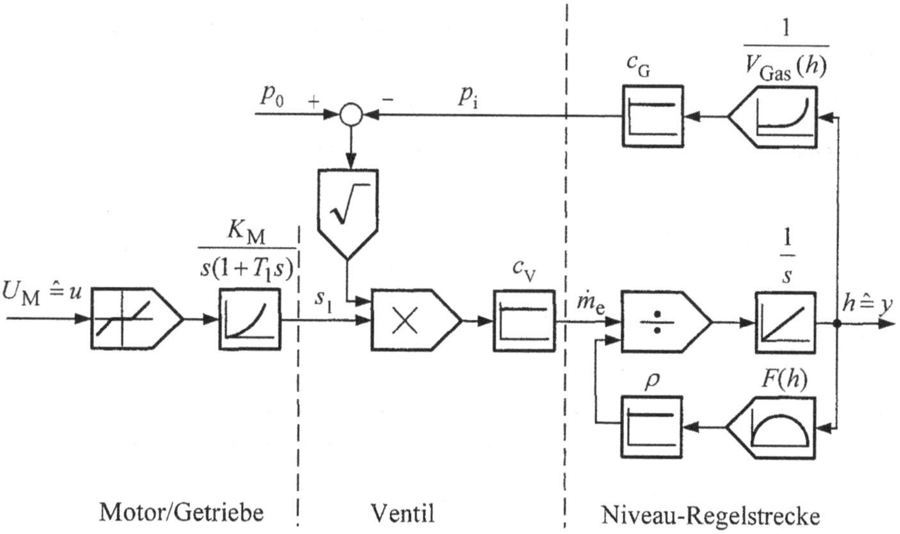

Bild 3.1.2. Blockschaltbild als Modell des Flüssigkeitsbehälters mit elektrischem Antrieb des Zulaufventils

als Modell dieses Behälters (Regelstrecke) einschließlich der Stelleinrichtung. Es gilt für $\dot{m}_a = 0$ und geschlossenes Entlüftungsventil. Insgesamt sind darin sechs nichtlineare Glieder enthalten, darunter Multiplikation, Division und Wurzelbildung von Signalen. Bei diesem System ist der Verstärkungsfaktor sehr stark von der Ausgangsgröße h sowie von der Druckdifferenz $p_0 - p_i$ abhängig. Soll das Modell für den gesamten Arbeitsbereich gültig sein, so ist eine Linearisierung, wie sie im Band Regelungstechnik I besprochen wurde, nicht möglich.

3.2 Regelkreise mit Zwei- und Dreipunktreglern

Während bei einem stetig arbeitenden Regler die Stelllgröße im zulässigen Bereich jeden beliebigen Wert annehmen kann, stellt sich bei Zwei- oder Dreipunktreglern die Stellgröße jeweils nur auf zwei oder drei bestimmte Werte (Schaltzustände) ein. Bei einem Zweipunktregler können dies z. B. die beiden Stellungen "Ein" und "Aus" eines Schalters sein, bei einem Dreipunktregler z. B. die drei Schaltzustände "Vorwärts", "Rückwärts" und "Ruhestellung" zur Ansteuerung eines Stellgliedes in Form eines Motors. Somit werden diese Regler durch einfache Schaltglieder realisiert, deren Kennlinien unter anderem im Abschnitt 3.1 bereits besprochen wurden. Während Zweipunktregler häufig bei einfachen Temperatur- oder Druckregelungen (z. B. Bügeleisen, Pressluftkompressoren u. a.) verwendet werden, eignen sich Dreipunktregler zur Ansteuerung von Motoren, die als Stellantriebe in zahlreichen Regelkreisen eingesetzt werden.

3.2.1 Der einfache Zweipunktregler

Den nachfolgenden Betrachtungen wird das Blockschaltbild gemäß Bild 3.2.1 zugrunde gelegt. Hierbei ist ein einfacher Zweipunktregler mit unsymmetrischer Kennlinie mit einer PT_1T_t-Regelstrecke zusammengeschaltet. Das Verhalten dieses Regelkreises soll untersucht werden, wobei ein Sollwertsprung

$$w(t) = w_0\,\sigma(t) \quad \text{und} \quad y(t) = 0 \quad \text{für} \quad t < 0$$

angenommen wird. Damit gilt für die Regelabweichung für $t > 0$

$$e(t) = w_0 - y(t)\,.$$

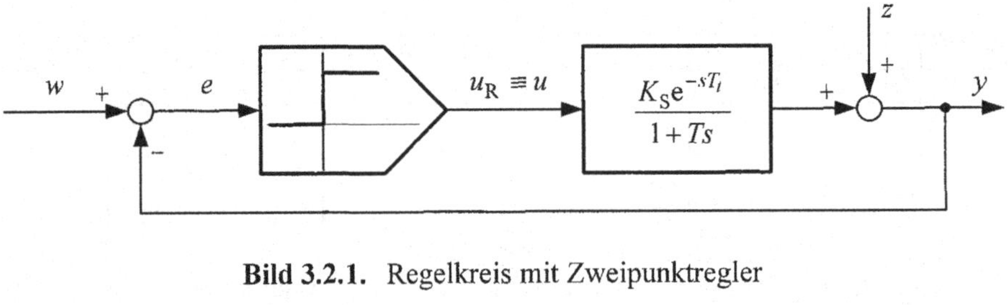

Bild 3.2.1. Regelkreis mit Zweipunktregler

Die Schaltbedingung für den Zweipunktregler lautet:

$$u_R(t) = \begin{cases} 1 & \text{für} \quad e(t) > 0 \\ 0 & \text{für} \quad e(t) \le 0 \,. \end{cases} \tag{3.2.1}$$

Der qualitative Verlauf der Regelkreissignale $w(t)$, $y(t)$, $e(t)$ und $u(t) \equiv u_R(t)$ ist im Bild 3.2.2 dargestellt. Diese Signale sollen nachfolgend in den einzelnen Zeitabschnitten überprüft werden.

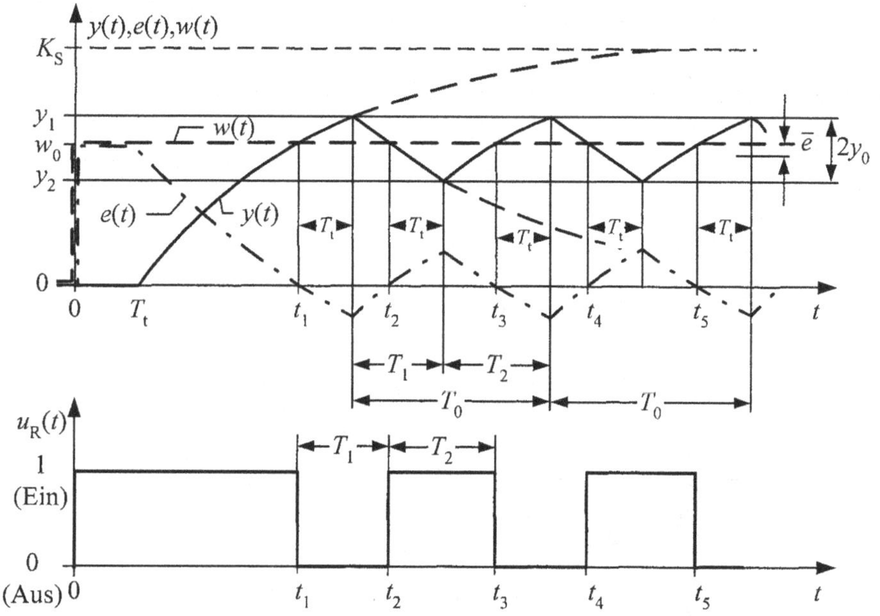

Bild 3.2.2. Verlauf der Regelkreissignale $y(t)$, $e(t)$ und $u(t)$ gemäß Bild 3.2.1 nach einer sprungförmigen Änderung des Sollwertes $w(t) = w_0\,\sigma(t)$

1. $0 \le t < t_1$: Hier gilt $e(t) > 0$ und somit wird $u_R(t) = 1$.
2. $t_1 \le t < t_1 + T_t$: Für $t \ge t_1$ wird $e < 0$ und somit $u_R(t) = 0$. Die Änderung des Stellsignals $u_R(t)$ wirkt sich allerdings auf $y(t)$ bzw. $e(t)$ erst für $t \ge t_1 + T_t$ aus. Die Regelabweichung $e(t)$ nimmt bis zum Zeitpunkt $t_1 + T_t$ betragsmäßig zu.
3. $t_1 + T_t \le t < t_2$: Ab dem Zeitpunkt $t_1 + T_t$ wirkt sich die Umschaltung von $u_e(t) = 0$ bei t_1 aus, die Regelabweichung wird betragsmäßig kleiner und zum Zeitpunkt t_2 wird $e(t) = 0$, so dass der Regler hier wieder auf $u_R(t) = 1$ umschaltet.
4. $t_2 \le t < t_2 + T_t$: Das Reglerausgangssignal besitzt den Wert $u_R(t) = 1$. Allerdings wirkt sich die Umschaltung von $u_R(t)$ auf die Regelgröße $y(t)$ erst für Zeiten $t \ge t_2 + T_t$ aus.
5. $t_2 + T_t \le t < t_3$: Da die Regelabweichung $e(t) > 0$ ist, bleibt $u_R(t) = 1$ am Reglerausgang.

6. $t_3 \le t < t_3 + T_t$: Ab dem Zeitpunkt t_3 wird $e(t) < 0$, und damit schaltet der Regler um, so dass nun $u_R(t) = 0$ wird. Der Vorgang ist von nun an periodisch. Dabei entsprechen den Zeitpunkten t_3 und t_4 die Zeitpunkte t_1 und t_2.

Die periodische Schwingung, die der Regelkreis vom Zeitpunkt $t = t_1$ ab ausführt, wird auch als *Arbeitsbewegung* bezeichnet. Zu beachten ist, dass diese periodischen Schwingungen von $y(t)$ und $u(t)$ nicht wie bei linearen Systemen ein grenzstabiles Systemverhalten charakterisieren. Vielmehr sind diese Schwingungsformen - wie später noch ausführlich gezeigt wird - typisch für die Arbeitsweise nichtlinearer Regelkreise. Nachfolgend sollen nun die Kenndaten dieser Arbeitsbewegung bestimmt werden.

Entsprechend Bild 3.2.3 lässt sich die periodische Arbeitsbewegung bei dem vorliegenden Beispiel durch die ansteigenden Zeitfunktionen I, III, ... und die abfallenden Zeitfunktionen II, IV, ... stückweise beschreiben. Für die aufsteigende Zeitfunktion I mit $t = t_1 = 0$ gilt

$$\begin{aligned} y_I(t) &= w_0 + (K_S - w_0)(1 - e^{-t/T}) \\ &= K_S + (w_0 - K_S)\, e^{-t/T} \, . \end{aligned}$$

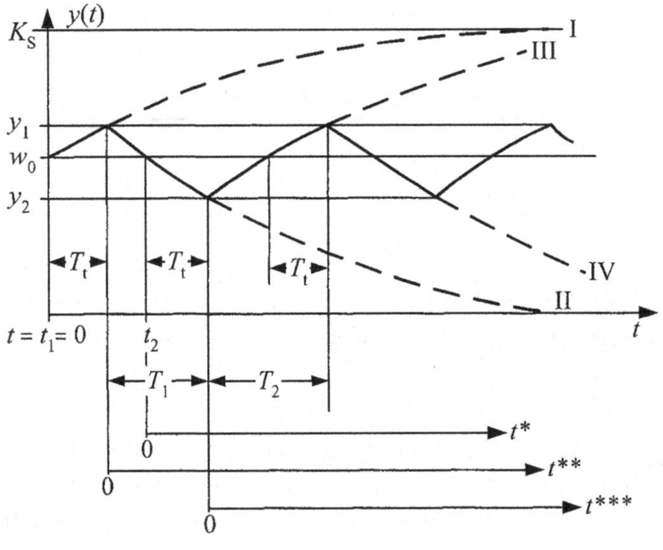

Bild 3.2.3. Zur Analyse der Arbeitsbewegung des Regelkreises mit Zweipunktregler

Nach der Zeit T_t wird der Wert

$$y_1 = y_I(t = T_t) = K_S + (w_0 - K_S)\, e^{-T_t/T} \tag{3.2.2}$$

erreicht. In einem um t_2 verschobenen Koordinatensystem erhält man für die Zeitfunktion II

$$y_{II}(t^*) = w_0\, e^{-t^*/T} \, .$$

Zum Zeitpunkt $t^* = T_t$ wird gerade der untere Umkehrpunkt y_2 erreicht:

$$y_2 = y_{II}(t^* = T_t) = w_0\, e^{-T_t/T} . \tag{3.2.3}$$

Verschiebt man das ursprüngliche Koordinatensystem gemäß Bild 3.2.3 um T_t, so lässt sich die abfallende Zeitfunktion II auch beschreiben durch

$$y_{II}(t^{**}) = y_1\, e^{-t^{**}/T} . \tag{3.2.4}$$

Für $t^{**} = T_1$ wird gerade der Wert

$$y_{II}(t^{**} = T_1) = y_1\, e^{-T_1/T} = y_2 \tag{3.2.4a}$$

erreicht. Somit erhält man durch Einsetzen der Gln. (3.2.2) und (3.2.3) in Gl. (3.2.4a) schließlich

$$w_0\, e^{-T_t/T} = \left[K_S + (w_0 - K_S)\, e^{-T_t/T}\right] e^{-T_1/T}$$

und daraus folgt

$$T_1 = T \ln \frac{K_S + (w_0 - K_S)\, e^{-T_t/T}}{w_0 e^{-T_t/T}} . \tag{3.2.5}$$

Beschreibt man die aufsteigende Zeitfunktion III in einem gegenüber dem ursprünglichen um $t_2 + T_t$ verschobenen Koordinatensystem, so ergibt sich

$$y_{III}(t^{***}) = K_S + (y_2 - K_S)\, e^{-t^{***}/T} .$$

Für $t^{***} = T_2$ erhält man

$$y_1 = y_{III}(t^{***} = T_2) = K_S + (y_2 - K_S)\, e^{-T_2/T}$$

und hieraus folgt durch Einsetzen der Gln. (3.2.2) und (3.2.3) und Auflösung der dabei entstehenden Gleichung

$$T_2 = T \ln \frac{w_0\, e^{-T_t/T} - K_S}{(w_0 - K_S)\, e^{-T_t/T}} . \tag{3.2.6}$$

Nun lässt sich mittels der Gln. (3.2.5) und (3.2.6) die *Schwingungsdauer* T_0 der Arbeitsbewegung berechnen:

$$T_0 = T_1 + T_2 = T \ln \left[\frac{K_S + (w_0 - K_S)\, e^{-T_t/T}}{w_0\, e^{-T_t/T}} \cdot \frac{w_0\, e^{-T_t/T} - K_S}{(w_0 - K_S)\, e^{-T_t/T}} \right]$$

oder

$$T_0 = T \ln \frac{K_S^2\, e^{T_t/T}(1 - e^{T_t/T}) + w_0(w_0 - K_S)}{w_0(w_0 - K_S)} . \tag{3.2.7}$$

Als *doppelte Schwingungsamplitude* der Arbeitsbewegung ergibt sich anhand der Gln. (3.2.2) und (3.2.3)

$$\begin{aligned} 2y_0 = y_1 - y_2 &= K_S + (w_0 - K_S)\,\mathrm{e}^{-T_t/T} - w_0\,\mathrm{e}^{-T_t/T} \\ &= K_S(1 - \mathrm{e}^{-T_t/T})\,. \end{aligned} \tag{3.2.8}$$

Die *mittlere Regelabweichung* beträgt

$$\begin{aligned} \bar{e} &= \frac{y_1 + y_2}{2} - w_0 \\ &= \frac{1}{2}[K_S + (w_0 - K_S)\,\mathrm{e}^{-T_t/T} + w_0\,\mathrm{e}^{-T_t/T}] - w_0 \\ &= \left(\frac{1}{2}K_S - w_0\right)\left(1 - \mathrm{e}^{-T_t/T}\right). \end{aligned} \tag{3.2.9}$$

Der Wert von $\bar{e}$ kann je nach der Größe von K_S positiv oder negativ sein. Für $K_S = 2w_0$ beträgt er Null. Wie aus Bild 3.2.2 hervorgeht, ist die notwendige Bedingung für das Zustandekommen einer Arbeitsbewegung, dass

$$K_S > w_0$$

wird.

Für $w_0 = 0{,}5\,K_S$ folgt aus Gl. (3.2.9)

$$\bar{e} = 0$$

sowie aus den Gln. (3.2.5) und (3.2.6)

$$T_1 = T_2 = T \ln(2\,\mathrm{e}^{T_t/T} - 1) \tag{3.2.10}$$

und damit

$$T_0 = 2T \ln(2\,\mathrm{e}^{T_t/T} - 1)\,. \tag{3.2.11}$$

Spezialfall $T_t \ll T$:

In diesem Fall dürfen die *e*-Funktionen der Arbeitsbewegung näherungsweise durch ihre Tangenten ersetzt werden. Mit der umgeformten Gl. (3.2.6)

$$T_2 = T \ln \frac{w_0 - K_S\,\mathrm{e}^{T_t/T}}{w_0 - K_S}$$

und der Näherung

$$\mathrm{e}^{T_t/T} \approx 1 + \frac{T_t}{T} \tag{3.2.12}$$

erhält man

$$T_2 \approx T \ln \frac{w_0 - K_S\left(1 + \frac{T_t}{T}\right)}{(w_0 - K_S)}$$

$$\approx T \ln \left(1 - \frac{K_S \frac{T_t}{T}}{w_0 - K_S} \right),$$

und mit der Reihenentwicklung $\ln(1+x) = x - x^2/2 + \cdots$ folgt schließlich

$$T_2 \approx T \left(\frac{K_S T_t}{(K_S - w_0) T} \right) = \frac{K_S T_t}{K_S - w_0}. \tag{3.2.13}$$

Für T_1 ergibt sich bei entsprechender Umformung der Gl. (3.2.5)

$$T_1 = T \ln \frac{K_S \, e^{T_t/T} + w_0 - K_S}{w_0}$$

mit der Näherung nach Gl. (3.2.12)

$$T_1 \approx T \ln \frac{K_S \left(1 + \frac{T_t}{T} \right) + w_0 - K_S}{w_0} = T \ln \left(1 + \frac{K_S T_t}{w_0 T} \right),$$

und der Reihenentwicklung für die ln-Funktion folgt dann

$$T_1 \approx \frac{K_S T_t}{w_0}. \tag{3.2.14}$$

Die Schwingungsdauer wird somit

$$T_0 = T_1 + T_2 \approx T_t \frac{K_S^2}{(K_S - w_0) w_0}. \tag{3.2.15}$$

Für $w_0 = K_S/2$ folgt beispielsweise als minimale Schwingungsdauer $T_0 \approx 4\,T_t$. Aus der umgeformten Gl. (3.2.15)

$$\frac{T_0}{T_t} \approx \frac{1}{w_0/K_S - (w_0/K_S)^2} \tag{3.2.16}$$

sowie aus dem Verhältnis

$$\frac{T_2}{T_1} \approx \frac{w_0}{K_S - w_0} = \frac{w_0/K_S}{1 - w_0/K_S} \tag{3.2.17}$$

ist ersichtlich, dass T_0/T_t und T_2/T_1 nur von der Größe w_0/K_S abhängig sind, wobei dieser Wert im Bereich $0 < w_0/K_S < 1$ liegen kann. Praktisch wählt man allerdings den Bereich

$$0{,}2 \leq w_0/K_S \leq 0{,}8\,,$$

da für $w_0 = 0$ und $w_0 = K_S$ die Schwingungszeit $T_0 \to \infty$ geht. Zu große Schwingungszeiten sind jedoch unerwünscht, da in solchen Fällen die Störungen $z(t)$ im Regelkreis nicht genügend schnell ausgeregelt werden können.

Bild 3.2.4a zeigt die Näherungswerte T_2/T_1 und T_0/T_t sowie die aus den Gln. (3.2.8) und (3.2.9) folgenden exakten Werte von

$$\frac{\bar{e}}{y_0} = 1 - 2\frac{w_0}{K_S} \tag{3.2.18}$$

in Abhängigkeit von w_0/K_S. Zusätzlich dazu ist inm Bild 3.2.4b für eine PT_1T_t-Regelstrecke mit $T_t << T$ die jeweilige Arbeitsbewegung $y(t)$ für verschiedene Sollwerte dargestellt. Betrachtet man den Schwingungsverlauf bei unterschiedlichen Sollwerten, so lassen sich gemäß Bild 3.2.4b folgende Fälle unterscheiden:

1. Für $w_0 = w_{0_{III}} < 0,5\,K_S$ wird $T_2 < T_1$.
2. Für $w_0 = w_{0_I} > 0,5\,K_S$ wird $T_2 > T_1$.
3. Für $w_0 = w_{0_{II}} = 0,5\,K_S$ werden $\bar{e} = 0$ und $T_1 = T_2$.

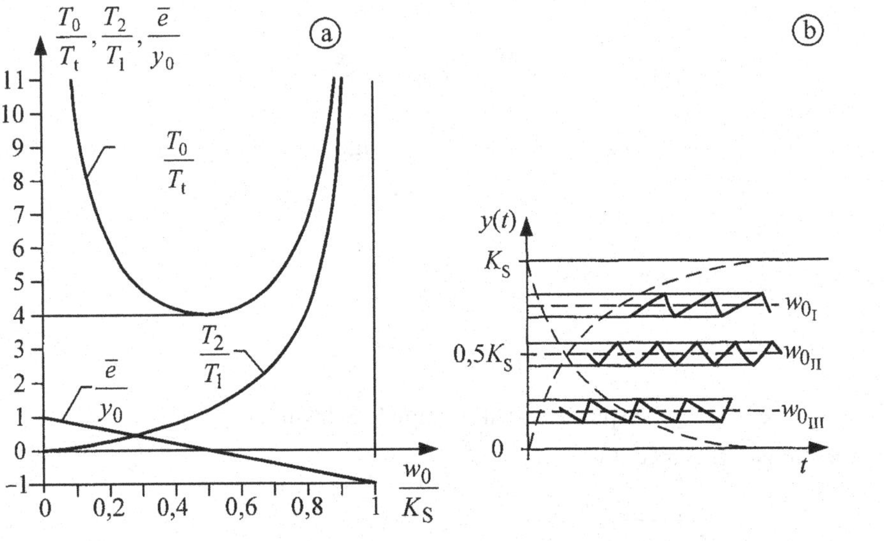

Bild 3.2.4. Kenngrößen (a) und Zeitverhalten (b) eines Zweipunktreglers für eine PT_1T_t-Regelstrecke mit $T_t << T$ (w_{0_I}, $w_{0_{II}}$, $w_{0_{III}}$ sind Sollwerte, für die die entsprechenden Arbeitsbewegungen dargestellt sind)

3.2.2 Der einfache Dreipunktregler

Der einfache Dreipunktregler wird durch einen Schalter mit drei Schaltstellungen realisiert (siehe Kennlinie Nr. 3 in Tabelle 3.1.1). Im Gegensatz zum Zweipunktregler ist es mit diesem Regler möglich, einen konstanten Beharrungszustand zu erzielen, sofern dem Dreipunktregler ein Übertragungsglied mit I-Verhalten nachgeschaltet ist (Bild 3.2.5a). Bei dem im Bild 3.2.5b dargestellten Anwendungsbeispiel handelt es sich um eine Nachlaufregelung. Das Potentiometer mit der Winkelstellung φ_1 dient als Sollwertgeber (Führungsgröße). Der Winkel φ_2 des zweiten Potentiometers soll jeder Änderung von φ_1

nachgeführt werden. Beide Potentiometer sind in einer Brückenschaltung miteinander verbunden. Die Regelabweichung in der Brückendiagonale wirkt auf ein gepoltes Relais, das eine Totzone besitzt, in der seine Zunge keinen Kontakt berührt (Ruhestellung). Von den Kontakten dieses Relais wird ein Gleichstrommotor in Rechts- oder Linkslauf geschaltet. Der Motor besitzt bzgl. der Ausgangsgröße φ_2 I-Verhalten und stellt die eigentliche Regelstrecke dar. Durch den Motor wird über ein Getriebe das zweite Potentiometer nachgeführt, und so die Brückenschaltung selbsttätig abgeglichen, wodurch der Motor wieder in die Ruhestellung geschaltet wird. Durch die Totzone des Dreipunktreglers entsteht allerdings eine bleibende Regelabweichung. Derartige *Nachlaufwerke* werden häufig als innere Regelkreise in größeren Regelkreisen benutzt.

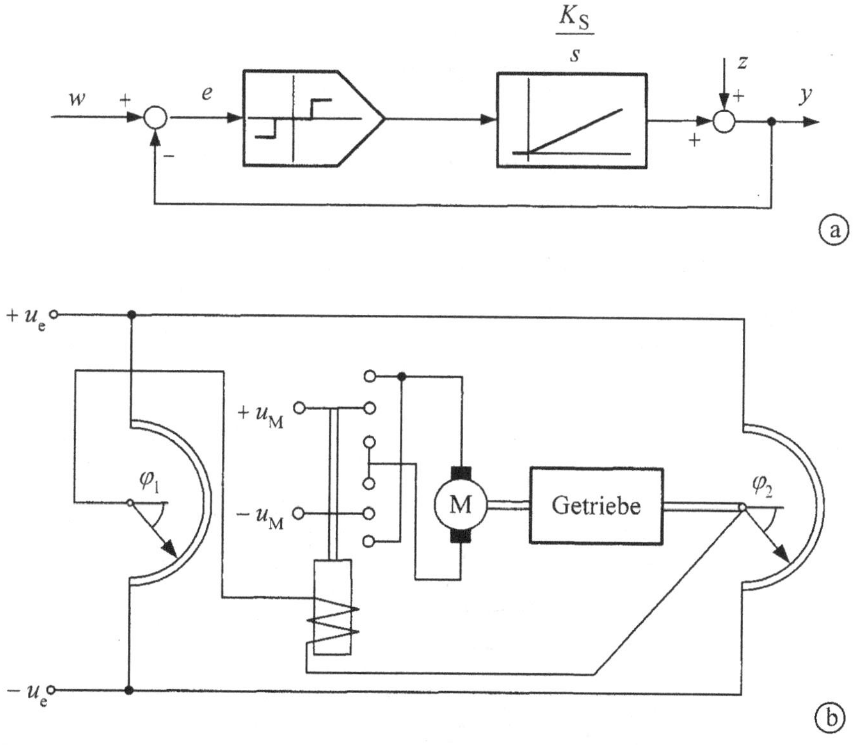

Bild 3.2.5. (a) Blockschaltbild eines Regelkreises mit Dreipunktregler und I-Regelstrecke sowie (b) Anwendungsbeispiel mit gepoltem Relais und Totezone

Regelkreise mit einem Zwei- oder Dreipunktregler werden auch als *Relaissysteme* bezeichnet. Gewöhnlich werden die Kennlinien dieser Regler noch mit einer einstellbaren Hysteresebreite versehen, um insbesondere bei Regelstrecken ohne Totzeit ein ständiges Umschalten der Reglerausgangsgröße u_R zu vermeiden.

3.2.3 Zwei- und Dreipunktregler mit Rückführung

Gemäß Bild 3.2.6 können Zwei- und Dreipunktregler mit Hysterese zusätzlich durch eine innere Rückführung - ähnlich wie die stetigen Regler - mit einem einstellbaren Zeitverhalten versehen werden. Das Rückführnetzwerk ist dabei linear und wird durch die Übertragungsfunktion $G_r(s)$ beschrieben. Die so entstehenden Regler weisen annähernd das Verhalten linearer Regler mit PI-, PD- oder PID-Verhalten auf. Daher werden sie oft als *quasistetige* Regler bezeichnet. Diese Reglertypen sollen nachfolgend hinsichtlich ihres dynamischen Verhaltens kurz behandelt werden [Unb70].

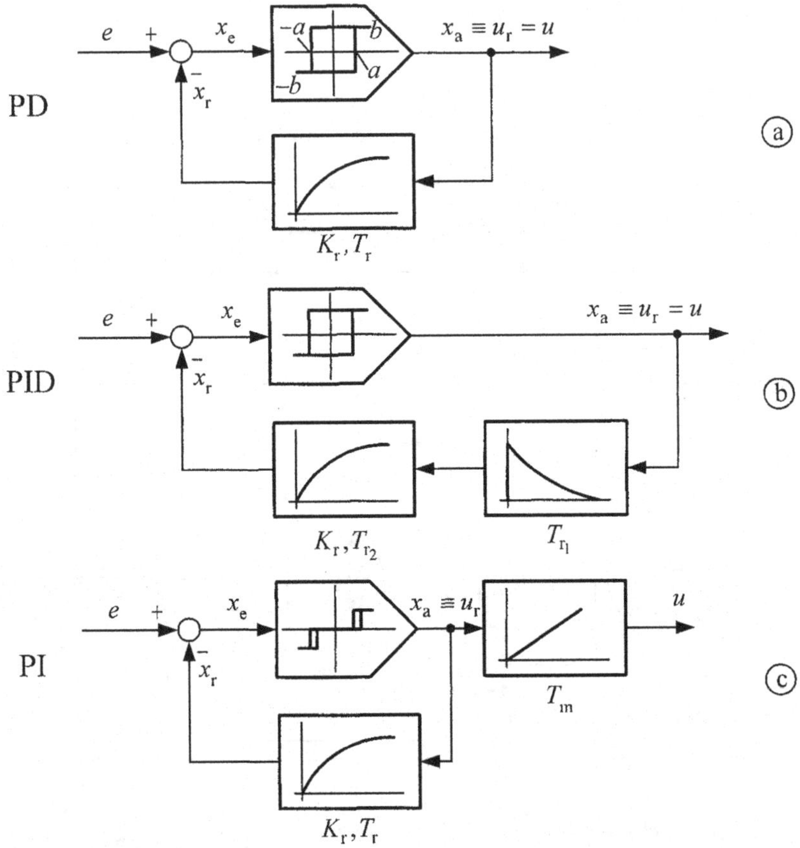

Bild 3.2.6. Die wichtigsten Zwei- und Dreipunktregler mit Hysterese und innerer Rückführung
(a) Zweipunktregler mit verzögerter Rückführung (PD-Verhalten)
(b) Zweipunktregler mit verzögert nachgebender Rückführung (PID-Verhalten)
(c) Dreipunktregler mit verzögerter Rückführung und integralem Stellglied (PI-Verhalten)

3.2.3.1 Der Zweipunktregler mit verzögerter Rückführung

Die Rückführung des im Bild 3.2.6a dargestellten Reglers wird durch ein PT_1-Glied beschrieben. Es sollen nun die zeitlichen Verläufe des Rückführsignals $x_r(t)$ und des Reglerausgangssignals $x_a(t) = u(t)$ gemäß Bild 3.2.7 betrachtet werden.

Zur Zeit $t = t_1$ besitze das Rückführsignal gerade den Wert $x_r = e - a$. Das Zweipunktglied schaltet somit auf $+b$. Das Rückführsignal $x_r(t)$ strebt also den Endwert bK_r an. Zum Zeitpunkt $t = t_2$ schaltet das Zweipunktglied unter dem Einfluss $x_e = e - x_r \le -a$ in die Stellung $-b$. Damit läuft jetzt $x_r(t)$ in die umgekehrte Richtung. Auf diese Art und Weise kommt im internen Kreis des Reglers eine Arbeitsbewegung zustande. Ist die Kreisfrequenz $2\pi / T_0$ dieser Arbeitsbewegung gegenüber der Betriebsfrequenz des gesamten Regelkreises groß, so kann als "Reglerausgangsgröße" auch der *zeitliche Mittelwert* des Reglerausgangssignals

$$\bar{u}(t) = \frac{1}{t} \int_0^t u(\tau)\mathrm{d}\tau \tag{3.2.19}$$

betrachtet werden. Wie aus Bild 3.2.7 anschaulich hervorgeht, wird die Kreisfrequenz

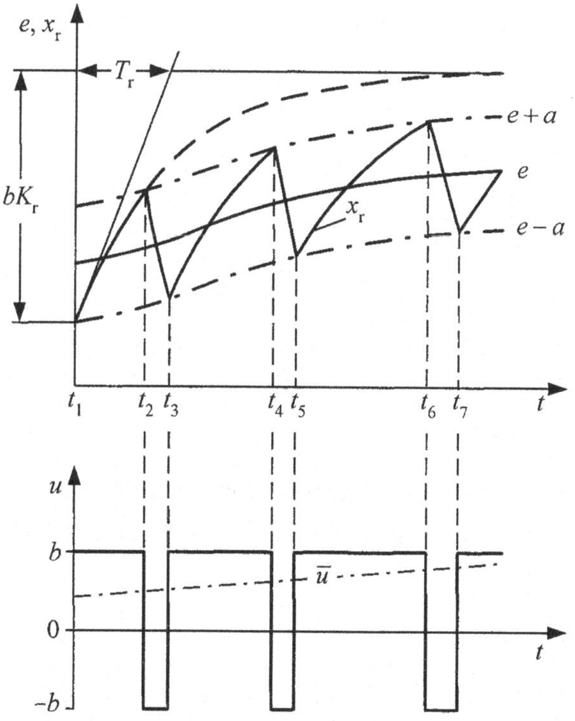

Bild 3.2.7. Zeitlicher Verlauf des Rückführsignals $x_r(t)$ und der Stellgröße $u(t)$

$2\pi / T_0$ sehr groß bei hinreichend kleiner Hysteresebreite $2a$. Dann darf auch der Mittelwert des Rückführsignals $x_r(t)$, also $\bar{x}_r(t)$ durch $e(t)$ ersetzt werden. Somit erhält man für die Übertragungsfunktion des Reglers *näherungsweise*

$$G_R(s) = \frac{\bar{U}(s)}{E(s)} \approx \frac{\bar{U}(s)}{\bar{X}_r(s)} \approx \frac{1}{G_r(s)}, \tag{3.2.20}$$

wobei $G_r(s)$ die Übertragungsfunktion der inneren Rückführung ist. Mit

$$G_r(s) = \frac{K_r}{1 + T_r s} \tag{3.2.21}$$

liefert Gl. (3.2.20)

$$G_R(s) \approx \frac{1}{K_r}(1 + T_r s). \tag{3.2.22}$$

Offensichtlich besitzt diese Reglerübertragungsfunktion PD-Verhalten, wobei allerdings bei einer sprungförmigen Erregung von $e(t)$ der Mittelwert der Ausgangsgröße $\bar{u}(t)$ zum Zeitpunkt der Erregung auf einem endlichen Wert begrenzt bleibt.

3.2.3.2 Der Zweipunktregler mit verzögert nachgebender Rückführung

Das Blockschaltbild dieses Reglers ist im Bild 3.2.6b dargestellt. Für die Rückführung gilt

$$G_r(s) = \frac{K_r}{1 + T_{r_2} s} \frac{s T_{r_1}}{1 + T_{r_1} s}, \tag{3.2.23}$$

woraus näherungsweise nach Gl. (3.2.20) als Ersatzübertragungsfunktion des Reglers

$$G_R(s) \approx \frac{T_{r_1} + T_{r_2}}{K_r T_{r_1}} \left[1 + \frac{1}{(T_{r_1} + T_{r_2})s} + \frac{T_{r_1} T_{r_2}}{T_{r_1} + T_{r_2}} s \right] \tag{3.2.24}$$

folgt. Dieser Regler hat also bezüglich der zeitlichen Mittelwerte der Ein- und Ausgangssignale PID-Verhalten. Die Parameter K_R, T_I und T_D können direkt aus Gl. (3.2.24) abgelesen werden.

3.2.3.3 Der Dreipunktregler mit verzögerter Rückführung

Aus Bild 3.2.6c ist ersichtlich, dass bei diesem Regler dem Relaisglied ein Stellmotor mit der Übertragungsfunktion

$$G_m(s) = \frac{1}{T_m s}$$

nachgeschaltet wird. Zweipunktregler werden in Verbindung mit Stellmotoren im allgemeinen nicht angewendet, da wegen der fehlenden Ruhestellung der Motor stets eingeschaltet wäre. Für das Dreipunkt-Relaisglied mit Rückführung ergibt sich jedoch dieselbe

Näherungsübertragungsfunktion wie für das Zweipunktglied im Bild 3.2.6a, so dass die Übertragungsfunktion des Reglers insgesamt lautet:

$$G_{\mathrm{R}}(s) \approx \frac{1}{G_{\mathrm{r}}(s)} G_{\mathrm{m}}(s) = \frac{T_{\mathrm{r}}}{K_{\mathrm{r}} T_{\mathrm{m}}} \left(1 + \frac{1}{T_{\mathrm{r}} s} \right). \tag{3.2.25}$$

Demnach hat dieser Regler näherungsweise PI-Verhalten. Wird die Regelabweichung zur Zeit $t = 0$ sprungförmig verändert, so entsteht am Reglerausgang der im Bild 3.2.8 dargestellte typische Signalverlauf. Dieser Reglertyp wird in der industriellen Praxis sehr häufig eingesetzt.

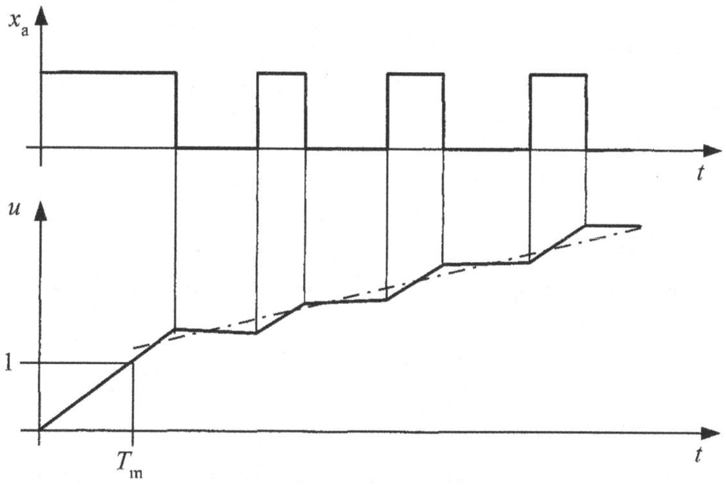

Bild 3.2.8. Übergangsfunktion $u(t)$ des Dreipunktreglers nach Bild 3.2.6c sowie Schaltstellung x_a des Dreipunktgliedes

Bei den drei hier besprochenen Reglertypen wurde zum Zwecke der Aufstellung der linearen Ersatzübertragungsfunktion davon ausgegangen, dass die Hysteresebreite des Relaisgliedes sehr klein sei. Dies ist aber in der Praxis meist nicht der Fall. Weiterhin ist bei diesen nichtlinearen Reglern auch zu erwarten, dass das Verhalten des geschlossenen Regelkreises stark von der Größe der Störung bzw. des Sollwertes abhängt.

Für eine genauere Beschreibung des dynamischen Verhaltens nichtlinearer Regelkreise können daher keine Übertragungsfunktionen mehr verwendet werden. Zur Untersuchung solcher Systeme eignet sich dann z. B. die Methode der harmonischen Balance, die im nächsten Abschnitt besprochen wird.

3.3 Analyse nichtlinearer Regelsysteme mit Hilfe der Beschreibungsfunktion

Nichtlineare Systeme sind unter anderem dadurch gekennzeichnet, dass ihr Stabilitätsverhalten - im Gegensatz zu linearen Systemen - von den Anfangsbedingungen bzw. von der Erregung abhängig ist. Es gibt gewöhnlich stabile und instabile Zustände eines nichtlinearen Systems. Daneben existieren bestimmte stationäre Dauerschwingungen oder Eigenschwingungen, die man als *Grenzschwingungen* bezeichnet, weil unmittelbar benachbarte Einschwingvorgänge für $t \to \infty$ von denselben entweder weglaufen oder auf sie zustreben. Diese Grenzschwingungen können - wie später noch ausführlich diskutiert wird - stabil, instabil oder semistabil sein. Beispielsweise stellt die im vorherigen Kapitel vorgestellte "Arbeitsbewegung" von Zwei- und Dreipunktreglern eine stabile Grenzschwingung dar. Das Verfahren der harmonischen Linearisierung [Gib63], [GV68], [Sta69], [Göl73], [Ath82], [Föl98], oft auch als Verfahren der harmonischen Balance bezeichnet, dient nun dazu, bei nichtlinearen Regelkreisen zu klären, ob solche Grenzschwingungen auftreten können, welche Frequenz und Amplitude sie haben, und ob sie stabil oder instabil sind. Es handelt sich - dies sei ausdrücklich betont - um ein Näherungsverfahren zur Untersuchung des Eigenverhaltens nichtlinearer Regelkreise.

3.3.1 Die Methode der harmonischen Linearisierung

Wird ein nichtlineares Übertragungsglied mit der *ursprungssymmetrischen Kennlinie*

$$x_\mathrm{a} = \phi(x_\mathrm{e}) \tag{3.3.1}$$

durch ein sinusförmiges Eingangssignal

$$x_\mathrm{e}(t) = \hat{x}_\mathrm{e} \sin\omega_0 t \tag{3.3.2}$$

erregt, so ist das Ausgangssignal $x_\mathrm{a}(t)$ eine periodische Funktion mit derselben Frequenz ω_0, die nicht wie bei linearen Systemen wiederum als Sinus-Signal darstellbar ist, sondern nur durch eine *Fourier-Reihe* der Form

$$x_\mathrm{a}(t) = \hat{x}_\mathrm{e}\left[\frac{1}{2}a_0 + \sum_{k=1}^{\infty} a_k \cos(k\omega_0 t) + \sum_{k=1}^{\infty} b_k \sin(k\omega_0 t)\right]. \tag{3.3.3}$$

Benutzt man nun gemäß Bild 3.3.1 dieses Signal als Eingangssignal eines linearen dynamischen Systems mit der Übertragungsfunktion $G(s)$, das Tiefpasscharakter besitzt und Frequenzen $\omega > \omega_0$ stark abgeschwächt überträgt, so wird das Ausgangssignal $y(t)$ in guter Näherung sinusförmig sein, da nur die Grundschwingung $x_\mathrm{a}^{(\mathrm{g})}(t)$ von $x_\mathrm{a}(t)$ mit der Frequenz ω_0 übertragen wird. Das bedeutet, dass $x_\mathrm{a}(t)$ durch die ersten Glieder der Fourier-Reihe ersetzt werden kann. Bei ursprungssymmetrischen Nichtlinearitäten wird der Mittelwert von $x_\mathrm{a}(t)$ Null, also $a_0 = 0$. Damit gilt die Näherung

$$x_\mathrm{a}(t) \approx x_\mathrm{a}^{(\mathrm{g})}(t) = \hat{x}_\mathrm{e}(a_1 \cos\omega_0 t + b_1 \sin\omega_0 t). \tag{3.3.4a}$$

Nun soll der nichtlineare Regelkreis im Bild 3.3.2 betrachtet werden, dessen linearer Teil durch ein dynamisches System mit Tiefpasscharakter (eventuell einschließlich Totzeit)

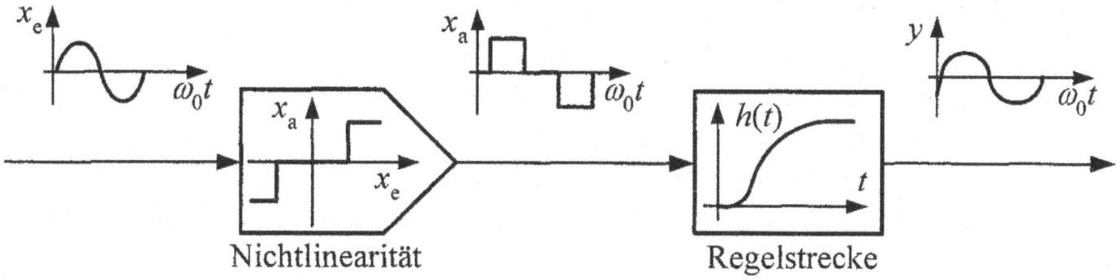

Bild 3.3.1. Zur harmonischen Linearisierung

gegeben sei. Dieser Regelkreis kann Dauerschwingungen konstanter Amplitude mit der Frequenz ω_0 ausführen. Aufgrund der Tiefpasseigenschaft von $G(s)$ wird $y(t)$ und damit auch $e(t)$ ein sinusförmiges Signal, und für $u(t)$ kann Gl. (3.3.4a) entsprechend angewendet werden. Damit wird das nichtlineare Übertragungsglied durch ein lineares mit einem bestimmten Amplituden- und Phasengang ersetzt, wie man durch Umwandlung von Gl. (3.3.4a) in die Form

$$x_a^{(g)}(t) = \hat{x}_e \sqrt{a_1^2 + b_1^2} \sin\left(\omega_0 t + \arctan \frac{a_1}{b_1}\right) \tag{3.3.4b}$$

leicht erkennt. Daher stammt auch die Bezeichnung *harmonische Linearisierung.*

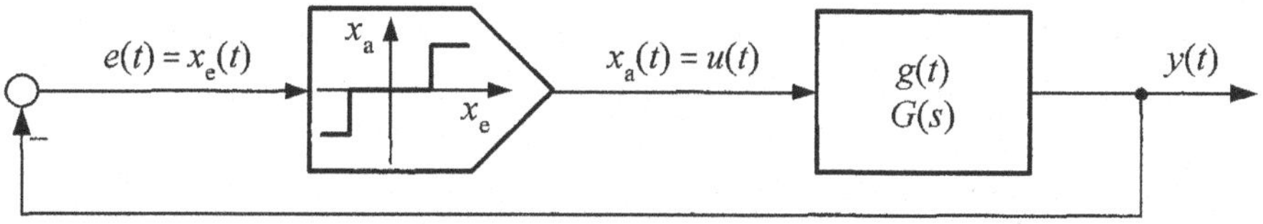

Bild 3.3.2. Standardform eines nichtlinearen Regelkreises zur Anwendung der Methode der harmonischen Linearisierung

Die Existenz von Dauerschwingungen in diesem nichtlinearen Regelkreis entspricht gerade der Bedingung für Grenzstabilität des linearen Regelkreises: Hat der Amplitudengang des offenen Regelkreises für eine Frequenz $\omega_0 = \omega_G$ den Wert 1 und der Phasengang den Wert $-180°$, so stellt sich im geschlossenen Regelkreis eine Dauerschwingung mit dieser Frequenz ω_0 ein. Im vorliegenden Fall befindet sich also der nichtlineare Regelkreis im Zustand der *harmonischen Balance.*

Ein wesentlicher Unterschied zum linearen Fall muss jedoch hervorgehoben werden. Der Amplituden- und Phasengang des nichtlinearen Übertragungsgliedes in der harmonischen Linearisierung ist nicht nur von der Frequenz, sondern auch von der Amplitude $\hat{x}_e$ des Eingangssignals abhängig. Bei rein statischen Nichtlinearitäten, wie sie nachfolgend betrachtet werden, entfällt sogar die Abhängigkeit von der Frequenz. Daher ist - im Gegensatz zu linearen Systemen - einer Dauerschwingung nicht nur eine Frequenz ω_G, sondern auch eine eindeutige Amplitude $\hat{x}_e = x_G$ zugeordnet. Zur Untersuchung dieser Zusammenhänge bedient man sich der *Beschreibungsfunktion* des nichtlinearen Übertragungsgliedes.

3.3.2 Die Beschreibungsfunktion

Die Beschreibungsfunktion ist eine Art "Ersatzfrequenzgang" eines nichtlinearen Systems. Sie hängt im allgemeinen Fall von $\hat{x}_e$ und ω ab und wird mit $N(\hat{x}_e, \omega)$ bezeichnet. Da sie das Amplituden- und Phasenverhalten zwischen den beiden periodischen Signalen $x_e(t)$ und $x_a^{(g)}(t)$ beschreibt, kann sie durch den Quotienten der entsprechenden Zeiger gebildet werden. Mit den Gln. (3.3.2) und (3.3.4) erhält man in Zeigerdarstellung für

$$\vec{x}_e = \hat{x}_e$$

gerade die Ausgangsgröße

$$\vec{x}_a^{(g)} = \hat{x}_e(b_1 + \mathrm{j}a_1) .$$

Da b_1 und a_1 Funktionen von $\hat{x}_e$ und ω sind, folgt damit als *Beschreibungsfunktion*

$$N(\hat{x}_e, \omega) = \frac{\vec{x}_a^{(g)}}{\vec{x}_e} = b_1(\hat{x}_e, \omega) + \mathrm{j}\, a_1(\hat{x}_e, \omega) \tag{3.3.5a}$$

oder

$$N(\hat{x}_e, \omega) = \sqrt{a_1^2(\hat{x}_e, \omega) + b_1^2(\hat{x}_e, \omega)}\ \mathrm{e}^{\mathrm{j}\arctan\frac{a_1(\hat{x}_e,\omega)}{b_1(\hat{x}_e,\omega)}} . \tag{3.3.5b}$$

Der "Amplitudengang" eines nichtlinearen Übertragungsgliedes lautet demnach

$$|N(\hat{x}_e, \omega)| = \sqrt{a_1^2(\hat{x}_e, \omega) + b_1^2(\hat{x}_e, \omega)} ,$$

und für den "Phasengang" erhält man

$$\arg N(\hat{x}_e, \omega) = \arctan \frac{a_1(\hat{x}_e, \omega)}{b_1(\hat{x}_e, \omega)} .$$

In der komplexen Ebene ist die Beschreibungsfunktion als eine Schar von Ortskurven mit $\hat{x}_e$ und ω als Parameter darstellbar. Im Folgenden werden jedoch nur statische Nichtlinearitäten betrachtet, deren Beschreibungsfunktion frequenzunabhängig und durch *eine* Ortskurve darstellbar ist. Hierfür müssen noch die Koeffizienten $a_1(\hat{x}_e)$ und $b_1(\hat{x}_e)$ berechnet werden.

Die allgemeinen Beziehungen für die Fourier-Koeffizienten einer periodischen Funktion $x_a(t)$ gemäß Gl. (3.3.3) lauten mit $T = 2\pi/\omega_0$

$$a_k = \frac{2}{T\hat{x}_e} \int_0^T x_a(t) \cos(k\omega_0 t) \mathrm{d}t , \quad k = 0, 1, 2, \ldots, \tag{3.3.6a}$$

$$b_k = \frac{2}{T\hat{x}_e} \int_0^T x_a(t) \sin(k\omega_0 t) \mathrm{d}t , \quad k = 1, 2, \ldots . \tag{3.3.6b}$$

Für $x_a(t)$ kann man mit den Gln. (3.3.1) und (3.3.2) auch schreiben

$$x_a(t) = \phi(\hat{x}_e \sin \omega_0 t)\,, \tag{3.3.7}$$

und mit der Substitution $\xi = \omega_0 t = 2\pi t / T$ folgt aus den Gln. (3.3.6a,b) für $k = 1$

$$a_1(\hat{x}_e) = \frac{1}{\pi \hat{x}_e} \int_0^{2\pi} \phi(\hat{x}_e \sin \xi) \cos \xi \, \mathrm{d}\xi\,, \tag{3.3.8a}$$

$$b_1(\hat{x}_e) = \frac{1}{\pi \hat{x}_e} \int_0^{2\pi} \phi(\hat{x}_e \sin \xi) \sin \xi \, \mathrm{d}\xi\,. \tag{3.3.8b}$$

Man sieht anhand der Substitution, dass a_1 und b_1 tatsächlich nicht von ω_0 abhängen. Sofern $\phi(\hat{x}_e \sin \xi)$ den Mittelwert Null hat, kann man weiterhin aus Gl. (3.3.6a) für $k = 0$ erkennen, dass

$$a_0 = \frac{1}{\pi \hat{x}_e} \int_0^{2\pi} \phi(\hat{x}_e \sin \xi) \, \mathrm{d}\xi = 0 \tag{3.3.9}$$

gilt. Dies ist - wie bereits erwähnt - bei ursprungssymmetrischen Kennlinien der Fall.

Ein wichtiger Sonderfall der Beschreibungsfunktion liegt vor, wenn die nichtlineare *eindeutige Kennlinie* ursprungssymmetrisch ist. Das bedeutet, dass $\phi(-x_e) = -\phi(x_e)$ wird, so dass das Integral von 0 bis 2π in Gl. (3.3.8a) verschwindet. Damit folgt

$$a_1(\hat{x}_e) = 0\,. \tag{3.3.10}$$

Berücksichtigt man diese Beziehung in Gl. (3.3.5a), so erkennt man unmittelbar, dass $N(\hat{x}_e)$ für eindeutige Nichtlinearitäten eine reelle Funktion ist, denn es gilt

$$N(\hat{x}_e) = b_1(\hat{x}_e)\,. \tag{3.3.11}$$

Mehrdeutige Kennlinien führen zu komplexen Beschreibungsfunktionen. Wegen

$$\frac{\mathrm{d}(\hat{x}_e \sin \xi)}{\mathrm{d}\xi} \frac{1}{\hat{x}_e} = \cos \xi \tag{3.3.12}$$

lässt sich Gl. (3.3.8a) auch in der Form

$$a_1(\hat{x}_e) = \frac{1}{\pi \hat{x}_e^2} \int_0^{2\pi} \phi(\hat{x}_e \sin \xi) \, \mathrm{d}(\hat{x}_e \sin \xi)$$

schreiben. Mit $x_e = \hat{x}_e \sin \xi$ folgt daraus unter Beachtung der Mehrdeutigkeit der Kennlinie $\phi(x_e)$ und der entsprechenden Laufrichtung

$$a_1(\hat{x}_e) = \frac{1}{\pi \hat{x}_e^2} \left[\int_0^{\hat{x}_e} \phi(x_e) \mathrm{d}x_e + \int_{\hat{x}_e}^{0} \phi(x_e) \mathrm{d}x_e + \int_0^{-\hat{x}_e} \phi(x_e) \mathrm{d}x_e + \int_{-\hat{x}_e}^{0} \phi(x_e) \mathrm{d}x_e \right]. \tag{3.3.13}$$

Berücksichtigt man bei der Aufspaltung in die vier Teilintegrale die Mehrdeutigkeit der Funktion $\phi(x_e)$, so stellt der Ausdruck in eckigen Klammern gerade die von der Kennlinie umschlossene Fläche mit negativem Vorzeichen $-|S|$ dar, d. h. es gilt deshalb

$$a_1(\hat{x}_e) = -\frac{1}{\pi \hat{x}_e^2} |S| . \qquad (3.3.14)$$

Diese Größe ist aber nach Gl. (3.3.5a) der Imaginärteil der Beschreibungsfunktion $N(\hat{x}_e)$. Somit zeigt auch diese Überlegung, dass Beschreibungsfunktionen eindeutiger, ursprungssymmetrischer Nichtlinearitäten reell sind, da ja in diesem Fall $|S| = 0$ gilt.

3.3.3 Berechnung der Beschreibungsfunktion

Der Ablauf der Berechnung soll zunächst für den Fall einer *eindeutigen* ursprungssymmetrischen Kennlinie am Beispiel eines Zweipunkt-Gliedes behandelt werden. Bild 3.3.3 zeigt die Kennlinie und den Verlauf der Ein- und Ausgangssignale. Das Ausgangssignal

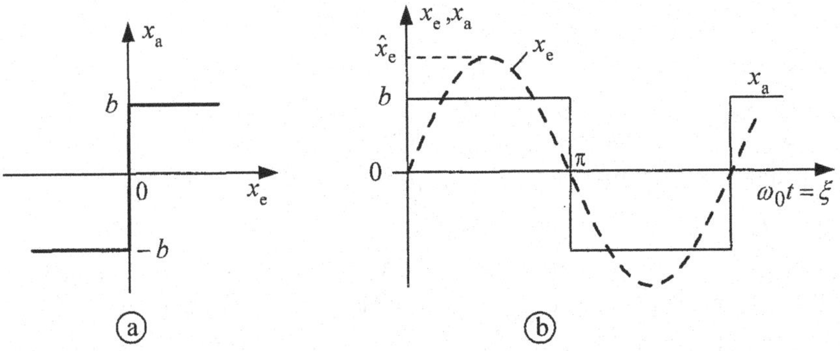

Bild 3.3.3. (a) Ursprungssymmetrische Kennlinie eines Zweipunktgliedes und (b) Ausgangsgröße $x_a(t)$ bei sinusförmiger Erregung $x_e(t)$

ist im vorliegenden Fall unabhängig von der Amplitude $\hat{x}_e$, was leicht anhand von Bild 3.3.3 verständlich ist. Für das Ausgangssignal $x_a(t)$ gilt die Fourier-Reihe

$$x_a(t) = \frac{4}{\pi} b \left[\sin \omega_0 t + \frac{1}{3} \sin 3\omega_0 t + \frac{1}{5} \sin 5\omega_0 t + \cdots \right], \qquad (3.3.15)$$

deren Grundschwingung lautet:

$$x_a^{(g)}(t) = \frac{4}{\pi} b \sin \omega_0 t . \qquad (3.3.16)$$

Nun wird die Beschreibungsfunktion als Quotient von $x_a^{(g)}(t)$ und $x_e(t)$ in ihrer Zeigerdarstellung

$$N = \frac{\bar{x}_{\mathrm{a}}^{(\mathrm{g})}}{\bar{x}_{\mathrm{e}}}$$

entsprechend Gl. (3.3.5a) bestimmt. Mit

$$\bar{x}_{\mathrm{a}}^{(\mathrm{g})} = \frac{4}{\pi} b \quad \text{und} \quad \bar{x}_{\mathrm{e}} = \hat{x}_{\mathrm{e}}$$

erhält man dann das Ergebnis

$$N(\hat{x}_{\mathrm{e}}) = \frac{4b}{\pi \hat{x}_{\mathrm{e}}} . \tag{3.3.17}$$

Die direkte Auswertung von Gl. (3.3.8b) ergibt

$$\begin{aligned} b_1(\hat{x}_{\mathrm{e}}) &= \frac{1}{\pi \hat{x}_{\mathrm{e}}} b \left[\int_0^{\pi} \sin \xi \mathrm{d}\xi - \int_{\pi}^{2\pi} \sin \xi \mathrm{d}\xi \right] \\ &= \frac{4b}{\pi \hat{x}_{\mathrm{e}}} \end{aligned} \tag{3.3.18}$$

und liefert daher mit Gl. (3.3.11) dasselbe Ergebnis. Bild 3.3.4 zeigt die *Ortskurve* dieser Beschreibungsfunktion in der komplexen Ebene.

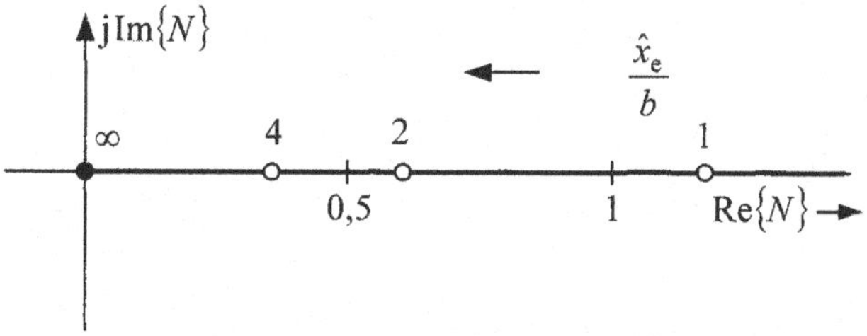

Bild 3.3.4. Ortskurve der Beschreibungsfunktion eines Zweipunktgliedes mit ursprungssymmetrischer Kennlinie

Als ein weiteres Beispiel zur Berechnung der Beschreibungsfunktion wird ein ursprungssymmetrisches *Zweipunktglied mit Hysterese* gewählt. Bild 3.3.5 zeigt die zugehörige Kennlinie und den Verlauf der Ein-und Ausgangssignale.

Gemäß Tabelle 3.1.1 und Bild 3.3.5 gilt für die Zweipunktkennlinie mit Hysterese

$$x_{\mathrm{a}}(t) = b \operatorname{sgn} \left[x_{\mathrm{e}}(t) - a \operatorname{sgn} \dot{x}_{\mathrm{e}}(t) \right] . \tag{3.3.19}$$

Tabelle 3.3.1. Beschreibungsfunktionen der wichtigsten nichtlinearen Glieder mit statischer Kennlinie

Kennlinie	Ein-/Ausgangsgröße	Beschreibungsfunktion	Ortskurve
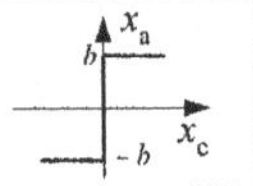	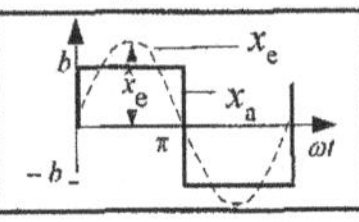	$N=\frac{4}{\pi}\frac{b}{\hat{x}_e}=\mathrm{Re}\{N\}$	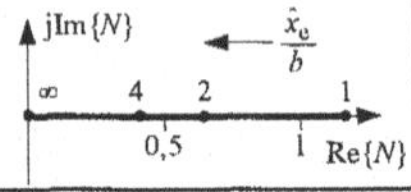
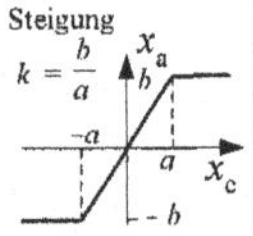	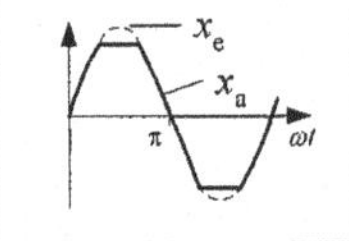	$N=\frac{2}{\pi}\frac{b}{a}\left[\arcsin\left(\frac{a}{\hat{x}_e}\right)+\frac{a}{\hat{x}_e}\sqrt{1-\left(\frac{a}{\hat{x}_e}\right)^2}\right]=\mathrm{Re}\{N\}$ $\hat{x}_e>a$	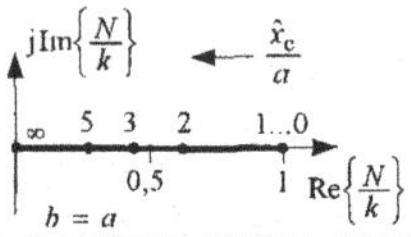
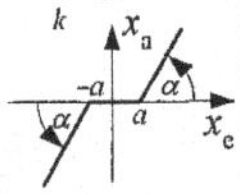	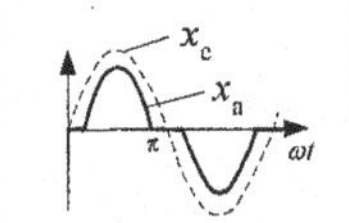	$N=\frac{2k}{\pi}\left[\frac{\pi}{2}-\arcsin\left(\frac{a}{\hat{x}_e}\right)-\frac{a}{\hat{x}_e}\sqrt{1-\left(\frac{a}{\hat{x}_e}\right)^2}\right]=\mathrm{Re}\{N\}$ $\hat{x}_e>a$	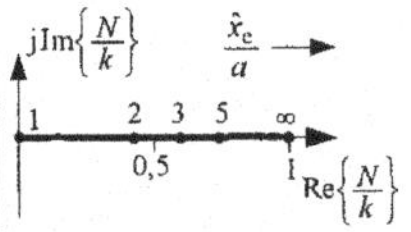
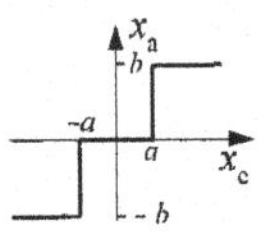	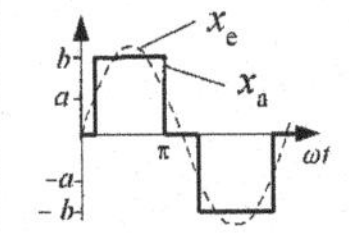	$N=\frac{4}{\pi}\frac{b}{\hat{x}_e}\sqrt{1-\left(\frac{a}{\hat{x}_e}\right)^2}=\mathrm{Re}\{N\}$ $\hat{x}_e>a$	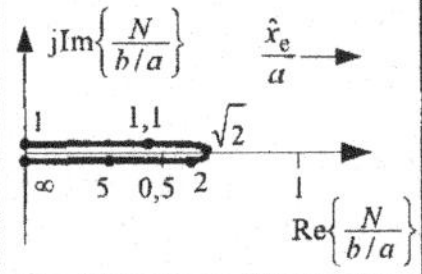
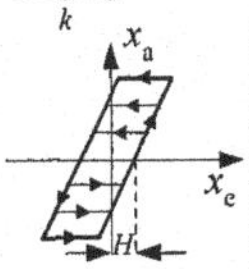	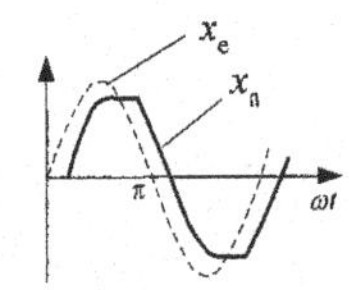	$N=\frac{k}{\pi}\sqrt{\left(\frac{\pi}{2}+\alpha\right)^2+\cos^2\alpha+\left(\frac{\pi}{2}+\alpha\right)\sin 2\alpha}\cdot e^{-\mathrm{j}\arcsin\frac{H}{\hat{x}_e}}$ $\alpha=\arcsin\frac{\hat{x}_e-2H}{\hat{x}_e}$ $\mathrm{Re}(N)=\frac{k}{\pi}\left[\frac{\pi}{2}+\arcsin\left(\frac{\hat{x}_e-2H}{\hat{x}_e}\right)+\frac{2H(\hat{x}_e-2H)}{\hat{x}_e^2}\sqrt{\frac{\hat{x}_e}{H}-1}\right]$ $\mathrm{Im}(N)=\frac{4}{\pi}k\left[\left(\frac{H}{\hat{x}_e}\right)^2-\frac{H}{\hat{x}_e}\right]$	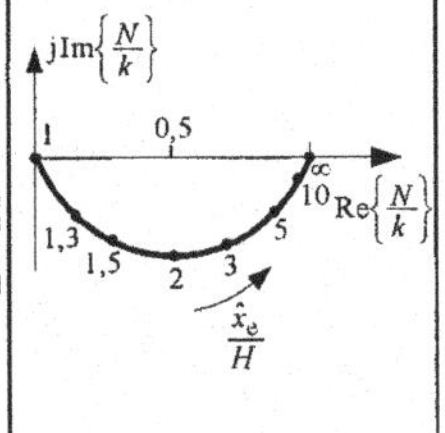
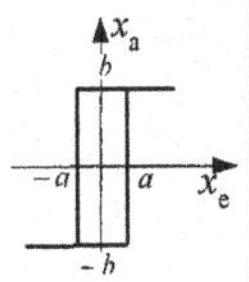	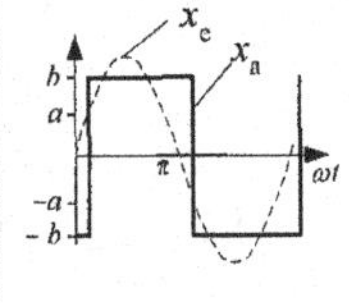	$N=\frac{4}{\pi}\frac{b}{\hat{x}_e}e^{-\mathrm{j}\arcsin\frac{a}{\hat{x}_e}}$ $\mathrm{Re}(N)=\frac{4}{\pi}\frac{b}{\hat{x}_e}\sqrt{1-\left(\frac{a}{\hat{x}_e}\right)^2}$ $\mathrm{Im}(N)=-\frac{4}{\pi}\frac{b}{\hat{x}_e}\frac{a}{\hat{x}_e}$ $\hat{x}_e>a$	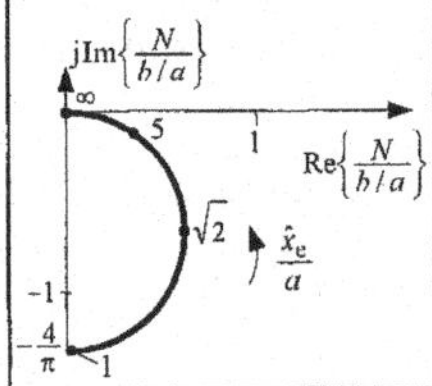
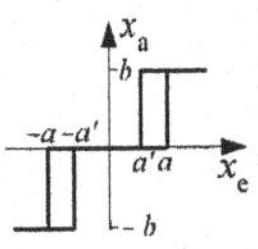	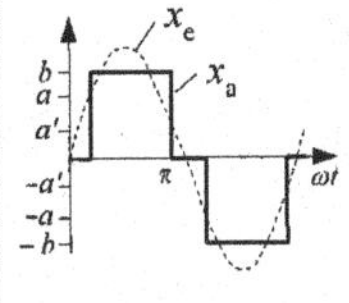	$N=\frac{4}{\pi}\frac{b}{\hat{x}_e}\cos\left(\frac{\alpha_2+\alpha_1}{2}\right)e^{-\mathrm{j}\frac{\alpha_2-\alpha_1}{2}}$ $\alpha_1=\arcsin\frac{a'}{\hat{x}_e}$ $\alpha_2=\arcsin\frac{a}{\hat{x}_e}$ $\mathrm{Re}(N)=\frac{2}{\pi}\frac{b}{\hat{x}_e}\left[\sqrt{1-\left(\frac{a}{\hat{x}_e}\right)^2}+\sqrt{1-\left(\frac{a'}{\hat{x}_e}\right)^2}\right]$ $\mathrm{Im}(N)=-\frac{2}{\pi}\frac{b}{\hat{x}_e}\left(\frac{a}{\hat{x}_e}-\frac{a'}{\hat{x}_e}\right)$ $\hat{x}_e>a$	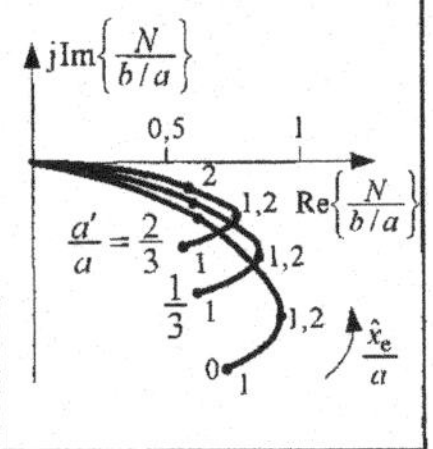

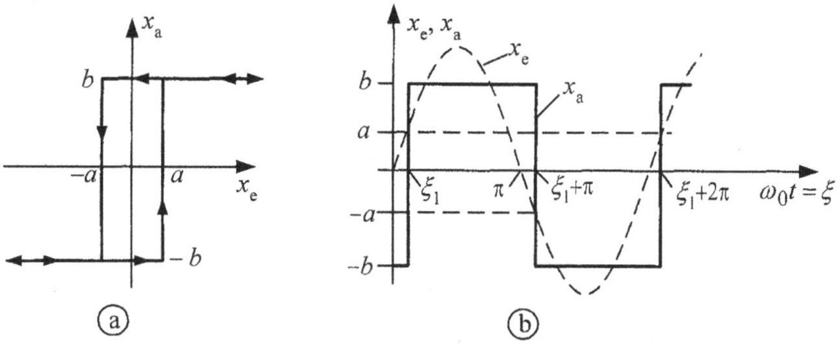

Bild 3.3.5. (a) Ursprungssymmetrische Kennlinie eines Zweipunktgliedes mit Hystereseverhalten und (b) Ausgangsgröße $x_a(t)$ desselben bei sinusförmiger Erregung $x_e(t)$

Mit $x_e(t) = \hat{x}_e \sin \omega_0 t$ und der Substitution $\omega_0 t = \xi$ erhält man

$$x_a(\xi) = b \operatorname{sgn}\left[\hat{x}_e \sin\xi - a \operatorname{sgn}(\hat{x}_e \cos\xi)\right]$$
$$= b \operatorname{sgn}\left[\frac{\hat{x}_e}{a} \sin\xi - \operatorname{sgn}(\cos\xi)\right].$$

Somit folgt (man vgl. auch Bild 3.3.5):

$$x_a(\xi) = \phi(\hat{x}_e \sin\xi) = \begin{cases} +b & \text{für } \xi_1 \le \xi < \xi_1 + \pi \\ -b & \text{für } \xi_1 + \pi \le \xi < \xi_1 + 2\pi \end{cases}$$

mit $0 \le \xi_1 = \arcsin(a/\hat{x}_e) \le \pi/2$.

Mit den Gl. (3.3.8a, b) ergibt sich bei Verschiebung der Integrationsgrenzen um ξ_1 der Fourierkoeffizient für $k = 1$

$$a_1 = \frac{b}{\pi\hat{x}_e}\left[\int_{\xi_1}^{\xi_1+\pi} \cos\xi \mathrm{d}\xi - \int_{\xi_1+\pi}^{\xi_1+2\pi} \cos\xi \mathrm{d}\xi\right] = \frac{2b}{\pi\hat{x}_e}\int_{\xi_1}^{\xi_1+\pi} \cos\xi \mathrm{d}\xi = \tag{3.3.20}$$
$$= -\frac{4b}{\pi\hat{x}_e}\sin\xi_1 ,$$

und mit $a = \hat{x}_e \sin\xi_1$ (vgl. Bild 3.3.5) oder in Übereinstimmung mit Gl. (3.3.14) folgt

$$a_1 = -\frac{4ba}{\pi\hat{x}_e^2}.$$

Außerdem erhält man in entsprechender Weise mit Gl. (3.3.8b)

$$b_1 = \frac{b}{\pi \hat{x}_e}\left[\int_{\xi_1}^{\xi_1+\pi} \sin\xi \mathrm{d}\xi - \int_{\xi_1+\pi}^{\xi_1+2\pi} \sin\xi \mathrm{d}\xi\right] = \frac{2b}{\pi \hat{x}_e}\int_{\xi_1}^{\xi_1+\pi} \sin\xi \mathrm{d}\xi = \qquad (3.3.21)$$

$$= \frac{4b}{\pi \hat{x}_e}\cos\xi_1 .$$

Hieraus folgt nach Gl. (3.3.5) als Amplitudengang der Beschreibungsfunktion

$$|N(\hat{x}_e)| = \sqrt{a_1^2 + b_1^2} = \frac{4b}{\pi \hat{x}_e} \qquad (3.3.22)$$

und als Phasengang der Beschreibungsfunktion

$$\arg N(\hat{x}_e) = \arctan\frac{a_1}{b_1} = \arctan(-\tan\xi_1) = -\xi_1 = -\arcsin\frac{a}{\hat{x}_e} . \qquad (3.3.23)$$

Die Beschreibungsfunktion lautet somit

$$N(\hat{x}_e) = \frac{4b}{\pi \hat{x}_e}\, \mathrm{e}^{-\mathrm{j}\arcsin\frac{a}{\hat{x}_e}} \qquad (3.3.24)$$

oder in normierter Form

$$N\left(\frac{\hat{x}_e}{a}\right) = \frac{4b}{\pi a}\,\frac{1}{\frac{\hat{x}_e}{a}}\, \mathrm{e}^{-\mathrm{j}\arcsin\frac{a}{\hat{x}_e}} \quad \text{für } \hat{x}_e > a . \qquad (3.3.25)$$

Es soll nun gezeigt werden, dass die Ortskurve von $N(\hat{x}_e / a)$ für $1 < \hat{x}_e / a < \infty$ einen Halbkreis darstellt.

Aus Gl. (3.3.25) erhält man

$$\mathrm{Re}\left\{N\left(\frac{\hat{x}_e}{a}\right)\right\} \geq 0 \quad \text{für } \hat{x}_e / a \geq 1, \quad N\left(\frac{\hat{x}_e}{a} = 1\right) = -\mathrm{j}\frac{4b}{\pi a} \quad \text{und} \quad N\left(\frac{\hat{x}_e}{a} = \infty\right) = 0 .$$

Der Kreismittelpunkt muss demnach bei $-\mathrm{j}(2b/\pi a)$ liegen, und dies legt folgende Umformung von Gl. (3.3.24) nahe:

$$N(\hat{x}_e) + \mathrm{j}\frac{2b}{\pi a} = \frac{4b}{\pi \hat{x}_e}\left[\cos\left(\arcsin\frac{a}{\hat{x}_e}\right) - \mathrm{j}\frac{a}{\hat{x}_e}\right] + \mathrm{j}\frac{2b}{\pi a}$$

$$= \frac{4b}{\pi \hat{x}_e}\sqrt{1 - \frac{a^2}{\hat{x}_e^2}} - \mathrm{j}\left(\frac{4ba}{\pi \hat{x}_e^2} - \frac{2b}{\pi a}\right) .$$

Daraus folgt

$$\left|N(\hat{x}_e) + \mathrm{j}\frac{2b}{\pi a}\right|^2 = \frac{16b^2}{\pi^2 \hat{x}_e^2}\left(1 - \frac{a^2}{\hat{x}_e^2}\right) + \left(\frac{4ba}{\pi \hat{x}_e^2} - \frac{2b}{\pi a}\right)^2 = \left(\frac{2b}{\pi a}\right)^2 \qquad (3.3.26)$$

oder

$$\left| N(\hat{x}_e) + \mathrm{j}\,\frac{2b}{\pi a} \right| = \frac{2b}{\pi a} = \text{const}\,. \tag{3.3.27}$$

Hieraus ist ersichtlich, dass die Ortskurve einen Kreis beschreibt mit dem Radius $2b/\pi a$ und dem Mittelpunkt $(0, -\mathrm{j}2b/\pi a)$, wie Bild 3.3.6 zeigt.

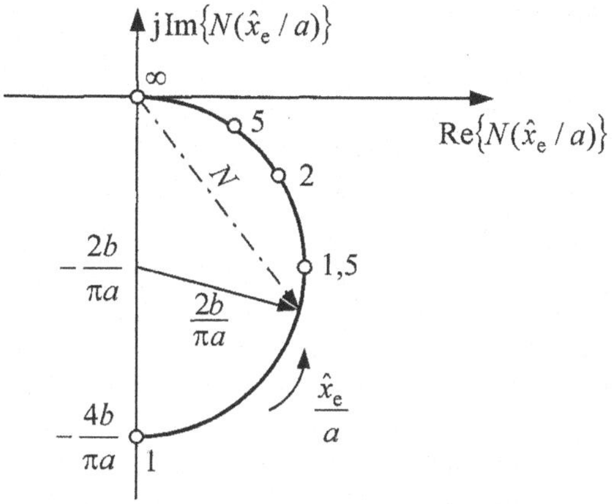

Bild 3.3.6. Ortskurve der Beschreibungsfunktion eines Zweipunkt-Hystereseglieds nach Gl. (3.3.25)

Die Beschreibungsfunktionen für zahlreiche einfache Kennlinien sind tabelliert. Für die wichtigsten nichtlinearen Glieder sind diese in der Tabelle 3.3.1 dargestellt.

3.3.4 Stabilitätsuntersuchung mittels der Beschreibungsfunktion

Wie bereits im Abschnitt 3.3.1 erwähnt, stellt die Methode der harmonischen Linearisierung ein Näherungsverfahren zur Untersuchung von Frequenz und Amplitude der Dauerschwingungen in Regelkreisen dar, die *ein* nichtlineares Übertragungsglied (entsprechend Bild 3.3.2) enthalten bzw. auf eine solche Struktur zurückgeführt werden können. Geht man davon aus, dass das lineare Teilübertragungssystem die durch das nichtlineare Glied bedingten Oberwellen der Stellgröße u unterdrückt, dann kann - ähnlich wie für lineare Regelkreise - eine "charakteristische Gleichung"

$$N(\hat{x}_e, \omega)\, G(\mathrm{j}\omega) + 1 = 0\,, \tag{3.3.28}$$

auch Gleichung der harmonischen Balance genannt, aufgestellt werden. Diese Gleichung entspricht der im Abschnitt 3.3.1 formulierten Bedingung für Dauerschwingungen oder Eigenschwingungen. Jedes Wertepaar $\hat{x}_e = x_G$ und $\omega = \omega_G$, das Gl. (3.3.28) erfüllt, beschreibt eine Grenzschwingung des geschlossenen Kreises mit der Frequenz ω_G und der Amplitude x_G. Die Bestimmung solcher Wertepaare (x_G, ω_G) aus dieser Gleichung kann analytisch oder grafisch erfolgen. Bei der *analytischen Lösung* versucht man, die Gl. (3.3.28) in Real- und Imaginärteil zu zerlegen. Aus diesen zwei Gleichungen lassen sich Lösungen (x_G, ω_G) prinzipiell ermitteln. Meist verwendet man jedoch als *grafische Lösung* das *Zweiortskurvenverfahren*, wobei Gl. (3.3.28) auf die Form

$$N(\hat{x}_e, \omega) = -\frac{1}{G(j\omega)} \tag{3.3.29a}$$

oder

$$G(j\omega) = -\frac{1}{N(\hat{x}_e, \omega)} \tag{3.3.29b}$$

gebracht wird. In der komplexen Ebene stellt man nun z. B. gemäß Gl. (3.3.29a) die Ortskurve $-1/G(j\omega)$ und das von beiden Parametern $\hat{x}_e$ und ω abhängige Ortskurvennetz von $N(\hat{x}_e, \omega)$ dar. Jeder Schnittpunkt dieser Ortskurven deutet auf die Möglichkeit einer Grenzschwingung (Dauerschwingung) hin, sofern die sich schneidenden Ortskurven im Schnittpunkt dieselbe Frequenz besitzen.

Beschränkt man sich auf den Fall frequenzunabhängiger Beschreibungsfunktionen $N(\hat{x}_e)$, dann kann $N(\hat{x}_e)$ als einfache Ortskurve dargestellt werden, und es ist nur der Schnittpunkt von zwei Ortskurven zu bestimmen. Die Frequenz ω_G der Grenzschwingung wird an der Ortskurve des linearen Systemteils, die Amplitude x_G an der Ortskurve der Beschreibungsfunktion abgelesen. Besitzen beide Ortskurven keinen gemeinsamen Schnittpunkt, so gibt es keine Lösung der Gl. (3.3.28), und es existiert keine Grenzschwingung des Systems. Allerdings gibt es aufgrund methodischer Fehler des hier betrachteten Näherungsverfahrens Fälle, in denen das Nichtvorhandensein von Schnittpunkten beider Ortskurven sogar zu qualitativ falschen Resultaten führt, z. B. bei dem später behandelten Fall eines Zweipunkthysteresegliedes, das mit einem PT_1-Glied als Regelkreis geschaltet ist.

Nachfolgend soll anhand einiger *Beispiele* noch die Anwendung des Verfahrens gezeigt werden.

Beispiel 3.3.1: Regelkreis mit Dreipunktglied (eindeutige Kennlinie) und PT_3-Glied

In dem im Bild 3.3.7 dargestellten Regelkreis wird für die Stabilitätsuntersuchung $w = 0$ gesetzt, so dass als Eingangsgröße des nichtlinearen Gliedes $x_e = e = -y$ gilt. Tritt eine Dauerschwingung auf, dann stellt $\hat{x}_e$ die Amplitude des Ausgangssignals dar. Durch eine zusätzlich eingeführte gleichfrequente, sinusförmige Störung lässt sich $\hat{x}_e$ vergrößern oder verkleinern. Für die Stabilitätsuntersuchung werden gemäß Bild 3.3.8 drei mögliche Fälle bezüglich des Schnittpunktes beider Ortskurven betrachtet.

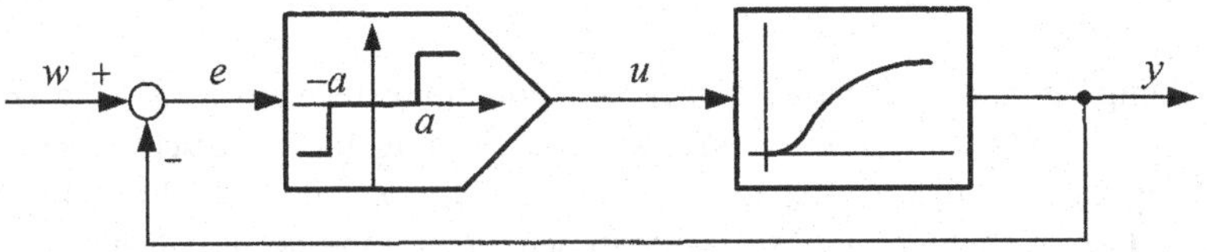

Bild 3.3.7. Regelkreis mit Dreipunktregler und PT_3-Regelstrecke

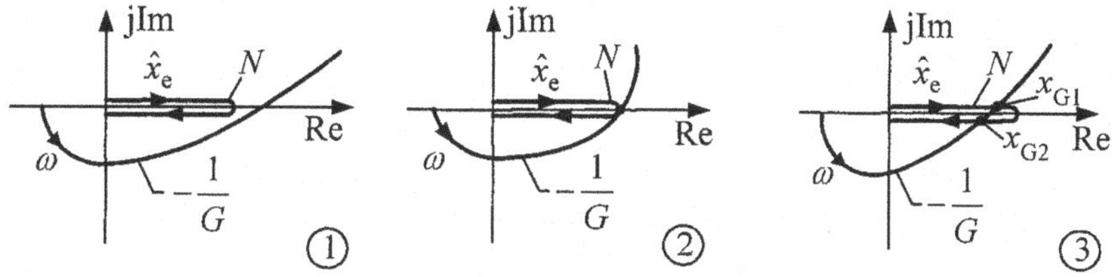

Bild 3.3.8. Zweiortskurvenverfahren bei Dreipunktregler mit PT_3 -Regelstrecke

Im Falle ① existiert kein Schnittpunkt beider Ortskurven. Im Schnittpunkt der Ortskurve $-1/G(j\omega)$ mit der reellen Achse gilt für alle $\hat{x}_e$ -Werte

$$\left|\frac{1}{G(j\omega)}\right| > |N(\hat{x}_e)| \quad \text{oder} \quad 1 > |N(\hat{x}_e)G(j\omega)|.$$

Diese Ungleichung besagt, dass bei derjenigen Frequenz, bei der die Phasendrehung $-180°$ ist, die Verstärkung des Regelkreises kleiner als Eins ist. Daher klingen unabhängig von der Anfangsamplitude $\hat{x}_e$ alle Schwingungen auf die Ruhelage Null ab. Somit liegt asymptotische Stabilität vor.

Im Falle ③ treten zwei Schnittpunkte und damit zwei Dauerschwingungen gleicher Frequenz, aber unterschiedlicher Amplitude auf. Betrachtet man die Grenzschwingung mit der Amplitude x_{G1} und verkleinert, z. B. durch Einführen einer kleinen Störung die Amplitude $\hat{x}_e < x_{G1}$, dann nimmt $|N(\hat{x}_e)|$ ab, und damit wird die Kreisverstärkung kleiner als Eins; es ergibt sich eine abklingende Schwingung. Bei einer Vergrößerung der Amplitude $\hat{x}_e > x_{G1}$ klingt die Schwingung auf, so lange die Kreisverstärkung $|N(\hat{x}_e)G(j\omega)| > 1$ ist. Da $|N(\hat{x}_e)|$ mit wachsendem $\hat{x}_e$ wieder abnimmt, wird sich diese Schwingung asymptotisch der durch den Schnittpunkt $\hat{x}_e = x_{G2}$ gekennzeichneten Grenzschwingung nähern. Eine weitere Vergrößerung der Amplitude liefert eine weitere Abnahme der Kreisverstärkung $|N(\hat{x}_e)G(j\omega)| < 1$, wodurch die Schwingung wiederum abklingt und asymptotisch auf die Grenzschwingung im Punkt $\hat{x}_e = x_{G2}$ übergeht. Man nennt die Grenzschwingung bei $\hat{x}_e = x_{G1}$ instabil, diejenige bei $\hat{x}_e = x_{G2}$ stabil. Aus diesem Sachverhalt lässt sich folgende Regel formulieren:

> Ein Schnittpunkt der beiden Ortskurven stellt eine *stabile Grenzschwingung* dar, wenn mit wachsendem $\hat{x}_e$ der Betrag der Beschreibungsfunktion abnimmt. Eine *instabile Grenzschwingung* ergibt sich, wenn $|N(\hat{x}_e)|$ mit $\hat{x}_e$ zunimmt.

Diese Regel gilt nicht generell, ist jedoch in den meisten praktischen Fällen anwendbar. Sie gilt insbesondere bei mehreren Schnittpunkten (mit verschiedenen ω -Werten) nur für denjenigen mit dem kleinsten ω -Wert.

In den Amplitudenbereichen

$$a < \hat{x}_e < x_{G1} \quad \text{und} \quad x_{G2} < \hat{x}_e < \infty$$

besitzt der Regelkreis abklingende Schwingungen, während aufklingende Schwingungen im Bereich

$$x_{G1} < \hat{x}_e < x_{G2}$$

auftreten. Man beachte dabei, dass $\hat{x}_e$ für die Amplitude des (sinusförmigen) Ausgangssignals $y(t)$ steht.

Für den Fall ② erhält man eine *semistabile Grenzschwingung*, da bei einer Vergrößerung der Amplitude die Schwingung sich asymptotisch wieder der Grenzschwingung nähert, während sie bei Verkleinerung der Amplitude abklingt. ■

Beispiel 3.3.2: Regelkreis mit Zweipunktregler mit Hysterese und PT_1 -Regelstrecke

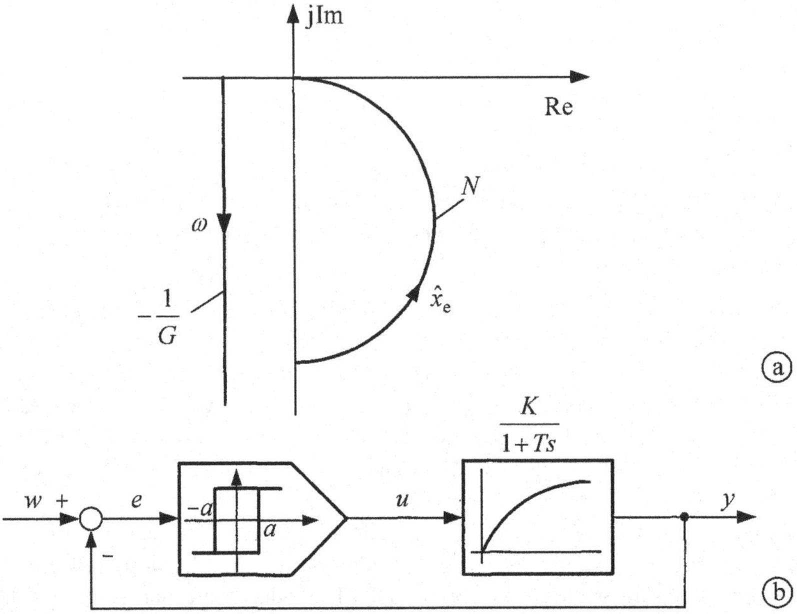

Bild 3.3.9. (a) Anwendung des Zweiortskurvenverfahrens bei einem Regelkreis (b) mit Zweipunktregler mit Hysterese und PT_1 -Regelstrecke

Da sich bei diesem Regelkreis die beiden Ortskurven von N und $-1/G$ (Bild 3.3.9) nicht schneiden, könnte man zunächst annehmen, dass keine Dauerschwingungen im vorliegenden Regelkreis auftreten. Ähnlich wie bei den früheren Überlegungen im Abschnitt 3.2.1 lässt sich aber zeigen, dass der hier betrachtete Regelkreis Dauerschwingungen ausführt. Die Ursache für dieses falsche Ergebnis ist, dass das PT_1 -Glied die Oberwellen zu wenig unterdrückt, so dass die Voraussetzung für die Anwendung der Methode der harmonischen Linearisierung nicht erfüllt ist. Dies kann auch bei einem PT_n -Glied höherer Ordnung eintreten, wenn eine Zeitkonstante gegenüber den anderen dominiert. ■

Beispiel 3.3.3: Regelkreis mit Zweipunktregler mit Hysterese und PT_2-Regelstrecke

Im Bild 3.3.10 sind für zwei Fälle die Ortskurven dargestellt. Im Falle ① besitzt das PT_2-Glied eine dominierende Zeitkonstante. Beide Ortskurven schneiden sich nicht, und trotzdem führt dieser Regelkreis Dauerschwingungen aus. Die Anwendung der harmonischen Linearisierung ist hier ebenfalls nicht möglich.

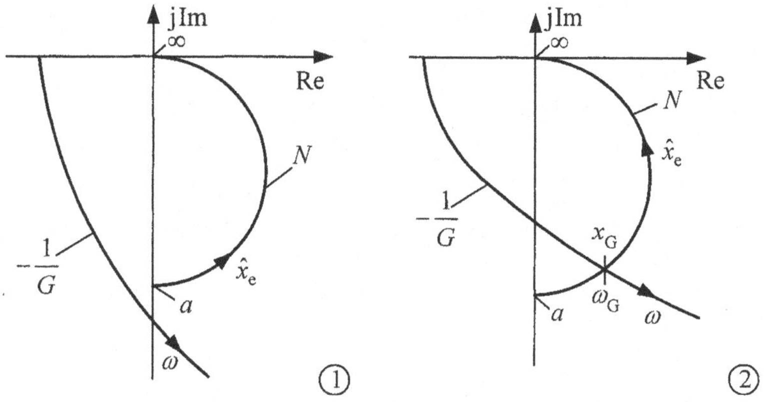

Bild 3.3.10. Anwendung des Zweiortskurvenverfahrens bei einem Regelkreis mit Zweipunktregler mit Hysterese und PT_2-Regelstrecke

Für den Fall ② erhält man stets einen Schnittpunkt. Somit ist nur *eine* Grenzschwingung möglich. Da $|N|$ im Schnittpunkt beider Ortskurven ($\hat{x}_e = x_G$, $\omega = \omega_G$) mit wachsendem $\hat{x}_e$ streng monoton abnimmt, handelt es sich um eine *stabile Grenzschwingung*, die

- im Bereich $a \leq \hat{x}_e < x_G$ durch aufklingende Schwingungen und
- im Bereich $x_G < \hat{x}_e < \infty$ durch abklingende Schwingungen

jeweils bis zur Grenzschwingung erreicht wird. Aus der Tatsache, dass die Methode im Fall ① unbrauchbar ist, muss allerdings geschlossen werden, dass die Daten der Grenzschwingung im Fall ②, ω_G und x_G, nur als Näherung für die tatsächlichen Werte betrachtet werden können. ■

3.4 Analyse nichtlinearer Regelsysteme in der Phasenebene

Die Analyse nichtlinearer Regelsysteme im Frequenzbereich ist, wie im vorigen Abschnitt gezeigt wurde, nur mit mehr oder weniger groben Näherungen möglich. Um exakt zu arbeiten, kann im Zeitbereich die Differentialgleichung des Systems unmittelbar untersucht werden. Hierfür eignet sich besonders die Beschreibung in der *Phasen-* oder *Zustandsebene* als zweidimensionaler Sonderfall des im Kapitel 1 näher behandelten Zustandsraums. Diese bereits von *Poincaré* [Poi92] eingeführte Beschreibungsform erlaubt eine anschauliche grafische Darstellung des dynamischen Verhaltens linearer und nichtlinearer *Systeme zweiter Ordnung*. Sie dient nicht nur zur Berechnung des Eigenverhaltens wie die Methode der Beschreibungsfunktion, sondern auch zur Ermittlung des Übergangsverhaltens und ist stets anwendbar, wenn die das System beschreibende Differentialgleichung zweiter Ordnung in zwei Differentialgleichungen erster Ordnung umgewandelt werden kann. Dies ist der Fall, wenn die Zeit t nicht explizit auftritt.

3.4.1 Der Grundgedanke

Es sei ein System betrachtet, das durch die gewöhnliche Differentialgleichung 2. Ordnung

$$\ddot{y} - f(y, \dot{y}, u) = 0 \tag{3.4.1}$$

beschrieben wird, wobei $f(y, \dot{y}, u)$ eine lineare oder nichtlineare Funktion sei. Durch die Substitution

$$x_1 \equiv y \quad \text{und} \quad x_2 \equiv \dot{y} \tag{3.4.2}$$

führt man Gl. (3.4.1) in ein System zweier simultaner Differentialgleichungen 1. Ordnung

$$\left.\begin{aligned} \dot{x}_1 &= x_2 \\ \dot{x}_2 &= f(x_1, x_2, u) \end{aligned}\right\} \tag{3.4.3}$$

über. Die beiden Größen x_1 und x_2 beschreiben den Zustand des Systems in jedem Zeitpunkt vollständig. Trägt man in einem rechtwinkligen Koordinatensystem x_2 als Ordinate über x_1 als Abszisse auf, so stellt jede Lösung $y(t)$ der Systemgleichung, Gl. (3.4.1), eine Kurve in dieser Zustands- oder Phasenebene dar, die der Zustandspunkt (x_1, x_2) mit einer bestimmten Geschwindigkeit durchläuft (Bild 3.4.1a). Man bezeichnet

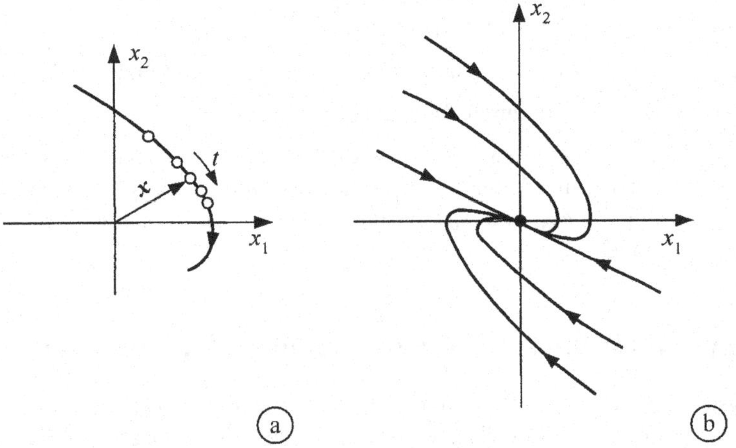

Bild 3.4.1. Systemdarstellung in der Phasenebene: (a) Trajektorie mit Zeitkodierung, (b) Phasenporträt

diese Kurve als *Zustandskurve*, *Phasenbahn* oder auch als *Trajektorie*. Wichtig ist, dass zu jedem Punkt der Zustandsebene bei gegebenem $u(t)$ eine eindeutige Trajektorie gehört. Insbesondere für $u(t) = 0$ beschreiben die Trajektorien das Eigenverhalten des Systems. Zeichnet man von verschiedenen Anfangsbedingungen (x_{10}, x_{20}) aus die Phasenbahnen, so erhält man eine Kurvenschar, das *Phasenporträt*, das die Phasenebene so strukturiert, dass weitere Trajektorien mit anderen Anfangswerten leicht einzutragen sind (Bild 3.4.1b). Damit ist zwar der entsprechende Zeitverlauf von $y(t)$ nicht explizit bekannt, er lässt sich jedoch leicht berechnen, wie später noch gezeigt wird.

Ist eine Zustandskurve in sich geschlossen, dann liegt eine Dauerschwingung von $y(t)$ vor. Dies lässt sich leicht anhand der beiden folgenden Beispiele erläutern:

Beispiel 3.4.1:

Man berechne die Zustandskurve einer Sinusschwingung, die bekanntlich als Lösung der Differentialgleichung 2. Ordnung , $\ddot{y} + ay = 0$ mit den Anfangsbedingungen $y(0)$ und $\dot{y}(0)$ auftritt:

$$y(t) = A\cos(\omega t - \varphi) \equiv x_1\,, \quad \omega = \sqrt{a}$$
$$\dot{y}(t) = -A\,\omega\sin(\omega t - \varphi) \equiv x_2\,.$$

Das Quadrieren und Addieren beider Gleichungen ermöglicht die Elimination der Zeit:

$$\left(\frac{x_1}{A}\right)^2 + \left(\frac{x_2}{\omega A}\right)^2 = 1\,.$$

Dies ist die Gleichung der Zustandskurve, die hier eine Ellipse mit den Halbachsen A und ωA (vgl. Bild 3.4.2a) beschreibt. ■

Beispiel 3.4.2:

Man berechne die Zustandskurve einer Dreieckschwingung. Wie im Bild 3.4.2b dargestellt, ist die Geschwindigkeit $\mathrm{d}y/\mathrm{d}t = \dot{y} = x_2$ hier abschnittsweise konstant und springt in den Umkehrpunkten auf den jeweils entgegengesetzten Wert. ■

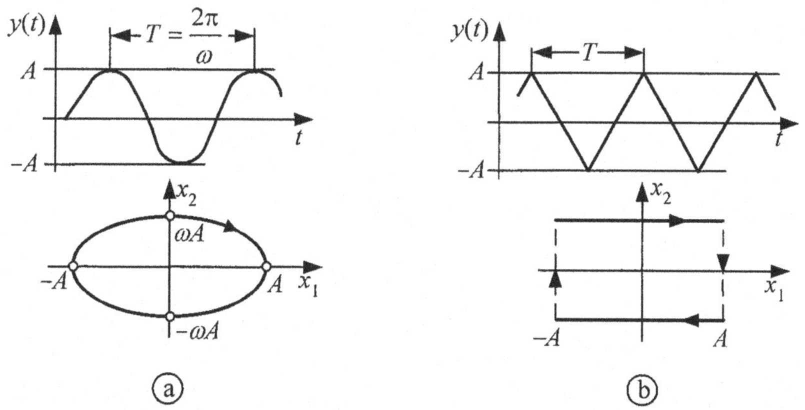

Bild 3.4.2. Beispiele zur Phasenbahn: Sinussignal (a) und Dreieckschwingung (b)

3.4.2 Der Verlauf der Zustandskurven

Für die weiteren Betrachtungen soll angenommen werden, dass $u(t)$ eine stückweise konstante Funktion sei. In der Praxis ist dies häufig der Fall, nämlich in allen Relaissystemen, bei denen $u(t)$ die Ausgangsgröße eines Zwei- oder Dreipunktgliedes ist. Dann kann die Zeit t aus Gl. (3.4.3) eliminiert werden, indem aus diesen beiden Gleichungen folgende Beziehung gebildet wird:

$$\frac{\mathrm{d}x_2}{\mathrm{d}x_1} = \frac{\mathrm{d}x_2 / \mathrm{d}t}{\mathrm{d}x_1 / \mathrm{d}t} = \frac{f(x_1, x_2, u)}{x_2} \quad (u = \text{const}) . \tag{3.4.4}$$

Damit ist nur noch *eine* Differentialgleichung 1. Ordnung zu lösen, deren Lösungen den Verlauf der Zustandskurven in der Phasenebene beschreiben. Durch die Elimination von t geht keine Information über den weiteren Ablauf der Lösung $\boldsymbol{x}(t)$ verloren, denn bei gegebenen Anfangsbedingungen $\boldsymbol{x}_0$ ist auch die "Zeitkodierung" der Zustandskurven durch deren Verlauf *eindeutig* festgelegt. Falls man die Zeit als Parameter der Trajektorie überhaupt benötigt, lässt sich diese aus der ersten Differentialgleichung von Gl. (3.4.3) nach Trennung der Variablen, aus

$$\mathrm{d}t = \frac{\mathrm{d}x_1}{x_2},$$

durch Integration bestimmen als

$$t = t_0 + \int_{x_{10}}^{x_1} \frac{\mathrm{d}x_1}{x_2}, \tag{3.4.5}$$

wobei x_{10} die Anfangsbedingung im Zeitpunkt t_0 ist und für x_2 die Gleichung der Trajektorie $x_2(x_1)$ eingesetzt werden muss. So ergibt sich z. B. für den im Bild 3.4.2a dargestellten Fall mit

$$x_2 = \pm\omega \sqrt{A^2 - x_1^2}$$

als Schwingungszeit

$$T = 2 \int_{-A}^{A} \frac{\mathrm{d}x_1}{\omega \sqrt{A^2 - x^2}} = \frac{2}{\omega} \arcsin \frac{x_1}{A} \Bigg|_{-A}^{A} = \frac{2}{\omega}\left(\frac{\pi}{2} + \frac{\pi}{2}\right) = \frac{2\pi}{\omega} .$$

Nachfolgend werden einige allgemeine *Eigenschaften* von Zustandskurven betrachtet:

1. Jede Trajektorie verläuft in der *oberen* Halbebene der Phasenebene $(x_2 > 0)$ von *links* nach *rechts*, da wegen $x_2 = \dot{x}_1$ und $\dot{x}_1 > 0$ der Wert von x_1 zunimmt.
2. Jede Trajektorie verläuft in der *unteren* Halbebene der Phasenebene $(x_2 < 0)$ von *rechts* nach *links*, da wegen $x_2 = \dot{x}_1$ und $\dot{x}_1 < 0$ der Wert von x_1 abnimmt.
3. Trajektorien schneiden die x_1-Achse senkrecht. Dies ist bei Stetigkeit der Trajektorien eine unmittelbare Folge der Eigenschaften 1 und 2. Damit folgt auch, dass diese Schnittpunkte gewöhnlich Extremwerte von x_1 darstellen, und dass in der oberen und unteren Phasenhalbebene keine Bahnpunkte mit vertikaler Tangente existieren.

Hiervon bilden gewisse ausgeartete Zustandskurven *Ausnahmen*: Erfolgt der Schnitt der Trajektorien mit der x_1-Achse nicht senkrecht, dann liegt ein *singulärer* Punkt vor.

4. Die *Gleichgewichtslagen* eines dynamischen Systems werden stets durch *singuläre Punkte* gebildet. Diese müssen auf der x_1-Achse liegen, da sonst keine Ruhelage möglich ist. Dabei unterscheidet man verschiedene singuläre Punkte: Wirbelpunkte, Strudelpunkte, Knotenpunkte und Sattelpunkte.

5. Im Phasenporträt stellen die in sich geschlossenen Zustandskurven Dauerschwingungen dar. Die früher erwähnten stationären Grenzschwingungen (Arbeitsbewegungen des nichtlinearen Systems) bezeichnet man in der Phasenebene als *Grenzzyklen*. Diese Grenzzyklen sind wiederum dadurch gekennzeichnet, dass zu ihnen oder von ihnen alle benachbarten Trajektorien konvergieren oder divergieren. Je nach dem Verlauf der Trajektorien in der Nähe eines Grenzzyklus unterscheidet man *stabile*, *instabile* und *semistabile Grenzzyklen* (Bild 3.4.3).

Es sei hier angemerkt, dass die Eigenschaften 1 bis 4 der Zustandskurven nur bei der durch Gl. (3.4.2) gegebenen Definition der Zustandsgrößen gelten. Gelegentlich benutzt man auch andere Zustandsgrößen x_1, x_2, wobei die Trajektorien eine völlig andere Gestalt haben können.

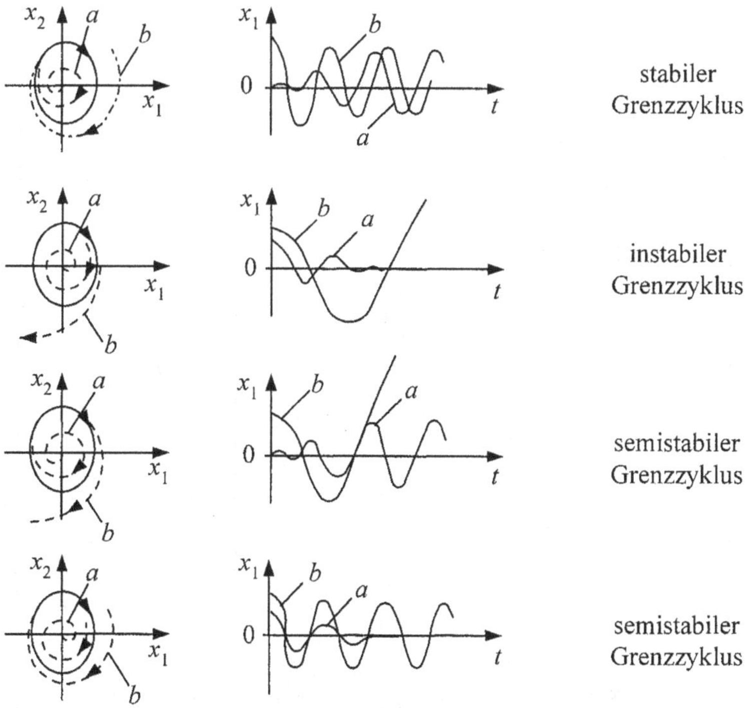

Bild 3.4.3. Arten von Grenzzyklen in der Phasenebene mit entsprechenden Zeitverläufen benachbarter Trajektorien

Tabelle 3.4.1. Phasenporträt eines linearen Systems 2. Ordnung für die angegebenen Polverteilungen

Polverteilung	Phasenporträt	Singulärer Punkt
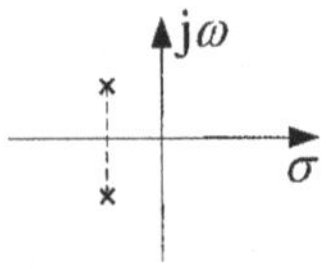	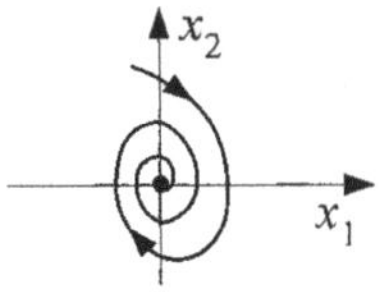	Strudelpunkt (stabil)
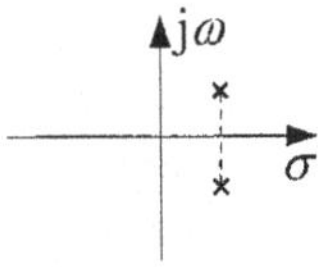	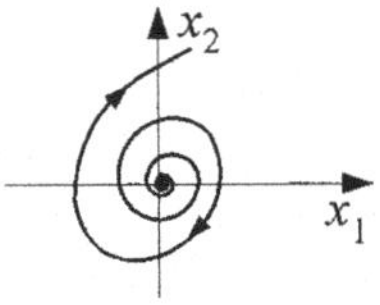	Strudelpunkt (instabil)
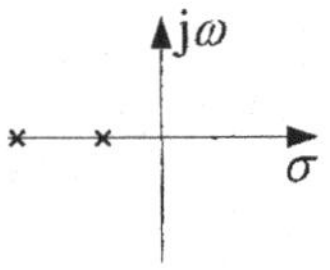	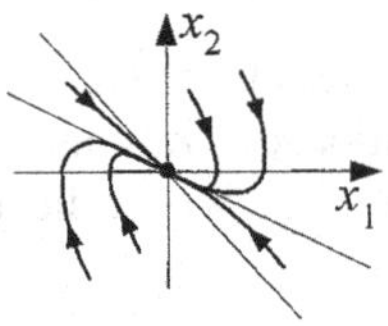	Knotenpunkt (stabil)
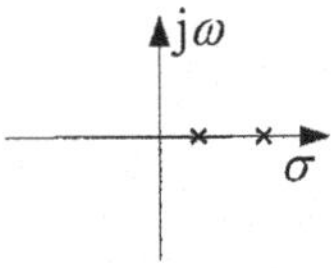	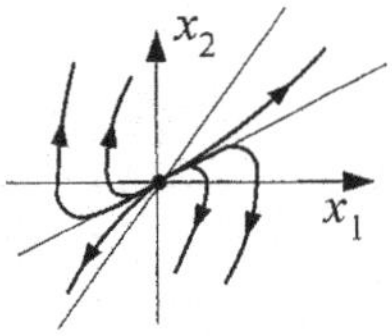	Knotenpunkt (instabil)
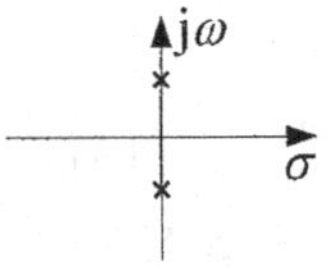	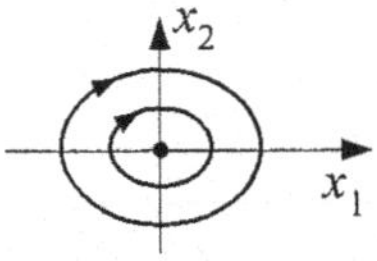	Wirbelpunkt (grenzstabil)
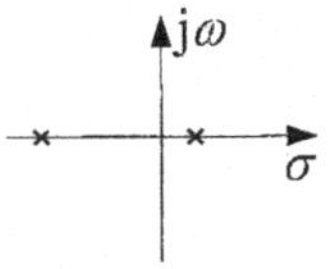	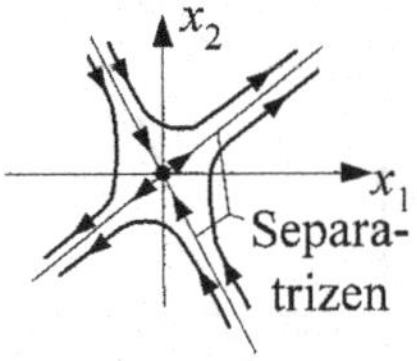	Sattelpunkt (instabil)
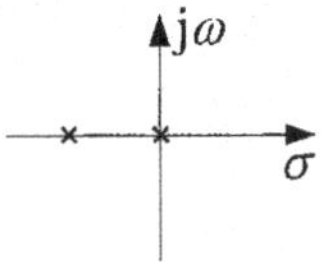	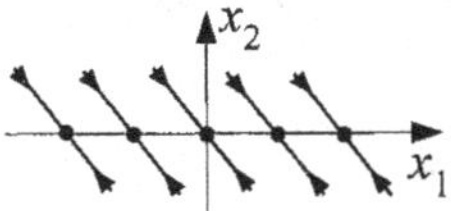	(grenzstabil)
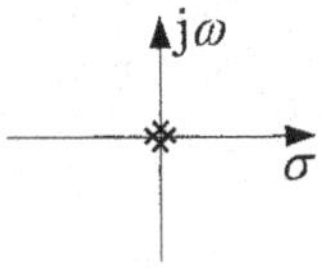	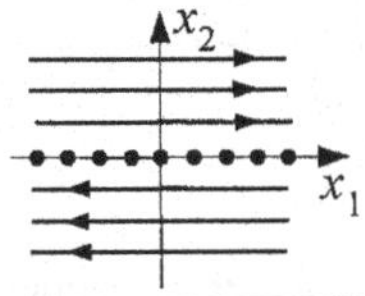	(instabil)

Beispiel 3.4.3:

Der Einfachheit halber wird nachfolgend das Phasenporträt eines linearen Systems 2. Ordnung mit der Differentialgleichung

$$\ddot{y} + a_1\dot{y} + a_0 y = 0 \tag{3.4.6}$$

für verschiedene Werte von a_0 und a_1 betrachtet. Je nach der Lage der Pole dieses Systems, also der Wurzeln s_1 und s_2 der charakteristischen Gleichung

$$s^2 + a_1 s + a_0 = 0 \tag{3.4.7}$$

in der komplexen Ebene, erhält man völlig verschiedene Strukturen des Phasenporträts. Die Zustandsdifferentialgleichungen ergeben sich aus Gl. (3.4.6) zu

$$\begin{aligned} \dot{x}_1 &= x_2 \, , \\ \dot{x}_2 &= -a_0 x_1 - a_1 x_2 \, . \end{aligned} \tag{3.4.8}$$

In Tabelle 3.4.1 sind die Ergebnisse für sämtliche Polverteilungen zusammengestellt. ■

3.5 Untersuchung von Relaisregelsystemen mit der Methode der Phasenebene

An zwei einfachen Relaisregelsystemen soll nun die Anwendung der Methode der Phasenebene zur Stabilitätsanalyse gezeigt werden. Dabei wird ein Zweipunktregler mit und ohne Hysterese betrachtet.

3.5.1 Zweipunktregler ohne Hysterese

Das im Bild 3.5.1 dargestellte System (das beispielsweise der Regelung einer Winkelstellung entspricht, wobei der Motor der Einfachheit halber ohne Verzögerung anspricht und als Last nur eine reine Trägheit wirkt) wird zunächst *ohne* die gestrichelte Rückkopplung betrachtet. Die Stellgröße $u(t)$ kann nur zwei Werte annehmen,

$$u(t) = \pm b \, . \tag{3.5.1}$$

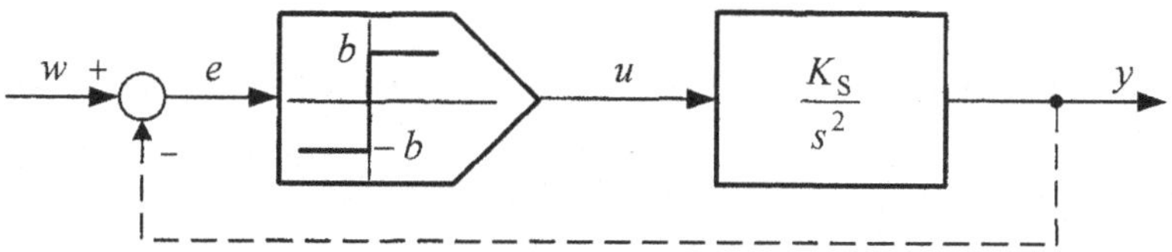

Bild 3.5.1. System mit Zweipunktregler und Regelstrecke mit I_2-Verhalten

Die Differentialgleichung der Regelstrecke lautet

$$\ddot{y} = K_S \, u \, . \tag{3.5.2}$$

Als Zustandsgrößen werden gewählt

$$x_1 = y \quad \text{und} \quad x_2 = \dot{x}_1 \, .$$

Man erhält damit anstelle von Gl. (3.5.2) die Zustandsdarstellung

$$\begin{aligned} \dot{x}_1 &= x_2 \, , \\ \dot{x}_2 &= K_S \, u \, . \end{aligned} \tag{3.5.3}$$

Entsprechend Gl. (3.4.4) folgt hieraus die Differentialgleichung für die Bestimmung der Trajektorien

$$\frac{dx_2}{dx_1} = \frac{K_S u}{x_2} \, . \tag{3.5.4}$$

Da u betragsmäßig eine konstante Größe ist, ergibt sich als Lösung

$$x_2^2 = 2K_S u(x_1 - C) \, . \tag{3.5.5}$$

Diese Gleichung beschreibt mit $u = \pm b$ zwei Parabelscharen, die C als Parameter enthalten und symmetrisch zur x_1-Achse sind mit dem Scheitelpunkt $x_1 = C$ gemäß Bild 3.5.2. Durch jeden Punkt der Phasenebene verläuft jeweils eine Parabel beider Scharen. Der Zustandspunkt bewegt sich so lange auf derselben Parabel, bis die Stellgröße $u(t)$ ihr Vorzeichen wechselt. Die Trajektorie wird dann auf der diesem Punkt P entsprechenden Parabel der anderen Schar fortgesetzt.

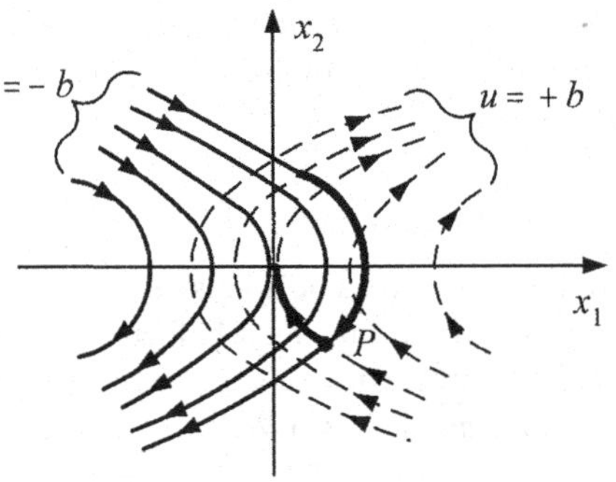

Bild 3.5.2. Verlauf der Trajektorien des Teilsystems mit I_2-Verhalten

Für den geschlossenen Regelkreis gilt nun (*mit* gestrichelter Rückkopplung)

$$u = \begin{cases} -b & \text{für } e = w - y < 0 \\ +b & \text{für } e = w - y > 0 \, . \end{cases} \tag{3.5.6}$$

Daraus folgt, dass die Umschaltung gerade bei $e = 0$, also $(x_1 = w)$ stattfindet. Wird nun vorausgesetzt, dass die Führungsgröße konstant ist, also $w = \text{const}$ gilt, so wird zweckmäßigerweise als Zustandsgröße

$$x_1 = y - w = -e$$

gewählt. Diese Beziehung kann auch als Nullpunktverschiebung der x_1-Achse interpretiert werden. Damit liegt der Systemzustand, der durch die Regelung erreicht werden soll, unabhängig von w im Ursprung der Phasenebene. Demnach bildet als Verbindungslinie aller Umschaltpunkte hier die x_2-Achse die *Schaltlinie* bzw. *Schaltgerade* des geschlossenen Regelkreises. Jede Trajektorie setzt sich aus zwei bezüglich der x_2-Achse spiegelbildlichen Parabelästen zusammen und ist damit eine geschlossene Kurve, die der Zustandspunkt periodisch durchläuft (Bild 3.5.3). Bei dieser Dauerschwingung des Regelkreises handelt es sich allerdings nicht um einen Grenzzyklus, da die Amplitude x_{10} durch den Anfangszustand bestimmt ist, und alle benachbarten Trajektorien ebenfalls in sich selbst geschlossen sind.

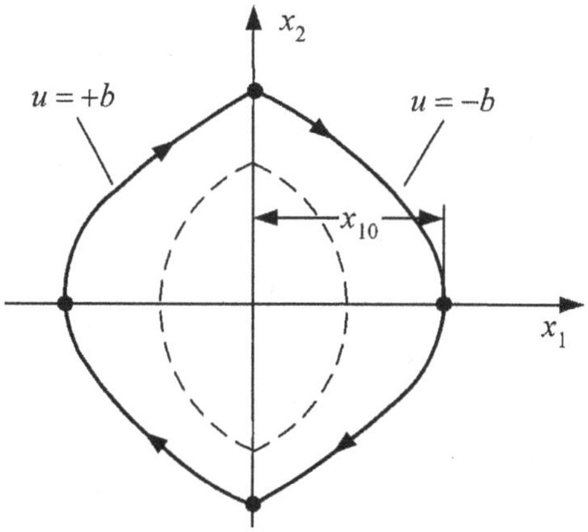

Bild 3.5.3. Phasenbahn des Regelkreises im Bild 3.5.1

Für die Schwingungsdauer T folgt aus Gl. (3.4.5) mit $x_2^2 = 2\,K_S\,u(x_1 - C)$ für $C = x_{10}$ und $u = -b$

$$T = 4 \int_{x_{10}}^{0} \frac{dx_1}{x_2} = 4 \int_{x_{10}}^{0} \frac{-\,dx_1}{\sqrt{2K_S b}\,\sqrt{x_{10} - x_1}}\,, \qquad (3.5.7)$$

$$T = 4\sqrt{\frac{2x_{10}}{K_S b}}\,.$$

Man nennt die Ruhelage $x_1 = 0, x_2 = 0$ dieses Systems stabil. Sie ist jedoch nicht asymptotisch stabil, da die Trajektorien für $t \to \infty$ nicht gegen die Ruhelage konvergieren. Will man dies erreichen, so benötigt man anstelle der senkrechten eine nach links geneigte Schaltgerade gemäß Bild 3.5.4, die durch die Gleichung

$$x_1 + kx_2 = 0\,; \quad k > 0 \qquad (3.5.8)$$

beschrieben wird. Für die Trajektorien links dieser Schaltgeraden gilt

$$x_1 + kx_2 < 0\,,$$

für jene rechts davon

$$x_1 + kx_2 > 0\,.$$

Somit muss für die Stellgröße $u(t)$ gelten:

$$u = \begin{cases} -b & \text{für } x_1 + kx_2 > 0 \quad \text{oder } e + k\dot{e} < 0 \\ +b & \text{für } x_1 + kx_2 < 0 \quad \text{oder } e + k\dot{e} > 0 \end{cases} \tag{3.5.9}$$

oder

$$u = -b\,\mathrm{sgn}(x_1 + kx_2) = b\,\mathrm{sgn}(e + k\dot{e})\,. \tag{3.5.10}$$

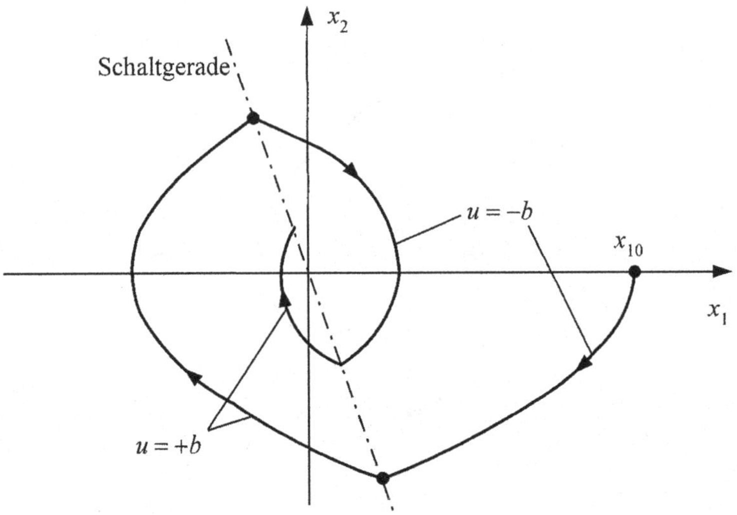

Bild 3.5.4. Phasenbahn bei geneigter Schaltgerade

Daraus geht hervor, dass die Eingangsgröße des Zweipunktreglers durch $(e + k\dot{e})$ gebildet werden muss, was z. B. durch ein vorgeschaltetes PD-Glied erfolgen kann (vgl. Bild 3.5.5).

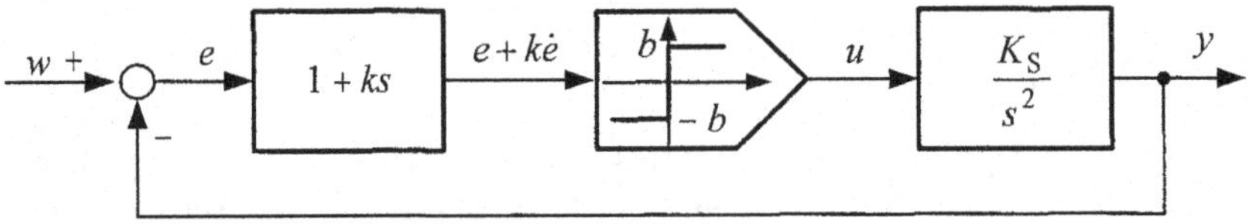

Bild 3.5.5. Regelkreis mit geneigter Schaltgerade

Mit abnehmender Amplitude der Schwingung dieses Regelkreises erreicht der Zustandspunkt einen Bereich der Schaltgeraden in der Nähe des Ursprungs, dessen Endpunkte P und P' die Berührungspunkte mit den Trajektorien sind und der dadurch gekennzeichnet ist, dass die Schaltgerade nicht mehr verlassen werden kann. Betrachtet man z. B. die Trajektorie ① mit $u = -b$ im Bild 3.5.6, so ist ersichtlich, dass im Schnittpunkt P' mit der Schaltgeraden umgeschaltet wird $(u = +b)$, wonach dann das Teilstück ② durchlaufen werden müsste. Da dieses jedoch auf der gleichen Seite der Schaltgeraden verläuft wie ①, auf der entsprechend dem Stellgesetz $u = -b$ gilt, wird sofort wieder umgeschaltet, so dass der Zustandspunkt die Schaltgerade nicht mehr verlassen kann. Entsprechendes gilt für einen beliebigen Schnittpunkt einer Trajektorie innerhalb des Bereiches $\overline{PP'}$ der Schaltgeraden (gestrichelter Verlauf im Bild 3.5.6). Erreicht eine Trajektorie diesen Bereich, dann kriecht der Zustandspunkt unter dauerndem Schalten mit hoher Frequenz ("Rattern") auf dieser Geraden in den Ursprung. Die Differentialgleichung dieser Bewegung ist gegeben durch Gl. (3.5.8) bzw. durch

$$e(t) + k\dot{e}(t) = 0 \; ; \tag{3.5.11}$$

ihre Lösung lautet

$$e(t) = \text{const}\; \mathrm{e}^{-t/k} \; . \tag{3.5.12}$$

Damit ist der Regelkreis asymptotisch stabil.

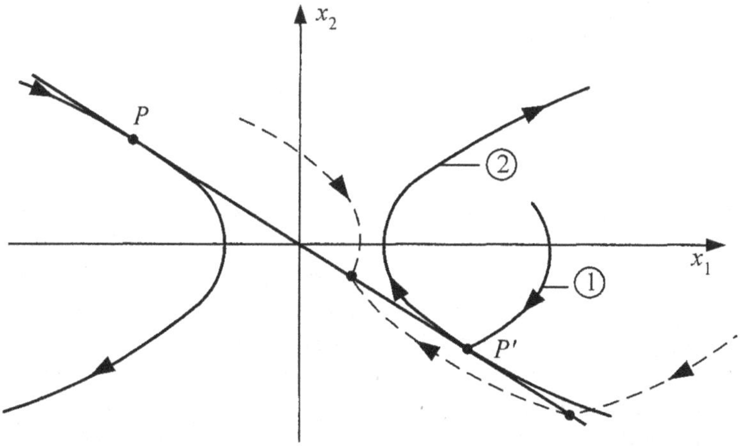

Bild 3.5.6. Kriechvorgang auf der geneigten Schaltgeraden in der Nähe des Ursprungs

Um die Stelleinrichtung durch dieses Rattern nicht allzu sehr zu belasten, ist bei der Bestimmung der Steigung der Schaltgeraden ein Kompromiss zu schließen. Je kleiner die Steigung $-1/k$, desto schneller klingt die Schwingung (spiralförmige Trajektorie) ab, desto länger ist aber auch der Bereich $\overline{PP'}$ und desto kleiner die Kriechgeschwindigkeit auf der Schaltgeraden.

3.5.2 Zweipunktregler mit Hysterese

In dem im Bild 3.5.1 dargestellten Regelkreis soll nun die eindeutige Zweipunktkennlinie durch eine solche mit Hysterese (Hysteresebreite $2a$) ersetzt werden. Außerhalb der Hysteresebreite gilt die Schaltbedingung

$$u = \begin{cases} -b & \text{für } e < -a \quad \text{oder } w - y < -a \\ +b & \text{für } e > +a \quad \text{oder } w - y > +a \,. \end{cases} \tag{3.5.13}$$

Außerhalb des Streifens $-a \leq x_1 \leq a$ kann also eindeutig der Wert von u und damit auch der Verlauf der Trajektorien des Systems festgelegt werden, wie es Bild 3.5.7 als (unvollständiges) Phasendiagramm zeigt.

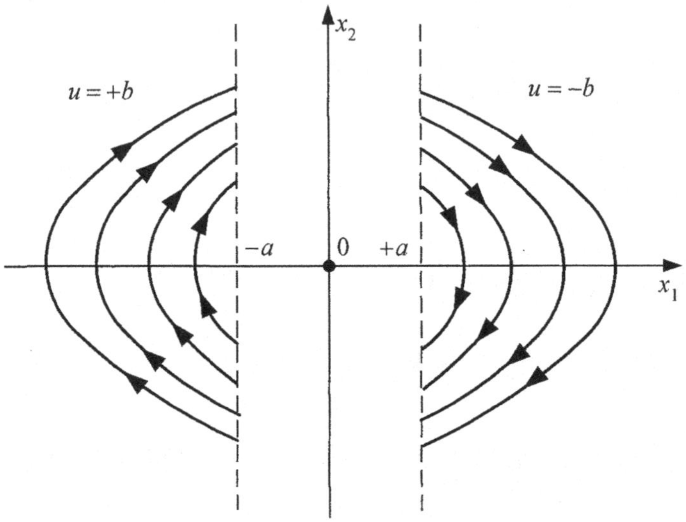

Bild 3.5.7. Verlauf der Trajektorien außerhalb der Hysteresebreite $2a$

Zu klären bleibt nun, wo in der Phasenebene jeweils die Umschaltung von u erfolgt. Anhand der Hysteresekurve ist unmittelbar ersichtlich, dass die Umschaltung von $u = +b$ auf $u = -b$ dann geschieht, wenn gerade $e\,(= -x_1)$ von positiven Werten kommend den Wert $-a$ erreicht, d. h. wenn mit wachsendem x_1(also $x_2 > 0$) die Gerade $x_1 = a$ geschnitten wird. Eine Umschaltung von $u = -b$ auf $u = +b$ erfolgt umgekehrt dann, wenn eine Trajektorie mit abnehmendem x_1(d. h. $x_2 < 0$) die Gerade $x_1 = -a$ erreicht. Die Zustandsebene wird somit in zwei Bereiche aufgeteilt, längs deren Grenze die Umschaltung stattfindet. Im vorliegenden Fall erhält man eine *gebrochene Schaltlinie*, die aus den beiden Halbgeraden

$$x_1 = a \quad \text{für} \quad x_2 > 0 \quad \text{und} \quad x_1 = -a \quad \text{für} \quad x_2 < 0$$

besteht.

Damit können nun die Trajektorien des geschlossenen Regelkreises dargestellt werden. Je nach dem gewählten Anfangspunkt A_i können verschiedene Fälle unterschieden werden (Bild 3.5.8). Unabhängig davon, wo der Anfangspunkt der Trajektorie liegt, erhält man stets eine aufklingende Schwingung. Der Regelkreis wird also durch Einsatz der Zweipunktkennlinie mit Hysterese instabil.

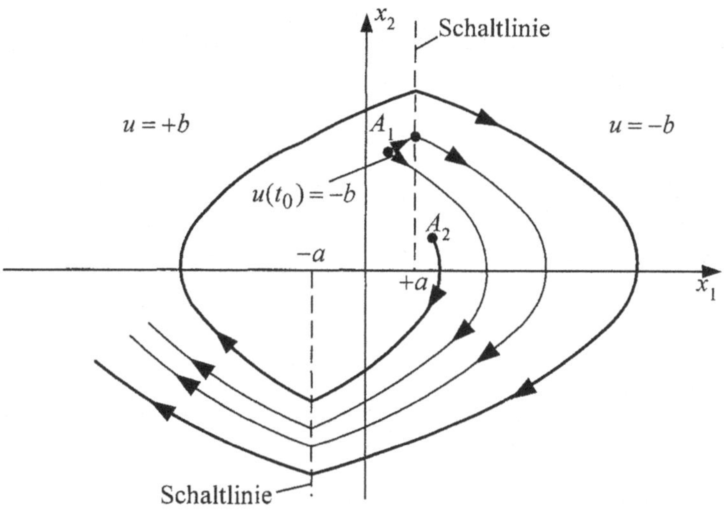

Bild 3.5.8. Schaltlinie und instabile Trajektorie beim Zweipunkt-Hystereseglied

Nachfolgend soll daher die Möglichkeit untersucht werden, ob wiederum durch Einführung eines PD-Gliedes das Stabilitätsverhalten dieses Regelkreises verbessert werden kann. Ebenso wie im hysteresefreien Fall bewirkt das PD-Glied eine Neigung der beiden Geraden, die die Schaltlinie beschreiben. Für diese beiden Geraden gemäß Bild 3.5.9 folgt somit:

$$x_1 + kx_2 + a = 0 \qquad \text{(Gerade ①)} \tag{3.5.14a}$$

und

$$x_1 + kx_2 - a = 0 \qquad \text{(Gerade ②)}\,. \tag{3.5.14b}$$

Während links der Geraden ① immer $u=+b$ und rechts der Geraden ② immer $u=-b$ ist, können innerhalb des Streifens zwischen diesen Geraden, für den $|x_1 + kx_2| < a$ gilt, beide Schaltzustände vorkommen (vgl. Bild 3.5.9). Eine Umschaltung erfolgt immer dann, wenn eine Trajektorie diesen Streifen verlässt, nicht dagegen bei Eintritt in den Streifen. Wie aus Bild 3.5.9 deutlich wird, müssen die Schaltlinien gegenüber Bild 3.5.8 noch einseitig verlängert werden. Es kommen jedoch nur Punkte des stark ausgezogenen Teilstücks der Geraden ① und ② als Umschaltpunkte in Betracht. Sie sind durch die Berührungspunkte P und P' mit den Trajektorien begrenzt.

Nun können gemäß Bild 3.5.10 für beliebige Anfangszustände die Trajektorien skizziert werden. In der Nähe des Ursprungs liegen die Verhältnisse ähnlich wie im Bild 3.5.8 bei senkrechter Schaltlinie. Die Schwingungsamplitude wächst mit der Zeit an. Im Gegensatz dazu bilden die Trajektorien in großem Abstand vom Ursprung Spiralen mit abklingender Amplitude. In beiden Fällen streben die Phasenbahnen asymptotisch einer geschlossenen Kurve zu, die einen Grenzzyklus beschreibt. Es ist leicht einzusehen, dass sich dieser

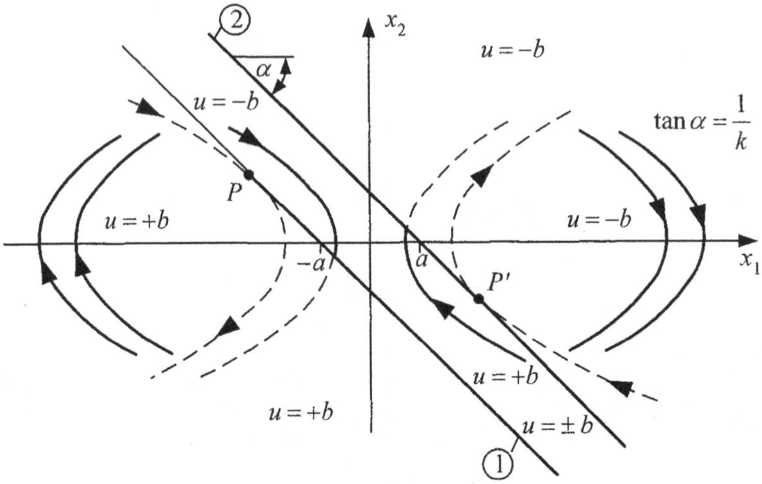

Bild 3.5.9. Zur Ermittlung der Schaltbedingungen beim Zweipunkt-Hystereseglied mit geneigten Schaltlinien

Grenzzyklus gerade aus den Abschnitten der Parabeläste zusammensetzt, die durch den Schnittpunkt der Schaltgeraden mit der x_2-Achse hindurchgehen. Aufgrund der früheren Definition handelt es sich um einen stabilen Grenzzyklus. Der Regelkreis ist zwar nicht asymptotisch stabil - der Ursprungspunkt ($x_1 = x_2 = 0$) selbst ist noch instabil -, doch hat das Vorschalten des PD-Gliedes zur Folge, dass die Amplitude der aufklingenden Schwingung durch den Grenzzyklus beschränkt wird. Insgesamt wurde somit eine Stabilisierung des Regelkreises erzielt.

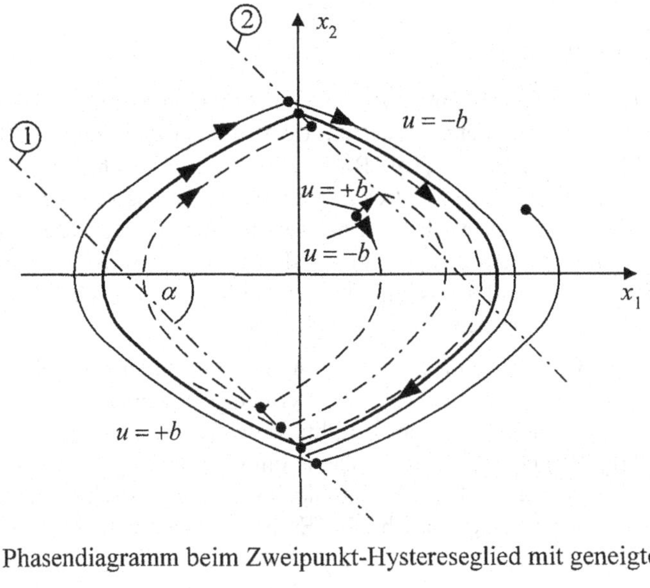

Bild 3.5.10. Phasendiagramm beim Zweipunkt-Hystereseglied mit geneigten Schaltlinien

3.6 Zeitoptimale Regelung

Die zeitoptimale Regelung hat zum Ziel, eine gegebene Regelstrecke von einem beliebigen Anfangszustand in einen gewünschten Endzustand in minimaler Zeit zu überführen. Dieser Grundgedanke wird anhand von zwei Beispielen nachfolgend vertieft.

3.6.1 Beispiel in der Phasenebene

Als Regelstrecke wird ein bewegtes Objekt betrachtet, z. B. ein Fahrzeug, dessen Position $y(t)$ geregelt werden soll. Die Stellgröße ist gegeben durch die Beschleunigungs- bzw. Verzögerungskraft $u(t)$. Damit hat die Regelstrecke I_2-Verhalten und wird durch die Übertragungsfunktion

$$G(s) = \frac{K_S}{s^2} \tag{3.6.1}$$

beschrieben. Ein System mit dieser Übertragungsfunktion wurde im vorhergehenden Abschnitt ausführlich behandelt. Die Zustandsdarstellung lautet

$$\begin{aligned} \dot{x}_1 &= x_2 , \\ \dot{x}_2 &= K_S u , \end{aligned} \tag{3.6.2}$$

und die Phasenbahnen für konstantes u sind zur x_1-Achse symmetrische Parabeln. Bild 3.6.1 zeigt das Blockschaltbild.

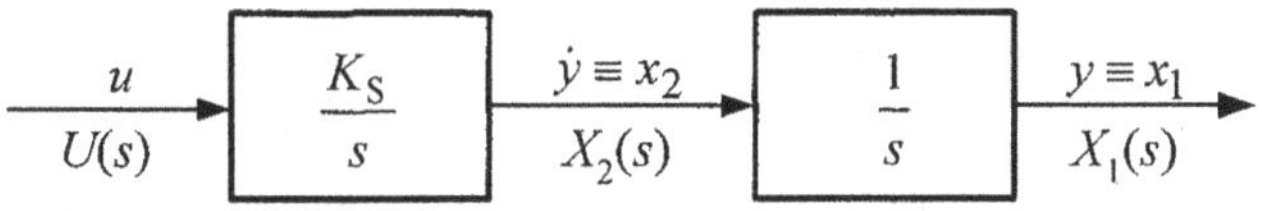

Bild 3.6.1. Blockschaltbild der Regelstrecke "Fahrzeug"

Das Fahrzeug befinde sich zunächst in der Position $y(0) = -y_0 < 0$ und soll nach möglichst kurzer Zeit t_1 die Position $y(t_1) = 0$ erreichen. Es ist leicht einzusehen, dass dies durch maximale Beschleunigung über die gesamte Wegstrecke erreicht wird, so dass

$$u(t) = u_{\max} = b \tag{3.6.3}$$

gilt. Dabei erreicht das Fahrzeug im Punkt $y = 0$ aber die maximale Geschwindigkeit. Es wird deshalb zusätzlich gefordert, dass das Fahrzeug bei $y = 0$ zum Stehen kommt, also in eine Ruhelage mit $\dot{y} = 0$ einläuft. Einen solchen Vorgang, bei dem ein dynamisches System in minimaler Zeit von irgendeinem Anfangszustand in eine Ruhelage überführt wird, bezeichnet man als *zeitoptimal* oder *schnelligkeitsoptimal.* Im vorliegenden Beispiel muss das Fahrzeug also auf dem zweiten Teil des Wegstückes gebremst werden, und zwar mit maximaler Verzögerungskraft. Ist diese betragsmäßig gleich der maximalen Beschleunigung b, so muss die Umschaltung auf halbem Weg bzw. in der Mitte des Zeitintervalls t_1 erfolgen. Bild 3.6.2 zeigt die Zeitverläufe von Stellsignal, Geschwindigkeit und Weg. Die optimale Steuerfunktion lautet demnach

$$u(t) = \begin{cases} +b & \text{für} \quad -y_0 \le y < -y_0/2 \quad \text{bzw.} \quad 0 \le t < t_1/2 \\ -b & \text{für} \quad -y_0/2 \le y \le 0 \quad \text{bzw.} \quad t_1/2 \le t \le t_1 \\ 0 & \text{für} \quad y = 0 \quad \text{bzw.} \quad t > t_1 . \end{cases} \tag{3.6.4}$$

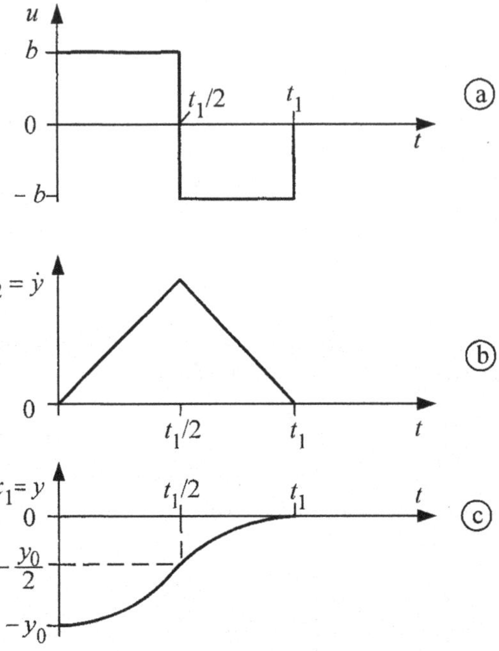

Bild 3.6.2. Zeitlicher Verlauf: (a) Stellsignal, (b) Geschwindigkeit und (c) Weg bei zeitoptimaler Steuerung

Sie ist stückweise konstant und nimmt während des Bewegungsvorgangs nur den oberen und unteren Maximalwert an. (Der Zustand $u = 0$ für $t > t_1$ ist unwichtig, da das Fahrzeug bei $t = t_1$ ohnehin bereits zum Stehen gekommen ist.)

Dieses Stellverhalten lässt sich durch ein Zweipunktglied mit

$$u(t) = \pm b$$

leicht realisieren, und man kann nun den zeitoptimalen Regelverlauf in der Phasenebene untersuchen. Bild 3.6.3 zeigt das Phasendiagramm für $u = \pm b$. Ausgehend von einem beliebigen Anfangszustand $P = (-y_0, 0)$ wird die kürzeste Trajektorie gesucht, auf der der Zustandspunkt in die Ruhelage $0 = (0, 0)$ gelangen kann. Diese ist offensichtlich durch die Kurve $PQ0$ gegeben. Der Vorgang beginnt im Punkt P mit $u = +b$. Die Umschaltung auf $u = -b$ erfolgt im Punkt Q. Die Schaltkurve des zeitoptimalen Systems fällt also mit derjenigen Trajektorie zusammen, die den Ursprung der Phasenebene enthält und auf der das System ohne weiteres Schalten in seine Ruhelage $(0, 0)$ einlaufen kann. Dementsprechend benötigt der zeitoptimale Vorgang unabhängig von der Anfangsbedingung *eine* Umschaltung. Liegt P zufällig auf der Schaltkurve, dann ist keine Umschaltung erforderlich.

Um nun die hierdurch beschriebene optimale Steuerfunktion u_{opt} in Form eines optimalen Regelgesetzes zu realisieren, muss sie als Funktion der Zustandsgrößen ausgedrückt

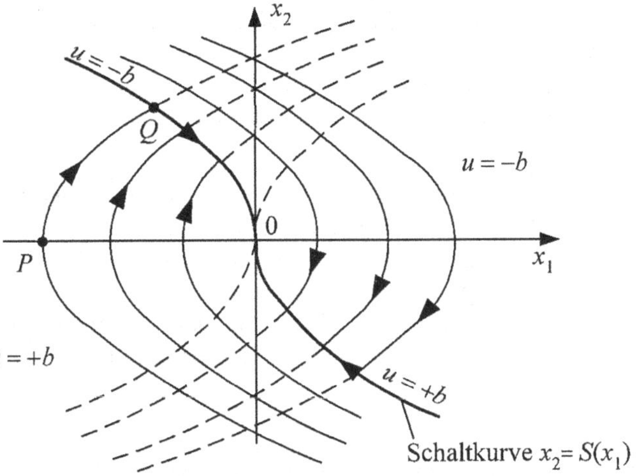

Bild 3.6.3. Phasendiagramm des Systems nach Gl. (3.6.2)

werden. Zunächst bestimmt man die Gleichung der Schaltkurve

$$x_2 = S(x_1).$$

Mit Gl. (3.5.5) gilt für die beiden Ursprungsparabeln, aus deren Ästen sie zusammengesetzt ist,

$$x_2^2 = 2\,K_S\,ux_1 \quad \text{mit} \quad u = \pm b$$

und damit

$$x_2 = S(x_1) = -\operatorname{sgn}(x_1)\cdot\sqrt{2K_S b\,|\,x_1\,|}\,. \tag{3.6.5}$$

Die Beziehung für die optimale Steuerfunktion liest man nun aus Bild 3.6.3 unmittelbar ab:

$$u_{opt} = \begin{cases} +b & \text{für } x_2 < S(x_1) \\ -b & \text{für } x_2 > S(x_1) \end{cases} \tag{3.6.6}$$

oder mit Gl. (3.6.5)

$$u_{opt} = -b\,\operatorname{sgn}\left[x_2 + \operatorname{sgn}(x_1)\cdot\sqrt{2K_S b\,|\,x_1\,|}\right]. \tag{3.6.7}$$

Zur Vereinfachung ist hier die Schaltkurve selbst als Trajektorie ausgeschlossen, da u_{opt} für $x_2 = S(x_1)$ nicht definiert, bzw. wegen der Definition der Signumfunktion gleich

Null ist. Ein System mit dieser Steuerfunktion würde in einem infinitesimal kleinen Abstand von der Schaltkurve in die Ruhelage einlaufen und benötigte theoretisch unendlich viele Umschaltungen. Wegen der ohnehin unvermeidlichen Ungenauigkeiten bei realen Systemen ist diese Vereinfachung jedoch ohne Bedeutung.

Gl. (3.6.7) setzt die optimale Steuerfunktion in eine Beziehung zu den Zustandsgrößen x_1 und x_2 und stellt somit das gesuchte zeitoptimale Regelgesetz dar. Dieses kann leicht durch einen Zweipunktregler realisiert werden, wobei nur Verstärker und ein Funktionsgeber für $S(x_1)$, aber keine dynamischen Glieder erforderlich sind (Bild 3.6.4). Lediglich für den Fall, dass x_2 nicht messbar ist, muss diese Größe durch Differenzieren der Ausgangsgröße y gebildet werden, was im Bild 3.6.4 gestrichelt dargestellt ist. Durch Einführen des Sollwertes $w \neq 0$ kann jede beliebige Ruhelage $(w, 0)$ in minimaler Zeit erreicht werden.

Zur Vereinfachung dieses Regelgesetzes könnte man den Funktionsgeber durch ein P-Glied ersetzen, also die Funktion $S(x_1)$ durch eine Gerade annähern. Man bezeichnet eine solche Näherung als *suboptimale Lösung*. Der so entstehende Regelkreis ist mit dem im Abschnitt 3.5.1 behandelten identisch, weicht also durch das schwingende Verhalten und das langsame Einlaufen in die Ruhelage deutlich vom zeitoptimalen Fall ab. Die Ruhelage ist jedoch in beiden Fällen durch dauerndes Schalten des Reglers gekennzeichnet.

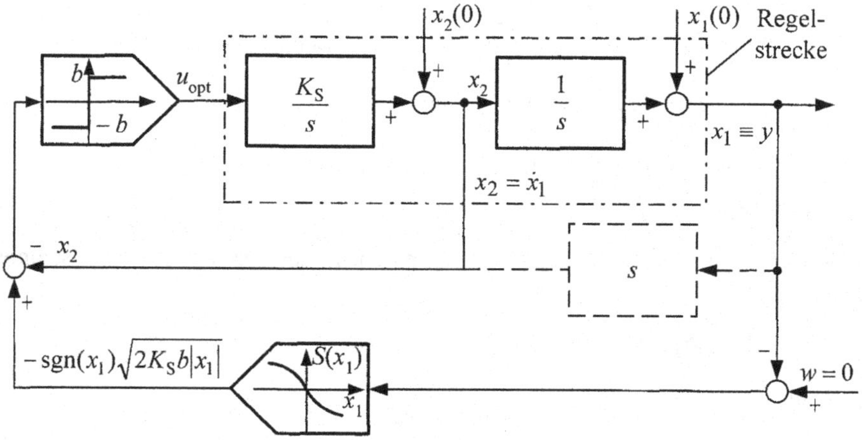

Bild 3.6.4. Blockschaltbild der zeitoptimalen Regelung

3.6.2 Zeitoptimale Systeme höherer Ordnung

Die zuvor behandelte Problemstellung, nämlich ein dynamisches System aus einem beliebigen Anfangszustand in möglichst kurzer Zeit in eine gewünschte Ruhelage zu bringen, tritt bei technischen Systemen recht häufig auf, besonders bei der Steuerung bewegter Objekte (Luft- und Raumfahrt, Förderanlagen, Walzantriebe, Fahrzeuge). Wegen der Begrenzung der Stellamplitude kann diese Zeit nicht beliebig klein gemacht werden.

Wie an dem im Abschnitt 3.6.1 behandelten Beispiel gezeigt wurde, befindet sich während des zeitoptimalen Vorgangs die Stellgröße immer an einer der beiden Begrenzungen; für das System 2. Ordnung ist *eine* Umschaltung zum Erreichen der Ruhelage erforderlich. Dieses Verhalten ist tatsächlich für zeitoptimale Systeme charakteristisch, wie von A. Feldbaum [Fel62] bewiesen wurde. Der *Satz von Feldbaum* beschreibt diese Tatsache:

> Ein System werde durch eine gebrochen rationale Übertragungsfunktion $G(s)$ der Ordnung n beschrieben, deren Pole s_i die Bedingung
>
> $$\mathrm{Re}(s_i) \leq 0 \quad \text{für} \quad i = 1, 2, \ldots, n$$
>
> erfüllen. Dann ist die zeitoptimale Steuerfunktion u_{opt} stückweise konstant und nimmt abwechselnd den unteren und oberen Maximalwert an. Sind zudem sämtliche Pole $s_1, s_2, \ldots, s_n$ reell, dann weist die Steuerfunktion höchstens $n-1$ Umschaltungen auf.

Man kann sich dieses Ergebnis durch die Erweiterung der Phasenebene auf einen dreidimensionalen Zustandsraum etwas veranschaulichen. In diesem Raum gibt es nur eine Trajektorie, auf der das System in die Ruhelage gelangen kann, eine räumliche Schaltkurve 1. Ordnung. Diese wird wiederum nur von ganz bestimmten Trajektorien geschnitten, deren Gesamtheit eine *Schaltfläche* (2. Ordnung) bilden. Diese wird von allen Trajektorien des Systems für $u = \pm b$ geschnitten. Erreicht der Zustandspunkt diese Schaltfläche, so läuft er nach Umschaltung darauf zur Schaltkurve 1. Ordnung, wo wiederum umgeschaltet wird. Für das System 3. Ordnung sind also im allgemeinen 2 Umschaltungen erforderlich. Ähnlich wie im vorhergehenden Beispiel könnte man ein solches Regelgesetz mit Hilfe eines Zweipunktgliedes realisieren, wenn man die Gleichungen der Schaltkurven 1. und 2. Ordnung im dreidimensionalen Raum bestimmt.

Eine Besonderheit dieses Entwurfsproblems für zeitoptimale Regler sei zum Schluss noch erwähnt: Man erhält als Ergebnis das optimale Regelgesetz nach Struktur und Parametern. Entgegen den bisherigen Gewohnheiten, einen bestimmten Regler vorzugeben (z. B. mit PID-Verhalten) und dessen Parameter nach einem bestimmten Kriterium zu optimieren, wird in diesem Fall über die Reglerstruktur keine Annahme getroffen. Sie ergibt sich vollständig aus dem *Optimierungskriterium* (minimale Zeit) zusammen mit den *Nebenbedingungen* (Begrenzung, Randwerte, Systemgleichung). Man bezeichnet diese Art der Optimierung, im Gegensatz zu der Parameteroptimierung vorgegebener Reglerstrukturen (s. Band Regelungstechnik I), gelegentlich auch als *Strukturoptimierung*. Diese Art von Problemstellung lässt sich mathematisch als *Variationsproblem* formulieren und zum Teil mit Hilfe der klassischen *Variationsrechnung* oder auch mit Hilfe des *Maximumprinzips von Pontrjagin* [Bol72] lösen. Darauf wird erst im Band Regelungstechnik III näher eingegangen.

3.7 Stabilitätstheorie nach Ljapunow

Bei der Behandlung linearer Systeme wurde die Stabilität als grundlegende Systemeigenschaft eingeführt (vgl. Band Regelungstechnik I). Ein lineares System wird als asymptotisch stabil definiert, wenn alle seine Pole, d. h. sämtliche Wurzeln seiner charakteristischen Gleichung negative Realteile aufweisen. Instabilität liegt vor, wenn der Realteil mindestens eines Pols positiv ist. Liegen einfache Pole auf der Imaginärachse der s-Ebene, so bezeichnet man das System als grenzstabil. Tritt auf der Imaginärachse jedoch mindestens ein mehrfacher Pol auf, so bedeutet dies ebenfalls instabiles Systemverhalten.

Anhand der in den vorhergehenden Abschnitten behandelten Beispiele ist leicht einzusehen, dass der Begriff der Stabilität bei nichtlinearen Systemen einer Erweiterung bedarf. Die Definition der Stabilität nichtlinearer Systeme sollte jedoch den bisher benutzten Stabilitätsbegriff mit einschließen.

Rein mathematisch gesehen handelt es sich bei der Stabilität um ein Problem der qualitativen Theorie der Differentialgleichungen, das grob folgendermaßen formuliert werden kann: Eine Lösung einer Differentialgleichung, beschrieben durch eine Trajektorie $\boldsymbol{x}$ ist stabil, wenn jede andere Lösung, die in der Nähe von $\boldsymbol{x}$ beginnt, für alle Zeiten in der Nähe von $\boldsymbol{x}$ bleibt. Ist dies nicht der Fall, so nennt man die Lösung $\boldsymbol{x}$ instabil. Die Untersuchung dieser Problemstellung ist Gegenstand der von A. M. Ljapunow um 1892 eingeführten *Stabilitätstheorie* [Föl98], [Hah59], [Schä76], [Wil73], [PH81], deren bedeutendstes Werkzeug die sogenannte *direkte Methode von Ljapunow* ist. Diese Methode hat den wesentlichen Vorteil, dass sie qualitative Aussagen über die Stabilität ermöglicht, ohne eine explizite Kenntnis der Lösungen der zugehörigen Differentialgleichung zu benötigen [LSL67].

3.7.1 Definition der Stabilität

Zunächst soll von der allgemeinen Zustandsraumdarstellung eines dynamischen Systems ausgegangen werden:

$$\dot{\boldsymbol{x}}(t) = \boldsymbol{f}\left[\boldsymbol{x}(t), \boldsymbol{u}(t), t\right], \quad \boldsymbol{x}(t_0) = \boldsymbol{x}_0 \,. \tag{3.7.1}$$

Hierbei ist $\boldsymbol{x}(t)$ der Zustandsvektor und $\boldsymbol{u}(t)$ der Vektor der Eingangsgrößen, deren Anzahl r im allgemeinen $r > 1$ sein kann. In Gl. (3.7.1) ist $\boldsymbol{f}$ eine beliebige Vektorfunktion, die linear oder nichtlinear und zeitvariant oder zeitinvariant sein darf. Die Dimension von $\boldsymbol{x}(t)$ und $\boldsymbol{f}$ ist die Ordnung n des Systems. Für $n = 2$ und skalares $\boldsymbol{u}(t)\,(r = 1)$ entspricht Gl. (3.7.1) der im Abschnitt 3.4 eingeführten Darstellung in der Zustandsebene, die auch im Folgenden zur Veranschaulichung gebraucht werden soll.

Um die Stabilität einer speziellen Lösung von Gl. (3.7.1), etwa $\boldsymbol{x}^*(t)$, also die "*Stabilität der Bewegung*" (dieser Begriff stammt ursprünglich aus der Mechanik) zu definieren und zu untersuchen, betrachtet man eine beliebige Lösung $\boldsymbol{x}(t)$, auch gestörte Bewegung genannt, die im Zeitpunkt $t = 0$ in der Nähe von $\boldsymbol{x}^*(t)$ liegt, und prüft, ob diese mit fortschreitender Zeit $t > 0$ in der Nähe von $\boldsymbol{x}^*(t)$ bleibt. Die Abweichung beider Bewegungen ist gegeben durch

$$x'(t) = x(t) - x^*(t)\,, \tag{3.7.2}$$

woraus mit der Differentialgleichung der gestörten Bewegung

$$\dot{x}'(t) + \dot{x}^*(t) = f\,[x'(t) + x^*(t), u(t), t] \tag{3.7.3}$$

eine neue Systemgleichung in $x'(t)$, also

$$\dot{x}'(t) = f'\,[x'(t), u(t), t] \tag{3.7.4}$$

entsteht. Die betrachtete Lösung $x^*(t)$ entspricht in der Darstellung von $x'(t)$ für alle Werte von $t \geq 0$ der Beziehung

$$x'(t) = \mathbf{0}\,, \tag{3.7.5}$$

also einem Punkt im Zustandsraum, den man wegen $\dot{x}'(t) = \mathbf{0}$, auch als Ruhelage des durch Gl. (3.7.4) beschriebenen "transformierten" Systems bezeichnet. Da eine solche "Transformation" immer möglich ist, kann in der Theorie die Stabilität immer als *Stabilität der Ruhelage*, und zwar der Ruhelage des Ursprungs des Zustandsraumes $x = \mathbf{0}$ interpretiert werden (ohne Verlust der Allgemeingültigkeit).

Im weiteren wird nur der wichtigste Fall der zeitinvarianten Systeme behandelt mit der Beschränkung auf autonome Systeme $(u(t) = \mathbf{0})$ und mit der Zustandsraumdarstellung

$$\dot{x}(t) = f\,[x(t)]\,, \quad x(0) = x_0\,, \tag{3.7.6}$$

da zumindest der Fall $u(t) = \text{const}$ in ähnlicher Weise durch eine Transformation auf diese Form zurückgeführt werden kann.

In der Praxis ist es meist gerade die Ruhelage, deren Stabilität interessiert. Lineare Systeme besitzen nur *eine* Ruhelage, nämlich $x(t) = \mathbf{0}$, oder aber unendlich viele, z. B. Systeme mit integralem Verhalten (vgl. Tab. 3.4.1). Aus der Stabilität einer Ruhelage folgt in diesem Fall die Stabilität jeder beliebigen Bewegung des Systems, also insgesamt die Stabilität des Systems. Nichtlineare Systeme können mehrere Ruhelagen mit unterschiedlichem Stabilitätsverhalten besitzen, die jeweils in den Ursprung transformiert werden können.

Nach diesen Vorbetrachtungen lassen sich nun die allgemeinen Definitionen für Stabilität, die ursprünglich von Ljapunow vorgeschlagen wurden, formulieren.

Definition 1: *(Einfache) Stabilität*

Die Ruhelage $x(t) = \mathbf{0}$ des Systems gemäß Gl. (3.7.6) heißt *stabil* (im Sinne von Ljapunow), wenn für jede reelle Zahl $\varepsilon > 0$ eine andere reelle Zahl $\delta = \delta(\varepsilon) > 0$ existiert, so dass für alle $x(0)$ mit

$$\| x(0) \| \leq \delta(\varepsilon)$$

die Bedingung

$$\| x(t) \| \leq \varepsilon\,, \quad t \geq 0$$

erfüllt ist.

Dabei beschreibt die Euklidische Norm $\| \boldsymbol{x} \|$ des Vektors $\boldsymbol{x}(0)$ die Entfernung des Zustandspunktes von der Ruhelage **0**, und zwar durch die Länge des Zustandsvektors

$$\| \boldsymbol{x} \| = \sqrt{\boldsymbol{x}^{\mathrm{T}} \boldsymbol{x}} = \sqrt{\sum_{i=1}^{n} x_i^2} \ .$$

Definition 1 enthält die Aussage, dass alle Trajektorien, die in der Nähe einer stabilen Ruhelage beginnen, für alle Zeiten in der Nähe der Ruhelage bleiben. Sie müssen nicht gegen diese konvergieren. Bild 3.7.1 veranschaulicht dies für ein System 2. Ordnung. Zusätzlich ist jedoch die Bedingung mit enthalten, dass der maximale Abstand der Trajektorie von der Ruhelage beliebig klein gemacht werden kann, indem $\| \boldsymbol{x}(0) \|$ hinreichend klein gewählt wird.

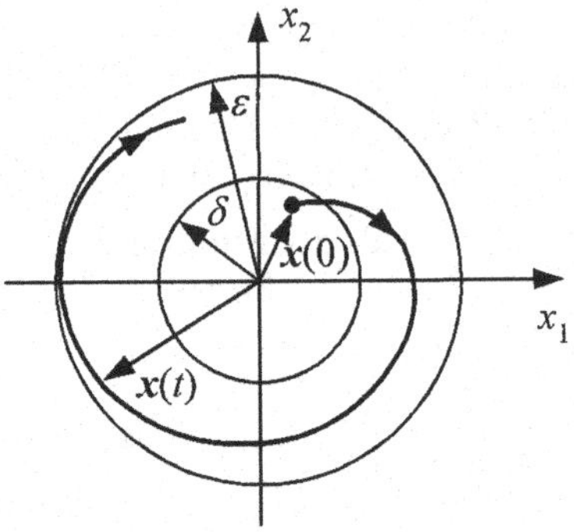

Bild 3.7.1. Zur Definition der Stabilität

In vielen Fällen begnügt man sich aber nicht mit dieser Definition der einfachen Stabilität. So ist es z. B. häufig nach einer Störung erforderlich, dass die Bewegung eines Systems in die Ruhelage $\boldsymbol{x} = \boldsymbol{0}$ zurück geht. Dies führt dann zur Definition der asymptotischen Stabilität.

Definition 2: *Asymptotische Stabilität*

Die Ruhelage $\boldsymbol{x}(t) = \boldsymbol{0}$ des Systems gemäß Gl. (3.7.6) heißt *asymptotisch stabil*, wenn sie stabil ist und wenn für alle Trajektorien $\boldsymbol{x}(t)$, die hinreichend nahe bei der Ruhelage beginnen,

$$\lim_{t \to \infty} \| \boldsymbol{x}(t) \| = 0$$

gilt.

Die Gesamtheit aller Punkte des Zustandsraums, die Anfangspunkte solcher Trajektorien sein können, die für $t \to \infty$ gegen die Ruhelage konvergieren, wird als *Einzugsbereich* der Ruhelage bezeichnet. Umfasst der Einzugsbereich den gesamten Zustandsraum, so heißt die Ruhelage *global asymptotisch stabil*.

3.7.2 Der Grundgedanke der direkten Methode von Ljapunow

Die direkte Methode von Ljapunow stellt die wichtigste bisher bekannte Methode zur Stabilitätsanalyse dar. Sie bietet die Möglichkeit, eine Aussage über die Stabilität der Ruhelage eines dynamischen Systems (und damit entsprechend obigen Überlegungen jeder beliebigen Trajektorie) zu machen, ohne die das System beschreibende Differentialgleichung zu lösen. Da es häufig - vor allem bei nichtlinearen Systemen - nicht möglich ist, explizite Lösungen anzugeben, ist dies ein entscheidender Vorteil.

Man kann das Prinzip der direkten Methode am zweckmäßigsten durch eine physikalische Überlegung verdeutlichen. Die Ruhelage eines physikalischen Systems, beispielsweise eines mechanischen Schwingers, ist dadurch gekennzeichnet, dass die Gesamtenergie als Summe aus kinetischer und potentieller Energie gleich Null ist. In jedem anderen Bewegungszustand dagegen ist sie positiv. Außerdem ist bekannt, dass die Ruhelage eines passiven Systems stabil ist, und dass andererseits die Gesamtenergie autonomer passiver Systeme nicht zunehmen kann. Dies legt den Schluss nahe, dass eine stabile Ruhelage dadurch gekennzeichnet sein muss, dass die zeitliche Änderung der Gesamtenergie des Systems in der Umgebung der Ruhelage nie positiv wird.

Gelingt es nun, die Energie als Funktion der Zustandsgrößen darzustellen, und für diese skalare Funktion $V(\boldsymbol{x})$ zu zeigen, dass

1. $V(\boldsymbol{x}) > 0$ für alle $\boldsymbol{x} \neq \boldsymbol{0}$,
2. $V(\boldsymbol{x}) = 0$ für $\boldsymbol{x} = \boldsymbol{0}$,
3. $\dot{V}(\boldsymbol{x}) \leq 0$

wird, so hat man die Stabilität der Ruhelage ohne explizite Kenntnis der Lösungen bewiesen.

Was hier am Beispiel einer Energiebetrachtung veranschaulicht wurde, lässt sich auch verallgemeinern. Dass dies möglich ist, wurde von A.M. Ljapunow gezeigt: Die physikalische Bedeutung der Funktion $V(\boldsymbol{x})$ ist selbst nicht entscheidend. Falls es gelingt, irgendeine Funktion $V(\boldsymbol{x})$ zu finden, die den obigen Bedingungen genügt, so ist die Stabilität bewiesen. Das Problem besteht also darin, eine geeignete Funktion $V(\boldsymbol{x})$ zu finden, was häufig nicht einfach ist.

Bevor die wichtigsten Stabilitätssätze von Ljapunow dargestellt werden, sollen zuerst noch einige Begriffe definiert werden.

Eine Funktion $V(\boldsymbol{x})$ heißt *positiv definit* in einer Umgebung Ω des Ursprungs $\boldsymbol{x} = \boldsymbol{0}$, falls

1. $V(\boldsymbol{x}) > 0$ für alle $\boldsymbol{x} \in \Omega$, $\boldsymbol{x} \neq \boldsymbol{0}$
2. $V(\boldsymbol{x}) = 0$ für $\boldsymbol{x} = \boldsymbol{0}$

gilt. $V(\boldsymbol{x})$ heißt *positiv semidefinit* in Ω, wenn sie auch für $\boldsymbol{x} \neq \boldsymbol{0}$ den Wert Null annehmen kann, d. h. wenn

1. $V(\boldsymbol{x}) \geq 0$ für alle $\boldsymbol{x} \in \Omega$,
2. $V(\boldsymbol{x}) = 0$ für $\boldsymbol{x} = \boldsymbol{0}$

wird. Die Begriffe *negativ definit* und *negativ semidefinit* werden ganz entsprechend definiert.

Im Folgenden werden einige Beispiele positiv definiter Funktionen $V(\boldsymbol{x})$ betrachtet. Dabei kommt es nicht darauf an, dass die entsprechende Bedingung für alle $\boldsymbol{x}$, d. h. im gesamten Zustandsraum erfüllt ist. Vielmehr genügt es häufig, wenn man ein Gebiet Ω angeben kann, in dem eine Funktion definit ist. Ω kann beispielsweise durch die Menge aller $\boldsymbol{x}$ definiert sein, für die gilt

$$\|\boldsymbol{x}\| < c ,$$

wobei c eine positive Konstante ist. Im übrigen kann $V(\boldsymbol{x})$ eine beliebige nichtlineare Funktion sein. Beispiele für positiv definite Funktionen sind:

1. $V(\boldsymbol{x}) = \mathrm{e}^{\|\boldsymbol{x}\|} - 1$ im gesamten Zustandsraum ,
2. $V(\boldsymbol{x}) = \|\boldsymbol{x}\|^2 + \|\boldsymbol{x}\|^4$ im gesamten Zustandsraum ,
3. $V(\boldsymbol{x}) = \|\boldsymbol{x}\|^2 - \|\boldsymbol{x}\|^4$ für $\|\boldsymbol{x}\| < 1$,

und speziell für den zweidimensionalen Fall $\boldsymbol{x} = [x_1 \quad x_2]^\mathrm{T}$

4. $V(\boldsymbol{x}) = \sin^4 x_1 + 1 - \cos x_2$ für $-\pi < x_1 < \pi$ und $-2\pi < x_2 < 2\pi$,
5. $V(\boldsymbol{x}) = x_1^4 + \dfrac{x_2^2}{1 + x_2^2}$ im gesamten Zustandsraum .

Dagegen ist im zweidimensionalen Fall die Funktion

$$V(\boldsymbol{x}) = x_1^2$$

nur positiv semidefinit, da $V(\boldsymbol{x})$ auch dann Null sein kann, wenn $\boldsymbol{x} \neq 0$ ist.

Eine wichtige Klasse positiv definiter Funktionen $V(\boldsymbol{x})$ hat die *quadratische Form*

$$V(\boldsymbol{x}) = \boldsymbol{x}^\mathrm{T} \boldsymbol{P}\, \boldsymbol{x} , \tag{3.7.8}$$

wobei $\boldsymbol{P}$ eine symmetrische Matrix sei. Als zweidimensionales Beispiel sei die Funktion

$$\begin{aligned} V(x_1, x_2) &= [x_1 \quad x_2] \cdot \begin{bmatrix} p_{11} & p_{12} \\ p_{12} & p_{22} \end{bmatrix} \cdot \begin{bmatrix} x_1 \\ x_2 \end{bmatrix} \\ &= p_{11} x_1^2 + 2 p_{12} x_1 x_2 + p_{22} x_2^2 \end{aligned}$$

betrachtet. Auch wenn alle Elemente von $\boldsymbol{P}$ positiv sind, ist wegen des gemischten Produkts die Funktion nicht unbedingt positiv definit. Durch quadratische Ergänzung erhält man

$$V(x_1, x_2) = p_{11} \left(x_1 + \frac{p_{12}}{p_{11}} x_2 \right)^2 + \left(p_{22} - \frac{p_{12}^2}{p_{11}} \right) x_2^2$$

und damit als zusätzliche Bedingung

$$p_{22} - p_{12}^2 / p_{11} > 0 ,$$

was gleichbedeutend ist mit

$$\det \boldsymbol{P} > 0 .$$

Eine Verallgemeinerung für Matrizen höherer Dimension stellt das *Kriterium von Sylvester* [ZF84] dar:

Die quadratische Form $V(\boldsymbol{x}) = \boldsymbol{x}^{\mathrm{T}} \boldsymbol{P} \boldsymbol{x}$ ist positiv definit, falls alle ("nordwestlichen") Hauptdeterminanten von $\boldsymbol{P}$ positiv sind.

Genügt eine Matrix $\boldsymbol{P}$ dem Kriterium von Sylvester, so wird sie auch als positiv definit bezeichnet.

3.7.3 Stabilitätssätze von Ljapunow

Wie oben bereits erwähnt, ist bei der Stabilitätsanalyse mit Hilfe der direkten Methode die Funktion $V(\boldsymbol{x})$, eine Art verallgemeinerte Energiefunktion, von entscheidender Bedeutung. Die folgenden von Ljapunow aufgestellten Stabilitätssätze beruhen auf der Verwendung derartiger Funktionen.

Satz 1: *Stabilität im Kleinen*

Das System

$$\dot{\boldsymbol{x}} = \boldsymbol{f}(\boldsymbol{x})$$

besitze die Ruhelage $\boldsymbol{x} = \boldsymbol{0}$. Existiert eine Funktion $V(\boldsymbol{x})$, die in einer Umgebung Ω der Ruhelage folgende Eigenschaften besitzt:

1. $V(\boldsymbol{x})$ und der dazugehörige Gradient $\nabla V(\boldsymbol{x})$ sind stetig ,
2. $V(\boldsymbol{x})$ ist positiv definit ,
3. $\dot{V}(\boldsymbol{x}) = [\nabla V(\boldsymbol{x})]^{\mathrm{T}} \dot{\boldsymbol{x}} = [\nabla V(\boldsymbol{x})]^{\mathrm{T}} \boldsymbol{f}(\boldsymbol{x})$ ist negativ semidefinit ,

dann ist die Ruhelage stabil. Eine solche Funktion $V(\boldsymbol{x})$ wird als *Ljapunow-Funktion* bezeichnet.

Durch eine Modifikation von Satz 1 unter Punkt 3 erhält man den folgenden Satz.

Satz 2: *Asymptotische Stabilität im Kleinen*

Ist $\dot{V}(\boldsymbol{x})$ in Ω negativ definit, so ist die Ruhelage asymptotisch stabil.

Der Zusatz "im Kleinen" soll andeuten, dass eine Ruhelage auch dann stabil ist, wenn die Umgebung Ω, in der die Bedingungen erfüllt sind, beliebig klein ist. Man benutzt bei einer solchen asymptotisch stabilen Ruhelage mit sehr kleinem Einzugsbereich, außerhalb dessen nur instabile Trajektorien verlaufen, auch den Begriff der "*praktischen Instabilität*".

Die Aussage dieser beiden Sätze lässt sich in der Phasenebene leicht geometrisch veranschaulichen. Im Bild 3.7.2 ist eine Ljapunow-Funktion durch ihre Höhenlinien $V(\boldsymbol{x}) = c$ mit verschiedenen Werten $c > 0$ dargestellt. Schneiden die Trajektorien des Systems diese Linien in Richtung abnehmender Werte von c, so entspricht dies der Bedingung $\dot{V}(\boldsymbol{x})<0$, es liegt also Stabilität vor. Dies gilt auch für die Trajektorie $\boldsymbol{x}_{\mathrm{a}}(t)$, die für $t \rightarrow \infty$ auf einer Höhenlinie verläuft ($\dot{V}(\boldsymbol{x})=0$ für $\boldsymbol{x} \neq 0$). Die Trajektorie $\boldsymbol{x}_{\mathrm{b}}(t)$ entspricht dagegen einer asymptotisch stabilen Ruhelage.

Eine Besonderheit stellt die Trajektorie $\boldsymbol{x}_{\mathrm{c}}(t)$, dar. Sie strebt von der Ruhelage weg, obwohl $V(\boldsymbol{x})$ positiv definit und $\dot{V}(\boldsymbol{x})$ negativ semidefinit ist, wie aus Bild 3.7.2 deutlich hervorgeht. Offensichtlich gehört also der Startpunkt dieser Trajektorie nicht zum Einzugsbereich der Ruhelage. Sie verläuft in der Richtung gegen unendlich, in der auch die Höhenlinien von $V(\boldsymbol{x})$ ins Unendliche streben. Es ist unmittelbar einleuchtend, dass dies bei solchen Trajektorien sicher nicht geschehen kann, die in dem Gebiet beginnen, in

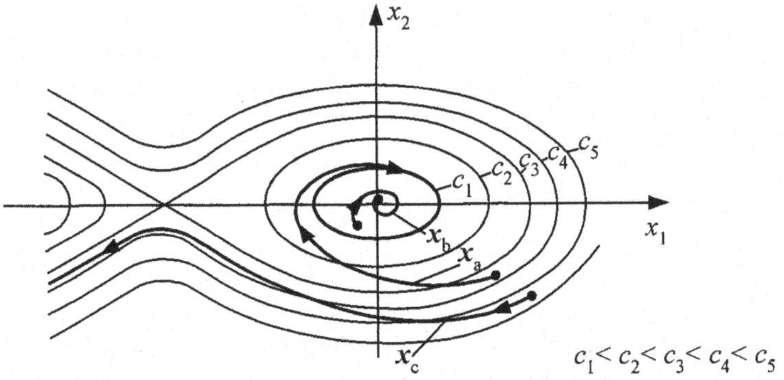

Bild 3.7.2. Geometrische Deutung der Stabilitätssätze

dem die Höhenlinien von $V(\boldsymbol{x})$ geschlossene Kurven sind. Dies ist die Aussage des folgenden Satzes.

Satz 3: *Asymptotische Stabilität im Großen*

Das System

$$\dot{\boldsymbol{x}}=\boldsymbol{f}(\boldsymbol{x})$$

habe die Ruhelage $\boldsymbol{x}=\mathbf{0}$. Es sei $V(\boldsymbol{x})$ eine Funktion und Ω_k ein Gebiet des Zustandsraums, definiert durch

$$V(\boldsymbol{x})<k, \quad k>0 .$$

Ist nun

1. Ω_k beschränkt,
2. $V(\boldsymbol{x})$ und $\nabla V(\boldsymbol{x})$ stetig in Ω_k,
3. $V(\boldsymbol{x})$ positiv definit in Ω_k,
4. $\dot{V}(\boldsymbol{x})=[\nabla V(\boldsymbol{x})]^{\mathrm{T}} \boldsymbol{f}(\boldsymbol{x})$ negativ definit in Ω_k,

dann ist die Ruhelage asymptotisch stabil und Ω_k gehört zu ihrem Einzugsbereich.

Wesentlich hierbei ist, dass der Bereich Ω_k, in dem $V(\boldsymbol{x}) < k$ ist, beschränkt ist. In der Regel ist der gesamte Einzugsbereich nicht identisch mit Ω_k, d. h. er ist größer als Ω_k.

Um für die Ruhelage den gesamten Zustandsraum als Einzugsbereich zu sichern, muss folgender Satz erfüllt sein.

Satz 4: *Globale asymptotische Stabilität*

Das System

$$\dot{\boldsymbol{x}} = \boldsymbol{f}(\boldsymbol{x})$$

habe die Ruhelage $\boldsymbol{x} = \boldsymbol{0}$. Existiert eine Funktion $V(\boldsymbol{x})$, die im gesamten Zustandsraum folgende Eigenschaften besitzt:

1. $V(\boldsymbol{x})$ und $\nabla V(\boldsymbol{x})$ sind stetig ,
2. $V(\boldsymbol{x})$ ist positiv definit ,
3. $\dot{V}(\boldsymbol{x}) = [\nabla V(\boldsymbol{x})]^{\mathrm{T}} \boldsymbol{f}(\boldsymbol{x})$ ist negativ definit ,

und ist außerdem

4. $\lim\limits_{\|\boldsymbol{x}\| \to \infty} V(\boldsymbol{x}) \to \infty$,

so ist die Ruhelage global asymptotisch stabil.

Die Bedingungen 1 bis 3 dieses Satzes können durchaus erfüllt sein, ohne dass globale asymptotische Stabilität vorliegt. Ein Beispiel hierfür ist die im Bild 3.7.2 dargestellte Funktion mit Höhenlinien, die auch bei ins Unendliche strebenden Werten von $\|\boldsymbol{x}\|$ endlich bleiben, und die damit Bedingung 4 nicht erfüllen. Im zweidimensionalen Fall ist diese Bedingung also gleichbedeutend mit der Forderung, dass alle Höhenlinien von $V(\boldsymbol{x})$ geschlossene Kurven in der Phasenebene sind.

Häufig gelingt es nur, eine Ljapunow-Funktion zu finden, deren zeitliche Ableitung negativ semidefinit ist, obwohl asymptotische Stabilität vorliegt. In diesen Fällen ist folgender *Zusatz* wichtig:

> Asymptotische Stabilität liegt auch dann vor, wenn $\dot{V}(\boldsymbol{x})$ negativ semidefinit ist und die Punktmenge des Zustandsraums, auf der $\dot{V}(\boldsymbol{x}) = 0$ ist, außer $\boldsymbol{x} = \boldsymbol{0}$ keine Trajektorie des Systems enthält.

In der Phasenebene bedeutet dies, dass keine Trajektorie mit einer Höhenlinie $V(\boldsymbol{x}) = c$ zusammenfallen darf.

Die Ljapunowschen Stabilitätssätze liefern nur *hinreichende Bedingungen*, die nicht unbedingt notwendig sind. Sind z. B. die Stabilitätsbedingungen erfüllt, so ist das System sicher stabil, es kann aber zusätzlich auch dort stabil sein, wo diese Bedingungen nicht erfüllt sind, d. h. bei Wahl einer anderen Ljapunow-Funktion $V(\boldsymbol{x})$ kann u. U. ein erweitertes Stabilitätsgebiet erfasst werden. Mit diesen Kriterien lassen sich nun die wichtigsten Fälle des Stabilitätsverhaltens eines Regelsystems behandeln, sofern es gelingt, eine entsprechende Ljapunow-Funktion zu finden. Gelingt es nicht, so ist keine Aussage möglich. Die direkte Methode bietet jedoch auch die Möglichkeit, Instabilität nachzuweisen. Dazu wird folgender Satz formuliert:

Satz 5: *Totale Instabilität*

Das System

$$\dot{\boldsymbol{x}} = \boldsymbol{f}(\boldsymbol{x})$$

habe die Ruhelage $\boldsymbol{x} = \boldsymbol{0}$. Existiert eine Funktion $V(\boldsymbol{x})$, die in einer Umgebung Ω der Ruhelage folgende Eigenschaften besitzt:

1. $V(\boldsymbol{x})$ und $\nabla V(\boldsymbol{x})$ sind stetig ,
2. $V(\boldsymbol{x})$ ist positiv definit ,
3. $\dot{V}(\boldsymbol{x})$ ist positiv definit ,

dann ist die Ruhelage instabil.

Zur Anwendung der direkten Methode sei nun das folgende Beispiel betrachtet.

Beispiel 3.7.1:

Die Differentialgleichung des mathematischen Pendels im Bild 3.7.3 lautet

$$\ddot{\varphi} + \frac{g}{\ell} \sin \varphi = 0 \, .$$

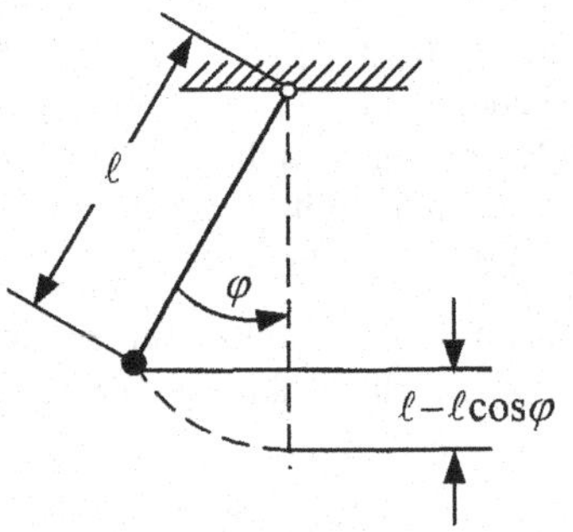

Bild 3.7.3. Mathematisches Pendel

Mit den Zustandsgrößen

$$x_1 = \varphi \quad \text{und} \quad x_2 = \dot{\varphi}$$

ergibt sich die Zustandsraumdarstellung

$$\dot{x}_1 = x_2$$
$$\dot{x}_2 = -(g/\ell) \sin x_1 \, .$$

Nun soll die Stabilität der Ruhelage dieses physikalischen Systems untersucht werden, die dem Ursprung der Phasenebene ($x_1 = x_2 = 0$) entspricht. Hierbei kann man versuchen, anhand der Gesamtenergie eine Ljapunow-Funktion zu bestimmen. Für die Gesamtenergie folgt

$$E_{\text{ges}} = E_{\text{pot}} + E_{\text{kin}} = mg\ell(1-\cos\varphi) + \frac{1}{2}\,m(\ell\dot{\varphi})^2 .$$

Als Ljapunow-Funktion wird nun eine der Gesamtenergie proportionale Funktion

$$V(\boldsymbol{x}) = 2g(1-\cos x_1) + \ell\, x_2^2$$

gewählt. Wegen dieser Proportionalität zu der Energiefunktion ist $V(\boldsymbol{x})$ selbstverständlich positiv, was man auch anhand der Gleichung leicht erkennt. Sie verschwindet für $x_1 = x_2 = 0$, ist also in einem Bereich mit $|x_1| < 2\pi$ sicherlich positiv definit.

Nun muss ihre zeitliche Ableitung betrachtet werden:

$$\begin{aligned}\dot{V}(\boldsymbol{x}) &= \frac{\partial V}{\partial x_1}\dot{x}_1 + \frac{\partial V}{\partial x_2}\dot{x}_2 \\ &= 2gx_2 \sin x_1 + 2\ell x_2\left[-\frac{g}{\ell}\sin x_1\right].\end{aligned}$$

Es ist leicht zu erkennen, dass für alle x_1 und x_2 die Beziehung $\dot{V}(\boldsymbol{x}) = 0$ gilt. Die Funktion $\dot{V}(\boldsymbol{x})$ ist somit negativ semidefinit. Deshalb ist nach Satz 1 die Ruhelage $x_1 = x_2 = 0$ stabil. Aus physikalischen Gründen ist dieses Ergebnis sofort einsichtig, da ein einmalig erregtes, ungedämpftes Pendel eine Dauerschwingung ausführt. Dabei bleibt die Gesamtenergie konstant. Für ein lineares System führt man in diesem Fall den Begriff der Grenzstabilität ein, vergleiche Tabelle 3.4.1.

Weist die Pendelschwingung eine zusätzliche geschwindigkeitsproportionale Dämpfung d auf, dann lauten die Zustandsgleichungen

$$\begin{aligned}\dot{x}_1 &= x_2 \\ \dot{x}_2 &= -(g/\ell)\sin x_1 - dx_2 .\end{aligned}$$

Es wird nun die gleiche Ljapunow-Funktion wie zuvor verwendet. Damit erhält man für

$$\dot{V}(\boldsymbol{x}) = -2\ell d x_2^2 ,$$

wiederum eine negativ semidefinite Funktion, da $\dot{V}(\boldsymbol{x})$ nicht nur im Ursprung, sondern bei $x_2 = 0$ für alle $x_1 \neq 0$ verschwindet. Man kann zwar daraus zunächst nur auf Stabilität, nicht aber auf asymptotische Stabilität schließen. Letztere liegt hier aber offensichtlich vor. Die weitere Betrachtung zeigt jedoch, dass es keine Trajektorien dieses Systems gibt, die durch $x_2 = 0$, $x_1 \neq 0$ beschrieben werden, d. h. die vollständig auf der x_1-Achse der Phasenebene verlaufen. Aufgrund dieser zusätzlichen Überlegung kann deshalb geschlossen werden, dass die Ruhelage tatsächlich asymptotisch stabil ist.

Diese zusätzliche Prüfung hätte man sich eventuell ersparen können, wenn man durch eine geschicktere Wahl von $V(\boldsymbol{x})$ erreicht hätte, dass $\dot{V}(\boldsymbol{x})$ negativ definit wird. Dies zeigt, dass der Ansatz der Gesamtenergie selbst in den Fällen, wo er direkt möglich ist, nicht die "ideale" Ljapunow-Funktion liefert. Beispielsweise wäre es damit auch nicht möglich, die Instabilität der zweiten Ruhelage dieses Systems bei $x_1 = \pi$, $x_2 = 0$ nach Satz 5 zu beweisen, da die Gesamtenergie bekanntlich konstant ist, hier aber ein $V(\boldsymbol{x})$ mit positiv definiter Ableitung gefordert wird. ■

3.7.4 Ermittlung geeigneter Ljapunow-Funktionen

Mit der direkten Methode von Ljapunow wird das Problem der Stabilitätsanalyse jeweils auf die Bestimmung einer zweckmäßigen Ljapunow-Funktion zurückgeführt, die anhand der besprochenen Stabilitätssätze eine möglichst vollständige Aussage über das Stabilitätsverhalten des untersuchten Regelsystems zulässt. Hat man beispielsweise eine Ljapunow-Funktion gefunden, die zwar nur den Bedingungen von Satz 1 genügt, so ist damit noch keineswegs ausgeschlossen, dass die Ruhelage global asymptotisch stabil ist. Ein systematisches Verfahren, das mit Sicherheit zu einem gegebenen nichtlinearen System die beste Ljapunow-Funktion liefert, gibt es nicht. Meist ist ein gewisses Probieren erforderlich, verbunden mit einiger Erfahrung und Intuition.

Für lineare Systeme mit der Zustandsraumdarstellung

$$\dot{\boldsymbol{x}} = \boldsymbol{A}\,\boldsymbol{x} \tag{3.7.9}$$

kann man allerdings zeigen, dass der Ansatz einer quadratischen Form

$$V(\boldsymbol{x}) = \boldsymbol{x}^{\mathrm{T}}\,\boldsymbol{P}\,\boldsymbol{x} \tag{3.7.10}$$

mit einer positiv definiten symmetrischen Matrix $\boldsymbol{P}$ immer eine Ljapunow-Funktion liefert. Die zeitliche Ableitung von $V(\boldsymbol{x})$ lautet

$$\dot{V}(\boldsymbol{x}) = \dot{\boldsymbol{x}}^{\mathrm{T}}\,\boldsymbol{P}\,\boldsymbol{x} + \boldsymbol{x}^{\mathrm{T}}\,\boldsymbol{P}\,\dot{\boldsymbol{x}}\,,$$

und mit Gl. (3.7.9) und $\dot{\boldsymbol{x}}^{\mathrm{T}} = \boldsymbol{x}^{\mathrm{T}}\boldsymbol{A}^{\mathrm{T}}$ erhält man

$$\dot{V}(\boldsymbol{x}) = \boldsymbol{x}^{\mathrm{T}}\,[\boldsymbol{A}^{\mathrm{T}}\,\boldsymbol{P} + \boldsymbol{P}\,\boldsymbol{A}]\,\boldsymbol{x}\,. \tag{3.7.11}$$

Diese Funktion besitzt wiederum eine quadratische Form, die bei asymptotischer Stabilität negativ definit sein muss. Mit einer positiv definiten Matrix $\boldsymbol{Q}$ gilt also

$$\boldsymbol{A}^{\mathrm{T}}\,\boldsymbol{P} + \boldsymbol{P}\,\boldsymbol{A} = -\boldsymbol{Q}\,. \tag{3.7.12}$$

Man bezeichnet diese Beziehung auch als *Ljapunow-Gleichung*. Gemäß Satz 4 gilt folgende Aussage: Ist die Ruhelage $\boldsymbol{x} = \boldsymbol{0}$ des Systems nach Gl. (3.7.9) global asymptotisch stabil, so existiert zu jeder positiv definiten Matrix $\boldsymbol{Q}$ eine positiv definite Matrix $\boldsymbol{P}$, die die Gl. (3.7.12) erfüllt. Man kann also ein beliebiges positiv definites $\boldsymbol{Q}$ vorgeben, die Ljapunow-Gleichung nach $\boldsymbol{P}$ lösen und anhand der Definitheit von $\boldsymbol{P}$ die Stabilität überprüfen.

Globale asymptotische Stabilität bedeutet in diesem Fall gleichzeitig, dass alle Eigenwerte λ_i der Matrix $\boldsymbol{A}$ negative Realteile haben. In diesem Fall ist Gl. (3.7.12) eindeutig nach $\boldsymbol{P}$ auflösbar. Als allgemeine Bedingung für eine eindeutige Lösung darf die Summe zweier beliebiger Eigenwerte nicht Null werden, d. h. es gilt $\lambda_i + \lambda_j \neq 0$ für alle i, j.

Für nichtlineare Systeme ist ein solches Vorgehen nicht unmittelbar möglich. Es gibt jedoch verschiedene Ansätze, die in vielen Fällen zu einem befriedigenden Ergebnis führen. Hierzu gehört das *Verfahren von Aiserman* [AG65], [Föl98], bei dem ebenfalls eine quadratische Form entsprechend Gl. (3.7.10) verwendet wird. Die Systemdarstellung muss dabei in der Form

$$\dot{\boldsymbol{x}} = \boldsymbol{A}(\boldsymbol{x})\boldsymbol{x}\,, \tag{3.7.13}$$

möglich sein. Für die von $\boldsymbol{x}$ abhängige Systemmatrix wird vorausgesetzt, dass sie in einen konstanten linearen und einen nichtlinearen Anteil aufgespalten werden kann:

$$\boldsymbol{A}(\boldsymbol{x}) = \boldsymbol{A}_{\mathrm{L}} + \boldsymbol{A}_{\mathrm{N}}(\boldsymbol{x})\,. \tag{3.7.14}$$

Löst man Gl. (3.7.12) für den linearen Anteil $\boldsymbol{A}_{\mathrm{L}}$, z. B. mit $\boldsymbol{Q} = \mathbf{I}$, so ergibt sich eine Matrix $\boldsymbol{P}$, die bei stabilem $\boldsymbol{A}_{\mathrm{L}}$ positiv definit ist. Geht nun $\boldsymbol{A}_{\mathrm{N}}(\boldsymbol{x})$ gegen $\mathbf{0}$ für $\boldsymbol{x} \to \mathbf{0}$, so besteht Grund zu der Annahme, dass $\dot{V}(\boldsymbol{x})$ auch für $\boldsymbol{A}(\boldsymbol{x})$ negativ definit ist, zumindest in einer Umgebung um den Ursprung. Dies kann mit Hilfe des Kriteriums von Sylvester nachgeprüft werden. Allerdings muss $\boldsymbol{A}_{\mathrm{N}}(\boldsymbol{x})$ nicht unbedingt so gewählt werden, dass $\boldsymbol{A}_{\mathrm{N}}(\boldsymbol{x}) \to \mathbf{0}$ für $\boldsymbol{x} \to \mathbf{0}$ gilt. In manchen Fällen liefert eine andere Wahl u. U. ebenfalls brauchbare Ergebnisse (siehe Anwendung im nachfolgenden Kapitel 3.7.5).

Da das Verfahren von Aiserman recht aufwendig ist, wird häufig bevorzugt das *Verfahren von Schultz-Gibson* [SG62] (Methode der variablen Gradienten) angewandt, da es auch bei komplizierten Systemen höherer Ordnung noch einigermaßen handlich ist. Das Verfahren von Schultz-Gibson geht von dem Gradienten $\nabla V(\boldsymbol{x})$ aus, der als lineare Funktion angesetzt wird. Daraus berechnet man $V(\boldsymbol{x})$ und $\dot{V}(\boldsymbol{x})$ und wählt die Koeffizienten so, dass die entsprechenden Bedingungen erfüllt werden. Für ein System 3. Ordnung beispielsweise mit den Zustandsgleichungen

$$\dot{\boldsymbol{x}} = \boldsymbol{f}(\boldsymbol{x})\,, \tag{3.7.15}$$

oder in Komponentenform

$$\dot{x}_1 = f_1(x_1, x_2, x_3) \tag{3.7.15a}$$

$$\dot{x}_2 = f_2(x_1, x_2, x_3) \tag{3.7.15b}$$

$$\dot{x}_3 = f_3(x_1, x_2, x_3)\,, \tag{3.7.15c}$$

lautet der lineare Ansatz für die Elemente des Gradientenvektors

$$\frac{\partial V}{\partial x_1} = \alpha_{11}x_1 + \alpha_{12}x_2 + \alpha_{13}x_3 \tag{3.7.16a}$$

$$\frac{\partial V}{\partial x_2} = \alpha_{21}x_1 + \alpha_{22}x_2 + \alpha_{23}x_3 \tag{3.6.16b}$$

$$\frac{\partial V}{\partial x_3} = \alpha_{31}x_1 + \alpha_{32}x_2 + \alpha_{33}x_3\,, \tag{3.7.16c}$$

der für Systeme höherer Ordnung nur entsprechend erweitert werden muss. Um sicherzustellen, dass die Funktionen auf der rechten Seite tatsächlich die partiellen Ableitungen einer Funktion $V(\boldsymbol{x})$ darstellen, müssen folgende Integrabilitätsbedingungen erfüllt sein:

$$\frac{\partial}{\partial x_i}\left(\frac{\partial V}{\partial x_j}\right)=\frac{\partial}{\partial x_j}\left(\frac{\partial V}{\partial x_i}\right) \quad \text{für } i \neq j\,. \tag{3.7.17}$$

Diese Bedingungen sind erfüllt, wenn die der Gln. (3.7.16a-c) entsprechende Koeffizientenmatrix mit den Elementen α_{ij} symmetrisch ist. Damit gilt im vorliegenden Fall:

$$\alpha_{12}=\alpha_{21}\,, \quad \alpha_{13}=\alpha_{31} \quad \text{und} \quad \alpha_{23}=\alpha_{32}\,.$$

Weiterhin sind diese Bedingungen auch dann noch erfüllt, wenn zugelassen wird, dass die Diagonalelemente α_{ii} dieser Matrix nur von x_i abhängig und damit variabel sind. Somit gilt

$$\alpha_{11}=\alpha_{11}(x_1)\,, \quad \alpha_{22}=\alpha_{22}(x_2) \quad \text{und} \quad \alpha_{33}=\alpha_{33}(x_3)\,.$$

Das ursprüngliche Gleichungssystem geht dann über in die Form

$$\frac{\partial V}{\partial x_1}=\alpha_{11}(x_1)\,x_1+\alpha_{12}x_2+\alpha_{13}x_3 \tag{3.7.18a}$$

$$\frac{\partial V}{\partial x_2}=\alpha_{12}x_1+\alpha_{22}(x_2)\,x_2+\alpha_{23}x_3 \tag{3.7.18b}$$

$$\frac{\partial V}{\partial x_3}=\alpha_{13}x_1+\alpha_{23}x_2+\alpha_{33}(x_3)\,x_3\,. \tag{3.7.18c}$$

Damit hat man einen Ansatz für die Ljapunow-Funktion, der zwar nicht eine allgemeine Form darstellt, aber doch in vielen Fällen zum Ziel führt. Dieser Ansatz erfüllt die obigen Integrabilitätsbedingungen; z. B. gilt:

$$\frac{\partial}{\partial x_1}\left(\frac{\partial V}{\partial x_2}\right)=\alpha_{12} \quad \text{und} \quad \frac{\partial}{\partial x_2}\left(\frac{\partial V}{\partial x_1}\right)=\alpha_{12}\,.$$

Nun kann mit der schon früher im Abschnitt 3.7.3 (Satz 1) verwendeten Beziehung

$$\dot V(\boldsymbol{x})=[\nabla V(\boldsymbol{x})]^{\mathrm{T}}\,\dot{\boldsymbol{x}}$$

die zeitliche Ableitung $\dot V(\boldsymbol{x})$ gebildet werden. Unter Berücksichtigung von Gl. (3.7.15) ergibt sich

$$\dot V(\boldsymbol{x})=\sum_{i=1}^{3}\,(\alpha_{i1}x_1+\alpha_{i2}x_2+\alpha_{i3}x_3)\,f_i(x_1,x_2,x_3)\,. \tag{3.7.19}$$

An dieser Stelle versucht man, die Koeffizienten α_{ij} jetzt so zu wählen, dass $\dot V(\boldsymbol{x})$ in einem möglichst großen Bereich um den Ursprung $\boldsymbol{x}=\mathbf{0}$ negativ definit oder zumindest negativ semidefinit wird.

Im nächsten Schritt wird aus den partiellen Ableitungen in Gl. (3.7.18) die Funktion $V(\boldsymbol{x})$ berechnet. Dazu geht man von dem vollständigen Differential

$$\mathrm{d}V = \frac{\partial V}{\partial x_1}\,\mathrm{d}x_1 + \frac{\partial V}{\partial x_2}\,\mathrm{d}x_2 + \frac{\partial V}{\partial x_3}\,\mathrm{d}x_3$$

aus und integriert es z. B. längs des Integrationsweges C, der sich - wie im Bild 3.7.4 dargestellt - aus drei Strecken parallel den Koordinatenachsen zusammensetzt.

Dieses Integral

$$V(\boldsymbol{x}) = \int\limits_C \left(\frac{\partial V}{\partial x_1}\,\mathrm{d}x_1 + \frac{\partial V}{\partial x_2}\,\mathrm{d}x_2 + \frac{\partial V}{\partial x_3}\,\mathrm{d}x_3 \right) \tag{3.7.20}$$

ist vom Integrationsweg C unabhängig und liefert eine Funktion $V(\boldsymbol{x})$, die im Ursprung verschwindet, d. h. $V(\mathbf{0}) = 0$. Da C in drei Teilstücke zerlegt werden kann, auf denen

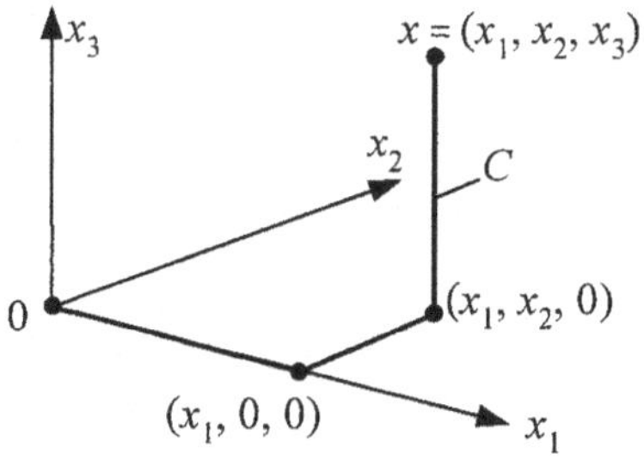

Bild 3.7.4. Integrationsweg zur Integration eines vollständigen Differentials

jeweils zwei Koordinaten konstant sind, ist das Integral, Gl. (3.7.20), als Summe dreier gewöhnlicher Integrale darstellbar:

$$V(\boldsymbol{x}) = \int\limits_0^{x_1} \left.\frac{\partial V}{\partial x_1}\right|_{(\xi,0,0)} \mathrm{d}\xi + \int\limits_0^{x_2} \left.\frac{\partial V}{\partial x_2}\right|_{(x_1,\xi,0)} \mathrm{d}\xi + \int\limits_0^{x_3} \left.\frac{\partial V}{\partial x_3}\right|_{(x_1,x_2,\xi)} \mathrm{d}\xi \,. \tag{3.7.21}$$

Mit Hilfe dieser Beziehung lässt sich $V(\boldsymbol{x})$ in vielen Fällen leicht berechnen. Nun muss noch überprüft werden, in welchem Bereich um $\mathbf{0}$ die gefundene Ljapunow-Funktion $V(\boldsymbol{x})$ positiv definit ist. Eventuell noch frei wählbare Koeffizienten α_{ij} sollten dabei so festgelegt werden, dass dieser Bereich möglichst groß wird. Man beachte, dass $V(\boldsymbol{x})$ meist keine quadratische Form darstellt; es ist jedoch oft möglich, diese Funktion zum Teil auf eine solche Form zu bringen, so dass man ihre Definitheit mit Hilfe des Kriteriums von Sylvester überprüfen kann. Dieses Vorgehen ist auch dann anwendbar, wenn die entsprechende Matrix noch eine Funktion des Zustandsvektors $\boldsymbol{x}$ ist.

Beispiel 3.7.2:

Für das System

$$\dot{x}_1 = -x_1 + 2x_1^2 x_2$$
$$\dot{x}_2 = -x_2$$

soll eine Ljapunow-Funktion gefunden werden. Als Ansatz wird gewählt:

$$\frac{\partial V}{\partial x_1} = \alpha_{11}x_1 + \alpha_{12}x_2$$
$$\frac{\partial V}{\partial x_2} = \alpha_{12}x_1 + 2x_2 \ .$$

Die Ableitung von V liefert dann

$$\begin{aligned}\dot{V}(\boldsymbol{x}) &= (\alpha_{11}x_1 + \alpha_{12}x_2)\dot{x}_1 + (\alpha_{12}x_1 + 2x_2)\dot{x}_2 \\ &= (\alpha_{11}x_1 + \alpha_{12}x_2)(-x_1 + 2x_1^2 x_2) + (\alpha_{12}x_1 + 2x_2)(-x_2) \\ &= -\alpha_{11}x_1^2 + 2\alpha_{11}x_1^3 x_2 - \alpha_{12}x_1 x_2 + 2\alpha_{12}x_1^2 x_2^2 - \alpha_{12}x_1 x_2 - 2x_2^2 \ .\end{aligned}$$

Setzt man versuchsweise

$$\alpha_{11} = 1 \quad \text{und} \quad \alpha_{12} = 0 \ ,$$

dann erhält man

$$\dot{V}(\boldsymbol{x}) = -x_1^2 + 2x_1^3 x_2 - 2x_2^2 = -x_1^2(1 - 2x_1 x_2) - 2x_2^2 \ .$$

$\dot{V}(\boldsymbol{x})$ ist negativ definit, wenn

$$1 - 2x_1 x_2 > 0$$

wird. Somit erhält man für die Elemente des Gradientenvektors

$$\frac{\partial V}{\partial x_1} = x_1 \quad \text{und} \quad \frac{\partial V}{\partial x_2} = 2x_2 \ .$$

Die Integrabilitätsbedingung nach Gl. (3.7.17)

$$\frac{\partial}{\partial x_1}\left(\frac{\partial V}{\partial x_2}\right) = \frac{\partial}{\partial x_2}\left(\frac{\partial V}{\partial x_1}\right) = 0$$

ist erfüllt. Nun kann $V(\boldsymbol{x})$ nach Gl. (3.7.21) wie folgt berechnet werden;

$$\begin{aligned}V(\boldsymbol{x}) &= \int_0^{x_1} \left.\frac{\partial V}{\partial x_1}\right|_{(\xi,0)} \mathrm{d}\xi + \int_0^{x_2} \left.\frac{\partial V}{\partial x_2}\right|_{(x_1,\xi)} \mathrm{d}\xi \\ &= \int_0^{x_1} x_1 \Big|_{(\xi,0)} \mathrm{d}\xi + \int_0^{x_2} 2x_2 \Big|_{(x_1,\xi)} \mathrm{d}\xi\end{aligned}$$

$$V(x) = \frac{x_1^2}{2} + x_2^2 \,.$$

Aufgrund dieser Ljapunow-Funktion kann festgestellt werden, dass die Ruhelage $x_1 = x_2 = 0$ im Bereich $1 > 2x_1 x_2$ asymptotisch stabil ist. Es kann gezeigt werden, dass obige Ljapunow-Funktion nicht die einzige mögliche Funktion ist. ■

3.7.5 Anwendung der direkten Methode von Ljapunow

Als Beispiel zur Anwendung der direkten Methode von Ljapunow auf einen Regelkreis mit einem nichtlinearen Element soll das im Bild 3.7.5 dargestellte Beispiel behandelt werden. Dieses Beispiel eines Regelkreises mit einer nichtlinearen statischen Kennlinie dient gleichzeitig auch als Überleitung zum Abschnitt 3.8.

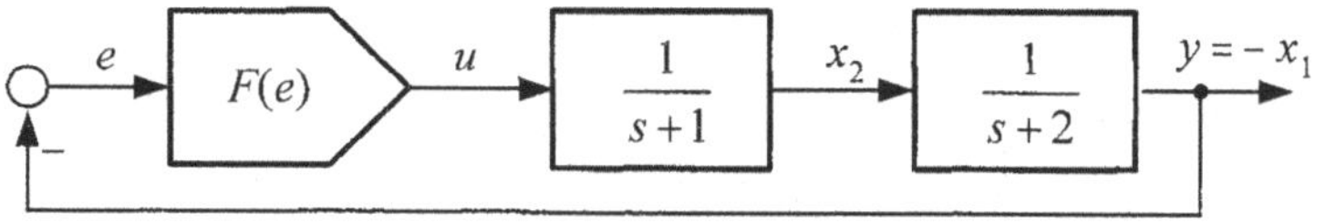

Bild 3.7.5. Nichtlinearer Regelkreis

Über die nichtlineare Kennlinie $F(e)$ soll zunächst keinerlei Aussage gemacht werden. Es wird nun untersucht, für welche Funktionen $F(e)$ dieser Regelkreis eine stabile Ruhelage hat. Dabei ist für die nichtlineare Funktion die Darstellung

$$F(e) = f(e)\,e \tag{3.7.22}$$

zweckmäßig.

Zunächst folgt für den linearen Teil des Regelkreises, hier speziell für die Regelstrecke, aus Bild 3.7.5

$$\dot{y} = -2y + x_2 \,,$$

und mit der Zustandsgröße $x_1 = -y$ erhält man

$$\dot{x}_1 = -2x_1 - x_2 \,.$$

Ebenso ergibt sich für die zweite Zustandsgröße

$$\dot{x}_2 = -x_2 + u \,.$$

Als Stellgröße folgt

$$u = F(x_1) = f(x_1)\,x_1 \,.$$

Somit lauten die Zustandsgleichungen für den geschlossenen Regelkreis

$$\begin{aligned} \dot{x}_1 &= -2x_1 - x_2 \\ \dot{x}_2 &= -x_2 + f(x_1)\,x_1 \,. \end{aligned}$$

Man muss nun die Stabilität der Ruhelage $x_1 = x_2 = 0$ dieses Systems untersuchen. Um zur Konstruktion einer Ljapunow-Funktion das Verfahren von Aiserman anwenden zu können, bringt man dieses Gleichungssystem gemäß Gl. (3.7.13) auf die Form

$$\begin{bmatrix} \dot{x}_1 \\ \dot{x}_2 \end{bmatrix} = \begin{bmatrix} -2 & -1 \\ f(x_1) & -1 \end{bmatrix} \begin{bmatrix} x_1 \\ x_2 \end{bmatrix}$$
$$\dot{\boldsymbol{x}} \quad = \quad \boldsymbol{A}(\boldsymbol{x}) \quad \cdot \boldsymbol{x}\,.$$

Nun wird $\boldsymbol{A}(\boldsymbol{x})$ entsprechend Gl. (3.7.14) aufgespalten, beispielsweise in die beiden Teilmatrizen

$$\boldsymbol{A}(\boldsymbol{x}) = \begin{bmatrix} -2 & 0 \\ 0 & -1 \end{bmatrix} + \begin{bmatrix} 0 & -1 \\ f(x_1) & 0 \end{bmatrix} = \boldsymbol{A}_\mathrm{L} + \boldsymbol{A}_\mathrm{N}(\boldsymbol{x})\,. \tag{3.7.23}$$

Für den linearen Anteil $\boldsymbol{A}_\mathrm{L}$ wird eine quadratische Form $V(\boldsymbol{x}) = \boldsymbol{x}^\mathrm{T} \boldsymbol{P} \boldsymbol{x}$ angesetzt und die Matrix $\boldsymbol{P}$ aus Gl. (3.7.12) bestimmt, wobei in diesem Fall für $\boldsymbol{Q}$ speziell die Matrix

$$\boldsymbol{Q}_L = \begin{bmatrix} 4\alpha & 0 \\ 0 & 2 \end{bmatrix}$$

mit einem noch freien Parameter $\alpha > 0$ gewählt werden soll. Gl. (3.7.12) liefert somit

$$\begin{bmatrix} -2 & 0 \\ 0 & -1 \end{bmatrix} \begin{bmatrix} p_{11} & p_{12} \\ p_{12} & p_{22} \end{bmatrix} + \begin{bmatrix} p_{11} & p_{12} \\ p_{12} & p_{22} \end{bmatrix} \begin{bmatrix} -2 & 0 \\ 0 & -1 \end{bmatrix} = \begin{bmatrix} -4\alpha & 0 \\ 0 & -2 \end{bmatrix}$$

oder

$$\begin{bmatrix} -4p_{11} & -3p_{12} \\ -3p_{12} & -2p_{22} \end{bmatrix} = \begin{bmatrix} 4\alpha & 0 \\ 0 & -2 \end{bmatrix}.$$

Durch Gleichsetzen der Elemente werden die Koeffizienten p_{ij} bestimmt:

$$p_{11} = \alpha\,, \quad p_{12} = 0\,, \quad p_{22} = 1\,,$$

und damit erhält man schließlich die Matrix

$$\boldsymbol{P} = \begin{bmatrix} \alpha & 0 \\ 0 & 1 \end{bmatrix}.$$

Diese Matrix ist unter der Voraussetzung, $\alpha > 0$, positiv definit; der lineare Anteil $\boldsymbol{A}_\mathrm{L}$ des Systems ist stabil, und die Ljapunow-Funktion lautet somit

$$V(\boldsymbol{x}) = \boldsymbol{x}^\mathrm{T} \boldsymbol{P} \boldsymbol{x} = \alpha\, x_1^2 + x_2^2\,. \tag{3.7.24}$$

Nun muss mit der Matrix $\boldsymbol{P}$ und der nichtlinearen Systemmatrix $\boldsymbol{A}(\boldsymbol{x})$ auch die Gl. (3.7.12) mit positiv definitem $\boldsymbol{Q}$ erfüllt sein, damit die Ruhelage stabil ist. Man erhält daher mit den Gln. (3.7.12) und (3.7.23)

$$\begin{aligned} -\boldsymbol{Q}(\boldsymbol{x}) &= \boldsymbol{A}^\mathrm{T}(\boldsymbol{x})\,\boldsymbol{P} + \boldsymbol{P}\,\boldsymbol{A}(\boldsymbol{x}) \\ &= [\boldsymbol{A}_\mathrm{L}^\mathrm{T}\,\boldsymbol{P} + \boldsymbol{P}\,\boldsymbol{A}_\mathrm{L}] + [\boldsymbol{A}_\mathrm{N}^\mathrm{T}(\boldsymbol{x})\,\boldsymbol{P} + \boldsymbol{P}\,\boldsymbol{A}_\mathrm{N}(\boldsymbol{x})] \\ &= -\boldsymbol{Q}_\mathrm{L} - \boldsymbol{Q}_\mathrm{N}(\boldsymbol{x})\,. \end{aligned}$$

$\boldsymbol{Q}_\mathrm{L}$ wurde oben bereits gewählt, während $\boldsymbol{Q}_\mathrm{N}(\boldsymbol{x})$ jetzt noch berechnet werden muss. Mit $\boldsymbol{A}_\mathrm{N}(\boldsymbol{x})$ aus Gl. (3.7.23) folgt aus der vorhergehenden Beziehung

$$\begin{bmatrix} 0 & f(x_1) \\ -1 & 0 \end{bmatrix}\begin{bmatrix} \alpha & 0 \\ 0 & 1 \end{bmatrix}+\begin{bmatrix} \alpha & 0 \\ 0 & 1 \end{bmatrix}\begin{bmatrix} 0 & -1 \\ f(x_1) & 0 \end{bmatrix}=\begin{bmatrix} 0 & f(x_1)-\alpha \\ f(x_1)-\alpha & 0 \end{bmatrix}=-\boldsymbol{Q}_{\mathrm{N}}(\boldsymbol{x}).$$

Damit erhält man

$$\boldsymbol{Q}(\boldsymbol{x})=\begin{bmatrix} 4\alpha & \alpha - f(x_1) \\ \alpha - f(x_1) & 2 \end{bmatrix}.$$

Wegen $\dot{V}(\boldsymbol{x})=-\boldsymbol{x}^{\mathrm{T}}\boldsymbol{Q}(\boldsymbol{x})\,\boldsymbol{x}$ entsprechend Gl. (3.7.11) muss nun die Matrix $\boldsymbol{Q}(\boldsymbol{x})$ positiv definit sein. Mit dem Kriterium von Sylvester lässt sich der Bereich, in dem dies erfüllt ist, ermitteln. Hieraus folgt

$$8\alpha-[\alpha-f(x_1)]^2>0$$

oder umgeformt

$$\begin{aligned} &\sqrt{8\alpha}>|\alpha-f(x_1)| \\ \Leftrightarrow\quad & -\sqrt{8\alpha}<\alpha-f(x_1)<\sqrt{8\alpha} \qquad (3.7.25)\\ \Leftrightarrow\quad & \alpha-\sqrt{8\alpha}<f(x_1)\qquad<\alpha+\sqrt{8\alpha}\,. \end{aligned}$$

Damit wurde ein interessantes Ergebnis erhalten. Es wurde ein Grenzbereich für die Nichtlinearität $f(x_1)$ ermittelt, für den die Ruhelage des geschlossenen Regelkreises global asymptotisch stabil ist; innerhalb dieses Bereiches kann die Nichtlinearität völlig beliebig verlaufen. Wegen Gl. (3.7.22) stellt $f(x_1)$ eine "mittlere" Steigung der nichtlinearen Kennlinie dar, und damit beschreibt Gl. (3.7.25) einen Sektor, der durch zwei Ursprungsgeraden g_1 und g_2 abgegrenzt ist, und in dem die Kennlinie $u=F(x_1)\,[=F(e)]$ verlaufen muss, wie Bild 3.7.6 zeigt. Dieses Ergebnis soll noch etwas ausführlicher diskutiert werden. Durch den Parameter α hat man die Möglichkeit, den Sektor für die Kennlinie zu variieren, ihn z. B. an einen gegebenen Verlauf $f(x_1)$ anzupassen.

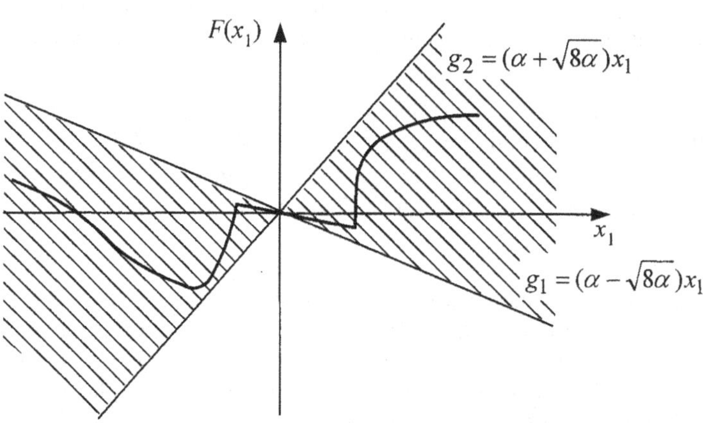

Bild 3.7.6. Erlaubter Bereich der nichtlinearen Kennlinie $u=F(x_1)$ bei globaler asymptotischer Stabilität des Regelkreises nach Bild 3.7.5

Zunächst sieht man, dass die Steigung der unteren Grenzgeraden auch negativ werden kann. Um hier den Extremwert zu finden, bildet man

$$\frac{\mathrm{d}}{\mathrm{d}\alpha}\left(\alpha - \sqrt{8\alpha}\right) = 0 ,$$

also

$$1 - \frac{\sqrt{2}}{\sqrt{\alpha}} = 0$$

und erhält daraus

$$\alpha = 2 .$$

Für diesen Fall lautet die Gleichung der unteren Grenzgeraden

$$g_1 = -2x_1 ,$$

die der oberen

$$g_2 = 6x_1 .$$

Bild 3.7.7a zeigt diesen Bereich mit einer zulässigen nichtlinearen Kennlinie. Sie darf den Bereich nicht verlassen, da sonst die Stabilität nicht mehr global wäre.

Ein weiterer Sonderfall liegt vor, wenn die untere Grenzgerade die Steigung Null hat. Dies führt mit der Beziehung (3.7.25) auf

$$\alpha = 8$$

und damit

$$g_2 = 16x_1 .$$

Diesen Sektor zeigt Bild 3.7.7b mit einer entsprechenden Kennlinie.

Bei größeren Werten von α haben beide Grenzgeraden positive Steigung, die mit wachsendem α immer größer wird. Für $\alpha \to \infty$ fallen beide Geraden mit der Ordinate zusammen. Dies bedeutet, dass der geschlossene Regelkreis auch mit einer unendlich großen Verstärkung stabil ist.

Wenn man als Kennlinie $F(x_1)$ eine Gerade mit der Steigung K verwendet, so entspricht dies einem Proportionalglied mit der Verstärkung K. Der lineare Fall ist also hier mit enthalten, und aus der Beziehung (3.7.25) folgt mit den obigen Überlegungen, dass der lineare Regelkreis global asymptotisch stabil ist, für alle K im Bereich

$$-2 < K < \infty . \tag{3.7.26}$$

Das gleiche Ergebnis kann man auch durch Anwendung des Hurwitz-Kriteriums auf das charakteristische Polynom des geschlossenen Regelkreises erhalten. Man nennt den durch die Ungleichung (3.7.26) definierten Sektor auch *Hurwitz-Sektor*. Es ist der größtmögliche Bereich, in dem lineare Kennlinien verlaufen dürfen, so dass globale asymptotische Stabilität im geschlossenen Regelkreis herrscht.

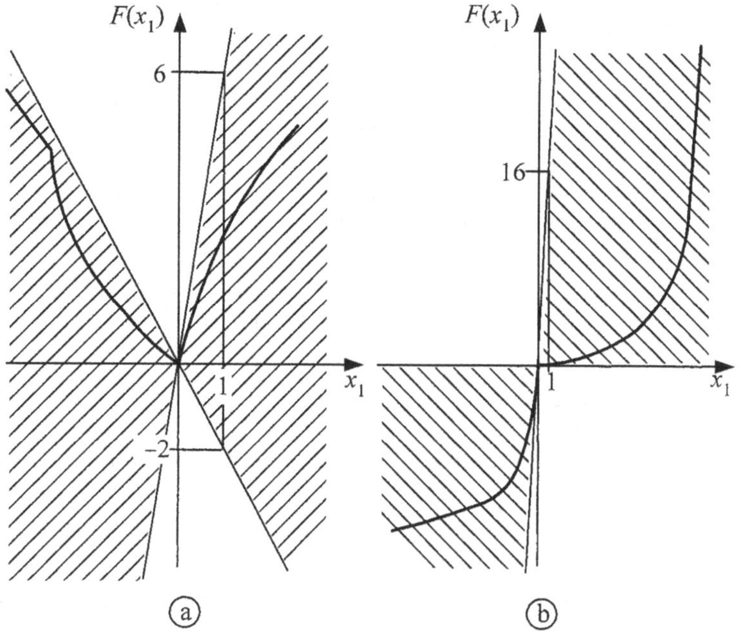

Bild 3.7.7. Mögliche stabile Sektoren für $F(x_1)$ mit der Ljapunow-Funktion nach Gl. (3.7.24) mit $\alpha = 2$ (Fall a) und $\alpha = 8$ (Fall b)

Die Sektoren, die sich mit Hilfe der Ljapunow-Funktion ergeben, sind immer kleiner als der Hurwitz-Sektor. Man kann vermuten, dass der geschlossene Regelkreis auch für beliebige nichtlineare Funktionen, die innerhalb des Hurwitz-Sektors verlaufen, stabil ist (*Aisermansche Vermutung* [Ais49]). Dies lässt sich aber mit der gewählten Ljapunow-Funktion nicht nachweisen. Hier stößt man an die Grenzen der direkten Methode, die darin begründet sind, dass es sich bei den Stabilitätssätzen immer um *hinreichende* Bedingungen handelt, und notwendige Bedingungen nicht existieren. Somit hängt der Erfolg sehr stark von einer geschickten Wahl von $V(\mathbf{x})$ ab. Dies zeigt dieses Beispiel sehr anschaulich. Obwohl bei beiden im Bild 3.7.7 gezeigten Kennlinien Stabilität herrscht, ist es im Fall (a) nur mit $\alpha = 2$ und im Fall (b) nur mit $\alpha = 8$ möglich, die Stabilität mit Hilfe der gewählten Ljapunow-Funktion nachzuweisen.

3.8 Das Stabilitätskriterium von Popov

Die direkte Methode von Ljapunow geht von den Differentialgleichungen des Systems aus und ist damit ein Verfahren im Zeitbereich. Die Untersuchung der Stabilität im Frequenzbereich, die bei linearen Systemen sehr einfach ist (z. B. mit Hilfe des Nyquist-Kriteriums), erscheint bei nichtlinearen Systemen zunächst nicht möglich, da hier die Fourier und Laplace-Transformation nicht anwendbar sind. Zwar sind Näherungsverfahren wie die Harmonische Balance durchaus brauchbar, doch liefert speziell dieses Verfahren keine direkte Aussage über die Stabilität der Ruhelage, außerdem ist es nur unter bestimmten Voraussetzungen anwendbar.

Nun ist es naheliegend, bei einem nichtlinearen Regelkreis den linearen Systemteil mit der Übertragungsfunktion $G(s)$ vom nichtlinearen abzuspalten. Dabei ist der Fall eines Regelkreises mit einer statischen Nichtlinearität entsprechend Bild 3.8.1 von besonderer Bedeutung. Für diesen Fall wurde von V. Popov [Pop61], [Des65] ein Stabilitätskriterium angegeben, das anhand des Frequenzgangs $G(\mathrm{j}\omega)$ des linearen Systemteils ohne Verwendung von Näherungen eine hinreichende Bedingung für die Stabilität liefert.

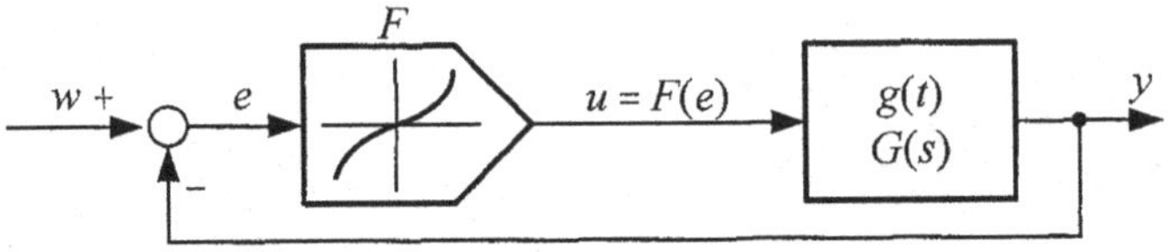

Bild 3.8.1. Standardregelkreis mit einer statischen Nichtlinearität

3.8.1 Absolute Stabilität

Bei der Diskussion des Beispiels im Abschnitt 3.7.5, das genau die Struktur des Standardregelkreises nach Bild 3.8.1 aufweist, wurde gezeigt, dass es auf die genaue Form der nichtlinearen Kennlinie überhaupt nicht ankommt. Die Stabilitätsuntersuchung mit Hilfe der direkten Methode nach Ljapunow führte zur Definition eines Grenzbereichs, in dem die nichtlineare Kennlinie verlaufen muss. Dieser Bereich wird durch zwei Geraden begrenzt, deren Steigung K_1 und $K_2 > K_1$ sei (Bild 3.8.2).

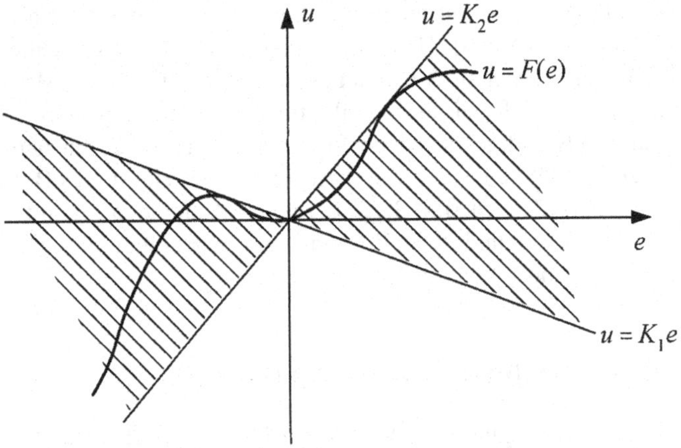

Bild 3.8.2. Zur Definition der absoluten Stabilität

Man bezeichnet ihn als *Sektor* $[\,K_1,\,K_2\,]$. Es gilt also für eine Kennlinie, die in dem Sektor $[\,K_1,\,K_2\,]$ liegt, ähnlich wie in Gl. (3.7.25)

$$K_1 < \frac{F(e)}{e} < K_2\,, \quad e \neq 0\,.$$

Diese Kennlinie geht außerdem durch den Ursprung $(F(0)=0)$ und sei im übrigen eindeutig und stückweise stetig. Unter diesen Bedingungen ist folgende Definition der Stabilität des betrachteten nichtlinearen Regelkreises zweckmäßig:

Definition: *Absolute Stabilität*

Der nichtlineare Regelkreis im Bild 3.8.1 heißt *absolut stabil* im Sektor $[K_1, K_2]$, wenn es für jede Kennlinie $F(e)$, die vollständig innerhalb dieses Sektors verläuft, eine global asymptotisch stabile Ruhelage des geschlossenen Regelkreises gibt.

Zur Vereinfachung ist es zweckmäßig, den Sektor $[K_1, K_2]$ auf einen Sektor $[0, K]$ zu transformieren. Dies geschieht am einfachsten anhand des Blockschaltbildes entsprechend Bild 3.8.3. Da zwischen den beiden Blöcken $F(e)$ und $G(s)$ das gleiche Signal addiert und subtrahiert wird (man beachte, dass unter der Annahme $w=0$ gerade $e=-y$ gilt!), ändert sich am Verhalten des geschlossenen Regelkreises gegenüber Bild 3.8.1 nichts. Anstelle von $F(e)$ und $G(s)$ kann also auch $F'(e)$ und $G'(s)$ verwendet werden. Aus Bild 3.8.3 ergeben sich unmittelbar die Beziehungen

$$F'(e) = F(e) - K_1 e \tag{3.8.1}$$

und

$$G'(s) = \frac{G(s)}{1+K_1 G(s)}\,. \tag{3.8.2}$$

$F'(e)$ verläuft nun in dem Sektor $[0, K]$, wobei

$$K = K_2 - K_1 \tag{3.8.3}$$

ist. Da eine solche Transformation für $w=0$ immer möglich ist, bedeutet es keine Einschränkung, wenn im Folgenden nur noch der Sektor $[0, K]$ betrachtet wird. Für die weiteren Überlegungen wird davon ausgegangen, dass diese Transformation bereits durchgeführt ist, wobei jedoch nicht die Bezeichnungen $F'(e)$ und $G'(s)$ verwendet werden sollen, sondern der Einfachheit halber $F(e)$ und $G(s)$ beibehalten werden.

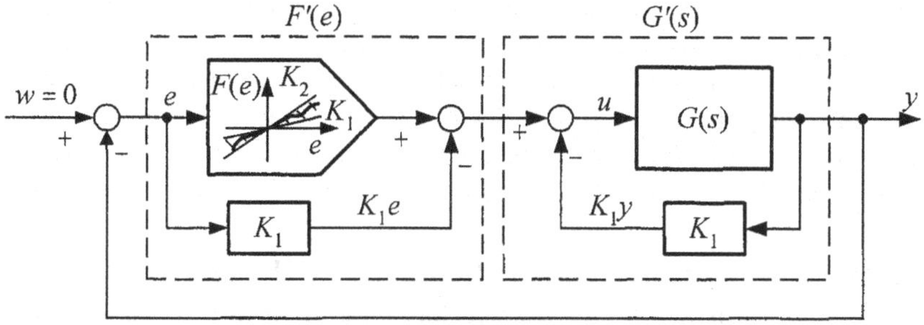

Bild 3.8.3. Transformation von $F(e)$ auf den Sektor $[0, K]$

3.8.2 Formulierung des Popov-Kriteriums

Das Popov-Kriterium liefert eine Aussage über die absolute Stabilität des Standardregelkreises gemäß Bild 3.8.1. Dabei sei $G(s)$ eine gebrochene rationale Übertragungsfunktion der Form

$$G(s)=\frac{b_0+b_1 s+\cdots+b_m s^m}{a_0+a_1 s+\cdots+s^n} \quad m<n\,, \tag{3.8.4}$$

die keine Pole mit positivem Realteil enthalten darf. Der offene Regelkreis muss also stabil sein, und es sollen zunächst auch Pole mit verschwindendem Realteil ausgeschlossen werden. Weiterhin wird im Falle $b_0/a_0 \neq 1$ die Verstärkung zweckmäßigerweise der Nichtlinearität $F(e)$ zugerechnet. Wie bereits oben erwähnt, muss die Nichtlinearität $F(e)$ eindeutig und stückweise stetig sein und durch den Nullpunkt gehen. Dann gilt das

Popov-Kriterium:

> Der Regelkreis nach Bild 3.8.1 ist absolut stabil im Sektor $[0, K]$, falls eine beliebige reelle Zahl q existiert, so dass für alle $\omega \geq 0$ die *Popov-Ungleichung*
>
> $$\operatorname{Re}\left[(1+\mathrm{j}\omega q)\, G(\mathrm{j}\omega)\right]+\frac{1}{K}>0 \tag{3.8.5}$$
>
> erfüllt ist.

Dabei ist zu beachten, dass es sich hier, ebenso wie bei der direkten Methode von Ljapunow, um eine *hinreichende* Bedingung handelt. Man kann dieses Kriterium tatsächlich anhand einer geeigneten Ljapunow-Funktion beweisen, doch soll darauf hier nicht eingegangen werden. Der Beweis ist für die praktische Anwendung im übrigen auch nicht wesentlich.

Ehe nun die Auswertung der Popov-Ungleichung diskutiert wird, soll noch der Fall betrachtet werden, dass das lineare Teilsystem Pole auf der imaginären Achse aufweist. Da der Sektor $[0, K]$ auch die Möglichkeit zulässt, dass $F(e) \to 0$ und somit $u \approx 0$ wird, entspricht dies der Untersuchung des Stabilitätsverhaltens des linearen Teilsystems. Absolute Stabilität im Sektor $[0, K]$ setzt jedoch voraus, dass dann im vorliegenden Fall das lineare Teilsystem asymptotisch stabil ist. Dies ist aber beim Vorhandensein von Polen auf der imaginären Achse nicht mehr der Fall. Deshalb muss der Fall $F(e)=0$ ausgeschlossen werden, indem man als untere Sektorgrenze eine Gerade mit beliebig kleiner positiver Steigung γ benutzt, also den Sektor $[\gamma, K]$ betrachtet. Damit gilt das Popov-Kriterium auch für diese Systeme, wobei aber nun noch gefordert werden muss, dass der geschlossene Regelkreis mit der Verstärkung γ (linearer Fall) asymptotisch stabil ist.

3.8.3 Geometrische Auswertung der Popov-Ungleichung

Die Auswertung der Popov-Ungleichung kann *rechnerisch* oder *geometrisch* durchgeführt werden. Ist die nichtlineare Kennlinie $F(e)$ gegeben, so kann man die Sektorgrenze K unmittelbar ablesen und in Gl. (3.8.5) einsetzen. Dann muss nur noch ein passender Wert für q gefunden werden, der für alle $\omega \geq 0$ diese Ungleichung erfüllt. Will man dagegen beispielsweise ein möglichst großes K bestimmen, dann muss die Popov-Ungleichung mit zwei Unbekannten q und K gelöst werden. Dies ist bei niedriger Ordnung von $G(\mathrm{j}\omega)$ keine schwierige Aufgabe. Nachfolgend soll jedoch eine geometrische Interpretation des Popov-Kriteriums diskutiert werden, die sich auf die Frequenzgang-Ortskurve stützt.

Schreibt man die Popov-Ungleichung in der Form

$$\mathrm{Re}\,[G(\mathrm{j}\omega)] + q\,\mathrm{Re}\,[\mathrm{j}\omega\,G(\mathrm{j}\omega)] + \frac{1}{K} > 0\,,$$

so ergibt sich mit

$$\mathrm{j}\omega\,G(\mathrm{j}\omega) = \mathrm{j}\omega\,\mathrm{Re}\,[G(\mathrm{j}\omega)] - \omega\,\mathrm{Im}\,[G(\mathrm{j}\omega)]$$

die Darstellung

$$\mathrm{Re}\,[G(\mathrm{j}\omega)] - q\omega\,\mathrm{Im}\,[G(\mathrm{j}\omega)] + \frac{1}{K} > 0\,. \tag{3.8.6}$$

Nun definiert man $\mathrm{Re}\,[G(\mathrm{j}\omega)]$ als Realteil und $\omega\,\mathrm{Im}\,[G(\mathrm{j}\omega)]$ als Imaginärteil einer modifizierten Ortskurve, der sogenannten *Popov-Ortskurve*, die demnach beschrieben wird durch

$$G^*(\mathrm{j}\omega) = \mathrm{Re}\,[G(\mathrm{j}\omega)] + \mathrm{j}\omega\,\mathrm{Im}\,[G(\mathrm{j}\omega)] = X + \mathrm{j}Y\,. \tag{3.8.7}$$

Indem man nun allgemeine Koordinaten X und Y für den Real- und Imaginärteil von $G^*(\mathrm{j}\omega)$ ansetzt, erhält man aus der Ungleichung (3.8.6) die Beziehung

$$X - qY + \frac{1}{K} > 0\,. \tag{3.8.8}$$

Diese Ungleichung wird durch alle Punkte der $(X\,,\,Y)$-Ebene erfüllt, die rechts von einer Grenzlinie mit der Gleichung

$$X - qY + \frac{1}{K} = 0 \tag{3.8.9}$$

liegen, wie man durch Einsetzen eines beliebigen Punktes sieht. Diese Grenzlinie ist eine Gerade. Durch Auflösen der Gl. (3.8.9) nach Y,

$$Y = \frac{1}{q}\left(X + \frac{1}{K}\right) \tag{3.8.10}$$

sieht man, dass ihre Steigung $1/q$ beträgt, und der Schnittpunkt mit der X-Achse bei $-1/K$ liegt. Man nennt diese Gerade die *Popov-Gerade*. Ein Vergleich der Beziehung (3.8.7) mit dieser Geradengleichung, Gl. (3.8.9), zeigt, dass das Popov-Kriterium genau dann erfüllt ist, wenn die Popov-Ortskurve, definiert durch Gl. (3.8.7), in einem gemeinsamen Diagramm durch Überlagerung der $(X\,,\,Y)$-Ebene und der $(X\,,\,\mathrm{j}Y)$-Ebene dargestellt, vollständig rechts der Popov-Geraden verläuft.

Diese Zusammenhänge zeigt Bild 3.8.4 . Daraus ergibt sich folgendes Vorgehen bei der Anwendung des Popov-Kriteriums:

1. Man zeichnet gemäß Gl. (3.8.7) die Popov-Ortskurve $G^*(\mathrm{j}\omega)$, die sich unmittelbar aus der Frequenzgang-Ortskuve des linearen Teilsystems ergibt, in der $(X, \mathrm{j}Y)$-Ebene.

2a. Ist K gegeben, so versucht man, eine Gerade durch den Punkt $-1/K$ auf der X-Achse zu legen, mit einer solchen Steigung $1/q$, dass die Popov-Gerade vollständig links der Popov-Ortskurve liegt. Gelingt dies, so ist der Regelkreis absolut stabil. Gelingt es nicht, so ist keine Aussage möglich.

Hier zeigt sich die Verwandtschaft zum Nyquist-Kriterium, bei dem zumindest der kritische Punkt -1 der reellen Achse ebenfalls links der Ortskurve liegen muss.

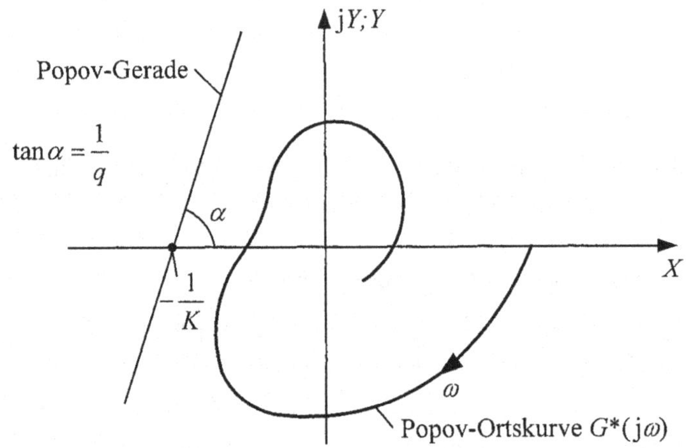

Bild 3.8.4. Zur geometrischen Auswertung des Popov-Kriteriums

Oft stellt sich auch die Aufgabe, den größten Sektor $[0, K_{\text{krit}}]$ der absoluten Stabilität zu ermitteln. Dann wird der zweite Schritt entsprechend modifiziert:

2b. Man legt eine Tangente von links so an die Popov-Ortskurve, dass der Schnittpunkt mit der X-Achse möglichst weit rechts liegt. Dies ergibt die maximale obere Grenze K_{krit}. Man nennt diese Tangente auch die *kritische Popov-Gerade* (Bild 3.8.5).

Der maximale Sektor $[0, K_{\text{krit}}]$ wird als *Popov-Sektor* bezeichnet. Da das Popov-Kriterium nur eine hinreichende Stabilitätsbedingung liefert, ist es durchaus möglich, dass der maximale Sektor der absoluten Stabilität größer als der Popov-Sektor ist. Er kann jedoch nicht größer sein als der *Hurwitz-Sektor* $[0, K_{\text{H}}]$, der durch die maximale Verstärkung K_{H} des entsprechenden linearen Regelkreises begrenzt wird und der sich nach Nyquist aus dem Schnittpunkt der Ortskurve mit der X-Achse ergibt, wie Bild 3.8.5 zeigt. Man beachte dabei, dass die Realteile von Frequenzgang- und Popov-Ortskurve identisch sind, wie leicht aus Gl. (3.8.7) ersichtlich ist.

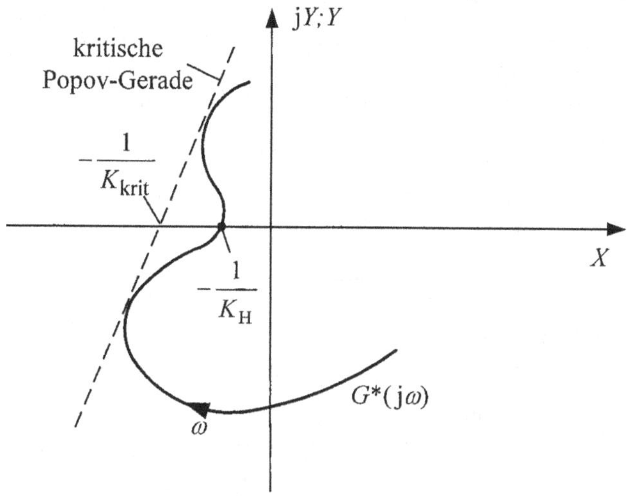

Bild 3.8.5. Ermittlung des maximalen Wertes K_{krit}, der das Popov-Kriterium noch erfüllt

Die *Aisermansche Vermutung*, die im Abschnitt 3.7.5 schon erwähnt wurde, besagt, dass der Sektor der absoluten Stabilität mit dem Hurwitz-Sektor identisch ist. Dies lässt sich mit dem Popov-Kriterium nur dann beweisen, wenn der Popov-Sektor gerade mit dem Hurwitz-Sektor übereinstimmt. Für den im Bild 3.8.5 dargestellten Fall ist dieser Beweis allerdings nicht möglich; es gibt bisher aber auch keine Methode, das Gegenteil zu beweisen. Allerdings lassen sich auch Gegenbeispiele zur Aisermanschen Vermutung aufführen.

Besitzt $G(s)$ eine Totzeit T_t, dann lässt sich ebenfalls das Popov-Kriterium anwenden. Dabei muss allerdings für q ein positiver Wert ermittelt werden. Außerdem muss $F(e)$ stetig sein.

Zum Schluss sollen die Vorteile des Popov-Kriteriums noch einmal zusammengestellt werden:

1. Die geometrische Auswertung erfordert keine analytische Beschreibung des Regelsystems. Ein punktweise gemessener Frequenzgang des linearen Systemteils genügt hierfür.
2. Es werden keine Näherungen verwendet.
3. Das Kriterium ist im Vergleich zur direkten Methode von Ljapunow sehr einfach anwendbar.
4. Die genaue Form der nichtlinearen Kennlinie ist ohne Bedeutung.

3.8.4 Anwendung des Popov-Kriteriums

Noch einmal soll das im Abschnitt 3.7.5 behandelte Beispiel betrachtet werden, bei dem es mit Hilfe einer Ljapunow-Funktion von quadratischer Form gelungen war, für lineare Kennlinien asymptotische Stabilität im Bereich $-2 < K < \infty$ nachzuweisen.

Die Übertragungsfunktion des linearen Teilsystems gemäß Bild 3.7.5 lautet

$$G(s) = \frac{1}{(s+1)(s+2)} = \frac{1}{s^2+3s+2}. \tag{3.8.11}$$

Bild 3.8.6a zeigt die Ortskurve des Frequenzgangs $G(\mathrm{j}\omega)$ sowie die Popov-Ortskurve $G^*(\mathrm{j}\omega)$. Wegen Gl. (3.8.7) gilt allgemein, dass sich beide Ortskurven bei $\omega = 1$ schneiden. Für $\omega < 1$ liegen die Punkte der Popov-Ortskurve oberhalb, für $\omega > 1$ unterhalb der entsprechenden Punkte der Frequenzgang-Ortskurve bei jeweils gleichen ω -Werten.

Zur Untersuchung der absoluten Stabilität in dem genannten Sektor muss man zuerst die im Abschnitt 3.8.1 beschriebene Transformation durchführen, die die untere Grenzgerade in die Abszisse ($u = 0$) überführt. Es ist also entsprechend Gl. (3.8.2) das transformierte System mit der Übertragungsfunktion

$$G'(s) = \frac{G(s)}{1+K_1 G(s)}$$

zu betrachten, das mit $K_1 = -2$ die Übertragungsfunktion

$$G'(s) = \frac{1}{s^2+3s} = \frac{1}{s(s+3)} \tag{3.8.12}$$

liefert. Der Frequenzgang lautet

$$G'(\mathrm{j}\omega) = \frac{1}{-\omega^2+3\mathrm{j}\omega},$$

oder nach Aufspalten in Real- und Imaginärteil

$$G'(\mathrm{j}\omega) = \frac{-\omega^2}{\omega^4+9\omega^2} - \mathrm{j}\frac{3\omega}{\omega^4+9\omega^2}.$$

Für die Popov-Ortskurve erhält man durch Multiplikation des Imaginärteils mit ω entsprechend Gl. (3.8.7)

$$G'^*(\mathrm{j}\omega) = -\frac{1}{\omega^2+9} - 3\mathrm{j}\frac{1}{\omega^2+9}. \tag{3.8.13}$$

Da sich Real- und Imaginärteil dieser Funktion nur durch den Proportionalitätsfaktor 3 unterscheiden, sieht man sofort, dass die Popov-Ortskurve in der komplexen Ebene auf einer Ursprungsgeraden mit der Steigung 3 liegt. Bild 3.8.6b zeigt die beiden Ortskurven.

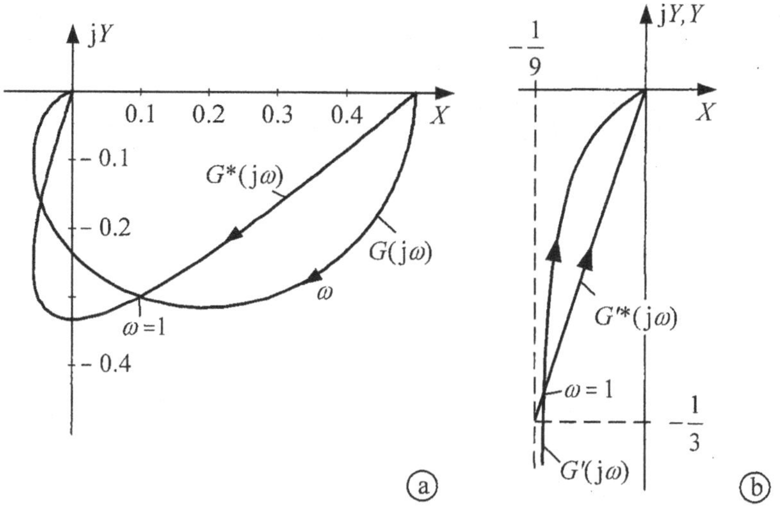

Bild 3.8.6. Frequenzgang-Ortskurve $G(\mathrm{j}\omega)$ und Popov-Ortskurve $G^*(\mathrm{j}\omega)$ des Systems gemäß Gl. (3.8.11) (a) und des transformierten Systems nach Gl. (3.8.12) (b)

Nun sind zwei Beobachtungen von Bedeutung:

a) Das transformierte System $G'(s)$ besitzt einen Pol bei $s = 0$, ist also selbst nicht asymptotisch stabil. Man kann daher nur für einen Sektor $[\gamma, K]$ mit beliebig kleinem $\gamma > 0$ absolute Stabilität nachweisen. Das bedeutet in Bezug auf das ursprüngliche System, dass der Wert $K_1 = -2$ nicht mehr zum Sektor der absoluten Stabilität gehört.

b) Aus Bild 3.8.6b ergibt sich, dass jede Gerade mit einer Steigung $1/q < 3$, welche die negative reelle Achse schneidet, als Popov-Gerade geeignet ist. Der Schnittpunkt darf beliebig nahe am Ursprung liegen, ohne dass die Popov-Ungleichung verletzt ist, d. h. $1/K \to 0$ bzw. $K \to \infty$.

Damit wurde als Popov-Sektor der Sektor $[\gamma, K]$ mit $K \to \infty$ ermittelt. Man kann zeigen, dass für diesen Fall der Popov-Sektor auch als offener Sektor $(0, \infty)$ darstellbar ist, d. h. für das transformierte System gilt somit

$$0 < \frac{F'(e)}{e} < \infty .$$

Diese Unterscheidung hat jedoch nur eine mathematische Bedeutung im Zusammenhang mit dem Beweis des Kriteriums. Für die praktische Anwendung ist der Unterschied unwesentlich.

Nach der Rücktransformation auf das ursprüngliche System ergibt sich der neue Sektor $(-2, \infty)$ oder

$$-2 < \frac{F(e)}{e} < \infty \, .$$

Mit Hilfe des Popov-Kriteriums ist es also gelungen, für dieses Beispiel nachzuweisen, dass der maximale Sektor der absoluten Stabilität mit dem Hurwitz-Sektor (vgl. die Beziehung (3.7.26)) identisch ist.

ANHANG A: Aufgaben

Aufgabe 1

Bei der im Bild A1.1 dargestellten Schaltung eines $PIDT_1$-Reglers werden die Spannungen an den Kondensatoren C_D und C_I (Energiespeicher) als Zustandsgrößen $x_1(t)$ und $x_2(t)$ des Reglers betrachtet.

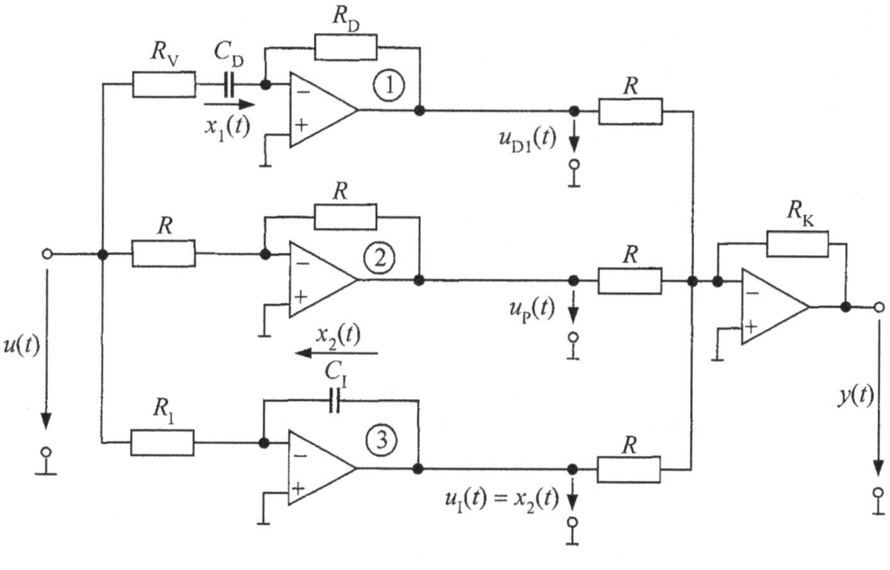

Bild A1.1. Schaltbild eines $PIDT_1$-Reglers

a) Wie lauten die Zustandsgleichungen des $PIDT_1$-Reglers?

b) Man ermittle $\underline{\Phi}(s)$ und die Fundamentalmatrix e^{At} des Systems.

c) Man bestimme die Übertragungsfunktion $G(s) = Y(s)/U(s)$ sowie die Übergangsfunktion $h(t)$ des Systems für $x_1(0) = x_{10}$ und $x_2(0) = x_{20}$.

d) Die Ergebnisse der Teilaufgaben a), b) und c) sind mit denen der Schaltung nach Bild A1.2 zu vergleichen, wenn hier die Ausgangsspannungen der Teilsysteme (1) und (3) $u_{D2}(t)$ und $u_I(t)$ als Zustandsgrößen $x_1(t)$ und $x_2(t)$ betrachtet werden.

Zielsetzung: - Darstellung von Systemen im Zustandsraum,

- Anwendung der grundlegenden Beziehungen.

Theoretische Grundlagen: Kap. 1.1 bis 1.4

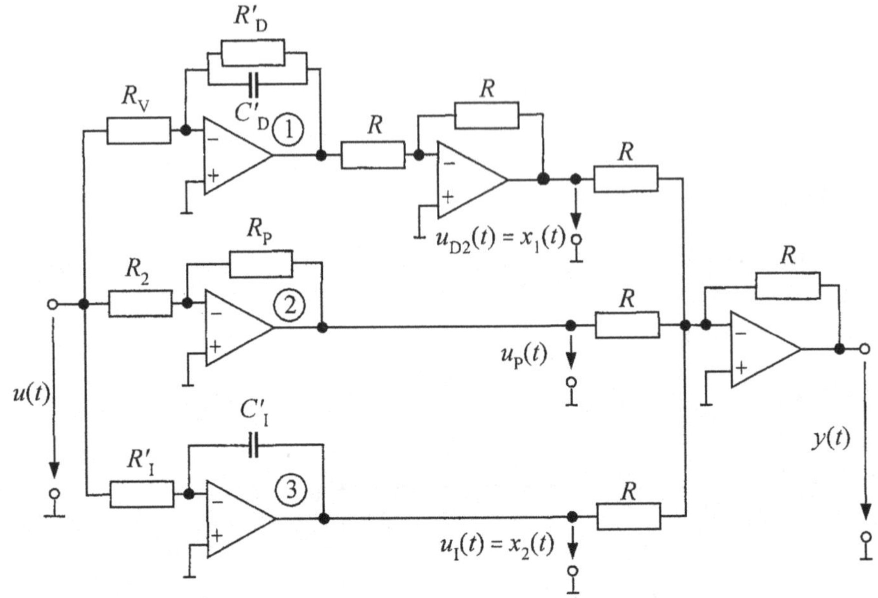

Bild A1.2. Veränderter Schaltungsaufbau eines PIDT$_1$-Reglers ohne Kondensator im Eingang des DT$_1$-Gliedes

Lösung:

a) Für die Ermittlung der Zustandsgleichungen betrachtet man zunächst die Teilsysteme des DT$_1$-Gliedes (1) und des I-Gliedes (3) getrennt. Die Analyse der Teilschaltung (1) liefert

$$u(t) = R_V\, C_D\, \dot{x}_1(t) + x_1(t), \tag{A1.1}$$

$$u_{D1}(t) = -R_D\, C_D\, \dot{x}_1(t). \tag{A1.2}$$

Mit den Zeitkonstanten $T_V = R_V C_D$ und $T_D = R_D C_D$ folgt somit aus den Gln. (A1.1) und (A1.2) für die Zustands- und die Ausgangsgleichung des DT$_1$-Gliedes

$$\dot{x}_1(t) = -\frac{1}{T_V} x_1(t) + \frac{1}{T_V} u(t), \tag{A1.3}$$

$$u_{D1}(t) = \frac{T_D}{T_V} x_1(t) - \frac{T_D}{T_V} u(t). \tag{A1.4}$$

Für die Teilschaltung (3) erhält man entsprechend

$$\frac{u(t)}{R_I} = -C_I \dot{x}_2, \tag{A1.5}$$

bzw.

$$\dot{x}_2(t) = -\frac{1}{T_\text{I}}\, u(t), \tag{A1.6}$$

$$u_\text{I}(t) = x_2(t) \tag{A1.7}$$

mit der Integratorzeitkonstanten $T_\text{I} = R_\text{I} C_\text{I}$.

Das Proportionalglied (Teilschaltung (2)) des Reglers besitzt die Ausgangsgröße

$$u_\text{P}(t) = -u(t). \tag{A1.8}$$

Die Ausgangsspannung $y(t)$ entsteht durch Summation der Teilspannungen zu

$$y(t) = -K_\text{R}\left[u_\text{DI}(t) + u_\text{P}(t) + u_\text{I}(t)\right], \quad K_\text{R} = \frac{R_\text{K}}{R}. \tag{A1.9}$$

Fasst man die Gln. (A1.3), (A1.4), (A1.6), (A1.7) und (A1.8) zur Zustandsraumdarstellung des Reglers in der Form

$$\dot{\boldsymbol{x}}(t) = \boldsymbol{A}\boldsymbol{x}(t) + \boldsymbol{b}u(t), \qquad y(t) = \boldsymbol{c}^\text{T}\boldsymbol{x}(t) + du(t)$$

zusammen, so ergibt sich

$$\begin{bmatrix} \dot{x}_1 \\ \dot{x}_2 \end{bmatrix} = \begin{bmatrix} -\frac{1}{T_\text{V}} & 0 \\ 0 & 0 \end{bmatrix} \begin{bmatrix} x_1 \\ x_2 \end{bmatrix} + \begin{bmatrix} \frac{1}{T_\text{V}} \\ -\frac{1}{T_\text{I}} \end{bmatrix} u, \tag{A1.10}$$

$$y = \begin{bmatrix} -K_\text{R}\frac{T_\text{D}}{T_\text{V}} & -K_\text{R} \end{bmatrix} \begin{bmatrix} x_1 \\ x_2 \end{bmatrix} + K_\text{R}\begin{bmatrix} 1 + \frac{T_\text{D}}{T_\text{V}} \end{bmatrix} u. \tag{A1.11}$$

b) **Lösungsweg 1:** *Inverse Laplace-Transformation*

Die Laplace-Transformierte der Fundamentalmatrix oder Übergangsmatrix $\boldsymbol{\Phi}(t)$ ist nach Gl. (1.3.7) durch

$$\underline{\boldsymbol{\Phi}}(s) = (s\mathbf{I} - \boldsymbol{A})^{-1} = \frac{1}{|s\mathbf{I} - \boldsymbol{A}|}\, adj(s\mathbf{I} - \boldsymbol{A})$$

gegeben. Mit

$$s\mathbf{I} - \boldsymbol{A} = \begin{bmatrix} s & 0 \\ 0 & s \end{bmatrix} - \begin{bmatrix} -\frac{1}{T_\text{V}} & 0 \\ 0 & 0 \end{bmatrix} = \begin{bmatrix} s + \frac{1}{T_\text{V}} & 0 \\ 0 & s \end{bmatrix}$$

erhält man

$$\underline{\boldsymbol{\Phi}}(s) = \frac{1}{s\left(s + \frac{1}{T_\text{V}}\right)} \begin{bmatrix} s & 0 \\ 0 & s + \frac{1}{T_\text{V}} \end{bmatrix} = \begin{bmatrix} \left(s + \frac{1}{T_\text{V}}\right)^{-1} & 0 \\ 0 & \frac{1}{s} \end{bmatrix}. \tag{A1.12}$$

Die Fundamentalmatrix $\boldsymbol{\Phi}(t) = \mathrm{e}^{\boldsymbol{A}t}$ entsteht aus Gl. (A1.12) durch Laplace-Rücktransformation der einzelnen Elemente der Matrix $\underline{\boldsymbol{\Phi}}(s)$, also durch

$$\boldsymbol{\Phi}(t) = \mathscr{L}^{-1}\{\underline{\boldsymbol{\Phi}}(s)\} = \begin{bmatrix} \mathrm{e}^{-t/T_\mathrm{V}} & 0 \\ 0 & 1 \end{bmatrix} \tag{A1.13}$$

Lösungsweg 2: *Anwendung des Satzes von Cayley-Hamilton* (siehe dazu auch Vorbemerkung zur Lösung von Aufgabe 3)

Entsprechend Gl. (1.4.11) folgt

$$\boldsymbol{\Phi}(t) = \mathrm{e}^{\boldsymbol{A}t} = \alpha_0(t)\,\mathbf{I} + \alpha_1(t)\boldsymbol{A}.$$

Weiterhin gilt gemäß Gl. (1.4.13)

$$\mathrm{e}^{s_i t} = \alpha_0(t) + \alpha_1(t) s_i . \tag{A1.14}$$

Aus dem zugehörigen charakteristischen Polynom

$$P^*(s) = |s\mathbf{I} - \boldsymbol{A}| = s\left(s + \frac{1}{T_\mathrm{V}}\right) = (s - s_1)(s - s_2) \tag{A1.15}$$

ergeben sich die Eigenwerte der Matrix $\boldsymbol{A}$ zu

$$s_1 = 0 \quad \text{und} \quad s_2 = -\frac{1}{T_\mathrm{V}}.$$

Die Koeffizienten $\alpha_0(t)$ und $\alpha_1(t)$ werden mittels Gl. (A1.14) bestimmt:

$$s_1:\ \mathrm{e}^{0t} = \alpha_0(t) + \alpha_1(t)\,0, \qquad s_2:\ \mathrm{e}^{-\frac{1}{T_\mathrm{V}}t} = \alpha_0(t) - \alpha_1(t)\,\frac{1}{T_\mathrm{V}}. \tag{A1.16a, b}$$

Die Lösung der Gln. (A1.16a,b) liefert die gesuchten Koeffizienten

$$\alpha_0(t) = 1 \quad \text{und} \quad \alpha_1(t) = T_\mathrm{V}(1 - \mathrm{e}^{-t/T_\mathrm{V}}). \tag{A1.17}$$

Für die Übergangsmatrix gilt schließlich:

$$\boldsymbol{\Phi}(t) = \begin{bmatrix} 1 & 0 \\ 0 & 1 \end{bmatrix} + T_\mathrm{V}(1 - \mathrm{e}^{-t/T_\mathrm{V}}) \begin{bmatrix} -\frac{1}{T_\mathrm{V}} & 0 \\ 0 & 0 \end{bmatrix} = \begin{bmatrix} \mathrm{e}^{-1/T_\mathrm{V}} & 0 \\ 0 & 1 \end{bmatrix}. \tag{A1.18}$$

Lösungsweg 3: *Entwicklungssatz von Sylvester*

Entsprechend Gl. (1.4.17) folgt

$$\boldsymbol{\Phi}(t) = \mathrm{e}^{0t}\,\frac{-\frac{1}{T_\mathrm{V}}\mathbf{I} - \boldsymbol{A}}{-\frac{1}{T_\mathrm{V}}} + \mathrm{e}^{-(1/T_\mathrm{V})t}\,\frac{-\boldsymbol{A}}{\frac{1}{T_\mathrm{V}}} \tag{A1.19}$$

und

$$\boldsymbol{\Phi}(t) = -\frac{1}{\frac{1}{T_V}}\begin{bmatrix} 0 & 0 \\ 0 & -\frac{1}{T_V} \end{bmatrix} + \frac{e^{-t/T_V}}{\frac{1}{T_V}}\begin{bmatrix} \frac{1}{T_V} & 0 \\ 0 & 0 \end{bmatrix} = \begin{bmatrix} e^{-t/T_V} & 0 \\ 0 & 1 \end{bmatrix}. \tag{A1.20}$$

c) Die *Übertragungsfunktion* $G(s) = Y(s)/U(s)$ ergibt sich nach Gl. (1.3.13) zu

$$G(s) = \boldsymbol{c}^{\mathrm{T}} \underline{\boldsymbol{\Phi}}(s)\, \boldsymbol{b} + d\,.$$

Für diesen Fall erhält man mit der Zustandsraumdarstellung nach Gln. (A1.10) und (A1.11) sowie der Matrix $\underline{\boldsymbol{\Phi}}(s)$, z. B. nach Gl. (A1.12), die Übertragungsfunktion

$$G(s) = \begin{bmatrix} -K_R \frac{T_D}{T_V} & -K_R \end{bmatrix} \begin{bmatrix} \frac{1}{s+\frac{1}{T_V}} & 0 \\ 0 & \frac{1}{s} \end{bmatrix} \begin{bmatrix} \frac{1}{T_V} \\ -\frac{1}{T_I} \end{bmatrix} + K_R\left(1+\frac{T_D}{T_V}\right)$$

$$= K_R\left(1+\frac{sT_D}{1+sT_V}+\frac{1}{sT_I}\right). \tag{A1.21}$$

Zur Berechnung der Sprungantwort $h_0(t)$ oder der *Übergangsfunktion* $h(t)$ des Systems ist zunächst die Ermittlung der Zustandsgrößen $x_1(t)$ und $x_2(t)$ notwendig, um dann mit Hilfe der Gln. (A1.4) und (A1.7) bis (A1.9) die Ausgangsgröße $y(t) \equiv h(t)$ zu bestimmen.

Der zeitliche Verlauf der Zustandsgrößen $x_1(t)$ und $x_2(t)$ lässt sich gemäß Gl. (1.2.7) mit Hilfe der Beziehung

$$\boldsymbol{x}(t) = \boldsymbol{\Phi}(t)\, \boldsymbol{x}_0 + \int_0^t \boldsymbol{\Phi}(t-\tau)\, \boldsymbol{b} u(\tau)\, \mathrm{d}\tau$$

für beliebige Anfangswerte und Eingangszeitfunktionen berechnen. Wird nun als Eingangsgröße $u(t) = u_0\, \sigma(t)$ gewählt, so ergibt sich für den Zeitverlauf der Zustandsgrößen

$$\begin{bmatrix} x_1(t) \\ x_2(t) \end{bmatrix} = \begin{bmatrix} e^{-t/T_V} & 0 \\ 0 & 1 \end{bmatrix}\begin{bmatrix} x_{10} \\ x_{20} \end{bmatrix} + \int_0^t \begin{bmatrix} e^{-(t-\tau)/T_V} & 0 \\ 0 & 1 \end{bmatrix}\begin{bmatrix} \frac{1}{T_V} \\ -\frac{1}{T_I} \end{bmatrix} u_0 \sigma(\tau)\, \mathrm{d}\tau$$

$$= \begin{bmatrix} x_{10}\, e^{-t/T_V} \\ x_{20} \end{bmatrix} + u_0 \int_0^t \begin{bmatrix} \frac{1}{T_V}\, e^{-(t-\tau)/T_V} \sigma(\tau) \\ -\frac{1}{T_I}\sigma(\tau) \end{bmatrix} \mathrm{d}\tau$$

$$= \begin{bmatrix} x_{10}\, e^{-t/T_V} + u_0\left(1-e^{-t/T_V}\right)\sigma(t) \\ x_{20} - u_0 \frac{t}{T_I}\sigma(t) \end{bmatrix}. \tag{A1.22}$$

Die Sprungantwort $h_0(t)$ oder Übergangsfunktion $h(t) = h_0(t)/u_0$ des Systems lautet nach Gl. (A1.9) unter Berücksichtigung der Gln. (A1.4), (A1.7) und (A1.8)

$$h_0(t) = -K_R \frac{T_D}{T_V} x_1(t) - K_R x_2(t) + K_R \left[1 + \frac{T_D}{T_V}\right] u_0 \sigma(t). \tag{A1.23}$$

Mit den Zustandsgrößen aus Gl. (A1.22) folgt schließlich

$$\begin{aligned} h_0(t) = &-K_R \frac{T_D}{T_V} \left[x_{10}\, \mathrm{e}^{-t/T_V} + u_0 \left(1 - \mathrm{e}^{-t/T_V}\right) \sigma(t)\right] \\ &- K_R \left[x_{20} - u_0 \frac{t}{T_I} \sigma(t)\right] + K_R \left[1 + \frac{T_D}{T_V}\right] u_0 \sigma(t) . \end{aligned} \tag{A1.24}$$

Bei verschwindenden Anfangsbedingungen erhält man daraus die Übergangsfunktion

$$h(t) = \frac{h_0(t)}{u_0} = K_R \left(1 + \frac{t}{T_I} + \frac{T_D}{T_V} \mathrm{e}^{-t/T_V}\right) \sigma(t) . \tag{A1.25}$$

Gl. (A1.25) ist in normierter Form im Bild A1.3 dargestellt.

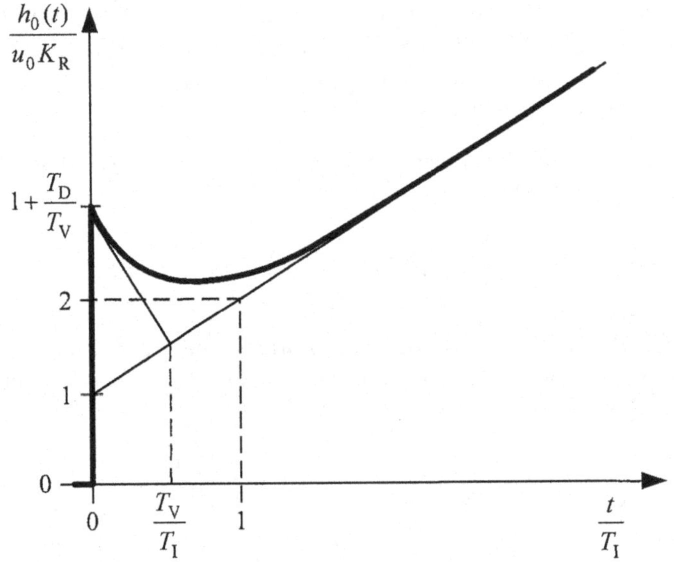

Bild A1.3. Übergangsfunktion des PIDT$_1$-Reglers nach Bild A1.1

d) Bei der Schaltung nach Bild A1.2 geht man wie in Teil 1 der Aufgabe vor und erhält mit den Definitionen

$$K_D = \frac{R_D'}{R_V}, \quad K_P = \frac{R_P}{R_2}, \quad T_D' = C_D' R_D', \; T_I' = R_I' C_I' \tag{A1.26a-d}$$

als Ergebnis die Zustandsraumdarstellung

$$\begin{bmatrix} \dot{x}_1 \\ \dot{x}_2 \end{bmatrix} = \begin{bmatrix} -\dfrac{1}{T_D'} & 0 \\ 0 & 0 \end{bmatrix} \begin{bmatrix} x_1 \\ x_2 \end{bmatrix} + \begin{bmatrix} \dfrac{K_D}{T_D'} \\ -\dfrac{1}{T_I'} \end{bmatrix} u, \tag{A1.27}$$

$$y = [-1 \quad -1] \begin{bmatrix} x_1 \\ x_2 \end{bmatrix} + K_P\, u\,. \tag{A1.28}$$

Analog zu Gl. (A1.12) erhält man für diese Zustandsraumdarstellung die Fundamentalmatrix im Frequenzbereich

$$\underline{\boldsymbol{\Phi}}(s) = \begin{bmatrix} \dfrac{1}{s+\dfrac{1}{T_D'}} & 0 \\ 0 & \dfrac{1}{s} \end{bmatrix} \tag{A1.29a}$$

und im Zeitbereich

$$\boldsymbol{\Phi}(t) = \begin{bmatrix} e^{-t/T_D'} & 0 \\ 0 & 1 \end{bmatrix}. \tag{A1.29b}$$

Ähnlich zur Herleitung der Gl. (A1.21) folgt aus den Gln. (A1.27) und (A1.28) die Übertragungsfunktion

$$G(s) = \frac{K_P - K_D + sK_P T_D'}{1 + sT_D'} + \frac{1}{sT_I'}\,. \tag{A1.30}$$

Die Sprungantwort $h_0(t)$ oder Übergangsfunktion $h(t) = h_0(t)/u_0$ ergibt sich aus Gl. (A1.29b) für $u(t) = u_0\,\sigma(t)$ und $y(t) \equiv h(t)$ sowie den analog zu Gl. (A1.22) berechenbaren Zustandsgrößen $x_1(t)$ und $x_2(t)$ zu

$$h_0(t) = u_0(K_P - K_D)\,\sigma(t) - x_{20} + (u_0 K_D\,\sigma(t) - x_{10})\; e^{-t/T_D'} + u_0 \frac{t}{T_I'}\,\sigma(t)\,. \tag{A1.31}$$

Für $x_{10} = x_{20} = 0$ folgt die Übergangsfunktion

$$h(t) = \frac{h_0(t)}{u_0} = \left[K_P + \frac{t}{T_I'} + K_D\,(e^{-t/T_D'} - 1) \right] \sigma(t)\,. \tag{A1.32}$$

Der graphische Verlauf von Gl. (A1.32) ist wiederum in normierter Form im Bild A1.4 dargestellt.

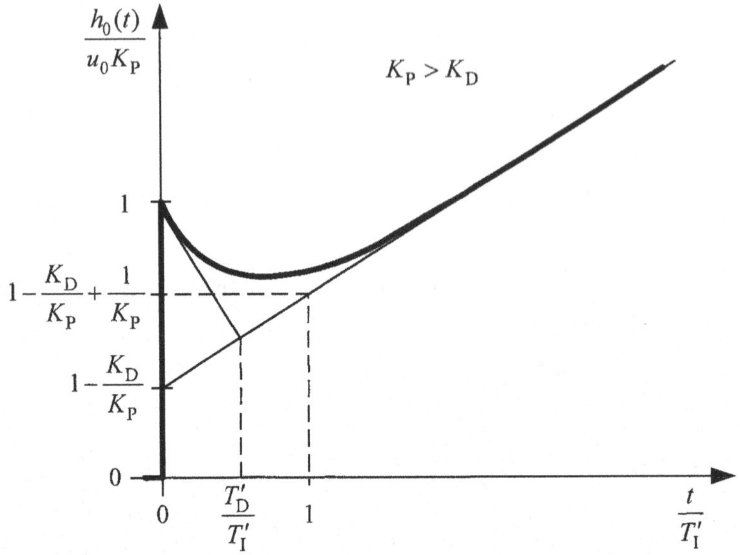

Bild A1.4. Übergangsfunktion des $PIDT_1$-Reglers für die veränderte Schaltung nach Bild A1.2

Aufgabe 2

In dem im Bild A2.1 dargestellten Netzwerk wird die Klemmenspannung als Eingangsgröße $u(t)$, der Strom durch den Widerstand R_1 als Ausgangsgröße $y(t)$ betrachtet. Als Zustandsvariablen $x_1(t)$ und $x_2(t)$ werden der Strom durch die Induktivität L und die Spannung an der Kapazität C gewählt.

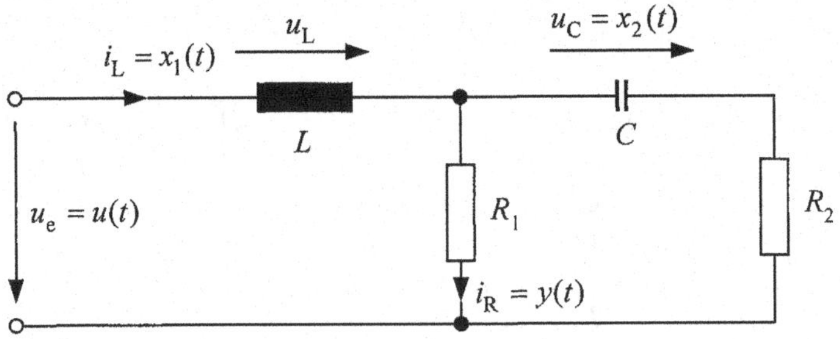

Bild A2.1. RLC-Netzwerk

a) Wie lauten die Zustandsgleichungen?

b) Für die normierten Werte $R_1 = R_2 = 1$ und $L = C = 1/2$ berechne man die Übergangsmatrix $\boldsymbol{\Phi}(t)$.

c) Man zeige, dass in Analogie zum skalaren Fall gilt:

$$\dot{\boldsymbol{\Phi}}(t) = \boldsymbol{A}\mathrm{e}^{\boldsymbol{A}t}.$$

Zielsetzung: Herleitung der Zustandsgleichungen für ein physikalisches System

Theoretische Grundlagen: Kap. 1.1 bis 1.4

Lösung:

a) Zur Berechnung der Zustandsraumdarstellung in der Form

$$\dot{\boldsymbol{x}} = \boldsymbol{A}\boldsymbol{x} + \boldsymbol{b}u, \qquad y = \boldsymbol{c}^{\mathrm{T}}\boldsymbol{x} + du \tag{A2.1a, b}$$

des gegebenen Netzwerks nach Bild A2.1 werden die Beziehungen

$$u_{\mathrm{L}} = L\frac{\mathrm{d}x_1}{\mathrm{d}t} \quad \text{und} \quad i_{\mathrm{C}} = C\frac{\mathrm{d}x_2}{\mathrm{d}t} \tag{A2.2a, b}$$

in die Maschengleichungen

$$-u_{\mathrm{e}}(t) + u_{\mathrm{L}}(t) + R_1 i_{\mathrm{R}}(t) = 0, \qquad -R_1 i_{\mathrm{R}}(t) + u_{\mathrm{C}}(t) + R_2 i_{\mathrm{C}}(t) = 0 \tag{A2.3a, b}$$

und in die Knotengleichung

$$i_{\mathrm{L}}(t) - i_{\mathrm{R}}(t) - i_{\mathrm{C}}(t) = 0 \tag{A2.4}$$

eingesetzt. Mit den Gln. (A2.2a,b) und nach Ersetzen der physikalischen Größen durch $u_{\mathrm{e}}(t) = u(t)$ und $i_{\mathrm{R}}(t) = y(t)$ entsteht daraus

$$-u + L\dot{x}_1 + R_1 y = 0, \qquad -R_1 y + x_2 + R_2 C\dot{x}_2 = 0, \qquad x_1 - y - C\dot{x}_2 = 0. \tag{A2.5a-c}$$

Dieses Gleichungssystem lässt sich nun in die Form der Gln. (A2.1a,b) auflösen. Daraus entsteht die Zustandsraumdarstellung

$$\dot{\boldsymbol{x}} = \begin{bmatrix} \dfrac{-R_1R_2}{(R_1+R_2)L} & \dfrac{-R_1}{(R_1+R_2)L} \\ \dfrac{R_1}{(R_1+R_2)C} & \dfrac{-1}{(R_1+R_2)C} \end{bmatrix}\boldsymbol{x} + \begin{bmatrix} \dfrac{1}{L} \\ 0 \end{bmatrix} u, \tag{A2.6a}$$

$$y = \begin{bmatrix} \dfrac{R_2}{R_1+R_2} & \dfrac{1}{R_1+R_2} \end{bmatrix}\boldsymbol{x}. \tag{A2.6b}$$

b) Setzt man die angegebenen normierten Zahlenwerte

$$R_1 = R_2 = 1 \quad \text{und} \quad L = C = \frac{1}{2}$$

in die Gln. (A2.6a,b) ein, so erhält man

$$\dot{\boldsymbol{x}} = \begin{bmatrix} -1 & -1 \\ 1 & -1 \end{bmatrix}\boldsymbol{x} + \begin{bmatrix} 2 \\ 0 \end{bmatrix}u, \qquad y = \begin{bmatrix} \frac{1}{2} & \frac{1}{2} \end{bmatrix}\boldsymbol{x}. \tag{A2.7a, b}$$

Zur Berechnung der Fundamentalmatrix $\boldsymbol{\Phi}(t) = \mathrm{e}^{\boldsymbol{A}t}$ geht man von den Gln. (1.3.5) und (1.3.7), also

$$\boldsymbol{\Phi}(t) = \mathscr{L}^{-1}\{\underline{\boldsymbol{\Phi}}(s)\} = \mathscr{L}^{-1}\{(s\mathbf{I}-\boldsymbol{A})^{-1}\} = \mathscr{L}^{-1}\left\{\left(\frac{1}{|s\mathbf{I}-\boldsymbol{A}|}\right) adj(s\mathbf{I}-\boldsymbol{A})\right\} \tag{A2.8}$$

aus. Mit

$$s\mathbf{I}-\boldsymbol{A} = \begin{bmatrix} s+1 & 1 \\ -1 & s+1 \end{bmatrix} \tag{A2.9}$$

ist

$$\underline{\boldsymbol{\Phi}}(s) = \begin{bmatrix} \dfrac{s+1}{s^2+2s+2} & -\dfrac{1}{s^2+2s+2} \\ \dfrac{1}{s^2+2s+2} & \dfrac{s+1}{s^2+2s+2} \end{bmatrix} \tag{A2.10}$$

Durch elementweise Laplace-Rücktransformation entsteht unter Verwendung der Korrespondenzen 15 und 16 der Tabelle 4.1.1

$$\boldsymbol{\Phi}(t) = \mathrm{e}^{\boldsymbol{A}t} = \begin{bmatrix} \mathrm{e}^{-t}\cos t & -\mathrm{e}^{-t}\sin t \\ \mathrm{e}^{-t}\sin t & \mathrm{e}^{-t}\cos t \end{bmatrix}. \tag{A2.11}$$

c) Das Ergebnis muss nach Gl. (1.2.5) in Analogie zum skalaren Fall die Bedingung

$$\dot{\boldsymbol{\Phi}}(t) = \boldsymbol{A}\mathrm{e}^{\boldsymbol{A}t} \tag{A2.12}$$

erfüllen.

Probe:

$$\dot{\boldsymbol{\Phi}}(t) = \begin{bmatrix} -\mathrm{e}^{-t}\cos t - \mathrm{e}^{-t}\sin t & \mathrm{e}^{-t}\sin t - \mathrm{e}^{-t}\cos t \\ -\mathrm{e}^{-t}\sin t + \mathrm{e}^{-t}\cos t & -\mathrm{e}^{-t}\cos t - \mathrm{e}^{-t}\sin t \end{bmatrix},$$

$$\boldsymbol{A}\mathrm{e}^{\boldsymbol{A}t} = \begin{bmatrix} -1 & -1 \\ 1 & -1 \end{bmatrix} \begin{bmatrix} \mathrm{e}^{-t}\cos t & -\mathrm{e}^{-t}\sin t \\ \mathrm{e}^{-t}\sin t & \mathrm{e}^{-t}\cos t \end{bmatrix} = \dot{\boldsymbol{\Phi}}(t).$$

Damit ist die Bedingung nach Gl. (A2.12) bewiesen.

Aufgabe 3

Ein dynamisches System wird durch die Zustandsraumdarstellung

$$\dot{x}_1 = -5x_1 - x_2 + 2u, \qquad \dot{x}_2 = 3x_1 - x_2 + 5u, \qquad y = x_1 + 2x_2 \tag{A3.1a-c}$$

beschrieben.

Man berechne die Übergangsmatrix $\boldsymbol{\Phi}(t)$ mit Hilfe von

a) Matrizenfunktionen und

b) dem Entwicklungssatz von Sylvester.

Zielsetzung: Anwendung der Matrizenfunktionen und des Entwicklungssatzes von Sylvester.

Theoretische Grundlagen: Kap. 1.4

Lösung:

Vorbemerkung:

Ausgangspunkt für die Berechnung der Übergangs- oder Fundamentalmatrix $\boldsymbol{\Phi}(t)$ ist die charakteristische Gleichung

$$P^*(s) = |s\mathbf{I} - A| = a_0 + a_1 s + \cdots + s^n = 0. \tag{A3.2}$$

Nach dem Satz von Cayley-Hamilton genügt jede quadratische Matrix A ihrer charakteristischen Gleichung, d. h.

$$\boldsymbol{P}^*(A) = a_0\mathbf{I} + a_1 A + a_2 A^2 + \cdots + A^n = \mathbf{0}. \tag{A3.3}$$

Daraus ergibt sich u. a. die Möglichkeit, beliebige Potenzen von A ohne großen Rechenaufwand zu ermitteln.

Wenn $\boldsymbol{F}(A)$ ein Polynom der Form

$$\boldsymbol{F}(A) = \sum_{k=0}^{\infty} f_k\, A^k \tag{A3.4}$$

beschreibt, so gilt nach Cayley-Hamilton und mit den Gln. (1.4.8), (1.4.9) und (1.4.10), dass jede $(n \times n)$-Matrizenfunktion $\boldsymbol{F}(A)$ durch eine Matrizenfunktion von höchstens $(n-1)$-ter Ordnung darstellbar ist.

Wendet man diese Beziehung auf

$$\boldsymbol{F}(A) = \mathrm{e}^{At} \tag{A3.5}$$

an und führt gleichzeitig zeitabhängige Koeffizienten ein, so ergibt sich für $n = 2$ der Ansatz

$$\boldsymbol{F}(A) = \mathrm{e}^{At} = \alpha_0(t)\,\mathbf{I} + \alpha_1(t)\,A. \tag{A3.6}$$

Wird nun diese Funktion auf die Eigenwerte selbst angewendet, so erhält man bei zwei verschiedenen Eigenwerten nach Gl. (1.4.13) die zwei Gleichungen

$$\mathrm{e}^{s_1 t} = \alpha_0(t) + \alpha_1(t) s_1\,, \qquad \mathrm{e}^{s_2 t} = \alpha_0(t) + \alpha_1(t) s_2\,, \tag{A3.7a, b}$$

mit den unbekannten Zeitfunktionen $\alpha_0(t)$ und $\alpha_1(t)$.

Anmerkung:

Sind nach Gl. (1.4.14) Eigenwerte der Vielfachheit $m_k = 2$ vorhanden, so erhält man für den zugehörigen Eigenwert s_k das Gleichungssystem

$$\mathrm{e}^{s_k t} = \alpha_0(t) + \alpha_1(t) s_k\,, \qquad t\mathrm{e}^{s_k t} = \alpha_1(t) \tag{A3.8a, b}$$

zur Ermittlung der Zeitfunktionen $\alpha_0(t)$ und $\alpha_1(t)$.

a) Zur Berechnung der Übergangs- oder Fundamentalmatrix $\boldsymbol{\Phi}(t)$ ergibt sich folgender Lösungsweg:

Mit der Systemmatrix der Zustandsraumdarstellung gemäß Gl. (A3.1a-c)

$$\boldsymbol{A} = \begin{bmatrix} -5 & -1 \\ 3 & -1 \end{bmatrix} \tag{A3.9}$$

erhält man die charakteristische Gleichung

$$P^*(s) = |s\mathbf{I} - \boldsymbol{A}| = (s+2)(s+4) = 0\,. \tag{A3.10}$$

Daraus folgen unmittelbar die Eigenwerte $s_1 = -2$ und $s_2 = -4$.

Nach Gl. (A3.6) ist

$$\mathrm{e}^{\boldsymbol{A}t} = \alpha_0(t)\,\mathbf{I} + \alpha_1(t)\,\boldsymbol{A} = \begin{bmatrix} \alpha_0(t) & 0 \\ 0 & \alpha_0(t) \end{bmatrix} + \begin{bmatrix} -5\alpha_1(t) & -\alpha_1(t) \\ 3\alpha_1(t) & -\alpha_1(t) \end{bmatrix}$$

$$= \begin{bmatrix} \alpha_0(t) - 5\alpha_1(t) & -\alpha_1(t) \\ 3\alpha_1(t) & \alpha_0(t) - \alpha_1(t) \end{bmatrix}. \tag{A3.11}$$

Setzt man die Eigenwerte s_1 und s_2 in die Gln. (A3.7a,b) ein, so ergibt sich

$$\mathrm{e}^{s_1 t} = \alpha_0(t) + \alpha_1(t)\; s_1 = \alpha_0(t) - 2\alpha_1(t) = \mathrm{e}^{-2t}\,, \tag{A3.12a}$$

$$\mathrm{e}^{s_2 t} = \alpha_0(t) + \alpha_1(t)\; s_2 = \alpha_0(t) - 4\alpha_1(t) = \mathrm{e}^{-4t} \tag{A3.12b}$$

und daraus

$$\alpha_0(t) = 2\mathrm{e}^{-2t} - \mathrm{e}^{-4t} \quad \text{und} \quad \alpha_1(t) = \frac{1}{2}\,(\mathrm{e}^{-2t} - \mathrm{e}^{-4t})\,. \tag{A3.13a,b}$$

Damit wird die Übergangsmatrix

$$\boldsymbol{\Phi}(t) = \mathrm{e}^{\boldsymbol{A}t} = \begin{bmatrix} \frac{1}{2}\,(3\mathrm{e}^{-4t} - \mathrm{e}^{-2t}) & \frac{1}{2}\,(\mathrm{e}^{-4t} - \mathrm{e}^{-2t}) \\ \frac{3}{2}\,(\mathrm{e}^{-2t} - \mathrm{e}^{-4t}) & \frac{1}{2}\,(3\mathrm{e}^{-2t} - \mathrm{e}^{-4t}) \end{bmatrix}. \tag{A3.14}$$

b) Ausgehend von der Interpolationsformel nach Lagrange gemäß Gl. (1.4.17) entsteht durch Einführen von Matrizenfunktionen der Entwicklungssatz von Sylvester zur Berechnung der Übergangsmatrix

$$\boldsymbol{\Phi}(t) = \left[\sum_{j=1}^{n} \mathrm{e}^{s_j t} \sum_{\substack{i=1 \\ i \neq j}}^{n} \frac{s_i \mathbf{I} - \boldsymbol{A}}{s_i - s_j} \right], \tag{A3.15}$$

der in dieser Form für einfache Eigenwerte gilt. Nach Einsetzen von

$$A = \begin{bmatrix} -5 & -1 \\ 3 & -1 \end{bmatrix},$$

mit den Eigenwerten $s_1 = -2$ und $s_2 = -4$ folgt

$$\begin{aligned}\boldsymbol{\Phi}(t) &= \mathrm{e}^{s_1 t}\left[\frac{s_2\mathbf{I} - A}{s_2 - s_1}\right] + \mathrm{e}^{s_2 t}\left[\frac{s_1\mathbf{I} - A}{s_1 - s_2}\right] \\ &= \frac{\mathrm{e}^{-2t}}{-2}\left[\begin{bmatrix} -4 & 0 \\ 0 & -4 \end{bmatrix} - \begin{bmatrix} -5 & -1 \\ 3 & -1 \end{bmatrix}\right] + \frac{\mathrm{e}^{-4t}}{2}\left[\begin{bmatrix} -2 & 0 \\ 0 & -2 \end{bmatrix} - \begin{bmatrix} -5 & -1 \\ 3 & -1 \end{bmatrix}\right] \\ &= \frac{\mathrm{e}^{-2t}}{2}\begin{bmatrix} -1 & -1 \\ 3 & 3 \end{bmatrix} + \frac{\mathrm{e}^{-4t}}{2}\begin{bmatrix} 3 & 1 \\ -3 & -1 \end{bmatrix}. \end{aligned} \tag{A3.16}$$

Daraus ergibt sich direkt wieder dieselbe Übergangs- oder Fundamentalmatrix wie nach Gl. (A3.14)

$$\boldsymbol{\Phi}(t) = \begin{bmatrix} \frac{1}{2}(3\mathrm{e}^{-4t} - \mathrm{e}^{-2t}) & \frac{1}{2}(\mathrm{e}^{-4t} - \mathrm{e}^{-2t}) \\ \frac{3}{2}(\mathrm{e}^{-2t} - \mathrm{e}^{-4t}) & \frac{1}{2}(3\mathrm{e}^{-2t} - \mathrm{e}^{-4t}) \end{bmatrix}. \tag{A3.17}$$

Aufgabe 4

Man bestimme die Übertragungsfunktionen und zeichne ein Blockschaltbild für das folgende Mehrgrößensystem

$$\dot{\boldsymbol{x}} = \begin{bmatrix} 0 & 1 \\ -2 & -3 \end{bmatrix}\boldsymbol{x} + \begin{bmatrix} 1 & 1 \\ 0 & -2 \end{bmatrix}\boldsymbol{u}, \quad \boldsymbol{y} = \begin{bmatrix} 0 & -2 \\ 1 & 0 \end{bmatrix}\boldsymbol{x}. \tag{A4.1a, b}$$

(Anleitung: Man ermittle $\underline{\boldsymbol{\Phi}}(s)$ und daraus $\underline{\boldsymbol{G}}(s)$.)

Zusätzlich ist die Systemdarstellung minimaler Ordnung zu ermitteln.

Zielsetzung: Darstellung von Mehrgrößensystemen im Zustandsraum mit Hilfe von Übertragungsmatrizen.

Theoretische Grundlagen: Kap. 1.5

Lösung:

Für das in den Gln. (A4.1a,b) gegebene Mehrgrößensystem mit zwei Eingängen ($r = 2$) und zwei Ausgängen ($m = 2$) wird wiederum $\underline{\boldsymbol{\Phi}}(s)$ nach Gl. (1.3.7) ermittelt (siehe Aufgaben 1 und 2) und man erhält

$$\underline{\boldsymbol{\Phi}}(s) = (s\mathbf{I} - A)^{-1} = \frac{1}{|s\mathbf{I} - A|}\, adj\,(s\mathbf{I} - A) \tag{A4.2}$$

$$= \frac{1}{(s+1)(s+2)} \begin{bmatrix} s+3 & 1 \\ -2 & s \end{bmatrix} . \tag{A4.3}$$

Die Übertragungsmatrix $\underline{G}(s)$ kann mit Hilfe der Beziehung

$$\underline{G}(s) = \boldsymbol{C}\underline{\boldsymbol{\Phi}}(s)\boldsymbol{B} + \boldsymbol{D} \tag{A4.4}$$

berechnet werden. Für $\boldsymbol{D} = \boldsymbol{0}$ und nach Einsetzen von $\boldsymbol{C}$ und $\boldsymbol{B}$ entsprechend Gl. (A4.1a,b) wird daraus

$$\underline{G}(s) = \begin{bmatrix} 0 & -2 \\ 1 & 0 \end{bmatrix} \begin{bmatrix} \frac{s+3}{(s+1)(s+2)} & \frac{1}{(s+1)(s+2)} \\ \frac{-2}{(s+1)(s+2)} & \frac{s}{(s+1)(s+2)} \end{bmatrix} \begin{bmatrix} 1 & 1 \\ 0 & -2 \end{bmatrix}$$

$$= \begin{bmatrix} \frac{4}{(s+1)(s+2)} & \frac{4}{s+2} \\ \frac{s+3}{(s+1)(s+2)} & \frac{1}{s+2} \end{bmatrix} . \tag{A4.5}$$

Stellt man das Übertragungsverhalten in der Form

$$\boldsymbol{Y}(s) = \underline{G}(s)\,\boldsymbol{U}(s)$$

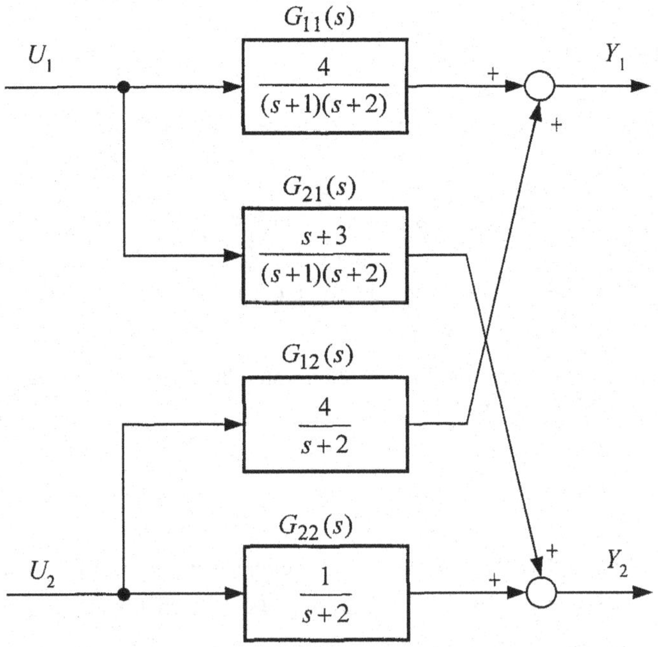

Bild A4.1. Blockschaltbild des Systems nach Gl. (A4.6a,b)

dar, so ergeben die Elemente der Übertragungsmatrix $\underline{\boldsymbol{G}}(s)$, $G_{ij}(s)$ mit $i, j = 1{,}2$ die Teilübertragungsfunktionen des Systems, d. h.

$$Y_1(s) = G_{11}(s)\,U_1(s) + G_{12}(s)\,U_2(s), \tag{A4.6a}$$

$$Y_2(s) = G_{21}(s)\,U_1(s) + G_{22}(s)\,U_2(s). \tag{A4.6b}$$

Würde man nun die „Ordnung" eines Mehrgrößensystems als Summe der Ordnungen der einzelnen Teilsysteme definieren, so stellt Bild A4.1 ein System 6. Ordnung dar. Klammert man gemeinsame Terme in $G_{11}(s)$ und $G_{21}(s)$ aus und formt $G_{21}(s)$ in

$G_{21}(s) = \dfrac{1}{s+1}\left(1 + \dfrac{1}{s+2}\right)$ um, so gelingt die im Bild A4.2 gezeigte Darstellung. Das

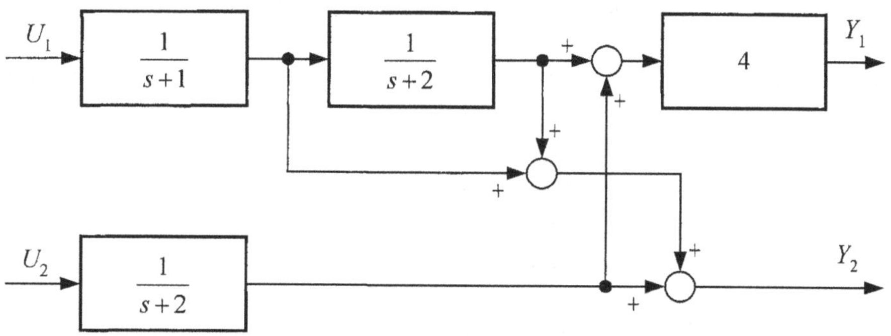

Bild A4.2. Blockschaltbild des Systems (A4.1) mit reduzierter Ordnung

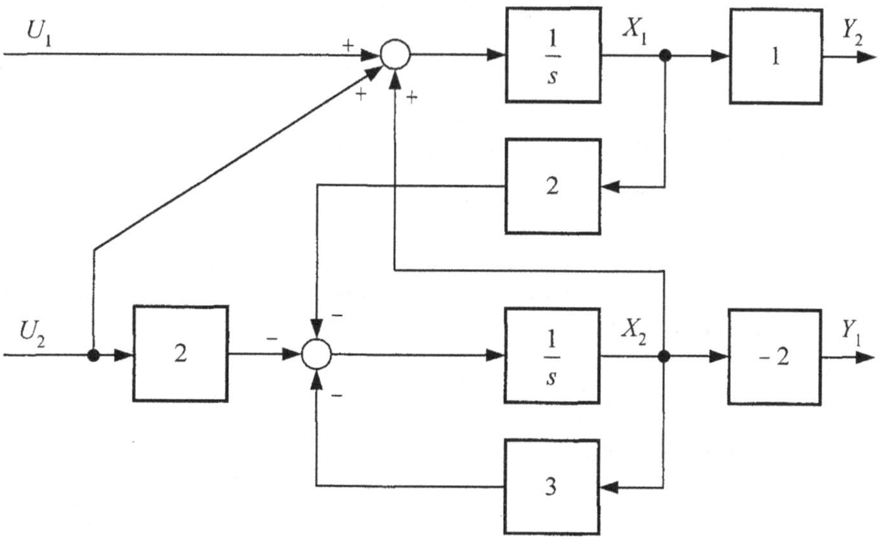

Bild A4.3. Blockschaltbild des Systems nach Gl. (A4.1) mit minimaler Ordnung $n = 2$

Mehrgrößensystem ist dabei auf die Ordnung $n = 3$ reduziert worden. Wird das durch die Gln. (A4.1a,b) beschriebene System

$$\dot{x}_1 = x_2 + u_1 + u_2, \qquad \dot{x}_2 = -2x_1 - 3x_2 - 2u_2, \qquad y_1 = -2x_2, \qquad y_2 = x_1$$

direkt in ein Blockschaltbild übertragen, so ist eine Darstellung gemäß Bild A4.3 mit der Ordnung $n = 2$ möglich. Die Ordnung eines Mehrgrößensystems und seine Pole werden beschrieben durch sein charakteristisches Polynom $P^*(s) = |s\mathbf{I} - \boldsymbol{A}|$, also im vorliegenden Fall durch $n = 2$ und $s_1 = -1$ sowie $s_2 = -2$.

Aufgabe 5

Man bestimme die Transformationsmatrix $\boldsymbol{V}$, welche die Matrix

$$\boldsymbol{A} = \begin{bmatrix} -3 & 4 & 4 \\ 1 & -3 & -1 \\ -1 & 2 & 0 \end{bmatrix} \tag{A5.1}$$

in die Diagonal- bzw. Jordan-Form überführt.

Zielsetzung: Darstellung von Systemen in Normalformen

Theoretische Grundlagen: Kap. 1.5 und 1.6

Lösung:

Die Transformation der Systemmatrix $\boldsymbol{A}$ in verschiedene andere Formen wird nach Gl. (1.6.1) mit Hilfe der Beziehung

$$\boldsymbol{x} = \boldsymbol{V}\boldsymbol{x}^* \tag{A5.2}$$

durchgeführt. Das transformierte System hat dann die Form

$$\dot{\boldsymbol{x}}^* = \boldsymbol{V}^{-1}\boldsymbol{A}\boldsymbol{V}\boldsymbol{x}^* + \boldsymbol{V}^{-1}\boldsymbol{B}\boldsymbol{u}, \qquad \boldsymbol{y} = \boldsymbol{C}\boldsymbol{V}\boldsymbol{x}^* + \boldsymbol{D}\boldsymbol{u}. \tag{A5.3a, b}$$

Bei einer Transformation auf Diagonalform gilt

$$\boldsymbol{V}^{-1}\boldsymbol{A}\boldsymbol{V} = \boldsymbol{\Lambda}, \tag{A5.4}$$

wobei $\boldsymbol{\Lambda}$ eine Diagonalmatrix darstellt, deren Diagonalelemente die Eigenwerte s_i der Matrix $\boldsymbol{A}$ sind, sofern nur einfache Eigenwerte auftreten. Das ist äquivalent zu der Darstellung

$$\boldsymbol{A}\boldsymbol{V} = \boldsymbol{V}\boldsymbol{\Lambda}. \tag{A5.5}$$

In Vektorschreibweise lautet die Gl. (A5.5)

$$A[v_1 v_2 \cdots v_n] = [v_1 v_2 \cdots v_n] \begin{bmatrix} s_1 & \cdots & 0 & 0 \\ 0 & s_2 & & \vdots \\ \vdots & & \ddots & 0 \\ 0 & \cdots & 0 & s_n \end{bmatrix} . \qquad \text{(A5.6)}$$

Da hierbei alle Eigenwerte s_i verschieden sind, sind die Eigenvektoren v_i alle linear unabhängig. Damit ist V nichtsingulär und eine Transformation gemäß Gl. (A5.4) wird möglich. Formt man Gl. (A5.6) in

$$(s_i \mathbf{I} - A)\, v_i = \mathbf{0} \qquad i = 1 \dots n \qquad \text{(A5.7)}$$

um, so entstehen hieraus direkt die Bestimmungsgleichungen für die Eigenvektoren von A, die die Spalten der Matrix V bilden.

Daraus ergibt sich nun folgender Lösungsweg:

1. Bestimmung der Eigenwerte s_i aus der Determinantenbedingung:

$$|s\mathbf{I} - A| = 0 \Rightarrow \begin{vmatrix} (s+3) & -4 & -4 \\ -1 & (s+3) & 1 \\ 1 & -2 & s \end{vmatrix} = 0. \qquad \text{(A5.8)}$$

Daraus erhält man die charakteristische Gleichung

$$s^3 + 6s^2 + 11s + 6 = 0 \qquad \text{(A5.9)}$$

mit den Eigenwerten

$$s_1 = -3,\ s_2 = -1,\ s_3 = -2 \ .$$

2. Bestimmung der Eigenvektoren v_i zu den Eigenwerten s_i:

Die Anwendung der Gl. (A5.7) ergibt

$$\begin{aligned} \text{für } s_1 = -3:\ & -4v_{21} - 4v_{31} &= 0, \\ & -v_{11} + v_{31} &= 0, \\ & v_{11} - 2v_{21} - 3v_{31} &= 0; \end{aligned} \qquad \text{(A5.10a)}$$

$$\begin{aligned} \text{für } s_2 = -1:\ & 2v_{12} - 4v_{22} - 4v_{32} &= 0, \\ & -v_{12} + 2v_{22} + v_{32} &= 0, \\ & v_{12} - 2v_{22} - v_{32} &= 0; \end{aligned} \qquad \text{(A5.10b)}$$

und

$$\begin{aligned} \text{für } s_3 = -2:\ & v_{13} - 4v_{23} - 4v_{33} &= 0, \\ & -v_{13} + v_{23} + v_{33} &= 0, \\ & v_{13} - 2v_{23} - 2v_{33} &= 0. \end{aligned} \qquad \text{(A5.10c)}$$

Das Gleichungssystem (A5.10a) ist erfüllt für beliebige Werte v_{31}, so dass $v_{31} = 1$ gewählt werden kann. Damit wird

$$v_1 = \begin{bmatrix} 1 \\ -1 \\ 1 \end{bmatrix}. \tag{A5.11a}$$

Die Auswertung der Gln. (A5.10b) und (A5.10c) ergibt mit der Wahl von $v_{22} = 1$ bzw. $v_{33} = 1$

$$v_2 = \begin{bmatrix} 2 \\ 1 \\ 0 \end{bmatrix} \text{ und } v_3 = \begin{bmatrix} 0 \\ -1 \\ 1 \end{bmatrix}. \tag{A5.11b, c}$$

Damit erhält man die gesuchte Transformationsmatrix

$$V = \begin{bmatrix} 1 & 2 & 0 \\ -1 & 1 & -1 \\ 1 & 0 & 1 \end{bmatrix}. \tag{A5.12}$$

Diese Transformationsmatrix V muss die Beziehung gemäß Gl. (A5.5) erfüllen. Dies soll die folgende Probe zeigen:

$$AV = \begin{bmatrix} -3 & 4 & 4 \\ 1 & -3 & -1 \\ -1 & 2 & 0 \end{bmatrix} \begin{bmatrix} 1 & 2 & 0 \\ -1 & 1 & -1 \\ 1 & 0 & 1 \end{bmatrix} = \begin{bmatrix} -3 & -2 & 0 \\ 3 & -1 & 2 \\ -3 & 0 & -2 \end{bmatrix}$$

$$V\Lambda = \begin{bmatrix} 1 & 2 & 0 \\ -1 & 1 & -1 \\ 1 & 0 & 1 \end{bmatrix} \begin{bmatrix} -3 & 0 & 0 \\ 0 & -1 & 0 \\ 0 & 0 & -2 \end{bmatrix} = \begin{bmatrix} -3 & -2 & 0 \\ 3 & -1 & 2 \\ -3 & 0 & -2 \end{bmatrix}$$

Eine Transformation der Matrix A auf Jordan-Normalform erübrigt sich hier, da einfache Eigenwerte vorliegen.

Aufgabe 6

a) Unter welcher Bedingung gilt die Gleichung

$$e^{(A+B)t} = e^{At}\, e^{Bt} \;? \tag{A6.1}$$

b) Gegeben sei die Zustandsgleichung

$$\dot{x} = \begin{bmatrix} s_1 & 1 \\ 0 & s_1 \end{bmatrix} x + \begin{bmatrix} 1 \\ 1 \end{bmatrix} u; \quad x(0) = x_0. \tag{A6.2}$$

Man berechne hierzu die Fundamentalmatrix

$$\boldsymbol{\Phi}(t) = e^{At}, \tag{A6.3}$$

indem e^{At} in eine Reihe entwickelt wird.

Anleitung: Man benutze das Theorem gemäß Gl. (A6.1).

Zielsetzung: Anwendung der Grundlagen der Matrizenrechnung

Theoretische Grundlagen: Kap. 1.2 und Kap. 1.6.4

Lösung:

a) Zum Beweis der Gl. (A6.1) geht man von der Definition gemäß Gl. (1.2.6)

$$\mathrm{e}^{\boldsymbol{M}t} = \mathbf{I} + \boldsymbol{M}t + \boldsymbol{M}^2 \frac{t^2}{2!} + \cdots = \sum_{k=0}^{\infty} \boldsymbol{M}^k \frac{t^k}{k!} \tag{A6.4}$$

aus. Mit $\boldsymbol{M} = (\boldsymbol{A} + \boldsymbol{B})$ folgt aus Gl. (A6.4)

$$\begin{aligned}\mathrm{e}^{(\boldsymbol{A}+\boldsymbol{B})t} &= \mathbf{I} + (\boldsymbol{A}+\boldsymbol{B})\,t + (\boldsymbol{A}+\boldsymbol{B})^2 \frac{t^2}{2!} + \cdots \\ &= \mathbf{I} + (\boldsymbol{A}+\boldsymbol{B})\,t + (\boldsymbol{A}^2 + \boldsymbol{AB} + \boldsymbol{BA} + \boldsymbol{B}^2) \frac{t^2}{2!} + \cdots\end{aligned} \tag{A6.5}$$

Für Glieder höherer Ordnung ergeben sich ebenfalls Summenterme, die $\boldsymbol{A\,B}$ bzw. $\boldsymbol{B\,A}$ als Teilprodukte enthalten.

Die Auswertung der rechten Seite von Gl. (A6.1) liefert:

$$\begin{aligned}\mathrm{e}^{\boldsymbol{A}t}\mathrm{e}^{\boldsymbol{B}t} &= \left[\mathbf{I} + \boldsymbol{A}t + \boldsymbol{A}^2 \frac{t^2}{2!} + \cdots\right]\left[\mathbf{I} + \boldsymbol{B}t + \boldsymbol{B}^2 \frac{t^2}{2!} + \cdots\right] \\ &= \mathbf{I} + (\boldsymbol{A}+\boldsymbol{B})\,t + (\boldsymbol{A}^2 + \boldsymbol{B}^2) \frac{t^2}{2!} + \boldsymbol{AB}t^2 + \cdots\end{aligned}$$

$$= \mathbf{I} + (\boldsymbol{A}+\boldsymbol{B})\,t + (\boldsymbol{A}^2 + \boldsymbol{B}^2 + 2\boldsymbol{AB}) \frac{t^2}{2!} + \cdots \tag{A6.6}$$

Die Ausdrücke gemäß den Gln. (A6.5) und (A6.6) sind identisch wenn gilt:

$$\boldsymbol{A\,B} + \boldsymbol{BA} = 2\boldsymbol{A\,B} \quad \text{oder} \quad \boldsymbol{A\,B} = \boldsymbol{BA}. \tag{A6.7}$$

Dies ist insbesondere dann der Fall, wenn $\boldsymbol{A}$ und $\boldsymbol{B}$ Diagonalmatrizen sind.

b) In der Zustandsgleichung, Gl. (A6.2), liegt die Matrix $\boldsymbol{A}$ direkt in Jordan-Normalform vor. Unter Zuhilfenahme der Gl. (1.6.31) mit $\boldsymbol{V} = \mathbf{I}$ und der Vorgehensweise nach Beispiel 1.6.4 kann die Fundamentalmatrix sofort in der Form

$$\boldsymbol{\Phi}(t) = \mathrm{e}^{\boldsymbol{A}t} = \begin{bmatrix} \mathrm{e}^{s_1 t} & t\,\mathrm{e}^{s_1 t} \\ 0 & \mathrm{e}^{s_1 t} \end{bmatrix} \tag{A6.8}$$

angegeben werden.

Ein zweiter Lösungsweg legt die Aufspaltung in

$$A = \begin{bmatrix} s_1 & 1 \\ 0 & s_1 \end{bmatrix} = \begin{bmatrix} s_1 & 0 \\ 0 & s_1 \end{bmatrix} + \begin{bmatrix} 0 & 1 \\ 0 & 0 \end{bmatrix} \tag{A6.9}$$

nahe. Mit

$$A_1 = s_1 \mathbf{I} = s_1 \begin{bmatrix} 1 & 0 \\ 0 & 1 \end{bmatrix}, \quad A_2 = \begin{bmatrix} 0 & 1 \\ 0 & 0 \end{bmatrix} \tag{A6.10}$$

und der Beziehung $A_1 A_2 = s_1 \mathbf{I}\, A_2 = A_2 s_1 \mathbf{I} = A_2 A_1$ kann Gl. (A6.1) in der Form $\mathrm{e}^{(A_1 + A_2)t} = \mathrm{e}^{A_1 t}\mathrm{e}^{A_2 t}$ angewendet werden. Da A_1 eine Diagonalmatrix ist, kann nach Gl. (1.6.24) $\boldsymbol{\Phi}_1(t)$ angegeben werden als

$$\boldsymbol{\Phi}_1(t) = \mathrm{e}^{A_1 t} = \begin{bmatrix} \mathrm{e}^{s_1 t} & 0 \\ 0 & \mathrm{e}^{s_1 t} \end{bmatrix}. \tag{A6.11a}$$

$\mathrm{e}^{A_2 t}$ lässt sich leicht entsprechend der Definition nach Gl. (1.2.6) ermitteln. Es gilt somit

$$\mathrm{e}^{A_2 t} = \mathbf{I} + A_2 t + A_2^2 \frac{t^2}{2!} + \cdots = \begin{bmatrix} 1 & 0 \\ 0 & 1 \end{bmatrix} + \begin{bmatrix} 0 & t \\ 0 & 0 \end{bmatrix} + \begin{bmatrix} 0 & 0 \\ 0 & 0 \end{bmatrix} = \begin{bmatrix} 1 & t \\ 0 & 1 \end{bmatrix}. \tag{A6.11b}$$

Da das (i+1)-te Element dieser Potenzreihe aus dem i-ten Element durch Multiplikation mit $\boldsymbol{A}\, t/(i+1)$ hervorgeht, verschwinden alle Glieder der Reihe in diesem Fall für $i \geq 1$. Damit lautet die gesuchte Fundamentalmatrix

$$\boldsymbol{\Phi}(t) = \mathrm{e}^{At} = \mathrm{e}^{(A_1 + A_2)t} = \mathrm{e}^{A_1 t}\mathrm{e}^{A_2 t} = \begin{bmatrix} \mathrm{e}^{s_1 t} & 0 \\ 0 & \mathrm{e}^{s_1 t} \end{bmatrix} \begin{bmatrix} 1 & t \\ 0 & 1 \end{bmatrix} = \begin{bmatrix} \mathrm{e}^{s_1 t} & t\mathrm{e}^{s_1 t} \\ 0 & \mathrm{e}^{s_1 t} \end{bmatrix}. \tag{A6.12}$$

Aufgabe 7

Man beweise den Zusammenhang

$$\mathrm{e}^{At} = \mathrm{e}^{VJV^{-1}t} = V\mathrm{e}^{Jt}V^{-1} \tag{A7.1}$$

zwischen der Systemmatrix $\boldsymbol{A}$ und der zugehörigen Jordan-Matrix $\boldsymbol{J}$, wenn $\boldsymbol{V}$ eine nichtsinguläre $(n \times n)$-Transformationsmatrix ist.

Zielsetzung: Anwendung der Grundlagen der Matrizenrechnung

Theoretische Grundlagen: Kap. 1.2 und 1.6

Lösung:

Mit Hilfe der Ähnlichkeitstransformation

$$\boldsymbol{x} = \boldsymbol{V}\boldsymbol{x}^* \tag{A7.2}$$

kann ein gegebenes System

$$\dot{x} = Ax + Bu, \qquad y = Cx + Du \tag{A7.3a, b}$$

in ein neues Koordinatensystem mit dem Zustandsvektor x^* transformiert werden (siehe Aufgabe 5). Das transformierte System hat dann die Form

$$\dot{x}^* = V^{-1}AVx^* + V^{-1}Bu, \qquad y = CVx^* + Du\,. \tag{A7.4a, b}$$

Aus Kap. 1.6 ist bekannt, dass die Transformationsmatrix V von den Eigenwerten der Systemmatrix A abhängig ist. So ist bei *einfachen Eigenwerten* eine Transformation von A auf *Diagonalform* möglich.

Beispiel für $n = 3$:

$$V^{-1}AV = \Lambda = \begin{bmatrix} s_1 & 0 & 0 \\ 0 & s_2 & 0 \\ 0 & 0 & s_3 \end{bmatrix}. \tag{A7.5}$$

Bei *mehrfachen Eigenwerten* ist das Ergebnis der Transformation die *Jordan-Normalform* (Ausnahmen von dieser Regel werden nachfolgend in Aufgabe 8 behandelt). Beispielsweise gilt für eine Matrix A mit dreifachem Eigenwert s_1

$$V^{-1}AV = J = \begin{bmatrix} s_1 & 1 & 0 \\ 0 & s_1 & 1 \\ 0 & 0 & s_1 \end{bmatrix}. \tag{A7.6}$$

Der gesuchte Zusammenhang kann auf zwei verschiedenen Wegen hergeleitet werden.

Lösungsweg 1:

Nach Gl. (1.6.23) sind die Eigenbewegungen des auf Jordan-Normalform transformierten Systems gegeben durch

$$x^*(t) = \Phi^*(t)\,x^*(0) = \mathrm{e}^{Jt}x^*(0)\,. \tag{A7.7}$$

Wird Gl. (A7.7) in Gl. (A7.2) eingesetzt, so liefert dies

$$x(t) = V\Phi^*(t)\,V^{-1}x(0)\,. \tag{A7.8a}$$

Diese Beziehung ist identisch mit

$$x(t) = \Phi(t)\,x(0)\,. \tag{A7.8b}$$

Durch Vergleich der Gln. (A7.8a) und (A7.8b) erhält man

$$\Phi(t) = V\Phi^*(t)\,V^{-1} = \mathrm{e}^{At}\,. \tag{A7.9}$$

Aus Gl. (A7.6) folgt weiterhin

$$A = VJV^{-1}. \tag{A7.10}$$

Damit ergibt sich aus den Gln. (A7.9) und (A7.10) die in der Aufgabenstellung angegebene Identität:

$$e^{At} = e^{VJV^{-1}t} = V e^{Jt} V^{-1}. \tag{A7.11}$$

Lösungsweg 2:

Mit der Definitionsgleichung

$$e^{Mt} = \mathbf{I} + Mt + M^2 \frac{t^2}{2!} + M^3 \frac{t^3}{3!} + \cdots \tag{A7.12}$$

besteht eine weitere Möglichkeit, die Gültigkeit der Gl. (A7.11) zu überprüfen. Wendet man Gl. (A7.12) auf Gl. (A7.11) an, so erhält man für $e^{VJV^{-1}t}$ die Matrizen-Potenzreihe

$$\begin{aligned} e^{VJV^{-1}t} &= \mathbf{I} + (VJV^{-1})\, t + (VJV^{-1})^2 \frac{t^2}{2!} + \cdots \\ &= \mathbf{I} + (VJV^{-1})\, t + (VJV^{-1}VJV^{-1}) \frac{t^2}{2!} + \cdots \\ &= \mathbf{I} + (VJV^{-1})\, t + (VJ^2V^{-1}) \frac{t^2}{2!} + \cdots . \end{aligned} \tag{A7.13}$$

Setzt man nun für die Einheitsmatrix

$$\mathbf{I} = V\mathbf{I}V^{-1} \tag{A7.14}$$

ein, so können die Matrizen V und V^{-1} ausgeklammert werden und als Ergebnis folgt

$$e^{VJV^{-1}t} = V \left(\mathbf{I} + Jt + J^2 \frac{t^2}{2!} + \cdots \right) V^{-1}. \tag{A7.15}$$

Diese Beziehung ist wiederum identisch mit der Gl. (A7.1).

Aufgabe 8

Die Matrix

$$A = \begin{bmatrix} -1{,}8 & 0{,}4 & -0{,}4 \\ 0 & -1 & 0 \\ -0{,}4 & 0{,}2 & -1{,}2 \end{bmatrix} \tag{A8.1}$$

besitzt die Eigenwerte $s_{1,2} = -1$ und $s_3 = -2$. Man zeige, dass

$$v_1 = \begin{bmatrix} 0 \\ 1 \\ 1 \end{bmatrix}, \quad v_2 = \begin{bmatrix} 1 \\ 2 \\ 0 \end{bmatrix}, \quad v_3 = \begin{bmatrix} 2 \\ 0 \\ 1 \end{bmatrix} \tag{A8.2}$$

drei mögliche Eigenvektoren sind, die es gestatten, die transformierte A-Matrix, also $V^{-1}AV$, in reiner Diagonalform darzustellen.

Zielsetzung: Transformation auf die Jordan- bzw. auf die Diagonalform.

Theoretische Grundlagen: Kap. 1.6.2 und 1.6.3

Lösung:

Zu einer gegebenen Matrix $\boldsymbol{A}$, die laut Aufgabenstellung mehrfache Eigenwerte besitzt, existiert eine Transformationsmatrix $\boldsymbol{V}$, die es ermöglicht, eine Diagonaltransformation

$$\boldsymbol{V}^{-1}\boldsymbol{A}\boldsymbol{V} = \boldsymbol{\Lambda} \tag{A8.3}$$

vorzunehmen. Damit stellt sich die Frage, welche Eigenschaften die Matrix $\boldsymbol{A}$ besitzen muss, damit bei mehrfachen Eigenwerten eine Transformation auf Diagonalform möglich ist.

Einige grundsätzliche Vorbemerkungen:

Zu verschiedenen Eigenwerten s_i gehörende Eigenvektoren $\boldsymbol{v}_i$ sind stets linear unabhängig. Damit ist $\boldsymbol{V}$ nichtsingulär und eine Diagonaltransformation ist möglich, wenn alle Eigenwerte von $\boldsymbol{A}$ einfach sind.

Zur Untersuchung der Existenz einer *Diagonalform bei mehrfachen Eigenwerten* geht man von der *charakteristischen Matrix* $(s_i\mathbf{I}-\boldsymbol{A})$ aus. Vergleicht man Rang$(s_i\mathbf{I}-\boldsymbol{A})$ und Rang$(\boldsymbol{A}) = n$ miteinander, so gilt für einfache Eigenwerte

$$\text{Rang}(s_i\mathbf{I}-\boldsymbol{A}) = n-1. \tag{A8.4}$$

Beispiel: Hier sei $\boldsymbol{A}$ bereits eine Diagonalmatrix. Diese Voraussetzung ist zulässig, da der Rang einer Matrix durch eine Ähnlichkeitstransformation nicht verändert wird. Dann gilt

$$\boldsymbol{A} = \begin{bmatrix} s_1 & 0 & 0 \\ 0 & s_2 & 0 \\ 0 & 0 & s_3 \end{bmatrix}, \quad s_2\mathbf{I}-\boldsymbol{A} = \begin{bmatrix} s_2-s_1 & 0 & 0 \\ 0 & 0 & 0 \\ 0 & 0 & s_2-s_3 \end{bmatrix}, \quad \text{Rang}(s_2\mathbf{I}-\boldsymbol{A}) = 3-1 = 2.$$

Allgemein gilt der *Satz:* Ist s_i ein r_i-facher Eigenwert von $\boldsymbol{A}$ und

$$\text{Rang}(s_i\mathbf{I}-\boldsymbol{A}) = n-r_i, \tag{A8.5}$$

dann lässt sich die Matrix $\boldsymbol{A}$ auf Diagonalform transformieren. Der Rangabfall dieser charakteristischen Matrix entspricht also der Vielfachheit r_i des zugehörigen Eigenwertes.

Beispiel:

$$\boldsymbol{A} = \begin{bmatrix} s_1 & 0 & 0 \\ 0 & s_1 & 0 \\ 0 & 0 & s_2 \end{bmatrix}, \quad s_1\mathbf{I}-\boldsymbol{A} = \begin{bmatrix} 0 & 0 & 0 \\ 0 & 0 & 0 \\ 0 & 0 & s_1-s_2 \end{bmatrix}, \quad \text{Rang}(s_1\mathbf{I}-\boldsymbol{A}) = 3-2 = 1 .$$

(Weiterführende Literatur: Zurmühl, R. und S. Falk: „Matrizen und ihre Anwendungen“, Teil 1, 5. Auflage, S. 168-177, Springer Verlag, Berlin 1984).

In der vorliegenden Aufgabe ist nun zu überprüfen, ob Gl. (A8.5) für den 2-fachen Eigenwert $s_{1,2} = -1$ erfüllt ist. Dazu bildet man die Matrix

$$s_1\mathbf{I} - \boldsymbol{A} = -\mathbf{I} - \boldsymbol{A} = -(\mathbf{I} + \boldsymbol{A}) = \begin{bmatrix} 0{,}8 & -0{,}4 & 0{,}4 \\ 0 & 0 & 0 \\ 0{,}4 & -0{,}2 & 0{,}2 \end{bmatrix}.$$

Da alle Spaltenvektoren linear abhängig sind, gilt

$$\operatorname{Rang}\left(s_1\mathbf{I} - \boldsymbol{A}\right) = 1 = 3 - 2.$$

Gemäß der in Gl. (A8.5) gemachten Aussage ist daher die Matrix $\boldsymbol{A}$ im vorliegenden Fall auf Diagonalform transformierbar.

Es bleibt also nur noch nachzuprüfen, ob die in der Aufgabenstellung angegebene Transformationsmatrix $\boldsymbol{V} = [\boldsymbol{v}_1 \quad \boldsymbol{v}_2 \quad \boldsymbol{v}_3]$ die Bedingung

$$\boldsymbol{A}\boldsymbol{V} = \boldsymbol{V}\boldsymbol{\Lambda} \tag{A8.6}$$

entsprechend Gl. (A8.3) erfüllt.

Die Probe

$$\boldsymbol{A}\boldsymbol{V} = \begin{bmatrix} -1{,}8 & 0{,}4 & -0{,}4 \\ 0 & -1 & 0 \\ -0{,}4 & 0{,}2 & -1{,}2 \end{bmatrix} \begin{bmatrix} 0 & 1 & 2 \\ 1 & 2 & 0 \\ 1 & 0 & 1 \end{bmatrix} = \begin{bmatrix} 0 & -1 & -4 \\ -1 & -2 & 0 \\ -1 & 0 & -2 \end{bmatrix}$$

$$\boldsymbol{V}\boldsymbol{\Lambda} = \begin{bmatrix} 0 & 1 & 2 \\ 1 & 2 & 0 \\ 1 & 0 & 1 \end{bmatrix} \begin{bmatrix} -1 & 0 & 0 \\ 0 & -1 & 0 \\ 0 & 0 & -2 \end{bmatrix} = \begin{bmatrix} 0 & -1 & -4 \\ -1 & -2 & 0 \\ -1 & 0 & -2 \end{bmatrix}$$

zeigt, das $\boldsymbol{V}$ die Bedingung nach Gl. (A8.6) tatsächlich erfüllt.

Als Fazit dieser Aufgabe bleibt festzuhalten, dass mehrfache Eigenwerte nicht automatisch dazu führen, dass keine Diagonalform existiert. Vielmehr ist die Transformation auf Diagonalform immer dann möglich, wenn *alle* Eigenvektoren linear unabhängig sind. Im Gegensatz zu dem hier behandelten Spezialfall sind die Eigenvektoren bei mehrfachen Eigenwerten jedoch meist linear abhängig.

Aufgabe 9

Man zeige, dass die Matrix

$$\boldsymbol{A} = \begin{bmatrix} 0 & 1 & 0 \\ -1 & -2 & 1 \\ -2 & 0 & 0 \end{bmatrix} \tag{A9.1}$$

die Eigenwerte $s_1 = \mathrm{j}, \ s_2 = -\mathrm{j}, \ s_3 = -2$ besitzt.

Wie lautet die Transformationsmatrix V, die A auf die Diagonalform $\Lambda = V^{-1}AV$ transformiert?

Zielsetzung: Transformation auf Diagonalform

Theoretische Grundlagen: Kap. 1.6.2

Lösung:

Die Matrix

$$A = \begin{bmatrix} 0 & 1 & 0 \\ -1 & -2 & 1 \\ -2 & 0 & 0 \end{bmatrix}$$

hat die Eigenwerte

$$s_1 = \mathrm{j}, \quad s_2 = -\mathrm{j}, \quad s_3 = -2,$$

wenn die *charakteristische Gleichung*

$$P^*(s) = |s\mathbf{I} - A| = (s-\mathrm{j})\,(s+\mathrm{j})\,(s+2) = s^3 + 2s^2 + s + 2 = 0 \tag{A9.2}$$

gilt. Die Probe mit

$$s\mathbf{I} - A = \begin{bmatrix} s & 0 & 0 \\ 0 & s & 0 \\ 0 & 0 & s \end{bmatrix} - \begin{bmatrix} 0 & 1 & 0 \\ -1 & -2 & 1 \\ -2 & 0 & 0 \end{bmatrix} = \begin{bmatrix} s & -1 & 0 \\ 1 & s+2 & -1 \\ 2 & 0 & s \end{bmatrix}$$

und der Determinanten

$$|s\mathbf{I} - A| = s^2(s+2) + 2 + s = s^3 + 2s^2 + s + 2$$

zeigt die Übereinstimmung mit Gl. (A9.2).

Zur Berechnung der Transformationsmatrix V geht man wie bei der Aufgabe 5 vor. Die Bestimmungsgleichung für die Eigenvektoren v_i lautet demnach

$$(s_i\mathbf{I} - A)\; v_i = \mathbf{0}.$$

Der Rechenvorgang für die Berechnung der Eigenvektoren v_i sei für den vorliegenden Fall noch einmal kurz skizziert.

Für den Eigenwert $s_1 = \mathrm{j}$ gilt

$$(s_1\mathbf{I} - A)\, v_1 = \begin{bmatrix} \mathrm{j} & -1 & 0 \\ 1 & \mathrm{j}+2 & -1 \\ 2 & 0 & \mathrm{j} \end{bmatrix} \begin{bmatrix} v_{11} \\ v_{21} \\ v_{31} \end{bmatrix} = \mathbf{0}. \tag{A9.4}$$

Daraus folgt

$$\mathrm{j}\,v_{11} - v_{21} = 0, \qquad v_{11} + (\mathrm{j}+2)\; v_{21} - v_{31} = 0, \qquad 2v_{11} + \mathrm{j}\,v_{31} = 0 \tag{A9.5a-c}$$

bzw.

aus Gl. (A9.5a): $v_{21} = \mathrm{j}\, v_{11}$, (A9.6a)

aus Gl. (A9.5c): $v_{31} = 2\mathrm{j}\, v_{11}$, (A9.6b)

aus Gl. (A9.5b): $v_{11} + (\mathrm{j}+2)\mathrm{j}\, v_{11} - 2\mathrm{j}\, v_{11} = 0.$ (A9.6c)

Gl. (A9.6c) ist erfüllt für beliebige v_{11}, so dass

$$v_{11} = 1$$

gewählt werden kann. Damit wird der Eigenvektor

$$\boldsymbol{v}_1 = \begin{bmatrix} 1 \\ \mathrm{j} \\ 2\mathrm{j} \end{bmatrix}. \tag{A9.7}$$

Mit $s_2 = -\mathrm{j}$ ergibt sich als Bestimmungsgleichung für den Eigenvektor $\boldsymbol{v}_2$

$$(s_2\mathbf{I} - \boldsymbol{A})\, \boldsymbol{v}_2 = \begin{bmatrix} -\mathrm{j} & -1 & 0 \\ 1 & -\mathrm{j}+2 & -1 \\ 2 & 0 & -\mathrm{j} \end{bmatrix} \begin{bmatrix} v_{12} \\ v_{22} \\ v_{32} \end{bmatrix} = \mathbf{0}. \tag{A9.8}$$

Als eindeutige Lösung folgt

$$\boldsymbol{v}_2 = \begin{bmatrix} \mathrm{j} \\ 1 \\ 2 \end{bmatrix}. \tag{A9.9}$$

Schließlich erhält man für $s_3 = -2$ aus

$$(s_3\mathbf{I} - \boldsymbol{A})\, \boldsymbol{v}_3 = \begin{bmatrix} -2 & -1 & 0 \\ 1 & 0 & -1 \\ 2 & 0 & -2 \end{bmatrix} \begin{bmatrix} v_{13} \\ v_{23} \\ v_{33} \end{bmatrix} = \mathbf{0} \tag{A9.10}$$

bei der Wahl von $v_{13} = 1$ den Eigenvektor

$$\boldsymbol{v}_3 = \begin{bmatrix} 1 \\ -2 \\ 1 \end{bmatrix}. \tag{A9.11}$$

Damit lautet die Transformationsmatrix

$$\boldsymbol{V} = [\boldsymbol{v}_1 \quad \boldsymbol{v}_2 \quad \boldsymbol{v}_3] = \begin{bmatrix} 1 & \mathrm{j} & 1 \\ \mathrm{j} & 1 & -2 \\ 2\mathrm{j} & 2 & 1 \end{bmatrix}. \tag{A9.12}$$

Die Probe in Analogie zu Aufgabe 8

$$AV = \begin{bmatrix} 0 & 1 & 0 \\ -1 & -2 & 1 \\ -2 & 0 & 0 \end{bmatrix} \begin{bmatrix} 1 & j & 1 \\ j & 1 & -2 \\ 2j & 2 & 1 \end{bmatrix} = \begin{bmatrix} j & 1 & -2 \\ -1 & -j & 4 \\ -2 & -2j & -2 \end{bmatrix},$$

$$VA = \begin{bmatrix} 1 & j & 1 \\ j & 1 & -2 \\ 2j & 2 & 1 \end{bmatrix} \begin{bmatrix} j & 0 & 0 \\ 0 & -j & 0 \\ 0 & 0 & -2 \end{bmatrix} = \begin{bmatrix} j & 1 & -2 \\ -1 & -j & 4 \\ -2 & -2j & -2 \end{bmatrix},$$

zeigt wiederum die Richtigkeit der Transformation.

Aufgabe 10

Es ist zu prüfen, ob durch eine geeignete Transformationsmatrix V die Systemmatrix

$$A = \begin{bmatrix} -3 & 1 & 0 \\ 0 & -3 & 1 \\ -4 & 0 & 0 \end{bmatrix} \tag{A10.1}$$

auf Diagonal- oder Jordan-Normalform transformiert werden kann.

Zielsetzung: Transformation auf Diagonal- oder Jordan-Normalform

Theoretische Grundlagen: Kap. 1.6.1 bis 1.6.3

Lösung:

Die Matrix nach Gl. (A10.1) besitzt - wie man leicht aus der charakteristischen Gleichung $P^*(s) = |s\mathbf{I} - A| = 0$ ermitteln kann - die Eigenwerte

$$s_1 = s_2 = -1 \text{ und } s_3 = -4. \tag{A10.2}$$

Zur Beantwortung der Frage, ob eine Transformation auf Diagonalform möglich ist, wird für den doppelten Eigenwert s_1 wie in Aufgabe 8 der Rang der Matrix

$$s_1\mathbf{I} - A = \begin{bmatrix} -1 & 0 & 0 \\ 0 & -1 & 0 \\ 0 & 0 & -1 \end{bmatrix} - \begin{bmatrix} -3 & 1 & 0 \\ 0 & -3 & 1 \\ -4 & 0 & 0 \end{bmatrix} = \begin{bmatrix} 2 & -1 & 0 \\ 0 & 2 & -1 \\ 4 & 0 & -1 \end{bmatrix}$$

berechnet. Es ergibt sich

$$\text{Rang}\left(s_1\mathbf{I} - A\right) = 2 \neq 3 - 2\,.$$

Da aber der Rangabfall nicht der Vielfachheit des Eigenwertes s_1 entspricht, ist eine Transformation auf Diagonalform nicht möglich. Wie aus Kap. 1.6.3 bekannt ist, ist bei mehrfachen Eigenwerten dann immer eine Transformation auf Jordan-Normalform möglich. In diesem Fall lautet die Jordan-Normalform

$$V^{-1}AV = J = \begin{bmatrix} s_1 & 1 & 0 \\ 0 & s_1 & 0 \\ 0 & 0 & s_3 \end{bmatrix}. \tag{A10.3}$$

Mit $V = [v_1 \quad v_2 \quad v_3]$ kann man Gl. (A10.3) nach linksseitiger Multiplikation mit V auch darstellen als

$$A[v_1 \quad v_2 \quad v_3] = [v_1 \quad v_2 \quad v_3] \begin{bmatrix} s_1 & 1 & 0 \\ 0 & s_1 & 0 \\ 0 & 0 & s_3 \end{bmatrix} \tag{A10.4}$$

oder in Vektorschreibweise

$$Av_1 = s_1 v_1, \qquad Av_2 = v_1 + s_1 v_2, \qquad Av_3 = s_3 v_3. \tag{A10.5a-c}$$

Löst man die Vektorgleichung (A10.5a) in einzelne Gleichungszeilen auf, so erhält man mit $s_1 = -1$

$$2v_{11} = v_{21}, \quad 2v_{21} = v_{31}, \quad 4v_{11} = v_{31}$$

und damit wird bei gewähltem $v_{11} = 1$ der Eigenvektor

$$v_1 = \begin{bmatrix} 1 \\ 2 \\ 4 \end{bmatrix}. \tag{A10.6}$$

Die Lösungen der Gleichungssysteme (A10.5b,c) lassen sich in ähnlicher Weise ermitteln und liefern als Ergebnis bei gewählten Werten von $v_{12} = 1$ und $v_{13} = 1$ den Hauptvektor v_2 und den Eigenvektor v_3 zu

$$v_2 = \begin{bmatrix} 1 \\ 3 \\ 8 \end{bmatrix} \text{ und } v_3 = \begin{bmatrix} 1 \\ -1 \\ 1 \end{bmatrix}.$$

Die Probe mit der Beziehung

$$AV = VJ, \tag{A10.7}$$

also

$$AV = \begin{bmatrix} -3 & 1 & 0 \\ 0 & -3 & 1 \\ -4 & 0 & 0 \end{bmatrix} \begin{bmatrix} 1 & 1 & 1 \\ 2 & 3 & -1 \\ 4 & 8 & 1 \end{bmatrix} = \begin{bmatrix} -1 & 0 & -4 \\ -2 & -1 & 4 \\ -4 & -4 & -4 \end{bmatrix},$$

$$VJ = \begin{bmatrix} 1 & 1 & 1 \\ 2 & 3 & -1 \\ 4 & 8 & 1 \end{bmatrix} \begin{bmatrix} -1 & 1 & 0 \\ 0 & -1 & 0 \\ 0 & 0 & -4 \end{bmatrix} = \begin{bmatrix} -1 & 0 & -4 \\ -2 & -1 & 4 \\ -4 & -4 & -4 \end{bmatrix}$$

zeigt wiederum, dass die Transformationsmatrix V die Bedingungen nach Gl. (A10.7) erfüllt.

Aufgabe 11

Man prüfe, ob das Eingrößensystem

$$\dot{x}(t) = A x(t) + b\,u(t) \qquad y(t) = c^{\mathrm{T}} x(t) \tag{A11.1a, b}$$

mit

$$x = \begin{bmatrix} x_1 \\ x_2 \\ x_3 \end{bmatrix}, \quad A = \begin{bmatrix} -1 & -2 & -2 \\ 0 & -1 & 1 \\ 1 & 0 & -1 \end{bmatrix}, \quad b = \begin{bmatrix} 2 \\ 0 \\ 1 \end{bmatrix}$$

$$c^{\mathrm{T}} = [1 \quad 1 \quad 0]$$

vollständig steuer- und beobachtbar ist.

Zielsetzung: Überprüfung der Steuerbarkeit und Beobachtbarkeit

Theoretische Grundlagen: Kap. 1.7

Lösung:

Vorbemerkung:

Grundlage zur Bestimmung der Steuerbarkeit oder Beobachtbarkeit eines Systems ist u. a. die Ermittlung des Ranges einer Matrix. Daher ist es nützlich, an dieser Stelle noch einmal die Definition sowie die wichtigsten Regeln zu wiederholen.

Definition: Eine $(m \times n)-$ Matrix ist vom Rang r, wenn sie wenigstens eine nicht verschwindende r-zeilige Determinante enthält, während alle in ihr enthaltenen Determinanten höherer Zeilenzahl verschwinden.

Dies ist äquivalent mit der Aussage, dass eine Matrix vom Rang r ist, wenn sie genau r linear unabhängige Zeilen oder Spalten besitzt.

Dabei ist $r \leq \mathrm{Min}\,(m,n)$.

Regeln: Folgende Operationen verändern den Rang einer Matrix nicht:

1. Vertauschen von zwei Zeilen oder zwei Spalten;
2. Multiplikation einer Zeile oder Spalte mit einem Faktor $c \neq 0$;
3. Addition eines beliebigen Vielfachen einer Zeile bzw. Spalte zu einer anderen Zeile oder Spalte.

Die im Kap. 1.7 angegebenen Bedingungen für die Steuerbarkeit und Beobachtbarkeit eines in modaler Zustandsraumdarstellung durch die Gln. (1.7.6) und (1.7.14) gegebenen Übertragungssystems sind nur für den Fall einfacher Eigenwerte von A anwendbar. Allgemeiner sind hingegen die Bedingungen nach Kalman, die nachfolgend angewendet werden.

Nach Gl. (1.7.8) ist ein System 3. Ordnung vollständig zustandssteuerbar, wenn

$$\text{Rang}\,[\boldsymbol{B} \mid \boldsymbol{AB} \mid \boldsymbol{A}^2\boldsymbol{B}] = \text{Rang}\,\boldsymbol{S}_1 = n = 3 \tag{A11.2}$$

gilt. Mit

$$\boldsymbol{A} = \begin{bmatrix} -1 & -2 & -2 \\ 0 & -1 & 1 \\ 1 & 0 & -1 \end{bmatrix}, \quad \boldsymbol{B} = \boldsymbol{b} = \begin{bmatrix} 2 \\ 0 \\ 1 \end{bmatrix}$$

wird

$$\boldsymbol{Ab} = \begin{bmatrix} -4 \\ 1 \\ 1 \end{bmatrix} \quad \text{und} \quad \boldsymbol{A}^2\boldsymbol{b} = \begin{bmatrix} 0 \\ 0 \\ -5 \end{bmatrix},$$

und damit lautet die Steuerbarkeitsmatrix

$$\boldsymbol{S}_1 = \begin{bmatrix} 2 & -4 & 0 \\ 0 & 1 & 0 \\ 1 & 1 & -5 \end{bmatrix}. \tag{A11.3}$$

Zur Überprüfung der linearen Abhängigkeit der Spaltenvektoren wird der Ansatz

$$K_1 \begin{bmatrix} 2 \\ 0 \\ 1 \end{bmatrix} + K_2 \begin{bmatrix} -4 \\ 1 \\ 1 \end{bmatrix} + K_3 \begin{bmatrix} 0 \\ 0 \\ -5 \end{bmatrix} = \boldsymbol{0}$$

gewählt. Diese Beziehung kann nur durch $K_1 = K_2 = K_3 = 0$ befriedigt werden. Damit sind alle 3 Spaltenvektoren linear unabhängig und es gilt

$$\text{Rang}\,\boldsymbol{S}_1 = n = 3.$$

Daraus folgt, dass das durch Gl. (A11.1) gegebene System vollständig *zustandssteuerbar* (oder kurz: *steuerbar*) ist.

Das gegebene Eingrößensystem 3. Ordnung ist vollständig *ausgangssteuerbar*, wenn

$$\text{Rang}\,[\boldsymbol{c}^{\mathrm{T}}\boldsymbol{b} \mid \boldsymbol{c}^{\mathrm{T}}\boldsymbol{Ab} \mid \boldsymbol{c}^{\mathrm{T}}\boldsymbol{A}^2\boldsymbol{b} \mid \boldsymbol{d}] = \text{Rang}\,\boldsymbol{S}_3 = m = 1, \tag{A11.4}$$

also gleich der Anzahl der Ausgangsgrößen ist. Mit

$$\boldsymbol{c}^{\mathrm{T}} = [1 \quad 1 \quad 0]$$

erhält man für die (1×4) „Hypermatrix" $\boldsymbol{S}_3$

$$\text{Rang}\,\boldsymbol{S}_3 = \text{Rang}\,[2 \quad -3 \quad 0 \quad 0] = 1.$$

Daraus folgt, dass das durch Gl. (A11.1) beschriebene System vollständig ausgangssteuerbar ist.

Da keine Informationen über die Eigenwerte von $\boldsymbol{A}$ vorliegen, empfiehlt es sich, auch hier die von Kalman eingeführten allgemeinen Bedingungen zur Überprüfung der Beobachtbarkeit anzuwenden. Demnach ist ein Eingrößensystem 3. Ordnung genau dann beobachtbar wenn gilt

$$\text{Rang}\left[c \;\vdots\; A^{\mathrm{T}} c \;\vdots\; (A^{\mathrm{T}})^2 c\right] = \text{Rang}\ S_2 = n = 3. \tag{A11.5}$$

Im vorliegenden Fall erhält man mit

$$c = \begin{bmatrix} 1 \\ 1 \\ 0 \end{bmatrix}, \quad A^{\mathrm{T}} c = \begin{bmatrix} -1 \\ -3 \\ -1 \end{bmatrix}, \quad (A^{\mathrm{T}})^2 c = \begin{bmatrix} 0 \\ 5 \\ 0 \end{bmatrix}$$

schließlich die Beobachtbarkeitsmatrix

$$S_2 = \begin{bmatrix} 1 & -1 & 0 \\ 1 & -3 & 5 \\ 0 & -1 & 0 \end{bmatrix}. \tag{A11.6}$$

Untersucht man wiederum die lineare Abhängigkeit der Spaltenvektoren in Gl. (A11.6), so sieht man, dass sie linear unabhängig sind. Somit ist Rang $S_2 = 3$ und das gegebene System ist vollständig beobachtbar.

Aufgabe 12

Wie lauten die Bedingungen für a, b und c, damit das durch die Zustandsgleichung

$$\begin{bmatrix} \dot{x}_1 \\ \dot{x}_2 \\ \dot{x}_3 \end{bmatrix} = \begin{bmatrix} s_1 & 1 & 0 \\ 0 & s_1 & 1 \\ 0 & 0 & s_1 \end{bmatrix} \begin{bmatrix} x_1 \\ x_2 \\ x_3 \end{bmatrix} + \begin{bmatrix} a \\ b \\ c \end{bmatrix} u(t) \tag{A12.1}$$

gegebene System vollständig zustandssteuerbar ist?

Zielsetzung: Anwendung der Steuerbarkeitsbedingungen

Theoretische Grundlagen: Kap. 1.7.1

Lösung:

Die Bedingungen für die vollständige Zustandssteuerbarkeit sind bereits in Aufgabe 11 auf ein gegebenes System angewendet worden. In diesem Fall ist bei gegebener Matrix A nach Gl. (A12.1) der Spaltenvektor

$$b = \begin{bmatrix} a \\ b \\ c \end{bmatrix}$$

so zu bestimmen, dass

$$\text{Rang}\left[b \;\vdots\; Ab \;\vdots\; A^2 b\right] = \text{Rang}\ S_1 = 3 \tag{A12.2}$$

ist. Mit

$$\boldsymbol{Ab} = \begin{bmatrix} s_1 & 1 & 0 \\ 0 & s_1 & 1 \\ 0 & 0 & s_1 \end{bmatrix} \begin{bmatrix} a \\ b \\ c \end{bmatrix} = \begin{bmatrix} s_1 a + b \\ s_1 b + c \\ s_1 c \end{bmatrix} \tag{A12.3a}$$

und

$$\boldsymbol{A}^2\boldsymbol{b} = \begin{bmatrix} s_1^2 & 2s_1 & 1 \\ 0 & s_1^2 & 2s_1 \\ 0 & 0 & s_1^2 \end{bmatrix} \begin{bmatrix} a \\ b \\ c \end{bmatrix} = \begin{bmatrix} s_1^2 a + 2s_1 b + c \\ s_1^2 b + 2s_1 c \\ s_1^2 c \end{bmatrix} \tag{A12.3b}$$

erhält man die Steuerbarkeitsmatrix

$$\boldsymbol{S}_1 = \left[\begin{array}{c|c|c} a & s_1 a + b & s_1^2 a + 2s_1 b + c \\ b & s_1 b + c & s_1^2 b + 2s_1 c \\ c & s_1 c & s_1^2 c \end{array}\right].$$

Damit Gl. (A12.2) erfüllt ist, muss gelten

$$|\boldsymbol{S}_1| \neq 0. \tag{A12.4}$$

Durch Berechnung der Determinante und Vereinfachung der auftretenden Ausdrücke entsteht $|\boldsymbol{S}_1| = -c^3$ und damit folgt als Bedingung für die Steuerbarkeit

$$c \neq 0. \tag{A12.5}$$

Dabei üben die Größen a, b keinen Einfluss auf die Zustandssteuerbarkeit aus und sind somit frei wählbar. Die Bedingung (A12.5) folgt auch sofort aus der Überlegung, dass die Zustandsgröße x_3 und damit auch die Zustandsgrößen x_2 und x_1 wegen

$$\dot{x}_3(t) = s_1 x_3(t) + cu(t) \tag{A12.6}$$

nur dann vom Stellsignal $u(t)$ beeinflusst werden können, wenn die Konstante c ungleich Null ist.

Aufgabe 13

Gegeben ist ein Übertragungssystem in der Zustandsraumdarststellung

$$\begin{bmatrix} \dot{x}_1 \\ \dot{x}_2 \end{bmatrix} = \begin{bmatrix} -1 & 0 \\ 0 & -1 \end{bmatrix} \begin{bmatrix} x_1 \\ x_2 \end{bmatrix} + \begin{bmatrix} 1 \\ -1 \end{bmatrix} u(t), \qquad y(t) = [1 \quad 1] \begin{bmatrix} x_1 \\ x_2 \end{bmatrix}. \tag{A13.1a, b}$$

Man zeige, dass $y(t)$ unabhängig von $u(t)$ ist.

Zielsetzung: Überprüfung der Ausgangssteuerbarkeit

Theoretische Grundlagen: Kap. 1.7.1

Lösung:

Soll geprüft werden, ob $y(t)$ unabhängig von $u(t)$ ist, so muss gezeigt werden, dass das System nicht vollständig ausgangssteuerbar ist. Damit das gegebene Eingrößensystem 2. Ordnung ausgangssteuerbar ist, müsste (vgl. Aufgabe 11) die Bedingung

$$\text{Rang}\, \boldsymbol{S}_3 = \text{Rang}\,[\boldsymbol{c}^{\text{T}}\boldsymbol{b} \mid \boldsymbol{c}^{\text{T}}\boldsymbol{A}\boldsymbol{b} \mid d] = 1 \qquad \text{(A13.2)}$$

erfüllt sein. Der Rang der Matrix $\boldsymbol{S}_3$ muss also gleich der Anzahl der Ausgangsgrößen sein.

Im vorliegenden Fall ist

$$\boldsymbol{c}^{\text{T}}\boldsymbol{b} = [1 \quad 1]\begin{bmatrix} 1 \\ -1 \end{bmatrix} = 0, \; \boldsymbol{c}^{\text{T}}\boldsymbol{A}\boldsymbol{b} = [1 \quad 1]\begin{bmatrix} -1 & 0 \\ 0 & -1 \end{bmatrix}\begin{bmatrix} 1 \\ -1 \end{bmatrix} = 0 \;\text{ und }\; d = 0. \qquad \text{(A13.3a-c)}$$

Damit wird Rang $[0 \quad 0 \quad 0] = 0$, d. h. das System ist nicht ausgangssteuerbar und deshalb ist $y(t)$ unabhängig von $u(t)$.

Aufgabe 14

Man prüfe, ob die Schaltung im Bild A14.1 für $L = R^2 C$ steuerbar ist.

Zielsetzung: Anwendung der Steuerbarkeitsbedingungen

Theoretische Grundlagen: Kap. 1.7.1

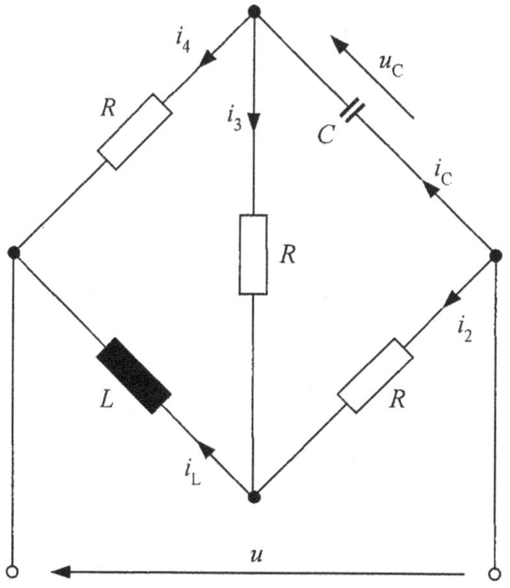

Bild A14.1. *RLC*-Netzwerk

Lösung:

Für die Untersuchung der Steuerbarkeit der Schaltung im Bild A14.1 werden als Zustandsgrößen der Strom durch die Induktivität L und die Spannung an der Kapazität C eingeführt, d. h.

$$i_L = x_1, \qquad u_C = x_2. \tag{A14.1a, b}$$

Da für die Zustandssteuerbarkeit die Systemmatrix $\boldsymbol{A}$ und der Eingangsvektor $\boldsymbol{b}$ von Bedeutung sind, wird eine Darstellung des Systems in der Form

$$\dot{\boldsymbol{x}} = \boldsymbol{A}\boldsymbol{x} + \boldsymbol{b}u \tag{A14.2}$$

gesucht.

Die Analyse des Netzwerks liefert die Maschengleichungen

$$x_2 = u - Ri_4, \qquad L\frac{\mathrm{d}x_1}{\mathrm{d}t} = Ri_4 - Ri_3, \qquad x_2 = Ri_2 - Ri_3 \tag{A14.3a-c}$$

und die Knotengleichungen

$$C\frac{\mathrm{d}x_2}{\mathrm{d}t} = i_4 + i_3, \qquad x_1 = i_3 + i_2. \tag{A14.3d, e}$$

Aus Gl. (A14.3a) folgt unmittelbar

$$i_4 = \frac{1}{R}(u - x_2) \tag{A14.4}$$

und aus den Gln. (A14.3c) und (A14.3e) erhält man durch Elimination von i_2 die Beziehung

$$i_3 = \frac{1}{2R}(Rx_1 - x_2). \tag{A14.5}$$

Durch Einsetzen der Gln. (A14.4) und (A14.5) in Gl. (A14.3b) ergibt sich die erste Zustandsgleichung

$$\frac{\mathrm{d}x_1}{\mathrm{d}t} = -\frac{R}{2L}x_1 - \frac{1}{2L}x_2 + \frac{1}{L}u. \tag{A14.6}$$

Aus Gl. (A14.3d) folgt ebenfalls mit den Gln. (A14.4) und (A14.5) direkt die zweite Zustandsgleichung

$$\frac{\mathrm{d}x_2}{\mathrm{d}t} = \frac{1}{2C}x_1 - \frac{3}{2RC}x_2 + \frac{1}{RC}u. \tag{A14.7}$$

Damit lassen sich die Gln. (A14.6) und (A14.7) in der vektoriellen Zustandsgleichung

$$\dot{\boldsymbol{x}} = \begin{bmatrix} -\dfrac{R}{2L} & -\dfrac{1}{2L} \\ \dfrac{1}{2C} & -\dfrac{3}{2RC} \end{bmatrix} \boldsymbol{x} + \begin{bmatrix} \dfrac{1}{L} \\ \dfrac{1}{RC} \end{bmatrix} u \tag{A14.8}$$

zusammenfassen.

Für das System nach Gl. (A14.8) ist nun die Kalmansche Steuerbarkeitsbedingung

$$\text{Rang}\, \boldsymbol{S}_1 = \text{Rang}\,[\boldsymbol{b} \quad \boldsymbol{Ab}] = 2 \tag{A14.9}$$

zu überprüfen. Man erhält mit $L = R^2C$

$$\boldsymbol{S}_1 = \begin{bmatrix} \frac{1}{L} & -\frac{R}{2L^2} - \frac{1}{2RLC} \\ \frac{1}{RC} & \frac{1}{2LC} - \frac{3}{2R^2C^2} \end{bmatrix} = \begin{bmatrix} \frac{1}{R^2C} & -\frac{1}{R^3C^2} \\ \frac{1}{RC} & -\frac{1}{R^2C^2} \end{bmatrix}. \tag{A14.10}$$

Die zweite Zeile der Matrix $\boldsymbol{S}_1$ ist über den Faktor $1/R$ linear abhängig von der ersten Zeile. Damit ist die Bedingung (A14.9) für die Steuerbarkeitsmatrix $\boldsymbol{S}_1$ nicht erfüllt und das *RLC*-Netzwerk nach Bild A14.1 ist für $L = R^2C$ nicht steuerbar.

Aufgabe 15

Das im Bild A15.1 dargestellte Netzwerk hat als Eingangsgröße $u(t)$ den Strom i_g am Eingang des Netzwerkes. Als Zustandsgrößen $x_1(t)$ und $x_2(t)$ werden die Spannung u_C an der Kapazität und der Strom i_L durch die Induktivität definiert.

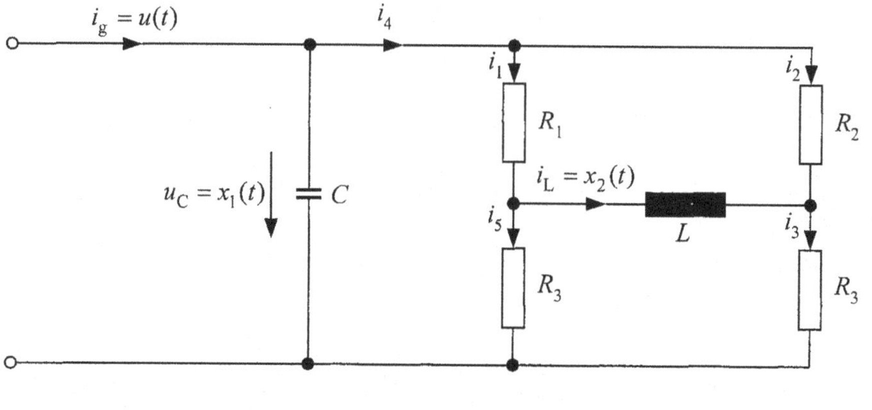

Bild A15.1. *RLC*-Netzwerk

Wie muss die in dieser Schaltung enthaltene Brücke dimensioniert werden, damit das Netzwerk steuerbar ist?

Zielsetzung: Anwendung der Steuerbarkeitsbedingungen

Theoretische Grundlagen: Kap. 1.7.1

Lösung:

Zunächst ist die Zustandsraumdarstellung in der Form

$$\dot{x} = Ax + bu \tag{A15.1}$$

gesucht.

Festgelegt sind hier bereits die Zustandsgrößen

$$x_1 = u_C \text{ und } x_2 = i_L . \tag{A15.2a, b}$$

Das Gleichungssystem zur Ermittlung der Größen $\dot{x}_1$ und $\dot{x}_2$ ergibt sich aus den Knotengleichungen

$$u = C\dot{x}_1 + i_4 , \quad i_4 = i_1 + i_2 = i_3 + i_5 , \quad i_1 = i_5 + x_2 , \quad i_3 = i_2 + x_2 \tag{A15.3a-d}$$

und den Maschengleichungen

$$x_1 = R_2 i_2 + R_3 i_3 , \quad x_1 = R_1 i_1 + R_3 i_5 \tag{A15.4a, b}$$

$$R_2 i_2 = R_1 i_1 + L\dot{x}_2 , \quad R_3 i_5 = R_3 i_3 + L\dot{x}_2 \tag{A15.4c, d}$$

des *RLC*-Netzwerkes.

Aus den Gln. (A15.3c) und (A15.4b) lässt sich i_1 eliminieren, so dass

$$i_5 = \frac{x_1 - R_1 x_2}{R_1 + R_3} . \tag{A15.5}$$

In gleicher Form wird i_2 aus den Gln. (A15.3d) und (A15.4a) eliminiert. Man erhält dann

$$i_3 = \frac{x_1 + R_2 x_2}{R_2 + R_3} . \tag{A15.6}$$

Die Gln. (A15.3b), (A15.5) und (A15.6) in Gl. (A15.3a) eingesetzt liefert unmittelbar

$$\dot{x}_1 = -\frac{1}{C}\left(\frac{1}{R_1 + R_3} + \frac{1}{R_2 + R_3}\right) x_1 - \frac{1}{C}\left(\frac{R_2}{R_2 + R_3} - \frac{R_1}{R_1 + R_3}\right) x_2 + \frac{1}{C} u . \tag{A15.7}$$

Die zweite Zustandsgleichung folgt durch Einsetzen der Gln. (A15.5) und (A15.6) in Gl. (A15.4d) in der Form

$$\dot{x}_2 = \frac{R_3}{L}\left(\frac{1}{R_1 + R_3} - \frac{1}{R_2 + R_3}\right) x_1 - \frac{R_3}{L}\left(\frac{R_1}{R_1 + R_3} + \frac{R_2}{R_2 + R_3}\right) x_2 . \tag{A15.8}$$

Mit

$$A = \begin{bmatrix} -\frac{1}{C}\left(\frac{1}{R_1 + R_3} + \frac{1}{R_2 + R_3}\right) & -\frac{1}{C}\left(\frac{R_2}{R_2 + R_3} - \frac{R_1}{R_1 + R_3}\right) \\ \frac{R_3}{L}\left(\frac{1}{R_1 + R_3} - \frac{1}{R_2 + R_3}\right) & -\frac{R_3}{L}\left(\frac{R_1}{R_1 + R_3} + \frac{R_2}{R_2 + R_3}\right) \end{bmatrix} \tag{A15.9a}$$

und

$$\boldsymbol{b}=\begin{bmatrix}\dfrac{1}{C}\\ \\ 0\end{bmatrix} \tag{A15.9b}$$

wird $\boldsymbol{S}_1$ wie in Aufgabe 14 gemäß Gl. (1.7.8) berechnet. Man erhält somit

$$\boldsymbol{S}_1=[\,\boldsymbol{b}\mid \boldsymbol{A}\boldsymbol{b}\,]=\left[\begin{array}{c|c}\dfrac{1}{C} & -\dfrac{1}{C^2}\left(\dfrac{1}{R_1+R_3}+\dfrac{1}{R_2+R_3}\right)\\ 0 & \dfrac{R_3}{LC}\left(\dfrac{1}{R_1+R_3}-\dfrac{1}{R_2+R_3}\right)\end{array}\right]. \tag{A15.10}$$

Damit die gegebene Brücke steuerbar ist, muss Rang $\boldsymbol{S}_1=2$ sein, d. h.

$$\frac{R_3}{LC^2}\left(\frac{1}{R_1+R_3}-\frac{1}{R_2+R_3}\right)\neq 0. \tag{A15.11}$$

Gl. (A15.11) ist erfüllt für die Bedingungen

$$\frac{R_3}{LC^2}\neq 0 \quad\text{und}\quad R_2\neq R_1 .$$

Mit diesen Bedingungen ist das Netzwerk vollständig steuerbar.

Aufgabe 16

Gegeben sei eine Mehrgrößen-Regelstrecke mit der Zustandsraumdarstellung

$$\boldsymbol{A}=\begin{bmatrix}-3 & 1 & 0\\ 0 & -3 & 0\\ 0 & 0 & 2\end{bmatrix},\ \boldsymbol{B}=\begin{bmatrix}0 & 0\\ 0 & 1\\ 1 & 0\end{bmatrix},\ \boldsymbol{C}=\begin{bmatrix}0 & 0 & 1\\ 1 & 0 & 0\end{bmatrix},\ \boldsymbol{D}=\begin{bmatrix}0 & 0\\ 0 & 0\end{bmatrix}=\boldsymbol{0}. \tag{A16.1a-d}$$

Gesucht ist eine Reglermatrix $\boldsymbol{F}$ für eine Zustandsvektorrückführung mit $\boldsymbol{u}=-\boldsymbol{F}\boldsymbol{x}$ für den Fall, dass der geschlossene Regelkreis jeweils folgende Polverteilung besitzt:

a) $s_1=-1,\ s_2=-2,\ s_3=-4;$ (A16.2a)

für diesen Fall ist auch die Vorfiltermatrix $\boldsymbol{V}$ zu bestimmen;

b) $s_1=-1,\ s_2=-2,\ s_3=-2;$ (A16.2b)

c) $s_1=-1,\ s_2=-2,\ s_3=-3;$ (A16.2c)

d) $s_1=-1,\ s_2=-3,\ s_3=-3;$ (A16.2d)

e) $s_1=-1,\ s_2=-3+\mathrm{j},\ s_3=-3-\mathrm{j};$ (A16.2e)

f) $s_1=-20,\ s_2=-30,\ s_3=-40.$ (A16.2f)

Für die jeweils ermittelte Reglermatrix $\boldsymbol{F}$ ist die Probe durch Einsetzen derselben in die charakteristische Gleichung des geschlossenen Regelkreises für die Fälle a) - f) zu machen.

Zielsetzung: Reglersynthese durch Polvorgabe

Theoretische Grundlagen: Kap. 1.8.1 - 1.8.6

Lösung:

Zuerst muss geprüft werden, ob es möglich ist, mit einer konstanten Reglermatrix $\boldsymbol{F}$ eine beliebige Polverteilung des geschlossenen Regelkreises zu erhalten. Notwendig und hinreichend dafür ist die Steuerbarkeit des offenen Systems. Wie bereits aus den Aufgaben 11-15 bekannt ist, muss die Kalmansche Steuerbarkeitsbedingung

$$\operatorname{Rang}[\boldsymbol{B} \mid \boldsymbol{AB} \mid \boldsymbol{A}^2\boldsymbol{B} \mid \cdots \mid \boldsymbol{A}^{n-1}\boldsymbol{B}] \overset{!}{=} n = \text{Systemordnung}$$

gelten. Das Einsetzen der Matrizen $\boldsymbol{A}$ und $\boldsymbol{B}$ ergibt

$$\operatorname{Rang}\,[\boldsymbol{B} \mid \boldsymbol{AB} \mid \boldsymbol{A}^2\boldsymbol{B}] = \operatorname{Rang}\left[\begin{array}{cc|cc|cc} 0 & 0 & 0 & 1 & 0 & -6 \\ 0 & 1 & 0 & -3 & 0 & 9 \\ 1 & 0 & 2 & 0 & 4 & 0 \end{array}\right] = 3. \qquad \text{(A16.3)}$$

Die Rangbedingung gemäß Gl. (A16.3) ist erfüllt, da alle Zeilen der Steuerbarkeitsmatrix linear unabhängig sind. Somit ist das offene System vollständig steuerbar. Nun kann die Berechnung der gesuchten Reglermatrizen $\boldsymbol{F}$ erfolgen.

Im ersten Rechenschritt ist die Matrix $\underline{\boldsymbol{\Psi}}(s) = \underline{\boldsymbol{\Phi}}(s)\,\boldsymbol{B}$ zu bestimmen, die für alle gewünschten Polverteilungen gleich ist. Zunächst ergibt sich die Fundamentalmatrix des durch Gl. (A16.1) beschriebenen Systems zu

$$\underline{\boldsymbol{\Phi}}(s) = \left(s\mathbf{I} - \boldsymbol{A}\right)^{-1} = \begin{bmatrix} s+3 & -1 & 0 \\ 0 & s+3 & 0 \\ 0 & 0 & s-2 \end{bmatrix}^{-1},$$

$$\underline{\boldsymbol{\Phi}}(s) = \frac{1}{(s+3)^2(s-2)} \begin{bmatrix} (s+3)(s-2) & 0 & 0 \\ s-2 & (s+3)(s-2) & 0 \\ 0 & 0 & (s+3)^2 \end{bmatrix}^{\mathrm{T}},$$

$$\underline{\boldsymbol{\Phi}}(s) = \begin{bmatrix} \dfrac{1}{s+3} & \dfrac{1}{(s+3)^2} & 0 \\ 0 & \dfrac{1}{s+3} & 0 \\ 0 & 0 & \dfrac{1}{s-2} \end{bmatrix}. \qquad \text{(A16.4)}$$

Das offene System besitzt demnach die Pole $s_{0,1} = s_{0,2} = -3$, $s_{0,3} = +2$ und ist daher instabil. Damit erhält man

$$\underline{\boldsymbol{\Psi}}(s) = \underline{\boldsymbol{\Phi}}(s)\boldsymbol{B} = \begin{bmatrix} 0 & \dfrac{1}{(s+3)^2} \\ 0 & \dfrac{1}{s+3} \\ \dfrac{1}{s-2} & 0 \end{bmatrix} = [\,\boldsymbol{\Psi}_1(s) \quad \boldsymbol{\Psi}_2(s)\,]\,. \tag{A16.5}$$

Die Matrix $\underline{\boldsymbol{\Psi}}(s)$ hat die Dimension $(n \times r)$ und die Spaltenvektoren $\boldsymbol{\Psi}_\nu(s)$ die Dimension $(n \times 1)$. Es gibt daher immer genau r dieser Spaltenvektoren. Für den geschlossenen Regelkreis werden jedoch n Pole vorgegeben, ebenso viele wie im offenen System. Die Synthesegleichung (1.8.29) muss für alle n Pole gelten. Aus diesem Grund müssen nun n dieser Spaltenvektoren $\boldsymbol{\Psi}_\nu(s_i)$ für $i = 1, \ldots, n$ aufgestellt werden, die linear unabhängig sein müssen, damit die aus den Vektoren $\boldsymbol{\Psi}_\nu(s_i)$ gebildete $(n \times n)$ – Matrix in der Synthesegleichung

$$\boldsymbol{F} = -[\,\mathbf{e}_{\nu_1} \quad \mathbf{e}_{\nu_2} \quad \cdots \quad \mathbf{e}_{\nu_n}\,]\,[\,\boldsymbol{\Psi}_{\nu_1}(s_1) \quad \boldsymbol{\Psi}_{\nu_2}(s_2) \quad \cdots \quad \boldsymbol{\Psi}_{\nu_n}(s_n)]^{-1} \tag{A16.6}$$

invertiert werden kann. Die Indizes ν sind dabei beliebig zwischen $1, 2, \cdots, r$ wählbar. Man beachte, dass die Einheitsvektoren die Dimension $(r \times 1)$ besitzen. Durch Einsetzen der n vorgegebenen Pole s_i des geschlossenen Kreises in die r Spaltenvektoren erhält man insgesamt $n \cdot r$ mögliche Spaltenvektoren $\boldsymbol{\Psi}_\nu(s_i)$, von denen n linear unabhängige ausgewählt werden müssen.

a) $s_1 = -1$, $s_2 = -2$, $s_3 = -4$

Man erhält hierfür die $n \cdot r = 6$ möglichen Spaltenvektoren

$$\boldsymbol{\Psi}_{1_1}(s_1) = \begin{bmatrix} 0 \\ 0 \\ -\frac{1}{3} \end{bmatrix}, \ \boldsymbol{\Psi}_{2_1}(s_1) = \begin{bmatrix} \frac{1}{4} \\ \frac{1}{2} \\ 0 \end{bmatrix}, \ \boldsymbol{\Psi}_{1_2}(s_2) = \begin{bmatrix} 0 \\ 0 \\ -\frac{1}{4} \end{bmatrix}, \ \boldsymbol{\Psi}_{2_2}(s_2) = \begin{bmatrix} 1 \\ 1 \\ 0 \end{bmatrix}, \tag{A16.7a, b}$$

$$\boldsymbol{\Psi}_{1_3}(s_3) = \begin{bmatrix} 0 \\ 0 \\ -\frac{1}{6} \end{bmatrix}, \ \boldsymbol{\Psi}_{2_3}(s_3) = \begin{bmatrix} 1 \\ -1 \\ 0 \end{bmatrix}. \tag{A16.7c}$$

Aus diesen 6 Möglichkeiten ist eine Kombination von $n = 3$ Spaltenvektoren auszusuchen, die linear unabhängig sind, wobei jeder Pol s_i, $i = 1, \cdots, n$ mindestens in einem Spaltenvektor enthalten sein muss. Es gibt $r^n = 2^3 = 8$ mögliche Kombinationen. Es ist leicht zu erkennen, dass die Spaltenvektoren $\boldsymbol{\Psi}_1(s_1)$, $\boldsymbol{\Psi}_1(s_2)$ und $\boldsymbol{\Psi}_1(s_3)$ jeweils paarweise linear abhängig sind. Ebenso ist einer der drei Vektoren

$\Psi_2(s_1)$, $\Psi_2(s_2)$ und $\Psi_2(s_3)$ linear abhängig von den beiden anderen. Damit bleiben als mögliche Kombinationen für die Matrix N in Gl. (1.8.36b)

$$N_1 = [\,\Psi_{1_1}(s_1) \quad \Psi_{2_2}(s_2) \quad \Psi_{2_3}(s_3)] = \begin{bmatrix} 0 & 1 & 1 \\ 0 & 1 & -1 \\ -\frac{1}{3} & 0 & 0 \end{bmatrix}, \tag{A16.8a}$$

$$N_2 = [\,\Psi_{2_1}(s_1) \quad \Psi_{1_2}(s_2) \quad \Psi_{2_3}(s_3)] = \begin{bmatrix} \frac{1}{4} & 0 & 1 \\ \frac{1}{2} & 0 & -1 \\ 0 & -\frac{1}{4} & 0 \end{bmatrix} \tag{A16.8b}$$

oder

$$N_3 = [\,\Psi_{2_1}(s_1) \quad \Psi_{2_2}(s_2) \quad \Psi_{1_3}(s_3)] = \begin{bmatrix} \frac{1}{4} & 1 & 0 \\ \frac{1}{2} & 1 & 0 \\ 0 & 0 & -\frac{1}{6} \end{bmatrix} \tag{A16.8c}$$

übrig.

Gewählt werde die Möglichkeit nach Gl. (A16.8a), mit der nun Gl. (A16.6) ausgewertet werden soll. Zu diesem Fall gehört die Matrix der Einheitsvektoren

$$[\,\mathbf{e}_{1_1} \quad \mathbf{e}_{2_2} \quad \mathbf{e}_{2_3}\,] = \begin{bmatrix} 1 & 0 & 0 \\ 0 & 1 & 1 \end{bmatrix}. \tag{A16.9}$$

Die Inverse der Matrix N_1 ergibt sich zu

$$N_1^{-1} = [\,\Psi_{1_1}(s_1) \quad \Psi_{2_2}(s_2) \quad \Psi_{2_3}(s_3)]^{-1} = \begin{bmatrix} 0 & 0 & -3 \\ \frac{1}{2} & \frac{1}{2} & 0 \\ \frac{1}{2} & -\frac{1}{2} & 0 \end{bmatrix}.$$

Daraus folgt die Zustandsrückführmatrix

$$\boldsymbol{F}_1 = -\begin{bmatrix} 1 & 0 & 0 \\ 0 & 1 & 1 \end{bmatrix} \begin{bmatrix} 0 & 0 & -3 \\ \frac{1}{2} & \frac{1}{2} & 0 \\ \frac{1}{2} & -\frac{1}{2} & 0 \end{bmatrix} = \begin{bmatrix} 0 & 0 & 3 \\ -1 & 0 & 0 \end{bmatrix}. \tag{A16.10}$$

Probe: An den Polstellen $(s = s_i)$ muss der Wert des charakteristischen Polynoms verschwinden, d. h.

$$P(s) = |\, s\mathbf{I} - \boldsymbol{A} + \boldsymbol{BF} \,| = 0$$

bzw.

$$P(s)=\left|\begin{bmatrix} s+3 & -1 & 0 \\ 0 & s+3 & 0 \\ 0 & 0 & s-2 \end{bmatrix}+\begin{bmatrix} 0 & 0 \\ 0 & 1 \\ 1 & 0 \end{bmatrix}\begin{bmatrix} 0 & 0 & 3 \\ -1 & 0 & 0 \end{bmatrix}\right|=\begin{vmatrix} s+3 & -1 & 0 \\ -1 & s+3 & 0 \\ 0 & 0 & s+1 \end{vmatrix}=0.$$

Einsetzen der gewünschten Polstellen ergibt

$$P(s_1=-1)=\begin{vmatrix} 2 & -1 & 0 \\ -1 & 2 & 0 \\ 0 & 0 & 0 \end{vmatrix}=0, \qquad P(s_2=-2)=\begin{vmatrix} 1 & -1 & 0 \\ -1 & 1 & 0 \\ 0 & 0 & -1 \end{vmatrix}=0,$$

$$P(s_3=-4)=\begin{vmatrix} -1 & -1 & 0 \\ -1 & -1 & 0 \\ 0 & 0 & -3 \end{vmatrix}=0,$$

so dass die charakteristische Gleichung erfüllt ist.

Für die beiden anderen möglichen Reglermatrizen erhält man bei gleicher Vorgehensweise

$$\boldsymbol{F}_2=\begin{bmatrix} 0 & 0 & 4 \\ -2 & -1 & 0 \end{bmatrix} \text{ und } \boldsymbol{F}_3=\begin{bmatrix} 0 & 0 & 6 \\ 2 & -3 & 0 \end{bmatrix}. \tag{A16.11}$$

Welcher Regler letztlich verwendet wird, hängt von weiteren vorgegebenen Randbedingungen ab, wie z. B. möglichst geringe Stellgrößen o. ä. Diese Reglereigenschaften müssen durch Simulation überprüft werden.

Für die Zustandsrückführungen nach Gl. (A16.10) und Gl. (A16.11) soll nun eine Vorfiltermatrix $\boldsymbol{V}$ bestimmt werden, so dass die stationäre Regelabweichung verschwindet.

Die Berechnung erfolgt über die Gl. (1.8.17), also

$$\boldsymbol{V}=[\boldsymbol{C}(\boldsymbol{B}\boldsymbol{F}-\boldsymbol{A})^{-1}\boldsymbol{B}]^{-1}.$$

Man erhält nach elementarer Rechnung die Vorfiltermatrizen

$$\boldsymbol{V}_1=\begin{bmatrix} 1 & 0 \\ 0 & 8 \end{bmatrix}, \quad \boldsymbol{V}_2=\begin{bmatrix} 2 & 0 \\ 0 & 4 \end{bmatrix}, \quad \boldsymbol{V}_3=\begin{bmatrix} 4 & 0 \\ 0 & 2 \end{bmatrix}. \tag{A16.12a-c}$$

b) $s_1=-1,\ s_2=-2,\ s_3=-2$

Hier wird ein zweifacher Pol für den geschlossenen Regelkreis vorgegeben. Das bedeutet, dass sich bei der Ermittlung der Spaltenvektoren $\boldsymbol{\Psi}_{j_i}(s_i)$ zwei identische Paare

$$\boldsymbol{\Psi}_{1_1}(s_1)=\begin{bmatrix} 0 \\ 0 \\ -\frac{1}{3} \end{bmatrix}, \quad \boldsymbol{\Psi}_{2_1}(s_1)=\begin{bmatrix} \frac{1}{4} \\ \frac{1}{2} \\ 0 \end{bmatrix} \tag{A16.13a}$$

und

$$\Psi_{1_2}(s_2) = \Psi_{1_3}(s_3) = \begin{bmatrix} 0 \\ 0 \\ -\frac{1}{4} \end{bmatrix}, \quad \Psi_{2_2}(s_2) = \Psi_{2_3}(s_3) = \begin{bmatrix} 1 \\ 1 \\ 0 \end{bmatrix} \tag{A16.13b}$$

ergeben. Jetzt existiert keine Möglichkeit mehr, 3 linear unabhängige Spaltenvektoren zu wählen, die zu unterschiedlichen Eigenwerten s_i gehören. Um bei mehrfachen Polen zu n linear unabhängigen Spaltenvektoren zu gelangen, wird die Ableitung der Vektoren $\Psi_\nu(s_i)$ an der Stelle des mehrfachen Pols $s = s_i$ betrachtet, wodurch man nach Gl. (1.8.35) wiederum insgesamt $n \cdot r$ mögliche Vektoren zur Auswahl erhält. In diesem Fall können also zwei weitere Spaltenvektoren

$$\left.\frac{\mathrm{d}\Psi_{1_2}(s)}{\mathrm{d}s}\right|_{s=s_2} = \begin{bmatrix} 0 \\ 0 \\ \dfrac{-1}{(s-2)^2} \end{bmatrix}_{s=-2} = \begin{bmatrix} 0 \\ 0 \\ -\frac{1}{16} \end{bmatrix} \tag{A16.14a}$$

und

$$\left.\frac{\mathrm{d}\Psi_{2_2}(s)}{\mathrm{d}s}\right|_{s=s_2} = \begin{bmatrix} -\dfrac{2}{(s+3)^3} \\ -\dfrac{1}{(s+3)^2} \\ 0 \end{bmatrix}_{s=-2} = \begin{bmatrix} -2 \\ -1 \\ 0 \end{bmatrix} \tag{A16.14b}$$

ermittelt werden. Die zugehörige Bedingung für die Zustandsrückführmatrix lautet

$$\boldsymbol{F} \left.\frac{\mathrm{d}\Psi_{2_2}(s)}{\mathrm{d}s}\right|_{s=s_2} = \mathbf{0}\,. \tag{A16.15}$$

Nun gibt es wiederum 3 verschiedene Möglichkeiten, 3 linear unabhängige Spaltenvektoren zur Bildung der jeweiligen Matrix

$$N_1 = \left[\Psi_{1_1}(s_1) \quad \Psi_{2_2}(s_2) \quad \left.\frac{\mathrm{d}\Psi_{2_2}}{\mathrm{d}s}\right|_{s=s_2} \right], \tag{A16.16a}$$

$$N_2 = \left[\Psi_{2_1}(s_1) \quad \Psi_{1_2}(s_2) \quad \left.\frac{\mathrm{d}\Psi_{2_2}}{\mathrm{d}s}\right|_{s=s_2} \right], \tag{A16.16b}$$

$$N_3 = \left[\Psi_{2_1}(s_1) \quad \left.\frac{\mathrm{d}\Psi_{1_2}}{\mathrm{d}s}\right|_{s=s_2} \quad \Psi_{2_2}(s_2) \right] \tag{A16.16c}$$

auszuwählen. Als Beispiel soll die Matrix N_1 nach Gl. (A16.16a) zur Berechnung von $\boldsymbol{F}$ herangezogen werden:

$$\boldsymbol{F} = -\begin{bmatrix} 1 & 0 & 0 \\ 0 & 1 & 0 \end{bmatrix} \begin{bmatrix} 0 & 1 & -2 \\ 0 & 1 & -1 \\ -\frac{1}{3} & 0 & 0 \end{bmatrix}^{-1} = \begin{bmatrix} 1 & 0 & 0 \\ 0 & 1 & 0 \end{bmatrix} \frac{1}{(-\frac{1}{3})} \begin{bmatrix} 0 & 0 & 1 \\ \frac{1}{3} & -\frac{2}{3} & 0 \\ \frac{1}{3} & -\frac{1}{3} & 0 \end{bmatrix}.$$

Die gesuchte Zustandsrückführmatrix lautet

$$\boldsymbol{F} = \begin{bmatrix} 0 & 0 & 3 \\ 1 & -2 & 0 \end{bmatrix}. \tag{A16.17}$$

Probe:

$$\boldsymbol{BF} = \begin{bmatrix} 0 & 0 & 0 \\ 1 & -2 & 0 \\ 0 & 0 & 3 \end{bmatrix}$$

$$|s\mathbf{I} - \boldsymbol{A} + \boldsymbol{BF}| = \begin{vmatrix} s+3 & -1 & 0 \\ 1 & s+1 & 0 \\ 0 & 0 & s+1 \end{vmatrix} = (s+1)\,(s^2+4s+4) = (s+1)\,(s+2)^2.$$

c) $s_1 = -1,\ s_2 = -2,\ s_3 = -3$

In diesem Fall soll ein Pol bei $s_3 = -3$ im offenen und geschlossenen Regelsystem gleich sein. Dieser Pol kann nicht direkt in die Spaltenvektoren $\Psi_1(s)$ und $\Psi_2(s)$ eingesetzt werden, da einige Vektorelemente über alle Grenzen wachsen würden. Daher wendet man hier einen mathematischen Trick an und substituiert in den betreffenden Vektorelementen den Faktor

$$\frac{1}{s+3} = \lambda\,. \tag{A16.18}$$

Es ist wichtig, dass nur Faktoren substituiert werden, die tatsächlich über alle Grenzen wachsen, um sich Rechenarbeit zu sparen. Alle anderen Polstellen s_i werden direkt eingesetzt. Für die Fälle, in denen die einzusetzenden Pole des geschlossenen Regelkreises verschieden sind von denen des offenen, ändert sich nichts an der Vorgehensweise gegenüber der Teilaufgabe a).

Man erhält also wie bisher

$$\boldsymbol{\Psi}_{1_1}(s_1)=\begin{bmatrix}0\\0\\-\frac{1}{3}\end{bmatrix},\ \boldsymbol{\Psi}_{2_1}(s_1)=\begin{bmatrix}\frac{1}{4}\\\frac{1}{2}\\0\end{bmatrix},\ \boldsymbol{\Psi}_{1_2}(s_2)=\begin{bmatrix}0\\0\\-\frac{1}{4}\end{bmatrix},\ \boldsymbol{\Psi}_{2_2}(s_2)=\begin{bmatrix}1\\1\\0\end{bmatrix}. \qquad \text{(A16.19a, b)}$$

Mit der jetzt notwendig gewordenen Substitution nach Gl. (A16.18) ergibt sich

$$\boldsymbol{\Psi}_{1_3}(s_3)=\begin{bmatrix}0\\0\\-\frac{1}{5}\end{bmatrix},\ \boldsymbol{\Psi}_{2_3}(\lambda,s_3)=\begin{bmatrix}\lambda^2\\\lambda\\0\end{bmatrix}. \qquad \text{(A16.19c)}$$

In diesem speziellen Fall sind alle Komponenten von $\boldsymbol{\Psi}_{1_3}(s_3)$ endlich, weil kein zu substituierender Faktor vorkommt. Von den wiederum 3 verschiedenen Möglichkeiten der Wahl dreier linear unabhängiger Spaltenvektoren wird zur Aufstellung der Matrix die Form

$$\boldsymbol{N}_1=[\boldsymbol{\Psi}_{1_1}(s_1)\quad \boldsymbol{\Psi}_{2_2}(s_2)\quad \boldsymbol{\Psi}_{2_3}(\lambda,s_3)] \qquad \text{(A16.20)}$$

verwendet. Von der Inversen dieser Matrix muss der Grenzwert $\lambda\to\infty$ elementweise gebildet werden, d. h.

$$\lim_{\lambda\to\infty}\boldsymbol{N}_1^{-1}=\lim_{\lambda\to\infty}\begin{bmatrix}0&1&\lambda^2\\0&1&\lambda\\-\frac{1}{3}&0&0\end{bmatrix}^{-1}$$

$$=\lim_{\lambda\to\infty}\frac{-1}{\frac{1}{3}(\lambda-\lambda^2)}\begin{bmatrix}0&0&\lambda-\lambda^2\\-\frac{\lambda}{3}&\frac{\lambda^2}{3}&0\\\frac{1}{3}&-\frac{1}{3}&0\end{bmatrix}=\begin{bmatrix}0&0&-3\\0&1&0\\0&0&0\end{bmatrix}. \qquad \text{(A16.21)}$$

Einsetzen von Gl. (A16.21) in die Synthesegleichung liefert die gesuchte Zustandsrückführmatrix

$$\boldsymbol{F}=-\begin{bmatrix}1&0&0\\0&1&1\end{bmatrix}\begin{bmatrix}0&0&-3\\0&1&0\\0&0&0\end{bmatrix}=\begin{bmatrix}0&0&3\\0&-1&0\end{bmatrix}. \qquad \text{(A16.22)}$$

Probe:

$$|s\mathbf{I}-\boldsymbol{A}+\boldsymbol{BF}|=\left|\begin{bmatrix}s+3&-1&0\\1&s+3&0\\0&0&s-2\end{bmatrix}+\begin{bmatrix}0&0&0\\0&-1&0\\0&0&3\end{bmatrix}\right|=\begin{vmatrix}s+3&0&0\\0&s+2&0\\0&0&s+1\end{vmatrix}$$

$$=(s+1)\,(s+2)\,(s+3).$$

Durch Einsetzen der vorgegebenen, gewünschten Pole erhält man hierfür den Wert Null.

d) $s_1 = -1,\ s_2 = -3,\ s_3 = -3$

Das geschlossene Regelsystem soll genau wie das offene einen *doppelten* Pol bei $s = -3$ besitzen. Demnach müssten beide Vorgehensweisen, die in den Aufgabenteilen b) und c) benutzt wurden, angewendet werden.

Mit der Substitution $\lambda = \dfrac{1}{s+3}$ erhält man genau wie bei c):

$$\boldsymbol{\Psi}_{1_1}(s_1) = \begin{bmatrix} 0 \\ 0 \\ -\frac{1}{3} \end{bmatrix}, \quad \boldsymbol{\Psi}_{2_1}(s_1) = \begin{bmatrix} \frac{1}{4} \\ \frac{1}{2} \\ 0 \end{bmatrix}, \tag{A16.23a}$$

$$\boldsymbol{\Psi}_{1_2}(s_2) = \begin{bmatrix} 0 \\ 0 \\ -\frac{1}{5} \end{bmatrix}, \quad \boldsymbol{\Psi}_{2_2}(\lambda, s_2) = \begin{bmatrix} \lambda^2 \\ \lambda \\ 0 \end{bmatrix}, \tag{A16.23b}$$

$$\boldsymbol{\Psi}_{1_3}(s_3) = \begin{bmatrix} 0 \\ 0 \\ -\frac{1}{5} \end{bmatrix}, \quad \boldsymbol{\Psi}_{2_3}(\lambda, s_3) = \begin{bmatrix} \lambda^2 \\ \lambda \\ 0 \end{bmatrix}. \tag{A16.23c}$$

In dem vorliegenden Fall gibt es auch ohne irgendeine Ableitung zwei Möglichkeiten, 3 linear unabhängige Spaltenvektoren zu wählen:

$$\begin{aligned} \boldsymbol{N}_1 &= [\psi_{2_1}(s_1) \quad \psi_{2_2}(\lambda, s_2) \quad \psi_{1_3}(s_3)] \\ \boldsymbol{N}_2 &= [\psi_{2_1}(s_1) \quad \psi_{1_2}(s_2) \quad \psi_{2_3}(\lambda, s_3)] \end{aligned} . \tag{A16.24}$$

Für die Inverse der Matrix $\boldsymbol{N}$ erhält man mit dem Grenzübergang $\lambda \to \infty$

$$\lim_{\lambda\to\infty} \boldsymbol{N}_1^{-1} = \lim_{\lambda\to\infty} \begin{bmatrix} \frac{1}{4} & \lambda^2 & 0 \\ \frac{1}{2} & \lambda & 0 \\ 0 & 0 & -\frac{1}{5} \end{bmatrix}^{-1}$$

$$= \lim_{\lambda\to\infty} \frac{1}{-\frac{1}{5}\left(\frac{1}{4}\lambda - \frac{1}{2}\lambda^2\right)} \begin{bmatrix} -\frac{\lambda}{5} & \frac{\lambda^2}{5} & 0 \\ \frac{1}{10} & -\frac{1}{20} & 0 \\ 0 & 0 & \frac{1}{4}\lambda - \frac{1}{2}\lambda^2 \end{bmatrix} = \begin{bmatrix} 0 & 2 & 0 \\ 0 & 0 & 0 \\ 0 & 0 & -5 \end{bmatrix}.$$

Daraus folgt

$$\boldsymbol{F} = -\begin{bmatrix} 0 & 0 & 1 \\ 1 & 1 & 0 \end{bmatrix} \begin{bmatrix} 0 & 2 & 0 \\ 0 & 0 & 0 \\ 0 & 0 & -5 \end{bmatrix} = \begin{bmatrix} 0 & 0 & 5 \\ 0 & -2 & 0 \end{bmatrix}.$$

Probe:

$$\left| s\mathbf{I} - \boldsymbol{A} + \boldsymbol{BF} \right| = (s+1)\,(s+3)^2 = 0 \text{ für die vorgegebenen Pole } s_1,\, s_2 \text{ und } s_3\,.$$

e) $s_1 = -1,\ s_2 = -3 + \mathrm{j},\ s_3 = -3 - \mathrm{j}$

Da das konjugiert komplexe Polstellenpaar s_2 und s_3 nicht mit den Polen des offenen Regelkreises übereinstimmt, liegt ein ähnlicher Fall vor wie beim Aufgabenteil a). Es ergibt sich bei Wahl der Spaltenvektoren

$$\boldsymbol{N} = [\,\boldsymbol{\Psi}_{1_1}(s_1) \quad \boldsymbol{\Psi}_{2_2}(s_2) \quad \boldsymbol{\Psi}_{2_3}(s_3)] \tag{A16.25}$$

der Regler

$$\boldsymbol{F} = -\begin{bmatrix} 1 & 0 & 0 \\ 0 & 1 & 1 \end{bmatrix} \begin{bmatrix} 0 & -1 & -1 \\ 0 & -\mathrm{j} & \mathrm{j} \\ -\frac{1}{3} & 0 & 0 \end{bmatrix}^{-1} = \begin{bmatrix} 0 & 0 & 3 \\ 1 & 0 & 0 \end{bmatrix}. \tag{A16.26}$$

f) $s_1 = -20,\ s_2 = -30,\ s_3 = -40$

Genau wie bei Aufgabenteil a) und e) erhält man mit

$$\boldsymbol{N} = [\,\boldsymbol{\Psi}_{1_1}(s_1) \quad \boldsymbol{\Psi}_{2_2}(s_2) \quad \boldsymbol{\Psi}_{2_3}(s_3)] \tag{A16.27}$$

den Regler

$$\boldsymbol{F} = \begin{bmatrix} 0 & 0 & 22 \\ 999 & 64 & 0 \end{bmatrix}. \tag{A16.28}$$

Dieses Beispiel zeigt anschaulich was geschieht, wenn man für den geschlossenen Regelkreis Pole fordert, die weit weg liegen von denen des offenen Regelkreises. Es gilt

$$\boldsymbol{u} = -\boldsymbol{F}\boldsymbol{x}\,,$$

so dass wegen der sehr großen Elemente von $\boldsymbol{F}$ eine sehr hohe Stellenergie benötigt wird!

Aufgabe 17

Für das System aus Aufgabe 16 ist die Verstärkungsmatrix $\boldsymbol{F}_\mathrm{B}$ eines Identitätsbeobachters, siehe Bild A17.1, zu ermitteln, wobei das Beobachtersystem folgende Polverteilungen besitzen soll:

a) $s_1 = -5,\ s_2 = -5,\ s_3 = -6;$ (A17.1a)

b) $s_1 = s_2 = s_3 = -1;$ (A17.1b)

c) $s_1 = -10,\ s_2 = -20,\ s_3 = -30.$ (A17.1c)

Zielsetzung: Entwurf eines Identitätsbeobachters durch Polvorgabe

Theoretische Grundlagen: Kap. 1.8.7.1

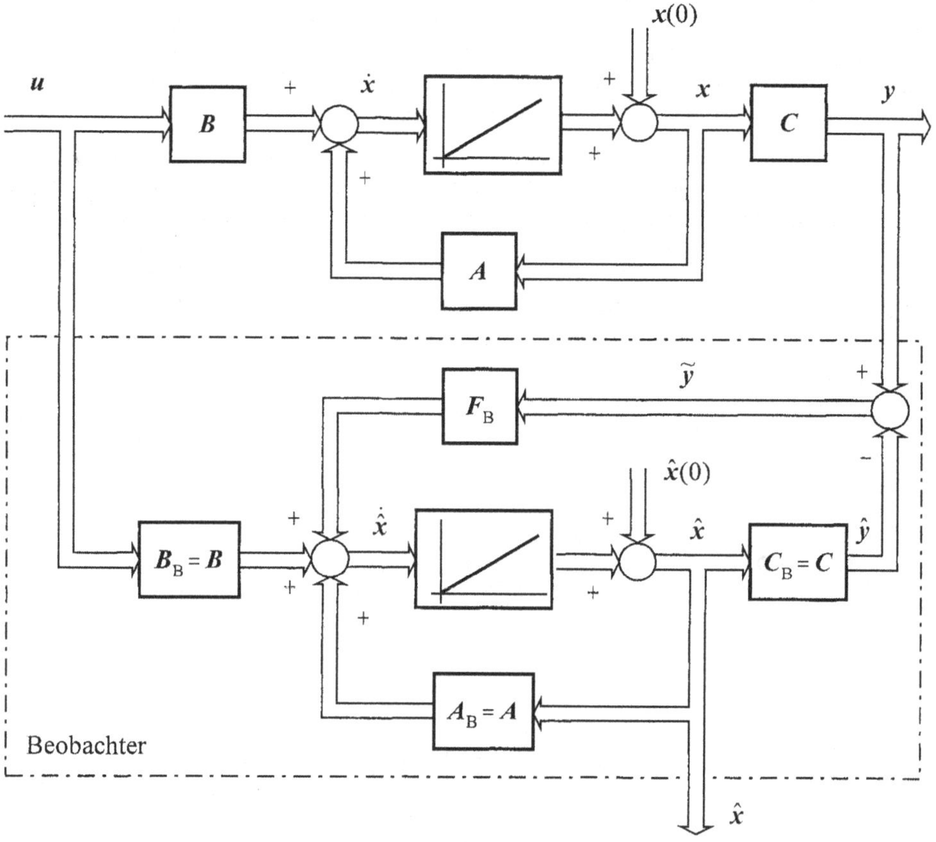

Bild A17.1. Blockschaltbild für den Identitätsbeobachter

Lösung:

Vorbemerkung

Voraussetzung für die freie Vorgabe der Beobachterpole ist die vollständige Beobachtbarkeit des gegebenen Systems. Es muss also gelten, dass

$$\text{Rang}\ [\,\boldsymbol{C}^{\text{T}} \mid \boldsymbol{A}^{\text{T}}\boldsymbol{C}^{\text{T}} \mid (\boldsymbol{A}^{\text{T}})^2\boldsymbol{C}^{\text{T}}\,] \overset{!}{=} n = 3 .$$

Setzt man die Matrizen aus Gl. (A16.1) ein, so erhält man

$$\text{Rang}\begin{bmatrix} 0 & 1 & 0 & -3 & 0 & 9 \\ 0 & 0 & 0 & 1 & 0 & -6 \\ 1 & 0 & 2 & 0 & 4 & 0 \end{bmatrix} = 3 . \qquad \text{(A17.2)}$$

Das bedeutet, dass das System vollständig beobachtbar ist und nach dem Separationsprinzip es möglich ist, die Pole des Beobachters genauso wie die Pole des geschlossenen Regelkreises beliebig vorzugeben, und zwar unabhängig voneinander. Die Entwurfsschritte können nacheinander durchgeführt werden, wobei Eigenschaften, die man im ersten Schritt erhalten hat, im zweiten nicht verloren gehen.

Die Polvorgabe für den Identitätsbeobachter erfolgt analog zur Polvorgabe für die reine Zustandsrückführung, die in Aufgabe 16 behandelt wurde. Der Unterschied liegt lediglich darin, dass anstelle der Matrizen $\boldsymbol{A}$, $\boldsymbol{B}$, $\underline{\boldsymbol{\Phi}}(s)$ und $\boldsymbol{F}$ nun die duale Systemdarstellung mit $\boldsymbol{A}^{\mathrm{T}}, \boldsymbol{C}^{\mathrm{T}}, \underline{\boldsymbol{\Phi}}^{\mathrm{T}}(s)$ und $\boldsymbol{F}_{\mathrm{B}}^{\mathrm{T}}$ betrachtet werden muss. Damit kann die Vorgehensweise aus Aufgabe 16 direkt übernommen werden. Gesucht werden wieder n linear unabhängige Spaltenvektoren $\boldsymbol{\Omega}_{\mu}(s_{\mathrm{i}})$, die zur Bildung der Matrix $\boldsymbol{M}$ nach Gl. (1.8.74) verwendet werden können.

Mit $\underline{\boldsymbol{\Phi}}(s)$ nach Gl. (A16.4) erhält man

$$\underline{\boldsymbol{\Omega}}(s)=\underline{\boldsymbol{\Phi}}^{\mathrm{T}}(s)\,\boldsymbol{C}^{\mathrm{T}}=\begin{bmatrix}\frac{1}{s+3} & 0 & 0\\ \frac{1}{(s+3)^2} & \frac{1}{s+3} & 0\\ 0 & 0 & \frac{1}{s-2}\end{bmatrix}\begin{bmatrix}0 & 1\\ 0 & 0\\ 1 & 0\end{bmatrix}$$

$$=\begin{bmatrix}0 & \frac{1}{s+3}\\ 0 & \frac{1}{(s+3)^2}\\ \frac{1}{s-2} & 0\end{bmatrix}=[\,\boldsymbol{\Omega}_1(s)\quad \boldsymbol{\Omega}_2(s)]\,. \tag{A17.3}$$

Da man beim Beobachterentwurf bemüht sein wird, in der s-Ebene die Pole des Beobachters weiter nach links zu legen als die Pole des offenen Systems, entfällt normalerweise die Notwendigkeit der Substitution mit λ bei gleichen Polen.

a) $s_1=-5,\ s_2=-5,\ s_3=-6$

$$\boldsymbol{\Omega}_{1_1}(s_1)=\boldsymbol{\Omega}_{1_2}(s_2)=\begin{bmatrix}0\\ 0\\ -\frac{1}{7}\end{bmatrix},\quad \boldsymbol{\Omega}_{2_1}(s_1)=\boldsymbol{\Omega}_{2_2}(s_2)=\begin{bmatrix}-\frac{1}{2}\\ \frac{1}{4}\\ 0\end{bmatrix}, \tag{A17.4a}$$

$$\boldsymbol{\Omega}_{1_3}(s_3)=\begin{bmatrix}0\\ 0\\ -\frac{1}{8}\end{bmatrix},\quad \boldsymbol{\Omega}_{2_3}(s_3)=\begin{bmatrix}-\frac{1}{3}\\ \frac{1}{9}\\ 0\end{bmatrix}. \tag{A17.4b}$$

Die Berechnung der Ableitung $\left.\frac{\mathrm{d}\boldsymbol{\Omega}_{\mathrm{i}}(s)}{\mathrm{d}s}\right|_{s=s_1}$ ist hier nicht notwendig, da man mit der Wahl von

$$\boldsymbol{M} = [\,\boldsymbol{\Omega}_{1_1}(s_1) \quad \boldsymbol{\Omega}_{2_1}(s_2 = s_1) \quad \boldsymbol{\Omega}_{2_3}(s_3)] \tag{A17.5}$$

nach Gl. (1.8.74) bereits 3 linear unabhängige Spaltenvektoren hat.
Mit den zu Gl. (A17.5) gehörenden Einheitsvektoren

$$[\,\mathbf{e}_{1_1} \quad \mathbf{e}_{2_1} \quad \mathbf{e}_{3_3}\,] = \begin{bmatrix} 1 & 0 & 0 \\ 0 & 1 & 1 \end{bmatrix} \tag{A17.6}$$

ergibt sich die gesuchte Beobachter-Verstärkungsmatrix $\boldsymbol{F}_{\mathrm{B}}$ nach Gl. (1.8.75) zu

$$\boldsymbol{F}_{\mathrm{B}}^{\mathrm{T}} = -\begin{bmatrix} 1 & 0 & 0 \\ 0 & 1 & 1 \end{bmatrix} \cdot \begin{bmatrix} 0 & -\frac{1}{2} & -\frac{1}{3} \\ 0 & \frac{1}{4} & \frac{1}{9} \\ -\frac{1}{7} & 0 & 0 \end{bmatrix}^{-1} = -7{,}36 \begin{bmatrix} 1 & 0 & 0 \\ 0 & 1 & 1 \end{bmatrix} \cdot \begin{bmatrix} 0 & 0 & \frac{1}{36} \\ -\frac{1}{63} & -\frac{1}{21} & 0 \\ \frac{1}{28} & \frac{1}{14} & 0 \end{bmatrix},$$

und somit wird

$$\boldsymbol{F}_{\mathrm{B}} = \begin{bmatrix} 0 & 5 \\ 0 & 6 \\ 7 & 0 \end{bmatrix}. \tag{A17.7}$$

Probe:

$$\left|s\mathbf{I} - \boldsymbol{A} + \boldsymbol{F}_{\mathrm{B}}\boldsymbol{C}\right| = \begin{vmatrix} s+8 & -1 & 0 \\ 6 & s+3 & 0 \\ 0 & 0 & s+5 \end{vmatrix} = (s+5)\,[(s+8)\,(s+3)+6] = 0 \text{ für } s_1,\, s_2,\, s_3\,.$$

b) $s_1 = s_2 = s_3 = -1$

Nun ist die Verwendung des abgeleiteten Vektors $\left.\frac{\mathrm{d}\boldsymbol{\Omega}_{1_1}}{\mathrm{d}s}\right|_{s=s_1}$ unbedingt notwendig, da sich nur 2 linear unabhängige Zeilenvektoren durch Einsetzen der Pole bei $s = s_1$ ergeben, jedoch 3 benötigt werden. Man erhält somit

$$\boldsymbol{\Omega}_{1_1}(s_1) = \begin{bmatrix} 0 \\ 0 \\ -\frac{1}{3} \end{bmatrix}, \quad \boldsymbol{\Omega}_{2_1}(s_1) = \begin{bmatrix} \frac{1}{2} \\ \frac{1}{4} \\ 0 \end{bmatrix}, \tag{A17.8a}$$

$$\left.\frac{\mathrm{d}\boldsymbol{\Omega}_{1_1}}{\mathrm{d}s}\right|_{s=s_1} = \begin{bmatrix} 0 \\ 0 \\ -\dfrac{1}{(s-2)^2} \end{bmatrix}_{s=-1}, \quad \left.\frac{\mathrm{d}\boldsymbol{\Omega}_{2_1}}{\mathrm{d}s}\right|_{s=s_1} = \begin{bmatrix} -\dfrac{1}{(s+3)^2} \\ -\dfrac{2}{(s+3)^3} \\ 0 \end{bmatrix}_{s=-1},$$

$$\left.\frac{\mathrm{d}\boldsymbol{\Omega}_{1_1}}{\mathrm{d}s}\right|_{s=s_1} = \begin{bmatrix} 0 \\ 0 \\ -\frac{1}{9} \end{bmatrix}, \quad \left.\frac{\mathrm{d}\boldsymbol{\Omega}_{2_1}}{\mathrm{d}s}\right|_{s=s_1} = \begin{bmatrix} -\frac{1}{4} \\ -\frac{1}{4} \\ 0 \end{bmatrix}. \tag{A17.8b}$$

Daraus ergibt sich die Beobachter-Verstärkungsmatrix

$$\boldsymbol{F}_{\mathrm{B}}^{\mathrm{T}} = -[\mathbf{e}_{1_1} \quad \mathbf{e}_{2_1} \quad \mathbf{0}]\left[\boldsymbol{\Omega}_{1_1}(s_1) \quad \boldsymbol{\Omega}_{2_1}(s_2 = s_1) \quad \left.\frac{\mathrm{d}\boldsymbol{\Omega}_{2_1}}{\mathrm{d}s}\right|_{s=s_1}\right]^{-1}$$

$$= -\begin{bmatrix} 1 & 0 & 0 \\ 0 & 1 & 0 \end{bmatrix}\begin{bmatrix} 0 & \frac{1}{2} & -\frac{1}{4} \\ 0 & \frac{1}{4} & -\frac{1}{4} \\ -\frac{1}{3} & 0 & 0 \end{bmatrix}^{-1} = -\begin{bmatrix} 1 & 0 & 0 \\ 0 & 1 & 0 \end{bmatrix}\begin{bmatrix} 0 & 0 & -3 \\ 4 & -4 & 0 \\ 4 & -8 & 0 \end{bmatrix},$$

und damit gilt

$$\boldsymbol{F}_{\mathrm{B}} = \begin{bmatrix} 0 & -4 \\ 0 & 4 \\ 3 & 0 \end{bmatrix}. \tag{A17.9}$$

c) $s_1 = -10,\ s_2 = -20,\ s_3 = -30$

Mit der Wahl von

$$\boldsymbol{M} = [\boldsymbol{\Omega}_{1_1}(s_1) \quad \boldsymbol{\Omega}_{2_2}(s_2) \quad \boldsymbol{\Omega}_{2_3}(s_3)] = \begin{bmatrix} 0 & -\frac{1}{17} & -\frac{1}{27} \\ 0 & \frac{1}{289} & \frac{1}{729} \\ -\frac{1}{12} & 0 & 0 \end{bmatrix} \tag{A17.10}$$

ergibt sich

$$\boldsymbol{F}_{\mathrm{B}} = \begin{bmatrix} 0 & 44 \\ 0 & 459 \\ 12 & 0 \end{bmatrix}. \tag{A17.11}$$

Dabei fällt wiederum auf, dass die Forderung nach Polen weit links in der s-Ebene mit großen Signalamplituden im Beobachter erkauft wird (Koeffizienten der Matrix $\boldsymbol{F}_{\mathrm{B}}$ entsprechen Verstärkungsfaktoren), insbesondere dann, wenn die Anfangszustände von System und Beobachter sehr unterschiedlich sind. Daher muss man stets einen Kompromiss treffen zwischen dem Wunsch nach größtmöglicher Konvergenzgeschwindigkeit des Beobachterfehlers $\tilde{\mathbf{e}} = \mathbf{x} - \hat{\mathbf{x}}$ und der Rauschempfindlichkeit des Systems bei gestörter Messung der Ausgangsgröße y.

Aufgabe 18

Man bestimme die z-Transformierten der abgetasteten Signale, die durch folgende nichtparametrische oder parametrische Funktionen gegeben sind:

a) Gegeben sind die Abtastwerte $f(k)$ gemäß Bild A18.1.

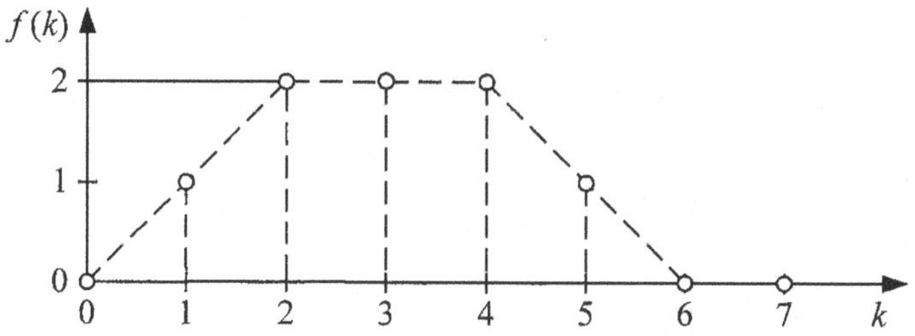

Bild A18.1. Abgetastetes Signal $f(k)$

b) Gegeben ist die Laplace-Transformierte $F(s) = \dfrac{2}{s+2}$ des Signals $f(t)$.

c) Gegeben ist das Übertragungssystem gemäß Bild A18.2.

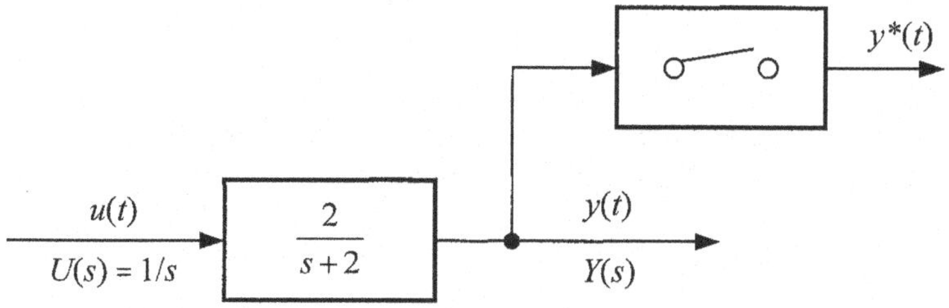

Bild A18.2. Bildung des Abtastsignals $y^*(t)$

Zielsetzung: Berechnung der z-Transformierten von Abtastsignalen

Theoretische Grundlagen: Kap. 2.3.1 und 2.3.2

Lösung:

Ein abgetastetes kontinuierliches System lässt sich darstellen als Zahlenfolge

$$f(k)=\{f(0), f(1), f(2), \ldots\} \tag{A18.1}$$

oder als Impulsfolge

$$f^*(t)=\sum_{k=0}^{\infty} f(kT)\ \delta(t-kT). \tag{A18.2}$$

Durch Laplace-Transformation der Impulsfolge $f^*(t)$ und Substitution von $e^{sT}=z$ ist die z-Transformierte der Folge $\{f(k)\}$ definiert als

$$\mathfrak{z}\{f(k)\}=F_z(z)=\sum_{k=0}^{\infty} f(k)\, z^{-k}. \tag{A18.3}$$

Die Berechnung der Gl. (A18.3) kann dabei häufig mit Hilfe der Beziehung

$$\sum_{k=0}^{\infty} q^k=\frac{1}{1-q} \quad \text{für } |q|<1 \tag{A18.4}$$

durchgeführt werden.

a) Gegeben ist die Zahlenfolge

$$f(k)=\{0, 1, 2, 2, 2, 1, 0, 0, 0, \ldots\}. \tag{A18.5}$$

Durch Anwendung der Definitionsgleichung (A18.3) erhält man die z-Transformierte der Folge $\{f(k)\}$ zu

$$F_z(z)=z^{-1}+2z^{-2}+2z^{-3}+2z^{-4}+z^{-5}. \tag{A18.6}$$

b) Ausgangspunkt für die Berechnung der z-Transformierten ist hier die Laplace-Transformierte

$$F(s)=\mathscr{L}\{f(t)\}$$

des gegebenen Signals. Durch Laplace-Rücktransformation und Abtastung zu den Zeitpunkten $t=kT$, $k\geq 0$ lässt sich die z-Transformierte in der Form

$$F_z(z)=\mathfrak{z}\left\{\mathscr{L}^{-1}\{F(s)\}\big|_{t=kT}\right\}=\sum_{k=0}^{\infty} f(kT)\, z^{-k} \tag{A18.7}$$

berechnen. Mit

$$\mathscr{L}^{-1}\left\{\frac{2}{s+2}\right\}=2e^{-2t} \tag{A18.8}$$

und Abtastung ergibt sich die diskrete Zahlenfolge

$$f(kT)=2e^{-2kT}, \quad k\geq 0. \tag{A18.9}$$

Unter Anwendung der Gln. (A18.3) und (A18.4) erhält man

$$F_z(z) = \sum_{k=0}^{\infty} 2e^{-2kT} z^{-k} = 2\sum_{k=0}^{\infty} \left(e^{-2T} z^{-1}\right)^k$$
$$= \frac{2}{1-e^{-2T} z^{-1}} = \frac{2z}{z-e^{-2T}}, \quad \text{für } |z| > e^{-2T}. \tag{A18.10}$$

(Siehe hierzu Tabelle 2.3.1.)

c) Die z-Transformierte $Y_z(z)$ des Ausgangssignals $y(t)$ wird wie in Aufgabenteil b) nach Gl. (A18.7) berechnet. Es gilt

$$Y(s) = \frac{2}{s(s+2)} \tag{A18.11}$$

und

$$\mathscr{L}^{-1}\{Y(s)\} = 1 - e^{-2t}. \tag{A18.12}$$

Die z-Transformation der diskreten Folge

$$y(kT) = 1 - e^{-2kT}$$

wird nun direkt mit Hilfe der Korrespondenztabelle 2.3.1 zur z-Transformation durchgeführt. Man erhält als Ergebnis

$$Y_z(z) = \frac{(1-c)z}{(z-1)(z-c)}, \quad c = e^{-2T}. \tag{A18.13}$$

Aufgabe 19

Man bestimme die inverse z-Transformierte von

a) $$F(z) = \frac{z^{-1}-3}{z^{-2}-2z^{-1}+1}, \quad |z| > 1, \tag{A19.1a}$$

b) $$F(z) = \frac{-3z^3+z^2}{z^3-4z^2+5z-2}, \quad |z| > 2. \tag{A19.1b}$$

Zielsetzung: Anwendung verschiedener Verfahren zur inversen z-Transformation

Theoretische Grundlagen: Kap. 2.3.3

Lösung:

Die Berechnung der inversen z-Transformation

$$\mathfrak{Z}^{-1}\{F_z(z)\} = f(kT), \quad k \geq 0 \tag{A19.2}$$

ist entweder durch

- Potenzreihenentwicklung,
- Partialbruchzerlegung oder mit Hilfe des
- Residuensatzes möglich.

a) $F(z)$ ist als gebrochen rationale Funktion

$$F(z)=\frac{z^{-1}-3}{z^{-2}-2z^{-1}+1},\ |z|>1$$

gegeben. Die *Potenzreihenentwicklung* kann hier durch Division von Zähler- und Nennerpolynom durchgeführt werden. Für eine einfachere Schreibweise wird hier $z^{-1}=x$ gesetzt. Somit erhält man:

$$\begin{array}{l}
(-3+x):(1-2x+x^2)=-3-5x-7x^2-9x^3-\ldots\ldots \\
\underline{-(-3+6x-3x^2)} \\
\quad -5x+3x^2 \\
\quad \underline{-(-5x+10x^2-5x^3)} \\
\qquad -7x^2+5x^3 \\
\qquad \underline{-(-7x^2+14x^3-7x^4)} \\
\qquad\qquad -9x^3+7x^4 \\
\qquad \vdots
\end{array}$$

Demnach ist

$$\begin{aligned}F(z)&=-3-5z^{-1}-7z^{-2}-9z^{-3}-\ldots\ldots\\&=f(0)+f(1)z^{-1}+f(2)z^{-2}+f(3)z^{-3}+\ldots\ldots\ .\end{aligned} \tag{A19.3}$$

Für $f(k)$ folgt daraus - wie man leicht sieht - das Bildungsgesetz

$$f(k)=-(2k+3). \tag{A19.4}$$

Damit kann $F(z)$ nun als unendliche Potenzreihe

$$F(z)=-\sum_{k=0}^{\infty}(2k+3)z^{-k},\ |z|>1 \tag{A19.5}$$

dargestellt werden. Die Potenzreihenentwicklung hat im allgemeinen den Nachteil, dass man keine analytische Lösung erhält und dass das Bildungsgesetz von $f(k)$ nur schwer zu erkennen ist.

b) Eine *Partialbruchzerlegung* der gegebenen Funktion

$$F(z)=\frac{-3z^3+z^2}{z^3-4z^2+5z-2}=z\,\frac{-3z^2+z}{z^3-4z^2+5z-2}$$

mit den Polstellen

$$z_{1,2} = 1 \text{ und } z_3 = 2$$

lässt sich in der Form

$$F(z) = z\left(\frac{c_1}{(z-1)^2} + \frac{c_2}{z-1} + \frac{c_3}{z-2}\right) \tag{A19.6}$$

mit den Koeffizienten

$$c_1 = 2,\ c_2 = 7 \text{ und } c_3 = -10$$

darstellen. Durch Anwendung des Überlagerungssatzes der z-Transformation kann man nun die Summanden der Gl. (A19.6) mit Hilfe der Tabelle 2.3.1 rücktransformieren, und man erhält als Ergebnis:

$$f(k) = \mathfrak{Z}^{-1}\left\{\frac{2z}{(z-1)^2}\right\} + \mathfrak{Z}^{-1}\left\{\frac{7z}{z-1}\right\} - \mathfrak{Z}^{-1}\left\{\frac{10z}{z-2}\right\} = 2k + 7 - 10 \cdot 2^k. \tag{A19.7}$$

Als zweiter Lösungsweg wird die Anwendung des *Residuensatzes* gewählt. Nach Gl. (2.3.22) ist in diesem Fall

$$f(k) = \sum_{\nu=1}^{3} \operatorname{Res}[F(z)z^{k-1}]_{z=z_\nu}, \tag{A19.8}$$

wobei die Residuen für den einfachen Pol $z_3 = 2$ nach Gl. (2.3.23)

$$\operatorname{Res}[F(z)z^{k-1}]_{z=z_3} = \left.\frac{-3z^2 + z}{(z-1)^2} z^k\right|_{z=2} \tag{A19.9}$$

und für den zweifachen Pol $z_{1,2} = 1$ nach Gl. (2.3.25) $(q = 2)$

$$\operatorname{Res}[F(z)z^{k-1}]_{z=z_{1,2}} = \lim_{z\to 1} \frac{\mathrm{d}}{\mathrm{d}z}\left[(z-1)^2 \frac{-3z^3 + z^2}{(z-1)^2(z-2)} z^{k-1}\right] \tag{A19.10}$$

berechnet werden.

Die Auswertung der Gln. (A19.9) und (A19.10) ergibt

$$\operatorname{Res}[F(z)z^{k-1}]_{z=z_{1,2}} = 2k + 7, \qquad \operatorname{Res}[F(z)z^{k-1}]_{z=z_3} = -10 \cdot 2^k. \tag{A19.11a, b}$$

Als Lösung erhält man somit

$$f(k) = 2k + 7 - 10 \cdot 2^k. \tag{A19.12}$$

Aufgabe 20

Die Werte $f(0)$ und $f(\infty)$ für

a) $$F_1(z) = \frac{z^2+2}{z^2+2z-3} \tag{A20.1a}$$

b) $$F_2(z) = \frac{z^{-1}}{1-1{,}5z^{-1}+0{,}5z^{-2}} \tag{A20.1b}$$

c) $$F_3(z) = \frac{z^3+1{,}4z^2+1{,}2z}{(z-1)\,(z^2-0{,}4z+1)} \tag{A20.1c}$$

sind zu ermitteln.

Zielsetzung: Anwendung der Grenzwertsätze der z-Transformation

Theoretische Grundlagen: Kap. 2.3.2, Kap. 2.4.4

Lösung:

Satz vom Anfangswert:

Existiert $F_z(z) = \mathfrak{z}\{f(k)\}$, so ist

$$f(0) = \lim_{z\to\infty} F_z(z). \tag{A20.2}$$

Satz vom Endwert:

Wenn $\lim\limits_{k\to\infty} f(k)$ existiert, so ist

$$\lim_{k\to\infty} f(k) = \lim_{z\to 1}(z-1)F_z(z). \tag{A20.3}$$

Der Endwert existiert, wenn die Pole z_i von $F_z(z)$ alle innerhalb des Einheitskreises der z-Ebene liegen und höchstens ein einfacher Pol bei $z = +1$ vorliegt.

Um Gl. (A20.3) zu überprüfen, müssen zunächst die Polstellen der Funktionen $F_i(z)\ (i = 1,\ 2,\ 3)$ bestimmt werden.

$$F_1(z) = \frac{z^2+2}{z^2+2z-3} = \frac{z^2+2}{(z-1)(z+3)} \tag{A20.4a}$$

$$F_2(z) = \frac{z^{-1}}{1-1{,}5z^{-1}+0{,}5z^{-2}} = \frac{z}{z^2-1{,}5z+0{,}5} = \frac{z}{(z-1)(z-0{,}5)} \tag{A20.4b}$$

$$F_3(z) = \frac{z^3+1{,}4z^2+1{,}2z}{(z-1)\,(z^2-0{,}4z+1)} = \frac{z^3+1{,}4z^2+1{,}2z}{(z-1)\,(z-0{,}2+0{,}98\text{j})\,(z-0{,}2-0{,}98\text{j})}\,. \tag{A20.4c}$$

a) $$f_1(0) = \lim_{z\to\infty} F_1(z) = 1 .$$ (A20.5)

Der Grenzwert $\lim_{k\to\infty} f_1(k)$ existiert nicht, da die Funktion $F_1(z)$ einen Pol bei $z = -3$ außerhalb des Einheitskreises der z-Ebene besitzt und somit instabil ist.

b) $$f_2(0) = \lim_{z\to\infty} F_2(z) = 0 .$$ (A20.6a)

$$\lim_{k\to\infty} f_2(k) = \lim_{z\to 1}(z-1)F_2(z) = \lim_{z\to 1}\frac{z}{z-0{,}5} = 2 .$$ (A20.6b)

c) $$f_3(0) = \lim_{z\to\infty} F_3(z) = 1 .$$ (A20.7)

Der Grenzwert $\lim_{k\to\infty} f_3(k)$ existiert nicht, da die konjugiert komplexen Pole $z_{1,2}\left(\left|z_{1,2}\right| = 1\right)$ auf dem Einheitskreis in der z-Ebene liegen und somit Gl. (A20.3) nicht erfüllen. Die z-Transformierte $F_3(z)$ beschreibt einen schwingenden Signalverlauf und besitzt daher keinen Endwert.

Aufgabe 21

Man bestimme die diskrete Übertragungsfunktion zu

$$G(s) = \frac{a}{s+a}$$ (A21.1)

unter Einbeziehung eines Haltegliedes nullter Ordnung.

Zielsetzung: Berechnung der z-Übertragungsfunktion kontinuierlicher Systeme

Theoretische Grundlagen: Kap. 2.4.2

Lösung:

Für die Berechnung der diskreten Übertragungsfunktion wird von der Darstellung im Bild A21.1 ausgegangen. $H_0(s)$ ist die Übertragungsfunktion eines Haltegliedes nullter

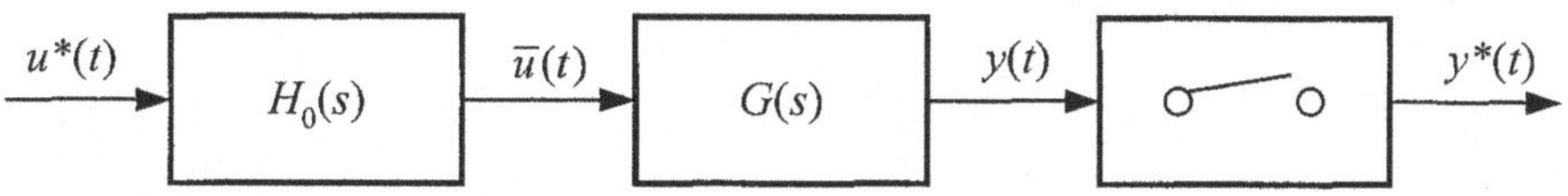

Bild A21.1. Kontinuierliches System mit Halteglied und δ -Abtaster

Ordnung, deren Laplace-Transformierte sich aus der im Bild A21.2 gezeigten Impulsantwort ergibt:

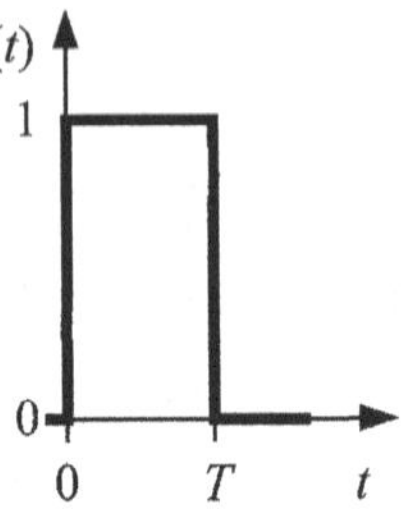

Bild A21.2. Impulsantwort eines Haltegliedes nullter Ordnung

$$H_0(s) = \mathscr{L}\{g_H(t)\} = \mathscr{L}\{\sigma(t) - \sigma(t-T)\} = \frac{1-e^{-Ts}}{s}. \tag{A21.2}$$

Das im Bild A21.1 dargestellte System enthält sowohl Abtastsignale $(u^*(t),\ y^*(t))$ als auch kontinuierliche Signale $(\bar{u}(t), y(t))$. Die Schnittstelle zwischen Abtastsignalen und kontinuierlichen Signalen wird hier durch ein Halteglied (nullter Ordnung) und einen δ-Abtaster realisiert. Gesucht ist das Übertragungsverhalten des Systems. Da hier synchrone Abtastsignale zu den Zeitpunkten $t_k = kT, k \geq 0$ vorliegen, kann man einen Zusammenhang zwischen der Ausgangsfolge $y(kT)$ und der Eingangsfolge $u(kT)$ herstellen. Eine mögliche Darstellung dieses Zusammenhangs ist durch die z-Transformation der Eingangs- und Ausgangsfolge gegeben.

Nach Gl. (2.4.12) ist diese Beziehung durch

$$\frac{Y(z)}{U(z)} = H_0G_z(z) = \mathfrak{Z}\left\{\mathscr{L}^{-1}\{H_0(s)\,G(s)\}\Big|_{t=kT}\right\} = \mathscr{Z}\{H_0(s)\,G(s)\} \tag{A21.3}$$

darstellbar.

Da nur Zahlenfolgen betrachtet werden, ist es falsch, $H_0G_z(z)$ als z-Transformierte der Übertragungsfunktion $H_0(s)G(s)$ anzusehen, weil es möglich ist, bei unterschiedlichen Übertragungsfunktionen $H_0(s)\,G(s)$ identische Folgen durch entsprechende Wahl der Abtastzeitpunkte zu erzeugen.

Die Wahl des Haltegliedes richtet sich danach, wie das Signal $\bar{u}(t)$ dem kontinuierlichen Signal $u(t)$ nachgebildet werden soll. Durch entsprechende Wahl des Haltegliedes ist also

$$\bar{u}(t) = u(t) \tag{A21.4}$$

möglich. Besitzt $u(t)$ z. B. einen treppenförmigen Verlauf, so kann es durch ein Halteglied nullter Ordnung exakt nachgebildet werden, sofern die „Treppenbreite“ ein ganzzahliges Vielfaches der Abtastzeit ist.

Gl. (A21.3) lässt sich mit Gl. (2.4.18) zu

$$\frac{\mathcal{Z}\{y(kT)\}}{\mathcal{Z}\{u(kT)\}} = H_0G_z(z) = \frac{z-1}{z}\mathcal{Z}\left\{\frac{G(s)}{s}\right\} \tag{A21.5}$$

berechnen. Gilt zusätzlich Gl. (A21.4), so stellt Gl. (A21.5) die im Kapitel 2.4.2 definierte „exakte diskrete Beschreibung“ des kontinuierlichen Systems mit der Übertragungsfunktion $G(s)$ dar.

Für die gegebene Übertragungsfunktion

$$G(s) = \frac{a}{s+a}$$

berechnet sich $H_0G_z(z)$ nach Gl. (A21.5) und Tabelle 2.3.1 zu

$$\begin{aligned}\frac{Y(z)}{U(z)} &= H_0G_z(z) = \frac{z-1}{z}\mathcal{Z}\left\{\frac{a}{s(s+a)}\right\} = \frac{z-1}{z}\,\frac{(1-c)z}{(z-1)(z-c)}, \quad c = \mathrm{e}^{-aT}\\ &= \frac{1-c}{z-c} = \frac{(1-c)\,z^{-1}}{1-cz^{-1}}.\end{aligned} \tag{A21.6}$$

Zur Veranschaulichung der oben gemachten Aussage werden im folgenden verschiedene Eingangsfolgen $\{u(kT)\}$ betrachtet.

1. Sprungfolge $u(kT) = 1 = \{1, 1, 1, 1, \ldots\}$:

   z-Rücktransformation von Gl. (A21.6) liefert die Differenzengleichung

   $$y(k) = c\,y(k-1) + (1-c)\,u(k-1)\,. \tag{A21.7}$$

   Für verschiedene $k \geq 0$ erhält man die Ausgangswerte

   $$\begin{aligned} y(0) &= 0,\\ y(1) &= 1-c,\\ y(2) &= 1-c^2,\\ &\vdots\\ y(k) &= 1-c^k. \end{aligned} \tag{A21.8}$$

   Die Ausgangsfolge ist, da Gl. (A21.4) gilt, in den Abtastpunkten identisch mit der Sprungantwort des Systems $G(s) = a/(s+a)$. Anschaulich klar wird dieser Zusammenhang bei der Darstellung der im Bild A21.3 gezeigten Signalverläufe des Systems aus Bild A21.1.

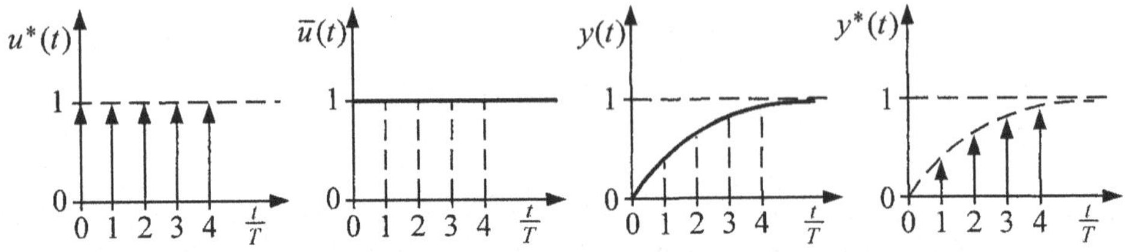

Bild A21.3. Sprungantwort des Systems aus Bild A21.1

2. Rampenfolge $u(kT) = kT = \{0, T, 2T, 3T, \ldots\}$:

   Mit Gl. (A21.7) berechnen sich die Ausgangswerte zu:

   $$y(0) = 0,$$
   $$y(1) = 0,$$
   $$y(2) = T - cT,$$
   $$y(3) = 2T - cT - c^2 T,$$
   $$\vdots$$
   $$y(k) = kT - T\sum_{i=0}^{k-1} c^{-i}. \qquad \text{(A21.9)}$$

   Die Rampenantwort des kontinuierlichen Systems ohne Halteglied mit $u(t) = t \ (t \geq 0)$ ergibt

   $$y_{\mathrm{R}}(t) = \mathrm{L}^{-1}\left\{\frac{a}{s^2(s+a)}\right\} = t - \frac{1}{a} + \frac{1}{a}\,\mathrm{e}^{-at}$$

   und ist für $t_k = kT \ (k \geq 0)$, weil Gl. (A21.4) nicht erfüllt ist, *nicht* identisch mit Gl. (A21.9).

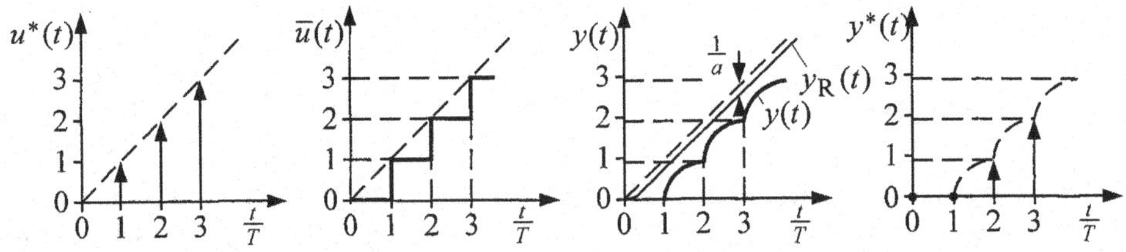

Bild A21.4. Rampenantwort des Systems aus Bild A21.1

Aufgabe 22

Ein System ist durch die Differenzengleichung

$$y(k+2)-y(k+1)-2y(k)=6u(k+2)-2u(k+1) \tag{A22.1}$$

beschrieben.

a) Man bestimme die zugehörige z-Übertragungsfunktion.

b) Man ermittle die z-Transformierte der Ausgangsfolge $y(k)$, die durch die Eingangsfolge

$$\begin{aligned} &u(k)=\{1,\ -1,\ 1,\ -1,\ 0\} \text{ für } 0 \le k \le 4 \\ &u(k)=0 \text{ für } k>4 \end{aligned} \tag{A22.2}$$

erzeugt wird.

Zielsetzung: Berechnung der z-Übertragungsfunktion aus einer Differenzengleichung

Theoretische Grundlagen: Kap. 2.3.2

Lösung:

a) Durch Zeitverschiebung erhält man aus der gegebenen Differenzengleichung die Darstellung

$$y(k)-y(k-1)-2y(k-2)=6u(k)-2u(k-1)\,. \tag{A22.3}$$

Unter Anwendung des Verschiebungssatzes gemäß Gl. (2.3.10) auf Gl. (A22.3)

$$Y(z)-z^{-1}Y(z)-2z^{-2}Y(z)=6U(z)-2z^{-1}U(z) \tag{A22.4}$$

kann $G(z)$ direkt berechnet werden:

$$G_z(z)=\frac{Y(z)}{U(z)}=\frac{6-2z^{-1}}{1-z^{-1}-2z^{-2}}=\frac{6z^2-2z}{z^2-z-2}=\frac{z(-2+6z)}{(z-2)(z+1)}\,. \tag{A22.5}$$

b) Gegeben ist die im Bild A22.1 dargestellte Eingangsfolge.

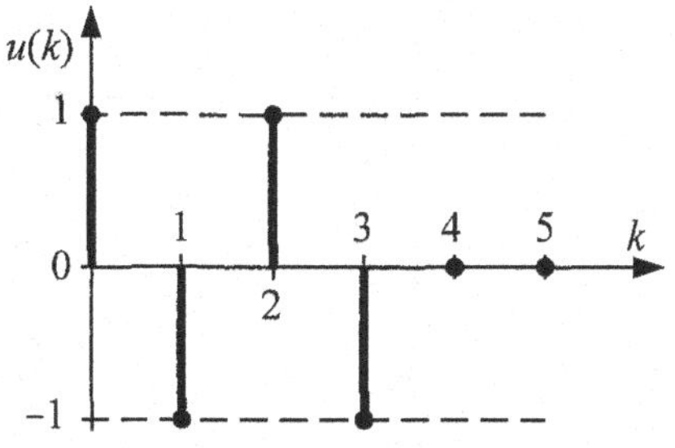

Bild A22.1. Signalverlauf der Eingangsfolge $u(k)$

Zur Berechnung der z-Transformierten der Ausgangsfolge $y(k)$ kann man entweder die Beziehung

$$Y(z) = G_z(z)U(z) \tag{A22.6}$$

oder direkt Gl. (A22.3) anwenden. Als Ergebnis erhält man:

$$U(z) = 1 - z^{-1} + z^{-2} - z^{-3}, \tag{A22.7}$$

$$Y(z) = \frac{6 - 8z^{-1} + 8z^{-2} - 8z^{-3} + 2z^{-4}}{1 - z^{-1} - 2z^{-2}} . \tag{A22.8}$$

Aufgabe 23

a) Die Antwort $y(kT)$ des Systems nach Bild A23.1a auf die Eingangsgröße $W(s) = 1/s$ ist für die Abtastzeiten $T = 0{,}1\,\mathrm{s}$, 1s und 3s zu berechnen.

b) Wie lautet die z-Übertragungsfunktion des Systems nach Bild A23.1b?

c) Die Stabilität des Systems nach Bild A23.1c ist zu überprüfen.

Zielsetzung: Berechnung der Übertragungsfunktion eines Abtastsystems

Theoretische Grundlagen: Kap. 2.4

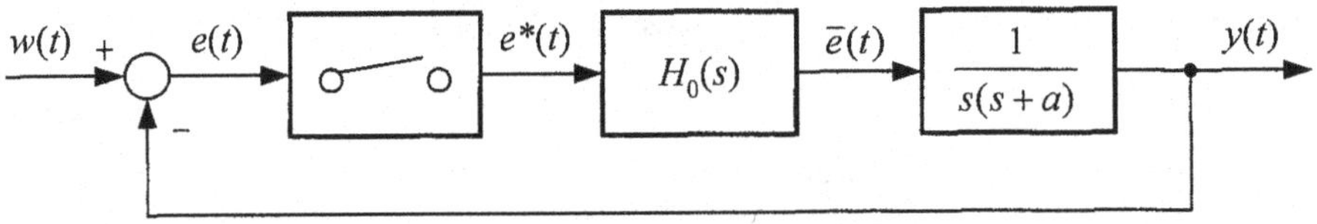

Bild A23.1a. System mit Abtastung der Regelabweichung

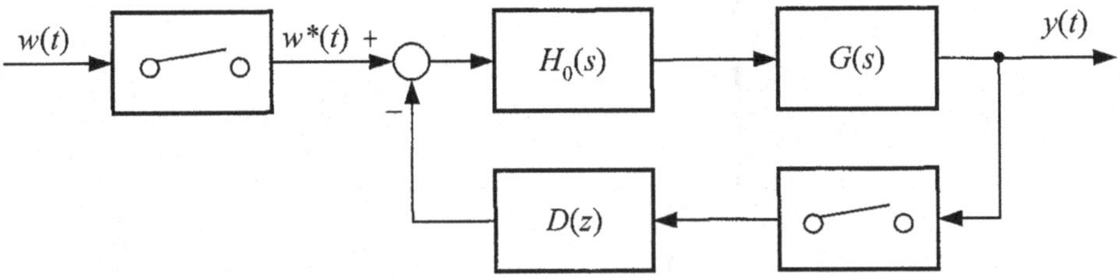

Bild A23.1b. System mit Abtastung des Sollwertes und der Ausgangsgröße

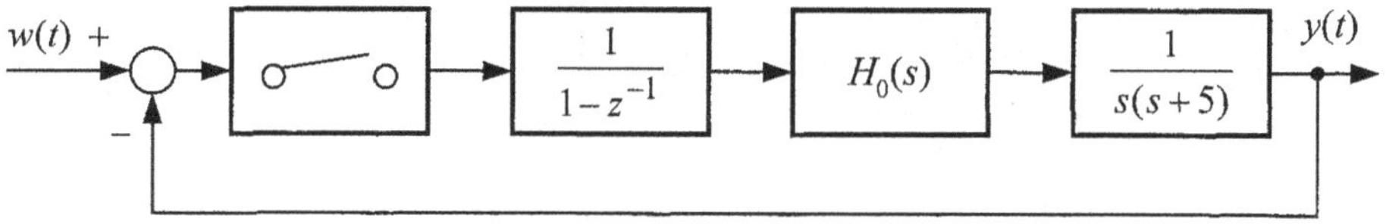

Bild A23.1c. System mit Abtastung der Regelabweichung

Lösung:

a) Zur Berechnung der Antwort $y(kT)$ auf die Eingangsgröße $W(s) = 1/s$ lässt sich die diskrete Übertragungsfunktion direkt der Grundschaltung 4 (siehe Tabelle 2.4.2) entnehmen, wenn man

$$G_1(s) = H_0(s)G(s) = H_0(s)\frac{1}{s(s+a)}, \qquad G_2(s) = 1 \qquad \text{(A23.1a, b)}$$

setzt. Damit wird

$$G_{Wz}(z) = \frac{Y(z)}{W(z)} = \frac{H_0G_z(z)}{1+H_0G_z(z)}. \qquad \text{(A23.2)}$$

$H_0G_z(z)$ kann unter Verwendung von Gl. (2.4.18) z. B. mit Hilfe der Partialbruchzerlegung berechnet werden. Man erhält somit

$$H_0G_z(z) = \frac{z-1}{z}\mathscr{Z}\left\{\frac{1}{s^2(s+a)}\right\} = \frac{z-1}{z}\mathscr{Z}\left\{\frac{A}{s^2}+\frac{B}{s}+\frac{C}{s+a}\right\} \qquad \text{(A23.3)}$$

mit

$$A = \frac{1}{a},\; B = -\frac{1}{a^2},\; C = \frac{1}{a^2}.$$

Unter Zuhilfenahme von Tabelle 2.3.1 folgt

$$\begin{aligned} H_0G_z(z) &= \frac{z-1}{z}\left[\frac{1}{a}\frac{Tz}{(z-1)^2} - \frac{1}{a^2}\frac{z}{z-1} + \frac{1}{a^2}\frac{z}{z-c}\right], \quad c = \mathrm{e}^{-aT} \\ &= \frac{1}{a^2}\left[\frac{aT(z-c)+(z-1)(c-1)}{(z-1)(z-c)}\right]. \end{aligned} \qquad \text{(A23.4)}$$

Durch Einsetzen von Gl. (A23.4) in Gl. (A23.2) folgt daraus die diskrete Führungsübertragungsfunktion

$$G_{Wz}(z) = \frac{aT(z-c)+(z-1)(c-1)}{a^2(z-1)(z-c)+aT(z-c)+(z-1)(c-1)} = \frac{Y(z)}{W(z)}$$
$$= \frac{\beta_1 z^{-1} + \beta_2 z^{-2}}{1+\alpha_1 z^{-1} + \alpha_2 z^{-2}} \qquad \text{(A23.5)}$$

mit den Koeffizienten

$$\beta_1 = \frac{T}{a} + \frac{c-1}{a^2}, \quad \beta_2 = -\left(\frac{Tc}{a} + \frac{c-1}{a^2}\right),$$

$$\alpha_1 = -\left(c+1-\frac{T}{a}-\frac{c-1}{a^2}\right), \quad \alpha_2 = c - \left(\frac{Tc}{a} + \frac{c-1}{a^2}\right).$$

Durch z-Rücktransformation von Gl. (A23.5) lässt sich $y(k)$ bei gegebenem sprungförmigen Eingangssignal

$$w(k) = \{1\}, \; k \geq 0$$

zu

$$y(k) = -\alpha_1 y(k-1) - \alpha_2 y(k-2) + \beta_1 \, w(k-1) + \beta_2 \, w(k-2) \qquad \text{(A23.6)}$$

berechnen. Im Bild A23.2 sind die Sprungantworten des Systems für $a = 1$, $T = 0{,}1\,\text{s}$, $T = 1\,\text{s}$ und $T = 3\,\text{s}$ dargestellt. Bild A23.3 zeigt den zugehörigen Verlauf der Regelabweichung nach dem Halteglied $\bar{e}(t)$. Der Einfluss der zu groß gewählten Abtastzeiten in den Fällen b und c ist deutlich zu erkennen. Für eine zweckmäßige Wahl der Abtastzeit gilt $T \leq [(1/6)\ldots(1/10)]\, t_{63}$. Mit dem im Fall a abgelesenen Wert $t_{63} = 1{,}5\,\text{s}$ zeigt sich, dass mit der Wahl von $T = 0{,}1\,\text{s}$ ein günstiger Wert eingestellt ist.

b) Die diskrete Übertragungsfunktion nach Bild A23.1b kann leicht ermittelt werden, wenn man die im Bild A23.4 dargestellte Hilfsgröße v^* einführt. Der Regelkreis wird dann durch die Beziehungen

$$V(z) = D(z)\, Y(z), \quad E(z) = W(z) - V(z), \quad Y(z) = H_0 G_z(z)\, E(z) \qquad \text{(A23.7a-c)}$$

beschrieben. Daraus lässt sich die gesuchte diskrete Führungsübertragungsfunktion

$$G_{Wz}(z) = \frac{Y(z)}{W(z)} = \frac{H_0 G_z(z)}{1 + D(z)\, H_0 G_z(z)} \qquad \text{(A23.8)}$$

berechnen.

c) Wie bei linearen kontinuierlichen Systemen kann man bei der Stabilitätsuntersuchung von diskreten Systemen ebenfalls von der charakteristischen Gleichung des geschlossenen Regelkreises

$$P(z) = \gamma_0 + \gamma_1 z + \cdots + \gamma_n z^n = 0$$

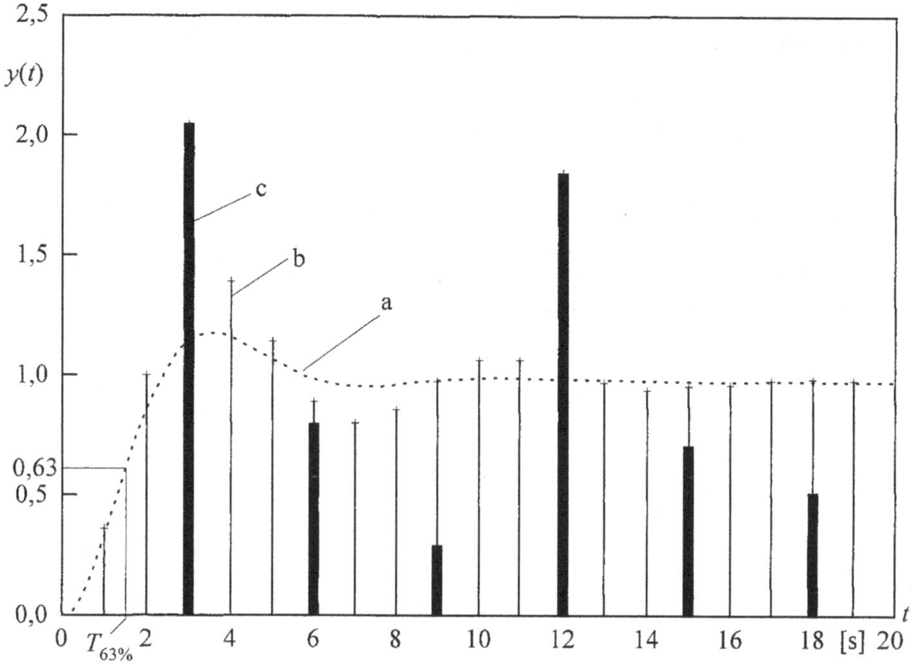

Bild A23.2. Zeitverläufe des Ausgangssignals $y(kT)$ bei verschiedenen Abtastzeiten; a) $T = 0{,}1\,\mathrm{s}$, b) $T = 1\,\mathrm{s}$, c) $T = 3\,\mathrm{s}$

ausgehen. Nach Gl. (A23.4) ergibt sich für die diskrete Regelstrecke mit Halteglied nullter Ordnung und $a = 5$ die z-Übertragungsfunktion

$$H_0 G_z(z) = \frac{1}{25}\left[\frac{5T(z-c)+(z-1)(c-1)}{(z-1)(z-c)}\right] = \frac{1}{25}\,\frac{Z(z)}{N(z)}, \quad c = \mathrm{e}^{-5T}. \qquad \text{(A23.9)}$$

Für die Führungsübertragungsfunktion $\dfrac{Y(z)}{W(z)}$ gemäß Bild A23.1a bzw. Gl. (A23.8)

erhält man mit dem diskreten Integrator $D(z) = \dfrac{z}{z-1}$

$$G_{Wz}(z) = \frac{Y(z)}{W(z)} = \frac{\dfrac{z}{z-1}\,\dfrac{1}{25}\,\dfrac{Z(z)}{N(z)}}{1+\dfrac{z}{z-1}\,\dfrac{1}{25}\,\dfrac{Z(z)}{N(z)}} = \frac{zZ(z)}{25(z-1)N(z)+zZ(z)}. \qquad \text{(A23.10)}$$

Das charakteristische Polynom des geschlossenen Regelkreises lautet somit

$$\begin{aligned} P(z) &= 25(z-1)^2(z-c) + 5Tz(z-c) + z(z-1)(c-1) \\ &= -25c + (49c + 26 - 5cT)\,z + (5T - 24c - 51)\,z^2 + 25z^3. \end{aligned} \qquad \text{(A23.11)}$$

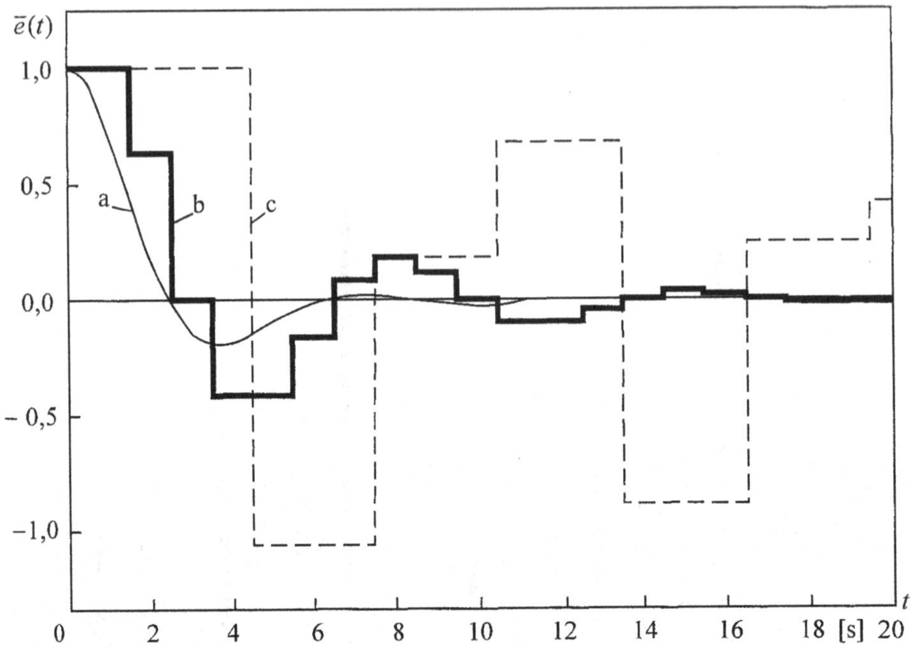

Bild A23.3. Zeitverlauf des Signals $\bar{e}(t)$ in dem Regelkreis nach Bild A23.1a bei den Abtastzeiten; a) $T = 0{,}1\,\mathrm{s}$, b) $T = 1\,\mathrm{s}$, c) $T = 3\,\mathrm{s}$

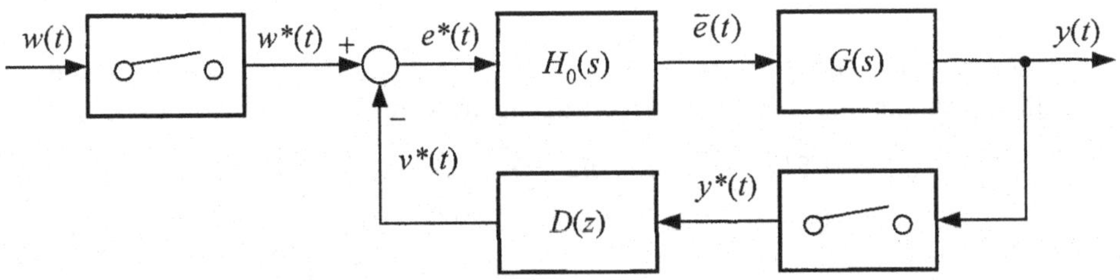

Bild A23.4. Regelkreisstruktur nach Bild A23.1b mit den Hilfsgrößen $v^*(t)$ und $e^*(t)$

Die Überprüfung der Bedingungen des Jury-Kriteriums gemäß den Gln. (2.4.48) und (2.4.49) ergibt

$$P(1) = 5T(1-c) > 0 \qquad \text{für alle } T \tag{A23.12a}$$

$$(-1)^3 P(-1) = 98c + 102 - 5T(1+c) \qquad \text{für } T < \frac{98c+102}{5(1+c)} \tag{A23.12b}$$

$$b_0 = \gamma_0^2 - \gamma_3^2 = 625c^2 - 625\,, \qquad b_2 = \gamma_0\gamma_2 - \gamma_1\gamma_3 = 600c^2 + 50c - 650\,. \tag{A23.12c}$$

Die Bedingung $|b_0| > |b_2|$ ist nicht erfüllt, da

$$625-625c^2 > 650-50c-600c^2,$$
$$0 > 25-50c+25c^2, \quad 0 > 1-2c+c^2. \tag{A23.13}$$

Somit ist das System nach Bild A23.1c instabil für alle Abtastzeiten *T*.

Aufgabe 24

Gegeben sei das im Bild A24.1 dargestellte Strukturbild eines Abtastsystems.

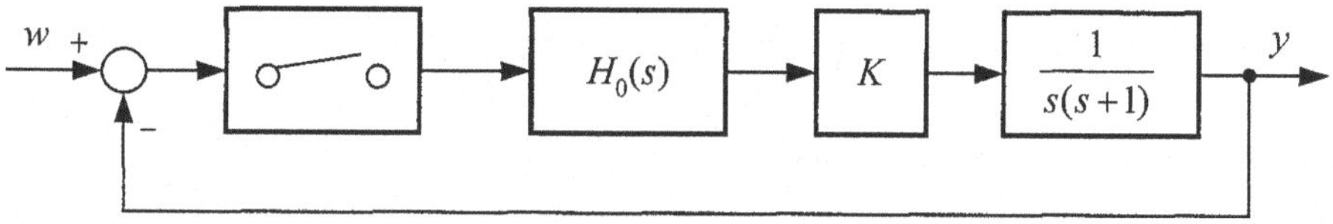

Bild A24.1. Typisches Abtastsystem

Es soll der Maximalwert des Parameters *K* für die Abtastzeiten $T = 0{,}01\,\text{s}$, $0{,}1\,\text{s}$, $3\,\text{s}$, $4\,\text{s}$, bei dem der geschlossene Regelkreis gerade noch stabil ist, bestimmt werden.

Zielsetzung: Anwendung von Stabilitätskriterien für diskrete Systeme; Jury-Kriterium; Transformation in die w-Ebene

Theoretische Grundlagen: Kap. 2.4.4

Lösung:

Die diskrete Übertragungsfunktion $H_0G_z(z)$ lässt sich aus Aufgabe 23a mit $a = 1$ und durch Einsetzen der Verstärkung *K* leicht ermitteln zu

$$H_0G_z(z) = K\left[\frac{T(z-c)+(z-1)(c-1)}{(z-1)(z-c)}\right], \quad c = \mathrm{e}^{-T}. \tag{A24.1}$$

Zur Untersuchung der Stabilität wird wie in Aufgabe 23c das charakteristische Polynom aus der diskreten Führungsübertragungsfunktion

$$G_{Wz}(z) = \frac{Y(z)}{W(z)} = \frac{H_0G_z(z)}{1+H_0G_z(z)} \tag{A24.2}$$

bestimmt. Stellt man die charakteristische Gleichung des geschlossenen Regelkreises in positiven Potenzen von *z* dar, so erhält man

$$P(z) = KT(z-c)+K(z-1)(c-1)+(z-1)(z-c) = \gamma_0+\gamma_1 z+\gamma_2 z^2 \tag{A24.3}$$

mit

$$\gamma_0 = c(1-KT-K)+K, \quad \gamma_1 = KT+K(c-1)-(c+1), \quad \gamma_2 = 1. \tag{A24.4a-c}$$

Wendet man z. B. das *Jury-Stabilitätskriterium* an, so müssen zunächst die Bedingungen nach Gl. (2.4.48)

$$P(1) = \gamma_0 + \gamma_1 + \gamma_2 > 0 \quad \text{und} \quad P(-1) = \gamma_0 - \gamma_1 + \gamma_2 > 0 \qquad \text{(A24.5a, b)}$$

erfüllt sein.

Durch Einsetzen der Koeffizienten $\gamma_i (i = 0, 1, 2)$ liefert Gl. (A24.5a) die Bedingung

$$K > 0. \qquad \text{(A24.6)}$$

Die Überprüfung der Gl. (A24.5b) ergibt

$$K < \frac{2(1+c)}{T(1+c)+2(c-1)} = \frac{2}{T+2\frac{c-1}{c+1}} = \frac{2}{T-2\tanh\left(\frac{T}{2}\right)} = K_1(T)\,. \qquad \text{(A24.7)}$$

Zusätzlich dazu muss noch die Bedingung nach Gl. (2.4.49)

$$|\gamma_0| = |c(1-KT-K)+K| < \gamma_2 = 1 \qquad \text{(A24.8)}$$

überprüft werden. Die Gln. (A24.7) und (A24.8) müssen für vorgegebene Abtastzeiten T numerisch ausgewertet werden, um die Stabilitätsgrenze für K zu bestimmen.

Zur Kontrolle dieser Ergebnisse wird nun eine Stabilitätsuntersuchung mit Hilfe der *w-Transformation* vorgenommen. Mit

$$z = \frac{1+w}{1-w} \qquad \text{(A24.9)}$$

erhält man für das charakteristische Polynom

$$\gamma_0 + \gamma_1\left(\frac{1+w}{1-w}\right) + \gamma_2\left(\frac{1+w}{1-w}\right)^2 = 0$$

oder

$$(\gamma_0+\gamma_1+\gamma_2) + w(2\gamma_2 - 2\gamma_0) + w^2(\gamma_0 - \gamma_1 + \gamma_2) = 0\,. \qquad \text{(A24.10)}$$

Da bei einem stabilen System alle Wurzeln z_i der Gl. (A24.3) in die linke w-Halbebene abgebildet werden, kann nun z. B. das Hurwitz-Kriterium angewendet werden. Für asymptotische Stabilität müssen daher alle Koeffizienten des w-Polynoms nach Gl. (A24.10) größer als Null sein.

Die Koeffizienten von w^0 und w^2 entsprechen den Bedingungen nach den Gln. (A24.5a) und (A24.5b) und haben als Ergebnis die Gln. (A24.6) und (A24.7). Die aus dem Koeffizienten von w^1 folgende dritte Bedingung

$$\gamma_2 > \gamma_0 \qquad \text{(A24.11)}$$

lässt sich schreiben als

$$K < \frac{1-c}{1-c-cT} = K_2(T)\,. \qquad \text{(A24.12)}$$

Diese Beziehung entspricht wiederum Gl. (A24.8). Die Bestimmung des Stabilitätsbereichs des angegebenen Systems in der Form $K = f(T)$ führt auf die Lösung transzendenter Gleichungen, die sowohl $c = \mathrm{e}^{-T}$ als auch T enthalten. Daher müssen für jeweils vorgegebene Abtastzeiten T die Gln. (A24.7) und (A24.12) numerisch ausgewertet werden. Dann lässt sich der Wertebereich für stabile Verstärkungen K aus dem Minimum der beiden Funktionen $K_1(T)$ und $K_2(T)$ ablesen, d. h.

$$K < \min\{K_1(T),\ K_2(T)\}. \tag{A24.13}$$

Für den Bereich $0{,}1 \le T \le 10$ sind die Funktionen $K_1(T)$ und $K_2(T)$ in dem Bild A24.2 dargestellt. Das System ist demnach stabil im angegebenen Intervall:

$$0 < K < K_2(T) \text{ für } 0 \le T < 3{,}7, \quad 0 < K < K_1(T) \text{ für } 3{,}7 < T < \infty.$$

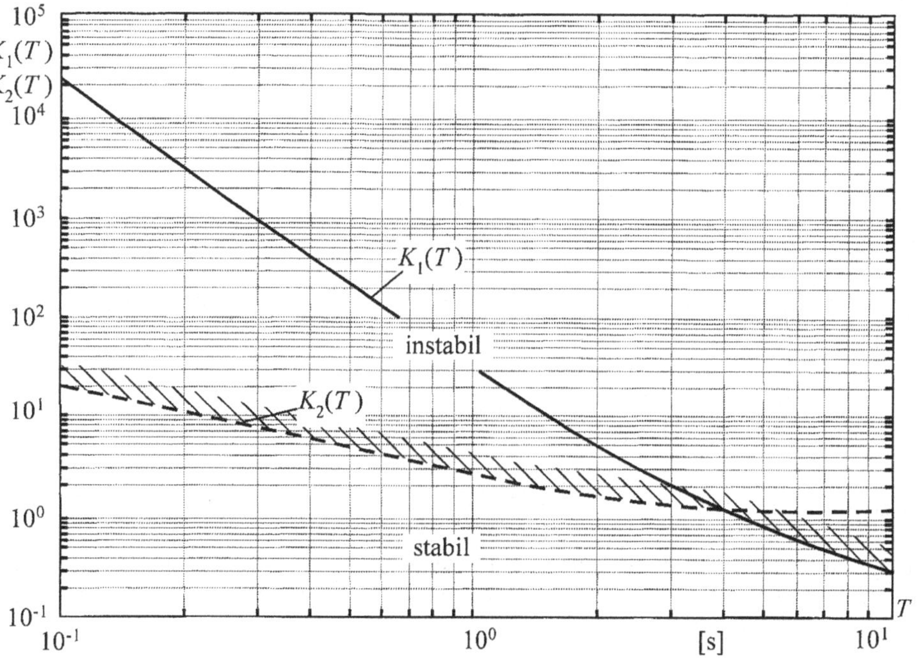

Bild A24.2. Stabilitätsgrenzen $K_1(T)$ und $K_2(T)$

Für $T \to \infty$ ergibt sich der Grenzwert $K_1(T) \to 0$, so dass in dem vorliegenden Fall wegen des integralen Verhaltens der Regelstrecke die zulässige Verstärkung um so kleiner wird, je größer die Abtastzeit gewählt wird.

Aufgabe 25

Das Spektrum der Impulsantwort eines Halteglieds nullter Ordnung ist zu bestimmen.

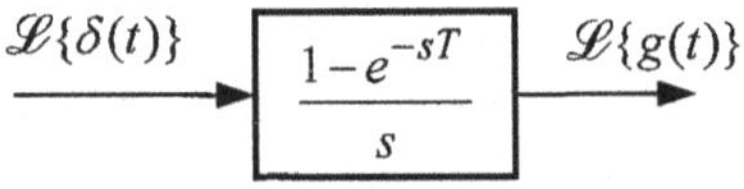

Bild A25.1. Übertragungsfunktion eines Halteglieds nullter Ordnung

Zielsetzung: Berechnung des Spektrums eines Signals

Theoretische Grundlagen: Kap. 2.4.1 und Kap. 2.4.5

Lösung:

Das Spektrum der Impulsantwort $g(t)$ eines Halteglieds nullter Ordnung bzw. dessen Frequenzgang ist gegeben durch

$$G(\mathrm{j}\omega) = H_0(\mathrm{j}\omega) = \frac{1-\mathrm{e}^{-\mathrm{j}\omega T}}{\mathrm{j}\omega}. \tag{A25.1}$$

Mit $\mathrm{Si}(x) = \frac{\sin(x)}{x}$ und $\omega_\mathrm{p} = \frac{2\pi}{T}$ lässt sich Gl. (A25.1) in

$$H_0(\mathrm{j}\omega) = \frac{T}{2}\,\frac{\left(\mathrm{e}^{\mathrm{j}\omega\frac{T}{2}} - \mathrm{e}^{-\mathrm{j}\omega\frac{T}{2}}\right)}{\mathrm{j}\omega\frac{T}{2}}\,\mathrm{e}^{-\mathrm{j}\omega\frac{T}{2}} = \frac{2\pi}{\omega_\mathrm{p}}\,\mathrm{Si}\left(\pi\frac{\omega}{\omega_\mathrm{p}}\right)\mathrm{e}^{-\mathrm{j}\left(\pi\frac{\omega}{\omega_\mathrm{p}}\right)}$$

$$= A\left(\frac{\omega}{\omega_\mathrm{p}}\right)\mathrm{e}^{\mathrm{j}\varphi\left(\frac{\omega}{\omega_\mathrm{p}}\right)}$$

umformen.

Der Amplitudengang $A\left(\frac{\omega}{\omega_\mathrm{p}}\right)$ und der Phasengang $\varphi\left(\frac{\omega}{\omega_\mathrm{p}}\right)$ sind in den Bildern A25.2a und A25.2b dargestellt.

Aufgabe 26

Für die Regelstrecken mit den Übertragungsfunktionen

a) $$G_1(s) = \frac{1}{s\left(\frac{s}{b}+1\right)} \tag{A26.1}$$

und

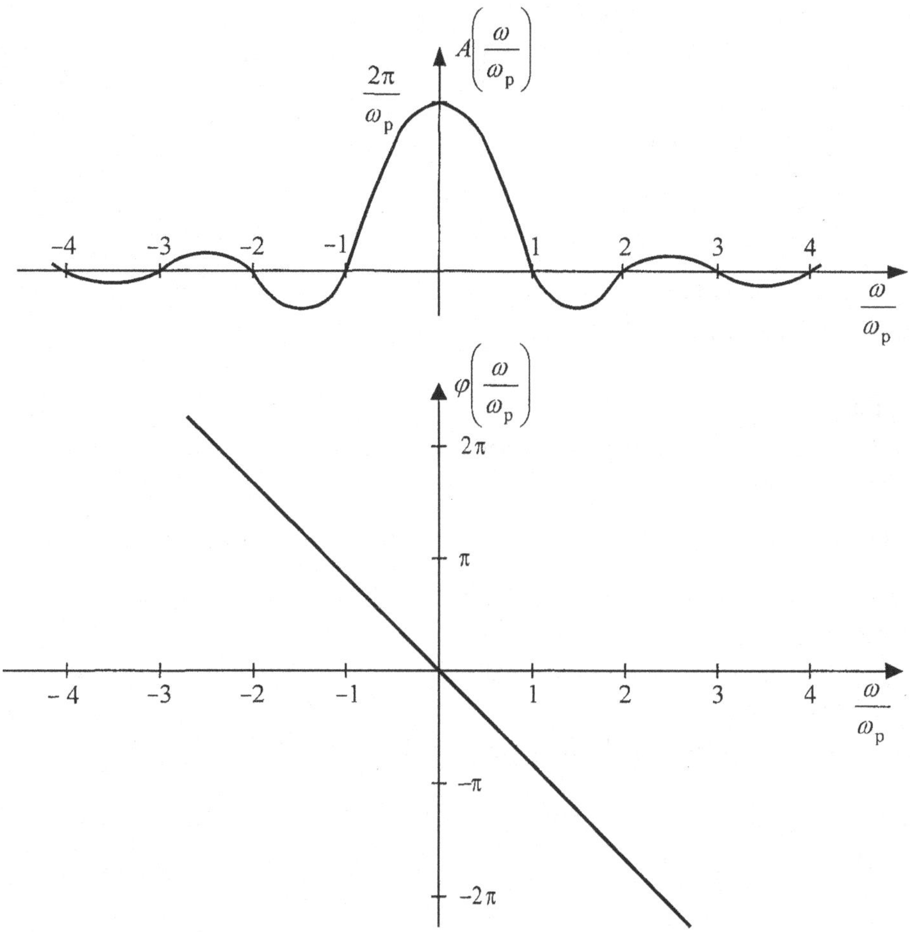

Bild A25.2a,b. Amplitudengang und Phasengang eines Haltegliedes nullter Ordnung

b) $$G_2(s) = \frac{\frac{s}{b}+1}{s^2} \qquad \text{(A26.2)}$$

soll, mit $b=1$ und $b=2$, ein Abtastregler mit der Abtastzeit $T=1\,\text{s}$ derart entworfen werden, dass bei einer sprungförmigen Änderung des Sollwerts und einer sprungförmigen Störung am Eingang der Regelstrecke die Regelabweichung in minimaler Zeit Null ist. Es ist also der zugehörige Deadbeat-Regler zu entwerfen. Der Verlauf der Regel- und der Stellgrößen ist zu beachten.

Hinweis:

Die den Gln. (A26.1) und (A26.2) entsprechenden diskreten Übertragungsfunktionen unter Berücksichtigung eines Haltegliedes nullter Ordnung lauten:

$$G_1(z) = \frac{\left(T - \frac{1}{b} + \frac{c}{b}\right) z^{-1} + \left(\frac{1}{b} - \frac{c}{b} - cT\right) z^{-2}}{1 - (1+c) z^{-1} + c z^{-2}} \quad \text{mit } c = \mathrm{e}^{-bT} \tag{A26.3}$$

$$G_2(z) = \frac{\left(\frac{T^2}{2} + \frac{T}{b}\right) z^{-1} + \left(\frac{T^2}{2} - \frac{T}{b}\right) z^{-2}}{\left(1 - z^{-1}\right)^2}. \tag{A26.4}$$

Zielsetzung: Entwurf von Deadbeat-Reglern für Führungs- und Störverhalten

Theoretische Grundlagen: Kap. 2.5.2

Lösung:

Für den Deadbeat-Reglerentwurf sind nach Kapitel 2.5.2.2 drei Hauptforderungen an den Regelkreis zu stellen:

1. Sowohl $K_W(z) = \frac{Y(z)}{W(z)}$ als auch $G_U(z) = \frac{U(z)}{W(z)}$ sollen endliche Polynome in z^{-1} sein, wobei deren Ordnungen von der Totzeit und der Ordnung der Regelstrecke sowie der gewählten Abtastzeit abhängen.
2. Die als Syntheseergebnisse erhaltene diskrete Reglerübertragungsfunktion $D(z)$ muss realisierbar sein.
3. Es soll keine bleibende Regelabweichung auftreten. Daraus folgt die Forderung $K(1) = 1$.

Die Übertragungsfunktion eines Deadbeat-Reglers mit minimaler Ordnung, d. h. $B_K(z) = 1$, ergibt sich nach Gl. (2.5.39) zu

$$D(z) = \frac{A^+(z)\, P(z)}{Q(z)\,(1 - z^{-1})}, \tag{A26.5}$$

wobei sich die Polynome $P(z)$ und $Q(z)$ als Lösungen der Bestimmungsgleichung (2.5.40)

$$1 - A^-(z)\,(1 - z^{-1})\, Q(z) = B(z)\, P(z)\, z^{-d} \tag{A26.6}$$

ergeben.

a) Für $G_1(z)$ mit $b = 1$ und $T = 1\,\text{s}$ erhält man die diskrete Übertragungsfunktion

$$G_1(z) = \frac{0{,}367879 + 0{,}264241\, z^{-1}}{(1 - z^{-1})\,(1 - 0{,}367879\, z^{-1})}\, z^{-1} \tag{A26.7}$$

mit der Nullstelle

$$z_N = -0{,}718282$$

und den Polstellen

$$z_{P1} = 1 \text{ und } z_{P2} = 0{,}367879.$$

Damit muss das Polynom $A(z)$ aufgespalten werden in

$$A^+(z) = 1 - 0{,}367879\,z^{-1} \text{ und } A^-(z) = 1 - z^{-1}.$$

Entsprechend erhält man mit $b = 2$

$$G_1(z) = \frac{0{,}567667 + 0{,}296997z^{-1}}{(1 - z^{-1})(1 - 0{,}135335z^{-1})}\, z^{-1} \tag{A26.8}$$

mit der Nullstelle

$$z_N = -0{,}523189$$

und den Polstellen

$$z_{P1} = 1 \text{ und } z_{P2} = 0{,}135335.$$

Auch hier muss das Polynom $A(z)$ wiederum aufgespalten werden in

$$A^+(z) = 1 - 0{,}135335\,z^{-1} \text{ und } A^-(z) = 1 - z^{-1}.$$

Da für $b = 1$ und $b = 2$ die beiden Polynome $A^-(z)$ identisch und die beiden Polynome

$$A^+(z) = 1 - cz^{-1}$$

von gleicher Form sind, kann man eine allgemeine Lösung für beide Regler angeben. Man erhält im vorliegenden Fall mit Gl. (A26.6)

$$1 - (1 - z^{-1})^2 Q(z) = (b_0 + b_1 z^{-1})\, P(z) z^{-1}. \tag{A26.9}$$

Zur Durchführung eines eindeutigen Koeffizientenvergleichs muss man die Polynome $P(z)$ und $Q(z)$ ansetzen als

$$Q(z) = 1 + q_1 z^{-1}, \tag{A26.10}$$

$$P(z) = p_0 + p_1 z^{-1}. \tag{A26.11}$$

Für den Regler nach Gl. (A26.5) ergibt sich daraus

$$D(z) = \frac{A^+(z)\, P(z)}{Q(z)(1 - z^{-1})} = \frac{p_0 + (p_1 - cp_0)\, z^{-1} - p_1 c z^{-2}}{1 + (q_1 - 1)\, z^{-1} - q_1 z^{-2}}. \tag{A26.12}$$

Es verbleibt also noch eine Bestimmung der Werte für p_0, p_1 und q_1 aus Gl. (A26.9) durch Koeffizientenvergleich, der drei lineare Gleichungen liefert, die in Matrizenform

$$\begin{bmatrix} b_0 & 0 & 1 \\ b_1 & b_0 & -2 \\ 0 & b_1 & 1 \end{bmatrix} \begin{bmatrix} p_0 \\ p_1 \\ q_1 \end{bmatrix} = \begin{bmatrix} 2 \\ -1 \\ 0 \end{bmatrix} \tag{A26.13}$$

angeordnet werden können. Als Lösung dieses linearen Gleichungssystems folgt

$$p_0 = \frac{2b_0 + 3b_1}{(b_0 + b_1)^2}, \quad p_1 = \frac{-b_0 - 2b_1}{(b_0 + b_1)^2}, \quad q_1 = \frac{b_0 b_1 + 2b_1^2}{(b_0 + b_1)^2}. \tag{A26.14a-c}$$

Für die Regelstrecke mit der Übertragungsfunktion $G_1(s)$ ergibt sich mit $b = 1$ der Deadbeat-Regler mit der diskreten Übertragungsfunktion

$$D(z) = \frac{3{,}825257 - 3{,}650513z^{-1} + 0{,}825257z^{-2}}{1 - 0{,}407233z^{-1} - 0{,}592757z^{-2}} \tag{A26.15a}$$

und mit $b = 2$ entsprechend

$$D(z) = \frac{2{,}710279 - 1{,}925592\, z^{-1} + 0{,}210279\, z^{-2}}{1 - 0{,}538537\, z^{-1} - 0{,}461463\, z^{-2}}. \tag{A26.15b}$$

Durch Rechnersimulation erhält man für den Regelkreis, bestehend aus der Regelstrecke mit der Übertragungsfunktion $G_1(s)$ und dem jeweiligen Regler nach den Gln. (A26.15a,b), die in den Bildern A26.1 und A26.2 dargestellten zeitlichen Signalverläufe. Es zeigen sich in beiden Fällen ein großes Überschwingen und erhebliche Stellamplituden. Außerdem sieht man deutlich, dass durch den Entwurf nur für das Führungsverhalten Deadbeat-Charakter erzielt wurde, nicht jedoch für den Fall einer Störung am Eingang der Regelstrecke.

Will man auch für das Störverhalten Deadbeat-Eigenschaften erreichen, so ist ein Entwurf für Stör- und Führungsverhalten nach Kapitel 2.5.2.3 erforderlich. Der Regler berechnet sich hier nach Gl. (2.5.60), weil das Zählerpolynom $B(z)$ der Regelstrecke nur Wurzeln innerhalb des Einheitskreises aufweist.

Für minimale Ordnung, d. h. für $B_Z(z) = 1$, gilt

$$D(z) = \frac{1 - (1 - z^{-1})A(z)}{(1 - z^{-1})B(z)}. \tag{A26.16}$$

Das zugehörige Vorfilter wird nach Gl. (2.5.74) berechnet. Im einfachsten Fall, mit $B_K(z) = 1$ und $B_Z(z) = 1$, gilt

$$D_V(z) = \frac{B(z)/B(1)}{1 - (1 - z^{-1})\, A(z)}. \tag{A26.17}$$

Für die Regelstrecke mit der Übertragungsfunktion $G_1(s)$ folgt nach einfacher Rechnung für Regler und Vorfilter im Fall $b = 1$

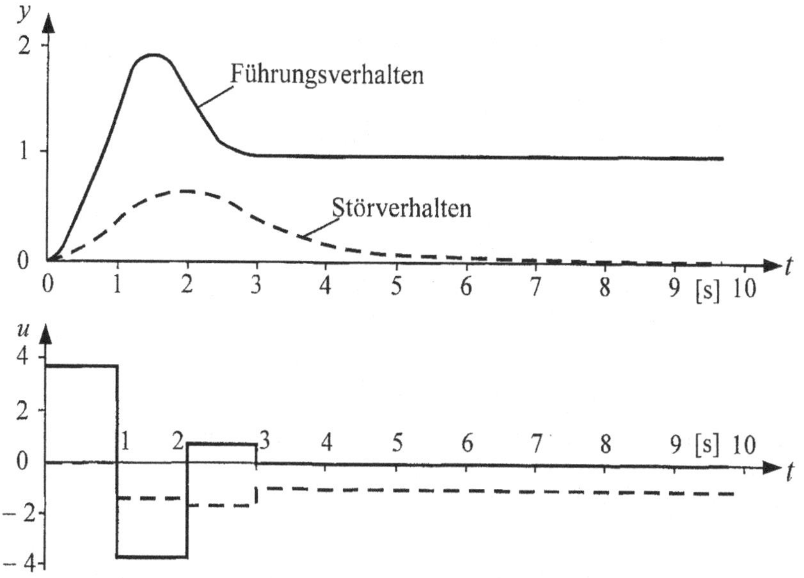

Bild A26.1. Regelverhalten des Deadbeat-Reglers nach Gl. (A26.15a) bei der Regelstrecke mit der Übertragungsfunktion $G_1(s)$ für $b = 1$

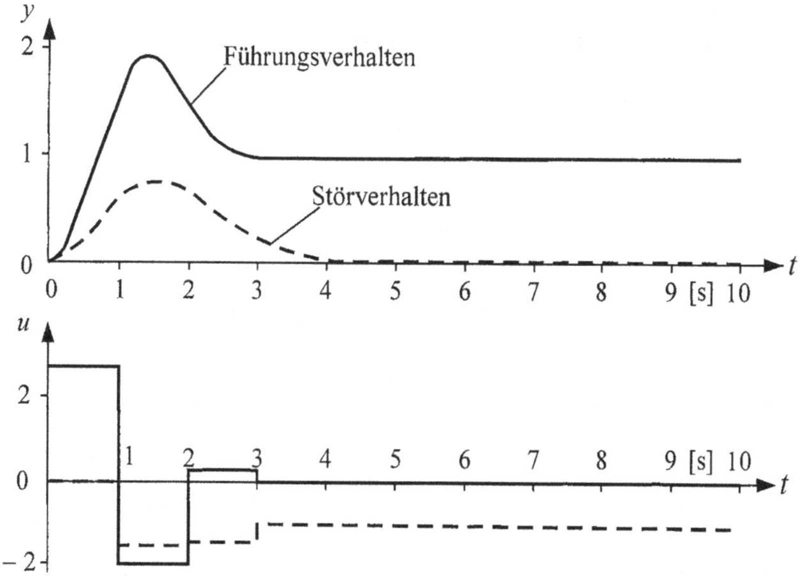

Bild A26.2. Regelverhalten des Deadbeat-Reglers nach Gl. (A26.15b) bei der Regelstrecke mit der Übertragungsfunktion $G_1(s)$ für $b = 2$

$$D(z) = \frac{2{,}367879 - 1{,}735785\,z^{-1} + 0{,}367879\,z^{-2}}{0{,}367879 - 0{,}103638\,z^{-1} - 0{,}264241\,z^{-2}}, \qquad \text{(A26.18a)}$$

$$D_V(z) = \frac{0{,}581976 + 0{,}418023z^{-1}}{2{,}367879 - 1{,}735785z^{-1} + 0{,}367879z^{-2}} \qquad \text{(A26.18b)}$$

und für $b = 2$

$$D(z) = \frac{2{,}135335 - 1{,}270670\,z^{-1} + 0{,}135335\,z^{-2}}{0{,}567667 - 0{,}270670\,z^{-1} - 0{,}296997\,z^{-2}}, \qquad \text{(A26.19a)}$$

$$D_V(z) = \frac{0{,}656517 + 0{,}343826\,z^{-1}}{2{,}135335 - 1{,}270670\,z^{-1} + 0{,}135335\,z^{-2}}. \qquad \text{(A26.19b)}$$

Die Simulation des Regelverhaltens des zugehörigen Regelkreises ist für die beiden Fälle in den Bildern A26.3 und A26.4 dargestellt.

Wie zu erwarten war, zeigt sich nun auch bei einer Störung am Eingang der Regelstrecke Deadbeat-Verlauf. Das starke Überschwingen im Führungsverhalten ist beseitigt. Es fällt auf, dass der Regelvorgang bei einem Führungssprung jetzt nur noch zwei Abtastschritte benötigt. Dies ist zurückzuführen auf die nicht erforderliche Aufteilung des Nennerpolynoms $A(z)$ der Regelstrecke in $A^+(z)$ und $A^-(z)$ (vgl. Kap. 2.5.2.3). In beiden Fällen konnte das Störverhalten auf Kosten von höheren Stellamplituden durch eine kürzere Abtastzeit verbessert werden, weil dann der Regler schon in kürzerer Zeit nach dem Eintreten der Störung dieser entgegenwirken kann.

b) Für $G_2(s)$ mit $b = 1$ erhält man die diskrete Übertragungsfunktion

$$G_2(z) = \frac{1{,}5 - 0{,}5\,z^{-1}}{(1 - z^{-1})^2}\,z^{-1} \qquad \text{(A26.20)}$$

mit der Nullstelle

$$z_N = 0{,}333333$$

und der doppelten Polstelle

$$z_{P1,2} = 1.$$

Damit muss das Polynom $A(z)$ aufgespalten werden in

$$A^+(z) = 1, \quad A^-(z) = (1 - z^{-1})^2.$$

Entsprechend erhält man mit $b = 2$

$$G_2(z) = \frac{1}{(1 - z^{-1})^2}\,z^{-1} \qquad \text{(A26.21)}$$

mit einem konstanten Zählerpolynom $B(z) = 1$ und der doppelten Polstelle

$$z_{P1,2} = 1.$$

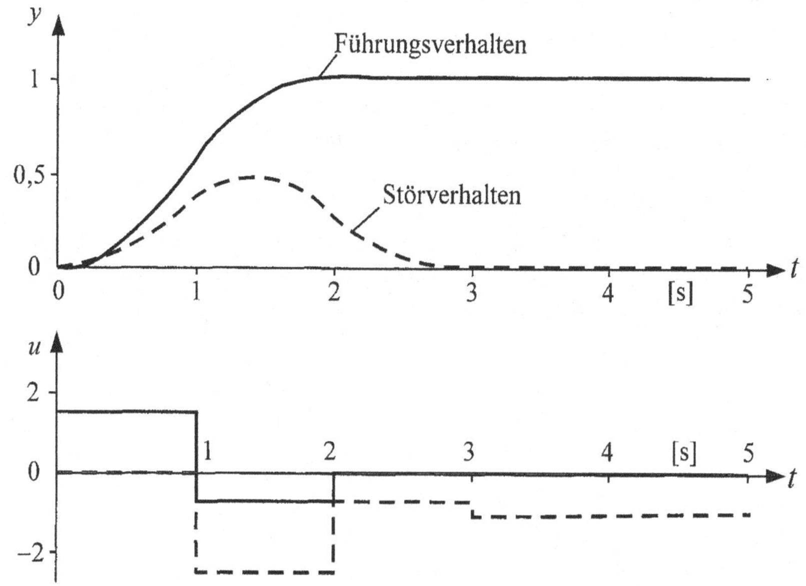

Bild A26.3. Deadbeat-Regler für Führungs- und Störverhalten nach Gln. (A26.18a,b) bei der Regelstrecke mit der Übertragungsfunktion $G_1(s)$ für $b = 1$

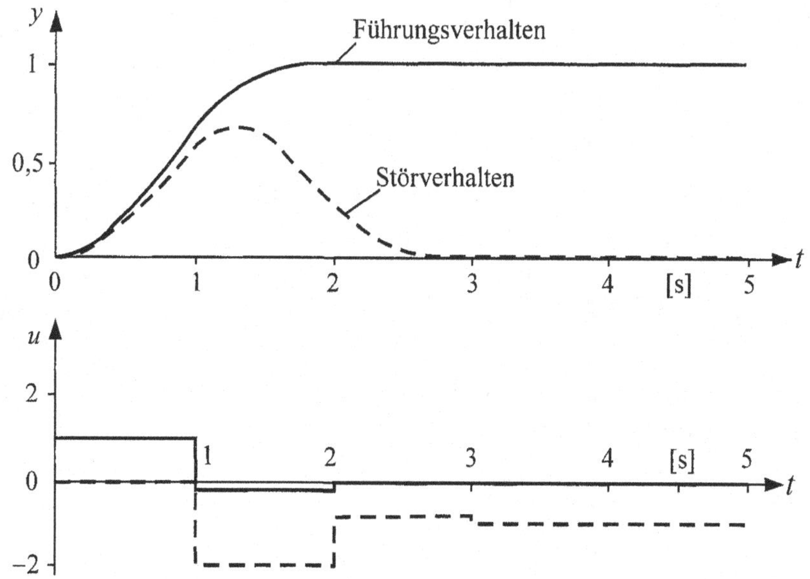

Bild A26.4. Deadbeat-Regler für Führungs- und Störverhalten nach Gln. (A26.19a,b) bei der Regelstrecke mit der Übertragungsfunktion $G_1(s)$ für $b = 2$

Damit muss das Polynom $A(z)$ ebenfalls aufgespalten werden in

$$A^{+}(z)=1, \quad A^{-}(z)=(1-z^{-1})^{2}.$$

Da die beiden Polynome $A^{+}(z)$ und $A^{-}(z)$ in beiden Fällen ($b=1$ und $b=2$) identisch sind, kann man durch Einsetzen in Gl. (A26.6)

$$1-(1-z^{-1})^{3}\,Q(z)=(b_0+b_1z^{-1})\,P(z)\,z^{-1} \tag{A26.22}$$

eine allgemeine Lösung für die beiden Regler angeben. Um einen Koeffizientenvergleich zu ermöglichen, der auf ein Gleichungssystem mit eindeutigen Lösungen führt, wird für die Polynome $P(z)$ und $Q(z)$ der Ansatz

$$Q(z)=1+q_1\,z^{-1}, \tag{A26.23}$$

$$P(z)=p_0+p_1z^{-1}+p_2z^{-2} \tag{A26.24}$$

gemacht. Für den Regler nach Gl. (A26.5) ergibt sich daraus

$$D(z)=\frac{A^{+}(z)\,P(z)}{Q(z)(1-z^{-1})}=\frac{p_0+p_1z^{-1}+p_2z^{-2}}{1+(q_1-1)\,z^{-1}-q_1z^{-2}}\,. \tag{A26.25}$$

Die Werte für p_0, p_1, p_2 und q_1 folgen durch Lösung der Gl. (A26.22). Durch Koeffizientenvergleich erhält man das lineare Gleichungssystem

$$\begin{bmatrix} b_0 & 0 & 0 & 1 \\ b_1 & b_0 & 0 & -3 \\ 0 & b_1 & b_0 & 3 \\ 0 & 0 & b_1 & -1 \end{bmatrix} \begin{bmatrix} p_0 \\ p_1 \\ p_2 \\ q_1 \end{bmatrix} = \begin{bmatrix} 3 \\ -3 \\ 1 \\ 0 \end{bmatrix} \tag{A26.26}$$

und schließlich als Lösung desselben

$$p_0=\frac{3b_0^2+8b_0\,b_1+6b_1^2}{(b_0+b_1)^3}, \qquad p_1=-\frac{3b_0^2+9b_0\,b_1+8b_1^2}{(b_0+b_1)^3}, \tag{A26.27a, b}$$

$$p_2=\frac{b_0^2+3b_0\,b_1+3b_1^2}{(b_0+b_1)^3}, \qquad q_1=\frac{b_0^2b_1+3b_0\,b_1^2+3b_1^3}{(b_0+b_1)^3}\,. \tag{A26.27c, d}$$

Für die Übertragungsfunktion $G_2(s)$ folgt im Fall $b=1$ der Deadbeat-Regler mit der diskreten Übertragungsfunktion

$$D(z)=\frac{2{,}25-2z^{-1}+0{,}75\,z^{-2}}{1-1{,}375\,z^{-1}+0{,}375\,z^{-2}} \tag{A26.28a}$$

und für $b=2$

$$D(z)=\frac{3-3z^{-1}+z^{-2}}{1-z^{-1}}. \tag{A26.28b}$$

Für das Verhalten des geschlossenen Regelkreises, bestehend aus der Regelstrecke mit der Übertragungsfunktion $G_2(s)$ und den beiden Reglern nach den Gln. (A26.28a,b), erhält man durch eine Simulation die in den Bildern A26.5 und A26.6 dargestellten zeitlichen Signalverläufe.

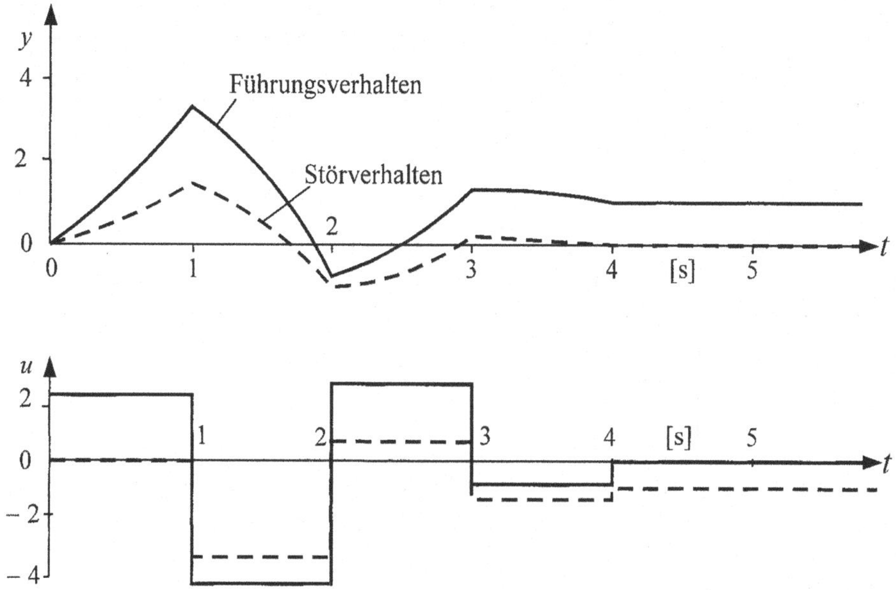

Bild A26.5. Regelverhalten des Deadbeat-Reglers nach Gl. (A26.28a) bei der Regelstrecke mit der Übertragungsfunktion $G_2(s)$ für $b = 1$

Auch für die Regelstrecke mit der Übertragungsfunktion $G_2(s)$ soll nachfolgend ein Entwurf für Stör- und Führungsverhalten durchgeführt werden. Da auch hier das Zählerpolynom $B(z)$ der Regelstrecke nur Wurzeln innerhalb des Einheitskreises besitzt, berechnen sich der Regler $D(z)$ und das Vorfilter $D_V(z)$ nach den Gln. (2.5.60) und (2.5.74) mit $B_K(z) = 1$ und $B_Z(z) = 1$ zu

$$D(z) = \frac{1-(1-z^{-1})\,A(z)}{(1-z^{-1})\,B(z)}, \quad D_V(z) = \frac{B(z)/B(1)}{1-(1-z^{-1})\,A(z)}. \qquad \text{(A26.29a, b)}$$

Für die Regelstrecke mit der Übertragungsfunktion $G_2(s)$ folgt nach einfacher Rechnung als Regler- und Vorfilterübertragungsfunktion im Falle $b = 1$

$$D(z) = \frac{3-3z^{-1}+z^{-2}}{1{,}5-2z^{-1}+0{,}5\,z^{-2}}, \quad D_V(z) = \frac{1{,}5-0{,}5\,z^{-1}}{3-3z^{-1}+z^{-2}} \qquad \text{(A26.30a, b)}$$

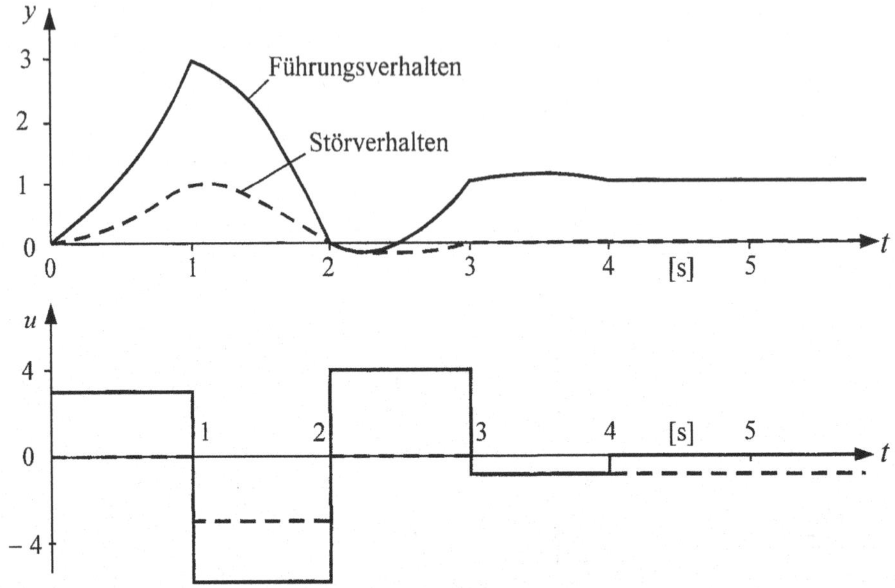

Bild A26.6. Regelverhalten des Deadbeat-Reglers nach Gl. (A26.28b) bei der Regelstrecke mit der Übertragungsfunktion $G_2(s)$ für $b = 2$

und im Falle $b = 2$

$$D(z) = \frac{3 - 3z^{-1} + z^{-2}}{1 - z^{-1}}, \quad D_V(z) = \frac{1}{3 - 3z^{-1} + z^{-2}}. \tag{A26.31a, b}$$

Mit der Regelstreckenübertragungsfunktion $G_2(s)$ und den beiden Reglern gemäß den Gln. (A26.30a,b) und (A26.31a,b) erhält man durch eine Simulation die in den Bildern A26.7 und A26.8 dargestellten Signalverläufe für den geschlossenen Regelkreis.

Wie schon bei der Regelstrecke mit der Übertragungsfunktion $G_1(s)$ zeigt sich auch hier ein geringeres Überschwingen bei den Entwürfen für Stör- und Führungsverhalten. Außerdem ist die Ausregelzeit für Führungssprünge um zwei Abtastschritte kürzer, weil das Polynom $A^{-}(z)$ von 2. Ordnung war.

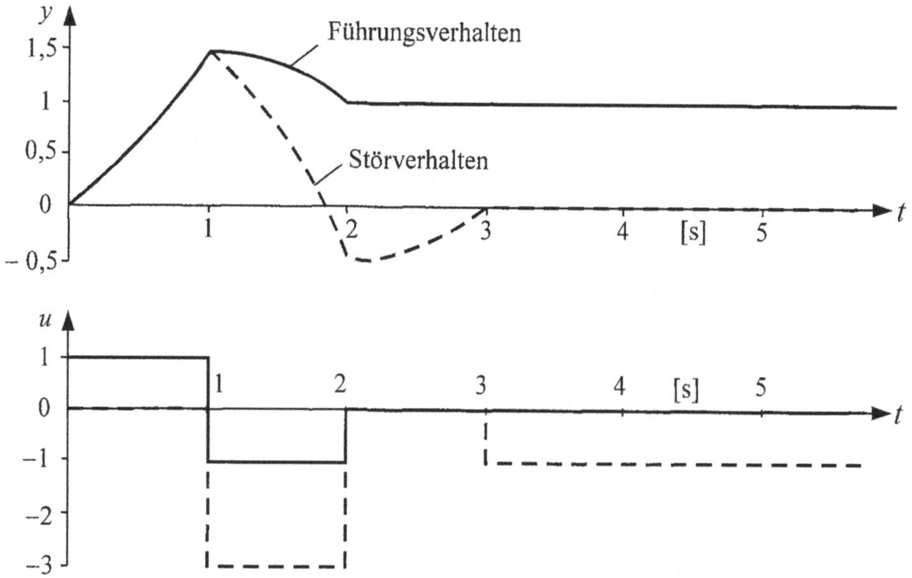

Bild A26.7. Deadbeat-Regler für Führungs- und Störverhalten nach Gln. (A26.30a,b) bei der Regelstrecke mit der Übertragungsfunktion $G_2(s)$ für $b = 1$

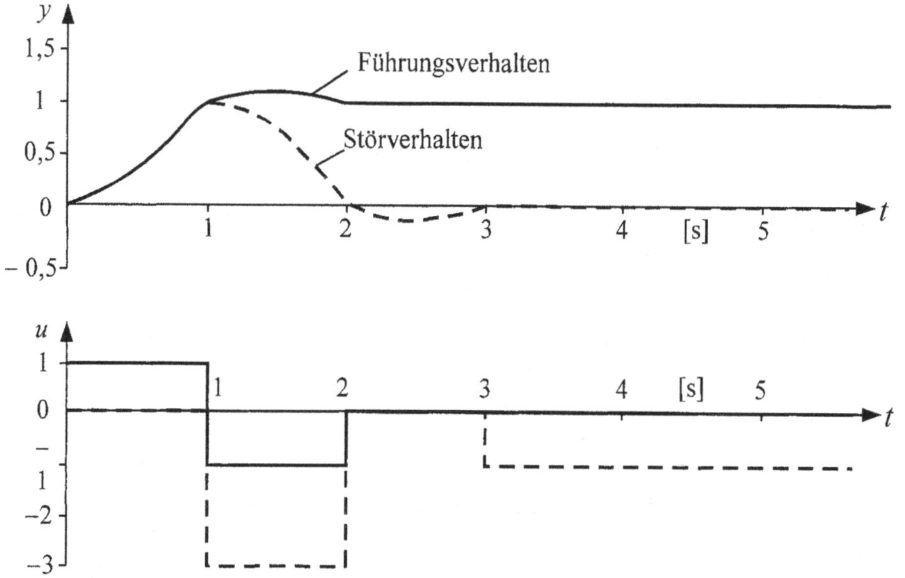

Bild A26.8. Deadbeat-Regler für Führungs- und Störverhalten nach Gln. (A26.31a,b) bei der Regelstrecke mit der Übertragungsfunktion $G_2(s)$ für $b = 2$

Aufgabe 27

Das diskrete System mit der z-Übertragungsfunktion

$$G_z(z) = \frac{z^2 + 2z + 1}{(z+2)(z+3)} \tag{A27.1}$$

ist im Zustandsraum darzustellen.

Zielsetzung: Darstellung diskreter Systeme im Zustandsraum

Theoretische Grundlagen: Kap. 2.6

Lösung:

Für das diskrete Eingrößensystem nach Gl. (A27.1) ist eine Zustandsraumdarstellung der Form

$$\boldsymbol{x}(k+1) = \boldsymbol{A}_\mathrm{d}\boldsymbol{x}(k) + \boldsymbol{b}_\mathrm{d}u(k), \qquad y(k) = \boldsymbol{c}_\mathrm{d}^T\,\boldsymbol{x}(k) + d_\mathrm{d}\,u(k) \tag{A27.2a, b}$$

gesucht.

Eine Darstellung in Regelungsnormalform ist sofort mit Hilfe der Gln. (2.6.5) und (2.6.6) möglich und soll nicht näher betrachtet werden. Wie bei kontinuierlichen Systemen kann auch hier bei einfachen Polen die Systemmatrix $\boldsymbol{A}_\mathrm{d}$ auf Diagonalform gebracht werden, wobei die Eigenwerte z_1 und z_2 gerade die Pole der diskreten Übertragungsfunktion $G_z(z)$ gemäß Gl. (A27.1) sind.

Daraus folgt

$$\boldsymbol{A}_\mathrm{d} = \begin{bmatrix} -2 & 0 \\ 0 & -3 \end{bmatrix}. \tag{A27.3}$$

Zur anschaulichen Darstellung der diskreten Zustandsgrößen $x_1(k)$ und $x_2(k)$ wird $G_z(z)$ in Partialbrüche

$$G_z(z) = \frac{z^2 + 2z + 1}{(z+2)(z+3)} = 1 + \frac{1}{z+2} - \frac{4}{z+3} \tag{A27.4}$$

zerlegt und das System durch das Blockschaltbild gemäß Bild A27.1 dargestellt. Für die diskrete Zustandsraumdarstellung kann man dem Bild A27.1 sofort das Ergebnis

$$\boldsymbol{x}(k+1) = \begin{bmatrix} -2 & 0 \\ 0 & -3 \end{bmatrix}\boldsymbol{x}(k) + \begin{bmatrix} 1 \\ 1 \end{bmatrix} u(k), \qquad y(k) = [\,1 \quad -4\,]\,\boldsymbol{x}(k) + u(k) \tag{A27.5a, b}$$

entnehmen. Diese Darstellung entspricht der Jordan-Normalform für einfache reelle Pole:

$$\boldsymbol{A} = \begin{bmatrix} z_1 & & 0 \\ & \ddots & \\ 0 & & z_n \end{bmatrix}, \quad \boldsymbol{b} = \begin{bmatrix} 1 \\ \vdots \\ 1 \end{bmatrix}, \quad \boldsymbol{c} = \begin{bmatrix} c_1 \\ \vdots \\ c_n \end{bmatrix}; \quad d = 1, \tag{A27.6}$$

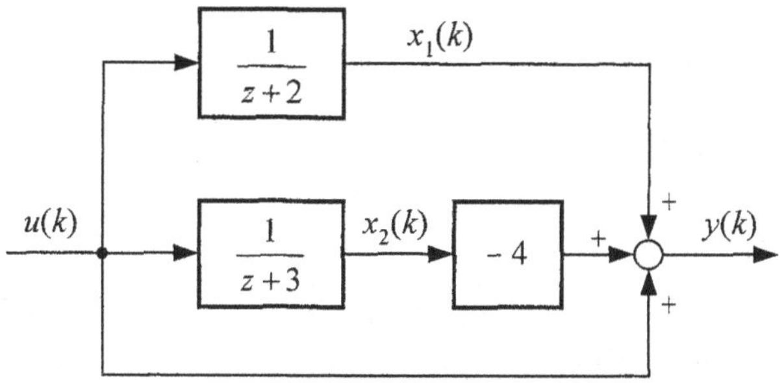

Bild A27.1. Blockschaltbild der Übertragungsfunktion $G_z(z)$

wobei die c_i – Werte sich aus den Residuen der Partialbruchentwicklung der zugehörigen Übertragungsfunktion $G_z(z)$ ergeben.

Aufgabe 28

a) Wann besitzt das zeitdiskrete System

$$\boldsymbol{x}(k+1) = \boldsymbol{A}_{\mathrm{d}}\boldsymbol{x}(k) + \boldsymbol{\beta} \tag{A28.1}$$

für alle $\boldsymbol{\beta}$ eine eindeutige Ruhelage?

Es ist die allgemeine Lösung für diese Ruhelage anzugeben.

b) Um das lineare Gleichungssystem

$$a_{11}x_1 + a_{12}x_2 = b_1, \qquad a_{21}x_1 + a_{22}x_2 = b_2 \tag{A28.2a, b}$$

mit

$$a_{11} \neq 0,\ a_{22} \neq 0,\ a_{11}a_{22} - a_{12}a_{21} \neq 0 \tag{A28.3}$$

iterativ zu lösen, kann man jeweils aus $x_1(k)$, $x_2(k)$ die Werte $x_1(k+1)$, $x_2(k+1)$ nach den Beziehungen

$$a_{11}x_1(k+1) + a_{12}x_2(k) = b_1, \qquad a_{21}x_1(k) + a_{22}x_2(k+1) = b_2 \tag{A28.4a, b}$$

berechnen. Durch die Gln. (A28.4a,b) ist ein zeitdiskretes dynamisches System definiert. Unter welcher Voraussetzung besitzt dieses System eine eindeutige stabile Ruhelage?

Man zeige, dass diese Ruhelage die Lösung von Gln. (A28.2a,b) ist.

Zielsetzung:
- Berechnung der Ruhelage
- Untersuchung der Stabilität von zeitdiskreten Systemen in Zustandsraumdarstellung

Theoretische Grundlagen: Kap. 2.3.2 und Kap. 2.6

Lösung:

a) Für eine mögliche Ruhelage des zeitdiskreten Systems

$$x(k+1) = A_d x(k) + \beta, \quad \beta = \begin{bmatrix} b_1 \\ b_2 \end{bmatrix} \tag{A28.5}$$

muss die Bedingung

$$x(k+1) = x(k) = x_\infty \tag{A28.6}$$

erfüllt sein. Setzt man Gl. (A28.6) in Gl. (A28.5) ein, so ergibt sich die eindeutige Lösung

$$x_\infty = (\mathbf{I} - A_d)^{-1} \beta, \tag{A28.7}$$

falls

$$|\mathbf{I} - A_d| \neq 0. \tag{A28.8}$$

Allerdings handelt es sich bei x_∞ nur dann um eine *stabile Ruhelage*, wenn A_d die Systemmatrix eines stabilen Systems ist.

b) Die Darstellung des gegebenen diskreten Systems nach Gln. (A28.4a,b) in Form von Gl. (A28.1) liefert

$$A_d = \begin{bmatrix} 0 & -\frac{a_{12}}{a_{11}} \\ -\frac{a_{21}}{a_{22}} & 0 \end{bmatrix}, \quad \beta = \begin{bmatrix} \frac{b_1}{a_{11}} \\ \frac{b_2}{a_{22}} \end{bmatrix}. \tag{A28.9}$$

Das iterative Lösungsverfahren nach Gl. (A28.1) konvergiert bei beliebigen Anfangswerten $x_1(0)$ und $x_2(0)$ nur dann gegen eine eindeutige Ruhelage, wenn Gl. (A28.1) ein stabiles diskretes System beschreibt. Die Anwendung der z-Transformation auf Gl. (A28.1) liefert

$$zX(z) = A_d X(z) + \beta \frac{z}{z-1}$$

bzw.

$$X(z) = (z\mathbf{I} - A_d)^{-1} \beta \frac{z}{z-1}. \tag{A28.10}$$

Um die Stabilität der Lösung nach Gl. (A28.10) zu gewährleisten, müssen die Nullstellen der charakteristischen Gleichung, also die Eigenwerte der Matrix A_d, innerhalb des Einheitskreises der z-Ebene liegen. Durch Berechnung der charakteristischen Gleichung

$$\det(z\mathbf{I} - A_\mathrm{d}) = \det\begin{bmatrix} z & \dfrac{a_{12}}{a_{11}} \\ \dfrac{a_{21}}{a_{22}} & z \end{bmatrix} = z^2 - \frac{a_{12}a_{21}}{a_{11}a_{22}} = 0 \tag{A28.11}$$

erhält man die beiden Eigenwerte

$$z_{1,2} = \pm\sqrt{\frac{a_{12}a_{21}}{a_{11}a_{22}}}\,, \tag{A28.12}$$

für die die Bedingung $|z_{1,2}| < 1$ erfüllt sein muss. Daraus folgt die Stabilitätsbedingung

$$\left|\frac{a_{12}a_{21}}{a_{11}a_{22}}\right| < 1. \tag{A28.13}$$

Unter der Voraussetzung von Gl. (A28.13) kann man den stationären Wert $\boldsymbol{x}_\infty = \lim\limits_{k\to\infty} \boldsymbol{x}(k)$ mit Hilfe des Grenzwertsatzes der z-Transformation berechnen:

$$\boldsymbol{x}_\infty = \lim_{k\to\infty} \boldsymbol{x}(k) = \lim_{z\to 1}(z-1)\,\boldsymbol{X}(z)\,,$$

$$\boldsymbol{x}_\infty = \lim_{z\to 1}(z-1)(z\mathbf{I} - A_\mathrm{d})^{-1}\boldsymbol{\beta}\,\frac{z}{z-1} = (\mathbf{I} - A_\mathrm{d})^{-1}\boldsymbol{\beta}\,. \tag{A28.14}$$

Die Lösung Gl. (A28.14) stimmt mit der Lösung Gl. (A28.7) aus Aufgabenteil a) überein.

Aufgabe 29

Für den im Bild A29.1 skizzierten Regelkreis mit Zweipunktregler und $\mathrm{IT_t}$-Strecke sind zu berechnen:

a) Gleichung der Arbeitsbewegung für das Ausgangssignal $y(t)$ (es gelte $z(t) = 0$ und $w(t) = w_0\sigma(t)$).

b) Maximal- und Minimalwerte y_1 und y_2 sowie Amplitude y_0 der Arbeitsbewegung.

c) T_Ein und T_Aus sowie die Periodendauer T_0.

d) Welche mittlere Regelabweichung $\bar{e}$ tritt auf?

e) Wie wirken sich sprungförmige Störungen, $z(t) = z_0\sigma(t)$, im Vergleich zu sprungförmigen Änderungen des Sollwertes $w(t)$ aus?

Wie groß wäre die Regelabweichung bei Verwendung eines nach Ziegler-Nichols eingestellten stetigen P-Reglers?

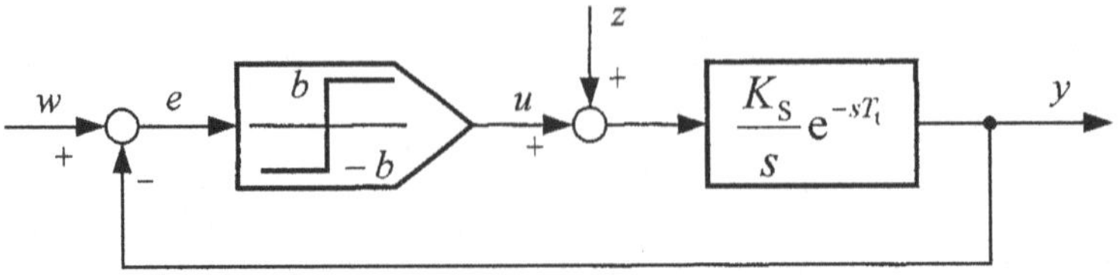

Bild A29.1. Regelkreis mit Zweipunktregler

Zielsetzung: - Analyse von nichtlinearen Regelsystemen
- Berechnung der Arbeitsbewegung eines Zweipunktreglers

Theoretische Grundlagen: Kap. 3.2

Lösung:

a,b) Um den grundsätzlichen Verlauf des Ausgangssignals zu ermitteln, geht man von der Übertragungsfunktion des linearen Teilsystems

$$G(s) = \frac{K_S}{s}\,e^{-sT_t} = \frac{Y(s)}{U(s)+Z(s)} \tag{A29.1}$$

aus. Mit $z(t) = 0$ und dem Ausgangssignal des Zweipunktreglers

$$u = \pm b \tag{A29.2}$$

erhält man für das Ausgangssignal

$$y(t) = y(0) + K_S \int_0^t [u(\tau - T_t) + z(\tau - T_t)]\;d\tau = \pm bK_S(t - T_t) + y(0)\,. \tag{A29.3}$$

Dieses Signal besteht also, je nach Schaltzustand des Reglers, aus Geradenabschnitten mit positiver bzw. negativer Steigung, wobei die Totzeit lediglich eine Verschiebung der Zeitachse bewirkt. Daraus ergibt sich der im Bild A29.2 dargestellte Signalverlauf.

Maßgebend für den Schaltzustand des Reglers ist das Vorzeichen der Regelabweichung $e(t)$ (siehe Kennlinie des Zweipunktreglers in Tabelle 3.1.1, Nr. 2). Somit schaltet der Regler immer dann, wenn $e(t)$ das Vorzeichen wechselt. Die Umschaltung der Stellgröße wirkt sich erst nach Ablauf der Totzeit auf das Ausgangssignal $y(t)$ aus. Zu diesem Zeitpunkt erfolgt dann ein Vorzeichenwechsel der Steigung in den Geradenabschnitten von $y(t)$ und $e(t)$.

Zur einfacheren mathematischen Handhabung werden die Geradenabschnitte I, II, III von $y(t)$ im Bild A29.2 in einem zeitverschobenen Koordinatensystem berechnet.

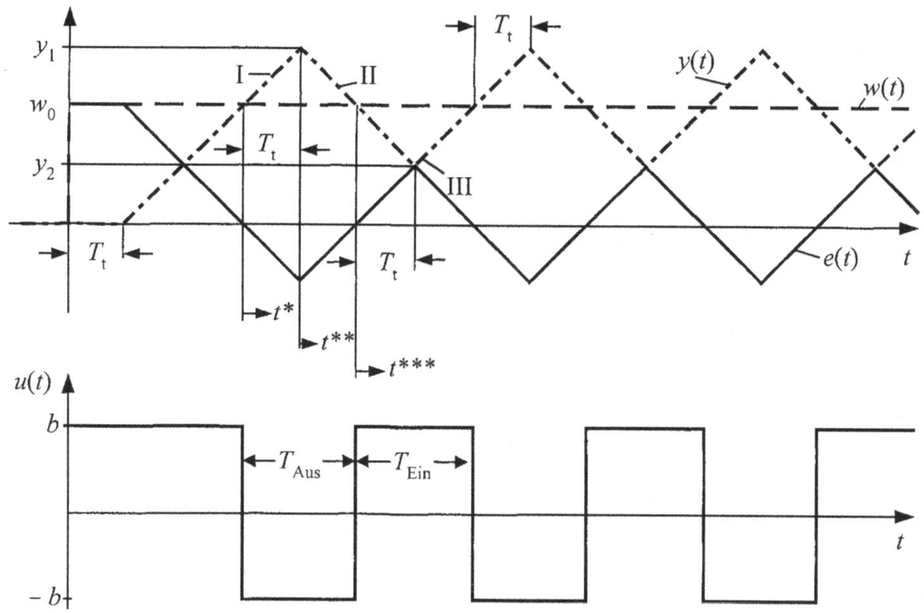

Bild A29.2. Zeitverläufe des Ausgangssignals $y(t)$, des Führungssignals $w(t)$, der Regelabweichung $e(t)$ und der Stellgröße $u(t)$

Abschnitt I: Zeitskala t^*, wirksamer Schaltzustand $u = +b$

Es gilt

$$y_{\mathrm{I}}(t^*) = +bK_{\mathrm{S}}t^* + w_0. \tag{A29.4}$$

Zur Zeit $t^* = 0$ schaltet der Regler auf $u = -b$. Wirksam wird diese Umschaltung jedoch erst zur Zeit $t^* = T_{\mathrm{t}}$; der dann aktuelle y-Wert ist der maximale, da hier das Vorzeichen der Steigung wechselt. Man erhält

$$y_{\mathrm{I}}(t^* = T_{\mathrm{t}}) = y_1 = +bK_{\mathrm{S}}T_{\mathrm{t}} + w_0. \tag{A29.5}$$

Abschnitt II: Zeitskala t^{**}, wirksamer Schaltzustand $u = -b$

Die Ausgangsgröße nimmt beginnend bei y_1 linear ab, d. h.

$$y_{\mathrm{II}}(t^{**}) = -bK_{\mathrm{S}}t^{**} + y_1. \tag{A29.6}$$

Abschnitt II: Zeitskala t^{***}, wirksamer Schaltzustand $u = -b$

Für die Ausgangsgröße gilt die Beziehung

$$y_{\mathrm{II}}(t^{***}) = -bK_{\mathrm{S}}t^{***} + w_0. \tag{A29.7}$$

Als Minimalwert von $y(t)$ zur Zeit $t^{***} = T_{\mathrm{t}}$ ergibt sich analog zum Maximalwert

$$y_{\mathrm{II}}(t^{***} = T_{\mathrm{t}}) = y_2 = -bK_{\mathrm{S}}T_{\mathrm{t}} + w_0. \tag{A29.8}$$

Mit y_1 und y_2 nach Gl. (A29.5) und Gl. (A29.8) folgt für die Amplitude der Arbeitsbewegung

$$y_0 = \frac{1}{2}(y_1 - y_2) = bK_S T_t. \tag{A29.9}$$

c) Die Ausschaltzeit T_{Aus} ist diejenige Zeit (siehe Bild A29.2), die $y_{II}(t^{**})$ benötigt, um vom Wert y_1 auf w_0 abzufallen plus der Totzeit, die nach dem Schalten auf $u = -b$ bis zum Wirksamwerden der Umschaltung vergeht.

Für den Zeitpunkt, an dem $y(t)$ den Wert w_0 erreicht, gilt nach Gl. (A29.6)

$$y_{II}(t_0^{**}) = -bK_S t_0^{**} + y_1 \stackrel{!}{=} w_0. \tag{A29.10}$$

Daraus ergibt sich

$$t_0^{**} = \frac{y_1 - w_0}{bK_S} \tag{A29.11}$$

und durch Einsetzen der Gl. (A29.5) schließlich

$$t_0^{**} = T_t .$$

Die Ausschaltzeit des Zweipunktreglers beträgt also

$$T_{Aus} = t_0^{**} + T_t = 2T_t . \tag{A29.12}$$

Die Einschaltzeit T_{Ein} ist diejenige Zeit, die $y_I(t^*)$ benötigt, um von dem Wert y_2 auf w_0 zu steigen, plus die Totzeit, nach der die Geradensteigung wieder ihr Vorzeichen wechselt. Es sei darauf hingewiesen, dass Abschnitt III identisch ist mit Abschnitt I bis auf das Anlaufstück zum Wert y_2 , so dass hier die Gl. (A29.4) gilt.

Zum Zeitpunkt $t^* = -t_0^*$ wird die Stellgröße $u = +b$ am Ausgang wirksam, so dass man mit Hilfe von Gl. (A29.3)

$$y_I(-t_0^*) = -bK_S t_0^* + w_0 \stackrel{!}{=} y_2 \tag{A29.13}$$

und

$$t_0^* = \frac{w_0 - y_2}{bK_S} = T_t \tag{A29.14}$$

erhält. Analog zu Gl. (A29.12) ergibt sich die Einschaltzeit

$$T_{Ein} = t_0^* + T_t = 2T_t . \tag{A29.15}$$

Damit folgt für die Periodendauer der Schaltbewegung

$$T_0 = T_{Aus} + T_{Ein} = 4T_t . \tag{A29.16}$$

d) Die mittlere Regelabweichung ist definitionsgemäß

$$\bar{e} = w_0 - \bar{y} = w_0 - \frac{1}{2}(y_1 + y_2).$$

Nach Einsetzen von Gln. (A29.5) und (A29.8) zeigt sich, dass die mittlere Regelabweichung verschwindet, d. h.

$$\bar{e} = 0. \tag{A29.17}$$

Dies ist bei einer Regelstrecke mit integralem Verhalten auch zu erwarten.

e) Wenn sich der Sollwert sprungförmig ändert, behält die Arbeitsbewegung ihre Form bei, da sich die Form des Eingangssignals der Regelstrecke ($u = \pm b$) nicht verändert. Abgesehen von einer Einschwingphase bleiben auch die Ein-/Ausschaltzeiten erhalten. Lediglich die Minimal- und Maximalwerte y_1 und y_2 hängen vom Sollwert w_0 ab. Bild A29.3 zeigt die resultierenden Signalverläufe.

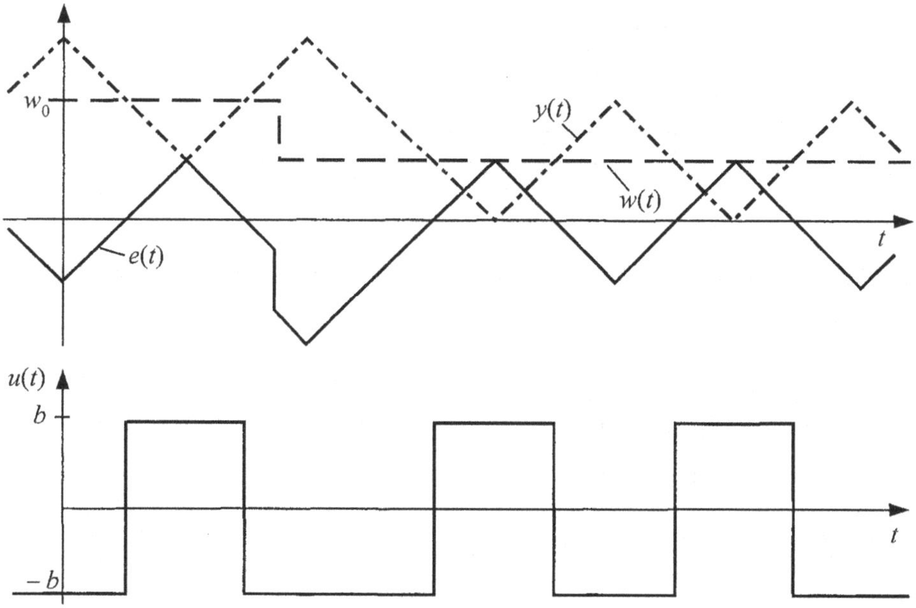

Bild A29.3. Zeitverläufe von $y(t)$, $e(t)$, $w(t)$, $u(t)$ bei sprungförmiger Sollwertänderung

Beim Auftreten von Störungen wird jedoch das Eingangssignal der Regelstrecke verändert. Im vorliegenden Fall einer integral wirkenden Regelstrecke (siehe auch Gl. (A29.3)) wird die Steigung der Geradenabschnitte des Ausgangssignals verändert, was bei Sollwertänderungen nicht der Fall war. Die Auswirkung einer Störung am Eingang der Regelstrecke auf den Regelkreis wird im Bild A29.4 verdeutlicht.

Der Lösungsgang ist analog zum Aufgabenteil a). Ausgehend von

$$u(t) = \pm\, b, \quad z(t) = z_0\sigma(t) \tag{A29.18}$$

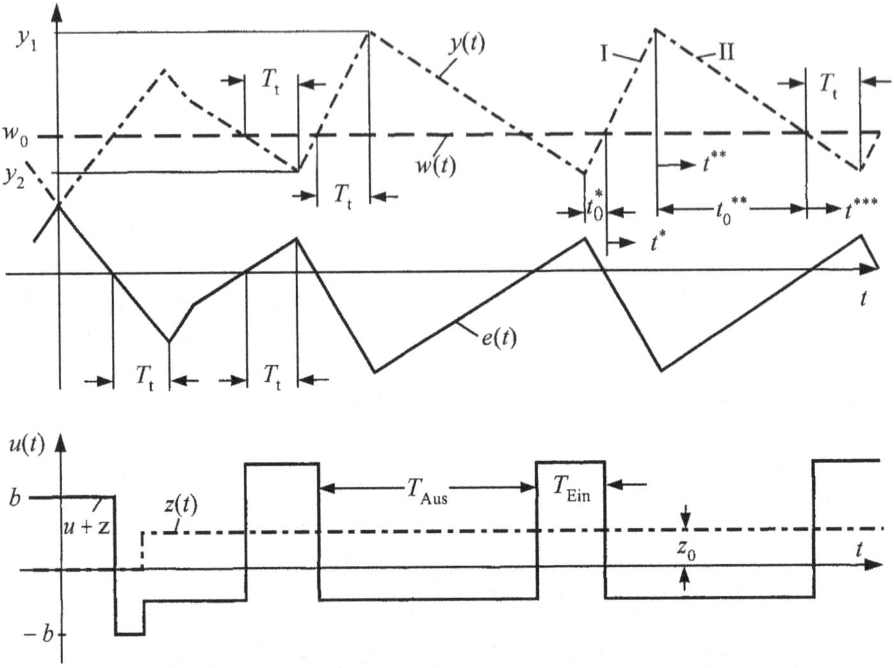

Bild 29.4. Zeitverläufe von $y(t)$, $e(t)$, $w(t)$, $u(t)+z(t)$, $z(t)$ bei sprungförmigen Störungen $z(t) = z_0\,\sigma(t)$

erhält man als wirksames Eingangssignal der Regelstrecke

$$u'(t) = \pm\, b + z_0 \;\text{ für }\; t > 0\,, \tag{A29.19}$$

mit dem nun in den einzelnen Kurvenabschnitten die Ausgangsgröße berechnet werden kann.

Abschnitt I: Zeitskala t^*; wirksamer Schaltzustand $u = +b$

$$y_{\text{I}}(t^*) = (b + z_0)\, K_{\text{S}} t^* + w_0\,, \tag{A29.20}$$

$$y_{\text{I}}(t^* = T_t) = y_1 = (b + z_0)\, K_{\text{S}} T_{\text{t}} + w_0\,. \tag{A29.21}$$

Abschnitt II: Zeitskala t^{**}; wirksamer Schaltzustand $u = -b$

$$y_{\text{II}}(t^{**}) = (-b + z_0)\, K_{\text{S}} t^{**} + y_1\,. \tag{A29.22}$$

Abschnitt II: Zeitskala t^{***}; wirksamer Schaltzustand $u = -b$

$$y_{\text{II}}(t^{***}) = (-b + z_0)\, K_{\text{S}} t^{***} + w_0\,, \tag{A29.23}$$

$$y_{\text{II}}(t^{***} = T_{\text{t}}) = y_2 = (-b + z_0)\, K_{\text{S}} T_{\text{t}} + w_0\,. \tag{A29.24}$$

Aus den Schnittpunkten der Ausgangsgröße mit dem Sollwert und der Anschlussbedingung der beiden Kurvenabschnitte erhält man wiederum die Einschalt- und Ausschaltzeit des Reglers:

$$y_{\mathrm{II}}(t^{**} = t_0^{**}) = (-b + z_0)\ K_{\mathrm{S}} t_0^{**} + y_1 \overset{!}{=} w_0\,, \qquad t_0^{**} = \frac{w_0 - y_1}{(-b + z_0)\ K_{\mathrm{S}}} = T_{\mathrm{t}}\,\frac{b + z_0}{b - z_0}$$

$$T_{\mathrm{Aus}} = t_0^{**} + T_{\mathrm{t}} = T_{\mathrm{t}}\,\frac{2b}{b - z_0} \tag{A29.25}$$

$$y_{\mathrm{I}}(t^{*} = -t_0^{*}) = -(b + z_0)\ K_{\mathrm{S}} t_0^{*} + w_0 \overset{!}{=} y_2\,, \qquad t_0^{*} = \frac{w_0 - y_2}{(b + z_0)\,K_{\mathrm{S}}} = T_{\mathrm{t}}\,\frac{b - z_0}{b + z_0}$$

$$T_{\mathrm{Ein}} = t_0^{*} + T_{\mathrm{t}} = T_{\mathrm{t}}\,\frac{2b}{b + z_0}\,. \tag{A29.26}$$

Die Periodendauer der Arbeitsbewegung

$$T_0 = T_{\mathrm{Aus}} + T_{\mathrm{Ein}} = T_{\mathrm{t}}\,\frac{4b^2}{b^2 - z_0^2} \tag{A29.27}$$

ist nun abhängig von der Amplitude der Störung. Die Amplitude der Arbeitsbewegung beträgt

$$y_0 = \frac{y_1 - y_2}{2} = bK_{\mathrm{S}}T_{\mathrm{t}}\,, \tag{A29.28}$$

und für die mittlere Regelabweichung ergibt sich

$$\bar{e} = -\,\frac{1}{2}\,(y_1 + y_2) + w_0 = -z_0 K_{\mathrm{S}} T_{\mathrm{t}}\,. \tag{A29.29}$$

Zu beachten ist, dass diese Ergebnisse nur dann gültig sind, wenn die Störamplitude kleiner ist als die Amplitude des Zweipunktreglers, weil sonst das Vorzeichen des Eingangssignals der Regelstrecke nie mehr wechseln kann. Für die Regelung muss also die Bedingung

$$|\,z_0\,| < b \tag{A29.30}$$

erfüllt sein.

f) Bei Verwendung eines P-Reglers anstelle des Zweipunktreglers erhält man einen *linearen* Regelkreis mit dem Übertragungsverhalten

$$Y(s) = \frac{K_{\mathrm{R}} K_{\mathrm{S}}\,\mathrm{e}^{-sT_{\mathrm{t}}}}{s + K_{\mathrm{R}} K_{\mathrm{S}}\,\mathrm{e}^{-sT_{\mathrm{t}}}}\;W(s) + \frac{K_{\mathrm{S}}\,\mathrm{e}^{-sT_{\mathrm{t}}}}{s + K_{\mathrm{R}} K_{\mathrm{S}}\,\mathrm{e}^{-sT_{\mathrm{t}}}}\;Z(s)\,. \tag{A29.31}$$

Für die bleibende Regelabweichung ergibt sich unter Verwendung des Grenzwertsatzes der Laplace-Transformation

$$e_\infty = \lim_{t\to\infty} e(t) = \lim_{s\to 0} sE(s)$$
$$= \lim_{s\to 0} s\left[W(s) - \frac{K_R K_S\,e^{-sT_t}}{s + K_R K_S\,e^{-sT_t}}\,W(s) - \frac{K_S\,e^{-sT_t}}{s + K_R K_S\,e^{-sT_t}}\,Z(s)\right]. \qquad \text{(A29.32)}$$

α) Für $z(t) = 0$ und $w(t) = w_0\sigma(t)$ erhält man die bleibende Regelabweichung

$$e_\infty = \lim_{s\to 0} w_0\left(1 - \frac{K_R K_S\,e^{-sT_t}}{s + K_R K_S\,e^{-sT_t}}\right) = 0 \qquad \text{(A29.33)}$$

unabhängig von der Reglerverstärkung, was bei einer I-Regelstrecke auch zu erwarten war.

β) Für $w(t) = 0$ und $z(t) = z_0\sigma(t)$ erhält man

$$e_\infty = \lim_{s\to 0} z_0\left(-\frac{K_S\,e^{-sT_t}}{s + K_R K_S\,e^{-sT_t}}\right) = -\frac{z_0}{K_R}. \qquad \text{(A29.34)}$$

Die bleibende Regelabweichung hängt bei sprungförmigen Störungen am Eingang der Regelstrecke also von der Reglerverstärkung K_R ab. Da man jedoch K_R nicht beliebig groß machen kann (die Stabilität des Kreises ist wegen der Totzeit gefährdet, siehe auch Bode-Diagramm Bild A29.5), soll der Wert von K_R wenigstens optimal (nach Ziegler-Nichols) eingestellt werden. Dafür ist nach Tabelle 8.2.8 für den P-Regler der Wert

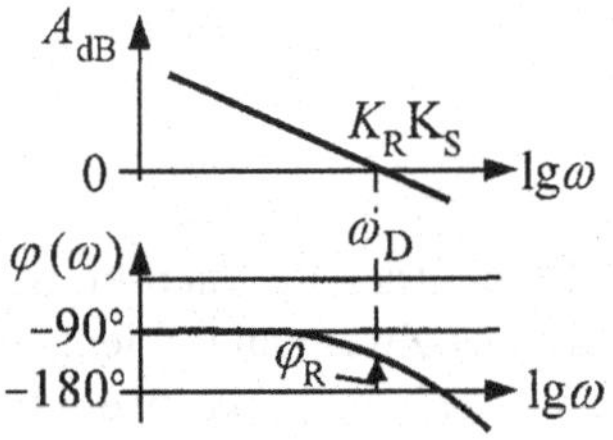

Bild A29.5. Bode-Diagramm des offenen Regelkreises bei Verwendung eines P-Reglers mit dem Verstärkungsfaktor K_R

$$K_{Ropt} = \frac{1}{2}\,K_{Rkrit} \qquad \text{(A29.35)}$$

zu wählen, wobei K_{Rkrit} diejenige Reglerverstärkung ist, bei der sich der Regelkreis gerade am Stabilitätsrand befindet. In diesem Fall ist die Verstärkung des offenen Regelkreises gleich eins (Amplitudengang bei 0 dB) und die Phase $-180°$ (Phasenrand $\varphi_R = 0$). Die Phasendrehung rührt allein vom Totzeitglied her, der Integrator liefert unabhängig von der Frequenz $-90°$ Phasendrehung, so dass gelten muss

$$\omega T_t\big|_{\omega=\omega_D} \overset{!}{=} \frac{\pi}{2}. \qquad \text{(A29.36)}$$

Für die Amplitude des offenen Regelkreises gilt bei der Durchtrittsfrequenz

$$\left| \frac{1}{\mathrm{j}\omega} K_\mathrm{R} K_\mathrm{S} \, \mathrm{e}^{-\mathrm{j}\omega T_\mathrm{t}} \right|_{\omega=\omega_\mathrm{D}} \overset{!}{=} 1$$

bzw.

$$\frac{K_\mathrm{Rkrit} K_\mathrm{S}}{\omega_\mathrm{D}} = 1 \, . \tag{A29.37}$$

Aus den beiden Gleichungen (A29.36) und (A29.37) ergibt sich schließlich der kritische Verstärkungsfaktor zu

$$K_\mathrm{Rkrit} = \frac{\pi}{2 K_\mathrm{S} T_\mathrm{t}}, \tag{A29.38}$$

und mit Gl. (A29.35) erhält man als optimalen Reglerverstärkungsfaktor

$$K_\mathrm{Ropt} = \frac{\pi}{4 K_\mathrm{S} T_\mathrm{t}} \, . \tag{A29.39}$$

Die bleibende Regelabweichung für sprungförmige Störgrößen errechnet sich dann mittels Gl. (A29.34) zu

$$e_\infty = -\frac{4}{\pi} K_\mathrm{S} T_\mathrm{t} z_0 \, . \tag{A29.40}$$

Damit liegt die bleibende Regelabweichung für sprungförmige Störungen um den Faktor $4/\pi$ höher als bei Verwendung eines Zweipunktreglers. Dies gilt selbstverständlich nur für den vorliegenden Fall. Bei der Dimensionierung anderer Regelkreise muss immer wieder überprüft werden, welcher Regler die geforderten Ziele besser erreicht. Dabei ist allerdings zu beachten, dass im nichtlinearen Fall eine zeitlich gemittelte Regelabweichung berechnet wurde. Der zeitliche Verlauf der Regelabweichung ist beim Zweipunktregler eine periodische Funktion der Periodendauer T_0.

Aufgabe 30

Die Beschreibungsfunktionen der im Bild A30.1 dargestellten nichtlinearen Kennlinien sind zu bestimmen.

Zielsetzung: Analyse nichtlinearer Regelsysteme mit Hilfe der Beschreibungsfunktion

Theoretische Grundlagen: Kap. 3.3

Lösung:

Die Beschreibungsfunktion als „Ersatzfrequenzgang" eines nichtlinearen Übertragungssystems dient nur zu dessen *näherungsweisen* Beschreibung. Voraussetzung für eine gute Näherung ist, dass ein nachgeschaltetes lineares Übertragungssystem des Regelkreises

„genügende“ *Tiefpasseigenschaft* besitzt, um die höheren Harmonischen, die von der Nichtlinearität erzeugt werden, zu unterdrücken.

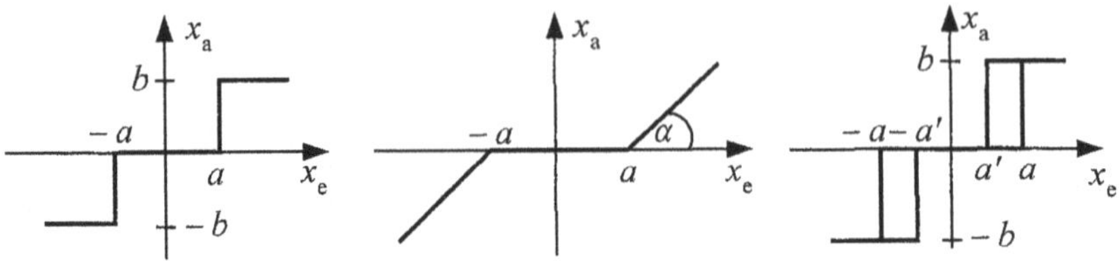

Bild A30.1. Kennlinien typischer nichtlinearer Regelkreiselemente - a) Dreipunktglied, b) Totzone, c) Dreipunktglied mit Hysterese

Die Berechnung der Beschreibungsfunktion geschieht in den folgenden Schritten:

1. Man gebe auf den Eingang des nichtlinearen Teilsystems ein sinusförmiges Testsignal der Form

   $x_e(t) = \hat{x}_e \sin \omega_0 t$ oder in Zeigerdarstellung $\vec{x}_e = \hat{x}_e$.

2. Dann wird die Antwort $x_a(t)$ des nichtlinearen Teilsystems mittels der statischen Kennlinie bestimmt.
3. Die Grundschwingung $x_a^{(g)}(t)$ des Antwortsignals $x_a(t)$ wird anhand der Fourierreihe berechnet.
4. Die Beschreibungsfunktion $N(\hat{x}_e, \omega)$ ergibt sich dann aus dem Verhältnis der komplexen *Zeiger* von Ausgangssignal (Grundschwingung) zu Eingangssignal.

Die Fourierreihenentwicklung von $x_a(t)$ liefert:

$$x_a(t) = \hat{x}_e \left[\frac{1}{2} a_0 + \sum_{k=1}^{\infty} [a_k \cos(k\,\omega_0 t) + b_k \sin(k\,\omega_0 t)] \right], \tag{A30.1a}$$

mit

$$\hat{x}_e a_k = \frac{2}{T} \int_{t_0}^{t_0+T} x_a(t) \cos(k\,\omega_0 t)\,\mathrm{d}t\,, \tag{A30.1b}$$

$$\hat{x}_e b_k = \frac{2}{T} \int_{t_0}^{t_0+T} x_a(t) \sin(k\,\omega_0 t)\,\mathrm{d}t\,. \tag{A30.1c}$$

Für die Grundschwingung gilt:

$$x_a^{(g)}(t) = \hat{x}_e (a_1 \cos \omega_0 t + b_1 \sin \omega_0 t)\,. \tag{A30.2}$$

a) *Beschreibungsfunktion des Dreipunktgliedes*

Das graphisch konstruierte Ausgangssignal $x_a(t)$ ist nun in eine Fourierreihe zu zerlegen. Aus Bild A30.2 kann man entnehmen:

- Das Ausgangssignal ist eine ungerade Funktion

$$\rightarrow a_k = 0 \;\forall k\,. \tag{A30.3}$$

- Der Mittelwert ist daher Null

$$\rightarrow a_0 = 0\,. \tag{A30.4}$$

- Es ist nur der Koeffizient b_1 für die Grundschwingung zu berechnen. Es gilt

$$\hat{x}_e\, b_1 = \frac{2}{T}\int_0^T x_a(t)\sin\omega_0 t\,\mathrm{d}t\,. \tag{A30.5}$$

Mit der Substitution $\omega_0 t = \tau$, $\mathrm{d}t = \frac{1}{\omega_0}\mathrm{d}\tau$ und $\omega_0 = \frac{2\pi}{T}$ folgt mit Gl. (A30.1c)

$$\begin{aligned}\hat{x}_e b_1 &= \frac{1}{\pi}\int_0^{2\pi} x_a\left(\frac{\tau}{\omega_0}\right)\sin\tau\,\mathrm{d}\tau = \frac{b}{\pi}\left[-\cos\tau\Big|_{\varphi}^{\pi-\varphi} + \cos\tau\Big|_{\pi+\varphi}^{2\pi-\varphi}\right]\\ &= \frac{4b}{\pi}\cos\varphi.\end{aligned} \tag{A30.6}$$

Aus Bild A30.2 entnimmt man

$$a = \hat{x}_e \sin\varphi \tag{A30.7}$$

und wegen $\sin^2\varphi + \cos^2\varphi = 1$ folgt

$$\cos\varphi = \sqrt{1-\left(\frac{a}{\hat{x}_e}\right)^2}\,. \tag{A30.8}$$

Damit ergibt sich mit den Gln. (A30.1a), (A30.6) und (A30.8) unter Beachtung der Gl. (A30.3) für die Grundschwingung des Ausgangssignals

$$x_a^{(g)}(t) = \frac{4b}{\pi}\sqrt{1-\left(\frac{a}{\hat{x}_e}\right)^2}\sin\omega_0 t \tag{A30.9}$$

und für den komplexen Zeiger

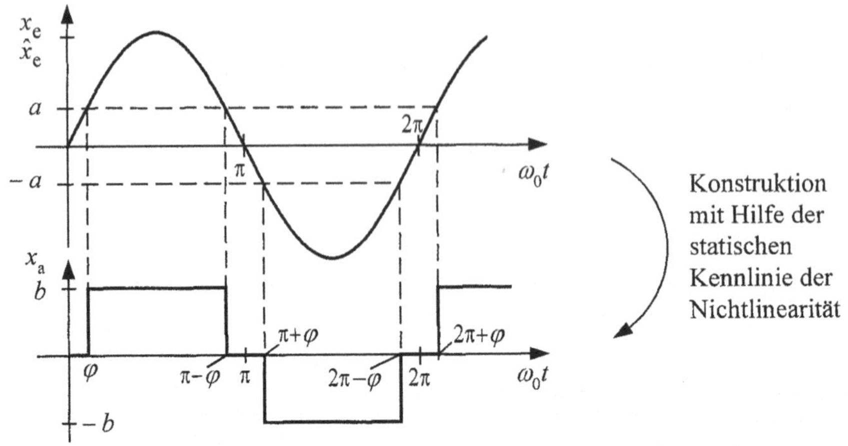

Bild A30.2. Signalverläufe beim Dreipunktglied bei sinusförmiger Erregung

$$\bar{x}_a^{(g)}(t) = \frac{4b}{\pi}\sqrt{1-\left(\frac{a}{\hat{x}_e}\right)^2} . \tag{A30.10}$$

Die Beschreibungsfunktion für das Dreipunktglied ist reell, weil es eine eindeutige Kennlinie besitzt. Da diese Kennlinie statisch ist, ist die zugehörige Beschreibungsfunktion nicht von der Frequenz, sondern nur von der Amplitude des Eingangssignals abhängig. Damit erhält man

$$N(\hat{x}_e, \omega) = N(\hat{x}_e) = \frac{\bar{x}_a^{(g)}}{\bar{x}_e} = \frac{4b}{\pi \hat{x}_e}\sqrt{1-\left(\frac{a}{\hat{x}_e}\right)^2} , \tag{A30.11}$$

wobei $\hat{x}_e > a$ gelten muss, da sonst $x_a(t) = 0 \forall t$ wäre.

b) *Beschreibungsfunktion der Totzone*

Die Steigung der statischen Kennlinie entspricht dem Verstärkungsfaktor. Mit Ausnahme desjenigen Bereichs, für den $x_a(t) = 0$ gilt, liegen gemäß Bild A30.3 lineare Verhältnisse vor. Nach Bild A30.1b gilt für den Verstärkungsfaktor die Definition

$$\tan\alpha = K . \tag{A30.12}$$

Für $x_a(t)$ folgt im Bereich

$$x_e(t) > a : x_a(t) = K(x_e(t) - a) = K(\hat{x}_e \sin(\omega_0 t) - a) , \tag{A30.13a}$$

$$x_e(t) < -a : x_a(t) = K(x_e(t) + a) = K(\hat{x}_e \sin(\omega_0 t) + a) . \tag{A30.13b}$$

Wie bei der Dreipunktkennlinie gilt auch hier die Gl. (A30.8)

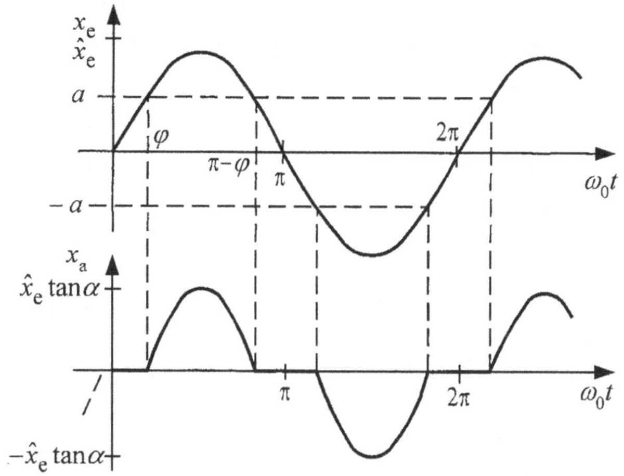

Bild A30.3. Signalverläufe bei einem System mit Totzone für sinusförmige Erregung

$$\cos\varphi = \sqrt{1-\left(\frac{a}{\hat{x}_e}\right)^2}.$$

Das Ausgangssignal ist wieder durch eine ungerade Funktion ohne Mittelwert beschreibbar, so dass die Koeffizienten a_i entfallen und man nach Anwendung der Gl. (A30.1c) für den Koeffizienten b_1 der Ausgangssignal-Grundschwingung

$$\hat{x}_e b_1 = \frac{2K}{\pi}\hat{x}_e\left[\frac{\pi}{2} - \arcsin\left(\frac{a}{\hat{x}_e}\right) - \frac{a}{\hat{x}_e}\sqrt{1-\left(\frac{a}{\hat{x}_e}\right)^2}\right] \tag{A30.14}$$

erhält. Damit ergibt sich, analog zum Teil a) der Aufgabe, die Beschreibungsfunktion

$$N(\hat{x}_e,\omega) = N(\hat{x}_e) = \frac{2K}{\pi}\left[\frac{\pi}{2} - \arcsin\left(\frac{a}{\hat{x}_e}\right) - \frac{a}{\hat{x}_e}\sqrt{1-\left(\frac{a}{\hat{x}_e}\right)^2}\right] \tag{A30.15}$$

für die Totzone. Auch hier muss wieder die Eingangsamplitude größer als die Totzone a sein, d. h. $\hat{x}_e > a$.

c) *Beschreibungsfunktion des Dreipunktgliedes mit Hysterese*

In diesem Fall liegt eine mehrdeutige Kennlinie vor (Hysterese). Die Beschreibungsfunktion wird bei derartigen Systemen komplex, wobei der Imaginärteil derjenigen Fläche proportional ist, welche von der Hysterese eingeschlossen wird. Dass auch ein Imaginärteil vorkommen muss, sieht man anhand von Bild A30.4 an der Phasenverschiebung des Ausgangssignals $x_a(t)$: Es ist keine ungerade Funktion mehr, also nicht mehr punktsymmetrisch zum Ursprung. Das bedeutet wiederum, dass neben dem Fourierkoeffizienten b_1 auch ein nicht verschwindender Koeffizient a_1 auftritt, der dann direkt in den Imaginärteil von $N(\hat{x}_e, \omega)$ eingeht. Allerdings lässt sich der Imaginärteil mit der Beziehung

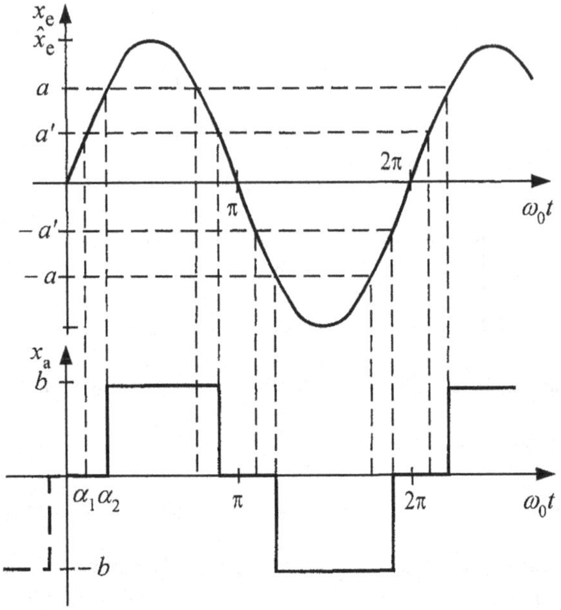

Bild A30.4. Signalverläufe beim Dreipunktglied mit Hysterese bei sinusförmiger Erregung

$$\operatorname{Im}\{N(\hat{x}_e, \omega)\} = -\frac{1}{\pi \hat{x}_e^2}|S| \tag{A30.16}$$

mit den Gln. (3.3.5a) und (3.3.14) sehr viel leichter berechnen als der Realteil.

Es ergibt sich für die von der Hysteresekennlinie des Dreipunktgliedes umschlossene Fläche

$$|S| = 2(a - a')b \tag{A30.17}$$

und damit folgt

$$\operatorname{Im}\{N(\hat{x}_e, \omega)\} = -\frac{2b}{\pi \hat{x}_e^2}(a - a')\,. \tag{A30.18}$$

Die Berechnung des Fourierkoeffizienten b_1 liefert

$$\hat{x}_e b_1 = \frac{b}{\pi}\int\limits_{\alpha_2}^{\pi-\alpha_1} \sin\tau \,\mathrm{d}\tau - \frac{b}{\pi}\int\limits_{\pi+\alpha_2}^{2\pi-\alpha_1} \sin\tau \,\mathrm{d}\tau = \frac{2b}{\pi}(\cos\alpha_1 + \cos\alpha_2)\,. \tag{A30.19}$$

Mit den Winkelbeziehungen analog zu den Aufgabenteilen a) und b) erhält man für den Realteil der Beschreibungsfunktion

$$\mathrm{Re}\left\{N(\hat{x}_\mathrm{e},\omega)\right\}=\frac{2b}{\pi\,\hat{x}_\mathrm{e}}\left[\sqrt{1-\left(\frac{a}{\hat{x}_\mathrm{e}}\right)^2}+\sqrt{1-\left(\frac{a'}{\hat{x}_\mathrm{e}}\right)^2}\,\right]. \tag{A30.20}$$

Aufgabe 31

Man bestimme Amplitude und Frequenz des Grenzzyklus des im Bild A31.1 dargestellten Regelsystems:

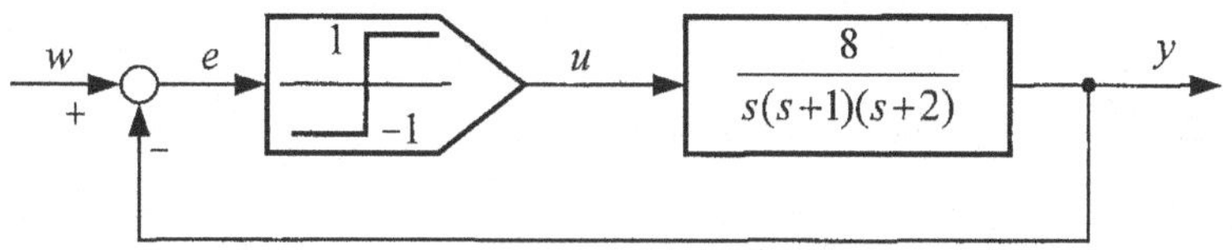

Bild A31.1. Regelsystem mit Zweipunktregler

Zielsetzung: - Anwendung der Beschreibungsfunktion,
- Stabilitätsuntersuchung mittels der Beschreibungsfunktion.

Theoretische Grundlagen: Kap. 3.3.4

Lösung:

Im vorliegenden Fall einer Regelstrecke, die aus einem I-Glied und einem 2-poligen Tiefpass besteht, vermutet man zunächst, dass „genügende Tiefpasseigenschaft" im Regelkreis vorhanden ist, so dass die Verwendung der Beschreibungsfunktion als Ersatzfrequenzgang gerechtfertigt erscheint. Man ordnet also dem nichtlinearen Teilsystem die Beschreibungsfunktion $N(\hat{x}_\mathrm{e},\omega)$ und dem linearen Teilsystem die bekannte Übertragungsfunktion $G(s)$ bzw. den Frequenzgang $G(\mathrm{j}\omega)$ zu.

Die Beschreibungsfunktion für das Zweipunktglied lautet nach Tabelle 3.3.1

$$N(\hat{x}_\mathrm{e})=\frac{4b}{\pi\,\hat{x}_\mathrm{e}}. \tag{A31.1}$$

Weiterhin ergibt sich für den negativen, inversen Frequenzgang des linearen Teilsystems

$$-\frac{1}{G(\mathrm{j}\omega)}=-\frac{1}{8}(-\mathrm{j}\omega^3-3\omega^2+2\mathrm{j}\omega). \tag{A31.2}$$

Mit den Gln. (A31.1) und (A31.2) erhält man nach Gl. (3.3.29a) als Gleichung der harmonischen Balance

$$\frac{4b}{\pi \hat{x}_e} = \frac{3}{8}\omega^2 + \mathrm{j}\frac{1}{8}(\omega^3 - 2\omega) \qquad \text{(A31.3)}$$

oder

$$\frac{4b}{\pi \hat{x}_e} - \frac{3}{8}\omega^2 - \mathrm{j}\frac{1}{8}(\omega^2 - 2)\omega = 0\,. \qquad \text{(A31.4)}$$

Real- und Imaginärteil müssen für die Frequenz ω_0 der Dauerschwingung und deren Amplitude $\hat{x}_{e0}$ jeweils verschwinden, d. h. es gilt

$$\frac{4b}{\pi \hat{x}_e} - \frac{3}{8}\omega^2 = 0 \quad \text{und} \quad -\frac{1}{8}(\omega^2 - 2)\,\omega = 0\,. \qquad \text{(A31.5a,b)}$$

Damit ergeben sich aus Gl. (A31.5b) wegen

$$\omega_0^3 - 2\omega_0 = 0$$

die möglichen Frequenzen der Grenzzyklen

$$\omega_{01} = 0, \quad \omega_{02,03} = \pm\sqrt{2}\,. \qquad \text{(A31.6)}$$

Da die Beschreibungsfunktion nur beim Auftreten von Schwingungen definiert ist (die Zeigerdarstellung beinhaltet die Frequenz), entfällt die Lösung ω_{01}, und der negative Frequenzwert ist ebenso unzulässig, so dass man als einzige Möglichkeit die Frequenz

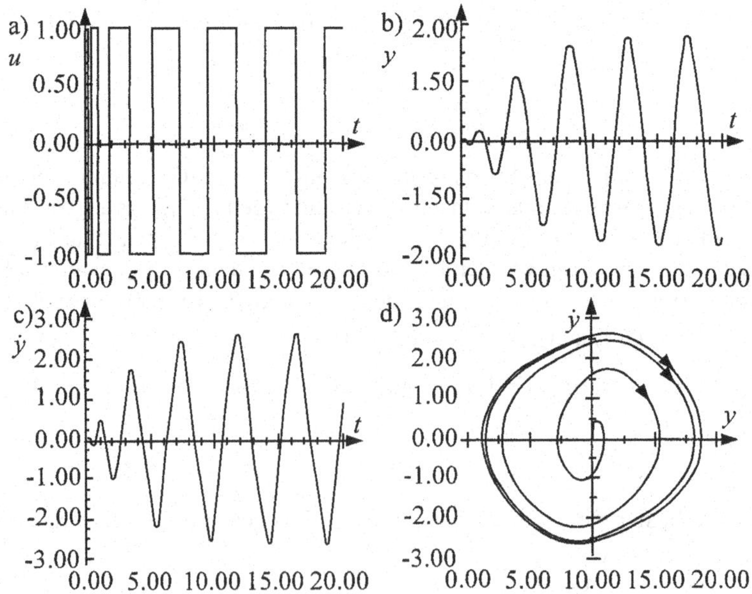

Bild A31.2. Antwort des Regelkreises auf ein impulsförmiges Sollwertsignal a) Stellgröße $u(t)$, b) Ausgangsgröße $y(t)$, c) Ableitung der Ausgangsgröße $\dot{y}(t)$, d) Darstellung in der Phasenebene

$$\omega_0 = \sqrt{2} \tag{A31.7}$$

erhält. Die Lösungsgleichung für den Realteil, Gl. (A31.5a), liefert dann mit $b = 1$ und $\omega_0 = \sqrt{2}$ für die Amplitude der Dauerschwingung (Grenzzyklus)

$$\hat{x}_{e0} = \frac{32}{6\pi} \approx 1{,}7\,. \tag{A31.8}$$

Im Bild A31.2 sind die Signalverläufe dargestellt, die sich nach einer Anregung des Regelkreises gemäß Bild A31.1 durch ein impulsförmiges Sollwertsignal ergeben.

Im Bild A31.3 ist die graphische Lösung nach dem Zweiortskurvenverfahren dargestellt, wobei der Schnittpunkt der beiden Ortskurven $N(\hat{x}_e)$ und $-1/G(\mathrm{j}\omega)$ betrachtet wird. Links von diesem Schnittpunkt, also für $\hat{x}_e > 1{,}7$, gilt $|N| < |1/G|$ oder $|NG| < 1$, d. h. man erhält abklingende Schwingungen, während rechts des Schnittpunktes für $\hat{x}_e < 1{,}7$ die Schwingungen wegen der Bedingung $|NG| > 1$ aufklingen, bis wieder die Amplitude $\hat{x}_e = 1{,}7$ erreicht ist. Die sich für $\omega_0 = \sqrt{2}$ und $\hat{x}_{e0} = 1{,}7$ einstellende Grenzschwingung (Grenzzyklus) ist somit semistabil.

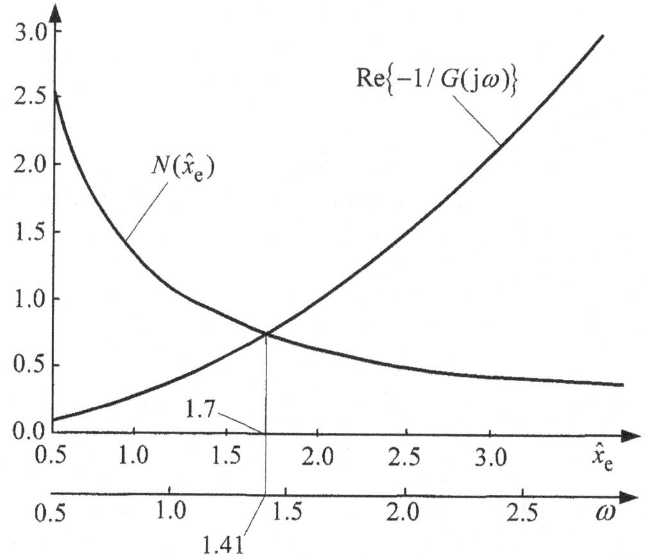

Bild A31.3. Ortskurven N und $\mathrm{Re}\{-1/G\}$ ($\hat{x}_e = 1.7$ für $\omega_0 = 1.41$)

Aufgabe 32

Man bestimme die Beschreibungsfunktion für das nichtlineare Glied

$$x_a = x_e^3 \tag{A32.1}$$

mit der Eingangsgröße x_e und der Ausgangsgröße x_a.

Zielsetzung: Ermittlung der Beschreibungsfunktion einer Kennlinie

Theoretische Grundlagen: Kap. 3.3.1, 3.3.2, 3.3.3

Lösung:

Mit dem Eingangssignal (siehe auch Aufgabe 30)

$$x_e(t) = \hat{x}_e \sin \omega_0 t \tag{A32.2}$$

erhält man im Gegensatz zu Aufgabe 30 einen geschlossenen Ausdruck für das Ausgangssignal der Nichtlinearität:

$$x_a(t) = \hat{x}_e^3 \sin^3 \omega_0 t\,. \tag{A32.3}$$

Analog zu Aufgabe 30 erfolgt die Fourierreihenzerlegung

$$x_a(t) = \hat{x}_e \left(\frac{1}{2} a_0 + \sum_{k=1}^{\infty} \left(a_k \cos k\omega_0 t + b_k \sin k\omega_0 t \right) \right). \tag{A32.4}$$

Die Kennlinie ist eine eindeutige ungerade Funktion, deshalb ist nur der Koeffizient b_1 zu bestimmen. Aus Kap. 3.3.2 ist bekannt, dass die Beschreibungsfunktion in diesem Fall reell ist und nicht von ω abhängt. Mit der Substitution

$$\omega_0 t = \tau,\ \mathrm{d}t = \frac{1}{\omega_0} \mathrm{d}\tau \text{ und } \omega_0 = \frac{2\pi}{T}$$

folgt

$$\hat{x}_e b_1 = \frac{2}{T} \int_0^T x_a(t) \sin \omega_0 t \, \mathrm{d}t = \frac{1}{\pi} \int_0^{2\pi} \hat{x}_e^3 \sin^4 \tau \, \mathrm{d}\tau = \frac{3}{4} \hat{x}_e^3\,. \tag{A32.5}$$

Die Beschreibungsfunktion lautet daher

$$N(\hat{x}_e, \omega) = N(\hat{x}_e) = \frac{\vec{x}_a^{(g)}}{\vec{x}_e} = \frac{3}{4} \hat{x}_e^2\,. \tag{A32.6}$$

Ein einfacherer Lösungsweg besteht darin, anstelle von Gl. (A32.3) die Beziehung

$$x_a(t) = \frac{1}{4} \hat{x}_e^3 \left(3 \sin \omega_0 t - \sin 3\omega_0 t\right)$$

einzuführen [Hüt00], aus der sich die Grundschwingung

$$\bar{x}_a^{(g)}(t) = \frac{3}{4}\,\hat{x}_e^3$$

und somit dasselbe Ergebnis wie in Gl. (A32.5) ergibt.

Aufgabe 33

Welche Aussagen können für das dynamische Verhalten des im Bild A33.1 dargestellten Regelsystems mit Hilfe der Beschreibungsfunktion gemacht werden?

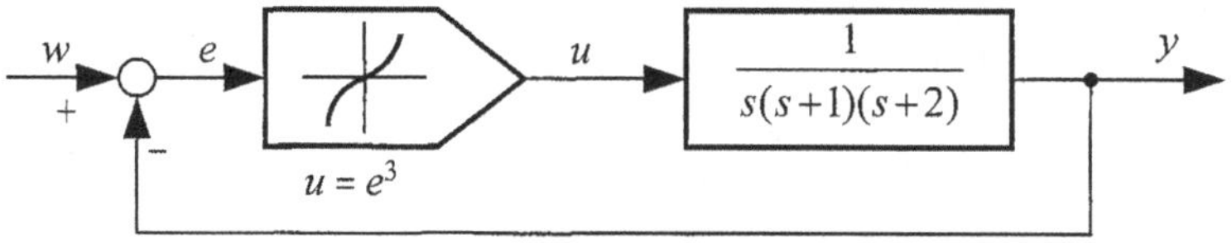

Bild A33.1. Regelsystem mit Nichtlinearität 3. Ordnung

Zielsetzung: Untersuchung der Stabilität von Grenzzyklen mit Hilfe der Beschreibungsfunktion

Theoretische Grundlagen: Kap. 3.3.4

Lösung:

Die Beschreibungsfunktion der Nichtlinearität des im Bild A33.1 dargestellten Systems ist aus Aufgabe 32 bereits bekannt:

$$N(\hat{x}_e) = \frac{3}{4}\,\hat{x}_e^2\,. \tag{A33.1}$$

Zur Stabilitätsuntersuchung soll die graphische Methode angewendet werden, bei der die Schnittpunkte der beiden Ortskurven

$$G(\mathrm{j}\omega) = \frac{1}{\mathrm{j}\omega\,(\mathrm{j}\omega+1)(\mathrm{j}\omega+2)} \tag{A33.2}$$

und

$$-\frac{1}{N(\hat{x}_e)} = -\frac{4}{3\hat{x}_e^2}\,. \tag{A33.3}$$

betrachtet werden.

Zur Berechnung des Schnittpunktes S der beiden Ortskurven ist es zunächst sinnvoll, den Frequenzgang $G(\mathrm{j}\omega)$ in Real- und Imaginärteil aufzuspalten:

$$G(\mathrm{j}\omega) = \frac{-3}{(1+\omega^2)(4+\omega^2)} + \mathrm{j}\,\frac{\omega^2-2}{\omega\,(1+\omega^2)(4+\omega^2)}\,. \tag{A33.4}$$

Da $-1/N(\hat{x}_e)$ rein reell ist, wird im Schnittpunkt der Imaginärteil von $G(j\omega)$ gerade gleich Null, und man erhält somit als mögliche Frequenz eines Grenzzyklus $\omega = \omega_G = \sqrt{2}$. Aus dem Realteil von $G(j\omega)$ im Schnittpunkt

$$\mathrm{Re}\left\{G(j\omega_G)\right\} = \frac{-3}{(1+2)\,(4+2)} = -\frac{1}{6} \tag{A33.5}$$

folgt mit Hilfe der Gl. (3.3.29b)

$$-\frac{1}{N(x_G)} = G(j\omega_G)$$

und durch Einsetzen der Gln. (A33.3) und (A33.5)

$$-\frac{4}{3\hat{x}_e^2} = -\frac{1}{6}$$

die Amplitude der Grenzschwingung

$$\hat{x}_e \equiv x_G = 2\sqrt{2}\,.$$

Es existiert also eine Grenzschwingung mit der Amplitude $x_G = 2\sqrt{2}$ und der Frequenz $\omega_G = \sqrt{2}$.

Bei der Stabilitätsbetrachtung untersucht man das Verhalten des Regelkreises für die Fälle, dass man zwangsweise von außen (oder unbeabsichtigt durch innere Störungen) die Amplitude der sich einstellenden Grenzschwingung vergrößert und verkleinert:

a) Vergrößert man die Amplitude $\hat{x}_{e1} > x_G$, so wird

$$|1/N(\hat{x}_{e1})| < |G(j\omega_G)| \quad \text{oder} \quad |N(\hat{x}_{e1})\,G(j\omega_G)| > 1\,, \tag{A33.6}$$

was bei einer unveränderten Phase (siehe Bild A33.2) eine aufklingende Schwingung und damit Instabilität bedeutet.

b) Verkleinert man die Amplitude $\hat{x}_{e2} < x_G$, so wird

$$|1/N(\hat{x}_{e2})| > |G(j\omega_G)| \quad \text{oder} \quad |N(\hat{x}_{e2})\,G(j\omega_G)| < 1\,. \tag{A33.7}$$

Somit klingen in diesem Fall die Schwingungsamplituden $\hat{x}_e$ ab und man erhält asymptotische Stabilität.

Da stets kleine Störungen in einem Regelkreis vorhanden sind, kann sich die Grenzschwingung im Schnittpunkt S auf die Dauer nicht aufrechterhalten, da bereits kleine Amplitudenänderungen zum Abklingen oder Aufklingen führen. Die Grenzschwingung (Grenzzyklus) selbst ist daher instabil. Die in den Bildern A33.3 und A33.4 gezeigten Simulationen bestätigen die theoretisch hergeleiteten Ergebnisse hinsichtlich der Amplitude und Frequenz des Grenzzyklus, obwohl das Verfahren der Beschreibungsfunktion nur näherungsweise eine Lösung darstellt.

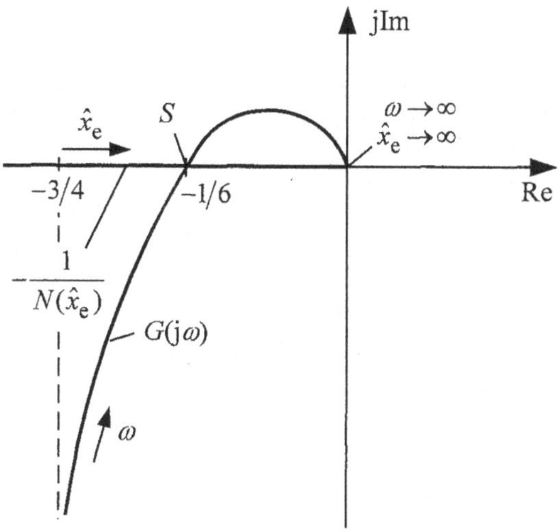

Bild A33.2. Ortskurven des linearen Teilsystems $G(j\omega)$ und des nichtlinearen Teilsystems $-1/N(\hat{x}_e)$

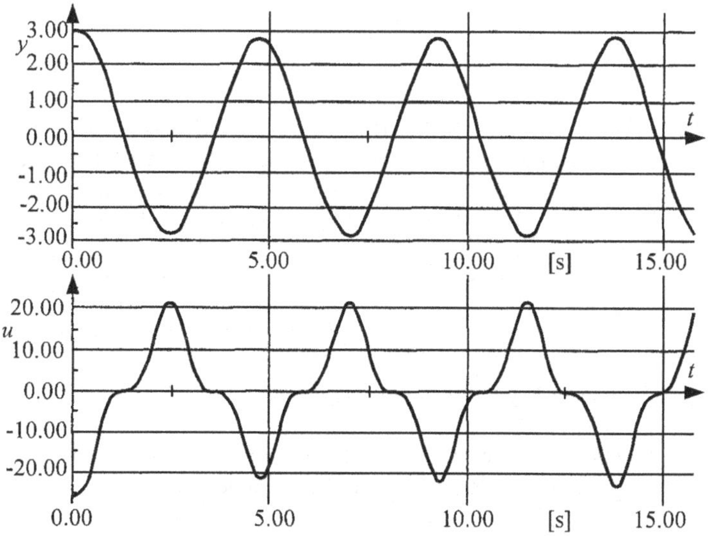

Bild A33.3. Zeitverläufe für $x_G = 2{,}965$

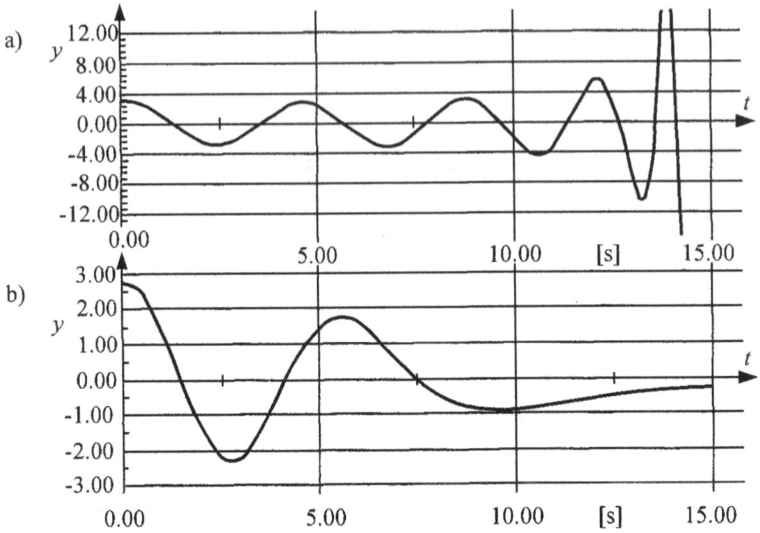

Bild A33.4. Zeitverlauf bei Vergrößerung der Amplitude auf $\hat{x}_{e1} = 3{,}0$ (a) bzw. Verkleinerung auf $\hat{x}_{e2} = 2{,}9$ (b)

Aufgabe 34

Für das im Bild A34.1 skizzierte nichtlineare Regelsystem sind Amplitude und Frequenz der Grenzschwingung zu bestimmen, wobei $a = 1$ und $b = 5$ gewählt werden soll.

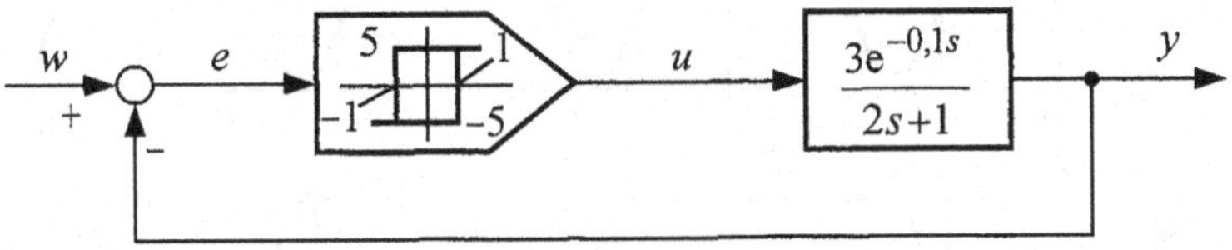

Bild A34.1. Nichtlineares Regelsystem mit Hystereseglied

Zielsetzung: Berechnung eines Grenzzyklus für ein System mit Totzeit und Hystereseglied mit Hilfe der Beschreibungsfunktion

Theoretische Grundlagen: Kap. 3.3.4

Lösung:

Die Vorgehensweise erfolgt analog zu Aufgabe 31. Aus Tabelle 3.3.1 entnimmt man die Gleichung der Beschreibungsfunktion für das Zweipunktglied mit Hysterese

$$N(\hat{x}_e) = \frac{4b}{\pi \hat{x}_e} \left[\sqrt{1 - \left(\frac{a}{\hat{x}_e} \right)^2} - j \frac{a}{\hat{x}_e} \right]. \quad \text{(A34.1)}$$

Die Gleichung der harmonischen Balance bildet wiederum den Ausgangspunkt der Berechnung

$$N(\hat{x}_e) G(j\omega) = -1. \quad \text{(A34.2)}$$

Das lineare Teilsystem besitzt den Frequenzgang

$$G(j\omega) = \frac{3}{2j\omega + 1} e^{-0,1j\omega} \quad \text{(A34.3)}$$

oder umgeformt

$$-\frac{1}{G(j\omega)} = \frac{-(2j\omega + 1)}{3} \left[\cos(0,1\omega) + j \sin(0,1\omega) \right]. \quad \text{(A34.4)}$$

Mit den Parametern $a = 1$ und $b = 5$ muss für die möglichen Schnittpunkte der Beschreibungsfunktion mit $-1/G(j\omega)$ gelten

$$N(\hat{x}_e) = \frac{20}{\pi \hat{x}_e^2} \left[\sqrt{\hat{x}_e^2 - 1} - j \right] = -\frac{1}{G(j\omega)}. \quad \text{(A34.5)}$$

Bild A34.2 zeigt den Verlauf der Ortskurven von $N(\hat{x}_e)$ und $-1/G(j\omega)$ und ermöglicht eine graphische Lösung der Gl. (A34.5). Für den Schnittpunkt S_G gilt, dass jeweils die

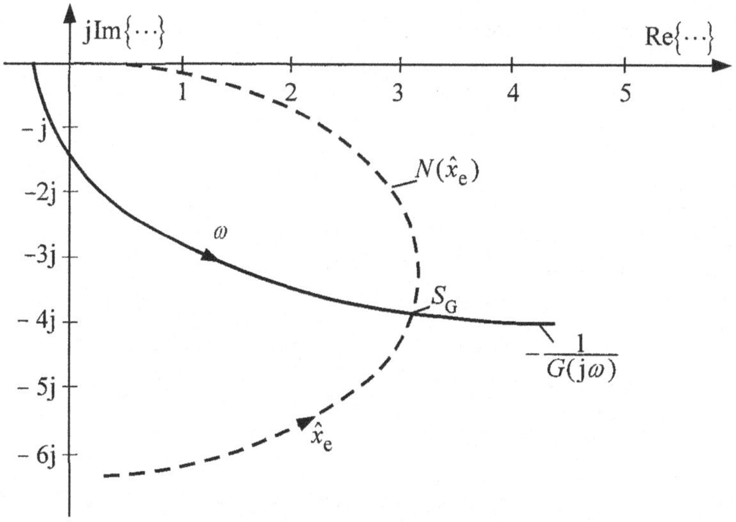

Bild A34.2. Ortskurven der Beschreibungsfunktion $N(\hat{x}_e)$ und der negativen inversen Regelstrecke $-1/G(j\omega)$

Real- und Imaginärteile auf der linken und rechten Seite von Gl. (A34.5) gleich sein müssen. Dadurch erhält man die beiden Bedingungen

$$\frac{20}{\pi \hat{x}_e^2} \sqrt{\hat{x}_e^2 - 1} = \frac{-\cos(0{,}1\,\omega) + 2\,\omega \sin(0{,}1\,\omega)}{3} \tag{A34.6}$$

und

$$\frac{-20}{\pi\, \hat{x}_e^2} = \frac{-2\omega \cdot \cos(0{,}1\,\omega) - \sin(0{,}1\,\omega)}{3} \tag{A34.7}$$

für die gesuchten Werte $\hat{x}_e = x_G$ und $\omega = \omega_G$ der Grenzschwingung.

Dieses transzendente Gleichungssystem kann mit bekannten iterativen Lösungsverfahren (z. B. Newton-Verfahren) mit Rechnerunterstützung gelöst werden, indem man Gl. (A34.7) nach $\hat{x}_e^2$ auflöst und in Gl. (A34.6) einsetzt. Die Lösung lautet

$$\hat{x}_e = x_G = 1{,}286\,, \tag{A34.8a}$$

$$\omega = \omega_G = 7{,}394\ \mathrm{s}^{-1}\,. \tag{A34.8b}$$

Ähnlich wie in Aufgabe 33 kann die Art des auftretenden Grenzzyklus untersucht werden. Aus Bild A34.2 folgt unmittelbar für

a) $\hat{x}_{e1} > x_G : \left|N(\hat{x}_e)\right| < \left|1/G(\mathrm{j}\omega_G)\right|$ oder $\left|N(\hat{x}_e)\,G(\mathrm{j}\omega_G)\right| < 1$

   eine abklingende Schwingung,

b) $\hat{x}_{e2} < x_G : \left|N(\hat{x}_e)\right| > \left|1/G(\mathrm{j}\omega_G)\right|$ oder $\left|N(\hat{x}_e)\,G(\mathrm{j}\omega_G)\right| > 1$

   eine aufklingende Schwingung.

Der Grenzzyklus wird also von allen benachbarten Trajektorien erreicht. Es handelt sich damit um einen stabilen Grenzzyklus.

Aufgabe 35

Wie verläuft jeweils die Phasenkurve in der Phasenebene $(x_1 \equiv y;\ x_2 \equiv \dot{y})$ bei den im Bild A35.1 dargestellten Schwingungen?

Zielsetzung: Darstellung von Signalverläufen in der Phasenebene

Theoretische Grundlagen: Kap. 3.4

Lösung:

Als Phasenkurve bezeichnet man den geometrischen Ort der Lösung eines Differentialgleichungssystems im Zustandsraum. Ihr Verlauf ist abhängig von den Anfangsbedingungen. Der Startpunkt der Phasenkurve ist gleich dem Anfangszustandsvektor. Ein einzelnes Zeitsignal kann genau beschrieben werden, indem man zu jedem Zeitpunkt das Wertepaar Auslenkung $x_1 \equiv y$ und Geschwindigkeit $x_2 \equiv \dot{y}$ bildet und aufzeichnet.

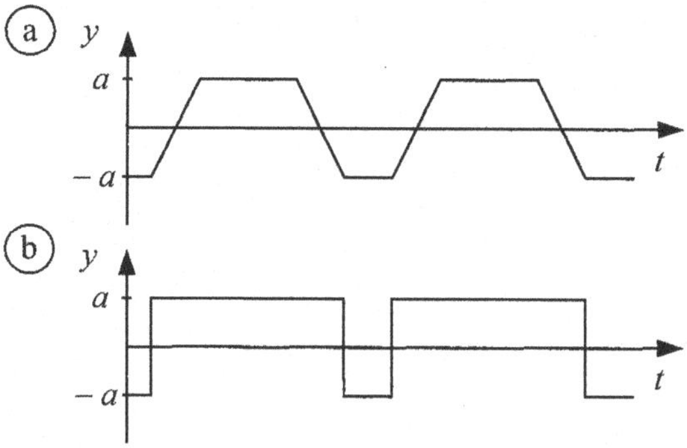

Bild A35.1. a) Trapezförmige Schwingung, b) Rechteckförmige Schwingung

a) Es gibt 4 mögliche Bereiche

$x_1 = +a$, dort gilt $x_2 = 0$, $x_1 = -a$, dort gilt $x_2 = 0$,

$-a \leq x_1 \leq +a$, $x_2 = +b = \text{const}$, $+a \leq x_1 \leq -a$, $x_2 = -b = \text{const}$.

In den Knickpunkten ändert sich die Steigung, also die Geschwindigkeit x_2, sprungförmig von Null auf den konstanten Wert $\pm b$ bzw. umgekehrt. Beim Erreichen der jeweiligen Amplituden $x_1 = \pm a$ verharrt die Phasenkurve während der entsprechenden Zeitdauer gemäß Bild A35.2 in den zugehörigen Punkten auf der x_1-Achse der Phasenebene.

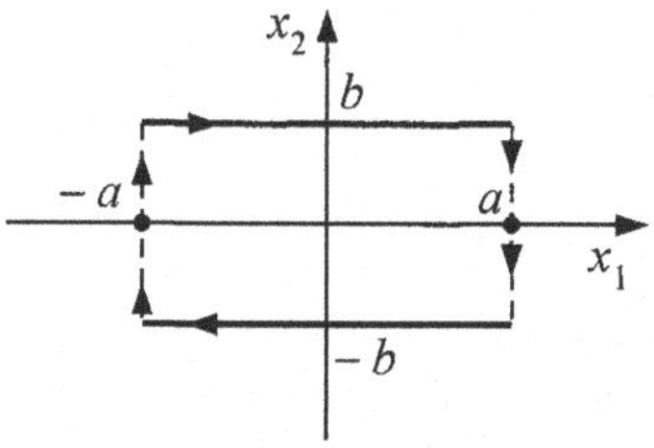

Bild A35.2. Phasenkurve für das Signal (a)

b) Das rechteckförmige Signal hat ähnliches Verhalten wie das trapezförmige Signal (a), wobei allerdings in den Umschaltpunkten die Geschwindigkeit x_2 über alle Grenzen wächst. Daher besteht die Phasenbahn entsprechend Bild A35.3 nur aus 2 Punkten, zwischen denen mit unendlicher Geschwindigkeit gewechselt wird. In den Schaltphasen, in denen die Amplitude den Wert $x_1 = a$ besitzt, verharrt die Phasenkurve im Punkt a auf der x_1-Achse der Phasenebene. Entsprechendes gilt für die Amplitude und den Wert $x_1 = -a$.

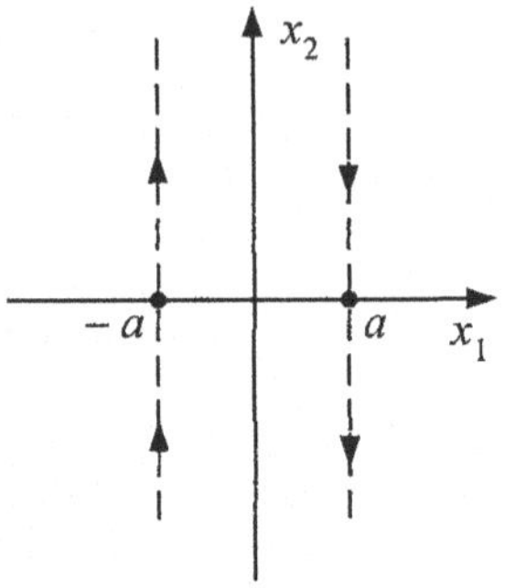

Bild A35.3. Phasenkurve für das Signal (b)

Aufgabe 36

Wie verläuft die Phasenbahn für das Signal

$$y = A \sin(\omega t - \varphi) \tag{A36.1}$$

für folgende Fälle:

a) A variabel, ω und φ konstant,

b) ω variabel, A und φ konstant,

c) φ variabel, A und ω konstant.

Zielsetzung: Darstellung des Verlaufs von Zustandskurven in der Phasenebene für variierende Parameter

Theoretische Grundlagen: Kap. 3.4

Lösung:

Für $x_1 \equiv y$ und $x_2 \equiv \dot{y}$ ist wiederum die Funktion $x_2 = f(x_1)$ in der Phasenebene darzustellen. Parameter der entstehenden Phasenbahnen ist die Zeit t, daher muss sie in den Beziehungen immer eliminiert werden. Es gilt also

$$x_2(t) = \omega A \cos(\omega t - \varphi) \,. \tag{A36.2}$$

Durch Quadrieren und Addieren der Gln. (A36.1) und (A36.2) erhält man

$$\frac{x_1^2}{A^2} + \frac{x_2^2}{\omega^2 A^2} = \sin^2(\omega t - \varphi) + \cos^2(\omega t - \varphi) = 1 \,, \tag{A36.3}$$

was einer Ellipsendarstellung gemäß Bild A36.1 entspricht.

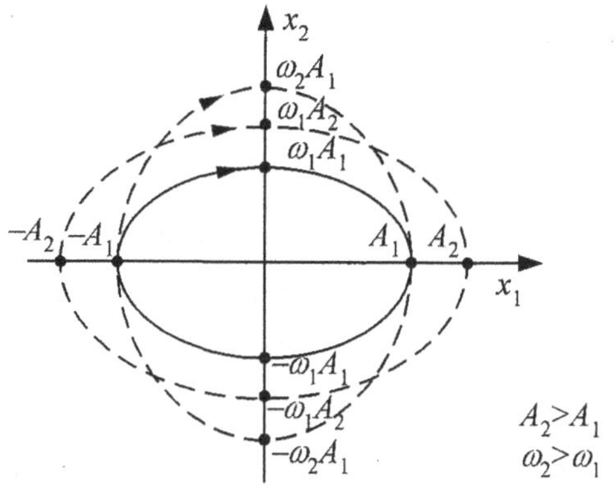

Bild A36.1. Phasenkurven $x_2 = f(x_1)$ für variable Amplituden A und Frequenzen ω

Fall a): ω und φ konstant; A variabel: Beide Halbachsen der Ellipsen wachsen mit zunehmendem A und werden mit abnehmendem A kleiner.

Fall b): ω variabel; A und φ konstant: Die Halbachse in x_2-Richtung wächst mit wachsendem ω und wird kleiner mit abnehmendem ω. Die Halbachse in x_1-Richtung bleibt hingegen konstant.

Fall c): φ variabel; A und ω konstant: Es ändert sich nichts, da die Ellipsengleichung unabhängig von φ ist.

Der Anfangspunkt der Trajektorie auf der Ellipse hängt von den Anfangsbedingungen $x_1(0)$ und $x_2(0)$ ab.

Aufgabe 37

Man zeichne die Phasenkurven für $y(t)$ bei den beiden Anfangsbedingungen

α) $y(0) = 1$ und $\dot{y}(0) = 1$

β) $y(0) = 0$ und $\dot{y}(0) = 0$

für folgende Differentialgleichungen:

a) $\ddot{y} = 0$ (A37.1a)

b) $\ddot{y} = 1$ (A37.1b)

c) $y\ddot{y} - \dot{y}^2 = 0$ (A37.1c)

d) $3\ddot{y} + 5\dot{y} + y = 1$ (A37.1d)

e) $3\ddot{y} + \dot{y} = 1$. (A37.1e)

Zielsetzung: Darstellung von Signalverläufen in der Phasenebene unter Berücksichtigung von Anfangswerten

Theoretische Grundlagen: Kap. 3.4

Lösung:

a) Durch zweimalige Integration der Differentialgleichung

$$\ddot{y} = 0$$

folgt

$$\dot{y} = c\,, \tag{A37.2}$$

$$y = ct + d,\quad t = \text{Zeit},\quad c,\, d = \text{const.} \tag{A37.3}$$

Das Einsetzen der Anfangsbedingungen α) liefert für Gl. (A37.2)

$$\dot{y}(0) = 1 \rightarrow c = 1$$

und für Gl. (A37.3)

$$y(0) = 1 \rightarrow d = 1\,,$$

so dass für die Phasenkurve gilt:

$$x_1 \equiv \dot{y} = 1 \quad \text{für} \quad t \geq 0\,, \tag{A37.4}$$

$$x_2 \equiv y = t + 1 \quad \text{mit dem Startpunkt } (1,\, 1)\,. \tag{A37.5}$$

Für die Anfangsbedingungen β) erhält man

$$\begin{aligned} x_2(0) &= 0 \rightarrow c = 0\,, \\ x_1(0) &= 0 \rightarrow d = 0\,. \end{aligned} \tag{A37.6}$$

Damit bleibt das Signal nach Gl. (A37.3) bei der Anfangsbedingung β) für alle Zeiten identisch Null.

Die Phasenkurve besteht in diesem Fall nur aus einem Punkt der Phasenebene, dem Ursprung $(x_1 = 0,\; x_2 = 0)$, siehe Bild A37.1.

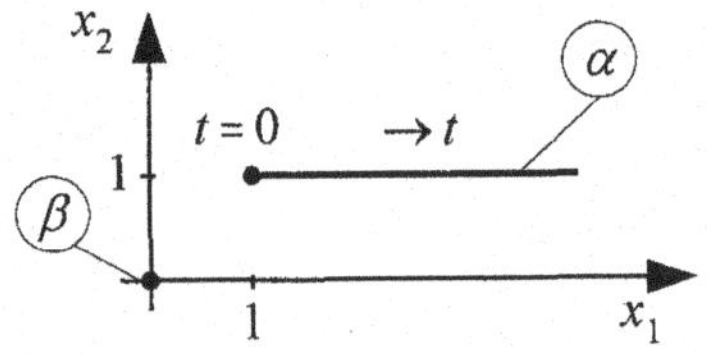

Bild A37.1. Phasenkurven für das System mit der Differentialgleichung $\ddot{y} = 0$ und den Anfangsbedingungen α) und β)

b) Die Differentialgleichung lautet

$$\ddot{y} = 1 , \qquad \text{(A37.7)}$$

und durch zweimalige Integration erhält man

$$\dot{y} = t + c , \qquad \text{(A37.8)}$$

$$y = \frac{1}{2} t^2 + ct + d ; \quad c, d = \text{konstant} . \qquad \text{(A37.9)}$$

Um $x_2 = f(x_1)$ zur Darstellung der Phasenkurve zu erhalten, eliminiert man die Zeit mit Hilfe der Gl. (A37.8) und setzt $x_1 = y$ sowie $x_2 = \dot{y}$. Wird

$$t = \dot{y} - c = x_2 - c$$

in Gl. (A37.9) eingesetzt, so ergibt sich nach wenigen Umformungen

$$x_1 = \frac{1}{2} \left(x_2^2 - c^2 \right) + d . \qquad \text{(A37.10)}$$

Aus den Gln. (A37.8) und (A37.9) folgt mit Hilfe der Anfangsbedingungen α)

$$x_2(0) = 1 \rightarrow c = 1 \text{ und } x_1(0) = 1 \rightarrow d = 1$$

und durch Einsetzen in Gl. (A37.10)

$$x_1 = \frac{1}{2} \left(x_2^2 - 1 \right) + 1 = \frac{1}{2} \left(x_2^2 + 1 \right). \qquad \text{(A37.11a)}$$

Damit lautet die Phasenkurve

$$x_2 = \pm \sqrt{2x_1 - 1} \text{ für } x_1 \geq 0{,}5 . \qquad \text{(A37.11b)}$$

Ebenso erhält man aus den Anfangsbedingungen β)

$$x_2(0) = 0 \rightarrow c = 0 , \qquad x_1(0) = 0 \rightarrow d = 0 ,$$

und damit aus Gl. (A37.10)

$$x_1 = \frac{1}{2} x_2^2 \qquad \text{(A37.12a)}$$

bzw. die Phasenkurve

$$x_2 = \pm \sqrt{2x_1} . \qquad \text{(A37.12b)}$$

Beide Phasenkurven sind im Bild A37.2 dargestellt.

c) Die Lösung der hier vorgegebenen nichtlinearen Differentialgleichung, Gl. (A37.1c), erfolgt mit der Substitution

$$\dot{y} = z , \qquad \ddot{y} = \dot{z} . \qquad \text{(A37.13a, b)}$$

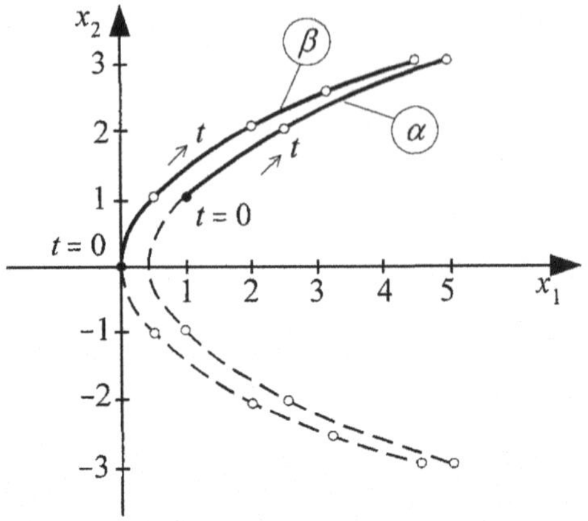

Bild A37.2. Phasenkurven für das System mit der Differentialgleichung $\ddot{y} = 1$ und den beiden Anfangsbedingungen α) und β)

Weiterhin gilt

$$\dot{z} = \frac{\mathrm{d}z}{\mathrm{d}t} = \frac{\mathrm{d}z}{\mathrm{d}y} \cdot \frac{\mathrm{d}y}{\mathrm{d}t} = \frac{\mathrm{d}z}{\mathrm{d}y} \cdot \dot{y} = \frac{\mathrm{d}z}{\mathrm{d}y} \cdot z \,. \tag{A37.14}$$

Eingesetzt in Gl. (A37.1c) ergibt

$$y\dot{z} - z^2 = 0 \,,$$

$$y \, \frac{\mathrm{d}z}{\mathrm{d}y} z - z^2 = 0 \,. \tag{A37.15}$$

Für $z \neq 0$ erhält man durch Kürzen und Umformen

$$\frac{\mathrm{d}z}{z} = \frac{\mathrm{d}y}{y} \,.$$

Durch Integration folgt

$$\ln(z) = \ln(y) + \ln(c) = \ln(cy) \,, \tag{A37.16}$$

bzw.

$$z = cy \,,$$

wobei $\ln(c)$ eine Integrationskonstante darstellt.

Die Rücktransformation liefert nach Gl. (A37.13a)

$$\dot{y} = cy \,, \tag{A37.17a}$$

so dass sich mit $x_1 \equiv y$ und $x_2 \equiv \dot{y}$ als Phasenkurve eine Gerade

$$x_2 = cx_1 \tag{A37.17b}$$

mit der Steigung c ergibt. Die Lösung der Gl. (A37.17a) lautet

$$y = y(0)\ e^{ct} \tag{A37.18a}$$

bzw.

$$x_1 = x_1(0)\ e^{ct}\ . \tag{A37.18b}$$

Mit den Anfangsbedingungen α) $x_1(0) = 1$ und $x_2(0) = 1$ gemäß Bild A37.3 folgt aus Gl. (A37.17b) $c = 1$, und damit gilt für die Phasenkurve

$$x_2 = x_1\ . \tag{A37.19}$$

Die Anfangsbedingungen β) $x_1(0) = 0$ und $x_2(0) = 0$ gemäß Bild A37.3 liefern mit Gl. (A37.18a) $x_1 = 0$ für $t \geq 0$ und daher auch mit Gl. (A37.17b)

$$x_2 = 0 \text{ für } t \geq 0\ . \tag{A37.20}$$

d) Die letzten beiden Differentialgleichungen dieser Aufgabe sind nicht mehr einfach durch Integration lösbar; deshalb soll nun eine Methode dargestellt und am Beispiel angewandt werden, die bei allgemeinen Differentialgleichungen 2. Ordnung der Form

$$\ddot{y} + a_1\,\dot{y} + a_0\,y = u \tag{A37.21}$$

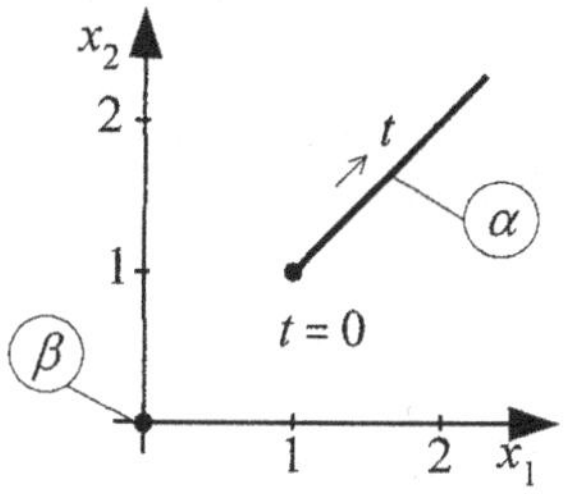

Bild A37.3. Phasenkurven für das System mit der Differentialgleichung $y\ddot{y} - \dot{y}^2 = 0$ und den beiden Anfangsbedingungen α) und β)

verwendbar ist.

1. Schritt: Transformation der Ruhelage in den Ursprung

Dies stellt für konstante Stellsignale u eine Koordinatentransformation in der Zustandsebene dar. Stückweise konstante Stellsignale sind häufig bei schaltenden Reglern vorhanden. Man ersetzt

$$y^* = y - y_R\ , \tag{A37.22}$$

wobei die Ruhelage y_R aus der gegebenen Differentialgleichung durch Nullsetzen aller Ableitungen ermittelt wird. Hier gilt

$$y_R = \frac{u}{a_0}\ . \tag{A37.23}$$

Vorteil dieser Maßnahme ist eine Vereinfachung bei der graphischen Darstellung der Trajektorien. Am Ende der Berechnung müssen die Koordinatenachsen nur noch entsprechend verschoben werden, um die endgültigen Verläufe zu erhalten. Im gegebenen Fall lautet die Differentialgleichung

$$3\ddot{y} + 5\dot{y} + y = 1\,, \tag{A37.24}$$

und daraus folgt für $\ddot{y} = \dot{y} = 0$

$$x_{\mathrm{R}} = 1$$

und damit

$$y^* = y - 1,\ \dot{y}^* = \dot{y},\ \ddot{y}^* = \ddot{y}\,.$$

Gl. (A37.24) nimmt dann die Form

$$3\ddot{y}^* + 5\dot{y}^* + y^* = 0 \tag{A37.25}$$

an.

2. Schritt: Einführung der Zustandsgrößen x_1, x_2

Die gemäß Gl. (A37.25) gegebene homogene Differentialgleichung 2. Ordnung lässt sich umformen in ein Differentialgleichungssystem, das aus zwei Differentialgleichungen 1. Ordnung besteht. Die Umformung erfolgt durch Wahl der Zustandsvariablen x_1, x_2, die so erfolgen sollte, dass die Lösung der beiden Differentialgleichungen 1. Ordnung möglichst leicht wird. Die Lösung wird z. B. dann sehr einfach, wenn die beiden Differentialgleichungen entkoppelt sind, also eine Zustandsraumdarstellung mit der Struktur

$$\dot{\boldsymbol{x}}^* = \begin{bmatrix} \dot{x}_1^* \\ \dot{x}_2^* \end{bmatrix} = \begin{bmatrix} s_1 & 0 \\ 0 & s_2 \end{bmatrix} \boldsymbol{x}^* \tag{A37.26}$$

vorliegt. Die beiden vorhandenen Differentialgleichungen 1. Ordnung sind durch die im 1. Schritt vorgenommene Ruhelagentransformation homogen und haben wegen der Entkopplung die einfachen Lösungen

$$x_1^*(t) = x_1^*(0)\ \mathrm{e}^{s_1 t}, \qquad x_2^*(t) = x_2^*(0)\ \mathrm{e}^{s_2 t}\,. \tag{A37.27a, b}$$

Wenn man aus diesen beiden Lösungen die Zeit eliminiert, erhält man

$$t = \frac{1}{s_1} \ln \frac{x_1^*}{x_1(0)} = \frac{1}{s_2} \ln \frac{x_2^*}{x_2(0)}$$

bzw.

$$\frac{x_1^*}{x_1(0)} = \left[\frac{x_2^*}{x_2(0)}\right]^k \quad \text{mit } k = \frac{s_1}{s_2}\,, \tag{A37.28}$$

wodurch in der $(x_1^*,\ x_2^*)$-Zustandsebene eine Parabelschar beschrieben wird. Für negativ reelle Eigenwerte s_1, s_2 ist die Ruhelage (= Ursprung der x_1^*, x_2^*-Ebene) ein global asymptotisch stabiler Knotenpunkt, für positiv reelle Eigenwerte ist der Knotenpunkt instabil. Für reelle Eigenwerte mit entgegengesetzten Vorzeichen liegt ein Sattelpunkt vor, der instabil ist. Wenn die Eigenwerte konjugiert komplex sind, handelt es sich bei der Ruhelage entweder um einen Strudel- oder um einen Wirbelpunkt (siehe Tabelle 3.4.1).

Im vorliegenden Fall soll zunächst die Gl. (A37.25) in ein Differentialgleichungssystem 1. Ordnung transformiert werden. Dies geschieht am einfachsten im Frequenzbereich durch Bestimmung der Pole (Eigenwerte) des zunächst wieder erweiterten nichtautonomen Systems

$$3\ddot{y}^* + 5\dot{y}^* + y^* = u^*(t),$$

nach einer Laplace-Transformation und Auflösung gemäß

$$Y^*(s) = \frac{1}{3s^2 + 5s + 1} U^*(s). \qquad \text{(A37.29)}$$

Die Partialbruchzerlegung liefert

$$Y^*(s) = \left(\frac{A}{s - s_1} + \frac{B}{s - s_2} \right) U^*(s) \qquad \text{(A37.30)}$$

mit $s_1 = -0{,}2324$, $s_2 = -1{,}434$ und $A = -B = 0{,}2774$.

Die formal gewählten Zustandsgrößen lauten nun

$$X_1^*(s) = \frac{A}{s - s_1} U^*(s) \text{ und } X_2^*(s) = \frac{B}{s - s_2} U^*(s). \qquad \text{(A37.31)}$$

Damit folgt für Gl. (A37.30)

$$Y^*(s) = X_1^*(s) + X_2^*(s)$$

oder im Zeitbereich

$$y^*(t) = x_1^*(t) + x_2^*(t), \qquad \dot{y}^*(t) = \dot{x}_1^*(t) + \dot{x}_2^*(t). \qquad \text{(A37.32a, b)}$$

Aus Gl. (A37.31) erhält man durch Laplace-Rücktransformation unter der Voraussetzung $u^*(t) = 0$, also für das autonome System gemäß Gl. (A37.25)

$$\dot{x}_1^*(t) = s_1 x_1^*(t) + Au^*(t) = s_1 x_1^*(t), \qquad \text{(A37.33a)}$$

$$\dot{x}_2^*(t) = s_2 x_2^*(t) + Bu^*(t) = s_2 x_2^*(t). \qquad \text{(A37.33b)}$$

Beide Eigenwerte sind negativ reell, wodurch sich ein Knotenpunkt im Ursprung ergibt, in den die Trajektorien von jedem beliebigen Anfangspunkt der Zustandsebene asymptotisch einlaufen. Damit liegt eine global asymptotisch stabile Ruhelage vor, wie man auch dem Bild A37.4 entnehmen kann.

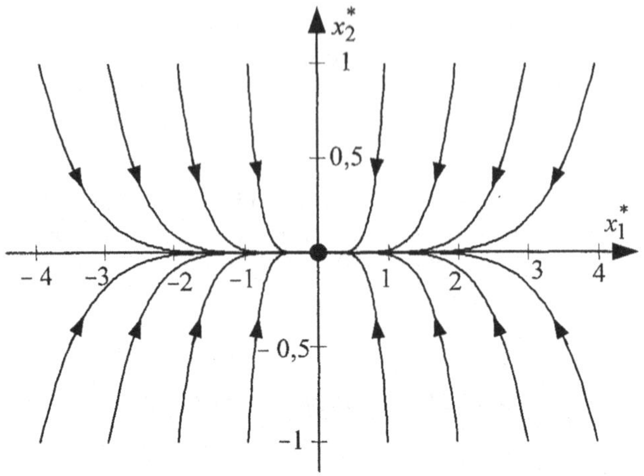

Bild A37.4. Trajektorien des Systems mit der Differentialgleichung $3\ddot{y}+5\dot{y}+y=1$ nach Transformation der Ruhelage in den Ursprung und bei spezieller Wahl der Zustandsgrößen x_1^* und x_2^* in der (x_2^*, x_1^*)-Ebene

3. Schritt:

Diese Phasenkurven in der (x_1^*, x_2^*)-Ebene müssen nun gemäß den Beziehungen (37.32a,b) in die gewünschte $(y^*, \dot{y}^*)$-Ebene transformiert werden. Die Transformationsvorschrift lautet mit den Gln. (A37.32) und (A37.33)

$$\begin{bmatrix} y^* \\ \dot{y}^* \end{bmatrix} = \begin{bmatrix} 1 & 1 \\ s_1 & s_2 \end{bmatrix} \begin{bmatrix} x_1^* \\ x_2^* \end{bmatrix}. \qquad \text{(A37.34)}$$

Entlang der x_1^**-Achse* gilt

$$x_2^* = 0 \,\forall\, x_1^*.$$

Gemäß der Transformationsvorschrift Gl. (A37.34) wird daraus

$$y^* = x_1^*, \qquad \dot{y}^* = s_1 x_1^*. \qquad \text{(A37.35a, b)}$$

Entlang der x_2^**-Achse* gilt entsprechend

$$x_1^* = 0 \,\forall\, x_2^*,$$

woraus man in der $(y^*, \dot{y}^*)$-Ebene die Abbildung

$$y^* = x_2^*, \qquad \dot{y}^* = s_2 x_2^* \qquad \text{(A37.36a, b)}$$

erhält. Weil für die negativ reellen Eigenwerte

$$|s_1| < |s_2|$$

gilt, verläuft diejenige Gerade, die der transformierten x_2^*-Achse entspricht, steiler als die der x_1^*-Achse entsprechenden Gerade.

Die Trajektorie überträgt man dann, wenn es nur auf qualitative Aussagen ankommt, anschaulich von der (x_1^*, x_2^*)-Ebene in die $(y^*, \dot{y}^*)$-Ebene, die im Bild A37.5 dargestellt ist.

4. Schritt: Rücktransformation in der Ruhelage

Dieser letzte Schritt stellt die Umkehrung des Schrittes 1 dar. Graphisch bedeutet das eine Verschiebung der Koordinatenachsen um die Ruhelage-Werte. Im vorliegenden Fall war gemäß Gl. (A37.23)

$$y_R = 1 \text{ und } \dot{y}_R = 0 ,$$

so dass lediglich die $\dot{y}^*$-Achse um den Wert 1 nach links geschoben werden muss. Diese endgültige Lösung für die beiden Anfangsbedingungen α) und β) ist im Bild A37.6 dargestellt.

Der eingeschlagene Lösungsweg für eine Differentialgleichung der Form Gl. (A37.1d) soll nochmals in folgenden Schritten zusammengefasst werden:

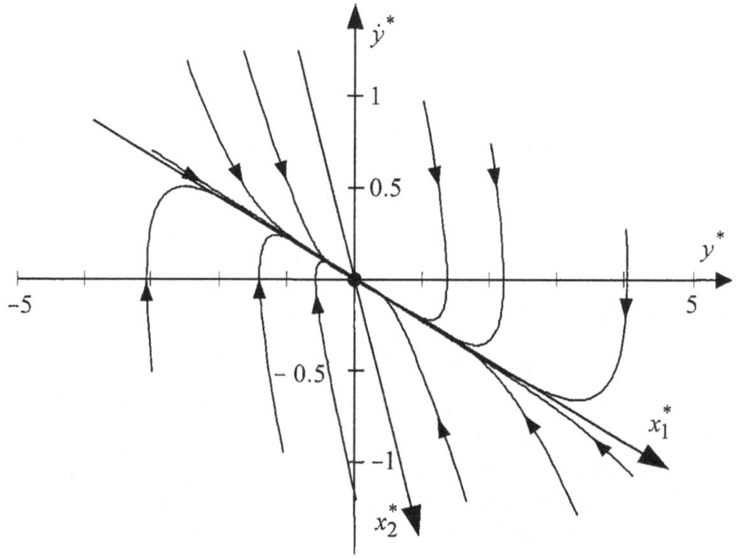

Bild A37.5. Trajektorien des Systems mit der Differentialgleichung $3\ddot{y} + 5\dot{y} + y = 1$ mit der in den Ursprung transformierten Ruhelage in der $(\dot{y}^*, y^*)$-Ebene

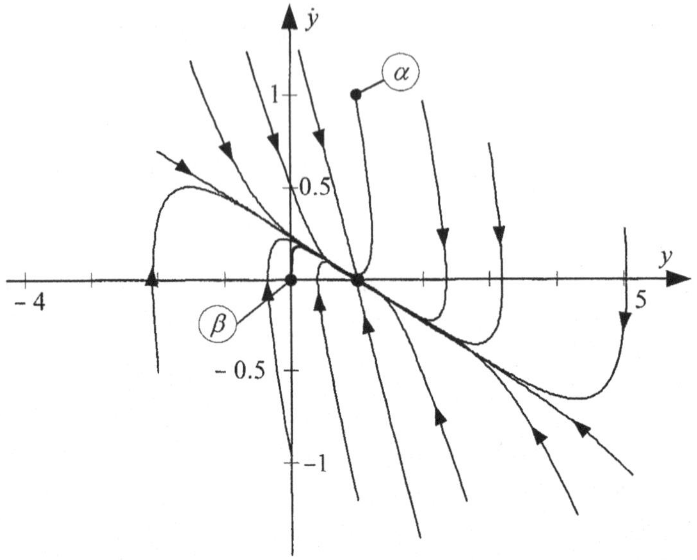

Bild A37.6. Trajektorien des Systems mit der Differentialgleichung $3\ddot{y}+5\dot{y}+y=1$ in der $(y,\ \dot{y})$-Ebene

1. Transformation der Ruhelage in den Ursprung $(y \rightarrow y^*)$.
2. Laplace-Transformation und modale Aufteilung in $X_i^*(s)$ entsprechend den Eigenwerten und Zeichnen der Kurven $x_2^*(t) = f(x_1^*(t))$ für $u^* = 0$.
3. Transformation $x_2^* = f(x_1^*) \rightarrow \dot{y}^* = f(y^*)$.
4. Ruhelage verschieben $\dot{y}^* = f(y^*) \rightarrow \dot{y} = f(y)$.

e) Analog zum Vorgehen in d) soll nachfolgend die Lösung erfolgen.

Schritt 1: Da das durch Gl. (A37.1e) vorgegebene und in Form von Gl. (A37.21) betrachtete System offenbar einen Pol im Ursprung der s-Ebene und damit grenzstabiles Verhalten besitzt, entfällt die Bestimmung der Ruhelage, da dieses integral wirkende System nur bei verschwindender Eingangsgröße unendlich viele grenzstabile Ruhelagen aufweist. Für $u \neq 0$ existiert jedoch keine Ruhelage.

Schritt 2: Die Laplace-Transformation der Differentialgleichung, Gl. (A37.1e),

$$3\ddot{y}+\dot{y}=1=u(t) \tag{A37.37}$$

führt bei Nullsetzen der Anfangswerte zu

$$Y(s)=\frac{1}{s(3s+1)}\,U(s)=\left(\frac{1}{s}-\frac{1}{s+\frac{1}{3}}\right)U(S)=X_1(s)+X_2(s)\,. \tag{A37.38}$$

Daraus folgen die beiden Zustandsgrößen in modaler Form

$$X_1(s) = \frac{1}{s}\, U(s) \rightarrow \dot{x}_1(t) = u(t) \tag{A37.39a}$$

und

$$X_2(s) = \frac{-1}{s+\frac{1}{3}}\, U(s) \rightarrow \dot{x}_2(t) = -\frac{1}{3}\, \overset{*}{x_2} - u(t)\,. \tag{A37.39b}$$

Zur Veranschaulichung des Verhaltens des autonomen Systems wird zunächst der Fall $u = 0$ betrachtet, für den man die Zustandsraumdarstellung

$$\dot{x} = \begin{bmatrix} \dot{x}_1 \\ \dot{x}_2 \end{bmatrix} = \begin{bmatrix} 0 & 0 \\ 0 & -\frac{1}{3} \end{bmatrix} \begin{bmatrix} x_1 \\ x_2 \end{bmatrix} \tag{A37.40}$$

erhält und dessen Lösung

$$x_1(t) = x_1(0) = \text{const.}\,, \qquad x_2(t) = x_2(0)\ \mathrm{e}^{-t/3} \tag{A37.41a, b}$$

lautet. Die Phasenkurven $x_2 = f(x_1)$ sind Geraden parallel zur x_2-Achse, wie im Bild A37.7 gezeigt, je nach Anfangsbedingung $x_1(0)$, $x_2(0)$. Es sei an dieser Stelle ausdrücklich darauf hingewiesen, dass die Anfangswerte $x_1(0)$, $x_2(0)$ *nicht identisch* sind mit den Anfangswerten des Systems $y(0)$, $\dot{y}(0)$. In diesem Fall $(u = 0)$ existieren – wie bereits zuvor erwähnt – unendlich viele Ruhelagen auf der x_1-Achse.

Im Fall $u = b \neq 0$ ergibt sich aus Gl. (A37.39) die Zustandsgleichung

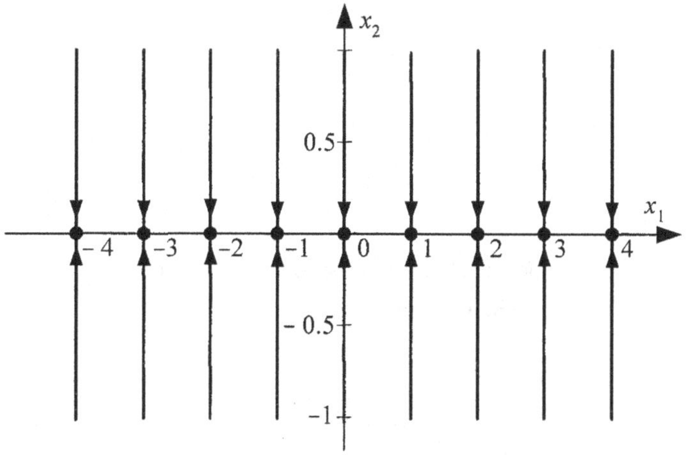

Bild A37.7. Trajektorien des Systems mit der Differentialgleichung $3\ddot{y} + \dot{y} = 0$ und den Zustandsgrößen x_1, x_2

$$\dot{x} = \begin{bmatrix} \dot{x}_1 \\ \dot{x}_2 \end{bmatrix} = \begin{bmatrix} 0 & 0 \\ 0 & -\frac{1}{3} \end{bmatrix} \begin{bmatrix} x_1 \\ x_2 \end{bmatrix} + \begin{bmatrix} 1 \\ -1 \end{bmatrix} b \tag{A37.42}$$

mit den Lösungen

$$x_1(t) = x_1(0) + bt\,, \qquad x_2(t) = -3b + \left(x_2(0) + 3b\right)\, \mathrm{e}^{-(t/3)}\,. \tag{A37.43a, b}$$

Durch Auflösung der Gl. (A37.43a) nach der Zeit und Einsetzen in (A37.43b) erhält man

$$x_2 = -3b + \left(x_2(0) + 3b\right)\, \mathrm{e}^{-(x_1 - x_1(0))/3b} \tag{A37.44}$$

als Beziehung für $x_2 = f(x_1)$ zur Darstellung der Phasenkurven der $(x_1,\, x_2)$-Ebene, wie sie für mehrere Anfangswerte im Bild A37.8 für den Fall $b = 1$ dargestellt sind. Es ist leicht zu ersehen, dass hier keine Ruhelage existiert.

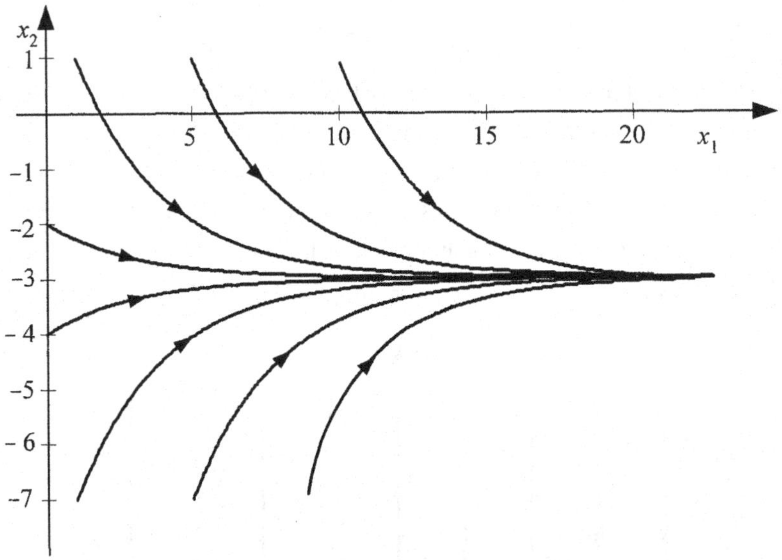

Bild A37.8. Trajektorien des Systems mit der Differentialgleichung $3\ddot{y} + \dot{y} = 1$ in der Ebene der speziellen Zustandsgrößen x_1, x_2

Schritt 3: Die Phasenkurven nach Gl. (A37.44) werden nun wieder in die $(y,\, \dot{y})$-Ebene transformiert, und zwar ausgehend von der Wahl der Zustandsgrößen x_1, x_2 in den Gln. (A37.38) und (A37.39). Die Transformationsvorschrift lautet:

$$y(t) = x_1(t) + x_2(t)\,, \qquad \dot{y}(t) = \dot{x}_1(t) + \dot{x}_2(t)\,. \tag{A37.45a, b}$$

Setzt man in Gl. (A37.45b) die Ableitungen der Gln. (A37.43a,b) ein, so erhält man

$$\dot{y} = b - \frac{1}{3}\left(x_2(0) + 3b\right)\, \mathrm{e}^{-(t/3)} = -\frac{1}{3}\left[-3b + \left(x_2(0) + 3b\right)\, \mathrm{e}^{-(t/3)}\right]$$

$$= -\frac{1}{3}\,x_2(t) \tag{A37.45c}$$

Für die x_1*-Achse* folgt mit $x_2 = 0$ aus den Gln.(A37.45a) und (A37.45c)

$$y(t) = x_1(t)\,, \qquad \dot{y}(t) = 0\,. \tag{A37.46a, b}$$

Entsprechend gilt für die x_2*-Achse* mit $x_1 = 0$ gemäß den Gln. (A37.45a) und (A37.45c)

$$y(t) = x_1(t)\,, \qquad \dot{y}(t) = -\frac{1}{3}\,x_2(t)\,. \tag{A37.47a, b}$$

Das bedeutet, dass die x_1-Achse nach der Transformation mit der y-Achse zusammenfällt und die x_2-Achse als Gerade mit der Steigung -1/3 in der $(y,\ \dot{y})$-Ebene erscheint. Die Phasenkurven sind den beiden Bildern A37.9 und A37.10 zu entnehmen.

Der *Schritt 4* entfällt, weil im Schritt 1 keine Verschiebung der Ruhelage vorgenommen wurde.

Für die *Anfangsbedingungen* α) $y(0) = \dot{y}(0) = 1$ und $b = 1$ ist die Trajektorie identisch mit der Asymptote $\dot{y} = 1$.

Bei den *Anfangsbedingungen* β) $y(0) = \dot{y}(0) = 0$ und $b = 1$ beginnt die Trajektorie im Nullpunkt und nähert sich, wie im Bild A37.10 dargestellt, der Asymptote $\dot{y} = 1$.

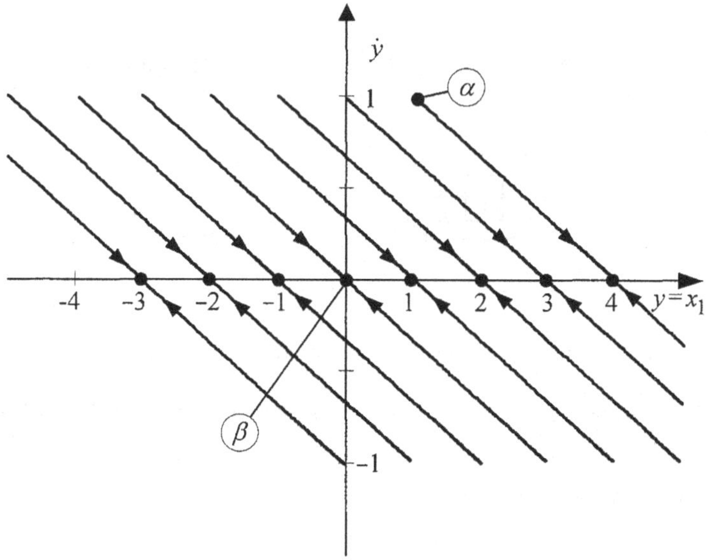

Bild A37.9. Trajektorien des Systems mit der Differentialgleichung $3\ddot{y} + \dot{y} = 0$ in der $(\dot{y},\ y)$-Ebene

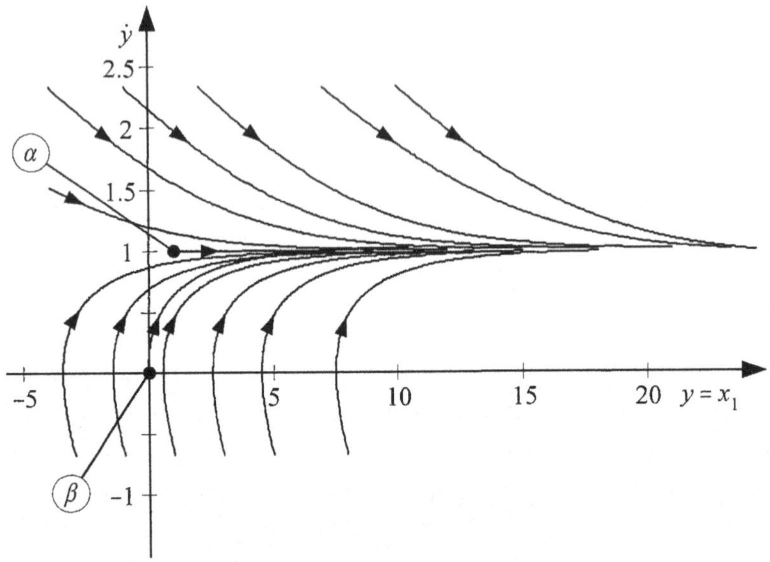

Bild A37.10. Trajektorien des Systems mit der Differentialgleichung $3\ddot{y}+\dot{y}=1$ in der $(\dot{y},\, y)$-Ebene

Aufgabe 38

Wie verlaufen in der Phasenebene die Trajektorien für den im Bild A38.1 skizzierten Regelkreis? Wie groß werden die Schwingungszeit und die Amplitude des dabei entstehenden Grenzzyklus?

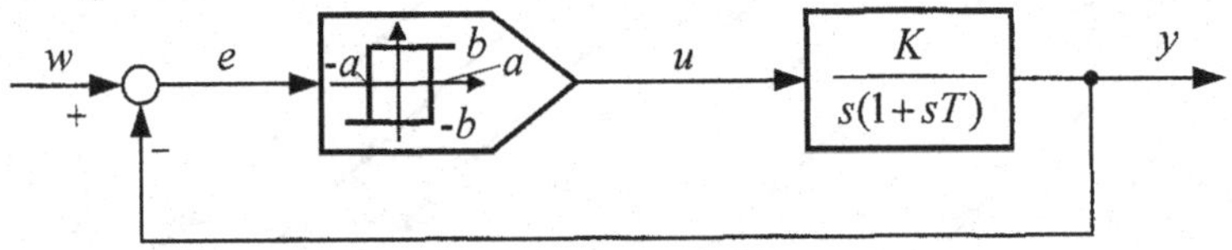

Bild A38.1. Nichtlineares Regelsystem mit Hystereseglied

Zielsetzung: - Analyse von nichtlinearen Regelsystemen in der Phasenebene

- Berechnung von Grenzzyklen

Theoretische Grundlagen: Kap. 3.5

Lösung:

Die Übertragungsfunktion des linearen Teilsystems lautet

$$G(s) = \frac{Y(S)}{U(s)} = \frac{K}{s(1+sT)} \qquad \text{(A38.1)}$$

und entspricht der Differentialgleichung (A37.1e) in Aufgabe 37, wobei dort $T = 3\,\mathrm{s}$ und $K = 1$ gilt. Die Stellgröße $u(t)$ kann nun, bedingt durch den nichtlinearen Systemteil, nur die Werte $u \equiv u_0 = \pm b$ annehmen. Es gilt also analog zu Aufgabe 37, Gl. A37.43a,b)

$$x_1(t) = Ku_0 t + x_1(0)\,, \qquad x_2(t) = -Ku_0 T + \left(x_2(0) + Ku_0 T\right)\,\mathrm{e}^{-t/T} \qquad \text{(A38.2a, b)}$$

mit $u_0 = \pm b$. Weiterhin erhält man gemäß den Gln. (A37.45a-c) aufgrund der speziellen Wahl der Zustandsgrößen für die Ausgangsgröße und deren Ableitung

$$y(t) = x_1(t) + x_2(t)\,, \qquad \text{(A38.3a)}$$

$$\dot{y}(t) = \dot{x}_1(t) + \dot{x}_2(t) = Ku_0 - \frac{1}{T}\left(x_2(0) + Ku_0 T\right)\,\mathrm{e}^{-t/T} \qquad \text{(A38.3b)}$$

$$= -\frac{1}{T}\,x_2(t). \qquad \text{(A38.3c)}$$

Da es sich hier um einen geschlossenen Regelkreis handelt, ist der Schaltzustand des nichtlinearen Teilsystems abhängig von der Ausgangsgröße. Im folgenden wird ohne Einschränkung der Allgemeingültigkeit der Fall $w(t) \equiv 0$ betrachtet, da die sich dabei ergebenden Trajektorien das System vollständig beschreiben. Für die Zweipunkt-Hysteresekennlinie (Bild A38.2a) kann man die beiden Schaltzustände

$$u = +b \begin{cases} e > a; & \dot{e} \text{ beliebig} \\ -a < e < a; & \dot{e} < 0 \end{cases}, \qquad \text{(A38.4a)}$$

$$u = -b \begin{cases} e < -a; & \dot{e} \text{ beliebig} \\ -a < e < a; & \dot{e} > 0 \end{cases} \qquad \text{(A38.4b)}$$

unterscheiden. Diese Schaltbedingung kann in der $(e,\,\dot{e})$-Ebene dargestellt werden (Bild A38.2b), wodurch man eine eindeutige Darstellung erhält, in der die „Schaltgerade" als Trennlinie zwischen den Bereichen $u = -b$ und $u = +b$ auftritt.

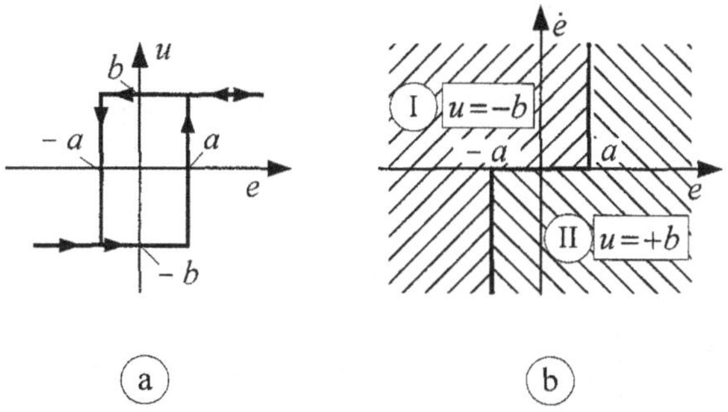

Bild A38.2. Darstellung der Hysteresekennlinie (a) in der $(e,\,u)$-Ebene und (b) in der $(e,\,\dot{e})$-Ebene zur Ermittlung der Schaltgeraden-Abschnitte

Wegen der Rückkopplung im Regelkreis gilt mit $w(t) = 0$

$$e = -y \text{ und } \dot{e} = -\dot{y},$$

so dass man jetzt die Schaltgeradenabschnitte in der $(y,\ \dot{y})$-Ebene gemäß Bild A38.3 darstellen kann.

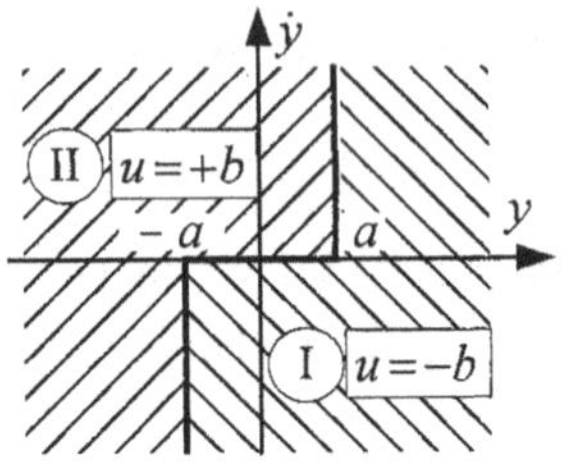

Bild A38.3. Darstellung der Schaltkurve in der $(y,\ \dot{y})$-Ebene

Ähnlich wie bei der Herleitung von Gl. (A37.44) wird Gl. (A38.2a) nach der Zeit aufgelöst und in Gl. (A38.2b) eingesetzt. Damit erhält man als Beziehung zur Berechnung der Trajektorien

$$x_2 = f(x_1) = -K u_0 T + \left(x_2(0) + K u_0 T\right) \mathrm{e}^{-(x_1 - x_1(0))/K u_0 T}. \tag{A38.5}$$

Der Verlauf der Trajektorien in der $(x_1,\ x_2)$-Ebene ist ebenfalls schon aus Aufgabe 37e bekannt und wird, erweitert um den Fall $u = -b$, im Bild A38.4 gezeigt. Dabei ist zu beachten, dass nun die durchgezogenen Trajektorien innerhalb des $2KbT$ breiten Streifens die vorkommenden Zustände darstellen, wie nachfolgend noch gezeigt wird. In diesen Streifen hinein gelangt man unter der Voraussetzung, dass auf einer Trajektorie außerhalb mit dem „richtigen" Wert für $u(t)$ gestartet wurde. Durch die Umschaltungen des Reglers erhält man dann innerhalb des dargestellten Streifens $x_2 = \pm KbT$ eine Dauerschwingung.

Zunächst müssen also die einzelnen Abschnitte der Schaltkurve von der $(y, \dot{y})$-Ebene in die $(x_1,\ x_2)$-Ebene übertragen werden, um die vollständigen Trajektorienverläufe anschließend in die $(y,\ \dot{y})$-Ebene transformieren zu können (siehe zur Rechnung auch Bild A38.3).

Bereich I: $u \equiv u_0 = -b$ (rechter Teil der Schaltfunktion im Bild A38.3)

Für

$$y = a + \varepsilon \text{ mit } 1 >> \varepsilon > 0 \tag{A38.6}$$

gilt der Schaltzustand $u = -b$, und damit folgt mit Gl. (A38.3c)

$$\dot{y} = -\frac{1}{T} x_2(t) > 0,$$

also ist

$$x_2 < 0. \tag{A38.7}$$

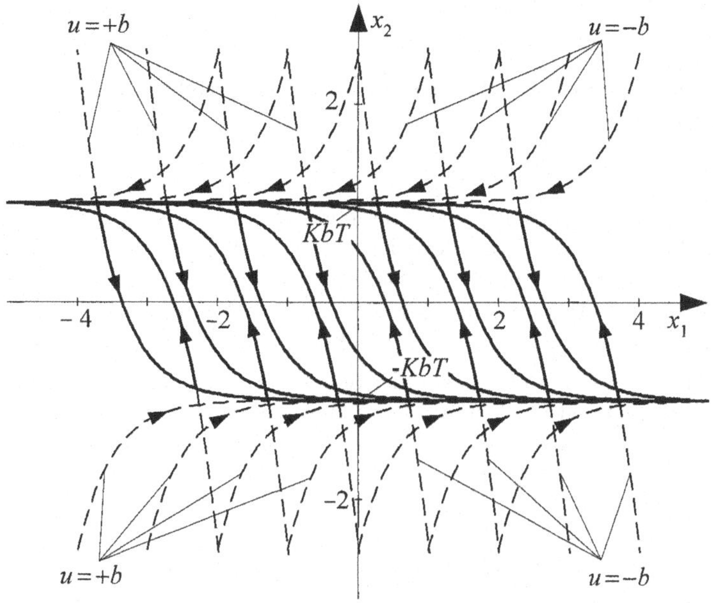

Bild A38.4. Darstellung der Trajektorien des linearen Teilsystems für $u = \pm b$ (speziell mit $KbT = 1$)

Aus den Gln. (A38.3) und (A38.6) folgt

$$a + \varepsilon = x_1 + x_2$$

bzw.

$$x_2 = -x_1 + a + \varepsilon\,. \tag{A38.8}$$

Aus Gl. (A38.8) ist ersichtlich, dass für $\varepsilon = 0$ der rechte Teil der Schaltfunktion in der $(y, \dot{y})$ -Ebene beschrieben wird durch die Geradengleichung

$$x_2 = -x_1 + a, \quad x_2 < 0 \tag{A38.9}$$

in der (x_2, x_1) -Ebene.

Bereich II: $u \equiv u_0 = +b$ (linker Teil der Schaltfunktion im Bild A38.3)

Für

$$y = -(a + \varepsilon) \text{ mit } 1 >> \varepsilon > 0 \tag{A38.10}$$

ist der Schaltzustand $u = +b$, und damit gilt mit Gl. (A38.3c)

$$\dot{y} = -\frac{1}{T}\, x_2(t) < 0\,, \tag{A38.11}$$

also ist

$$x_2 > 0\,.$$

Aus den Gln. (A38.3) und (A38.10) folgt wiederum

$$-(a+\varepsilon) = x_1 + x_2\,, \qquad x_2 = -x_1 - a - \varepsilon\,. \tag{A38.12}$$

Damit ergibt sich mit $\varepsilon = 0$ für den linken Teil der Schaltfunktion für $u_0 = b$ die Geradengleichung

$$x_2 = -x_1 - a\,,\; x_2 > 0\,. \tag{A38.13}$$

Der aus den beiden Halbgeraden der Schaltfunktion nach Gl. (A38.9) und Gl. (A38.13) resultierende Grenzzyklus, der aus den sich in den Punkten A und B schneidenden Trajektorien folgt, ist im Bild A38.5 dargestellt. Für die weiteren Betrachtungen sind die Koordinaten dieser Punkte von Interesse. Aus Symmetriegründen ist es nur erforderlich, die Koordinaten von $\mathrm{A} = (x_{1,\mathrm{A}};\, x_{2,\mathrm{A}})$ als Schnittpunkt der beiden den Grenzzyklus bildenden Kurven und dem linken Teil der Schaltfunktion gemäß der Geradengleichung (A38.13) zu bestimmen. Hierfür müssen drei Gleichungen aufgestellt werden. Dazu werden aus Aufgabe 37 gemäß den Gln. (A37.39a,b) die Zustandsgleichungen

$$\dot{x}_1 = K\,u(t) \text{ und } \dot{x}_2 = -\frac{1}{T}x_2 - K\,u(t)$$

übernommen, aus denen durch Elimination der Zeit die Beziehung

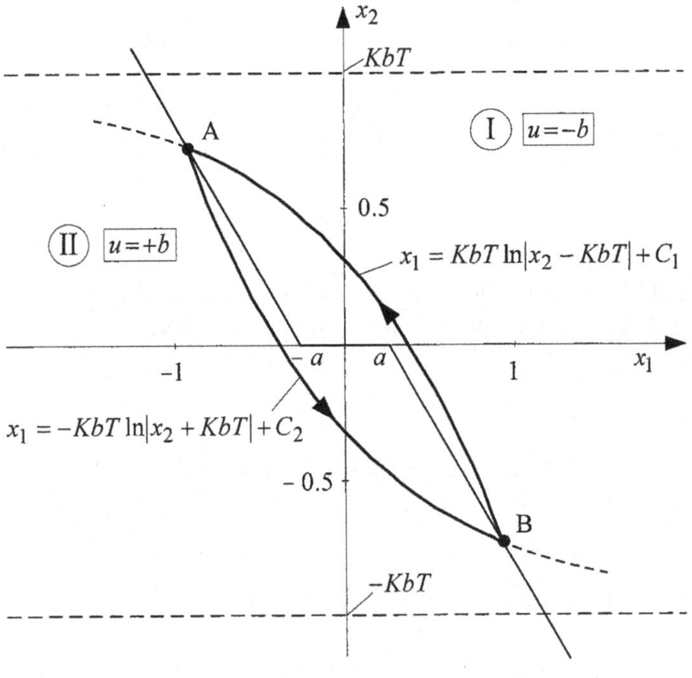

Bild A38.5. Grenzzyklus in der $(x_1,\, x_2)$-Ebene mit der Schaltfunktion und den Umschaltpunkten A und B (speziell mit $KbT = 1$)

$$\frac{dx_1}{dx_2} = -\frac{KuT}{x_2 + KuT} \quad \text{oder} \quad dx_1 = -KuT \frac{dx_2}{x_2 + KuT}$$

und schließlich durch Integration die Trajektoriengleichung

$$x_1 = -KuT \ln|x_2 + KuT| + C \tag{A38.14}$$

folgt, wobei C die Integrationskonstante darstellt. Aus Gl. (A38.14) ergeben sich aus Symmetriegründen mit der Abkürzung $\alpha = KuT$ für die beiden Trajektorien durch den Punkt A die Beziehungen

$$x_{1,\mathrm{A}} = \alpha \ln|x_{2,\mathrm{A}} - \alpha| + C_\mathrm{A} \tag{A38.15}$$

und

$$x_{1,\mathrm{A}} = -\alpha \ln|x_{2,\mathrm{A}} + \alpha| - C_\mathrm{A}, \tag{A38.16}$$

außerdem folgt aus Gl. (A38.13) für die Schaltfunktion

$$x_{1,\mathrm{A}} = -x_{2,\mathrm{A}} - a. \tag{A38.17}$$

Anhand dieser drei Gleichungen müssen nun die drei Unbekannten $x_{1,\mathrm{A}}$, $x_{2,\mathrm{A}}$ und C_A bestimmt werden. Durch Addition der Gln. (A38.15) und (A38.16) wird C_A eliminiert

$$2x_{1,\mathrm{A}} = \alpha \ln \frac{|x_{2,\mathrm{A}} - \alpha|}{|x_{2,\mathrm{A}} + \alpha|}$$

und daraus folgt

$$\mathrm{e}^{2x_{1,\mathrm{A}}/\alpha} = \frac{|x_{2,\mathrm{A}} - \alpha|}{|x_{2,\mathrm{A}} + \alpha|}.$$

Das Einsetzen von Gl. (A38.17) liefert

$$\mathrm{e}^{2x_{1,\mathrm{A}}/\alpha} = \frac{|-x_{1,\mathrm{A}} - a - \alpha|}{|-x_{1,\mathrm{A}} - a + \alpha|}. \tag{A38.18a}$$

Da für gegebene Werte von $\alpha = KuT$ und a diese Gleichung nicht explizit gelöst werden kann, lassen sich die Koordinaten von Punkt A nur numerisch bestimmen. Wählt man die speziellen Werte $K = 1\,\mathrm{s}^{-1}$, $T = 1\,\mathrm{s}$, $u = b = 1$ und $a = 0{,}2$, so folgt aus Gl. (A38.18a)

$$\underbrace{\mathrm{e}^{2x_{1,\mathrm{A}}}}_{y_1} = \underbrace{\frac{|x_{1,\mathrm{A}} + 1{,}2|}{|x_{1,\mathrm{A}} - 0{,}8|}}_{y_2}. \tag{A38.18b}$$

Zeichnet man die beiden Kurven $y_1 = y_1(x_{1,\mathrm{A}})$ und $y_2 = y_2(x_{1,\mathrm{A}})$, so liefert deren Schnittpunkt für den möglichen Zahlenbereich $|x_{1,A}| < 1{,}2$ gemäß Bild A38.6 den gesuchten Wert

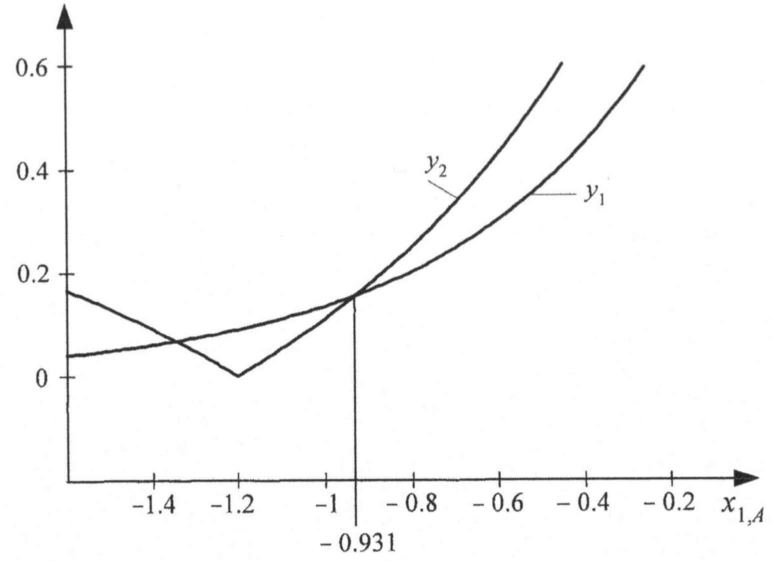

Bild A38.6. Graphisch-numerische Lösung von Gl. (A38.18b)

$$x_{1,\mathrm{A}} \approx -0{,}931,$$

mit Gl. (A38.17) erhält man dann

$$x_{2,\mathrm{A}} \approx 0{,}731 .$$

Die Berechnung der Integrationskonstante C_A ist nicht erforderlich.

Die Transformation der x_1- und x_2-Achse in die $(y, \dot{y})$-Ebene erfolgt analog zu Aufgabe 37e mittels der Gln. (A38.3a,c). Für die x_1*-Achse* gilt $x_2(t) = 0$, und damit folgt mit den Gln. (A38.3a,c)

$$y = x_1 \text{ und } \dot{y} = 0 . \tag{A38.19a}$$

Die x_1-Achse ist also identisch mit der y-Achse. Ebenso gilt für die x_2*-Achse* $x_1(t) = 0$, und damit folgt mit den Gln. (A38.3a,c)

$$y = x_2 \text{ und } \dot{y} = -\frac{1}{T} x_2 = -\frac{1}{T} y . \tag{A38.19b}$$

Dies ist in der $(y, \dot{y})$-Ebene eine Gerade mit der Steigung -$(1/T)$ durch den Ursprung.

Die Koordinaten der im Bild A38.7 dargestellten Punkte A und B kann man mit Hilfe von Bild A38.5 ermitteln. Für den Punkt A, der sich im Bild A38.5 auf der Halbgeraden II befindet, gelten die zuvor berechneten Koordinatenwerte. Damit erhält man für die Koordinaten des transformierten Punktes A in der $(y, \dot{y})$-Ebene oder Phasenebene mittels der Gln. (A38.3a,c):

$$y_A = x_{1,A} + x_{2,A} = -0{,}2 \text{ und } \dot{y}_A = -\frac{1}{T}\, x_{2,A} = -0{,}731\,.$$

Aus Symmetriegründen ergeben sich für die Transformation des Punktes B die entsprechenden positiven Werte.

Von A nach B gelangt man mit $u = +b$, indem jeweils die negative x_1- und x_2-Achse überschritten wird und von B nach A mit $u = -b$ durch Überschreitung jeweils der positiven x_1- und x_2-Achse. Daraus ergibt sich die Phasenbahn des Grenzzyklus im Bild A38.7.

Zur Ermittlung der Schwingungszeit und Amplitude des Grenzzyklus gibt es zwei mögliche Lösungswege: Durch Anwendung der Methode der Phasenebenendarstellung oder mit Hilfe der Beschreibungsfunktion.

a) Berechnung in der Phasenebene

Gesucht ist die Zeit, um vom Punkt A zum Punkt B zu gelangen, die der halben *Schwingungszeit* $T_S/2$ für den Grenzzyklus entspricht. Da ab dem Punkt A die Schaltbedingung $u \equiv u_0 = +b$ gilt, erhält man anhand der Gl. (A38.2a)

$$x_1(t) = Kbt + x_1(0) \tag{A38.20}$$

mit der Anfangsbedingung $x_1(0) = x_{1,A} = -0{,}931$ im Punkt A.

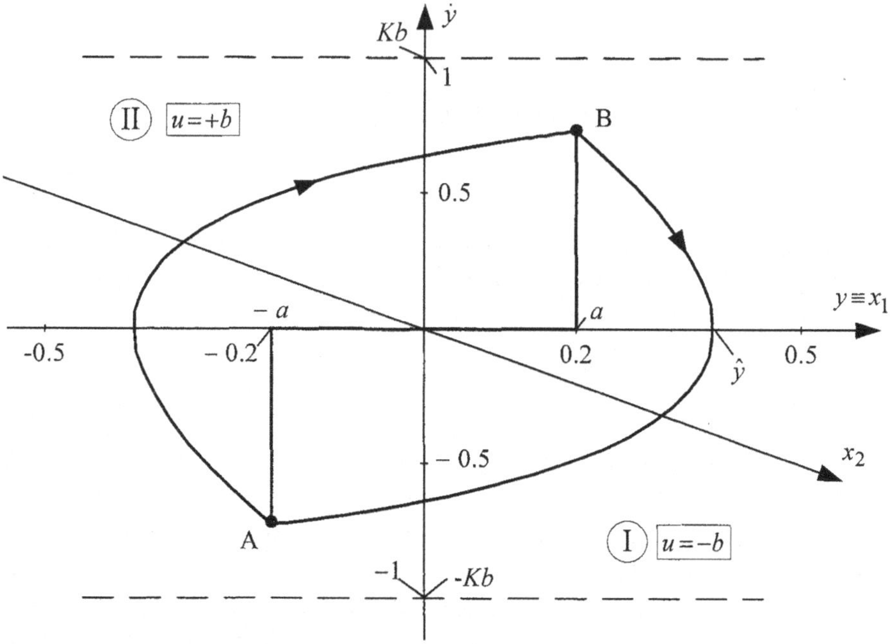

Bild A38.7. Grenzzyklus in der $(y,\ \dot{y})$-Ebene oder Phasenebene

Zur Zeit $t = T_S/2$ wird der Punkt B mit dem zu Punkt A symmetrischen Abszissenwert $x_{1,B} = 0{,}931$ erreicht, so dass für Gl. (A38.20)

$$x_1(T_S/2) = Kb\ (T_S/2) - 0{,}931 = 0{,}931$$

gilt. Daraus folgt durch Auflösung als Schwingungszeit für den Grenzzyklus

$$T_S = \frac{2 \cdot 1{,}862}{Kb} = 3{,}724\ \text{s}\,. \tag{A38.21}$$

Um die *Amplitude* $\hat{y}$ zu ermitteln, kann aus der im Bild A38.7 dargestellten $(y,\ \dot{y})$-Ebene für den Fall der hier gewählten Zahlenwerte ($\alpha = 1$ und $a = 0{,}2$) für $\dot{y} = 0$ der Wert

$$y \equiv \hat{y} \approx 0{,}383$$

abgelesen werden.

b) Lösung mit der Beschreibungsfunktion nach der Methode der Harmonischen Balance

Ausgangspunkt ist die Gleichung der Harmonischen Balance

$$1 + N\ (\hat{x}_e, \omega)\ G(j\omega) = 0\,. \tag{A38.22}$$

Aus Tabelle 3.3.1 entnimmt man als Beschreibungsfunktion für das Hystereseglied

$$N(\hat{x}_e\,,\,\omega) = \frac{4b}{\pi\,\hat{x}_e}\left(\sqrt{1 - \left(\frac{a}{\hat{x}_e}\right)^2} - j\frac{a}{\hat{x}_e}\right). \tag{A38.23}$$

Mit der Übertragungsfunktion des linearen Teilsystems

$$G(j\omega) = \frac{K}{j\omega\,(1 + j\omega T)} \tag{A38.24}$$

erhält man aus Gl. (A38.23) durch Vergleich der Real- und Imaginärteile beider Gleichungsseiten die beiden Gleichungen für $\hat{x}_e = x_G$ und $\omega = \omega_G$

$$\frac{4b}{\pi\, x_G}\sqrt{1 - \left(\frac{a}{x_G}\right)^2} - \frac{\omega_G^2\, T}{K} = 0\,, \tag{A38.25}$$

$$\frac{4\,ab}{\pi\, x_G^2} - \frac{\omega_G}{K} = 0\,. \tag{A38.26}$$

Diese Gleichungen sind dann für die gewählten Werte von a, b, T und K numerisch nach x_G und ω_G zu lösen. Im Bild A38.8 ist die Lösung für die speziellen Werte $a = 0{,}2$, $b = 1$, $K = 1$ und $T = 1s$ dargestellt. Für den Schnittpunkt beider Ortskurven gilt $\text{Im}\{N \text{ oder } -1/G\} = -1{,}67$ und $\text{Re}\{N \text{ oder } -1/G\} = 2{,}80$. Verwendet man z. B. Gl. (A38.26), so folgt für die Amplitude und die Frequenz der Schwingung

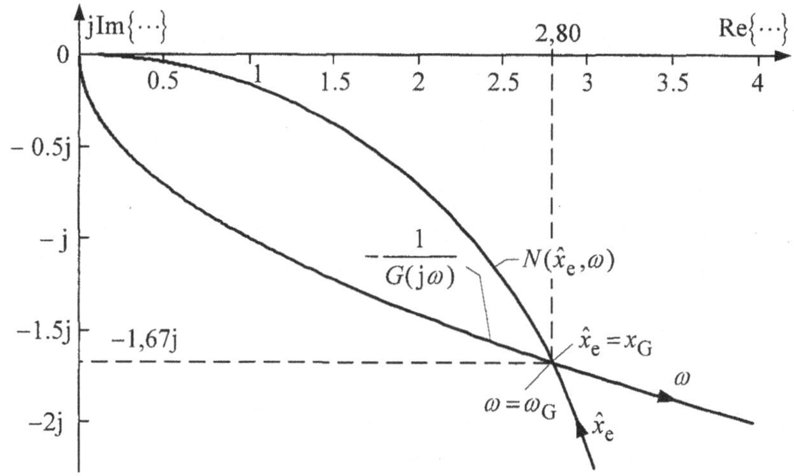

Bild A38.8. Ermittlung des Grenzzyklus mit Hilfe des Schnittpunktes beider Ortskurven $-1/G(j\omega)$ und $N(\hat{x}_e)$

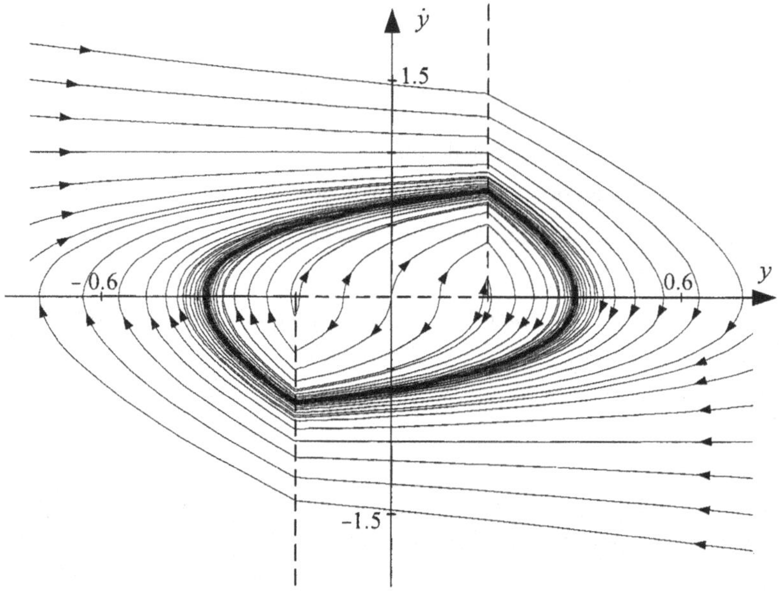

Bild A38.9. Phasenporträt für den untersuchten Regelkreis mit $a = 0{,}2$, $b = 1$, $K = 1\,\mathrm{s}^{-1}$ und $T = 1\,\mathrm{s}$

$$x_G = \sqrt{\frac{4ab}{\pi\left|\operatorname{Im}\{-1/G\}\right|}} \approx \sqrt{\frac{0{,}8}{\pi 1{,}67}} \approx 0{,}39, \qquad \omega_G = \left|\operatorname{Im}\{-1/G\}\right| K \approx 1{,}67\,\mathrm{s}^{-1}$$

sowie für die Schwingungszeit

$$T_S = \frac{2\pi}{\omega_G} \approx 3{,}75\,\mathrm{s}\,.$$

Die kleinen Abweichungen in den Zahlenwerten der beiden Lösungen sind einerseits auf Ablesefehler, andererseits auf das Näherungsverfahren im Falle b) zurückzuführen, wobei die Identität $\hat{y} \mathrel{\hat{=}} x_G$ zu beachten ist.

Bild A38.9 zeigt schließlich das komplette Phasenporträt für den Fall der oben angegebenen Zahlenwerte. Es ist deutlich ersichtlich, dass sich ein stabiler Grenzzyklus einstellt. Der Nullpunkt selbst ist instabil.

Aufgabe 39

Gegeben ist der im Bild A39.1 skizzierte Regelkreis.

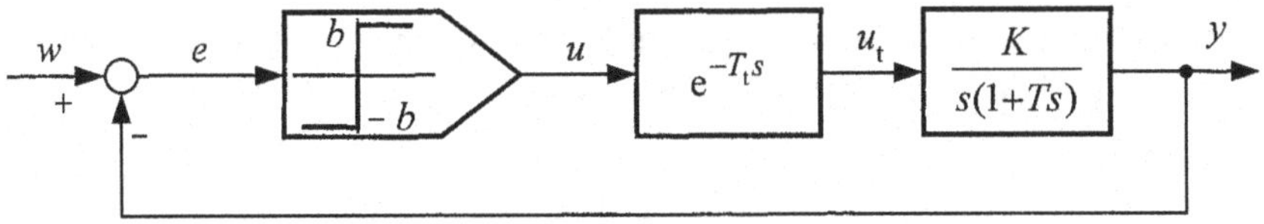

Bild A39.1. Regelsystem mit Zweipunktglied und Totzeit

a) Man ermittle die Gleichung der Schaltlinie.

b) Wie verlaufen die Trajektorien in der Phasenebene?

c) Wie groß werden Amplitude und Periodendauer des auftretenden Grenzzyklus?

d) Wie ändert sich das Verhalten, wenn anstelle des $\mathrm{IT_1}$ -Gliedes im Bild A39.1 ein Übertragungsglied mit doppeltem I-Verhalten ($\mathrm{I_2}$ -Glied) mit der Übertragungsfunktion

$$G(s) = \frac{K}{s^2} \qquad \text{(A39.1)}$$

verwendet wird?

Zielsetzung: Ermittlung der Schaltgerade für ein System mit Totzeit und Zweipunktregler, Berechnung von Grenzzyklen.

Theoretische Grundlagen: Kap. 3.5

Lösung:

a) Ohne Einschränkung der Allgemeingültigkeit wird im vorliegenden Fall wieder $w = 0$, also $e = -y$ und $\dot{e} = -\dot{y}$ angenommen. Bei der Ermittlung der Schaltfunktion geht man zweckmäßigerweise von der statischen Kennlinie der Nichtlinearität aus. In diesem Fall liegt ein Zweipunktglied vor, wobei nur zwei Bereiche zu unterscheiden sind:

$$\text{Bereich I:}\quad u=-b \;\text{ für }\begin{cases} e<0 & \text{also } y>0 \\ \dot{e}\text{ beliebig} & \text{also } \dot{y}\text{ beliebig}\end{cases} \tag{A39.2a}$$

$$\text{Bereich II:}\quad u=+b \;\text{ für }\begin{cases} e>0 & \text{also } y<0 \\ \dot{e}\text{ beliebig} & \text{also } \dot{y}\text{ beliebig.}\end{cases} \tag{A39.2b}$$

Die Schaltfunktion ist demnach identisch mit der $\dot{y}$-Achse in der $(y,\ \dot{y})$-Ebene (Bild A39.2).

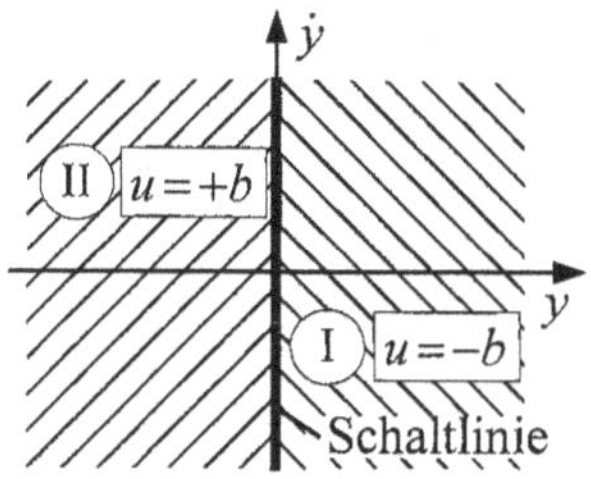

Bild A39.2. Darstellung der Schaltlinie in der $(y,\ \dot{y})$-Ebene

Auch in der $(x_1,\ x_2)$-Ebene kann man die Schaltlinie für die beiden Bereiche $u=\pm\, b$ berechnen. Für den Bereich I gilt

$$y=0+\varepsilon \quad\text{mit}\quad \varepsilon>0\,, \tag{A39.3}$$

wobei die Stellgröße den Wert $u=-b$ hat. Aus der speziellen Wahl der Zustandsgrößen (vgl. Aufgaben 37c und 38)

$$y=x_1+x_2=\varepsilon$$

folgt

$$x_2=-x_1+\varepsilon\,.$$

Mit $\varepsilon\to 0$ gilt für die Schaltlinie in diesem Bereich die Geradengleichung

$$x_2=-x_1 \tag{A39.4a}$$

und für die Trajektorien rechts davon wegen $y>0$ die Schaltbedingung

$$u=-b\,.$$

Für den Bereich II erhält man analog die Schaltgerade

$$x_2=-x_1 \tag{A39.4b}$$

und für die Trajektorien links davon

$$u=+b\,.$$

b) Das lineare Teilsystem ist abgesehen von der Totzeit identisch mit jenem aus den Aufgaben 37e) und 38, so dass die Trajektorienverläufe bekannt sind. Es gilt also ohne Berücksichtigung der Totzeit ($T_t = 0$) analog zu den Gln. (A37.45a) und (A37.45c)

$$\begin{bmatrix} y \\ \dot{y} \end{bmatrix} = \begin{bmatrix} 1 & 1 \\ 0 & -\frac{1}{T} \end{bmatrix} \begin{bmatrix} x_1 \\ x_2 \end{bmatrix} \tag{A39.5}$$

und analog zu Gl. (A37.42)

$$\begin{bmatrix} \dot{x}_1 \\ \dot{x}_2 \end{bmatrix} = \begin{bmatrix} 0 & 0 \\ 0 & -\frac{1}{T} \end{bmatrix} \begin{bmatrix} x_1 \\ x_2 \end{bmatrix} + \begin{bmatrix} 1 \\ -1 \end{bmatrix} Ku \tag{A39.6}$$

oder

$$\dot{x}_1(t) = K\,u(t)\,, \qquad \dot{x}_2(t) = -\frac{1}{T}x_2(t) - K\,u(t) = -\frac{x_2(t) + TK\,u(t)}{T} \tag{A39.7a, b}$$

mit

$$u(t) = \begin{cases} 0 & \text{für } t < 0 \\ u_0 = \pm\, b & \text{für } t > 0\,. \end{cases} \tag{A39.7c}$$

Durch Integration der Gl. (A39.6) folgt mit $t_0 = 0$ analog zu Aufgabe 38, Gl. (38.2), für den Zeitverlauf der Zustandsgrößen

$$x_1(t) = Ku_0\,t + x_1(0)\,, \qquad x_2(t) = -Ku_0\,T + [x_2(0) + Ku_0\,T]\;\mathrm{e}^{-t/T}\,. \tag{A39.8a, b}$$

Für den totzeitbehafteten Fall muss in den Gln. (A39.8a,b) die Zeit t ersetzt werden durch $t - T_t$. Also gilt jetzt für den Zeitverlauf der Zustandsgrößen

$$x_1(t) = Ku_0\,[t - T_t] + x_1(0)\,, \tag{A39.9a}$$

$$x_2(t) = -\,Ku_0\,T + [x_2(0) + Ku_0\,T]\;\mathrm{e}^{-(t-T_t)/T}\,, \tag{A39.9b}$$

wobei $t > T_t$ sein muss. Löst man die Gl. (A39.9a) nach der Zeit t auf und setzt diesen Ausdruck in Gl. (A39.9b) ein, so ergibt sich als Gleichung für die Trajektorien in der $(x_1,\, x_2)$-Ebene die Beziehung

$$x_2 = f_2(x_1) = -Ku_0\,T + \left(x_2(0) + Ku_0\,T\right)\,\mathrm{e}^{(x_1 - x_1(0))/Ku_0 T}\,. \tag{A39.10}$$

Dies ist derselbe Ausdruck wie in Gl. (A38.5). Damit erhält man für $t > T_t$ denselben Trajektorienverlauf wie bei Aufgabe 38, Bild A38.4. Die Totzeit geht in den Verlauf der Trajektorien $x_2(x_1)$ nicht ein.

c) Aus der Identität der Trajektorien gemäß den Gln. (A38.5) und (A39.10) kann unmittelbar geschlossen werden, dass der hier betrachtete Regelkreis im stationären Zustand einen analogen *Grenzzyklus* aufweist wie in Aufgabe 38. Dies kann auch anhand einer einfachen graphischen Abschätzung des Zeitverhaltens dieses Regelkreises direkt gezeigt werden. Daher soll zunächst dieser Grenzzyklus in der (x_1, x_2)-Ebene untersucht werden.

Die Division der Gln. (A39.7a,b) liefert

$$\frac{dx_1}{dx_2} = -\frac{KuT}{x_2 + KuT},$$

und daraus folgt nach Integration als Trajektorie

$$x_1(t) = -KuT \ln |x_2(t) + KuT| + C, \tag{A39.11}$$

wobei C eine Integrationskonstante darstellt. Für die beiden Schaltzustände gilt somit:

I) Fall $u = -b$:

$$x_1 = KbT \ln |x_2 - KbT| + C_1 \tag{A39.12}$$

II) Fall $u = b$:

$$x_1 = -KbT \ln |x_2 + KbT| + C_2. \tag{A39.13}$$

Die Umschaltung von $u = -b$ auf $u = +b$ erfolgt an der Schaltgeraden $x_2 = -x_1$ im Punkt E (siehe Bild A39.3). Infolge der Totzeit wird aber weiterhin während der Zeitdauer T_t derselbe Trajektorienast vom Punkt E bis zum Punkt A (gestrichelte Kurve) durchlaufen. Erst im Punkt A erfolgt der Wechsel auf einen Trajektorienast, der zur Stellgröße $u = b$ gehört. Gemäß Bild A39.3 wird für $u = b$, ausgehend vom Punkt A, die untere Trajektorie bis zum Punkt D durchlaufen. Obwohl hier auf $u = -b$ umgeschaltet wird, erfolgt während der Totzeit T_t wiederum die weitere Bewegung auf derselben Trajektorie bis zum Punkt B. Erst dort erfolgt dann der Wechsel auf den oberen Trajektorienast. Auf diese Art entsteht als Schwingungsverlauf des hier betrachteten Regelkreises der im Bild A39.3 dargestellte Grenzzyklus aus den beiden Trajektorienästen, die aus den Gln. (A39.12) und (A39.13) hervorgehen. Im Weiteren sollen zunächst die Bedingungen für die Existenz dieses Grenzzyklus, also insbesondere die Koordinaten des Punktes A, gefunden werden.

Da beide Trajektorienäste des Grenzzyklus sich in den Punkten A und B schneiden, gilt aus Symmetriegründen für die Integrationskonstanten

$$C_A = C_1 = C_2.$$

Dann folgt mit den Koordinaten $(x_{1,A}, x_{2,A})$ von A für die Gln. (A39.12) und (A39.13):

$$x_{1,A} = KbT \ln |x_{2,A} - KbT| + C_A \tag{A39.14}$$

und

$$x_{1,A} = -KbT \ln |x_{2,A} + KbT| - C_A. \tag{A39.15}$$

Diese beiden Gleichungen (A39.11) und (A39.12) sind identisch mit den Gln. (A38.15) und (A38.16). Um eindeutig die Koordinaten des Punktes A ermitteln zu können, muss nun noch eine dritte Beziehung zwischen $x_{1,A}$ und $x_{1,A}$ gefunden werden. Wegen $x_{2,E} = -x_{1,E}$ auf der Schaltgeraden folgt weiterhin aus Gl. (A39.12) für den Umschaltpunkt E $(x_{1,E} = -x_{2,E})$

$$C_A = x_{1,E} - KbT \ln\left|-x_{1,E} - KbT\right|$$

oder

$$C_A = x_{1,E} - KbT \ln\left|x_{1,E} + KbT\right| . \qquad \text{(A39.16)}$$

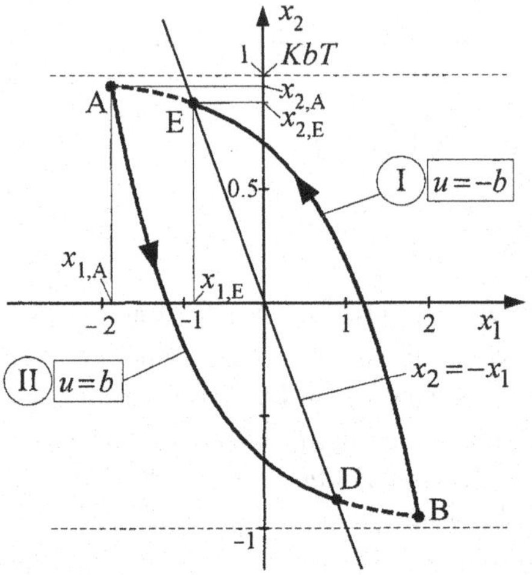

Bild A39.3. Schaltgerade und Grenzzyklus des Systems unter Berücksichtigung der Totzeit (gestrichelte Kurve) in der (x_1, x_2)-Ebene für $T_t = 1\,\text{s}$ und $KbT = 1$

Durch Einsetzen von Gl. (A39.16) in Gl. (A39.14) erhält man

$$x_{1,A} = KbT \ln\left|x_{2,A} - KbT\right| + x_{1,E} - KbT \ln\left|x_{1,E} + KbT\right|$$

oder durch Zusammenfassen

$$x_{1,A} = x_{1,E} + KbT \ln \frac{KbT - x_{2,A}}{KbT + x_{1,E}} , \qquad \text{(A39.17)}$$

da $x_{2,A} < KbT \Rightarrow \left|x_{2,A} - KbT\right| = KbT - x_{2,A}$ für $KbT > 0$ und $x_{2,A} > 0$.

Für den im Bild A39.3 gestrichelt dargestellten Teil der Trajektorie zwischen den Punkten E und A folgt aus Gl. (A39.7b)

$$\frac{\mathrm{d}x_2}{\mathrm{d}t} = -\frac{x_2 + KuT}{T} \quad \text{oder} \quad \mathrm{d}t = -T \frac{1}{x_2 + KuT}\,\mathrm{d}x_2 ,$$

und durch Integration für $u = -b$

$$\int_0^{T_t} dt = -T \int_{x_{2,E}}^{x_{2,A}} \frac{1}{x_2 + KbT}\, dx_2 \tag{A39.18}$$

erhält man die Totzeit

$$T_t = -T\left[\ln\left|x_{2,A} - KbT\right| - \ln\left|x_{2,E} - KbT\right|\right] .$$

Unter Berücksichtigung von $x_{2,E} = -x_{1,E}$ erhält man schließlich

$$T_t = -T \ln \frac{KbT - x_{2,A}}{KbT + x_{1,E}} . \tag{A39.19}$$

Wird Gl. (A39.19) in Gl. (A39.17) eingesetzt, so ergibt sich

$$x_{1,A} = x_{1,E} - KbT_t \tag{A39.20}$$

und daraus

$$x_{1,E} = x_{1,A} + KbT_t . \tag{A39.21}$$

Aus Gl. (A39.19) folgt unmittelbar auch

$$e^{-(T_t/T)} = \frac{KbT - x_{2,A}}{KbT + x_{1,E}}$$

und daraus

$$x_{2,A} = -e^{-(T_t/T)} x_{1,E} + KbT\,[1 - e^{-(T_t/T)}] . \tag{A39.22}$$

Das Einsetzen von Gl. (A39.21) in Gl. (A39.22) liefert

$$x_{2,A} = -e^{-(T_t/T)} x_{1,A} - e^{-(T_t/T)}\, KbT_t + KbT - KbT\, e^{-(T_t/T)}$$

und zusammengefasst

$$x_{2,A} = -e^{-(T_t/T)} x_{1,A} - Kb(T + T_t)\, e^{-(T_t/T)} + KbT \tag{A39.23a}$$

oder

$$x_{1,A} = -e^{(T_t/T)} x_{2,A} - Kb(T + T_t) + KbT\, e^{(T_t/T)} . \tag{A39.23b}$$

Da Gl. (A39.23a) bzw. Gl. (A39.23b) nur von der Totzeit abhängig ist, stehen nun zur Bestimmung der Koordinaten des Punktes A in der (x_1, x_2)-Ebene die drei Gleichungen (A39.14), (A39.15) und (A39.23a) bzw. Gl. (A39.23b) zur Verfügung. Zunächst wird die Integrationskonstante C_A aus den Gln. (A39.14) und (A39.15) durch Addition derselben und Umformung eliminiert, woraus unmittelbar

$$2x_{1,A} = KbT \ln \frac{\left|x_{2,A} - KbT\right|}{\left|x_{2,A} + KbT\right|} \quad \text{oder} \quad -\frac{2x_{1,A}}{KbT} = \ln \frac{\left|x_{2,A} + KbT\right|}{\left|x_{2,A} - KbT\right|}$$

und daraus schließlich

$$e^{-(2x_{1,A}/KbT)} = \frac{|x_{2,A}+KbT|}{|x_{2,A}-KbT|} \tag{A39.24}$$

folgt. Offensichtlich lässt sich aber diese Beziehung analytisch nicht lösen.

Zum Zwecke einer *numerischen Lösung* wird nun Gl. (A39.23a) in Gl. (A39.24) eingesetzt, wobei für die linke Gleichungsseite

$$y_1 = e^{-(2x_{1,A}/KbT)} = e^{[2e^{(T_t/T)}x_{2,A}+2Kb(T_t+T)-2KbT\,e^{(T_t/T)}]/KbT}$$

$$= e^{\left\{2\left[\frac{x_{2,A}}{KbT}-1\right]e^{(T_t/T)}+2(T_t+T)/T\right\}} \equiv f_1(x_{2,A}) \tag{A39.25}$$

und die rechte Gleichungsseite

$$y_2 = \frac{|x_{2,A}+KbT|}{|x_{2,A}-KbT|} \equiv f_2(x_{2,A}) \tag{A39.26}$$

gesetzt wird. Die beiden Kurven y_1 und y_2 sind im Bild A39.4 dargestellt. Man erkennt daraus, dass zwei Schnittpunkte existieren, von denen allerdings – wie aus Bild A39.3 zu erkennen ist – nur jene Lösung infrage kommt, die KbT am nächsten kommt. Dies ist im vorliegenden Fall für $KbT = 1$ der Wert

$$x_{2,A} = 0{,}954\,.$$

Durch Einsetzen dieses Wertes in Gl. (A39.23b) ergibt sich der Wert

$$x_{1,A} = -1{,}878\,.$$

Weiterhin erhält man mit diesem Wert aus Gl. (A39.14) für die Integrationskonstante

$$C_A = -1{,}878 - \ln 0{,}046 = 1{,}20\,.$$

Als Schnittpunkte der oberen Teiltrajektorie (für $u = -b$) des Grenzzyklus mit der x_1 - und der x_2 -Achse folgt aus Gl. (A39.12) mit $KbT = 1$ die Beziehung

$$x_1 = \ln|x_2 - 1| + 1{,}20\,, \tag{A39.27}$$

woraus sich für $x_2 = 0$ der Wert

$$x_1 = \ln\ 1 + 1{,}20 = 1{,}20$$

und für $x_1 = 0$ der Wert

$$x_2 = 1 - e^{-1{,}20} = 0{,}700$$

ergibt.

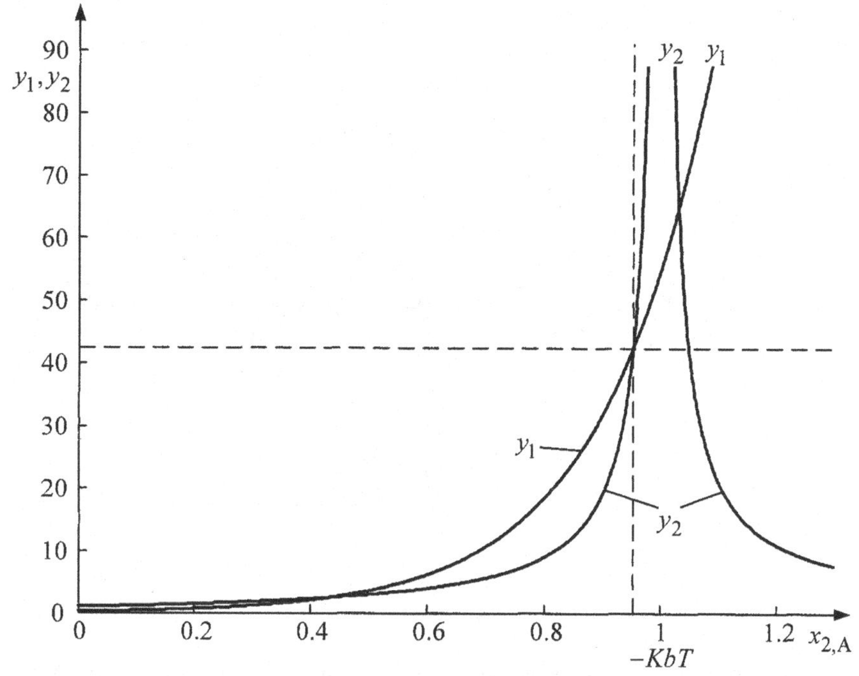

Bild A39.4. Graphisch-numerische Lösung der Gln. (A39.25) und (A39.26) für $T_t = 1\,\text{s}$ und $KbT = 1$

Die Schaltkurve sowie die Trajektorien der Grenzzyklen in der (x_1, x_2)-Ebene sind für $K = 1\,\text{s}^{-1}$, $b = 1$ und $T = 1\,\text{s}$ und unterschiedliche Totzeiten T_t im Bild A39.5 dargestellt. Man erkennt daraus, dass für den Fall $T_t > 3\,\text{s}$ der im Bild A39.3 definierte Umschaltpunkt E ungefähr die Koordinaten $x_{1,E} \approx -1$ und $x_{2,E} \approx KbT$ besitzt. Die Abszisse des zugehörigen Punktes A, bei dem die Trajektorie gewechselt wird, ergibt sich in diesem Fall, indem zu $x_{1,E} \approx -1$ der konstante Wert $-KbT_t$ addiert wird. Dieses Trajektorienstück in negativer x_1-Richtung folgt unmittelbar aus Gl. (A39.9a), wenn zum Zeitpunkt $t = 0$ in E gestartet und $u_0 = b$ gesetzt wird.

Den Verlauf der Grenzzyklen in der *Phasenebene*, also der $(y, \dot{y})$-Ebene, erhält man mit Hilfe der Transformationsgleichung (A39.5) für $T = 1\,s$ zu

$$y(t) = x_1(t) + x_2(t) \tag{A39.28}$$

und

$$\dot{y}(t) = -x_2(t)\,. \tag{A39.29}$$

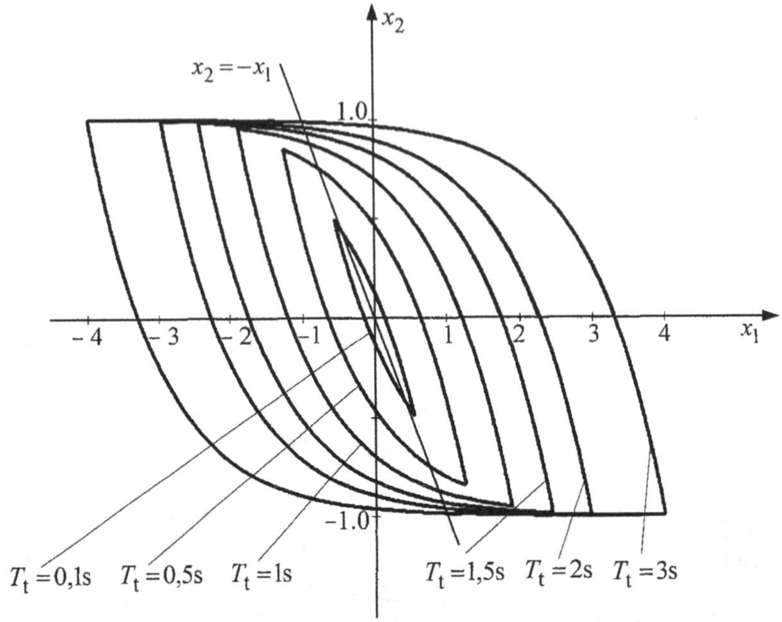

Bild A39.5. Grenzzyklen des untersuchten Systems für verschiedene Totzeiten

In der $(y,\ \dot{y})$-Ebene ergibt sich die Amplitude $y = y_{\max}$ des Grenzzyklus gerade für den Wert $\dot{y} = 0$. Aus Gl. (A39.27) folgt mit $\dot{y} \equiv x_2 = 0$ und den früheren aus Gl. (A39.27) abgeleiteten Beziehungen der Wert

$$y_{\max} = x_1 = 1{,}20 \ .$$

Aufgrund der Symmetrie des Grenzzyklus lässt sich dessen *Periodendauer* T_S einfach anhand der Beziehung

$$T_S = 2\,T_t + 2\int_0^{t_E} \mathrm{d}t \qquad \text{(A39.30)}$$

berechnen, wobei t_E die Zeit ist, die zum Durchlaufen des Trajektorienastes vom Punkt B (für den Startzeitpunkt $t_B = 0$) zum Punkt E benötigt wird. Der in Gl. (A39.30) auftretende Integralterm lässt sich analog zu Gl. (A39.18) wie folgt bestimmen:

$$\int_0^{t_E} \mathrm{d}t = -T \int_{x_{2,B}}^{x_{2,E}} \frac{1}{x_2 - KbT}\,\mathrm{d}x_2 \,,$$

wobei man aufgrund der Symmetrieeigenschaft $x_{2,B} = -x_{2,A}$ und unter Beachtung der speziellen Lage des Punktes E auf der Schaltgeraden $x_{2,E} = -x_{1,E}$ nach Ausführung der Integration die Beziehung

$$t_E = -T \ln \frac{KbT + x_{1,E}}{KbT + x_{2,A}} \qquad \text{(A39.31a)}$$

erhält. Unter Berücksichtigung von Gl. (A39.21) folgt aus Gl. (A39.31a)

$$t_E = -T \ln \frac{2\,KbT + x_{1,A}}{KbT + x_{2,A}} . \qquad \text{(A39.31b)}$$

Werden hierin die für $K = b = 1$ und $T = 1\,\text{s}$ berechneten Zahlenwerte von $x_{1,A}$ und $x_{2,A}$ eingesetzt, so ergibt sich

$$t_E = -1 \ln \frac{2 + (-1{,}878)}{1 + 0{,}95} s = 2{,}746\,\text{s} .$$

Mit Gl. (A39.30) wird damit für $T_t = 1\,\text{s}$ die Periodendauer des Grenzzyklus

$$T_S = 2(1 + 2{,}746)\,\text{s} = 7{,}492\,\text{s} .$$

Das Einschwingverhalten des hier untersuchten Grenzzyklus $(w = 0)$ ist im Bild A39.6 als Ergebnis einer Rechnersimulation dargestellt. Die oben berechneten Zahlenwerte für y_{max} und T_S werden durch die Simulation dieses Regelkreises bestätigt.

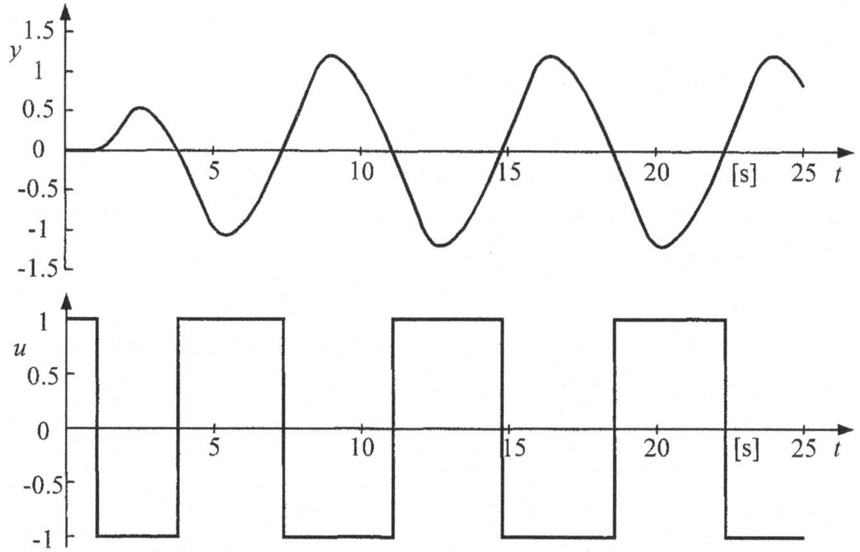

Bild A39.6. Regelgröße $y(t)$ und Stellgröße $u(t)$ des Grenzzyklus für den Regelkreis bestehend aus Zweipunktglied (Regler) und IT_1T_t -Regelstrecke ($w = 0$, autonomes System)

Vergleicht man die Grenzzyklen der Bilder A38.5 und A39.3, so erkennt man, dass zwar die Schaltlinien grundsätzlich verschieden, aber die Trajektorienverläufe in den Schaltbereichen I und II gleich sind. Daher stimmen auch die beiden Grenzzyklen prinzipiell überein. Die Totzeit bewirkt somit bei dem hier betrachteten Regelkreis für den Grenzzyklus praktisch dasselbe wie eine Hysterese.

Es sei ausdrücklich darauf hingewiesen, dass alle vorherigen Überlegungen sich zunächst nur auf den Grenzzyklus und nicht auf andere Trajektorien bezogen. Allerdings kann aus der Analogie der beiden in dieser Aufgabe und in Aufgabe 38 behandelten Regelkreise geschlossen werden, dass der Grenzzyklus des hier untersuchten Regelkreises ebenfalls stabil ist. Dies zeigt sich auch an den im Bild A39.7 dargestellten Ergebnissen einer Rechnersimulation für die Sollwerte

a) $w = 1$ und b) $w = 10$.

In beiden Fällen wird jeweils derselbe Grenzzyklus erreicht, wobei im Fall a) der betreffende Anfangswert für $t = 0$ in der (x_1, x_2) - oder $(y, \dot{y})$-Ebene innerhalb und im Fall b) außerhalb des sich jeweils einstellenden Grenzzyklus lag.

Im Bild A39.8 ist das gesamte Phasenporträt des untersuchten Regelkreises für den Fall der oben bereits verwendeten Zahlenwerte als Ergebnis einer Rechnersimulation dargestellt. Dabei fällt auf, dass der jeweilige Anfangsverlauf der Trajektorien durch Geradenstücke gebildet wird, deren Länge d von dem gewählten Anfangspunkt $(y(0), \dot{y}(0))$ abhängig ist. Dies soll nachfolgend kurz gezeigt werden.

Mit den im Bild A39.8 angegebenen Zahlenwerten gelten für die $(y, \dot{y})$-Ebene die Transformationsbeziehungen gemäß den Gln. (A39.28) und (A39.29), aus denen unmittelbar die Beziehung

$$\dot{y}(t) = -y(t) + x_1(t) \tag{A39.32}$$

folgt. Wird Gl. (A39.9a) in Gl. (A39.32) eingesetzt, so ergibt sich

$$\dot{y}(t) = -y(t) + x_1(0) + K\,u_0[t - T_t], \quad t > T_t\,. \tag{A39.33}$$

Im Zeitintervall $0 \le t \le T_t$ ist wegen der Totzeit T_t der dritte Term auf der rechten Seite von Gl. (A39.33) nicht wirksam, da ja für das Signal $u_t(t)$ im Bild A39.1 in diesem Zeitabschnitt

$$u_t(t) = 0$$

gilt. Die Stellgröße $u(t) = u_0 = \pm b$ wird sich also erst nach Ablauf der Totzeit, also für $t > T_t$ auf den Einschwingvorgang von $y(t)$ auswirken. Somit erhält man aus Gl. (A39.33)

$$\dot{y}(t) = -y(t) + x_1(0), \quad 0 \le t \le T_t\,. \tag{A39.34}$$

Diese Beziehung stellt eine Geradengleichung dar, in der $x_1(0)$ noch zu substituieren ist. Aus Gl. (A39.32) folgt für $t = 0$

$$x_1(0) = y(0) + \dot{y}(0)$$

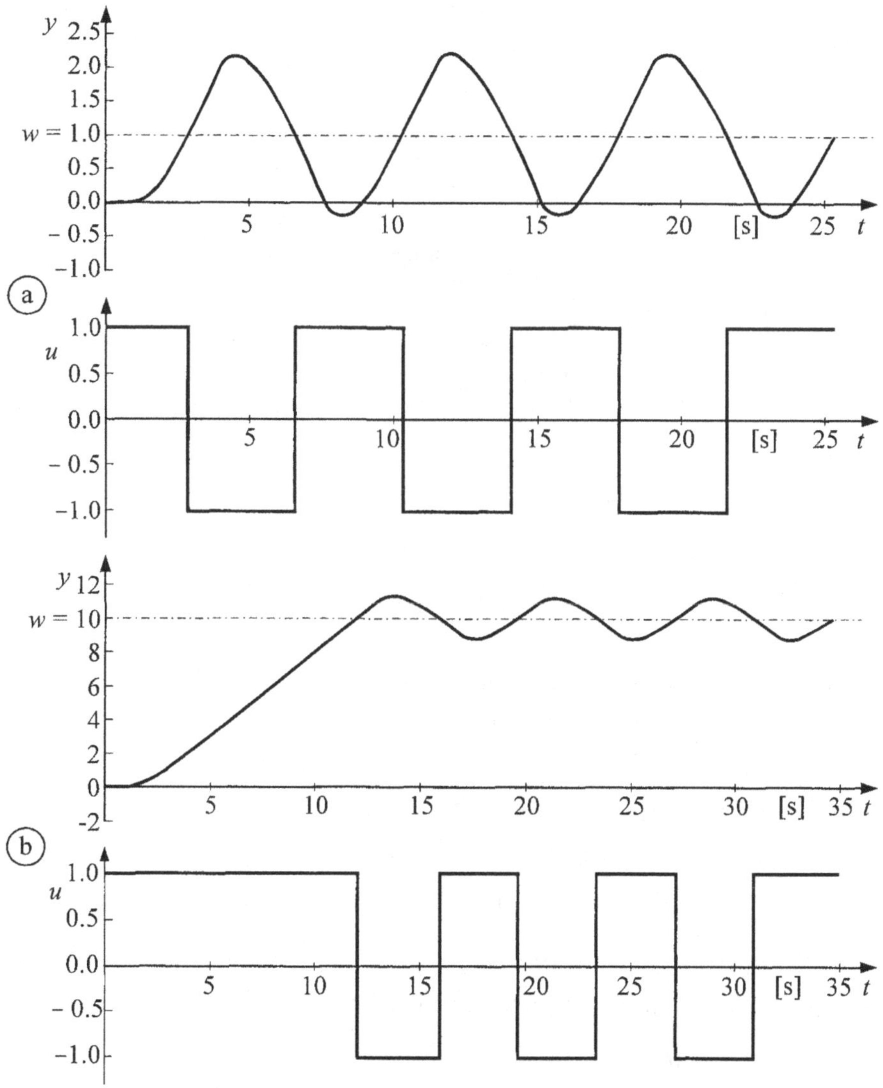

Bild A39.7. Einschwingverhalten des Regelkreises bei einer sprungförmigen Änderung des Sollwertes zum Zeitpunkt $t = 0$ von $w = 0$ auf a) $w = 1$ und b) $w = 10$

und eingesetzt in Gl. (A39.34)

$$\dot{y}(t) = -y(t) + [y(0) + \dot{y}(0)] . \qquad \text{(A39.35)}$$

Damit lässt sich nun für jeden Anfangspunkt $[y(0),\ \dot{y}(0)]$ der Phasenebene das Anfangsstück jeder Trajektorie als Geradengleichung gemäß Gl. (A39.35) bestimmen. Die Länge d, welche die Trajektorie im Zeitraum $0 \leq t \leq T_t$ auf dieser Geraden durchläuft, ist offensichtlich gegeben durch

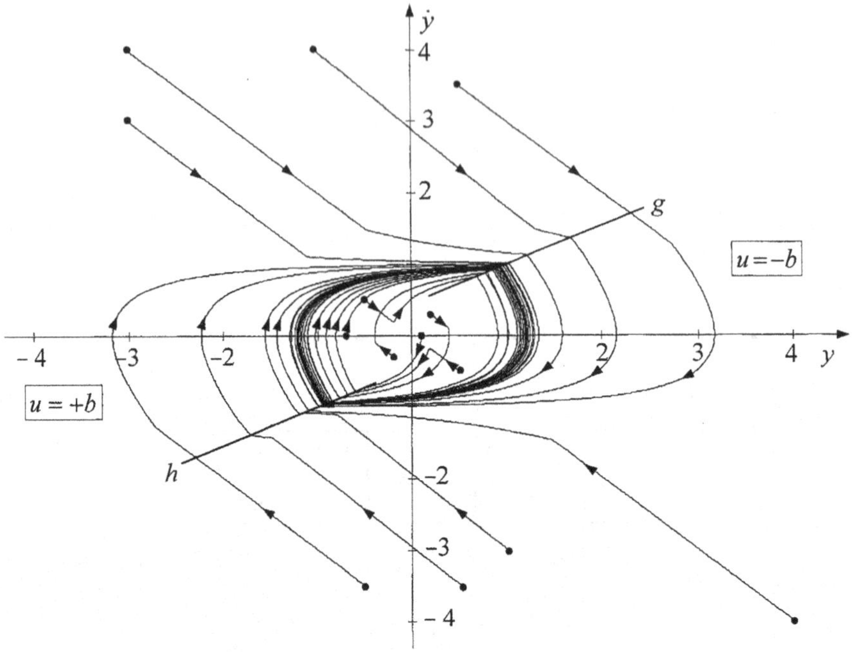

Bild A39.8. Phasenporträt für den untersuchten Regelkreis mit $K = 1$, $b = 1$, $T = 1\,\mathrm{s}$ und $T_\mathrm{t} = 1\,\mathrm{s}$; (• Anfangspunkte)

$$d = \sqrt{[y(T_\mathrm{t}) - y(0)]^2 + [\dot{y}(T_\mathrm{t}) - \dot{y}(0)]^2}\ . \tag{A39.36}$$

Zur Berechnung dieser Beziehung werden unter Wegfall des im Intervall $0 \le t \le T_\mathrm{t}$ nicht wirksamen Terms $K u_0 T$ aus den Gln. (A39.8a,b) zunächst die Zustandsgrößen

$$x_1(t) = x_1(0), \quad x_2(t) = x_2(0)\ \mathrm{e}^{-t/\mathrm{T}}$$

bestimmt und in die Gln. (A39.28) und (A39.29) eingesetzt:

$$y(t) = x_1(t) + x_2(t) = x_1(0) + x_2(0)\ \mathrm{e}^{-t/\mathrm{T}}\ , \tag{A39.37}$$

$$\dot{y}(t) = -x_2(t) = -x_2(0)\ \mathrm{e}^{-t/\mathrm{T}}\ . \tag{A39.38}$$

Aus diesen beiden Gleichungen erhält man für die beiden Fälle

α) $t = 0$: $y(t) = x_1(0) + x_2(0)$
$\dot{y}(0) = -x_2(0)$,

β) $t = T_\mathrm{t}$: $y(T_\mathrm{t}) = x_1(0) + x_2(0)\ \mathrm{e}^{-\mathrm{T_t}/T}$
$\dot{y}(T_\mathrm{t}) = -x_2(0)\ \mathrm{e}^{-\mathrm{T_t}/T}$.

Durch Einsetzen dieser Beziehungen in Gl. (A39.36) folgt unmittelbar

$$d = \sqrt{2}\,|x_2(0)|\,[\mathrm{e}^{-T_t/T} - 1]\,, \tag{A39.39a}$$

und mit den Zahlenwerten $T = T_t = 1\,\mathrm{s}$ und $\dot{y}(0) = -x_2(0)$ gemäß Gl. (A39.38) ergibt sich schließlich

$$d = 0.894\,|\dot{y}(0)|\,. \tag{A39.39b}$$

Die Länge d ist also nur von der Anfangsbedingung $\dot{y}(0)$ abhängig, was unmittelbar auch aus Bild A39.8 ersichtlich ist.

Nach Durchlaufen des durch die Geradengleichung, Gl. (A39.35), gegebenen Streckenabschnitts der Länge d wird nach Erreichen der Totzeit, also für $t > T_t$, die Trajektorie $\dot{y} = f(y)$ auf einer Kurve der zu $u_0 = \pm b$ gehörenden beiden Kurvenscharen fortgesetzt, die durch den Endpunkt des zuvor durchlaufenen Geradenabschnitts geht. Im weiteren Verlauf können weitere Umschaltungen an den beiden „wirksamen" Schaltgeraden g und h auftreten. Es muss allerdings nochmals darauf hingewiesen werden, dass die tatsächliche Schaltlinie in der $(y, \dot{y})$-Ebene – wie bereits in den Gln. (A39.2a,b) gezeigt – identisch ist mit der $\dot{y}$-Achse.

d) Für diesen Fall gilt zunächst *ohne* Totzeit $(T_t = 0)$

$$Y(s) = \frac{K}{s^2}\,U(s)\,. \tag{A39.40}$$

Im Zeitbereich entspricht dies der Differentialgleichung

$$\ddot{y} = Ku_0 \tag{A39.41}$$

mit $u \equiv u_0 = \pm b$ und den Anfangsbedingungen $y(0)$ und $\dot{y}(0)$. Die Wahl der Zustandsgrößen kann sofort in der benötigten Form

$$x_1 = y\,,\quad x_2 = \dot{y} \tag{A39.42}$$

erfolgen. Daraus erhält man die Zustandsgleichungen

$$\dot{x}_1 = x_2\,,\qquad \dot{x}_2 = \ddot{y} = Ku_0\,. \tag{A39.43a, b}$$

Die Lösung der Gl. (A39.43b) im Zeitbereich lautet

$$x_2(t) = Ku_0\,t + x_2(0)\,. \tag{A39.44}$$

Eingesetzt in Gl. (A39.43a) folgt

$$x_1(t) = \frac{1}{2}\,Ku_0 t^2 + x_2(0)\,t + x_1(0)\,. \tag{A39.45}$$

Löst man Gl. (A39.44) nach der Zeit auf und setzt t in Gl. (A39.45) ein, so erhält man mit Gl. (A39.34)

$$y = f(\dot{y}) = \frac{1}{2\,Ku_0}\left[\dot{y}^2 - \dot{y}^2(0)\right] + y(0)\,. \tag{A39.46}$$

Als Trajektorien ergeben sich in der Phasenebene gemäß Gl. (A39.46) zwei Parabelscharen für $u \equiv u_0 = \pm b$, die an der Schaltlinie - hier wieder die $\dot{y}$-Achse - umgeschaltet werden (Bild A39.9).

Für den Fall $T_t \neq 0$ wird die Umschaltung der Stellgröße $u = \pm b$ erst nach der Totzeit T_t wirksam, so dass der Wechsel von einer Trajektorienschar auf die andere erst später erfolgen kann. Diejenige Trajektorie, auf der dann der Wechsel geschieht, liegt jetzt neben der $\dot{y}$-Achse und bei der nächsten Umschaltung wiederum eine Totzeit später, noch weiter entfernt von derselben, usw. Damit wird der Regelkreis *instabil*. Dies soll nachfolgend durch die Berechnung der *wirksamen* Schaltfunktion gezeigt werden.

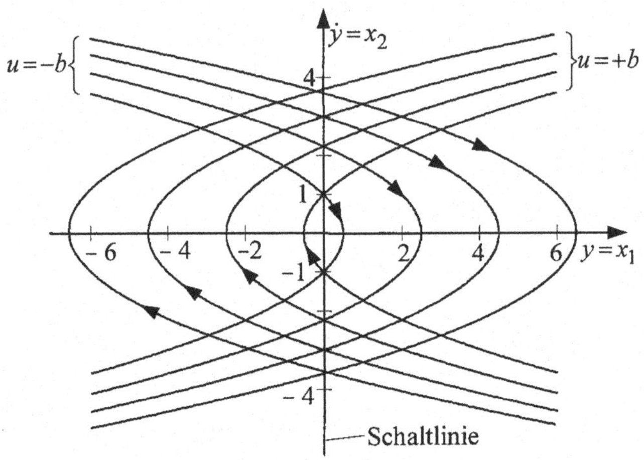

Bild A39.9. Trajektorien des I_2-Systems in der Phasenebene für $T_t = 0$

Zur Zeit $t = t_x$ möge eine Trajektorie der Schar, die zu $u_0 = +b$ gehört, vom Anfangspunkt $[y(0),\ \dot{y}(0)]$ aus die $\dot{y}$-Achse erreichen, so dass man mit den Gln. (A39.42), (A39.44) und (A39.45)

$$y(t_x) = \frac{1}{2} K b t_x^2 + \dot{y}(0)\, t_x + y(0) \overset{!}{=} 0, \tag{A39.47}$$

$$\dot{y}(t_x) = K b t_x + \dot{y}(0) \tag{A39.48}$$

erhält. Der Wechsel der Trajektorie auf eine andere, für die $u_0 = -b$ gilt, findet aber nun um die Totzeit T_t später statt. Daher lässt sich bis zum Zeitpunkt $t = t_x + T_t$ analog zu Gl. (A39.47) die Bewegung auf der bisherigen Trajektorie durch

$$\begin{aligned} y(t_x + T_t) &= \frac{1}{2} K b \left(t_x^2 + 2 t_x T_t + T_t^2\right) + \dot{y}(0)\ (t_x + T_t) + y(0) \\ &= \frac{1}{2} K b T_t^2 + \dot{y}(0)\, T_t + K b t_x T_t + \frac{1}{2} K b t_x^2 + \dot{y}(0)\, t_x + y(0), \end{aligned}$$

beschreiben, wobei wegen Gl. (A39.47) die drei letzten Terme verschwinden, so dass schließlich

$$y(t_x + T_t) = \frac{1}{2}\, KbT_t^2 + \dot{y}(0)\, T_t + Kbt_x\, T_t$$

oder

$$y(t_x + T_t) = T_t \left\{ \left[Kb(t_x + T_t) + \dot{y}(0) \right] - \frac{1}{2}\, Kb\, T_t \right\}, \qquad \text{(A39.49)}$$

folgt. Aus Gl. (A39.48) ergibt sich in gleicher Weise

$$\dot{y}(t_x + T_t) = Kb(t_x + T_t) + \dot{y}(0)\,. \qquad \text{(A39.50)}$$

Ersetzt man in Gl. (A39.49) die eckige Klammer der rechten Seite durch Gl. (A39.50) und löst nach $\dot{y}(t_x + T_t)$ auf, so erhält man

$$\dot{y}(t_x + T_t) = \frac{1}{T_t}\, y(t_x + T_t) + \frac{1}{2}\, KbT_t\,. \qquad \text{(A39.51)}$$

Diese Geradengleichung in der $(y,\ \dot{y})$-Ebene, die unabhängig vom Anfangspunkt $[y(0),\ \dot{y}(0)]$ ist, beschreibt die Punkte der *wirksamen* Umschaltung, also den Trajektorienwechsel. Da die Stellgröße $u(t) \equiv u_0 = \pm b$ das Vorzeichen wechselt, bedeutet dies, dass wiederum zwei Halbgeraden als „Schaltlinie“ existieren, je nachdem welches Vorzeichen die Stellgröße hat. Die Steigung der Geradenabschnitte ist immer $1/T_t$, und die Achsenabschnitte auf der $\dot{y}$-Achse sind proportional zur Totzeit (vgl. Bild A39.10).

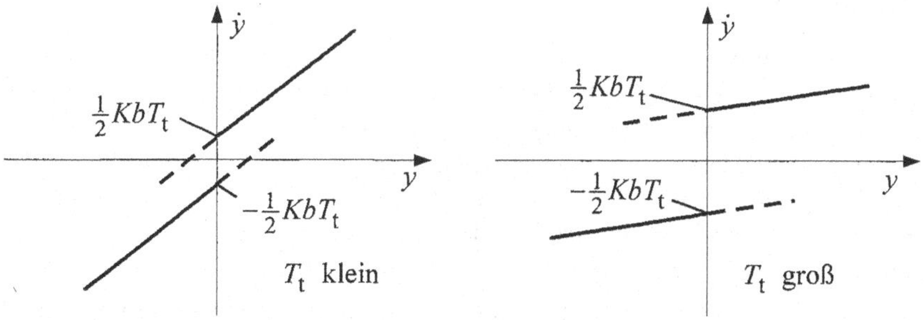

Bild A39.10. Darstellung der Schaltgeradenabschnitte gemäß Gl. (A39.51) in Abhängigkeit von der Größe der Totzeit T_t

Damit überhaupt eine Umschaltung von $u_0 = \pm b$ durchgeführt werden kann, ist es z. B. nicht erlaubt, mit $u_0 = +b$ auf einer Parabel zu starten, deren Scheitel in der rechten Hälfte der Phasenebene liegt, da niemals die Schaltbedingung $y = 0$ erreicht werden kann (vgl. Bild A39.9), d. h. die Schaltgerade $y = 0$ wird nie geschnitten. Im vorliegenden Fall, wo die wirksame Schaltgerade aus zwei Abschnitten besteht, gelten dieselben Überlegungen: für $u_0 = +b$ muss es eine Grenzparabel geben, die die zugehörige wirksame Schaltgerade berührt (so wie die Parabel durch den Ursprung im

Fall $T_t = 0$). Verlängert man die Geradenabschnitte (gestrichelt im Bild A39.10), so gibt es Parabeln, die zwei Schnittpunkte mit der Schaltgeraden haben, aber genau eine, wo diese beiden Schnittpunkte im Berührungspunkt zusammenfallen. Diese Schnittpunkte können berechnet werden. Durch Gleichsetzen der nach y aufgelösten Geradengleichung (A39.51) mit der Trajektoriengleichung (A39.46) folgt

$$\dot{y}^2 - \dot{y}^2(0) + 2\,Kb\,y(0) - 2\,Kb\,T_t\dot{y} + (Kb\,T_t)^2 = 0 \tag{A39.52}$$

mit der Lösung

$$\dot{y}_{1,2} = Kb\,T_t \pm \sqrt{\dot{y}^2(0) - 2\,Kb\,y(0)}\,. \tag{A39.53}$$

Aus Gl. (A39.51) erhält man

$$y = \dot{y}\,T_t - \frac{1}{2}Kb\,T_t^2 \tag{A39.54}$$

und daraus mit der eingesetzten Gl. (A39.53) als Abszissenwerte der Schnittpunkte der Trajektorien für $u = +b$ mit dem zugehörigen Ast der Schaltlinie

$$y_{1,2} = \frac{1}{2}\,Kb\,T_t^2 \pm \sqrt{\dot{y}^2(0) - 2\,Kb\,y(0)}\,T_t\,. \tag{A39.55}$$

Die beiden Schnittpunkte $(y_1, \dot{y}_1)$ und $(y_2, \dot{y}_2)$ fallen dann zusammen, wenn der Radikand der beiden Gln. (A39.53) und (A39.55) verschwindet, also wenn

$$\dot{y}^2(0) - 2\,Kby(0) = 0 \tag{A39.56}$$

gilt. Würde man in Gl. (A39.56) anstelle $t = 0$ das Argument t setzen, so wäre diese Beziehung identisch mit der Trajektoriengleichung $y = f(\dot{y})$, Gl. (A39.46), für den Fall, dass dort die Anfangsbedingungen verschwinden. Diese spezielle Parabel geht also durch den Ursprung. Das bedeutet nun aber, dass alle Anfangsbedingungen, die der Gl. (A39.56) genügen, auf dieser Ursprungsparabel liegen. Daraus folgt wiederum, dass die Ursprungsparabel den zugehörigen Ast der Schaltlinie berührt. Damit existiert aber für $u \equiv u_0 = +b$ keine weitere Parabel, deren Scheitel in der positiven $(y, \dot{y})$-Halbebene liegt, die den zugehörigen Ast der Schaltlinie schneiden kann, was anschaulich im Bild A39.11 dargestellt ist. Somit ist der Berührungspunkt der Ursprungsparabel mit den betreffenden Schaltlinien der Anfang der für den Schaltzustand $u \equiv u_0 = +b$ sich ergebenden Halbgeraden. Dieser Berührungspunkt ergibt sich demnach aus den Gln. (A39.53) und (A39.55) zu

$$y_s = \frac{1}{2}\,Kb\,T_t^2 \tag{A39.57a}$$

und

$$\dot{y}_s = Kb\,T_t\,. \tag{A39.57b}$$

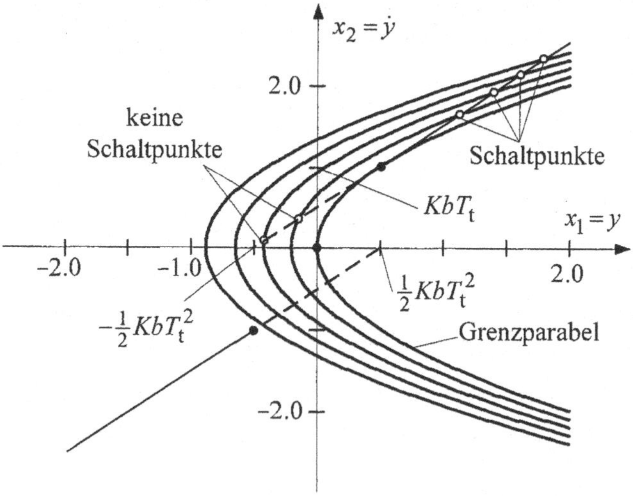

Bild A39.11. Phasenkurven mit Schaltlinienabschnitten für $u = +b$

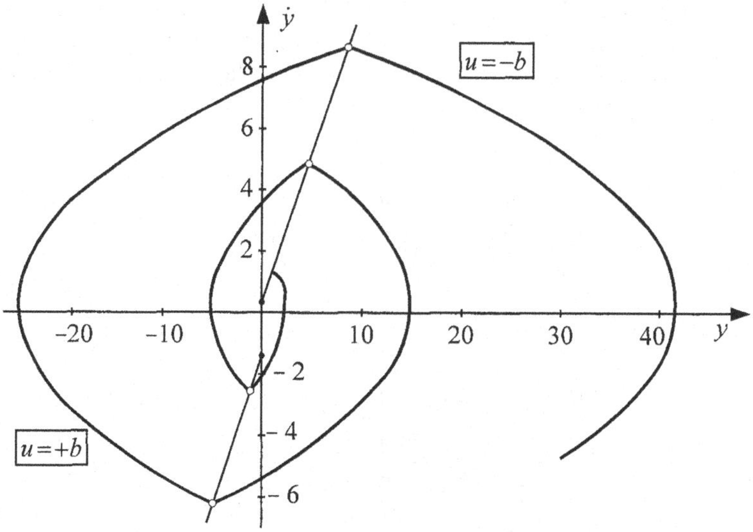

Bild A39.12. Trajektorienverlauf des Regelkreises mit Zweipunktregler und einer Regelstrecke nach Gl. (A39.1) mit I_2-Verhalten und Totzeit ($K = 1\text{s}^{-1}$, $b = 1$, $T_t = 1\text{s}$)

Alle Schnittpunkte der Trajektorien, die links von dem Berührungspunkt (y_s, $\dot{y}_s$) auf dem verlängerten oberen Schaltlinienabschnitt liegen, sind keine Umschaltpunkte, da bei Erreichen dieser Schnittpunkte die Totzeit noch nicht verstrichen ist.

Der Verlauf einer Trajektorie des geschlossenen Regelkreises ist Bild A39.12 zu entnehmen. Dabei zeigt sich instabiles Regelverhalten.

Aufgabe 40

Für die Regelstrecke mit der Übertragungsfunktion

$$G(s) = \frac{K}{s(1+Ts)} \tag{A40.1}$$

ermittle man mit Hilfe des Satzes von Feldbaum und unter Verwendung der Methode der Phasenebene eine zeitoptimale Regelung.

Zielsetzung: Entwurf einer zeitoptimalen Regelung in der Phasenebene

Theoretische Grundlagen: Kap. 3.4

Lösung:

Das gegebene, zeitoptimal zu regelnde System ist identisch mit dem, welches bereits in den Aufgaben 37e, 38 und 39 behandelt wurde. Die entsprechenden Trajektorienverläufe sowie die zugehörigen mathematischen Formulierungen können also von dort übernommen werden. Wie im Bild A40.1 dargestellt, geht das jedoch nur, wenn der zeitoptimale Regler ein Ausgangssignal $u \equiv u_0 = \pm b$ liefert, denn nur für diesen Fall wurden die Trajektorien in Aufgabe 38 ermittelt.

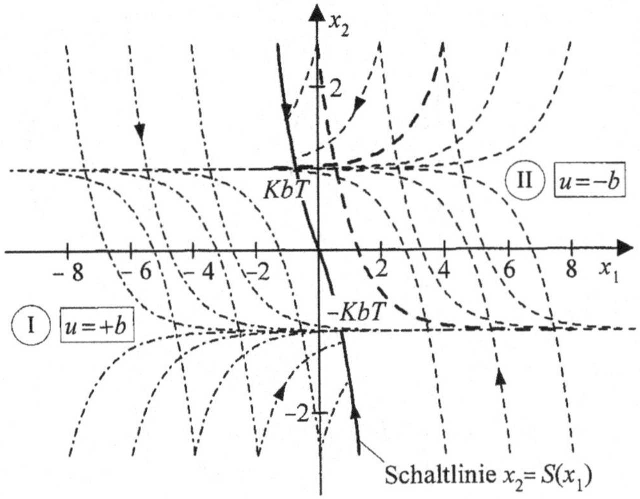

Bild A40.1. Trajektorienscharen des Systems für $u = \pm b$

Zeitoptimales Regelverhalten bedeutet, dass die Ruhelage, also der Ursprung der Phasenebene, von jedem beliebigen Anfangspunkt $[y(0),\ \dot{y}(0)]$ in kürzester Zeit erreicht wird. Ausgehend von diesem Zielzustand sieht man im Bild A40.1, dass man den Ursprung nur auf einer der beiden Trajektorien erreichen kann, die durch den Ursprung verlaufen. Auf eine dieser beiden Trajektorien gelangt man, indem die zuvor durchlaufene Trajektorie genau dann verlassen wird, wenn diese eine der beiden Ursprungstrajektorien schneidet. Unabhängig von der Lage des Startpunktes wählt man entsprechend den beiden Bereichen I und II diejenige Stellgröße $u \equiv u_0 = \pm b$ aus, deren Trajektorie direkt auf die Ursprungstrajektorie führt. Bei der hier vorliegenden Systemordnung von $n = 2$ ist nach dem Satz von Feldbaum nur eine $(n-1=1)$ Umschaltung notwendig, um auf die Ursprungstrajektorie zu gelangen. Liegt der Startpunkt selber auf dieser Zieltrajektorie, so ist keine Umschaltung erforderlich. Damit ist bekannt, wann geschaltet werden muss, und die Schaltkurve selber besteht aus den beiden Ästen der jeweiligen Ursprungstrajektorie für $u \equiv u_0 = \pm b$. Diese Schaltkurve soll nun berechnet werden. Es gilt mit den Gln. (A38.2a,b)

$$x_1(t) = Ku_0\, t + x_1(0)\,, \quad x_2(t) = -Ku_0\, T + (x_2(0) + Ku_0\, T)\ \mathrm{e}^{-t/T} \tag{A40.2a, b}$$

mit $u \equiv u_0 = \pm b$ und mit den Gln.(A38.3a,c)

$$y(t) = x_1(t) + x_2(t)\,, \quad \dot{y}(t) = \dot{x}_1(t) + \dot{x}_2(t) = -\frac{1}{T}\, x_2(t)\,. \tag{A40.3a, b}$$

Aus den Gln. (A40.3a, b) ergeben sich unmittelbar die Transformationsbeziehungen zwischen der $(x_1,\, x_2)$ - und der $(y,\, \dot{y})$ -Ebene zu

$$x_1 = y + T\dot{y}\,, \quad x_2 = -T\dot{y}\,. \tag{A40.4a, b}$$

Die Ursprungstrajektorien können nun beschrieben werden, indem man die Anfangswerte in den Gln. (A40.2a, b) zu Null setzt. Dann gilt im Bereich I mit $u \equiv u_0 = +b$ gerade

$$x_1(t) = Kbt\,, \quad x_2(t) = -KbT(1 - \mathrm{e}^{-t/T})\,.$$

Nach Elimination der Zeit erhält man als Ursprungstrajektorie

$$x_2(t) = f(x_1) = -KbT\,(1 - \mathrm{e}^{-x_1/KbT})\,. \tag{A40.5a}$$

Im Bereich II folgt für $u \equiv u_0 = -b$ entsprechend

$$x_2(t) = f(x_1) = +KbT\,(1 - \mathrm{e}^{+x_1/KbT})\,. \tag{A40.5b}$$

Der als Schaltlinienteil wirksame Ast der Ursprungstrajektorie für $u \equiv u_0 = +b$ gemäß Gl. (A40.5a) liegt im 2. Quadranten mit $x_1 < 0$ und $x_2 > 0$. Entsprechend liegt der wirksame Ast der Ursprungstrajektorie für $u \equiv u_0 = -b$ gemäß Gl. (A40.5b) im 4. Quadranten mit $x_1 > 0$ und $x_2 < 0$. Die eigentliche Schaltkurve - wie aus Bild A40.1 leicht zu entnehmen ist – ergibt sich aus diesen beiden Ästen, die zu einer einzigen Funktion zusammengefasst werden können. Man erhält damit die Gleichung der Schaltkurve in der $(x_1,\, x_2)$ -Ebene

$$x_2 = \mathrm{sgn}(x_1)\, KbT \left[1 - \mathrm{e}^{\mathrm{sgn}(x_1)(|x_1/KbT|)}\right] = S'(x_1)\,. \tag{A40.6}$$

Aus Bild A40.1 ist ersichtlich, dass oberhalb bzw. rechts der Schaltkurve, also für $x_2 > S'(x_1)$ oder $x_2 - S'(x_1) > 0$, die erste Schaltbedingung $u \equiv u_0 = -b$ bzw. unterhalb bzw. links von $S'(x_1)$, also für $x_2 < S'(x_1)$ oder $x_2 - S'(x_1) < 0$, die zweite Schaltbedingung $u \equiv u_0 = +b$ gilt. Daraus resultiert als zeitoptimale Steuerfunktion in der (x_1, x_2)-Ebene

$$u = -b \;\mathrm{sgn}\,[x_2 - S'(x_1)]\,. \tag{A40.7}$$

Mit den Transformationsbedingungen entsprechend den Gln. (A40.4a,b) erhält man für die beiden Schaltkurvenanteile in der $(y, \dot{y})$-Ebene oder Phasenebene anhand der beiden Gln. (A40.5a,b) folgende Beziehungen:

a) Für den Ast mit $u \equiv u_0 = +b$ und $\dot{y} < 0$:

$$\dot{y} = Kb(1 - \mathrm{e}^{-(y+T\dot{y})/KbT}) \tag{A40.8a}$$

bzw. durch Logarithmieren und Auflösen

$$y = -T\dot{y} - KbT \ln(1 - \dot{y}/Kb)\,. \tag{A40.8b}$$

b) Für den Ast mit $u \equiv u_0 = -b$ und $\dot{y} > 0$:

$$\dot{y} = -Kb(1 - \mathrm{e}^{+(y+T\dot{y})/KbT}) \tag{A40.9a}$$

bzw. durch Logarithmieren und Auflösen

$$y = -T\dot{y} + KbT \ln(1 + \dot{y}/Kb)\,. \tag{A40.9b}$$

Eine Zusammenfassung der Gln. (A40.8b) und (A40.9b) ergibt als Gleichung der Schaltkurve in der $(y, \dot{y})$-Ebene

$$y = -T\dot{y} + \mathrm{sgn}(\dot{y})\; KbT \ln(1 + \mathrm{sgn}(\dot{y})\,|\,\dot{y}\,|/Kb) = S(\dot{y})\,. \tag{A40.10}$$

Anhand der Voraussetzungen für die beiden Schaltkurventeile gemäß den Gln. (A40.8b) und (A40.9b) folgt für alle Trajektorien mit

$$\left.\begin{array}{l} y > S(\dot{y}) \text{ oder } y - S(\dot{y}) > 0 \\ \text{bzw.} \\ y < S(\dot{y}) \text{ oder } y - S(\dot{y}) < 0 \end{array}\right\} \text{die Schaltbedingung} \left\{\begin{array}{ll} \mathrm{u} \equiv \mathrm{u}_0 = +b & \text{(A40.11a)} \\ \text{bzw.} & \\ \mathrm{u} \equiv \mathrm{u}_0 = -b\,. & \text{(A40.11b)} \end{array}\right.$$

Daraus resultiert als zeitoptimale Steuerfunktion in der $(y, \dot{y})$-Ebene

$$u = b \;\mathrm{sgn}[y - S(\dot{y})]\,. \tag{A40.12}$$

Die Struktur des durch die Gln. (A40.1) und (A40.12) definierten nichtlinearen Regelsystems ist im Bild A40.2 dargestellt.

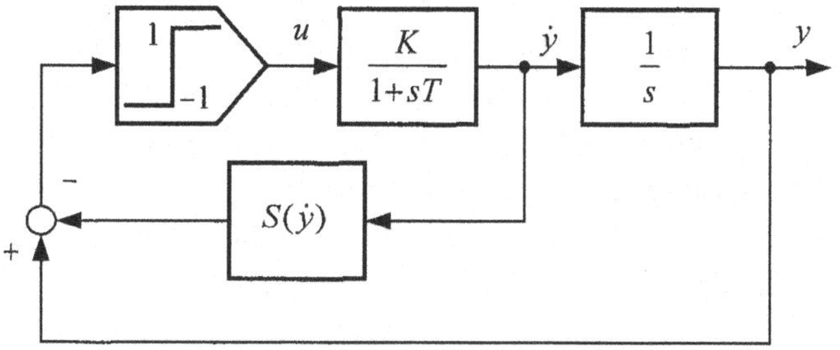

Bild A40.2. Vollständiges Blockschaltbild des zeitoptimalen Regelkreises für beliebige Anfangsbedingungen

Eine einfachere Lösung erhält man, wenn die Exponentialfunktion in den Gln. (A40.8a) und (A40.9a) durch

$$e^x \approx 1 + x \quad \text{für } |x| << 1 \tag{A40.13}$$

approximiert wird. Damit erhält man als Schaltlinie in beiden Fällen, also für $u = \pm b$,

$$y = 0\,. \tag{A40.14}$$

Demnach ist die $\dot{y}$-Achse die Schaltgerade, und in Analogie zu Gl. (A40.12) ergibt sich somit das Stellgesetz

$$u = -b\,\mathrm{sgn}(y)\,. \tag{A40.15}$$

Dieses Stellgesetz erfordert also einen Zweipunktregler, auf den das negative Ausgangssignal der Strecke geschaltet wird. Dies ist allerdings eine Näherung, die nur für Anfangswerte in hinreichender Ursprungsnähe gültig ist.

Aufgabe 41

Man untersuche mit Hilfe des Sylvester-Kriteriums, ob die quadratische Form

$$V(\boldsymbol{x}) = -x_1^2 - 3x_2^2 - 11x_3^2 - 2x_1x_2 - 4x_2x_3 - 2x_1x_3 \tag{A41.1}$$

negativ definit ist.

Zielsetzung: Nachweis der Positiv-Definitheit einer Ljapunow-Funktion

Theoretische Grundlagen: Kap. 3.7, 3.7.2

Lösung:

Die Funktion $V(\boldsymbol{x})$ nach Gl. (A41.1) soll eine quadratische Form sein. Daher muss gelten

$$V(\boldsymbol{x}) = \boldsymbol{x}^T \boldsymbol{P} \boldsymbol{x}\,, \tag{A41.2}$$

wobei $\boldsymbol{P}$ eine symmetrische Matrix ist. In dem vorliegenden Fall besteht der Vektor $\boldsymbol{x}$ aus den Elementen x_1, x_2 und x_3, also handelt es sich um einen 3-dimensionalen Vektorraum, und $\boldsymbol{P}$ ist eine (3×3)-Matrix. Nach dem Kriterium von Sylvester heißt die quadratische Form $V(\boldsymbol{x})$ positiv definit, wenn alle Hauptdeterminanten der Matrix $\boldsymbol{P}$ positiv sind. Hier ist zu überprüfen, ob $V(\boldsymbol{x})$ negativ definit ist, was identisch ist mit der Prüfung von $-V(\boldsymbol{x})$ nach positiver Definitheit. Um dies zu untersuchen, muss zunächst $\boldsymbol{P}$ bestimmt werden. Der allgemeine Ansatz für $-V(\boldsymbol{x})$ lautet

$$-V(\boldsymbol{x}) = \begin{bmatrix} x_1 & x_2 & x_3 \end{bmatrix} \begin{bmatrix} p_{11} & p_{12} & p_{13} \\ p_{12} & p_{22} & p_{23} \\ p_{13} & p_{23} & p_{33} \end{bmatrix} \begin{bmatrix} x_1 \\ x_2 \\ x_3 \end{bmatrix}. \qquad \text{(A41.3)}$$

Die Ausmultiplikation ergibt

$$-V(\boldsymbol{x}) = p_{11}\, x_1^2 + 2\, p_{12}\, x_1 x_2 + 2\, p_{13}\, x_1 x_3 + p_{22}\, x_2^2 + 2\, p_{23}\, x_2 x_3 + p_{33}\, x_3^2 . \qquad \text{(A41.4)}$$

Ein Koeffizientenvergleich der Gl. (A41.4) mit Gl. (A41.1) liefert die Elemente der Matrix $\boldsymbol{P}$

$$\boldsymbol{P} = \begin{bmatrix} 1 & 1 & 1 \\ 1 & 3 & 2 \\ 1 & 2 & 11 \end{bmatrix}. \qquad \text{(A41.5)}$$

Die erste Hauptdeterminante hat den Wert $+1$, die zweite den Wert $+2$ und die dritte $+19$. Daraus folgt, dass die quadratische Form $-V(\boldsymbol{x})$ positiv definit und damit $V(\boldsymbol{x})$ *negativ definit* ist.

Aufgabe 42

Es ist zu prüfen, ob die Systeme

a) $\dot{x}_1 = x_2, \quad \dot{x}_2 = -x_1^3 - x_2$ (A42.1a, b)

b) $\dot{x}_1 = -x_1 + x_2 + x_1\,(x_1^2 + x_2^2), \quad \dot{x}_2 = -x_1 - x_2 + x_2\,(x_1^2 + x_2^2)$ (A42.2a, b)

c) $\dot{x}_1 = x_1 - x_2 - x_1^3, \quad \dot{x}_2 = x_1 + x_2 - x_2^3$ (A42.3a, b)

eine stabile Ruhelage im Ursprung $\boldsymbol{x} = \boldsymbol{0}$ besitzen.

Zielsetzung: Konstruktion einer Ljapunow-Funktion mit Hilfe des Verfahrens von Schultz-Gibson

Theoretische Grundlagen: Kap. 3.7

Lösung:

Es soll das Verfahren von Schultz-Gibson angewendet werden. Der Lösungsweg besteht aus 4 Schritten:

1. Der Ansatz des Gradienten $\nabla V(\boldsymbol{x})$ erfolgt mit einer linearen Ljapunow-Funktion $V(\boldsymbol{x})$. Für den Spezialfall einer dreidimensionalen Zustandsraumdarstellung lautet dieser:

$$\nabla V(\boldsymbol{x}) = \begin{bmatrix} \frac{\partial V}{\partial x_1} \\ \frac{\partial V}{\partial x_2} \\ \frac{\partial V}{\partial x_3} \end{bmatrix} = \begin{bmatrix} \alpha_{11}x_1 + \alpha_{12}x_2 + \alpha_{13}x_3 \\ \alpha_{21}x_1 + \alpha_{22}x_2 + \alpha_{23}x_3 \\ \alpha_{31}x_1 + \alpha_{32}x_2 + \alpha_{33}x_3 \end{bmatrix} = \begin{bmatrix} P \\ Q \\ R \end{bmatrix}. \tag{A42.4}$$

Damit folgt für die zeitliche Ableitung der Ljapunow-Funktion $V(\boldsymbol{x})$

$$\dot{V}(\boldsymbol{x}) = \frac{\partial V}{\partial x_1}\dot{x}_1 + \frac{\partial V}{\partial x_2}\dot{x}_2 + \frac{\partial V}{\partial x_3}\dot{x}_3 = P\dot{x}_1 + Q\dot{x}_2 + R\dot{x}_3. \tag{A42.5}$$

2. Man wähle die Koeffizienten α_{ij} in Gl. (A42.4) so, dass $\dot{V}(\boldsymbol{x})$ in Gl. (A42.5) in einem möglichst großen Bereich um $\boldsymbol{x} = \boldsymbol{0}$ negativ definit ist.

3. Man ermittle die Ljapunow-Funktion $V(\boldsymbol{x})$ durch Integration. Wird Gl. (A42.5) formal mit $\mathrm{d}t$ multipliziert, dann lässt sich die Integration über das vollständige Differential

$$\mathrm{d}V = P\mathrm{d}x_1 + Q\mathrm{d}x_2 + R\mathrm{d}x_3 \tag{A42.6}$$

als Summe dreier Teilintegrale darstellen. Das Lösungssintegral ist genau dann vom Integrationsweg unabhängig, wenn die sogenannten Integrabilitätsbedingungen erfüllt sind:

$$\text{(i)} \quad \frac{\partial Q}{\partial x_3} = \frac{\partial R}{\partial x_2}, \quad \text{d. h. } \alpha_{23} = \alpha_{32}, \tag{A42.7a}$$

$$\text{(ii)} \quad \frac{\partial R}{\partial x_1} = \frac{\partial P}{\partial x_3}, \quad \text{d. h. } \alpha_{31} = \alpha_{13}, \tag{A42.7b}$$

$$\text{(iii)} \quad \frac{\partial P}{\partial x_2} = \frac{\partial Q}{\partial x_1}, \quad \text{d. h. } \alpha_{12} = \alpha_{21}. \tag{A42.7c}$$

Dann kann man den einfachsten möglichen Integrationsweg wählen, wobei die Integrationsabschnitte parallel zu den Koordinatenachsen liegen. Dort sind jeweils zwei der drei Variablen konstant, so dass man leicht integrieren kann. Man erhält dann Gl. (3.7.21).

4. Zum Abschluss ist dann zu prüfen, ob $V(\boldsymbol{x})$ mit den im Schritt 2 gewählten Koeffizienten positiv definit ist. Trifft das nicht zu, muss man die Koeffizienten neu wählen und weiterprobieren.

Wichtig: Diese Vorgehensweise ist nur anwendbar, wenn die Ruhelage des Systems der Ursprung ist, d. h. gegebenenfalls ist die Ruhelage eines gegebenen Systems in den Ursprung zu transformieren, bevor man den gezeigten Lösungsweg beschreitet.

a) Das System gemäß Gl. (A42.1) besitzt die Ruhelage (0,0). Damit erhält man die Lösung in folgenden Schritten:

   1. Im ersten Schritt wird der lineare Ansatz

$$\nabla V(\boldsymbol{x}) = \begin{bmatrix} \dfrac{\partial V}{\partial x_1} \\ \dfrac{\partial V}{\partial x_2} \end{bmatrix} = \begin{bmatrix} \alpha_{11}x_1 + \alpha_{12}x_2 \\ \alpha_{21}x_1 + \alpha_{22}x_2 \end{bmatrix} = \begin{bmatrix} P \\ Q \end{bmatrix} \tag{A42.8}$$

   gewählt. Mit Hilfe von Gl. (A42.5) und durch Einsetzen von Gl. (A42.1) folgt

$$\begin{aligned} \dot{V}(\boldsymbol{x}) &= P\dot{x}_1 + Q\dot{x}_2 = (\alpha_{11}x_1 + \alpha_{12}x_2)\ \dot{x}_1 + (\alpha_{21}x_1 + \alpha_{22}x_2)\ \dot{x}_2 \\ &= (\alpha_{11}x_1 + \alpha_{12}x_2)\ x_2 + (\alpha_{21}x_1 + \alpha_{22}x_2)\ (-x_1^3 - x_2) \\ &= x_1x_2(\alpha_{11} - \alpha_{21} - \alpha_{22}\,x_1^2) + x_2^2\,(\alpha_{12} - \alpha_{22}) - \alpha_{21}x_1^4 \,. \end{aligned} \tag{A42.9}$$

   2. Die Funktion $\dot{V}(\boldsymbol{x})$ nach Gl. (A42.9) soll negativ definit sein, also prüft man, ob $-\dot{V}(\boldsymbol{x})$ positiv definit ist (siehe auch Aufgabe 41). Dazu wählt man den quadratischen Ansatz

$$\begin{aligned} -\dot{V}(\boldsymbol{x}) &= \boldsymbol{x}^T \boldsymbol{P}\,\boldsymbol{x} = \begin{bmatrix} x_1 & x_2 \end{bmatrix} \begin{bmatrix} p_{11} & p_{12} \\ p_{12} & p_{22} \end{bmatrix} \begin{bmatrix} x_1 \\ x_2 \end{bmatrix} \\ &= p_{11}x_1^2 + 2\,p_{12}x_1x_2 + p_{22}x_2^2 > 0 \,. \end{aligned} \tag{A42.10}$$

   Der Koeffizientenvergleich mit Gl. (A42.9) liefert

$$p_{11} = \alpha_{21}\,x_1^2\,, \quad p_{12} = \frac{1}{2}\,(\alpha_{21} - \alpha_{11} + \alpha_{22}\,x_1^2)\,, \quad p_{22} = \alpha_{22} - \alpha_{12}\,. \tag{A42.11a-c}$$

   Die Hauptdeterminanten der Matrix $\boldsymbol{P}$ sind positiv, d. h. $-\dot{V}(\boldsymbol{x})$ ist positiv definit, wenn

$$p_{11} > 0 \ \text{ bzw. } \ \alpha_{21} > 0\,, \qquad p_{11}\,p_{22} - p_{12}^2 > 0\,. \tag{A42.12a, b}$$

   Gl. (A42.12b) ist erfüllt für

$$p_{22} > 0 \ \text{ und } \ p_{12} < 0\,. \tag{A42.13}$$

   Die Beziehungen nach Gl. (A42.12) werden zunächst vorausgesetzt und dann wird geprüft, ob dies gerechtfertigt war. Bei der (willkürlichen) Wahl von

$$\alpha_{21} = \alpha_{12} = 2\,, \qquad \alpha_{22} = 5\,, \qquad \alpha_{11} = 2 + 5\,x_1^2 \tag{A42.14a-c}$$

ist die Matrix

$$\boldsymbol{P} = \begin{bmatrix} 2x_1^2 & 0 \\ 0 & 3 \end{bmatrix}$$

positiv definit, so dass mit den gewählten Werten von α_{ij} nach Gl. (A42.14) $\dot{V}(\boldsymbol{x})$ *negativ* definit wird.

3. Die Integration in Richtung der Koordinatenachsen

$$V(\boldsymbol{x}) = \int\limits_{\xi=0}^{x_1} P(\xi,0)\,\mathrm{d}\xi + \int\limits_{\xi=0}^{x_2} Q(x_1,\xi)\,\mathrm{d}\xi = \int\limits_{0}^{x_1}(2+5\xi^2)\,\xi\,\mathrm{d}\xi + \int\limits_{0}^{x_2}(2x_1+5\xi)\,\mathrm{d}\xi$$

$$= \frac{1}{2}\,(2\xi^2) + \frac{5}{4}\,\xi^4\Big|_0^{x_1} + (2\,x_1\,\xi) + \frac{5}{2}\,\xi^2\Big|_0^{x_2}$$

liefert die Ljapunow-Funktion

$$V(\boldsymbol{x}) = \frac{5}{4}\,x_1^4 + x_1^2 + 2\,x_1 x_2 + \frac{5}{2}\,x_2^2\,. \tag{A42.15}$$

4. Zur Überprüfung, ob $V(\boldsymbol{x})$ positiv definit ist, verwendet man wiederum einen quadratischen Ansatz:

$$V(\boldsymbol{x}) = \begin{bmatrix} x_1 & x_2 \end{bmatrix} \begin{bmatrix} p'_{11} & p'_{12} \\ p'_{12} & p'_{22} \end{bmatrix} \begin{bmatrix} x_1 \\ x_2 \end{bmatrix}$$

$$= p'_{11}\,x_1^2 + 2\,p'_{12}\,x_1 x_2 + p'_{22}\,x_2^2\,.$$

Durch Vergleich dieser Koeffizienten mit jenen von Gl. (A42.15) erhält man die Matrix

$$\boldsymbol{P}' = \begin{bmatrix} 1 + (5/4)\,x_1^2 & 1 \\ 1 & 5/2 \end{bmatrix}, \tag{A42.16}$$

welche nach dem Kriterium von Sylvester wegen

$$p'_{11} > 0\,, \qquad \det \boldsymbol{P}' = \frac{5}{2} + \frac{25}{8}\,x_1^2 - 1 = \frac{3}{2} + \frac{25}{8}\,x_1^2 > 0$$

positiv definit ist. Damit ist nachgewiesen, dass $V(\boldsymbol{x})$ nach Gl. (A42.15) eine mögliche Ljapunow-Funktion ist. Somit ist die Ruhelage (0,0) stabil. Für global asymptotische Stabilität muss $V(\boldsymbol{x})$ über alle Grenzen wachsen, wenn die Norm des Vektors $\boldsymbol{x}$ unendlich wird, d. h.

$$V(\boldsymbol{x}) \to \infty \text{ für } \|\boldsymbol{x}\| \to \infty\,. \tag{A42.17}$$

Dies ist nach Gl. (A42.15) erfüllt, so dass die Ruhelage (0,0) auch global asymptotisch stabil ist.

b) Das System gemäß Gl. (A42.2) besitzt die Ruhelage (0,0). Die Vorgehensweise erfolgt analog zum Aufgabenteil a) in den folgenden Schritten:

1. Der lineare Ansatz für $\nabla V(\boldsymbol{x})$ liefert:

$$\begin{aligned}\dot{V}(\boldsymbol{x}) &= (\alpha_{11}x_1 + \alpha_{12}x_2)\left(-x_1 + x_2 + x_1(x_1^2 + x_2^2)\right) \\ &+ (\alpha_{21}x_1 + \alpha_{22}x_2)\left(-x_1 - x_2 + x_2(x_1^2 + x_2^2)\right) .\end{aligned} \tag{A42.18}$$

2. Mit der (willkürlichen) Wahl von

   $\alpha_{11} = \alpha_{22} = 1$ und $\alpha_{12} = \alpha_{21} = 0$

   erhält man für die zeitliche Ableitung der Ljapunow-Funktion gemäß Gl. (A42.18)

$$\dot{V}(\boldsymbol{x}) = -(x_1^2 + x_2^2) + (x_1^2 + x_2^2)^2 . \tag{A42.19}$$

   Der Ansatz der quadratischen Form wie in Gl. (A42.10) aus Aufgabenteil a) mit anschließendem Koeffizientenvergleich liefert

$$\boldsymbol{P} = \begin{bmatrix} 1 - x_2^2 & -x_1x_2 \\ -x_1x_2 & 1 - x_2^2 \end{bmatrix} . \tag{A42.20}$$

   Für

$$|x_1| < 1 \text{ und } x_1^2 + x_2^2 < 1 \tag{A42.21a, b}$$

   ist $-\dot{V}(\boldsymbol{x})$ positiv definit.

3. Aus dem vollständigen Differential

   $dV = x_1\, dx_1 + x_2\, dx_2$

   folgt

$$V(\boldsymbol{x}) = \int_0^{x_1} \xi d\xi + \int_0^{x_2} \xi d\xi = \frac{1}{2}(x_1^2 + x_2^2) . \tag{A42.22}$$

4. Analog zu Gl. (A42.16) erhält man hier

$$\boldsymbol{P}' = \begin{bmatrix} 1/2 & 0 \\ 0 & 1/2 \end{bmatrix} . \tag{A42.23}$$

   Damit ist $V(\boldsymbol{x})$ nach dem Kriterium von Sylvester positiv definit, und somit ist nachgewiesen, dass die Ruhelage (0,0) asymptotisch stabil ist für

$$x_1^2 + x_2^2 < 1 \text{ und } |x_1| < 1 . \tag{A42.24}$$

   Mit der so gefundenen Ljapunow-Funktion kann man lediglich zeigen, dass der Einzugsbereich für asymptotische Stabilität der Ruhelage (0,0) mindestens den

Einheitskreis um den Ursprung umfasst. Möglicherweise ist er größer. Dies kann jedoch nur mit Hilfe einer anderen Ljapunow-Funktion bewiesen werden.

c) Das System gemäß Gl. (A43.3) besitzt die Ruhelage (0,0). Der Lösungsweg ist derselbe wie in den vorangehenden Aufgabenteilen a) und b).

1. Durch den Ansatz

$$\dot{V}(\boldsymbol{x}) = (\alpha_{11}x_1 + \alpha_{12}x_2)\,(x_1 - x_2 - x_1^3) + (\alpha_{21}x_1 + \alpha_{22}x_2)\,(x_1 + x_2 - x_2^3) \quad \text{(A42.25)}$$

und

2. die Wahl von

$$\alpha_{11} = \alpha_{22} = 1, \quad \alpha_{12} = \alpha_{21} = 0$$

ergibt sich als zeitliche Ableitung der Ljapunow-Funktion

$$-\dot{V}(\boldsymbol{x}) = (-1 + x_1^2)\,x_1^2 + (-1 + x_2^2)\,x_2^2\,. \quad \text{(A42.26)}$$

Mit dem quadratischen Ansatz nach Gl. (A42.10) und dem Koeffizientenvergleich erhält man

$$\boldsymbol{P} = \begin{bmatrix} -1 + x_1^2 & 0 \\ 0 & -1 + x_2^2 \end{bmatrix}. \quad \text{(A42.27)}$$

Nach Sylvester ist $-\dot{V}(\boldsymbol{x})$ nach Gl. (A42.27) nur dann positiv definit, wenn

$$|x_1| > 1 \text{ und } |x_2| > 1\,. \quad \text{(A42.28)}$$

gilt.

3. Aus dem vollständigen Differential

$$\mathrm{d}V = x_1\,\mathrm{d}x_1 + x_2\,\mathrm{d}x_2$$

folgt die Ljapunow-Funktion

$$V(\boldsymbol{x}) = \frac{1}{2}\,(x_1^2 + x_2^2)\,.$$

4. $V(\boldsymbol{x})$ ist mit der Gl. (A42.22) identisch und damit positiv definit. Damit hat man eine Ljapunow-Funktion $V(\boldsymbol{x})$ gefunden, die positiv definit ist, deren zeitliche Ableitung jedoch ebenfalls positiv definit ist in einer Umgebung der Ruhelage. Damit ist die Instabilität der Ruhelage (0,0) bewiesen.

Aufgabe 43

a) Für das im Bild A43.1 skizzierte nichtlineare Regelsystem soll für $\alpha = 1$ der „Stabilitätsgrenzwert" von β für alle im Sektor $[\alpha, \beta]$ zugelassenen Kennlinien mit Hilfe des Popov-Kriteriums gefunden werden.

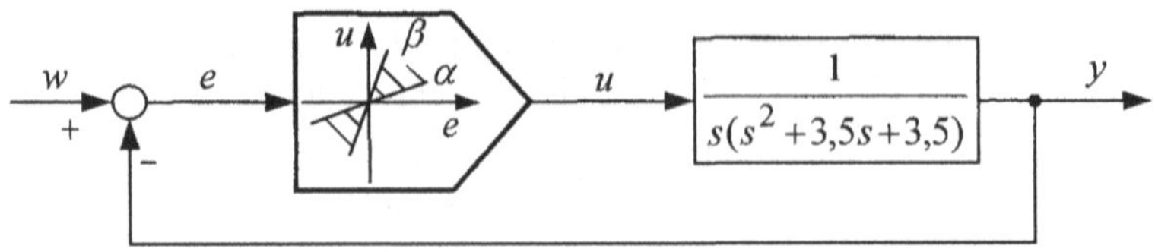

Bild A43.1. Blockschaltbild des nichtlinearen Regelsystems

b) Für den im Bild A43.2 gegebenen nichtlinearen Regelkreis soll der maximale Sektor $K = K_{max}$, für den der Regelkreis stabil ist, bestimmt werden. Dabei sollen für den nichtlinearen Block folgende Fälle unterschieden werden:

1) $u = F(e)$ ist eine beliebige nichtlineare Funktion im Sektor $[0,\ K]$;

2) $u = Ke$ mit $K = \text{const.}$ stellt eine lineare Kennlinie dar.

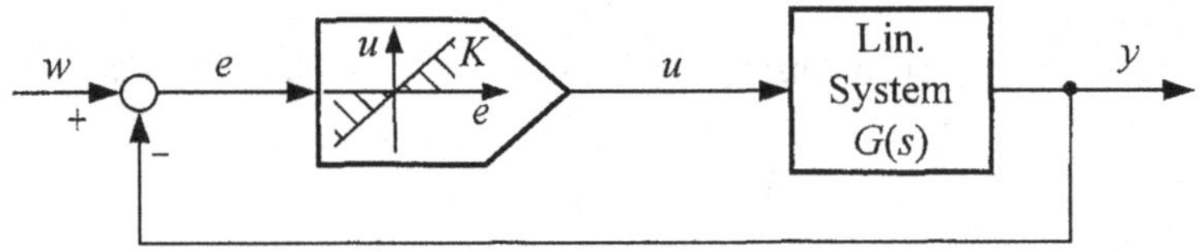

Bild A43.2. Blockschaltbild des Regelsystems in Teilaufgabe b)

Der Frequenzgang des linearen Teilystems $G(s)$ im Bild A43.2, der sich aus einer Reihenschaltung von zwei PT_2S – Systemen ergibt, wurde punktweise ermittelt und ist in Tabelle 43.1 protokolliert.

Zielsetzung: Stabilitätsuntersuchung mit dem Popov-Kriterium

Theoretische Grundlagen: Kap. 3.8

Lösung:

a) Um das Popov-Kriterium anwenden zu können, muss zunächst der gegebene Sektor $[\alpha,\ \beta]$ in den Sektor $[0,\ K]$ transformiert werden. Nach Gl. (3.8.2) erhält man

$$G'(s) = \frac{G(s)}{1+\alpha G(s)} = \frac{1}{s^3 + 3{,}5s^2 + 3{,}5s + \alpha} \qquad \text{(A43.1)}$$

mit

$$K_1 = \alpha = 1,\ K_2 = \beta,\ K = \beta - \alpha\,. \qquad \text{(A43.2)}$$

Für die Übertragungsfunktion $G'(s)$ ist nun die in Gl. (3.8.7) definierte Popov-Ortskurve

$$G^*(\mathrm{j}\omega) = \mathrm{Re}\{G'(\mathrm{j}\omega)\} + \mathrm{j}\omega\,\mathrm{Im}\{G'(\mathrm{j}\omega)\} \qquad \text{(A43.3)}$$

zu zeichnen, siehe Bild A43.3. Das bedeutet eine Verformung der ursprünglichen Ortskurve $G'(\mathrm{j}\omega)$ in Richtung der imaginären Achse, da der Realteil unverändert bleibt und der Imaginärteil mit dem Faktor ω multipliziert wird. Man erhält mit Gl. (A43.1)

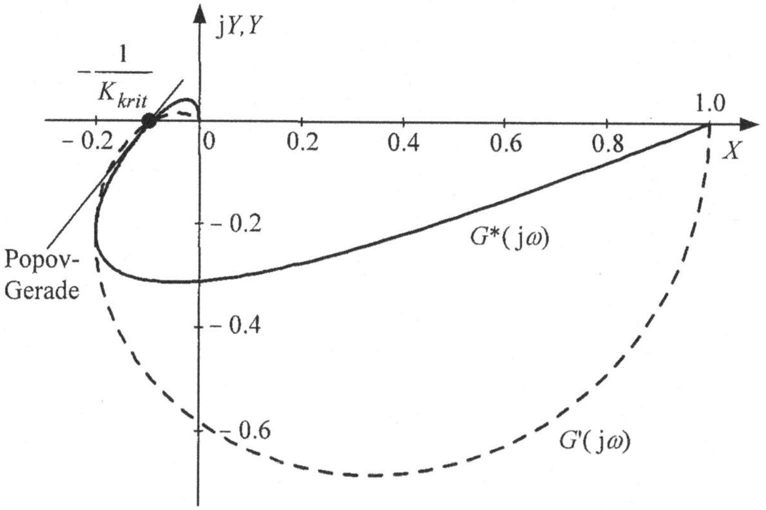

Bild A43.3. Ortskurve $G'(\mathrm{j}\omega)$ und Popov-Ortskurve $G^*(\mathrm{j}\omega)$ sowie Popov-Gerade zur Ermittlung des Popov-Sektors für das Regelsystem aus Aufgabe 43a

$$G^*(\mathrm{j}\omega) = \frac{\alpha - 3{,}5\,\omega^2}{(\alpha - 3{,}5\,\omega^2)^2 + \omega^2\,(3{,}5 - \omega^2)^2} - \mathrm{j}\frac{\omega^2\,(3{,}5 - \omega^2)}{(\alpha - 3{,}5\,\omega^2)^2 + \omega^2\,(3{,}5 - \omega^2)^2}\,. \tag{A43.4}$$

Vorgehensweise:

1. Man zeichnet die Popov-Ortskurve gemäß Gl. (A43.4) mit $\alpha = 1$.
2. Anschließend legt man eine Tangente an die Popov-Ortskurve derart, dass der Schnittpunkt dieser Tangente mit der reellen Achse so nahe wie möglich am Ursprung der komplexen Ebene liegt.
3. Der Schnittpunkt der Tangente mit der reellen Achse hat den Wert $-1/K_{krit}$. Der zugehörige Popov-Sektor ergibt sich zu $[0,\ K_{krit}]$ und muss eventuell zurücktransformiert werden.

Aus der Zeichnung entnimmt man den Wert

$$-\frac{1}{K_{krit}} = -0{,}09\,,\ \text{d. h.}\ K_{krit} \approx 11{,}11\,. \tag{A43.5}$$

Mit $\alpha = 1$ ergibt sich der maximal mögliche Wert von β zu

$$\beta_{\max} = K_{krit} + \alpha = 12{,}11\,. \tag{A43.6}$$

Tabelle A43.1. Experimentell bestimmter Frequenzgang des linearen Teilsystems

FREQUENZ	REALTEIL	IMAGINÄRTEIL
1.000000E-01	1.00114	-.622526E-02
1.00000	1.12703	-.778165E-01
1.20000	1.19269	-.104003
1.40000	1.27981	-.138906
1.60000	1.39573	-.187805
1.80000	1.55195	-.260318
2.00000	1.76700	-.375466
2.20000	2.07105	-.574894
2.30000	2.27016	-.733768
2.40000	2.50900	-.961905
2.50000	2.78990	-1.30299
2.55000	2.94285	-1.53576
2.60000	3.09758	-1.82893
2.65000	3.24251	-2.19885
2.70000	3.35580	-2.66575
2.75000	3.39883	-3.24920
2.80000	3.30830	-3.95754
2.85000	2.99372	-4.76475.
2.90000	2.35765	-5.57521
2.95000	1.36141	-6.20366
3.00000	.114546	-6.43417
3.05000	-1.12436	-6.16848
3.10000	-2.10057	-5.51368
3.20000	-3.00413	-3.87616
3.25000	-3.07575	-3.16844
3.30000	-3.01785	-2.58858
3.35000	-2.89303	-2.12651
3.40000	-2.73915	-1.76174
3.45000	-2.57736	-1.47360
3.50000	-2.41872	-1.24464

Fortsetzung Tabelle A43.1.

FREQUENZ	REALTEIL	IMAGINÄRTEIL
5.00000	-.674260	-.769726E-01
6.00000	-.444024	-.246825E-01
7.00000	-.341269	-.479489E-02
8.00000	-.294076	.784833E-02
9.00000	-.282917	.223609E-01
10.00000	-.311886	.526802E-01
10.5000	-.351400	.888652E-01
11.0000	-.418836	.173546
11.100	-.435567	.203396
11.200	-.452325	.240666
11.3000	-.467597	.287460
11.4000	-.478586	.346212
11.5000	-.480404	.419213
11.6000	-.465137	.507261
11.7000	-.421608	.606784
11.8000	-.338027	.705518
11.9000	-.210216	.780245
12.0000	-.525732E-01	.804402
12.1000	.102277	.766595
12.2000	.222859	.681067
12.3000	.297182	.575559
12.4000	.331472	.472821
12.5000	.338559	.384027
12.6000	.329893	.311743
12.7000	.313284	.254472
12.8000	.293398	.209497
12.9000	.272803	.174145

b) Die Lösung erfolgt hierbei analog zur Vorgehensweise in Aufgabe 43a. Es ergibt sich durch Ablesen aus Bild A43.4

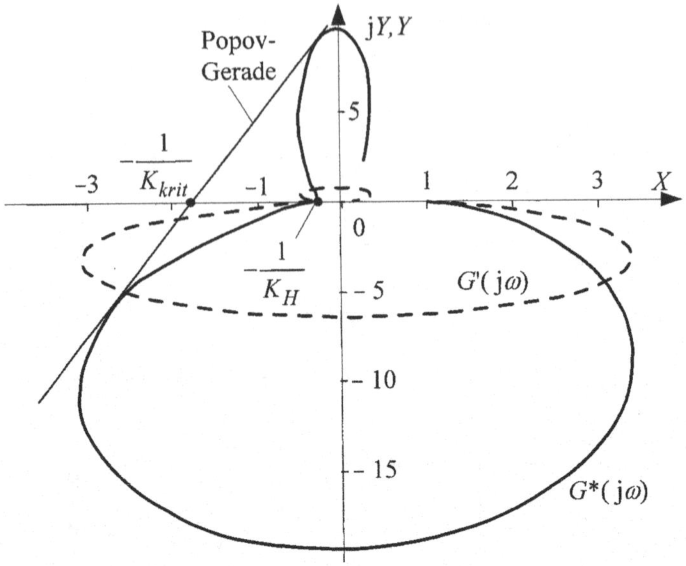

Bild A43.4. Popov-Ortskurve und Popov-Gerade für Aufgabe 43b

$$-\frac{1}{K_{krit}} = -1{,}77 \text{ oder } K_{krit} = 0{,}565\,. \tag{A43.7}$$

Damit liefert im Falle 1 jede nichtlineare Kennlinie $u = F(e)$ im Sektor $[0,\ K_{krit}]$ asymptotisch stabiles Verhalten des Regelkreises.

Hinweis: Da der maximale Sektor bei $K = 0$ beginnt (siehe Aufgabenstellung), ist keine Sektortransformation notwendig $\big(G'(\mathrm{j}\omega) \equiv G(\mathrm{j}\omega)\big)$.

Weiterhin lässt sich aus der Popov-Ortskurve als Schnittpunkt derselben mit der reellen Achse der Wert

$$-\frac{1}{K_H} = -0{,}323 \text{ oder } K_H = 3{,}1 \tag{A43.8}$$

ablesen. Dieser Wert kennzeichnet den Hurwitz-Sektor. Dieser ist größer als der Wert von K_{krit}. Da es sich im Falle 2 aber um einen linearen Regelkreis handelt, ist die Stabilität des Regelkreises bis zum maximalen Wert

$$K_{\max} = K_H = 3{,}1$$

gewährleistet.

ANHANG B: Rechnen mit Vektoren und Matrizen

B1. Ableiten von Vektoren und Matrizen nach Skalaren und Vektoren

Dimensionen: $\boldsymbol{A} \in \Re^{n \times n}$, $f \in \Re$, $\boldsymbol{M} \in \Re^{r \times s}$, $\boldsymbol{R} \in \Re^{n \times m}$, $t \in \Re$, $\boldsymbol{u} \in \Re^{m \times 1}$, $\boldsymbol{x} \in \Re^{n \times 1}$

1) Vektoren nach Skalaren: komponentenweise, Dimension bleibt erhalten

$$\frac{\mathrm{d}\boldsymbol{x}(t)}{\mathrm{d}t} = \begin{bmatrix} \frac{\mathrm{d}x_1(t)}{\mathrm{d}t} \\ \vdots \\ \frac{\mathrm{d}x_n(t)}{\mathrm{d}t} \end{bmatrix}.$$

2) Matrizen nach Skalaren: komponentenweise, Dimension bleibt erhalten

$$\frac{\mathrm{d}\boldsymbol{A}}{\mathrm{d}t} = \frac{\mathrm{d}}{\mathrm{d}t}[a_{ij}] = \begin{bmatrix} \frac{\mathrm{d}a_{11}}{\mathrm{d}t} & \cdots & \frac{\mathrm{d}a_{1n}}{\mathrm{d}t} \\ \vdots & & \vdots \\ \frac{\mathrm{d}a_{n1}}{\mathrm{d}t} & \cdots & \frac{\mathrm{d}a_{nn}}{\mathrm{d}t} \end{bmatrix}.$$

3) Skalare nach Vektoren

$$\frac{\partial f}{\partial \boldsymbol{u}} = \nabla f = \begin{bmatrix} \frac{\partial f}{\partial u_1} \\ \vdots \\ \frac{\partial f}{\partial u_m} \end{bmatrix}, \quad \frac{\partial f}{\partial \boldsymbol{u}^{\mathrm{T}}} = \nabla^{\mathrm{T}} f = \begin{bmatrix} \frac{\partial f}{\partial u_1} & \cdots & \frac{\partial f}{\partial u_m} \end{bmatrix}.$$

Hinweis: Der Gradientenvektor $\partial f / \partial \boldsymbol{u}$ wird in der Literatur sowohl als Spaltenvektor als auch Zeilenvektor definiert. Die hier verwendete Definition als Spaltenvektor hat den Vorteil, dass sie direkt auf Ableitungen nach Matrizen gemäß (6) erweitert werden kann.

4) Vektoren nach Vektoren

Jacobi-Matrix $$\frac{\partial \boldsymbol{x}}{\partial \boldsymbol{u}^{\mathrm{T}}} = \begin{bmatrix} \frac{\partial x_1}{\partial u_1} & \cdots & \frac{\partial x_1}{\partial u_m} \\ \vdots & \ddots & \vdots \\ \frac{\partial x_n}{\partial u_1} & \cdots & \frac{\partial x_n}{\partial u_m} \end{bmatrix}$$

$$\text{Gradienten-Matrix} \quad \frac{\partial \boldsymbol{x}^{\mathrm{T}}}{\partial \boldsymbol{u}} = \begin{bmatrix} \frac{\partial x_1}{\partial u_1} & \cdots & \frac{\partial x_n}{\partial u_1} \\ \vdots & \ddots & \vdots \\ \frac{\partial x_1}{\partial u_m} & \cdots & \frac{\partial x_n}{\partial u_m} \end{bmatrix} .$$

Hinweis: Wird der Gradientenvektor als Zeilenvektor definiert, wird für die Jacobi-Matrix $\partial \boldsymbol{x} / \partial \boldsymbol{u}$ geschrieben.

a) $\frac{\partial \boldsymbol{u}}{\partial \boldsymbol{u}^{\mathrm{T}}} = \mathbf{I}_{m \times m}$; $\frac{\partial \boldsymbol{u}^{\mathrm{T}}}{\partial \boldsymbol{u}} = \mathbf{I}_{m \times m}$,

b) $\frac{\partial}{\partial \boldsymbol{x}} (\boldsymbol{x}^{\mathrm{T}} \boldsymbol{R} \boldsymbol{u}) = \frac{\partial \boldsymbol{x}^{\mathrm{T}}}{\partial \boldsymbol{x}} \boldsymbol{R} \boldsymbol{u} = \boldsymbol{R} \boldsymbol{u}$,

$$\frac{\partial}{\partial \boldsymbol{u}} (\boldsymbol{x}^{\mathrm{T}} \boldsymbol{R} \boldsymbol{u}) = (\boldsymbol{x}^{\mathrm{T}} \boldsymbol{R})^{\mathrm{T}} \mathbf{I} = \boldsymbol{R}^{\mathrm{T}} \boldsymbol{x} .$$

Für $\boldsymbol{R} \in \Re^{m \times m}$ folgt daraus

$$\frac{\partial}{\partial \boldsymbol{u}} (\boldsymbol{u}^{\mathrm{T}} \boldsymbol{R} \boldsymbol{u}) = \boldsymbol{R} \boldsymbol{u} + \boldsymbol{R}^{\mathrm{T}} \boldsymbol{u} = (\boldsymbol{R} + \boldsymbol{R}^{\mathrm{T}}) \boldsymbol{u} .$$

Ist $\boldsymbol{R}$ symmetrisch, $\boldsymbol{R} = \boldsymbol{R}^{\mathrm{T}}$, gilt für den letzten Ausdruck

$$\frac{\partial}{\partial \boldsymbol{u}} (\boldsymbol{u}^{\mathrm{T}} \boldsymbol{R} \boldsymbol{u}) = (\boldsymbol{R} + \boldsymbol{R}^{\mathrm{T}}) \boldsymbol{u} = 2 \boldsymbol{R} \boldsymbol{u} .$$

(Siehe auch Rechenregel 4 unten.)

5) Matrizen nach Vektoren

$$\frac{\partial A}{\partial \boldsymbol{u}^{\mathrm{T}}} = \left[\frac{\partial A}{\partial u_1} \,\middle|\, \cdots \,\middle|\, \frac{\partial A}{\partial u_m} \right] ; \quad \frac{\partial A}{\partial \boldsymbol{u}} = \begin{bmatrix} \frac{\partial A}{\partial u_1} \\ \hline \vdots \\ \hline \frac{\partial A}{\partial u_m} \end{bmatrix} .$$

6) Matrizen nach Matrizen (beinhaltet (1) bis (5) als Spezialfälle, sofern der Gradientenvektor als Spaltenvektor definiert wird).

$$\frac{\partial A}{\partial \boldsymbol{M}} = \begin{bmatrix} \frac{\partial A}{\partial m_{11}} & \cdots & \frac{\partial A}{\partial m_{1s}} \\ \vdots & \ddots & \vdots \\ \frac{\partial A}{\partial m_{r1}} & \cdots & \frac{\partial A}{\partial m_{rs}} \end{bmatrix} .$$

Allgemein gilt:

$$\left(\frac{\partial \boldsymbol{A}}{\partial \boldsymbol{M}}\right)^{\mathrm{T}} = \frac{\partial \boldsymbol{A}^{\mathrm{T}}}{\partial \boldsymbol{M}^{\mathrm{T}}}.$$

Rechenregeln

1. Regel (Skalarprodukt)

Für $a(\boldsymbol{p}) = \boldsymbol{g}^{\mathrm{T}}\boldsymbol{p} = \boldsymbol{p}^{\mathrm{T}}\boldsymbol{g}$ gilt:

$$\frac{\partial a}{\partial \boldsymbol{p}} = \frac{\partial}{\partial \boldsymbol{p}}(\boldsymbol{g}^{\mathrm{T}}\boldsymbol{p}) = \frac{\partial}{\partial \boldsymbol{p}}(\boldsymbol{p}^{\mathrm{T}}\boldsymbol{g}) = \boldsymbol{g}.$$

Beweis: $\boldsymbol{g}, \boldsymbol{p} \in \Re^{n \times 1}$

$$a = g_1 p_1 + g_2 p_2 + \ldots + g_n p_n$$

$$\frac{\partial a}{\partial \boldsymbol{p}} = \begin{bmatrix} \frac{\partial a}{\partial p_1} \\ \frac{\partial a}{\partial p_2} \\ \vdots \\ \frac{\partial a}{\partial p_n} \end{bmatrix} = \begin{bmatrix} \frac{\partial}{\partial p_1}(g_1 p_1 + \ldots + g_n p_n) \\ \frac{\partial}{\partial p_2}(g_1 p_1 + \ldots + g_n p_n) \\ \vdots \\ \frac{\partial}{\partial p_n}(g_1 p_1 + \ldots + g_n p_n) \end{bmatrix} = \begin{bmatrix} g_1 \\ g_2 \\ \vdots \\ g_n \end{bmatrix}.$$

2. Regel („Produktregel“)

Für $b(\boldsymbol{p}) = \boldsymbol{i}^{\mathrm{T}}(\boldsymbol{p})\,\boldsymbol{k}(\boldsymbol{p})$ gilt:

$$\frac{\partial}{\partial \boldsymbol{p}} b(\boldsymbol{p}) = \frac{\partial}{\partial \boldsymbol{p}}(\boldsymbol{i}^{\mathrm{T}}(\boldsymbol{p})\,\boldsymbol{k}(\boldsymbol{p})) = \frac{\partial \boldsymbol{i}^{\mathrm{T}}(\boldsymbol{p})}{\partial \boldsymbol{p}}\,\boldsymbol{k}(\boldsymbol{p}) + \frac{\partial \boldsymbol{k}^{\mathrm{T}}(\boldsymbol{p})}{\partial \boldsymbol{p}}\,\boldsymbol{i}(\boldsymbol{p}).$$

Beweis: $\boldsymbol{i}, \boldsymbol{k} \in \Re^{m \times 1}$, $\boldsymbol{p} \in \Re^{n \times 1}$

$$b(\boldsymbol{p}) = \boldsymbol{i}(\boldsymbol{p})^{\mathrm{T}}\,\boldsymbol{k}(\boldsymbol{p}) = i_1(\boldsymbol{p})\,k_1(\boldsymbol{p}) + i_2(\boldsymbol{p})\,k_2(\boldsymbol{p}) + \ldots + i_m(\boldsymbol{p})\,k_m(\boldsymbol{p})$$

$$\frac{\partial b}{\partial \boldsymbol{p}} = \begin{bmatrix} \frac{\partial b}{\partial p_1} \\ \frac{\partial b}{\partial p_2} \\ \vdots \\ \frac{\partial b}{\partial p_n} \end{bmatrix} = \begin{bmatrix} \frac{\partial i_1}{\partial p_1} k_1 + \frac{\partial i_2}{\partial p_1} k_2 + \ldots + \frac{\partial i_m}{\partial p_1} k_m + i_1 \frac{\partial k_1}{\partial p_1} + \cdots + i_m \frac{\partial k_m}{\partial p_1} \\ \frac{\partial i_1}{\partial p_2} k_1 + \frac{\partial i_2}{\partial p_2} k_2 + \ldots + \frac{\partial i_m}{\partial p_2} k_m + i_1 \frac{\partial k_1}{\partial p_2} + \cdots + i_m \frac{\partial k_m}{\partial p_2} \\ \vdots \\ \frac{\partial i_1}{\partial p_n} k_1 + \frac{\partial i_2}{\partial p_n} k_2 + \ldots + \frac{\partial i_m}{\partial p_n} k_m + i_1 \frac{\partial k_1}{\partial p_n} + \cdots + i_m \frac{\partial k_m}{\partial p_n} \end{bmatrix}$$

$$= \underbrace{\begin{bmatrix} \frac{\partial i_1}{\partial p_1} & \frac{\partial i_2}{\partial p_1} & \cdots & \frac{\partial i_m}{\partial p_1} \\ \frac{\partial i_1}{\partial p_2} & \frac{\partial i_2}{\partial p_2} & \cdots & \frac{\partial i_m}{\partial p_2} \\ \vdots & \vdots & \ddots & \vdots \\ \frac{\partial i_1}{\partial p_n} & \frac{\partial i_2}{\partial p_n} & \cdots & \frac{\partial i_m}{\partial p_n} \end{bmatrix}}_{\frac{\partial \boldsymbol{i}^{\mathrm{T}}(\boldsymbol{p})}{\partial \boldsymbol{p}}} \underbrace{\begin{bmatrix} k_1 \\ k_2 \\ \vdots \\ k_m \end{bmatrix}}_{\boldsymbol{k}(\boldsymbol{p})} + \underbrace{\begin{bmatrix} \frac{\partial k_1}{\partial p_1} & \frac{\partial k_2}{\partial p_1} & \cdots & \frac{\partial k_m}{\partial p_1} \\ \frac{\partial k_1}{\partial p_2} & \frac{\partial k_2}{\partial p_2} & \cdots & \frac{\partial k_m}{\partial p_2} \\ \vdots & \vdots & \ddots & \vdots \\ \frac{\partial k_1}{\partial p_n} & \frac{\partial k_2}{\partial p_n} & \cdots & \frac{\partial k_m}{\partial p_n} \end{bmatrix}}_{\frac{\partial \boldsymbol{k}^{\mathrm{T}}(\boldsymbol{p})}{\partial \boldsymbol{p}}} \underbrace{\begin{bmatrix} i_1 \\ i_2 \\ \vdots \\ i_m \end{bmatrix}}_{\boldsymbol{i}(\boldsymbol{p})} .$$

3. Regel

Für $\boldsymbol{i}(\boldsymbol{p}) = \boldsymbol{A}\,\boldsymbol{p}$ gilt:

$$\frac{\partial \boldsymbol{i}(\boldsymbol{p})}{\partial \boldsymbol{p}^{\mathrm{T}}} = \boldsymbol{A} \quad \text{und} \quad \frac{\partial \boldsymbol{i}^{\mathrm{T}}(\boldsymbol{p})}{\partial \boldsymbol{p}} = \left(\frac{\partial \boldsymbol{i}(\boldsymbol{p})}{\partial \boldsymbol{p}^{\mathrm{T}}} \right)^{\mathrm{T}} = \boldsymbol{A}^{\mathrm{T}} .$$

Beweis: $\boldsymbol{A} \in \Re^{n \times m}$, $\boldsymbol{p} \in \Re^{m \times 1}$

$$\boldsymbol{i}(\boldsymbol{p}) = \begin{bmatrix} a_{11} & a_{12} & \cdots & a_{1m} \\ \vdots & & & \vdots \\ a_{n1} & a_{n2} & \cdots & a_{nm} \end{bmatrix} \begin{bmatrix} p_1 \\ \vdots \\ p_m \end{bmatrix} = \begin{bmatrix} a_{11}p_1 + a_{12}p_2 + \ldots + a_{1m}p_m \\ \vdots \\ a_{n1}p_1 + a_{n2}p_2 + \ldots + a_{nm}p_m \end{bmatrix}$$

$$\frac{\partial \boldsymbol{i}(\boldsymbol{p})}{\partial \boldsymbol{p}^{\mathrm{T}}} = \begin{bmatrix} a_{11} & \cdots & a_{1m} \\ \vdots & & \vdots \\ a_{n1} & \cdots & a_{nm} \end{bmatrix} = \boldsymbol{A} .$$

4. Regel (Quadratische Form)

Für $a(\boldsymbol{p}) = \boldsymbol{p}^{\mathrm{T}} \boldsymbol{A}\,\boldsymbol{p}$ mit $\boldsymbol{A} \in \Re^{m \times m}$ gilt:

$$\frac{\partial a}{\partial \boldsymbol{p}} = (\boldsymbol{A} + \boldsymbol{A}^{\mathrm{T}})\,\boldsymbol{p} .$$

Beweis: Mit $\boldsymbol{i}(\boldsymbol{p}) = \mathbf{I}\,\boldsymbol{p}$ und $\boldsymbol{k}(\boldsymbol{p}) = \boldsymbol{A}\,\boldsymbol{p}$

ist

$$a(\boldsymbol{p}) = \boldsymbol{i}^{\mathrm{T}}(\boldsymbol{p})\,\boldsymbol{k}(\boldsymbol{p}) .$$

Aus Regel 3 folgen

$$\frac{\partial \boldsymbol{i}^{\mathrm{T}}}{\partial \boldsymbol{p}} = \mathbf{I} \quad \text{und} \quad \frac{\partial \boldsymbol{k}^{\mathrm{T}}}{\partial \boldsymbol{p}} = \boldsymbol{A}^{\mathrm{T}} .$$

Damit gilt nach Regel 2

$$\frac{\partial a}{\partial \boldsymbol{p}} = \mathbf{I}\,\boldsymbol{A}\,\boldsymbol{p} + \boldsymbol{A}^{\mathrm{T}}\,\mathbf{I}\,\boldsymbol{p} = (\boldsymbol{A} + \boldsymbol{A}^{\mathrm{T}})\,\boldsymbol{p} .$$

5. Regel („Kettenregel")

$$\frac{\partial f^{\mathrm{T}}(g(p))}{\partial p} = \frac{\partial g^{\mathrm{T}}(p)}{\partial p} \frac{\partial f^{\mathrm{T}}(g)}{\partial g}.$$

B2. Transposition einer Matrix

1) $(A^{\mathrm{T}})^{\mathrm{T}} = A$

2) $(A + B)^{\mathrm{T}} = A^{\mathrm{T}} + B^{\mathrm{T}}$

3) $(AB)^{\mathrm{T}} = B^{\mathrm{T}} A^{\mathrm{T}}$ (gilt auch beim Skalarprodukt zweier gleichdimensionaler Vektoren: $x^{\mathrm{T}} y = y^{\mathrm{T}} x$, $(x\, y^{\mathrm{T}})^{\mathrm{T}} = y\, x^{\mathrm{T}}$, $(A\, x)^{\mathrm{T}} y = x^{\mathrm{T}} (A^{\mathrm{T}} y)$).

B3. Spur einer Matrix

1) $\mathrm{sp}(A) = \sum_{i=1}^{n} \lambda_i(A) = \sum_{i=1}^{n} a_{ii}$; a_{ii} = Diagonalelement von A; $\lambda_i(A)$ = Eigenwert von A

2) $\mathrm{sp}(A + B) = \mathrm{sp}\, A + \mathrm{sp}\, B$

3) $\mathrm{sp}(A^{\mathrm{T}}) = \mathrm{sp}\, A$

4) $\mathrm{sp}(A\, B) = \mathrm{sp}(B\, A) = \mathrm{sp}(A\, B)^{\mathrm{T}} = \mathrm{sp}(B^{\mathrm{T}} A^{\mathrm{T}})$

5) $\mathrm{sp}(A^{\mathrm{T}} A) = 0 \Leftrightarrow A = 0$

6) $\mathrm{sp}(B\, a\, a^{\mathrm{T}}) = a^{\mathrm{T}} B\, a$.

B4. Determinanten

1) $\det(A\, B) = \det A \det B = \det(B\, A)$ für A, B quadratisch

   Hinweis: Es gibt auch die Schreibweise $\det A = |A|$.

2) $A \in \Re^{n \times n}$

   a) $\det(k\, A) = k^n \det A$

   b) $\det(-A) = (-1)^n \det A$

3) $\det(A^{\mathrm{T}}) = \det A$

4) Spezielle Struktur der Matrix:

$$\det\begin{bmatrix} \boldsymbol{A} & \boldsymbol{b} \\ \boldsymbol{c}^{\mathrm{T}} & \alpha \end{bmatrix} = (\det \boldsymbol{A})\,(\alpha - \boldsymbol{c}^{\mathrm{T}}\boldsymbol{A}^{-1}\boldsymbol{b}) = \alpha \det \boldsymbol{A} - \boldsymbol{c}^{\mathrm{T}}(\mathrm{adj}\ \boldsymbol{A})\boldsymbol{b}$$

$$= \alpha \det \boldsymbol{A} - \boldsymbol{b}^{\mathrm{T}}(\mathrm{cof}\ \boldsymbol{A})\boldsymbol{c}$$

mit $\quad \boldsymbol{A}^{-1} = \dfrac{\mathrm{adj}\ \boldsymbol{A}}{\det \boldsymbol{A}} = \dfrac{(\mathrm{cof}\ \boldsymbol{A})^{\mathrm{T}}}{\det \boldsymbol{A}}$ (cof $\boldsymbol{A}$ siehe 5.1).

Beweis: Setze

$$\boldsymbol{M} = \begin{bmatrix} \mathbf{I} & 0 \\ -\boldsymbol{c}^{\mathrm{T}}\boldsymbol{A}^{-1} & 1 \end{bmatrix} \text{ und } \boldsymbol{N} = \begin{bmatrix} \boldsymbol{A} & \boldsymbol{b} \\ \boldsymbol{c}^{\mathrm{T}} & \alpha \end{bmatrix}.$$

Dann gilt

$$\det(\boldsymbol{M}\,\boldsymbol{N}) = \det\begin{bmatrix} \boldsymbol{A} & \boldsymbol{b} \\ -\boldsymbol{c}^{\mathrm{T}} + \boldsymbol{c}^{\mathrm{T}} & -\boldsymbol{c}^{\mathrm{T}}\boldsymbol{A}^{-1}\boldsymbol{b} + \alpha \end{bmatrix} = \det\begin{bmatrix} \boldsymbol{A} & \boldsymbol{b} \\ \boldsymbol{0}^{\mathrm{T}} & \alpha - \boldsymbol{c}^{\mathrm{T}}\boldsymbol{A}^{-1}\boldsymbol{b} \end{bmatrix}$$

$$= (\alpha - \boldsymbol{c}^{\mathrm{T}}\boldsymbol{A}^{-1}\boldsymbol{b}) \det \boldsymbol{A} \quad \text{(Entwicklung nach letzter Zeile).}$$

Da

$\det(\boldsymbol{M}\,\boldsymbol{N}) = \det \boldsymbol{M} \cdot \det \boldsymbol{N} = \det \boldsymbol{N}$ wegen $\det \boldsymbol{M} = 1$ gilt:

$\det \boldsymbol{N} = (\alpha - \boldsymbol{c}^{\mathrm{T}}\boldsymbol{A}^{-1}\boldsymbol{b}) \det \boldsymbol{A} = \alpha \det \boldsymbol{A} - \boldsymbol{c}^{\mathrm{T}}(\mathrm{adj}\ \boldsymbol{A})\,\boldsymbol{b}$ q.e.d.

5) $\quad \det(s\mathbf{I} - \boldsymbol{A}\boldsymbol{B}) = \det(s\mathbf{I} - \boldsymbol{B}\boldsymbol{A})$ für $\boldsymbol{A}$, $\boldsymbol{B}$ quadratisch

6) $$\det\left[\begin{array}{c|c} \boldsymbol{A}_1 & \boldsymbol{A}_3 \\ \hline \boldsymbol{0} & \boldsymbol{A}_2 \end{array}\right] = \det \boldsymbol{A}_1 \det \boldsymbol{A}_2$$

7) $$\boldsymbol{\Phi} = \begin{bmatrix} \boldsymbol{A}_{q\times q} & \boldsymbol{B}_{q\times r} \\ \boldsymbol{C}_{r\times q} & \boldsymbol{D}_{r\times r} \end{bmatrix}$$

$q \geq r$

$\det \boldsymbol{\Phi} = \det \boldsymbol{A} \det(\boldsymbol{D} - \boldsymbol{C}\boldsymbol{A}^{-1}\boldsymbol{B}) = \det \boldsymbol{D} \det(\boldsymbol{A} - \boldsymbol{B}\boldsymbol{D}^{-1}\boldsymbol{C})$, wenn $\boldsymbol{A}$ bzw. $\boldsymbol{D}$ regulär.

B5. Inversion von Matrizen

1) Ist $\boldsymbol{A}$ quadratisch, dann gilt

$$\boldsymbol{A}^{-1} = \frac{1}{\det \boldsymbol{A}}(\mathrm{cof}\ \boldsymbol{A})^{\mathrm{T}} = \frac{\mathrm{adj}\ \boldsymbol{A}}{\det \boldsymbol{A}} \qquad \begin{array}{c} (\mathrm{cof}\ \boldsymbol{A})^{\mathrm{T}} = \mathrm{cof}\ (\boldsymbol{A}^{\mathrm{T}}) \\ \boldsymbol{A}(\mathrm{cof}\ \boldsymbol{A})^{\mathrm{T}} = (\mathrm{cof}\ \boldsymbol{A})^{\mathrm{T}}\boldsymbol{A} \end{array}$$

mit $(\mathrm{cof}\ \boldsymbol{A})_{ij} = (-1)^{i+j} \det \overline{\boldsymbol{A}}_{ij}$, wobei $\overline{A}_{ij}$ gebildet wird, indem aus A die i-te Zeile und die j-te Spalte gestrichen werden.

2) Inversionslemma

Sind A, C und $B\,C\,D$ quadratisch und nichtsingulär, dann gilt

$$(A + B\,C\,D)^{-1} = A^{-1} - A^{-1}B(C^{-1} + D\,A^{-1}B)^{-1}D\,A^{-1}$$

3) $(A\,B)^{-1} = B^{-1}A^{-1}$, falls A und B quadratisch und nichtsingulär.

4) Pseudoinverse A^{+}:

$$A^{+}A\,A^{+} = A^{+},\quad A\,A^{+}A = A,\quad (A\,A^{+})^{\mathrm{T}} = A\,A^{+},\quad (A^{+}A)^{\mathrm{T}} = A^{+}A$$

Spezialfall: $(A^{\mathrm{T}}A)$ invertierbar.

Ansatz: $(A^{\mathrm{T}}A)^{-1}(A^{\mathrm{T}}A) = \mathbf{I}$ (Def. der Inversen)

mit (3) folgt: $A^{-1}(A^{\mathrm{T}})^{-1} = (A^{\mathrm{T}}A)^{-1}$

$\Rightarrow A^{-1} = (A^{\mathrm{T}}A)^{-1}A^{\mathrm{T}}$.

5) Sonderfall: Diagonalmatrizen

$$A = \begin{bmatrix} a_1 & & & 0 \\ & a_2 & & \\ & & \ddots & \\ 0 & & & a_n \end{bmatrix} \to A^{-1} = \begin{bmatrix} \frac{1}{a_1} & & & 0 \\ & \frac{1}{a_2} & & \\ & & \ddots & \\ 0 & & & \frac{1}{a_n} \end{bmatrix}.$$

B6. Eigenwerte/Eigenvektoren von Matrizen

1) Eigenwerte: Charakteristische Gleichung: $\det\,[\lambda\mathbf{I} - A] = 0 \to \lambda_i,\ i = 1, \ldots, n$

2) Eigenvektoren v_i erfüllen $(A - \lambda_i\,\mathbf{I})\,v_i = \mathbf{0}$ oder $A\,v_i = \lambda_i\,v_i \quad i = 1, \ldots, n$

3) Hat A Diagonalform, dann stehen die Eigenwerte explizit in der Hauptdiagonalen

$$A = \begin{bmatrix} \lambda_1 & 0 & \ldots & 0 \\ 0 & & & \vdots \\ \vdots & & \ddots & 0 \\ 0 & \ldots & 0 & \lambda_n \end{bmatrix} = \Lambda_A.$$

Eine Transformation auf Diagonalform ist möglich, wenn

- alle Eigenwerte λ_i einfach sind,
- λ_i ein p-facher Eigenwert und $\text{Rang}(A) = n$ ist; dann muß erfüllt sein: $\text{Rang}(\lambda_i \mathbf{I} - A) = n - p$

Vorgehen: Suchen einer Transformationsmatrix V mit

$$V^{-1} A V = \Lambda_A \quad \text{oder} \quad A V = V \Lambda_A \quad \text{mit} \quad V = [\boldsymbol{v}_1 \quad \boldsymbol{v}_2 \quad \ldots \quad \boldsymbol{v}_n].$$

4) $$\prod_{i=1}^{n} \lambda_i = \det A.$$

5) $$\sum_{i=1}^{n} \lambda_i = \text{sp}(A).$$

B7. Vektor- und Matrixnormen

Vektornormen $\quad x \in \Re^{n \times 1}$

allgemein: p-Norm $\quad \|x\|_p = \left(\sum_{j=1}^{n} |x_j|^p \right)^{1/p}$

speziell:

$$p = 1 \quad \|x\|_1 = \sum_{j=1}^{n} |x_j|$$

$$p = 2 \quad \|x\|_2 = \left(\sum_{j=1}^{n} x_j^2 \right)^{1/2} = \sqrt{x^{\mathrm{T}} x} \qquad \text{(Euklidische Norm)}$$

$$p = \infty \quad \|x\|_\infty = \max_{1 \le j \le n} |x_j|.$$

Eigenschaften von Matrixnormen

1) a) $\|A\| \ge 0$

b) $\|A\| = 0 \Leftrightarrow A = \mathbf{0}$

2) $\|\alpha A\| = |\alpha| \, \|A\|$ $\quad$ α skalar

3) $\|A + B\| \le \|A\| + \|B\|$ $\quad$ Dreiecksungleichung

4) $\|A \cdot B\| \le \|A\| \cdot \|B\|$ $\quad$ Submultiplikativität

5) $\|A^{\mathrm{T}}\| = \|A\|$.

Matrixnormen $A \in \Re^{m \times n}$

Frobenius-Norm $\|A\|_F = \left(\sum_{i=1}^{m} \sum_{j=1}^{n} a_{ij}^2 \right)^{1/2} = \sqrt{\mathrm{sp}(A^T A)}$ (F-Norm, Euklidische Norm)

1-Norm[1] $\|A\|_1 = \max_i \sum_{j=1}^{m} |a_{ij}|$ (maximale Zeilensumme)

2-Norm $\|A\|_2 = \sigma_{\max}(A)$

mit singulären Werten

$\sigma(A) = \lambda(A A^T)$

∞ -Norm $\|A\|_\infty = \max_j \sum_{i=1}^{n} |a_{ij}|$ (maximale Spaltensumme).

Induzierte Matrixnormen

Eine von einer Vektornorm induzierte Matrixnorm ist definiert über[2]

$$\|A\|_q = \|A\|_{\mathrm{ind},p} := \max_{\|x\|_p \le 1} \|A\,x\|_p \,, \text{ wobei } \frac{1}{p} + \frac{1}{q} = 1 \,.$$

B8. Anwendung auf die Konstruktion einer Ljapunow-Funktion

Für die Lösung dieser Aufgabe ist es nützlich, folgende Hilfssätze (HS) aus der Theorie der Matrizen und der quadratischen Formen zu kennen:

1. HS: Wenn die Matrix $\boldsymbol{S}$ symmetrisch ist, d. h. wenn $\boldsymbol{S}^T = \boldsymbol{S}$ gilt, so folgt aus der Forderung $\boldsymbol{x}^T \boldsymbol{S} \boldsymbol{x} = 0$ für alle $\boldsymbol{x}$, dass die Matrix $\boldsymbol{S} = \boldsymbol{0}$ ist.

Beweis:

Für $\boldsymbol{x} = \mathbf{e}_i$ ($i-$ter Einheitsvektor) folgt $s_{ii} = 0$ für alle i.

Für $\boldsymbol{x} = \mathbf{e}_i + \mathbf{e}_j$ folgt daraus

$$(\mathbf{e}_i + \mathbf{e}_j)^T \boldsymbol{S} (\mathbf{e}_i + \mathbf{e}_j) = \mathbf{e}_i^T \boldsymbol{S}\, \mathbf{e}_i + \mathbf{e}_i^T \boldsymbol{S} \mathbf{e}_j + \mathbf{e}_j^T \boldsymbol{S}\, \mathbf{e}_i + \mathbf{e}_j^T \boldsymbol{S} \mathbf{e}_j$$
$$= s_{ii} + s_{ij} + s_{ji} + s_{jj} = 2 s_{ij} = 0.$$

---

[1] Wird in der Literatur z. T. auch als $\|A\|_{\mathrm{ind},\infty}$ oder $\|A\|_\infty$ bezeichnet. Siehe Fußnote 2.

[2] In der Literatur findet man auch die Bezeichnung $\|A\|_p$ für $\|A\|_{\mathrm{ind},p}$.

Bemerkung:

Jede Matrix $\boldsymbol{F}$ kann in der Form

$$\boldsymbol{F} = \boldsymbol{F}_{\text{sym}} + \boldsymbol{F}_{\text{ant}} \quad (\boldsymbol{F} \text{ symmetrisch, } \boldsymbol{F} \text{ antisymmetrisch})$$

geschrieben werden, wobei

$$\boldsymbol{F}_{\text{sym}} = \frac{\boldsymbol{F} + \boldsymbol{F}^{\text{T}}}{2} \text{ und } \boldsymbol{F}_{\text{ant}} = \frac{\boldsymbol{F} - \boldsymbol{F}^{\text{T}}}{2} \text{ gilt.}$$

2. HS: Aus der Forderung

$$\boldsymbol{x}^{\text{T}} \boldsymbol{F} \boldsymbol{x} = 0 \text{ für alle } \boldsymbol{x} \text{ folgt:}$$

$$\boldsymbol{F}_{\text{sym}} = \boldsymbol{0}\,.$$

Beweis:

$$\boldsymbol{x}^{\text{T}} \boldsymbol{F} \boldsymbol{x} = \boldsymbol{x}^{\text{T}} (\boldsymbol{F}_{\text{sym}} + \boldsymbol{F}_{\text{ant}})\, \boldsymbol{x} = \boldsymbol{x}^{\text{T}} \boldsymbol{F}_{\text{sym}}\, \boldsymbol{x} = 0$$

und Anwendung des ersten HS.

Bemerkung:

Setzt man z. B. eine Ljapunow-Funktion an in der Form $V(\boldsymbol{x}) = \boldsymbol{x}^{\text{T}} \boldsymbol{P} \boldsymbol{x}$, so kann man wegen des 1. HS ohne Beschränkung der Allgemeinheit $\boldsymbol{P}$ symmetrisch voraussetzen.

Die Abbildung von $\dot{V}(\boldsymbol{x})$ der Trajektorie entlang:

$$\dot{V}(\boldsymbol{x}) = \nabla^{\text{T}} V(\boldsymbol{x})\, \dot{\boldsymbol{x}}\,.$$

Mit $\nabla V(\boldsymbol{x}) = (\boldsymbol{P} + \boldsymbol{P}^{\text{T}})\, \boldsymbol{x} = 2\boldsymbol{P}\boldsymbol{x}$ $\quad$ ($\boldsymbol{P}$ symmetrisch)

$$\dot{\boldsymbol{x}} = \boldsymbol{A}\boldsymbol{x}$$

folgt $\quad \dot{V}(\boldsymbol{x}) = \boldsymbol{x}^{\text{T}} 2\boldsymbol{P}\boldsymbol{A}\boldsymbol{x}\,.$

Man verlangt nun, dass $\dot{V}(\boldsymbol{x}) = -\boldsymbol{x}^{\text{T}} \boldsymbol{Q} \boldsymbol{x}$ ist, mit $\boldsymbol{Q}$ symmetrisch positiv definit, d. h.

$$\boldsymbol{x}^{\text{T}} 2\boldsymbol{P}\boldsymbol{A}\boldsymbol{x} = -\boldsymbol{x}^{\text{T}} \boldsymbol{Q} \boldsymbol{x} \text{ oder}$$

$$\boldsymbol{x}^{\text{T}} (2\boldsymbol{P}\boldsymbol{A} + \boldsymbol{Q})\boldsymbol{x} = 0 \text{ für alle } \boldsymbol{x}.$$

Nach dem 2. HS folgt:

$$[2\boldsymbol{P}\boldsymbol{A} + \boldsymbol{Q}]_{\text{sym}} = \frac{2\boldsymbol{P}\boldsymbol{A} + \boldsymbol{Q} + 2\boldsymbol{A}^{\text{T}}\boldsymbol{P} + \boldsymbol{Q}}{2}$$

$$= \boldsymbol{A}^{\text{T}}\boldsymbol{P} + \boldsymbol{P}\boldsymbol{A} + \boldsymbol{Q} = \boldsymbol{0}$$

$\boldsymbol{A}^{\text{T}}\boldsymbol{P} + \boldsymbol{P}\boldsymbol{A} = -\boldsymbol{Q}$ heißt die Ljapunow-Gleichung.

3. HS: Für die zeitliche Ableitung der Ljapunow-Funktion gilt ($\boldsymbol{f}, \boldsymbol{x} \in \Re^{n \times 1}$)

a) $V = V(\boldsymbol{x}(t))$:

$$\frac{\mathrm{d}V(\boldsymbol{x}(t))}{\mathrm{d}t} = \sum_{i=1}^{n} \frac{\partial V}{\partial x_i} \frac{\mathrm{d}x_i}{\mathrm{d}t}$$

b) $V = V(\boldsymbol{f}(\boldsymbol{x}(t)))$:

$$\frac{\mathrm{d}V(\boldsymbol{f}(\boldsymbol{x}(t)))}{\mathrm{d}t} = \sum_{i=1}^{n} \frac{\partial V}{\partial f_i} \left(\sum_{j=1}^{n} \frac{\partial f_i}{\partial x_j} \frac{\mathrm{d}x_j}{\mathrm{d}t} \right).$$

B9. Definitheit von Matrizen

Der Begriff „definit" ist eigentlich nur für Funktionen definiert; er taucht insbesondere im Zusammenhang mit quadratischen Formen auf.

Quadratische Form: $V(\boldsymbol{x}) = \boldsymbol{x}^{\mathrm{T}} \boldsymbol{P} \boldsymbol{x}, \quad \boldsymbol{x} \in \Re^{n \times 1}$.

Wenn $V(\boldsymbol{x})$ positiv definit ist (oder negativ definit oder semidefinit), dann überträgt man diese Eigenschaft auch auf die zugehörige Matrix $\boldsymbol{P}$, und man schreibt $\boldsymbol{P} > \boldsymbol{0}$ für positiv definite bzw. $\boldsymbol{P} \geq \boldsymbol{0}$ für positiv semidefinite Matrizen.

1) Definition von positiv (semi-)definiten Funktionen $V(\boldsymbol{x})$:

$V(\boldsymbol{x})$ heißt positiv semidefinit in einem Gebiet Ω, falls

$V(\boldsymbol{x}) \geq 0$ für alle $\boldsymbol{x} \in \Omega$.

$V(\boldsymbol{x})$ heißt positiv definit in Ω, falls eine stetige, nicht fallende skalare Funktion $\alpha(\boldsymbol{x})$ mit $\alpha(\boldsymbol{x}) \geq 0$ existiert, so dass $\alpha(\boldsymbol{x}) = 0$ nur für $\boldsymbol{x} = \boldsymbol{0}$ gilt und die Bedingung

$\alpha(\boldsymbol{x}) \leq V(\boldsymbol{x})$ für alle $\boldsymbol{x} \in \Omega$.

erfüllt ist.

Ist $\boldsymbol{x}^{\mathrm{T}} \boldsymbol{P} \boldsymbol{x}$ eine quadratische Form, d. h.

$$\boldsymbol{P} = \boldsymbol{P}^{\mathrm{T}} > 0,$$

so gilt:

$$\lambda_{\min} \boldsymbol{x}^T \boldsymbol{x} \leq \boldsymbol{x}^{\mathrm{T}} \boldsymbol{P} \boldsymbol{x} \leq \lambda_{\max} \boldsymbol{x}^T \boldsymbol{x}$$

mit

$$\left. \begin{aligned} \lambda_{\min} &= \text{kleinster} \\ \lambda_{\max} &= \text{größter} \end{aligned} \right\} \text{Eigenwert von } \boldsymbol{P}.$$

2) Überprüfung der positiven Definitheit bei Matrizen:

(Satz von Sylvester): Eine symmetrische Matrix ist positiv (semi-)definit, wenn sämtliche nordwestlichen Hauptdeterminanten größer (gleich) null sind. Negativ (semi-) definit ist sie dann, wenn diese Hauptdeterminanten kleiner (gleich) null sind. Alle übrigen Zustände einer Matrix werden als indefinit bezeichnet.

3) Für symmetrische Matrizen $\boldsymbol{F}$ gilt:

$V(\boldsymbol{x}) = \boldsymbol{x}^{\mathrm{T}} \boldsymbol{F} \, \boldsymbol{x} \geq 0$ ist dann und nur dann positiv (semi-)definit für alle $\boldsymbol{x}$, falls

$$\boldsymbol{F}_{\mathrm{sym}} = \frac{\boldsymbol{F} + \boldsymbol{F}^{\mathrm{T}}}{2}$$

positiv (semi-)definit ist, da mit dem 1. HS aus Abschnitt 8 gilt:

$$\begin{aligned} \boldsymbol{x}^{\mathrm{T}} \boldsymbol{F} \, \boldsymbol{x} &= \boldsymbol{x}^{\mathrm{T}} \left(\frac{\boldsymbol{F} + \boldsymbol{F}^{\mathrm{T}}}{2} \right) \boldsymbol{x} + \boldsymbol{x}^{\mathrm{T}} \left(\frac{\boldsymbol{F} - \boldsymbol{F}^{\mathrm{T}}}{2} \right) \boldsymbol{x} \\ &= \boldsymbol{x}^{\mathrm{T}} \boldsymbol{F}_{\mathrm{sym}} \, \boldsymbol{x} + \underbrace{\boldsymbol{x}^{\mathrm{T}} \boldsymbol{F}_{\mathrm{ant}} \, \boldsymbol{x}}_{=0} \\ &= \boldsymbol{x}^{\mathrm{T}} \boldsymbol{F}_{\mathrm{sym}} \, \boldsymbol{x} \, . \end{aligned}$$

Einige Eigenschaften symmetrischer positiv definiter Matrizen $\boldsymbol{P} = \boldsymbol{P}^{\mathrm{T}} > 0$

1) Alle Eigenwerte von $\boldsymbol{P}$ sind positiv.

2) $\boldsymbol{Q} = \boldsymbol{M}^{\mathrm{T}} \boldsymbol{P} \boldsymbol{M} = \boldsymbol{Q}^{\mathrm{T}} > \boldsymbol{0}$ für alle regulären $\boldsymbol{M}$.

3) $\boldsymbol{P}^{-1} = (\boldsymbol{P}^{-1})^{\mathrm{T}} > \boldsymbol{0}$

4) Streicht man in $\boldsymbol{P}$ die i-te Zeile und die i-te Spalte, so erhält man $\overline{\boldsymbol{P}} = \overline{\boldsymbol{P}}^{\mathrm{T}} > 0$.

5) $p_{ii} \, p_{jj} - p_{ij}^2 > 0$.

6) Eine positiv definite Matrix $\boldsymbol{P}$ kann immer als

$$\boldsymbol{P} = \boldsymbol{S} \, \boldsymbol{S}^{\mathrm{T}}$$

faktorisiert werden. Gilt:

$$\boldsymbol{P} = \boldsymbol{S}_1 \, \boldsymbol{S}_1^{\mathrm{T}} = \boldsymbol{S}_2 \, \boldsymbol{S}_2^{\mathrm{T}} ,$$

dann existiert ein $\boldsymbol{T}$, so dass

$$\boldsymbol{S}_1 = \boldsymbol{S}_2 \, \boldsymbol{T} \text{ und } \boldsymbol{T} \, \boldsymbol{T}^{\mathrm{T}} = \mathbf{I}$$

erfüllt ist.

Möchte man $\boldsymbol{S}$ als eine untere Dreiecksmatrix bestimmen, so kann der rekursive Algorithmus (Cholesky-Faktorisierung)

For $j = 1, \ldots, n-1$

$$s_{jj} = \sqrt{p_{ii}}$$

$$s_{kj} = p_{kj} / s_{jj} \text{ für } k = j+1, \ldots, n$$

$$p_{ik} = p_{ik} - s_{ij}\, s_{kj} \text{ für } \begin{cases} k = j+1, \ldots, n \\ i = k, \ldots, n \end{cases}$$

Next j

$$s_{nn} = \sqrt{p_{nn}}$$

angewendet werden [Bie77].

Literatur

[Ack72] Ackermann, J.: Der Entwurf linearer Regelsysteme im Zustandsraum. *Regelungstechnik und Prozessdatenverarbeitung* 20 (1972), S. 297-300.

[Ack77] Ackermann, J.: Entwurf durch Polvorgabe. Regelungstechnik 25 (1977), S. 173-179 und S. 209-215.

[Ack88] Ackermann, J.: *Abtastregelung*, Bd. 1 und Bd. 2. Springer-Verlag, Berlin 1988.

[AG65] Aiserman, M. und F. Gantmacher: Die *absolute Stabilität von Regelsystemen.* Oldenbourg-Verlag, München 1965.

[Ais49] Aiserman, M.: Über ein Problem der Stabilität "im Großen" bei dynamischen Systemen (russ.). *Usp. mat. nauk.* 4 (1949), S. 187-188.

[Ath82] Atherton, D.: *Nonlinear control engineering.* Verlag van Nostrand Reinhold Company, London 1982.

[Bie77] Biermann, G.: *Factorization for discrete sequential estimation.* Verlag Academic Press, New York 1977.

[Bol72] Boltjanski, W.: *Mathematische Methoden der Optimierung.* Hauser-Verlag, München 1972.

[Böt78] Böttiger, F.: Untersuchung von Kompensationsalgorithmen für die direkte digitale Regelung. Kernforschungszentrum Karlsruhe GmbH. *PDV-Bericht KfK-PDV* 146 (1978).

[Bro74] Brogan, W.: Applications of a determinant identity to pole-placement and observer problems. *IEEE Trans. Automatic Control*, AC-19 (1974), S. 612-614.

[Che84] Chen, C.: *Linear system theory and design.* Verlag Sanders College Publishing, Fort Worth 1984.

[Csa73] Csaki, F.: *Die Zustandsraum-Methode in der Regelungstechnik.* VDI-Verlag, Düsseldorf 1973.

[Des65] Desoer, C.: A generalisation of the Popov criterion. *IEEE Trans. Automatic Control*, AC-10 (1965), S. 182-185.

[Doe85] Doetsch, G.: *Anleitung zum praktischen Gebrauch der Laplace-Transformation und der z-Transformation.* 5. Aufl. Oldenbourg-Verlag, München 1985.

[Fel62] Feldbaum, A.: *Rechengeräte in automatischen Systemen.* Oldenbourg-Verlag, München 1962.

[Föl93] Föllinger, O.: *Lineare Abtastsysteme.* Oldenbourg-Verlag, München 1993.

[Föl98] Föllinger, O.: *Nichtlineare Regelung,* Bd. 1 und 2. Oldenbourg-Verlag, München 1998.

[Fre71] Freund, E.: *Zeitvariable Mehrgrößensysteme.* Springer-Verlag, Berlin 1971.

[Gib63] Gibson, H.: *Nonlinear automatic control.* Verlag McGraw-Hill, New York 1963.

[Göl73] Göldner, K.: *Nichtlineare Systeme der Regelungstechnik.* Verlag Technik, Berlin 1973.

[Gop71] Gopinath, B.: On the Control of Linear Multiple Input-Output Systems. *The Bell System Techn. J.* 50 (1971), S. 1063-1081.

[Grü77] Grübel, G.: *Beobachter zur Reglersynthese.* Habilitationsschrift Ruhr-Universität, Bochum 1977.

[GV68] Gelb, A. und W. van der Velde*: Multiple-input describing functions and nonlinear system design.* Verlag McGraw-Hill, New York 1968.

[Hah59] Hahn, W.: *Theorie und Anwendung der direkten Methode von Ljapunow.* Springer-Verlag, Berlin 1959.

[Hüt00] Hütte. *Die Grundlagen der Ingenieurwissenschaften.* 31. Auflage (Herausgeber: H. Czichos). Springer-Verlag, Berlin 2000.

[Jur64] Jury, E.: *Theory and application of the z-transform method.* Verlag J. Wiley & Sons, New York 1964.

[Kal61] Kalman, R.: On the general theory of control systems. Proc. *1st IFAC-Congress*, Moskau 1960, Bd. 1, S. 481-492; Butterworth, London und Oldenbourg-Verlag, München 1961.

[LSL67] La Salle, J. und S. Lefschetz: *Die Stabilitätstheorie von Ljapunow.* BI-Taschenbuch. Bibliografisches Institut, Mannheim 1967.

[Lue71] Luenberger, D.: An introduction to observers. *IEEE Trans. Automatic Control*, AC-16 (1971), S. 596-602.

[Lun05] Lunze, J.: *Regelungstechnik,* Band 1 und 2. Springer-Verlag, Berlin 2005 und 2006.

[MAT99] MATLAB: *Control system toolbox user's guide.* The MathWorks Inc., Natick, (MA), 1999.

[MAT00] SIMULINK: *Dynamic system simulation for MATLAB.* The MathWorks Inc., Natick (MA), 2000.

[PH81] Parks, P. und V. Hahn: *Stabilitätstheorie.* Springer-Verlag, Berlin 1981.

[Poi92] Poincaré, H.: *Les méthodes nouvelles de la mécanique céleste.* Vol. 1-3, Verlag Gauthier-Villars, Paris 1892.

Siehe auch:

Poincaré, H.: Sur les courbes définies par une équation différentielle. *Journ. de Math.* 3-7(1881), 375, 3-8 (1882) 251, 4-1 (1885) 167, 4-2 (1886) 151.

[Pop61] Popov, V.: Absolute stability of nonlinear systems of automatic control. *Automation and Remote Control* 22. (Übersetzung aus: Automatika i Telemechanika (russ.) 22 (1961), S. 961-978) 22 (1962) S. 857-875.

[Ros74] Rosenbrock, H.: *Computer-aided control system design*. Verlag Academic Press, London 1974.

[Sch82] Schmid, Chr.: KEDDC-A computer-aided analysis and design package for control systems. *Proc. 1982 American Control Conference*, Arlington, USA, S. 211-212.

[Schä76] Schäfer, W.: *Theoretische Grundlagen der Stabilität technischer Systeme*. Akademie-Verlag, Berlin 1976.

[SG62] Schultz, D. und J. Gibson: The variable gradient method for generating Ljapunow functions. *Trans. AIEE* 81, II (1962), S. 203-210.

[Sta69] Starkermann, R.: *Die harmonische Linearisierung*, Bd. 1 und 2. BI-Taschenbücher. Bibliografisches Institut, Mannheim 1969.

[TCA71] Takahashi, Y., C. Chan und D. Auslander: Parametereinstellung bei linearen DDC-Algorithmen. *Regelungstechnik* 19 (1971), S. 237-244.

[Tou59] Tou, T.: *Digital and sampled-data control systems*. Verlag McGraw-Hill, New York 1959.

[Tus47] Tustin, A.: Method of analysing the behaviour of linear systems in terms of time series. *JIEE* 94 (1947), II-A, S. 130-142.

[UMF90] Unbehauen, H. und H. Meier zu Farwig: Optimale Zustandsregelung eines stehenden Dreifachpendels. *Automatisierungstechnik* 38 (1990), S. 216-222 und S. 264-265.

[Unb70] Unbehauen, H.: Stabilität und Regelgüte linearer und nichtlinearer Regler in einschleifigen Regelkreisen bei verschiedenen Streckentypen mit P- und I-Verhalten. *Fortschr. Ber. VDI-Z.* Reihe 8, Nr. 13, VDI-Verlag, Düsseldorf 1970.

[Wil73] Willems, J.: *Stabilität dynamischer Systeme*. Oldenbourg-Verlag, München 1973.

[Won67] Wonham, W.: On pole assignment in multi-input controllable linear systems. *IEEE Trans. Automatic Control*, AC-12 (1967), S. 660-665.

[ZF84] Zurmühl, R. und S. Falk: *Matrizen und ihre Anwendung*. (5. Aufl., Abschn. 11.2, Teil 1) Springer-Verlag, Berlin 1984.

[Zie70] Zielke, G.: *Numerische Berechnung von benachbarten inversen Matrizen und linearen Gleichungssystemen*. Vieweg-Verlag, Braunschweig 1970.

[Zyp67] Zypkin, S.: *Theorie der linearen Impulssysteme*. Oldenbourg-Verlag, München 1967.

Ergänzende Literatur

Neben den im Text zitierten Literaturstellen sind nachfolgend einige weitere in den letzten Jahren erschienene Bücher zusammengestellt, die sich mit der Thematik der „Regelungstechnik II" befassen.

1. Zustandsraum-Darstellung

[AM97] Antsaklis, P. und A. Michel: *Linear systems*. Verlag McGraw-Hill, New York 1997.

[Bel95] Bélanger, P.R.: *Control Engineering*. Verlag Sanders College Publishing, Fort Worth 1995.

[Bro92] Brogan, W.: *Modern control theory*. Verlag Prentice-Hall, Englewood Cliffs 1992.

[Che94] Chen, C.: *System and signal analysis*. Verlag Sanders College Publishing, Fort Worth 1994.

[DeC89] De Carlo, R.: *Linear systems*. Verlag Prentice-Hall, Englewood Cliffs 1989.

[Fai98] Fairman, F.: *Linear control theory – the state space approach*. Verlag J. Wiley & Sons, New York 1998.

[FKK93] Franke, D., K. Krüger und M. Knoop: *Systemdynamik und Reglerentwurf*. Oldenbourg-Verlag, München 1993.

[FPE94] Franklin, G., J. Powell und A. Emami-Naeini: *Feedback control of dynamic systems*. Verlag Addison-Wesley, Reading (MA) 1994.

[FSA88] Furuta, K., A. Sano und D. Atherton: *State variable methods in automatic control*. Verlag J. Wiley & Sons, New York 1988.

[HW85] Hippe, P. und C. Wurmthaler: *Zustandsregelung*. Springer-Verlag, Berlin 1985.

[Kai80] Kailath, T.: *Linear systems*. Verlag Prentice-Hall, Englewood Cliffs 1980.

[KS91] Kwakernaak, H. und R. Sivan: *Modern signals and systems*. Verlag Prentice-Hall, Englewood Cliffs 1991.

[Kuo95] Kuo, B.: *Automatic control systems*. Verlag Prentice-Hall, Englewood Cliffs 1995.

[Lud95] Ludyk, G.: *Theoretische Regelungstechnik*, Band 1 und 2. Springer-Verlag, Berlin 1995.

[Lun05] Lunze, J.: *Regelungstechnik* Band 1 und 2. Springer-Verlag. Berlin 2005 und 2006.

[Mar93] Martins de Carvalho, J.: *Dynamical sytems and automatic control*. Verlag Prentice-Hall, London 1993.

[Oga90] Ogata, K.: *Modern control engineering*. Verlag Prentice Hall, Englewood Cliffs 1990.

[Rei06] Reinschke,K.: *Lineare Regelungs- und Steuerungstheorie*. Springer-Verlag, Berlin 2006.

[Rop90] Roppenecker, G.: *Zeitbereichsentwurf linearer Regelungen*. Oldenbourg-Verlag, München 1990.

[Shi92] Shinners, S.: *Modern control system theory and design*. Verlag J. Wiley & Sons, New York 1992.

[Shi98] Shinners, S.: *Modern control theory*. Verlag J. Wiley & Sons, New York 1998.

[SSSH94] Stefani, R., C. Savant, B. Shahian und G. Hostetter: *Design of feedback control systems*. Sanders College Publishing, Boston 1994.

[Unb98] Unbehauen, R.: *Systemtheorie*, Bd. 1 und 2. Oldenbourg-Verlag, München 1998 und 2002.

[Wol94] Wolovich, W.A.: *Automatic control systems*. Verlag Sanders College Publishing, Fort Worth 1994.

2. Digitale Regelsysteme

[AW84] Aström, K. und B. Wittenmark: *Computer controlled systems*. Verlag Prentice-Hall, Englewood Cliffs 1984.

[Büt90] Büttner, W.: *Digitale Regelsysteme*. Vieweg-Verlag, Braunschweig 1990.

[Fei94] Feindt, E.: *Regeln mit dem Rechner*. Oldenbourg-Verlag, München 1994.

[FPW90] Franklin, G., D. Powell und M. Workman: *Digital control of dynamical systems*. Verlag Addison-Wesley Publishing Company, Reading 1990.

[GHS91] Gausch, R., A. Hofer und K. Schlacher: *Digitale Regelkreise*. Oldenbourg-Verlag, München 1991.

[Gün97] Günther, M.: *Kontinuierliche und zeitdiskrete Regelungen*. Teubner-Verlag, Stuttgart 1997.

[HL85] Houpis, C. und G. Lamont: *Digital control systems*. Verlag McGraw-Hill, New York 1985.

[Ise91] Isermann, R.: *Digitale Regelsysteme*. Bd. 1 und 2. Springer-Verlag, Berlin 1991.

[Joh91] Johnson, J.R.: *Digitale Signalverarbeitung*. Hanser-Verlag, München 1991.

[Kuo92] Kuo, B.: *Digital control systems*. Verlag Sanders College Publishing, Fort Worth 1992.

[Lat95] Latzel, W.: *Einführung in die digitalen Regelungen*. VDI-Verlag, Düsseldorf 1995.

[Leo89] Leonhardt, W.: *Digitale Signalverarbeitung in der Mess- und Regelungstechnik*. Teubner-Verlag, Stuttgart 1989.

[MS84] Mahmoud, M. und M. Singh: *Discrete systems*. Springer-Verlag, Berlin 1984.

[Oga87] Ogata, K.: *Discrete-time control systems*. Verlag Prentice-Hall International, London 1987.

[Par96] Paraskevopoulos, P.: *Digital control systems*. Verlag Prentice-Hall, London 1996.

[Per91] Perdikaris, G.: *Computer controlled systems, theory and applications*. Kluwer-Verlag, London 1991.

[PN84] Phillips, C. und H. Nagle: *Digital control system analysis and design*. Verlag Prentice-Hall, Englewood Cliffs 1984.

[RF80] Ragazzini, J. und G. Franklin: *Sampled data control systems*. Verlag McGraw-Hill, New York 1980.

[RL97] Rosenwasser, Y. und B. Lampe: *Digitale Regelung in kontinuierlicher Zeit*. Teubner-Verlag, Stuttgart 1997.

[SSH94] Santina, M., A. Stubberud und G. Hofstetter: *Digital control systems design*. Verlag Sanders College Publishing, Fort Worth 1994.

3. Nichtlineare Regelsysteme

[Ari96] Arimoto, S.: *Control theory of non-linear mechanical systems*. Verlag Oxford University Press, Oxford 1996.

[Ben98] Bendat, J.: *Nonlinear system techniques and applications*. Verlag J. Wiley & Sons, New York 1998.

[Cas85] Casti, J.: *Nonlinear system theory*. Verlag Academic Press, Orlando 1985.

[Chi95] Chidambaram, M.: *Nonlinear process control*. Verlag Wiley Eastern Ltd., New Delhi 1995.

[Eng95] Engell, S. (Hrsg.): *Entwurf nichtlinearer Regelungen*. Oldenbourg-Verlag, München 1995.

[FN95] Fossard, A. und D. Normand-Cyrot (Hrsg.): *Nonlinear systems*, Bd. 1-3. Verlag Chapman & Hall, London 1995.

[Gib63] Gibson, J.: *Nonlinear automatic control*. Verlag McGraw-Hill, New York 1963.

[Gla74] Glattfelder, A.: *Regelsysteme mit Begrenzungen*. Oldenbourg-Verlag, München 1974.

[Isi95] Isidori, A.: *Nonlinear control systems*. Springer-Verlag, Berlin 1995.

[Mo91] Mohler, R.: *Nonlinear Systems* Bd. 1 und 2. Verlag Prentice-Hall, Englewood Cliffs 1991.

[NV90] Nijmeijer, H. und A. Van der Schaft: *Nonlinear dynamical control systems*. Springer-Verlag, Berlin 1990.

[Rug81] Rugh, W.: *Nonlinear system theory.* Verlag J. Hopkins University Press, 1981.

[Schw91] Schwarz, H.: *Nichtlineare Regelungssysteme.* Oldenbourg-Verlag, München 1991.

[Si69] Siljak, D.: *Nonlinear systems.* Verlag J. Wiley, New York 1969.

[SJK97] Sepulchre, R., M. Jankovic anbd P. Kokotovic: *Constructive nonlinear control.* Springer-Verlag, Berlin 1997.

[SL91] Slotine, J. und W. Li: *Applied nonlinear control.* Verlag Prentice-Hall, Englewood Cliffs 1991.

[Utk92] Utkin, V.: *Sliding modes in control and optimization.* Springer-Verlag, Berlin 1992.

[Vid93] Vidyasagar, M.: *Nonlinear system analysis.* Verlag Prentice-Hall, Englewood Cliffs 1993.

Sachverzeichnis

T

Ü

V

W

Z